全国高等教育"十四五"部委级规划教材

化工安全与环保

■ 王德慧 ◎ 编著

东华大学出版社
·上海·

目录 ^{CONTENTS}

目录

**第3章
安全法律法规**

第4章
安全管理学基础
125

目录

**第5章
化工安全生产专业
实务**

183

目录

第6章
其他安全技术基础
335

目录

**第9章
化工事故案例分析**

527

第 1 章

绪 论

1.1　化学工业概述

　　化学工业，也常被称为化学加工工业，是一个广泛的概念，它涵盖了那些在生产过程中以化学方法为主导的流程工业。此工业领域专注于通过化学反应来转变物质的内在结构、成分以及外在形态，从而生产出各式各样的化学产品。化学工业的萌芽可追溯至19世纪初，并自此以后迅速发展，成为当今世界中一个举足轻重的工业部门。值得注意的是，化学工业是一个集知识与资本密集性于一体的行业。

　　随着科学技术的不断进步，化学工业已从最初仅能生产少数几种无机产品，如纯碱、硫酸，以及主要从植物中提取原料（例如茜素）来制造有机染料，逐步演化成为一个涵盖多个行业、产品种类繁多的综合性生产部门。在这一过程中，涌现出了大量致力于资源综合利用与规模化生产的大型化工企业。这些企业所涉及的领域广泛，包括但不限于基本化学工业、合成纤维制造、石油加工、高分子塑料生产、橡胶工业、药物制剂、染料制造、化肥生产、农药制造，以及其他众多精细化学品工业等。

　　1949年以前，我国化学工业的基础极为薄弱，仅在诸如上海、天津、青岛、大连等沿海城市，零散分布着数量有限的化工厂及手工作坊。这些工厂的生产能力有限，仅能产出少量的硫酸、纯碱、化肥、橡胶制品及基础医药制剂，而有机化学工业几乎处于空白状态。然而，自中华人民共和国成立以来，化学工业迎来了迅猛的发展，尤其在改革开放之后，其发展速度更是日新月异，迅速构建起了一个涵盖全化工产品产业链的庞大行业体系，为我国的基础民生建设作出了举世瞩目的贡献。

　　此外，化学工业的发展对于推动工业生产工艺的革新（例如，以高效的化学工艺替代传统的繁重机械工艺）、促进农业生产的发展、拓宽工业原料的来源、巩固国防实力、推动尖端科学技术的进步、改善民众生活质量，以及实现资源的综合利用等方面，都发挥着举足轻重的作用。因此，化学工业无疑是国民经济中一个不可或缺的重要组成部分。

　　化学工业作为涵盖多品种的基础性产业，其生产需求多样化，相应地，化工设备的种类也极为丰富，且设备的操作条件错综复杂。根据操作压力的不同，这些设备可分为真空、常压、低压、中压、高压以及超高压等多种类型；而从操作温度的角度来看，则包括低温、常温、中温和高温等多个区间。此外，工艺过程中所涉及的介质大多具有腐蚀性，或是易燃、易爆、有毒乃至剧毒等特性。

　　多数化工设备不仅需满足特定的温度和压力要求，还必须具备良好的耐腐蚀性，而这些要求之间往往相互制约，加之工艺条件时常变化，使得化工设备的设计与操作更为复杂。由于化学反应对化学动力学、热力学条件、反应参数以及添加剂的选用有着严格且特殊的要求，化工行业因此呈现出鲜明的行业特点：

　　（1）原料与产品具有易燃易爆、有毒有害及易腐蚀的特性。无论是原料、成品还是半成品，其种类繁多，且绝大多数均属于易燃、易爆、有毒及具有腐蚀性的危险化学品范畴。

　　（2）生产工艺复杂多变，操作条件极为苛刻。众多化学反应需要在高温、高压的极端条件下进行，有的则要求在低温、高真空的特定环境中操作，还有的反应需要催化剂等辅助条件才能顺利完成。

（3）化工生产装置正朝着大型化、连续化、自动化及智能化的方向发展。采用大型生产装置已成为化工生产的明显趋势，如合成氨装置、石油化工装置等，这些装置不仅规模宏大，而且具备高度自动化的特点。相较于过去的手工操作和间歇式生产方式，现在的生产方式已经转变为高度自动化、连续化，生产设备实现密闭式运行，生产操作也由分散控制转变为集中控制，人工手动操作逐渐被计算机控制所替代。

（4）化工生产具有高度的系统性和综合性。生产系统中涵盖了从原料到中间体再到成品的完整生产链，同时还需要考虑水、电、蒸汽的供应，动力设备与仪器仪表的控制与维修，以及副产品、釜残、废气的环保回收处理等多个方面。

（5）在化工生产中，正常生产与施工活动往往并存。化工新（改、扩）建项目、旧装置的技改和检维修等工作，经常需要在生产活动的同时进行施工作业。这种情况下，由于与承包方的责任划分不明确以及管理上的复杂性，容易引发大量潜在的作业风险和物料泄漏等安全隐患。

（6）环保修复治理和事故紧急救援在化工行业中面临巨大挑战。由于化学品的特殊性质，一旦发生危险化学品事故，环保修复工作将需要很长时间，且毒害性极大。同时，事故往往伴随着火灾、爆炸、中毒等紧急情况，使得救援工作变得异常困难。

1.2 化工生产的危险

化工生产过程中潜藏着多种危险因素，主要包括火灾、爆炸和中毒等，这些因素对人员、经济、社会及环境均构成严重威胁。这些危害的根源往往可以归结为工厂选址不当、布局规划不合理、设备装置存在缺陷、对加工物质危险性的认知不足、化工工艺流程不清晰、物料输送系统存在漏洞、人为操作失误以及应急预案制定不充分等问题。综上所述，这些危害可以概括为三大方面：人的不安全行为、物的不安全状态，以及管理和环境方面的因素。因此，深入了解这些危害显得尤为重要。

鉴于化工行业与危险化学品的紧密联系，火灾和爆炸事故成为该行业中最常见且后果最为严重的危险。这不仅强调了预防措施的重要性，也凸显了增强化工行业安全意识和提高应急响应能力的迫切性。

1.2.1 燃烧与火灾

燃烧是指可燃物与氧化剂相互作用时产生的放热化学反应，过程中通常伴随着火焰、发光以及发烟的现象。火灾则是在时间和空间上失去人为控制的燃烧现象，它会导致灾害性后果。燃烧（或火灾）的发生必须具备三个必要条件：氧化剂、可燃物以及点火源，这三者被统称为"燃烧三要素"，缺一不可，正如图1.1所示。

图1.1 燃烧三要素

可燃物质的聚集状态各异，因此它们受热后发生的燃烧过程也不尽相同。除了结构简单、易于直接燃烧的可燃气体（例如氢气）之外，大多数可燃物质的燃烧并非物质本体在直接燃烧，而是物质受热后分解产生的气体或液体蒸发形成的蒸气在气相中进行的燃烧。可燃物质的这一燃烧过程如图1.2所示。

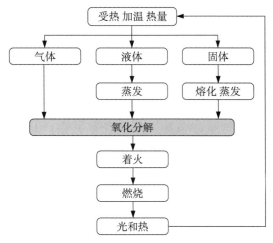

图1.2　可燃物质的燃烧过程

一、燃烧的形式

燃烧的形式通常分为三种：（1）可燃气体燃烧：这是最容易发生的一种燃烧形式，其燃烧所需的热量仅用于气体本身的氧化分解，并使其温度达到自燃点而引发燃烧；（2）可燃液体燃烧：在点火源（如加热）的作用下，液体首先蒸发成蒸气，随后这些蒸气经过氧化分解，当温度达到自燃点时即发生燃烧；（3）可燃固体燃烧：对于简单物质（例如硫、磷），它们在受热后会先熔化并蒸发成蒸气，然后进行燃烧，这一过程中没有发生物质的分解。

通常情况下，复杂可燃物质在受热时，首先会分解为气态或液态产物，这些产物的蒸气随后进行氧化分解并着火燃烧，这一过程如图1.2所示。另外，有些可燃固体，如焦炭等，由于不能分解为气态物质，在燃烧时呈现炽热状态而并不产生火焰。

可燃物质与空气燃烧的第二种形式包括：扩散燃烧、混合燃烧、蒸发燃烧、分解燃烧以及表面燃烧。

（1）扩散燃烧：当可燃气体（如氢、甲烷、乙炔、苯蒸气、酒精蒸气、汽油蒸气）从管道、容器的裂缝中流向空气时，可燃气体分子与空气分子会相互扩散并混合。一旦混合气体的浓度达到爆炸极限，遇到火源即可着火，并能形成稳定的火焰进行燃烧。

（2）混合燃烧：可燃气体和助燃气体在管道、容器等封闭空间内扩散并混合，当混合气体的浓度达到爆炸极限时，一旦遇到火源，就会在其分布的空间内迅速发生燃烧，甚至引发爆炸。例如，煤气、液化石油气泄漏后遇到明火所发生的燃烧和爆炸就属于混合燃烧。

（3）蒸发燃烧：可燃液体在火源或热源的作用下，会蒸发产生蒸气，这些蒸气随后发生氧化分解并进行燃烧。例如，酒精、汽油、乙醚等易燃液体的燃烧就属于蒸发燃烧。

（4）分解燃烧：某些可燃物质在燃烧过程中，首先会遇热分解出可燃性气体，这些气体再与氧气进行燃烧。例如，木材、纸、油脂等高沸点固体可燃物的燃烧就属于分解燃烧。

（5）表面燃烧：如炭、箔状或粉状金属（如铝、镁）的燃烧，这些固体表面与空气接触的部位会被点燃，生成"炭灰"以维持燃烧的持续进行。

二、火灾的分类

按物质的燃烧特性，火灾可分为以下6类：

A类火灾：固体物质火灾，这类火灾在燃烧时能产生灼热的灰烬，如木材、棉、毛、麻、纸等；

B类火灾：液体或可熔化的固体物质火灾，如汽油、柴油、原油、甲醇、沥青等引发的火灾；

C类火灾：气体火灾，如煤气、天然气、甲烷、乙烷、丙烷、氢气等气体燃烧造成的火灾；

D类火灾：金属火灾，如钾、钠、镁、钛、锆、锂、铝镁合金等金属的燃烧；

E类火灾：带电火灾，指物体在带电状态下燃烧引发的火灾，如发电机、电缆、家用电器等设备在带电状态下起火；

F类火灾：烹饪器具内的烹饪物火灾，主要是动植物油脂等烹饪材料在烹饪过程中引发的火灾。

火灾分类记忆方法：A（固-Solid）、B（液-Liquid）、C（气-Gas）、D（金-Metal）、E（电-Electric）、F（食-Food，这里用"食"代表烹饪物）。

三、火灾的基本概念和参数

（1）引燃能（最小点火能）：是指能够触发初始燃烧化学反应所需释放的最小能量，亦被称作最小点火能。影响这一反应发生的因素主要包括：温度、释放的能量大小、热量以及加热时间。其单位通常表示为毫焦（mJ）。表1.1列出了常见物质的引燃能。

表1.1　常见物质的引燃能

物质	引燃能/mJ	物质	引燃能/mJ
氢气	0.017	丙烷	0.26
乙炔	0.019	甲烷	0.28
乙烯	0.09	氨	6.8
乙醚	0.19	锌	960
苯	0.2	二氯甲烷	10 000

（2）着火延滞期（诱导期）：着火延滞期也被称为着火诱导期或感应期，它指的是可燃性物质与助燃气体的混合物在高温环境下，从初次暴露到发生起火所经过的时间，或者是该混合物在着火前自行加热所需的时间。其单位通常用毫秒（ms）来表示。

（3）闪燃：是指在特定温度下，液体表面能够产生足够量的可燃蒸气，当这些蒸气遇到火源时，会发生一闪即灭的燃烧现象。这是因为蒸发出的气体量仅足以维持极短暂的燃烧，而不足以在燃烧过程中及时补充新的蒸气，从而无法维持稳定的燃烧状态。

（4）闪点：是指在规定的测试条件下，易燃和可燃液体表面能够蒸发产生足够量的蒸气，从而发生闪燃的最低温度。简而言之，当可燃液体挥发并与空气混合达到一定的浓度时，若用火源接触，可能会观察到短暂的火焰闪现，此时的温度即为该液体的闪点。闪点是评估液体火灾危险性的一个重要指标，通常情况下，闪点越低，表示该液体的火灾危险性越大。其单位通常采用摄氏度（℃）来表示。表1.2列出了常见物质的闪点。

表1.2　常见物质的闪点

物质	闪点/℃	物质	闪点/℃
氯乙烯	−78	苯	−11
CS_2	−30	甲苯	1
乙醚	−45	甲醇	8
汽油	−50～30	乙醇	13
甲醚	−41	甲醛	50
丙酮	−20	苯酚	79
氯化氢	−18	甘油	176.5

从表1.2可以观察到，氯乙烯、乙醚、二硫化碳、丙酮等化学试剂具有很低的闪点，这意味着即使它们被存放在冰箱中（−18 ℃），也有可能形成可燃的氛围。对于低闪点的液体，其蒸气仅需接触到红热的表面就可能引发火灾，其中二硫化碳尤其危险，因为它的蒸气在与暖气、电灯等热源接触时即可着火，因此在使用时必须格外小心。通常，我们将闪点低于60 ℃的液体称为易燃液体，而闪点高于60 ℃的液体则被称为可燃液体。

（5）燃点（着火点）：是指在规定的试验条件下，可燃物质经过加温受热并被点燃后，所释放的燃烧热能能够使该物质挥发出足够数量的可燃蒸气，以维持燃烧的持续进行。此时，继续加温该物质所需的最低温度，即被定义为该物质的燃点。一般来说，物质的燃点越低，其越容易燃烧。换言之，无论是固态、液态还是气态的可燃物质，当它们与空气共存并达到一定的温度时，一旦与火源接触就会开始燃烧，并且即使移去火源，燃烧也会继续进行。其单位通常用摄氏度（℃）来表示。表1.3列出了常见物质的燃点数值。

表1.3　常见的物质燃点

物质	燃点/℃	物质	燃点/℃
黄磷(P_4)	30	乙醚	350
CS_2	100	涤纶纤维	390
乙二醇	118	丙烷	450
纸	130	甲醇	470
硫	207	氢气	500
环己烷	259	苯	562

（6）阴燃：没有火焰和可见光的燃烧现象称为阴燃。它通常会产生烟并导致温度升高，是燃烧初期的一种现象。

（7）轰燃：指火在建筑内部突发性地引发全面燃烧的现象。当室内大火燃烧形成的充满室内各房间的可燃气体和未充分燃烧的气体达到一定浓度时，会发生爆燃，导致室内其他未直接接触大火的可燃物也被点燃而燃烧。简而言之，即"轰"的一声后，室内所有可燃物都被点燃并开始燃烧，这种现象称为轰燃。需注意的是，轰燃与爆炸有所区别，它主要以燃烧为主，伴随小部分爆炸现象。

（8）自燃点（引燃温度）：自燃指的是可燃物在没有外界火源的作用下，由于自热或外热而引发的燃烧现象。物质自燃可分为自热自燃和受热自燃两种类型。自燃点是指无需外部引燃能源就能达到燃烧的最低温度，也就是发生自燃的最低温度。可燃物在受热过程中分解并释放出的可燃气体和挥发物越多（对于同一物质在不同条件下），其自燃点通常越低；同样，固体可燃物被粉碎得越细，其自燃点也越低。此外，爆炸性气体、蒸气和薄雾根据引燃温度被划分为6个组别。即：T1（$>450\ ℃$）、T2（$450\ ℃≥T>300\ ℃$）、T3（$300\ ℃≥T>200\ ℃$）、T4（$200\ ℃≥T>135\ ℃$）、T5（$135\ ℃≥T>100\ ℃$）、T6（$100\ ℃≥T>85\ ℃$）。

综上，可燃液体的燃点通常高于其闪点，并且闪点越低，燃点与闪点之间的差值往往越小。一般而言，物质的密度越大（针对不同物质而言），其闪点越高，而自燃点则越低。如图1.3所示，油品的密度按以下顺序依次增加：汽油＜煤油＜轻柴油＜重柴油＜蜡油＜渣油＜沥青，相应地，其闪点也依次升高，但自燃点则依次降低。对于闪点不超过45 ℃的易燃液体，由于其燃点仅比闪点高出1~5 ℃，因此在实际应用中，通常只考虑闪点而忽略燃点。

图1.3　油品密度、闪点、自燃点的关系

四、典型火灾的发展规律

典型火灾的发展过程可分为初起期、发展期、最盛期以及减弱至熄灭期，这一过程如图1.4所示。

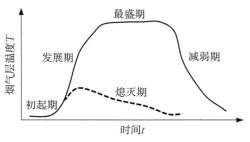

图1.4 典型火灾的发展规律

（1）初起期是火灾刚刚发生的阶段，此阶段可燃物的热解过程极为关键，其主要特征为冒烟和阴燃。

（2）发展期是火势逐渐增大的阶段，通常采用时间（t）的平方特征火灾模型来简化描述这一阶段非稳态火灾的热释放速率随时间的变化。即假设火灾的热释放速率与时间的平方成正比，轰燃现象往往就发生在这一阶段。

（3）最盛期时，火灾的燃烧方式主要受通风条件控制，火势的大小由建筑物的通风状况决定。

（4）减弱至熄灭期是火灾从最盛期开始逐渐减弱直至完全熄灭的阶段。熄灭的原因可能包括燃料耗尽、灭火系统的作用等。在某些情况下，由于建筑物内可燃物的分布、通风条件等因素的不同，火灾可能无法达到最盛期，而是在缓慢发展后自行熄灭，如图1.4中的虚线部分所示。

1.2.2 爆炸

爆炸是物质系统的一种极为迅速的物理或化学能量释放或转化的过程，它源于系统内部蕴藏或瞬间形成的大量能量。在有限的体积和极短的时间内，这些能量骤然释放或转化。在此过程中，系统的能量转化为机械能、光辐射和热辐射。爆炸现象具有以下几个特征：爆炸过程进行得非常迅速；爆炸点附近压力急剧升高，同时伴随着温度的上升；会发出或大或小的响声；并且，周围介质会发生震动或使邻近的物质遭到破坏。

一、爆炸分类

（一）根据爆炸的能量来源分类

（1）物理爆炸：这是一种极为迅速的物理能量失控释放过程，其中能量主要转变为机械能、热能等形态。在此类爆炸中，仅发生物理变化，不涉及化学反应。典型的例子包括蒸汽锅炉爆炸、轮胎爆炸以及水的大量急剧汽化现象。

（2）化学爆炸：这类爆炸涉及物质发生高速放热化学反应，如氧化或分解，从而产生大量气体并急剧膨胀做功。炸药爆炸、可燃气体与空气混合物以及粉尘与空气混合物的爆炸均属于化学爆炸的范畴。

（3）核爆炸：核爆炸是某些物质的原子核发生裂变或聚变反应时，瞬间释放出巨大能量所形成的爆炸现象。原子弹和氢弹的爆炸就是核爆炸的典型实例。

（二）根据爆炸的反应相分类

（1）气相爆炸：这类爆炸包括可燃性气体与助燃性气体混合物的爆炸、气体的分解爆炸、液体被喷成雾状物在剧烈燃烧时引发的爆炸（即喷雾爆炸），以及飞扬悬浮于空气中的可燃粉尘所引起的爆炸等。

（2）液相爆炸：液相爆炸涵盖聚合爆炸、蒸发爆炸，以及由不同液体混合所触发的爆炸。例如，硝酸与油脂、液氧与煤粉等混合时可能引发的爆炸；还有熔融的矿渣或钢水包与水接触时，因过热导致快速蒸发而引发的蒸气爆炸等。

（3）固相爆炸：这类爆炸包括爆炸性化合物及其他爆炸性物质的爆炸，如乙炔铜的爆炸；以及导线因电流过载导致过热，金属迅速气化而引发的爆炸等。

（三）根据爆炸的速度分类

（1）爆燃（燃爆）：这是一种以亚音速传播的燃烧波，其速度通常为每秒数米。爆燃的破坏力相对较小，声音也较轻。例如，无烟火药的燃烧以及可燃气体在达到爆炸极限时的爆炸均属于爆燃现象。

（2）爆炸：当燃烧速度达到每秒十几米至数百米时，我们称之为爆炸。在爆炸过程中，爆炸点的压力会急剧增加，产生较大的破坏力，并伴有震耳的响声。可燃气体混合物在多数情况下的爆炸以及火药的爆炸都是典型的爆炸现象。

（3）爆轰：爆轰是物质爆炸时燃烧速度极快的一种现象，其速度通常在 $1\,000 \sim 7\,000$ m/s 之间。爆轰的特点是突然产生极高的压力，并伴随着超音速的"冲击波"。例如，梯恩梯（TNT）炸药的爆炸速度高达 $6\,800$ m/s，就是一种典型的爆轰现象。

（四）危险化学品的化学性爆炸

化学性爆炸是指由于物质发生极迅速的化学反应，产生高温、高压而引起的爆炸。在这种爆炸过程中，物质的性质和成分均发生了根本性的变化。化学爆炸的能量主要来源于化学反应能。其变化的过程和能力取决于反应的放热性、反应的快速性以及生成的气体产物。具体来说，放热是爆炸变化的能量源泉；快速则使得有限的能量能够集中在局限化的空间内，这是产生大功率的必要条件；而气体则是能量的载体和能量转换的工作介质。

化学爆炸根据爆炸时所产生的化学变化可以分为三类：简单分解反应爆炸、复杂分解反应爆炸和爆炸性混合物爆炸。这三类爆炸的特性详见表1.4。

表1.4　化学性爆炸的特性

爆炸类型	特性	实例
简单分解反应爆炸	爆炸物在爆炸时并不一定发生燃烧反应；爆炸所需热量由爆炸物质本身分解产生；受轻微震动即引起爆炸；爆炸气体受压也可发生；非常危险	叠氮铅、乙炔银、乙炔铜、碘化氮、氯化氮等
复杂分解反应爆炸	危险性较简单分解爆炸物低；所有炸药属于本范畴；爆炸时伴有燃烧现象，燃烧所需的氧由本身分解时供给	硝化甘油、氮及氯的氧化物、苦味酸、TNT、黑索金等
爆炸性混合物爆炸	可燃气体、蒸气及粉尘与空气（氧气）混合所形成的混合物的爆炸；需要一定条件，如爆炸性物质的含量，氧含量，点火源等；危害性也较大，较常见	可燃气体、粉尘爆炸等

简单分解反应爆炸的物质具有极高的危险性,其爆炸速度可达5 000 m/s以上。例如,叠氮铅在受到振动时即可引发爆炸,其分子式为

$$PdN_6 = Pd + 3N_2\uparrow$$

复杂分解反应爆炸典型的例子为硝化甘油的引爆爆炸反应。硝化甘油在引爆时分解,其化学方程式可以表示为

$$C_3H_5(ONO_2)_3 = 3CO_2\uparrow + 2.5H_2O + 1.5N_2\uparrow + 0.25O_2\uparrow$$

爆炸性混合物爆炸是由至少两种不相关联的组分所构成的系统引发的。其中,一种组分通常是含氧量较多的物质,而另一种组分则是不含氧或含氧量不足以支持其分子完全氧化的可燃物质。

二、爆炸的破坏作用

(1)冲击波:爆炸形成的高温、高压、高能量密度的气体产物,以极高的速度向周围膨胀,强烈压缩周围的静止空气,导致空气的压力、密度和温度突然升高,形成波状气压向四周扩散冲击。冲击波的破坏作用主要由其波阵面上的超压引起。在爆炸中心附近,空气冲击波波阵面上的超压可达几个甚至十几个大气压。当冲击波波阵面超压在20~30 kPa范围内时,就足以对大部分砖木结构建筑物造成严重破坏;而超压在100 kPa以上时,除坚固的钢筋混凝土建筑外,其余部分将全部被破坏。冲击波还能造成人和动物的内脏和表皮损伤,甚至致命。

(2)碎片冲击:爆炸的机械破坏效应会导致容器、设备、装置及建筑材料等的碎片在相当大的范围内飞散,从而造成伤害。

(3)震荡作用:爆炸发生时,特别是较猛烈的爆炸,往往会引起短暂的地震波。这些地震波会导致建筑物的震荡、开裂、松散甚至倒塌等危害。

(4)次生事故:爆炸可能引发次生事故,如可燃物被引燃导致火灾;人员受到冲击波或震荡作用的影响,可能发生高处坠落事故;在粉尘作业场所,冲击波可能使积存在地面的粉尘扬起,引发更大范围的二次爆炸等。

(5)有毒气体:爆炸反应中可能会生成一定量的有毒气体,如CO、NO、H_2S、SO_2等。

三、可燃气体爆炸

1.分解爆炸性气体爆炸

乙炔、乙烯、环氧乙烷、臭氧、联氨、丙二烯、甲基乙炔、乙烯基乙炔、一氧化氮、二氧化氮、氰化氢、四氟乙烯等分解性气体,即使在无氧条件下也能被点燃并发生爆炸。这些气体在温度和压力的作用下会发生分解,产生大量的分解热。分解热是分解爆炸的内在因素,而温度和压力则是外部条件。以乙炔为例,它在200~300 ℃时可能发生聚合反应,放出的反应热会加速这一进程。当温度升至700 ℃时,乙炔会发生爆炸性分解,生成碳和氢气。

乙炔常因火焰、火花等引发分解爆炸,也可能因开关阀门时产生的绝热压缩热量而发生爆炸。在乙炔压力较高时,应加入氮气等惰性气体进行稀释以降低风险。此外,乙炔与铜、银、汞等重金属反应会生成爆炸性的乙炔盐,这些盐类在轻微撞击下

即能发生分解爆炸并引燃乙炔。因此，在乙炔的相关设备中，应避免使用含铜量超过70％的铜合金，同时在乙炔焊接时也不得使用含银焊条。

分解爆炸的敏感性与压力密切相关。随着压力的升高，分解爆炸所需的能量会降低。当压力低于某个特定值时，将不再发生分解爆炸，这个压力值被称为分解爆炸的极限压力（临界压力）。

2.可燃性混合气体爆炸

一般来说，可燃性混合气体与爆炸性混合气体之间难以进行严格区分。燃烧反应过程通常可以分为三个阶段：

（1）扩散阶段：可燃气分子和氧气分子通过扩散作用相互接触。

（2）感应阶段：可燃气分子和氧化分子接受点火源能量后离解成自由基或活性分子，这一过程所需的时间称为感应时间。

（3）化学反应阶段：自由基与反应物分子相互作用，生成新的分子和新的自由基，从而完成燃烧反应。这一过程所需的时间称为化学反应时间。

在这三个阶段中，扩散阶段的时间远远长于其余两个阶段。因此，是否需要经历扩散过程成为决定可燃气体是发生燃烧还是爆炸的主要条件。在典型的扩散燃烧中，可燃气体点燃后火焰的明亮层是扩散区，此时火焰传播速度较慢。然而，如果可燃气体和空气在点燃前已经混合均匀，那么燃烧的扩散阶段就已经完成。在这种情况下，点燃后的燃烧反应速度会极快，并随即形成爆炸。

四、粉尘爆炸

粉尘爆炸是指悬浮在空气中的可燃性固体微粒在接触到火焰（明火）或电火花等点火源时发生的爆炸现象。金属粉尘、煤粉、塑料粉尘、有机物粉尘、纤维粉尘以及农副产品如谷物面粉等，都可能成为粉尘爆炸的源头。

（一）粉尘爆炸的机理

粉尘爆炸是一个瞬间的连锁反应，属于不稳定的气固二相流反应，其过程相对复杂。通常包括气相点火和表面非均相点火两种机理：

（1）气相点火机理：粉尘表面通过热传导和热辐射作用，发生熔化、分解和蒸发，形成可燃气体。

（2）表面非均相点火机理：首先，氧气与颗粒表面发生反应，使表面着火；接着，燃烧后的挥发成分在颗粒周围形成气相层，阻碍氧气向颗粒表面进一步扩散；最后，挥发成分点火燃烧，促使粉尘颗粒重新燃烧并引发爆炸。

（二）粉尘爆炸的特点

（1）粉尘爆炸的速度或爆炸压力上升速度相较于气体爆炸要小，但燃烧时间长，产生的能量大，因此破坏程度也大。

（2）爆炸的感应期较长，包括尘粒的表面分解或蒸发阶段以及由表面向中心延烧的过程。

（3）存在产生二次爆炸的可能性，即激起的扬尘在新空间内达到爆炸极限，飞散的火花成为新的点火源。

（4）粉尘爆炸还可能伴随中毒危险，因为粉尘不完全燃烧后产生的气体中含有大量的CO，同时某些粉尘（如塑料粉）自身分解也会产生有毒气体。

（三）粉尘爆炸的条件

（1）粉尘本身必须具有可燃性；

（2）粉尘需要悬浮在空气（或助燃气体）中，并达到一定的浓度；

（3）有足以引起粉尘爆炸的起始能量（即点火源）。

（四）粉尘爆炸过程

可燃粉尘与空气混合物在遇到点火源时也会发生爆炸，并具有爆炸极限。在实际应用中，主要关注的是爆炸极限的下限。例如，铝粉在空气中的爆炸极限约为35 g/m^3。粉尘爆炸的过程与可燃气爆炸相似，但粉尘爆炸所需的发火能要大得多。此外，在可燃气爆炸中，传热方式主要是热传导；而在粉尘爆炸中，热辐射的作用更为显著。

（五）粉尘爆炸的特性及影响因素

一般来说，粉尘粒度越细、分散度越高、可燃气体和氧的含量越大、火源强度越高、初始温度越高、湿度越低、惰性粉尘及灰分越少，爆炸极限范围就越大，粉尘爆炸的危险性也就越高。当粉尘粒度越细时，接触表面越大，反应速度越快，爆炸上升速率也就越大。在管道中传播的粉尘爆炸波，当碰到障碍片时，会因湍流的影响而呈现漩涡状态，使爆炸波阵面不断加速。当管道长度足够长时，甚至会转化为爆轰。

（六）粉尘爆炸出现的场景

粉尘爆炸几乎出现在每一个工业部门中。具体的工业场景包括粮食加工、木材加工、糖业、咖啡业、煤炭行业、金属行业、纺织行业（特别是化纤、丝绸领域）、纸张制造、塑料加工、橡胶制造以及化学粉体材料等领域。而粉尘爆炸可能出现的场所则包括：仓库、厂房、地渠以及粉碎设备周围等区域。

五、物质爆炸浓度极限

爆炸浓度极限（简称爆炸极限）是指可燃性气体、蒸气或可燃粉尘与空气（或氧）在一定浓度范围内混合后，遇到火源能够发生爆炸的浓度范围。对于可燃性气体和蒸气，爆炸极限通常用可燃气体或蒸气在混合气体中所占的体积分数（％）来表示；而对于可燃粉尘，爆炸极限则一般用混合物的质量浓度（g/m^3）来表示。

爆炸下限（LEL）是指能够发生爆炸的最低浓度，而爆炸上限（UEL）则是指能发生爆炸的最高浓度。危险度H是通过爆炸上限、下限之差与爆炸下限浓度之比来表示的，具体计算公式为

$$H = (UEL - LEL) / UEL$$

H值越大，说明爆炸极限范围越宽，因此爆炸危险性也就越大。

当混合物浓度高于爆炸上限时，由于空气不足，火焰无法蔓延，因此不会发生爆炸，但可能发生燃烧。相反，当混合物浓度低于爆炸下限时，由于可燃物浓度不够，以及过量空气的冷却作用，火焰同样无法蔓延，因此在这种情况下既不会发生爆炸也不会着火，如图5.46所示。

需要注意的是，爆炸极限值并非物理常数，它会随着条件的变化而变化。具体影响因素包括：

（1）温度的影响：初始温度越高，活化分子数量增加，导致爆炸极限范围变宽，爆炸危险性也随之增加。

（2）压力的影响：初始压力增大时，分子浓度增大，反应速度加快，放热量增加，分子间热传导性提高，从而使爆炸极限变大，爆炸危险性增加；相反，初始压力减小时，爆炸极限范围会缩小。

（3）惰性介质的影响：在混合气体中加入惰性气体后，随着惰性气体含量的增加，爆炸极限范围会逐渐缩小。当惰性气体浓度增加到某一数值时，爆炸上下限会趋于一致，使混合气体不再发生爆炸。这是因为惰性气体在可燃气体和氧气分子间形成了屏障，使活化分子失去了活化能，并吸收了燃烧的热量。惰性气体对爆炸上限的影响较大，会使爆炸上限迅速下降；同理，氧气含量的增加则会使爆炸上限提高得更多。

（4）爆炸容器的影响：容器的材料传热性越好、管径越细，火焰在其中传播就越难，从而导致爆炸极限范围变小。当容器直径或火焰通道小到某一数值时（即临界直径），火焰就无法继续传播下去。

（5）点火源的影响：点火源的活化能量越大、加热面积越大、作用时间越长，爆炸极限范围也会越大。然而，当火花能量上升到某一数值时，爆炸极限范围受点火能量的影响会趋于稳定。

六、燃烧、爆炸的转化

危险化学品的燃烧爆炸事故通常伴随着发热、发光、高压、真空和电离等现象，具有极强的破坏力。其主要破坏形式包括高温的破坏作用、爆炸的破坏作用，以及可能导致的中毒和环境污染。

燃烧和爆炸都需要可燃物、氧化剂和点火源这三个基本要素，因此，从本质上讲，火灾和爆炸是相似的。但它们的主要区别在于反应的速率。爆炸的主要特征是压力的急剧上升，而发光、发热并非其必然现象。相比之下，燃烧一定会发光放热，但与压力无直接关系。化学爆炸通常是氧化反应，与燃烧相似，也会伴随温度和压力的升高。然而，两者在反应速度、放热速率以及火焰传播速度上存在显著差异，后者通常比前者快得多。

固体或液体炸药从燃烧转化为爆炸的主要条件有三条：

（1）炸药处于密闭状态，燃烧产生的高温气体导致压力增大，从而使燃烧转化为爆炸。

（2）燃烧面积不断扩大，燃速加快，形成冲击波，进而使燃烧转化为爆炸。

（3）当药量较大时，炸药燃烧形成的高温反应区将热量传递给尚未反应的炸药，导致其余炸药受热后爆炸。

因此，一旦发生火灾，应尽快进行扑救以减少损失。然而，化学爆炸是瞬间完成的，通常在1秒之内就能造成人员伤亡、设备损坏、厂房倒塌等巨大损失。因此，爆炸一旦发生，后果将不堪设想。

七、防止危险化学品火灾爆炸基本原则

防止危险化学品火灾、爆炸事故发生的基本原则主要有三点：

（一）防止燃烧、爆炸系统的形成

（1）替代：使用不燃或难燃物料替代可燃易燃物料；

（2）密闭：采用隔绝空气的反应装置进行反应、存储和运输；

（3）惰性气体保护：利用 N_2、Ar 等惰性气体对体系进行保护；

（4）通风置换：对于空气流通不畅的设备或建筑物，应增强通风，以防止易燃气体局部聚集；

（5）安全监测及联锁：危化品的生产、存储和运输系统应配备安全监测和联锁报警及处理系统。

（二）消除点火源

能引发事故的点火源多种多样，包括明火、高温表面、冲击、摩擦、自燃、发热、电气火花、静电火花、化学反应热以及光线照射等。具体的消除措施有：

（1）严格控制明火和高温表面；

（2）防止摩擦和撞击产生火花；

（3）在火灾爆炸危险场所，应采用防爆电气设备，以避免电气火花引发事故。

（三）限制火灾、爆炸蔓延扩散

为限制火灾、爆炸的蔓延扩散，应采取以下措施：设置阻火装置、防爆泄压装置以及进行防火防爆分隔等。

1.2.3　毒性与环境污染

毒性危险化学品进入体内后，根据其作用时间和剂量大小，可引起不同类型的中毒。长时期、小剂量接触所引起的中毒为慢性中毒；在较短时间内（通常 3～6 个月）由较大剂量引起的中毒为亚急性中毒；而一次或短时间内大量进入体内所引起的中毒则为急性中毒。

（一）毒性危险化学品侵入人体的途径

毒性危险化学品主要通过呼吸道、消化道和皮肤三种途径进入人体。

（1）呼吸道：这是有毒危险化学品进入人体的最重要途径。以气体、蒸气、雾、烟、粉尘形式存在的毒性危险化学品，均可通过呼吸道被吸入体内。其吸收程度与空气中的浓度密切相关，浓度越高，吸收越快。

（2）皮肤：有毒危险化学品也可通过皮肤吸收引起中毒，特别是脂溶性物质和既溶于水又溶于脂的物质（如苯胺）更易被皮肤吸收。

（3）消化道：有毒危险化学品进入消化道多半是由于个人卫生习惯不良，如手沾染有毒物质后随进食、饮水或吸烟等途径进入。误食也是进入消化道的途径之一。

（二）有毒危险化学品对人体的危害

有毒危险化学品对人体的危害主要包括刺激、过敏、窒息、麻醉和昏迷、中毒、致癌、致畸、致突变以及尘肺等。

（1）刺激：通常表现为皮肤、眼睛和呼吸系统的刺激症状。如皮肤炎症、眼睛不适甚至永久伤残，以及气管和肺部刺激等。例如，二氧化硫、氯气、石棉尘等会引起气管和肺部刺激。

（2）过敏：某些化学品可引起皮肤或呼吸系统过敏，出现皮疹、水疱等症状。这些症状不一定在接触部位出现，也可能在身体其他部位出现，例如，环氧树脂、胶类硬化剂、偶氮染料、煤焦油衍生物等。呼吸系统过敏会引起职业性哮喘，如甲苯、聚氨酯、福尔马林等。

（3）窒息：涉及对身体组织氧化作用的干扰，分为单纯窒息、血液窒息和细胞内窒息三种类型。

① 单纯窒息：氧气被其他气体所代替，导致机体组织供氧不足。例如，在空间有限的工作场所，氧气被氮气、二氧化碳、甲烷、氢气、氨气等气体所代替，空气中氧浓度降到17%以下，致使机体组织的供氧不足，引起头晕、恶心、调节功能紊乱等症状。缺氧严重时会导致昏迷，甚至死亡。

② 血液窒息：有毒化学品会影响机体传送氧的能力。例如，典型的血液窒息性物质就是一氧化碳。当空气中一氧化碳含量达到0.05%时就会导致血液携氧能力严重下降。

③ 细胞内窒息：有毒化学品会影响机体和氧结合的能力。例如，氰化氢、硫化氢等物质会影响细胞和氧的结合能力，尽管血液中含氧充足。

（4）麻醉和昏迷：接触高浓度的某些化学品可导致中枢神经抑制，出现类似醉酒的症状。严重时可导致昏迷甚至死亡。例如，如乙醇、丙醇、丙酮、丁酮、乙炔、烃类、乙醚、异丙醚会导致中枢神经抑制。

（5）全身中毒：全身中毒是指化学物质对一个或多个系统产生有害影响并扩展到全身的现象。这种作用不局限于身体的某一点或某一区域。肝脏和肾脏是易受损害的器官。

肝脏的主要功能是净化血液中的有毒危险化学品，并将其转化为无害且水溶性的物质。然而，反复损害肝脏组织可能会造成伤害，引发病变（如肝硬化），并降低肝脏的功能。常见的对肝脏有害的物质包括酒精、氯仿、四氯化碳、三氯乙烯等。

同样，危险化学品对肾脏也具有毒性，其中重金属和卤代烃尤为突出。例如，汞、铅、镉等重金属，以及四氯化碳、氯仿、六氟丙烷、二氯乙烷、溴甲烷、溴乙烷等卤代烃，都可能对肾脏造成损害。

此外，长期接触某些有机溶剂也可能引发一系列健康问题，包括疲劳、失眠、头痛、恶心等。在更严重的情况下，可能导致运动神经障碍、瘫痪和感觉神经障碍。具体来说，神经末梢失能与己烷、锰和铅的接触有关；接触有机磷酸盐化合物可能会导致神经系统功能丧失；而接触二硫化碳则可能引发神经紊乱。

（6）致癌：长期接触某些化学物质可能引起细胞无节制生长，形成恶性肿瘤。潜伏期一般为4～40年。

砷、石棉、铬、镍等物质可能导致肺癌的发生；同时，铬、镍、木材以及皮革粉尘等也可能引发鼻腔癌和鼻窦癌。此外，联苯胺、萘胺以及皮革粉尘等与膀胱癌有关；砷、煤焦油和石油产品等则可能导致皮肤癌。氯乙烯单体是肝癌的潜在诱因；而苯则可能引起再生障碍性贫血等疾病。

（7）致畸：麻醉性气体、水银和有机溶剂等可能干扰正常的细胞分裂过程，导致胎儿畸形。

（8）致突变：某些化学品对人的基因产生影响，可能导致后代发生异常，80%～

85%的致癌化学物质对后代有影响。

（9）尘肺：是由于在肺的换气区域沉积了小尘粒以及肺组织对这些沉积物的反应所致。尘肺病患者肺的换气功能下降，在紧张活动时会出现呼吸短促的症状。这种损害是不可逆的，且通常很难在早期发现肺部的变化。能引起尘肺病的物质包括石英晶体、石棉、滑石粉、煤粉等。

有毒危险化学品引起的中毒往往会对多个器官和系统造成损害。例如，铅可能损害神经系统、消化系统、造血系统以及肾脏；三硝基甲苯中毒可能导致白内障、中毒性肝病、贫血、高铁血红蛋白血症等症状。同一种有毒危险化学品在引起急性和慢性中毒时，其损害的器官及表现也会有很大差别。例如，苯的急性中毒表现为中枢神经系统麻痹，而慢性中毒则主要对造血系统造成伤害。

1.3　危险化学品技术基础

化学品是由各种化学元素组成的单质、化合物和混合物，无论其来源是天然的还是人造的，均属于化学品的范畴。而根据《危险化学品安全管理条例》的定义，危险化学品是指那些具有毒害、腐蚀、爆炸、燃烧、助燃等性质，对人体、设施、环境具有危害的剧毒化学品及其他化学品。

化学品在制造对人类有益的产品方面发挥着重要作用，但同时也存在不安全的一面。只有深入了解化学品，特别是危险化学品的特性，才能将潜在的不利因素转化为有利因素，从而有效防止事故的发生。这些事故往往是对化学品性质的不熟悉以及未按照操作规范进行操作所导致的。

国家对危险化学品的安全管理工作非常重视，并先后发布了《危险化学品安全管理条例》（国务院令第591号）、《危险化学品名录》（2015版）等多份重要文件。这些文件为企业落实危险化学品安全管理主体责任以及相关部门实施监督管理提供了重要依据。经过多次按需修订后的《危险化学品名录》（2015版）列出了2 828种危险化学品，其中剧毒化学品有140多种。此外，每一种已知的化学品都对应一个唯一的CAS编号，这是美国化学文摘对化学品的唯一登记号，也是国际上通用的化学品标识符。

1.3.1　危险化学品的分类和识别

我国对危险化学品的分类主要采用以下两种方法：

一是依据《危险货物分类和品名编号》（GB 6944—2012）进行分类，共分为9大类。这9大类包括：（第1类）爆炸品、（第2类）气体、（第3类）易燃液体、（第4类）易燃固体、自燃物品和遇湿易燃物品、（第5类）氧化剂和有机过氧化物、（第6类）毒害品和感染性物品、（第7类）放射性物品、（第8类）腐蚀品以及（第9类）杂类危险物质和物品。其中，前8类被明确界定为危险化学品。

二是依据《化学品分类和标签规范》（GB 30000.2—2013至GB 30000.29—2013系列标准），这一分类方法更容易与《全球化学品统一分类和标签制度》（简称GHS）

接轨，也更符合国际标准。GHS制度是各国基于全球统一视角，科学处理化学品的指导性文件。其目的在于通过提供一个国际通用的系统来表述化学品的危害，从而提升对人类健康与生态环境的保护水平。《化学品分类和标签规范》将化学品的危险性细分为28项，其中物理危害（也称理化危害）涵盖16项，健康危害涵盖10项，环境危害涵盖2项，具体如图1.5和表1.5所示。

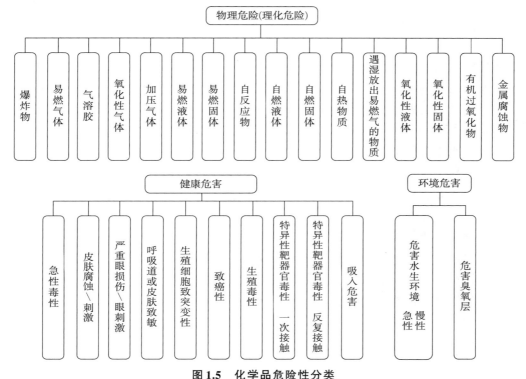

图1.5　化学品危险性分类

表1.5　物理危险分类及实例

分类	实例
爆炸物	TNT、硝化甘油、高氯酸、雷汞酸、苦味酸等
易燃气体	甲烷、乙烷、丙烷、乙炔、一氧化碳(CO)等
气溶胶	烟、雾和灰尘等
氧化性气体	氧气、氯气等
加压气体	加压气体是指在20℃时,压力等于或大于200 kPa(表压)下装入容器的气体,或是液化气体或冷冻液化气体,例如液化石油气等
易燃液体	甲醇、乙醛、丙酮、苯、氯苯、苯甲醚、环辛烷等
易燃固体	红磷、硫磺等
自燃液体	自燃液体是指即使数量很少,也能在与空气接触后5 min内着火的液体,如二乙基锌、三乙基锑、三乙基硼等
自燃固体	黄磷、三氯化钛等
金属腐蚀物	通过化学作用会显著损伤甚至毁坏金属的物质或混合物。金属腐蚀物的危害在于它们可能腐蚀金属,腐蚀过程中,在金属的界面上发生了化学或电化学多相反应,使金属转入氧化离子状态,例如硫酸、盐酸等

其中，有一些危险性带有量化指标，如：急性中毒指在单剂量或在24h内多剂量口服或皮肤接触一种物质，或吸入接触4h之后出现的有害效应；皮肤腐蚀是对皮肤造成不可逆损伤，即施用试验物质达到4h后，可观察到表皮和真皮坏死；皮肤刺激是施用试验物质达到4h后对皮肤造成可逆损伤；严重眼损伤是指将受试物施用于眼睛前部表面进行暴露接触，引起眼部组织损伤，或出现严重的视觉衰退，且在暴露后的21天内尚不能完全恢复；眼刺激是指将受试物施用于眼睛前部表面进行暴露接触后，眼睛发生的改变，且在暴露后的21天内出现的改变可完全消失，恢复正常。

在环境污染危害方面，当有害化工污染物污染土壤和近地空气后，绝大多数会随着雨水通过地面河流和地下暗流等途径再次进入自然水域中。因此，化工行业对环境的污染危害最主要的是指对自然水体系和高空臭氧层的危害。对水环境的危害具体由3个急性类别和4个慢性类别组成。

1. 急性水生毒性分3个类别

（1）急性Ⅰ，对水中生物有剧毒；

（2）急性Ⅱ，对水中生物有毒性；

（3）急性Ⅲ，对水中生物有害。

2. 慢性水生毒性分4个类别

（1）慢性Ⅰ，对水中生物具有剧烈毒性，有害影响长时间持续；

（2）慢性Ⅱ，对水中生物具有毒性，有害影响长时间持续；

（3）慢性Ⅲ，对水中生物有害，且影响长时间持续；

（4）慢性Ⅳ，可能对水中生物具有长时间持续性危害。

1.3.2　危险化学品的主要危险特性

（一）燃烧性

爆炸品、压缩气体和液化气体中的可燃性气体、易燃液体、易燃固体、自燃物品、遇湿易燃物品、有机过氧化物等，在条件具备时均可能发生燃烧。

（二）爆炸性

爆炸品、压缩气体和液化气体、易燃液体、易燃固体、自燃物品、遇湿易燃物品、氧化剂和有机过氧化物等危险化学品均可能由于其化学活性或易燃性而引发爆炸事故。

（三）毒害性

许多危险化学品可通过一种或多种途径进入人体和动物体内，当其在人体累积到一定量时，便会扰乱或破坏机体的正常生理功能，引起暂时性或持久性的病理改变，甚至危及生命。

（四）腐蚀性

强酸、强碱等物质能对人体组织、金属等物品造成损坏，接触人的皮肤、眼睛或肺部、食管等时，会引起表皮组织坏死而造成灼伤。内部器官被灼伤后可引起炎症，甚至会造成死亡。

（五）放射性

放射性危险化学品通过放出的射线可阻碍和伤害人体细胞活动机能并导致细胞死亡。

1.3.3 危险化学品事故预防控制措施

（一）替代

控制、预防化学品危害最理想的方法是不使用有毒有害和易燃、易爆的化学品，但这很难做到，通常的做法是选用无毒或低毒的化学品替代已有的有毒有害化学品。如用甲苯替代喷漆和涂漆中用的苯，将大幅度降低毒性；用脂肪烃替代胶水或黏合剂中的芳烃，同样，大幅度降低了毒性。简言之：A取代B，将B的危害消除。

（二）变更工艺

生产中不可避免地要生产、使用有害化学品。这时可通过变更工艺消除或降低化学品危害。如以往用乙炔制乙醛，采用汞做催化剂，现在发展为用乙烯为原料，通过氧化制乙醛，不需用汞做催化剂，通过变更工艺，彻底消除了汞害。简言之：A取代B，将C的危害消除。

（三）隔离

隔离就是通过封闭、设置屏障等措施，避免人员直接暴露于有害环境中。最常用的隔离方法是将生产或使用的设备完全封闭起来，使工人在操作中不接触化学品。隔离操作即是把生产设备与操作室隔离开。

（四）通风

通风是控制作业场所中有害气体、蒸气或粉尘最有效的措施之一。借助于有效的通风，可以使作业场所空气中有害气体、蒸气或粉尘的浓度降低到规定浓度以下，从而保证工人的身体健康，并防止火灾、爆炸事故的发生。

通风分局部排风和全面通风两种类型：对于点式扩散源，可使用局部排风；对于面式扩散源，则要使用全面通风，全面通风亦称稀释通风。

局部排风是通过将污染源罩起来，并抽出污染空气的方式实现的。这种通风方式所需风量小，经济有效，并且便于净化回收。实验室中的通风橱、焊接室或喷漆室所配备的可移动的通风管和导管都是局部排风设备的例子。

全面通风是利用新鲜空气将作业场所的污染物稀释到安全浓度以下。由于所需风量大，且不能净化回收，因此全面通风的目的并非消除污染物，而是将其浓度降低到安全水平。这种方式仅适合于低毒性作业场所，对于污染物量大的作业场所则不适用。

（五）个体防护

当作业场所中有害化学品的浓度超标时，工人必须佩戴合适的个体防护用品。请注意，个体防护用品并不能降低作业场所中有害化学品的浓度，而仅仅是作为阻止有害物质进入人体的屏障。一旦防护用品失效，就意味着这道防护屏障消失。因此，个体防护不应被视为控制危害的主要手段，而只能作为一种辅助性措施。防护用品主要包括头部防护器具、呼吸防护器具、眼防护器具、躯干防护用品以及手足防护用品等。

（六）保持卫生

保持卫生涵盖作业场所的清洁与个人卫生两大方面。作业场所应经常清洗，对废弃物和溢出物需进行妥善处置，以保持其清洁度，此举对于有效预防和控制化学品危害至关重要。同时，作业人员应当培养起良好的卫生习惯，避免有害物质附着于皮肤之上，进而防止其通过皮肤渗透进入体内。

1.3.4 危险化学品安全标志

危险化学品安全标志以鲜明简洁的方式表达了危险化学品的危险特性和类别，是向接触者传递安全信息的重要警示资料。它能够帮助危险化学品操作者迅速而准确地识别这些危险化学品的类别。

一、传统标准的安全标志

《危险货物分类和品名编号》（GB 6944—2012）与《化学品分类和危险性公示 通则》（GB 13690—2009）共同规定了危险化学品的包装标志。这些标准与联合国《关于危险货物运输的建议书 规章范本》（简称TDG）保持一致。标志的尺寸、颜色、印刷及使用方法应遵循《危险货物包装标志》（GB 190—2009）的规定，主要包括以下几点：

（1）设立了16种主标志和11种副标志。

（2）主标志由危险图案、文字说明、底色以及危险品类别号（共9类，详见1.3.1节危险化学品的分类）构成，采用菱形设计。底色包括橙色、红色、白色、红白条相间、上白下红、上白下黑等，图案颜色为黑色或白色，且四周菱形边框颜色与图案颜色相协调，具体如图1.6所示。值得注意的是，副标志中不包含危险品类别号。

图1.6 TDG安全标志（主标）实例

（3）当一种危险化学品具有一种以上的危险性时，应用主标志表示主要危险性类别，用副标志来表示重要的其他的危险性类别。

二、GHS制度的安全标志

依据联合国《全球化学品统一分类和标签制度》（Globally Harmonized System of Classification and Labelling of Chemicals，GHS），化学品的危险性被划分为物理危害、健康危害和环境危害三大类。针对这三类危害特性，GHS统一规定了9种简洁明了的象形图作为安全标志。这些象形图均设计为红色边框的菱形图案，内含黑色图案，背景为白色。与TDG标志相比，GHS标志省去了文字说明和危险品类别号。GHS标志的9种图案详见表1.6。

表1.6 GHS安全标志

GHS安全标志	危险类别	GHS安全标志	危险类别
	可燃性气体，易燃性压力下气体，易燃液体，易燃固体，自反应化学品，自燃液体和固体，自热化学品等		助燃性、氧化性气体，氧化性液体/固体
	火药类，自反应化学品，有机过氧化物		金属腐蚀物，对皮肤有腐蚀性/刺激性，对眼睛有严重损伤/刺激性
	压力下气体		急性毒性/剧毒
	急性毒性/剧毒，对皮肤有腐蚀性/刺激性，对眼睛有严重损伤/刺激性，引起皮肤过敏，对靶器官/全身有毒害性		对水生环境有害性
	引起呼吸器官过敏，引起生殖细胞突变，致癌性，生殖毒性，对靶器官/全身有毒害性，对吸入性呼吸器官有害		

1.3.5 危险化学品安全标签

《危险化学品安全管理条例》规定，危险化学品生产企业必须提供与其所生产的危险化学品相匹配的化学品安全技术说明书，并需在危险化学品的包装上（包括外包装件）粘贴或拴挂与包装内危险化学品相对应的化学品安全标签。

相较于化学品安全标志，化学品安全标签包含了更为丰富的安全信息。化学品安全标签采用简洁明了、易于理解的文字和图形，传达了化学品的某些特性及安全处置方法，旨在提醒操作人员安全地进行相关作业。安全标签的具体内容包括：

（1）化学品标识：必须同时用中文和英文清晰醒目地标明危险化学品的通用名称，且二者缺一不可。此标识应位于标签的正上方。

（2）象形图：应采用《化学品分类和标签规范 第1部分：通则》（GB 30000.1—2024）中规定的象形图。

（3）信号词：位于化学品名称的下方，根据化学品的危险程度和类别，分别使用"危险"和"警告"两个词进行危害程度的警示。"危险"用于指示较为严重的危险类别；"警告"则用于较轻的危险类别。

（4）危险性说明：简要概述危险化学品的危险特性，包括物理危害、健康危害和环境危害，此部分信息应位于信号词的下方。

（5）防范说明：详细阐述在处置、搬运、储存和使用过程中应注意的事项以及有效的救护措施，包括安全预防措施、意外情况的处理方法、安全储存措施以及废弃处置方法。

（6）供应商标识：明确标注生产商或供应商的名称、地址，以及生产商或生产商委托的24小时化学事故应急咨询电话。对于国外进口化学品，其安全标签上应至少包含一家中国境内的24小时化学事故应急咨询电话。

（7）资料参阅提示语：提醒化学品用户应参阅化学品安全技术说明书以获取更多信息。

化学品安全标签样例，具体如图1.7所示。

安全标签的责任分配如下：

（1）生产企业：负责确保危化品在出厂时，每个容器或每层包装上都加贴了符合国家标准的安全标签。

（2）使用单位：应确保所使用的危化品配备有安全标签，并对包装上的安全标签进行仔细核对。若发现标签脱落或损坏，应在检查确认后立即进行补贴。

（3）经销单位：应确保所经销的危化品均带有安全标签。对于进口的危化品，必须确保其具有符合我国标签标准的中文标签。

（4）运输单位：严禁承运无安全标签的危险品。

1.3.6 化学品的安全技术说明书（MSDS）

化学品安全技术说明书（MSDS），作为国际上通称的化学品安全信息卡（SDS），全面提供了化学品在安全、健康及环境保护方面的关键信息。它不仅推荐了

| 企业标志 | acetylene
乙炔 [电石气]
C_2H_2
危 险

有毒、具腐蚀性、可燃、窒息性
安全措施：
　·密闭包装，并贮于干燥通风处，直立存放并有防倾倒的措施。搬运时戴好钢瓶安全帽、防震橡皮圈。
　·远离火种、热源，防止阳光直射
　·与氧气、压缩空气、氧化剂、氟氯溴、铜银汞、铜盐、汞盐、银盐、过氧化有机物、炸药、毒物、放射性材料等隔离储存
　·要避免使用含铜66％以上的黄铜、含铜银的焊接材料和含汞的压力量限制在1t以下。
灭　火： 雾状水、抗溶性泡沫、干粉、砂土、CO_2灭火。
禁忌物： 爆炸品，有机过氧化物，一级自燃物、腐蚀性、易燃物品 |
易燃气体
2 |
| | 请向企业索取安全技术说明书 | |

纯度：大于98.0%

净重：

批号：

| 单位名称： | 邮编：000000 | UN No.1001 | CN No.21024 |
| 单位地址： | 电话：000-000000000 | 应急咨询电话：0532-83889090/9191 | |

图1.7　安全标签样例

相应的防护措施，还详述了紧急情况下的应对措施。供应商有责任向下游用户提供完整且最新的MSDS，并确保其得到及时更新。同时，下游用户需通过有效途径，将危险化品的相关信息传达给各作业场所的使用者。

化学品安全技术说明书是供应商向下游用户传递化学品基本危害信息的重要手段，其主要作用包括：

（1）作为化学品安全生产、流通及使用的权威指导文件；

（2）为应急作业人员提供实时的技术指南，确保应急作业的有效进行；

（3）为危险化学品生产、处置、储存及使用等各环节制定安全操作规程提供必要的技术信息支持；

（4）为设计危害控制和预防措施提供科学的技术依据；

（5）构成企业安全教育的重要组成部分，提升员工的安全意识和操作技能。

根据《化学品安全技术说明书编写指南》（GB/T 17519—2013）的规定，化学品安全技术说明书（MSDS）应包含以下16个核心部分：

（1）化学品及企业标识：清晰列出化学品名称、生产企业全称、详细地址、邮政编码、联系电话、应急联系电话、传真号码以及电子邮件地址等关键信息。

（2）危险性概述：简要概述化学品的主要危害及潜在影响，包括其关键的物理化学危险信息、对人体健康及环境的可能影响，以及任何特殊的危险提示。同时，应明确标注GHS危险性和相应的标签信息，以及人员接触后可能出现的症状。

（3）成分/组成信息：对于纯化学品，应提供其名称、CAS号及其他相关标识；对于混合物，应列出所有具有GHS描述影响的组分，包括杂质和稳定剂，但无需列出所有成分。同时，应明确指出该化学品是纯物质还是混合物，并对于混合物中的危害性组分，给出其浓度或浓度范围。

（4）急救措施：详细说明在作业人员意外受伤时，应采取的现场自救或互救措施。这些措施应按照不同的接触方式（如吸入、皮肤接触、眼睛接触和食入）进行分类，并描述可能的急性和迟发效应、主要症状以及对健康的潜在影响。

（5）消防措施：提供关于化学品物理和化学特性的特殊危险性信息，指出适合的灭火介质和应避免使用的灭火介质，以及消防人员在灭火过程中应采取的个体防护措施。

（6）泄漏应急处理：介绍在化学品泄漏时，现场可采取的简单有效的应急措施、注意事项和消除方法。

（7）操作处置与储存：提供关于化学品安全操作处置和储存的详细指导信息。

（8）接触控制/个体防护：描述在生产、操作处置、搬运和使用化学品过程中，为保护作业人员免受危害而应采取的防护方法和手段，包括容许浓度、减少接触的措施、防护设备的类型和材质，以及在特定条件下化学品的危险性和相应的保护措施。

（9）理化特性：详细列出化学品的外观、理化性质等关键信息。

（10）稳定性和反应性：提供关于化学稳定性和反应活性的信息，包括其稳定性、禁配物、应避免的条件、聚合危害以及分解产物等。

（11）毒理学资料：详细介绍化学品的毒理学信息，包括急性毒性、刺激性、致敏性、亚急性和慢性毒性，以及致突变性、致畸性和致癌性等。

（12）生态学资料：阐述化学品在环境中的生态效应、行为和转归情况。

（13）废弃处置：提供对被化学品污染的包装和无使用价值的化学品的安全处理指南。

（14）运输信息：明确化学品在包装和运输过程中的要求，以及运输规定的分类和编号信息。

（15）法规信息：列出与化学品管理相关的法律条款和标准要求。

（16）其他信息：提供任何其他对安全至关重要的额外信息。

以 N-（2-羟乙基）乙二胺的 MSDS 为样例，如下所示。

N-（2-羟乙基）乙二胺

1　化学品及企业标识

中文名：N-（2-羟乙基）乙二胺

英文名：N-（2-Hydroxyethyl）ethylenediamine

中文别名：N-（2-羟乙基）乙二胺；N-（2-羟基乙基）乙二胺；2-（2-氨乙基氨基）乙醇；2-（2-氨基乙基氨基）乙醇；N-（2-氨乙基）乙醇胺；N-（2-氨基乙基）乙醇胺；羟乙基乙二胺；氨基乙基乙醇胺

英文别名：N-（2-Hydroxyethyl）ethylenediamine；2-（2-Aminoethylamino）ethanol；

N-（2-Aminoethyl）ethanolamine

　　推荐用途： 实验室用化验、试验及科学实验。

　　限制用途： 不可作为药品、食品、家庭或其他用途。

　　生产商信息： ＊＊＊

　　应急电话： 010—＊＊＊

　　安全技术说明书编码： ＊＊＊＊CSDS111-41-1 *N*-（2-羟乙基）乙二胺

2　危险性概述

　　2.1 紧急情况概述： 吞咽或皮肤接触可能有害。可能造成严重皮肤灼伤和眼损伤。可能造成皮肤过敏反应。可能对生育能力或胎儿造成伤害。过量接触需采取特殊急救措施并进行医疗随访。火灾时，使用二氧化碳、沙粒、灭火粉末灭火，如必要的话，戴自给式呼吸器去救火。

　　2.2 GHS 危险性分类： 急毒性-口服（类别5）

　　　　　　　　　　　　　急毒性-皮肤（类别5）

　　　　　　　　　　　　　皮肤腐蚀/刺激（类别1B）

　　　　　　　　　　　　　眼损伤（类别1）

　　　　　　　　　　　　　眼损伤（类别1）

　　　　　　　　　　　　　皮肤过敏（类别1）

　　　　　　　　　　　　　生殖毒性（类别1B）

　　2.3 GHS 标记要素，包括预防性的陈述

　　象形图：

　　警示词：危险

　　危险信息：吞咽或皮肤接触可能有害。造成严重皮肤灼伤和眼损伤。可能造成皮肤过敏反应。可能对生育能力或胎儿造成伤害。

　　【预防措施】： 在使用前取得专用说明。在读懂所有安全防范措施之前请勿搬动。避免吸入粉尘/烟/气体/烟雾/蒸气/喷雾。作业后彻底清洗皮肤。受沾染的工作服不得带出工作场地。戴防护手套/穿防护服/戴防护眼罩/戴防护面具。

　　【事故响应】： 如误吞咽：漱口，不要诱导呕吐。如果皮肤（或头发）接触：立即除去/脱掉所有沾污的衣物，用水清洗皮肤/淋浴。如果吸入：将受害人移至空气新鲜处并保持呼吸舒适的姿势休息，立即呼叫解毒中心或就医。如溅入眼睛，用水小心冲洗几分钟。如戴隐形眼镜且便于取出，取出隐形眼镜，继续冲洗，立即呼叫解毒中心或就医。如感觉不适，呼叫解毒中心或医生。如发生皮肤刺激或皮疹：求医/就诊。脱掉所有沾染的衣服，清洗后方可重新使用。

【安全存储】：存放处须加锁。储存温度不超过30℃，相对湿度不超过80%。

【废弃处置】：按照地方/区域/国家/国际规章处置内装物/容器。

2.4 物理化学危险性信息：不适用

2.5 健康危害：吞咽或皮肤接触可能有害。造成严重皮肤灼伤和眼损伤。可能造成皮肤过敏反应。可能对生育能力或胎儿造成伤害。

2.6 环境危害：不适用

2.7 其他危害物：无资料

3 成分/组成信息

成分：N-(2-羟乙基）乙二胺
CAS：111-41-1

4 急救措施

4.1 必要的急救措施描述

吸入：如果吸入，请将患者移到新鲜空气处。如呼吸停止，请进行人工呼吸。请教医生。

皮肤接触：立即脱掉被污染的衣服和鞋。用肥皂和大量的水冲洗。立即将患者送往医院。请教医生。眼睛接触：用大量水彻底冲洗并请教医生。

食入：禁止催吐。切勿给失去知觉者从嘴里喂食任何东西。用水漱口。请教医生。

4.2 主要症状和影响，急性和迟发效应

该物质对黏膜组织和上呼吸道、眼睛和皮肤破坏极大。痉挛，发炎，咽喉肿痛，痉挛，发炎，支气管炎，肺炎，肺水肿，灼伤感，咳嗽，喘息，喉炎，呼吸短促，头痛，恶心。

4.3 及时的医疗处理和特殊治疗的说明和提示：无资料

5 消防措施

5.1 特别危险性描述：无资料

5.2 灭火方法或灭火剂：发生火灾时：使用二氧化碳、沙粒、灭火粉末灭火。

5.3 灭火注意事项及措施：如必要的话，戴自给式呼吸器去救火。

6 泄漏应急措施

6.1 作业人员的防护措施、防护设备和应急处置程序：使用个人防护装备。避免吸入蒸气、气雾或气体。保证充分的通风。将人员疏散到安全区域。

6.2 环境保护措施：如能确保安全，可采取措施防止进一步的泄漏或溢出。不要让产品进入下水道。

6.3 泄漏化学品的收容、清除方法及所使用的的处置材料：用惰性吸附材料吸收并当作危险废物处理。放入合适的封闭的容器中待处理。

7 操作处置与储存

7.1 安全处置注意事项：贮存在阴凉处。使容器保持密闭，储存在干燥通风处。打开了的容器必须仔细重新封口并保持竖放位置以防止泄漏。

7.2 安全储存注意事项：贮存在阴凉处。容器应保持密闭，储存在干燥通风处。打开了的容器必须仔细重新封口并保持竖放位置以防止泄漏。

7.3 不兼容性：参见第10部分

8 接触控制/个体防护

8.1 作业场所职业接触限值

MAC(mg/m³)：无资料

PC-STEL(mg/m³)：无资料

TLV-TWA(mg/m³)：无资料

PC-TWA(mg/m³)：无资料

TLV-C(mg/m³)：无资料

TLV＝STEL(mg/m³)：无资料

8.2 检测方法：无资料

8.3 工程控制：生产过程密闭，加强通风。提供安全淋浴和洗眼设备。

8.4 暴露控制：呼吸系统防护：如危险性评测显示需要使用空气净化的防毒面具，请使用全面罩式多功能防毒面具作为过程控制的候补。如果防毒面具是保护的唯一方式，则使用全面罩式送风防毒面具。呼吸器使用经过测试并通过政府标准的呼吸器和零件。

手防护：戴耐酸碱手套。

眼睛防护：戴防腐蚀液护目镜/面罩。

皮肤和身体防护：穿防腐蚀液防酸碱服。

其他防护：工作现场禁止吸烟。工作完毕，淋浴更衣。注意个人清洁卫生。

9 理化特性

外观与性状：无色或淡黄色黏稠液体，微有氨气味，呈强碱性，具吸湿性。

气味：轻微氨味

气味阈值：无资料

pH：11.8（111 g/L，H_2O，20 ℃）

熔点/凝固点（℃）：－28 ℃

沸点、初沸点、沸程（℃）：237－243 ℃/100.26 kPa

密度/相对密度（水＝1）：1.030 g/mL

蒸气密度（空气＝1）：3.6

蒸气压（kPa）：无资料

燃烧热（kJ/mol）：无资料

分解温度：无资料

临界压力：无资料

辛醇/水分配系数的对数值:无资料

闪点（℃）：125℃

自燃温度（℃）：无资料

爆炸上限％（V/V）：无资料

溶解性：能与水和乙醇相混溶，溶于甲醇、氯仿和二甲亚砜，微溶于醚。

爆炸下限％（V/V）：无资料

易燃性（固体、气体）：无资料

蒸发速率：无资料

10　稳定性和反应性

10.1 稳定性：稳定

10.2 危险反应：无资料

10.3 应避免的条件：潮湿

10.4 不相容物质：强氧化剂，不要存放在靠近酸的地方。

10.5 危险的分解产物：无资料

11　毒理学信息

11.1 急性毒性：LD_{50}经口－大鼠－3 000 mg/kg；LD_{50}经皮－大鼠－2 250 mg/kg

11.2 皮肤刺激或腐蚀：无资料

11.3 眼睛刺激和腐蚀：无资料

11.4 呼吸或皮肤过敏：可能引起皮肤过敏性反应。

11.5 生殖细胞突变性：无资料

11.6 致癌性：IARC：此产品中没有大于或等于0.1％含量的组分被IARC鉴别为可能的或肯定的人类致癌物。

11.7 生殖毒性：根据动物实验，有明显的证据表明对生长发育有不利的影响。根据动物试验，有一些对性功能和生殖的影响的证据。

11.8 特异性靶器官系统毒性（一次接触）：无资料

11.9 特异性靶器官系统毒性（反复接触）：无资料

11.10 吸入危险：无资料

11.11 潜在的健康危险：

吸入：吸入可能有害。可能引起呼吸道刺激。

摄入：误吞对人体有害。引起灼伤

皮肤：通过皮肤吸收有害。引起皮肤刺激。

眼睛：引起眼睛刺激。

12　生态学信息

12.1 生态毒性：无资料

12.2 持久性和降解性：无资料

12.3 潜在的生物累积性：无资料

12.4 土壤中的迁移性：无资料

12.5 其他不良影响：无资料

13 废弃处置

13.1 残余废弃物处置方法：将剩余的和未回收的产品交给处理公司。

13.2 受污染的容器和包装：按未用产品处置

13.3 废弃处置注意事项：处置前参照国家和地方有关法律法规。

14 运输信息

14.1 联合国危险货物编号：NA

14.2 联合国运输名称：Polyamines， liquid， corrosive

14.3 联合国危险性分类：NA

14.4 包装组：Ⅱ

14.5 包装方法：无资料

14.6 海洋污染物（是/否）：否

14.7 运输注意事项：无资料

15 法规信息

下列法律法规和标准，对化学品的安全使用、储存、运输、装卸、分类和标志等方面均作了相应的规定：

《危险化学品目录》（2015版）：未列入

《易制毒化学品的分类和品种目录》（2015版）：未列入

《易制爆危险化学品名录》（2017版）：未列入

《中国现有化学物质名录》：列入

《化学品分类和标签规范》系列国家标准（GB 30000.2—2013～30000.29—2013）

若适用，该化学品应满足《危险化学品安全管理条例》的要求。

16 其他信息

编制标准：《化学品安全技术说明书 内容和项目顺序》（GB/T 16483）编制部门：**有限公司—质量检验与管理中心

修改说明：每5年修订一次或有国家新的相关法律法规出台时。

免责说明：上述信息视为正确，但不包含所有的信息，仅作为指引使用。本文件中的信息是基于我们目前所知，就正确的安全提示来说适用于本品。该信息不代表对此产品性质的保证。本MSDS只为那些受过适当专业训练并使用该产品的有关人员提供对该产品的安全预防资料。获取MSDS的使用者，在面临特殊使用条件时，必须独立判断该MSDS的适用性。特别提醒，在特殊的使用场合下，如果因依赖本MSDS而导致任何伤害或损失，本公司将不承担任何责任。

化学品安全技术说明书编写和使用要求如下。

（1）编写要求

MSDS（Material Safety Data Sheet，即化学品安全技术说明书）的十六大项内容在编写时必须严格遵守以下规定：

① 完整性：十六大项内容不得随意删除或合并，每一项都是对化学品安全性的重要描述。

② 顺序性：各项内容的顺序不可随意变更，以确保信息的逻辑性和易读性。

③ 必填项与选填项：大项为必填项，必须完整填写；小项分为三种情况：

［A］项：为必填项，无论是否有数据，都必须提供相关信息。

［B］项：若无数据，应明确写明原因，如"无资料"或"无意义"，以避免产生误解。

［C］项：若无数据，此项可略去不写，但不影响其他项内容的完整性。

④ 更新与修订：安全说明书的内容需定期更新，从该化学品的制作之日算起，每5年更新一次。若发现新的危害性，生产企业必须在相关信息发布后的半年内，对安全技术说明书的内容进行及时修订，以确保信息的准确性和时效性。

（2）种类

安全技术说明书的编写应遵循"一个品种一张卡"的原则，即每种化学品都应有一份独立的安全技术说明书。同类物、同系物的技术说明书不能互相替代，因为即使是同类或同系的化学品，其化学性质、危险性和安全措施也可能存在显著差异。

（3）使用

安全技术说明书应由化学品的生产供应企业负责编制，并在交付商品时提供给用户。作为给用户提供的服务，安全技术说明书应随商品在市场上流通，以确保用户在使用化学品时能够随时查阅。

用户在接收化学品时，应认真阅读安全技术说明书，了解和掌握化学品的危险性、预防措施、应急措施等关键信息。根据使用的情况，用户应制定安全操作规程，选择合适的防护用具，并对作业人员进行必要的培训，以确保化学品的安全使用。

1.3.7 特殊监管危险化学品

一、重点监管危化品目录

《国家安全监管总局关于公布首批重点监管的危险化学品名录的通知》（安监总管三〔2011〕95号）和《国家安全监管总局关于公布第二批重点监管危险化学品名录的通知》（安监总管三〔2013〕12号）确定了我国重点监管危险化学品的名录。

第一批（60种）包括：氯、氨、液化石油气、硫化氢、甲烷-天然气、原油、汽油（含甲醇汽油、乙醇汽油、石脑油）、氢、苯（含粗苯）、碳酰氯、二氧化硫、一氧化碳、甲醇、丙烯腈、环氧乙烷、乙炔、氟化氢—氢氟酸、氯乙烯、甲苯、氰化氢—氢氰酸、乙烯、三氯化磷、硝基苯、苯乙烯、环氧丙烷、一氯甲烷、1,3-丁二烯、硫酸二甲酯、氰化钠、1-丙烯（丙烯）、苯胺、甲醚、丙烯醛（2-丙烯醛）、氯苯、乙酸乙烯酯、二甲胺、苯酚、四氯化钛、甲苯二异氰酸酯、过氧乙酸、六氯环戊二烯、二硫化碳、乙烷、环氧氯丙烷、丙酮氰醇、磷化氢、氯甲基甲醚、三氟化硼、烯丙胺、异氰酸甲酯、甲基叔丁基醚、乙酸乙酯、丙烯酸、硝酸铵、三氧化硫、三氯甲烷、甲基肼、一甲胺、乙醛、氯甲酸三氯甲酯。

第二批（14种）补充：氯酸钠、氯酸钾、过氧化甲乙酮、过氧化（二）苯甲酰、硝化纤维素、硝酸胍、高氯酸铵、过氧化苯甲酸叔丁酯、N,N'-二亚硝基五亚甲基四胺、硝基胍、2,2'-偶氮二异丁腈、偶氮二异庚腈、硝化甘油、乙醚。

二、剧毒化学品辨识

具有剧烈急性毒性危害的化学品，涵盖人工合成的化学品及其混合物，以及天然毒素。此外，还包括那些具有急性毒性且易对公共安全造成危害的化学品。为了判断某产品是否属于剧毒品，可以查阅《危险化学品目录》或 MSDS（Material Safety Data Sheet，即化学品安全技术说明书）中的第 11 项"毒理学信息"，并检查其是否落在"急性毒性类别 1"的范围内。

对于未知化学品的剧烈急性毒性判定，我们依据以下界限。

急性毒性类别 1 的判定标准满足以下任一条件：

（1）大鼠实验中，经口 LD_{50}（半数致死剂量）≤5 mg/kg 体重；

（2）经皮 LD_{50}≤50 mg/kg 体重，此处的实验数据也可参考兔实验的结果；

（3）吸入（4小时）LC_{50}（半数致死浓度）≤100 mL/m³（针对气体）或 0.5 mg/L（针对蒸气）或 0.05 mg/L（针对尘、雾）；

其中，LD（Lethal Dose）代表致死剂量，单位为 mg/kg 体重；LC（Lethal Concentration）代表致死浓度，单位可以是 mg/L 或 mg/m³。

LD_{50} 是指经口或经皮染毒后，在规定时间内导致一组受试对象 50% 个体死亡所需的剂量，简单定义就是经口、经皮的半数致死剂量。更精确地说，它是一个统计学上预计能导致动物半数死亡的单一剂量。LD_{50} 的数值越小，意味着毒物的毒性越强；相反，LD_{50} 数值越大，则毒物的毒性越低。

LC_{50} 则是指化学品在空气中或水中，在规定时间内能造成一组实验动物 50% 死亡所需的浓度，简单定义就是经呼吸道吸入的半数致死浓度。这一指标同样用于评估化学品的急性毒性。

三、易制毒危险化学品

易制毒化学品是指国家规定管制的，可用于制造毒品的前体、原料和化学助剂等物质。禁毒是全社会的共同责任，易制毒化学品企业及从业人员应当积极履行禁毒职责或义务，并且有条件和能力在这一领域发挥更大的作用。为了防止易制毒化学品流入不法分子手中并造成伤害，必须对其执行严格的管理措施。事实上，无论是大麻、可卡因等植物天然毒品，还是冰毒、摇头丸等合成化学毒品，其加工过程都离不开易制毒化学品。从某种意义上说，没有易制毒化学品，就没有毒品。

易制毒化学品被分为三类：第一类是可以用于制毒的主要原料；第二类和第三类则是可以用于制毒的化学配剂。国家在 2021 年对《易制毒化学品的分类和品种目录》进行了增补，目前该目录共列管了 3 类、38 种易制毒危险化学品。

第一类（19种）

（1）1-苯基-2-丙酮；（2）3,4-亚甲基二氧苯基-2-丙酮；（3）胡椒醛；（4）黄樟素；（5）黄樟油；（6）异黄樟素；（7）N-乙酰邻氨基苯酸；（8）邻氨基苯甲酸；（9）麦角酸*；（10）麦角胺*；（11）麦角新碱*；（12）麻黄素、伪麻黄碱、消旋麻黄素、去甲麻黄素、甲基麻黄素、麻黄浸膏、麻黄浸膏粉等麻黄素类物质*；（13）N-苯乙基-4-哌啶酮；（14）4-苯胺基-N-苯乙基哌啶；（15）N-甲基-1-苯基-1-氯-2-丙胺；（16）羟亚胺；（17）1-苯基-2-溴-1-丙酮；（18）3-氧-2-苯基丁腈；（19）邻氯苯基环戊酮。

第二类（11种）

（1）苯乙酸；（2）乙酸酐；（3）三氯甲烷；（4）乙醚；（5）哌啶；（6）1-苯基-1-丙酮（苯丙酮）；（7）溴素（液溴）；（8）α-苯乙酰乙酸甲酯；（9）α-乙酰乙酰苯胺；（10）3,4-亚甲基二氧苯基-2-丙酮缩水甘油酸；（11）3,4-亚甲基二氧苯基-2-丙酮缩水甘油酯。

第三类（8种）

（1）甲苯；（2）丙酮；（3）甲基乙基酮；（4）高锰酸钾；（5）硫酸；（6）盐酸；（7）苯乙腈；（8）γ-丁内酯。

说明：

（1）第一类、第二类所列物质可能存在的盐类，也纳入管制。

（2）带有*标记的品种为第一类中的药品类易制毒化学品，第一类中的药品类易制毒化学品包括原料药及其单方制剂。

（3）高锰酸钾既属于易制毒也属于易制爆危险化学品。

四、易制爆危险化学品

易制爆危险化学品，是指那些被公安部确定并公布在《易制爆危险化学品名录》中的，可用于制造爆炸物品的化学品。易制爆化学品一般包括：强氧化剂、易燃物、强还原剂、部分有机物。这些化学品本身可能并不是爆炸物，但具有被用来制造炸药或爆炸物品的潜力。易制爆化学品的管制是维护社会秩序、保障公共安全、防止暴力恐怖分子利用化学原料制造爆炸物品进行恐怖活动的重要举措。

公安部根据《危险化学品安全管理条例》编制了《易制爆危险化学品名录》（2021版），对危险化学品进行了分类管理，其中列出了9类易爆危险品，共计74种。具体如下：

（1）酸类：硝酸、发烟硝酸、高氯酸（浓度＞72%）、高氯酸（浓度50%～72%）、高氯酸（浓度≤50%）。

（2）硝酸盐类：硝酸钠、硝酸钾、硝酸铯、硝酸镁、硝酸钙、硝酸锶、硝酸钡、硝酸镍、硝酸银、硝酸锌、硝酸铅。

（3）氯酸盐类：氯酸钠、氯酸钠溶液、氯酸钾、氯酸钾溶液、氯酸。

（4）高氯酸盐类：高氯酸锂、高氯酸钠、高氯酸钾、高氯酸铵。

（5）重铬酸盐类：重铬酸锂、重铬酸钠、重铬酸钾、重铬酸铵。

（6）过氧化物和超氧化物类：过氧化氢溶液（含量＞8%）、过氧化锂、过氧化钠、过氧化钾、过氧化镁、过氧化钙、过氧化锶、过氧化钡、过氧化锌、过氧化脲、过乙酸（含量≤16%，含水≥39%，含乙酸≥15%，含过氧化氢≤24%，含有稳定剂）、过乙酸（含量≤43%，含水≥5%，含乙酸≥35%，含过氧化氢≤6%，含有稳定剂）、过氧化二异丙苯（52%＜含量≤100%）、过氧化氢苯甲酰、超氧化钠、超氧化钾。

（7）易燃物还原剂类：锂、钠、钾、镁、镁铝粉、铝粉、硅铝、硅铝粉、硫磺、锌尘、锌粉、锌灰、金属锆粉、六亚甲基四胺、1,2-乙二胺、一甲胺（无水）、一甲胺溶液、硼氢化锂、硼氢化钠、硼氢化钾。

（8）硝基化合物类：硝基甲烷、硝基乙烷、2,4-二硝基甲苯、2,6-二硝基甲苯、1,5-二硝基萘、1,8-二硝基萘、二硝基苯酚（干的或含水＜15%）、二硝基苯酚溶液、2,4-二硝基苯酚（含水≥15%）、2,5-二硝基苯酚（含水≥15%）、2,6-二硝基苯酚（含水≥15%）、2,4-二硝基苯酚钠。

（9）其他：硝化纤维素（干的或含水（或乙醇）＜25%）、硝化纤维素（含氮≤12.6%，含乙醇≥25%）、硝化纤维素（含氮≤12.6%）、硝化纤维素（含水≥25%）、硝化纤维素（含乙醇≥25%）、硝化纤维素（未改型的，或增塑的，含增塑剂＜18%）、硝化纤维素溶液（含氮量≤12.6%，含硝化纤维素≤55%）、4,6-二硝基-2-氨基苯酚钠、高锰酸钾、高锰酸钠、硝酸胍、水合肼、2,2-双（羟甲基）1,3-丙二醇。

由于易制爆化学品的特殊性，任何情况下想要购买、经营或使用，都必须先取得易制爆产品购买许可证/备案，而且购买量和使用量都需要受到严格管制。因此，控制易制爆化学品成为一项重点工作：

（1）安全防范措施

生产、储存易制爆危险品的单位应当采取必要的安全措施，以防止易制爆化学品丢失、被盗。一旦发现易制爆危险化学品丢失或被盗，应当立即向公安机关报告。同时，易制爆危险化学品生产、储存单位应当设立治安保卫机构，并配备专职治安保卫人员。

（2）流向登记

生产、储存剧毒化学品、易制爆危险化学品的单位，应当如实记录生产、储存的剧毒化学品、易制爆危险化学品的数量、流向，并采取必要的安全防范措施。对于未如实记录的单位，依照《危险化学品安全管理条例》第八十一条规定，由公安机关责令改正，并处1万元以下的罚款；拒不改正的，处1万元以上5万元以下的罚款。

（3）购买凭证

个人不得购买易制爆危险化学品。只有持有相应易制爆产品购买许可证的单位，才能凭证件购买易制爆危险化学品，并必须出具本单位合法用途的说明。

（4）储存要求

① 易制爆化学品必须存放于专用柜内，存放地点应设有明显的易制爆化学品标识。

② 必须分门别类存放，不得超量存放；易燃易爆化学品严禁露天存放，特别是潮湿、漏雨、低洼易积水的地方。

③ 不同化学性质或不同防护、灭火方法的易爆化学品应分开存放，以确保安全。

④ 对易制爆化学品实行"双人双锁"管理，增强安全性。

⑤ 建立专门的账本，确保账目清晰，账物相符，便于管理。

⑥ 定期清点库存，一旦发现丢失或被盗，应立即报告当地公安机关。

⑦ 加强管理，严禁在储存区域内燃放烟花爆竹，防止火灾和爆炸事故的发生。

⑧ 储存区域内的电器必须为防爆电器，以确保电器设备的安全使用。

（5）领用、分发和使用要求

领用台账需由领班、仓库管理员、其他管理人员三人签字确认。在认真核对台账记录，确认无误后，发放人需签字确认。若易制爆化学品当日未用完，必须及时退库。仓库管理员应认真核实退货数量，并签字确认，以确保化学品的准确管理。

1.4　安全科学与工程学科

我国安全科学与工程学科是在中华人民共和国成立后，从劳动保护等学科逐渐发展起来的。1981年，我国开始了安全类硕士学位研究生教育；1986年以来，实现了安全类本科、硕士、博士三级学位教育。1989年，《中国图书馆分类法》第四版的类目中，"劳动保护科学"更名为"安全科学"。1992年11月1日，原国家技术监督局颁布的国家标准《学科分类与代码》中，"安全科学技术"被列为一级学科，其下包括"安全科学技术基础、安全学、安全工程、职业卫生工程、安全管理工程"五个二级学科。1997年，原国家人事部确立了安全工程师职称制度；2002年，建立了注册安全工程师执业资格制度。在2006年国务院发布的《国家中长期科学和技术发展规划纲要》中，"公共安全"被纳入11个重点规划领域之一，并明确提出了发展"国家公共安全应急信息平台、重大生产事故预警与救援、食品安全与出入境检验检疫、突发公共事件防范与快速处置、生物安全保障、重大自然灾害监测与防御"等六大优先主题。同年，安全工程获批成为工程硕士培养的一个新领域。2011年2月，安全科学与工程获批增设为研究生教育一级学科。截至2024年，我国已有150多所高校开办了安全工程本科专业。

目前，安全科学与工程学科涵盖了广泛的知识和技术，是一门跨学科领域，涉及管理学、法学、工业安全、环境安全、风险评估、应急救援、消防安全、信息安全等诸多领域。该学科旨在培养学生具备系统的安全意识和解决安全问题的能力。学生在这个领域中需要学习相关科学理论、法律法规、技术手段以及应急处理等知识，以应对复杂多变的安全挑战。

在国家发展战略层面，我国高度重视安全科学与工程的发展，将其视为一项重要的战略任务，不断加大投入力度，完善安全相关法律法规和政策体系，积极推动安全科学和技术的发展。特别是在重大安全事件频发的现实背景下，安全已成为国家发展战略中不可或缺的一部分。

第 2 章

化学化工实验室安全

高等学校化学化工实验室具有显著特点，主要体现在：学生数量众多，基础实验往往呈现流水线形式；实验室类型繁多，各具特色；易燃易爆物品种类繁多，风险较高；实验仪器设备设施众多，操作复杂；各种实验样本标本丰富多样；实验内容和项目变化频繁；接触和操作人员流动性大，不固定；危险物品虽然量少但容易被忽视；安全管理制度落实难度较大等。化学作为一门基础自然科学，与众多领域深度交叉融合，实验属性是其基本学科特征之一。化学实验室中各类化学品种类繁杂、性质各异，涉及大量易燃、易爆、有毒有害、易腐蚀等危险化学品。实验过程中需使用高温、高速、高压、真空等多类型特种设备，对实验操作规范和专业知识储备要求较高。由于人的不可控行为及物的多样性状态，化学化工实验室持续处于高风险之中。因此，加强实验室安全教育和技能实训显得尤为重要。

高校实验室事故类型多样，主要包括火灾、爆炸、中毒、触电、机器伤害、腐蚀、辐射、感染、被盗等。由于高校师生以年轻人为主，一旦发生事故，其负面影响往往比其他领域更为严重。例如，在搬迁实验室过程中，不慎遗弃 NaCN 剧毒药品，会留下重大安全隐患；未开封的 $LiAlH_4$ 若被随意丢弃，一旦桶体破裂，后果将不堪设想；裸露的加热电热丝若点燃油浴中的有机物，可能引发火灾；在使用乙醚、四氢呋喃等可能产生过氧化物的溶剂时，若操作不当，过氧化物积累可能导致爆炸事故；含炔基官能团化合物在加热条件下易与浓度较高的杂质发生聚合反应，放出大量热量，导致温度失控而引发爆炸；封管内气体压力骤升，可能导致突然爆炸，整个反应体系被完全炸碎；石油醚蒸气与空气混合达到一定比例后，遇火星即可能发生爆炸等。这些类似的事故在高校实验室中曾多次发生，必须引起高度重视。

2.1 化学化工实验室安全概述

2.1.1 高等学校实验室安全规范

一、高校实验室安全政策

教育部办公厅于2023年2月发布了《高等学校实验室安全规范》，这是我国规范高校实验室安全工作的核心文件。该规范的提出，旨在加强高校实验室安全工作，有效防范和消除安全隐患，最大限度减少实验室安全事故的发生，从而保障校园安全、师生生命安全和学校财产安全，维护社会稳定，全面筑牢校园安全防线，构建一个科学、长效的实验室安全教育体系。该规范是结合高校实际情况，依据《中华人民共和国安全生产法》《中华人民共和国消防法》等国家法律法规而制定的。

高校实验室的建设和使用应当认真贯彻落实国家各项安全相关法律法规，确保实验活动安全有序进行。高校实验室安全工作应坚持"安全第一、预防为主、综合治理"的方针，实现规范化、常态化的管理体制。重点要落实安全责任体系、完善管理制度、加强教育培训、严格安全准入、强化条件保障，以及加强对危险化学品等危险源的安全管理。

二、高校实验室安全责任体系

学校应统筹管理实验室安全工作，将实验室安全工作纳入学校事业发展规划之中。并坚持"党政同责、一岗双责、齐抓共管、失职追责"的原则。党政主要负责人是实验室安全工作的第一责任人，分管实验室工作的校领导是重要领导责任人，负责协助第一责任人做好实验室安全工作，其他校领导在各自分管的工作范围内对实验室安全工作负有支持、监督和指导的职责。

高校应设立校级实验室安全工作领导机构，并明确人员配置和具体分工。要明确实验室安全主管职能部门、其他相关职能部门以及二级教学科研单位（以下简称二级单位）在实验室安全管理中的职责，建立健全全员实验室安全责任制，并配备足够数量的专职安全人员。同时，与各相关二级单位签订实验室安全责任书，确保责任到人。

校级安全管理机构应建立健全项目风险评估与管控机制，特别要依托现代技术手段加强信息化建设，构建实验室安全周期管理工作机制。此外，还应建立健全实验室安全教育培训与准入体系、实验室安全分级分类管理体系，以及实验室安全隐患举报制度，并公布实验室安全隐患举报邮箱、电话、信箱等渠道，方便师生及时反映问题。

各二级单位党政负责人是实验室安全工作的主要领导责任人。二级单位应明确分管实验室安全的班子成员和各实验室安全管理人员，与所属各实验室负责人签订安全责任书。同时，结合自身实际情况和学科专业特点，有针对性地建立实验室安全教育培训与准入制度，定期开展实验室安全隐患检查，并对隐患整改实行闭环管理。此外，还应建立应急预案，并定期进行培训和实施演练，确保在紧急情况下能够迅速响应。

实验室负责人是本实验室安全工作的直接责任人，应严格落实实验室安全准入、隐患整改、个人防护等日常安全管理工作，切实保障实验室安全。项目负责人（含教学课程任课教师）是项目安全的第一责任人，必须对项目进行危险源辨识和风险评估，并制定相应的防范措施及现场处置方案。实验室负责人应指定安全员，负责本实验室的日常安全管理。同时，实验室负责人还应与相关实验人员签订安全责任书或承诺书，明确各自的安全职责。

为强化学校主体责任，根据"谁使用、谁负责，谁主管、谁负责"的原则，将责任落实到岗位或个人。学校应将实验室安全工作纳入内部检查、日常工作考核和年终考评内容之中。对在实验室安全工作中成绩突出的单位和个人给予表彰和奖励；对履职尽责不到位的个人和所在单位，应予以批评和惩处；情节严重的，追究其法律责任。发生实验室安全事故后，应依法依规开展事故调查，严肃追究责任单位及责任人的事故责任。

三、高校实验室安全条件保障

（一）经费保障

（1）学校应每年制定实验室安全常规经费预算，确保安全工作能够正常运行。

（2）学校应设立专项经费用于实验室建设，并确保安全隐患整改工作能够及时得到落实。

（3）二级单位应通过多元化投入方式，加强实验室安全建设与管理，提升实验室安全水平。

（二）物资与设施保障

（1）高校应加强安全物资保障，配备必要的安全防护设施和器材，为实验人员提供一个安全、健康的工作环境。

（2）实验室应配备合适的消防设施，并定期开展使用训练，确保实验人员在紧急情况下能够正确使用。

（3）在存在化学和生物危害可能的区域，应配置应急喷淋和洗眼装置，以便实验人员在受到危害时能够及时进行处理。

（4）重点场所应安装门禁和监控设施，并安排专人进行管理，确保实验室安全。

（三）加强队伍建设，有充足的人力保障

（1）学校应根据实验室安全工作的实际情况和需求，配备专职实验室安全管理人员，并不断提高其专业素质和能力。同时，应推进专业安全队伍建设，保障队伍的稳定和可持续发展。

（2）学校和二级单位应分别设立实验室安全督查队伍，定期开展安全检查工作，并提供检查报告和整改意见。实验室安全督查队伍可由在职教师、实验技术人员（含退休返聘人员）及校外专家等人员组成。

（3）实验室安全管理相关负责人应接受实验室安全管理培训并考核合格后方可上岗，同时应定期接受轮训，不断提高其安全管理水平。

（四）实验室建筑安全保障

实验室工程项目（包括新建、改建、扩建、维修以及装修等）在论证、立项、建设以及验收时，应严格按照相关法律法规和学校规章制度进行。同时，这些项目应通过学校实验室安全职能部门组织的审核后，方可实施。这一措施旨在确保实验室建筑的安全性和合规性。

2.1.2　高等学校实验室安全分级分类管理

一、管理体系与职责

（1）高校实验室安全工作领导机构全面负责指导本校实验室的安全分级分类管理工作。其中，高校党政主要负责人是第一责任人，分管实验室工作的校领导则是重要领导责任人，负责协助第一责任人具体推进实验室安全分级分类工作。其他校领导在各自分管的工作范围内，对实验室安全分级分类工作负有支持、监督和指导的职责。

（2）学校实验室安全主管职能部门应牵头制定本校实验室安全分级分类管理的具体办法，统筹组织全校实验室的分级分类认定工作，并建立完善的实验室安全分级分类管理台账，确保相关信息及时录入信息化管理系统或进行电子造册。

（3）二级教学科研单位（以下简称"二级单位"）作为实验室安全分级分类管理

的直接责任单位，应负责组织本单位实验室严格落实分级分类及安全管理要求，认真审核并确认所属实验室的类别和风险等级，同时建立本单位实验室安全分级分类管理的台账，并定期提交给学校实验室安全主管职能部门进行备案。二级单位的党政负责人是本单位实验室安全分级分类管理工作的主要领导责任人。

（4）各实验室应严格按照本校实验室安全分级分类管理办法的要求，准确判定本实验室的类别和风险等级，并及时上报给所属二级单位进行审核确认。实验室负责人作为本实验室安全分级分类管理工作的直接责任人，应切实履行相关职责。

二、分级分类原则

（1）实验室安全分级是依据实验室中存在的危险源及其存量进行风险评价，从而判定实验室的安全等级。实验室安全等级可细分为 Ⅰ、Ⅱ、Ⅲ、Ⅳ级（或采用红、橙、黄、蓝四色表示），分别对应重大风险、高风险、中风险和低风险等级的实验室。等级的划分可参考《高校实验室安全分级表》（表2.1）与《高校实验室安全风险评价表》（表2.2），并遵循就高原则来确定最终的安全级别。

表2.1　高校实验室安全分级表

安全级别	参考分级依据
Ⅰ/红色级实验室 （重大风险实验室）	实验室有以下情况之一的： （1）实验原料或产物含剧毒化学成分； （2）使用剧毒化学品； （3）存储第一类易制毒品、第一类精神药品； （4）存储易燃易爆化学品总量大于50 kg或50 L； （5）存储有毒、易燃气体总量≥6瓶； （6）生物安全BSL-3、ABSL-3、BSL-4、ABSL-4实验室； （7）使用Ⅰ、Ⅱ类射线设备； （8）使用放射性同位素、放射源、核材料； （9）使用机电类特种设备； （10）使用超高压等第三类压力容器； （11）使用强磁、强电设备； （12）使用4、3R、3B类激光设备； （13）使用富氧涉爆实验室自制设备； （14）高校自行规定的其他情况
	按照《高校实验室安全风险评价表》评分在100分的实验室
Ⅱ/橙色级实验室 （高风险实验室）	实验室有以下情况之一的： （1）存储第二类精神药品； （2）存储易燃易爆化学品总量为20～50 kg或20～50 L； （3）存储有毒、易燃气体总量为3～6(不含)瓶； （4）生物安全BSL-2、ABSL-2实验室； （5）使用第一类、第二类压力容器； （6）高校自行规定的其他情况
	按照《高校实验室安全风险评价表》评分在75～100分的实验室

安全级别	参考分级依据
Ⅲ/黄色级实验室 （中风险实验室）	实验室有以下情况之一的： （1）存储第二/三类易制毒品； （2）生物安全BSL-1、ABSL-1实验室； （3）基础设备老化； （4）高校自行规定的其他情况
	按照《高校实验室安全风险评价表》评分在25～75分的实验室
Ⅳ/蓝色级实验室 （低风险实验室）	实验室有以下情况之一的： （1）不涉及重要危险源的实验室； （2）主要涉及一般性消防安全、用电安全的实验室； （3）高校自行规定的其他情况
	按照《高校实验室安全风险评价表》评分在0～25分的实验室

表 2.2　高校实验室安全风险评价表

每项计分	风险源
25分	（1）存储易燃易爆化学品总量在5～20 kg或5～20 L； （2）存储一般危化品总量50～100 kg或50～100 L； （3）存储有毒、易燃气体总量为2瓶； （4）使用Ⅲ类射线设备的数量≥2台； （5）使用简单压力容器的数量≥3台； （6）实验室使用危险机加工装置的数量≥3台； （7）实验室使用加热设备数量≥6台； （8）实验室每月危险废物产生量≥100 L或100 kg； （9）高校自行规定的其他情况
10分	（1）使用超过人体安全电压（36 V）的实验； （2）涉及合成放热实验； （3）涉及压力实验； （4）产生易燃气体的实验； （5）涉及持续加热实验； （6）使用一般实验室自制设备； （7）存储易燃易爆化学品＜5 kg或5 L； （8）实验室存储一般危化品总＜50 kg或50 L； （9）存储有毒、易燃气体1瓶； （10）存储或使用有活性的病原微生物，对人或其他动物感染性较弱，或感染后易治愈； （11）使用简单压力容器1～2台； （12）使用Ⅲ类射线设备1台； （13）使用危险机加工装置1～2台； （14）使用一般机加工装置的数量≥5台； （15）实验室一般用电设备负载≥80%设计负载； （16）使用2、2M、1、1M类激光设备的数量≥3台； （17）实验室每月危险废物产生量为20～100 L或20～100 kg； （18）实验室使用加热设备数量3～5台； （19）实验室使用每1台明火设备； （20）高校自行规定的其他情况

每项计分	风险源
5分	（1）存储普通气体1~4瓶； （2）使用一般机加工装置1~4台； （3）使用2、2M、1、1M类激光设备1~2台； （4）实验室每月危险废物产生量＜20 L或20 kg； （5）实验室使用加热设备数量1~2台； （6）存放危险化学品的防爆冰箱或经防爆改造冰箱数量每1台； （7）实验室使用每1台快捷电热设备； （8）高校自行规定的其他情况

注：1. 表中所称实验室房间均以面积为50 m²计，其他面积可按比例调整评价内容；

2. 表中符合任1种情况计相应分数，符合多种情况，分数累加计算，最高100分；

3. 实验室自制设备，是指由使用人自行或者委托其他单位进行设计、制造、安装的，并以其为载体进行实验活动的非标设备；对标准设备进行改造也参照自制设备进行管理。

（2）实验室安全分类是依据实验室中存在的主要危险源类别来判定实验室的安全类别。对于同一间实验室若涉及多种危险源，可依据其中等级最高的危险源来判定其整体类别。结合高校教学与科研的特点，高校实验室可大致划分为化学类、生物类、辐射类、机电类及其他类等。特别地，化学类实验室涵盖了从事化学、药学、化学工程、环境科学与工程、材料科学与工程等领域，且较多涉及化学试剂或化学反应的实验室。这类实验室中的危险源主要包括两类：一类是易燃、易爆、有毒化学品（含实验气体）所带来的化学性危险源；另一类则是设备设施缺陷和防护缺陷所导致的物理性危险源。

（3）实验室的分级分类结果以及所涉及的主要危险源，应在实验室门外的安全信息牌上清晰标明，并确保信息的及时更新。

（4）当实验室的用途（如研究内容）、危险源类型或数量等因素发生变化时，实验室应立即重新进行危险源辨识和安全风险评价，以重新判定实验室的安全类别及级别。如需进行变更，应立即向所属二级单位报告。二级单位应及时修正本单位实验室的安全分级分类管理台账，并上报学校备案。同时，高校应定期更新本校实验室的安全分级分类管理台账，并对实验室的分级分类情况进行复核。

（5）在新建、改扩建实验室时，危险源辨识和安全风险评价应与建设项目同步进行，实验室的安全分级分类工作也应与建设项目同步完成。

三、实施与监督检查

（1）高校应依据实验室的分级分类结果，针对不同等级的实验室，制定并严格实施相应等级的管理要求。在加强实验室安全监管时，应遵循"突出重点、全面覆盖"的原则，确保实验室的安全建设与投入得到及时保障。具体的分级管理要求可参照《高校实验室分级管理要求参照表》（表2.3）执行，同时，高校可在此基础上结合本校实际情况，制定更为具体的实施方案。

表2.3　高校实验室分级管理要求参照表

管理要求	Ⅰ/红色级实验室	Ⅱ/橙色级实验室	Ⅲ/黄色级实验室	Ⅳ/蓝色级实验室
安全检查	学校党政主要负责人每年牵头开展不少于1次安全检查；学校主管职能部门每月开展不少于1次安全检查；二级单位每周开展不少于1次安全检查；实验室做到"实验结束必巡"	分管校领导每年牵头开展不少于1次安全检查；学校主管职能部门每季度开展不少于1次安全检查；二级单位每月开展不少于1次安全检查；实验室做到"实验结束必巡"	学校主管职能部门每半年开展不少于1次安全检查；二级单位每季度开展不少于1次安全检查；实验室做到经常性检查	学校主管职能部门每年开展不少于1次安全检查；二级单位每半年开展不少于1次安全检查；实验室做到经常性检查
安全培训	实验室安全管理人员、实验人员完成不少于24学时的准入安全培训，之后每年完成不少于8学时的安全培训（以上均含应急演练）；每年开展不少于2次应急演练（含针对重要危险源的应急演练）	实验室安全管理人员、实验人员完成不少于16学时的准入安全培训，之后每年完成不少于4学时的安全培训（以上均含应急演练）；每年开展不少于1次应急演练（含针对重要危险源的应急演练）	实验室安全管理人员、实验人员完成不少于8学时的准入安全培训，之后每年完成不少于2学时的安全培训（以上均含应急演练）；实验室每年开展不少于1次应急演练	实验室安全管理人员、实验人员完成不少于4学时的准入安全培训，之后每年根据学校实际需要安排适量的安全培训（以上均含应急演练）；每年开展不少于1次应急演练
安全评估	科研项目、学生课题等实验活动应进行安全风险评估；涉及重要危险源的实验活动应在二级单位备案，学校不定期抽查；针对重要危险源制定相应的管理办法和应急措施，责任到人；每年开展不少于1次针对重要危险源的应急演练	科研项目、学生课题等实验活动应进行安全风险评估；涉及重要危险源的实验活动应在二级单位备案，学校不定期抽查；针对重要危险源制定相应的管理办法和应急措施，责任到人；每年开展不少于1次针对重要危险源的应急演练	科研项目、学生课题等实验活动应进行安全风险评估；涉及重要危险源的实验活动应在二级单位备案，二级单位不定期抽查；二级单位判断如有必要，可临时按更高等级实验室安全要求进行管理	科研项目、学生课题等实验活动应进行安全风险评估；涉及重要危险源的实验活动应在二级单位备案，二级单位不定期抽查；二级单位判断如有必要，可临时按更高等级实验室安全要求进行管理
条件保障	高风险点位安装监控和必要的监测报警装置；危化品等重要危险源存储严格执行治安管控或其他部门监管要求；配备充足的专职实验室安全管理人员；配备必要的个体防护设备设施	高风险点位安装监控和必要的监测报警装置；危化品等重要危险源存储严格执行治安管控或其他部门监管要求；配备充足的专职实验室安全管理人员；配备必要的个体防护设备设施	在重要风险点位安装监控和必要的监测报警装置；配备充足的兼职实验室安全管理人员；配备必要的个体防护设备设施	配备必要的兼职实验室安全管理人员；配备必要的个体防护设备设施

　化工安全与环保

（2）安全等级为Ⅰ级/红色级的实验室，必须及时向高校主管部门进行备案，并由高校主管部门对其加大监管力度，确保实验室的安全运行。

（3）学校党政主要负责人、实验室安全主管职能部门、二级单位以及实验室等各级责任机构，应紧密结合学校、二级单位及本实验室的实际情况，分级开展全面、细致的安全检查工作。在重大安全隐患得到彻底整改之前，严禁在实验室进行任何实验活动，以确保人员安全和实验室的稳定运行。

（4）实验室负责人、实验室安全管理员以及实验人员等，应严格按照所在实验室的类别和安全等级，接受相应等级的安全培训，并定期开展针对性的应急演练，以提高应对突发事件的能力。

（5）在实验室开展的科研项目、学生课题或其他实验活动，必须进行相应等级的安全风险评估，以确保活动的安全性。对于涉及重要危险源的实验活动，二级单位必须进行严格审查并备案，同时，学校应不定期进行抽查，以监督实验活动的安全进行。特别是对于Ⅰ级/红色级、Ⅱ级/橙色级实验室，必须针对重要危险源制定详尽的管理办法和应急管控措施，并明确责任到人，确保实验室的安全运行。

（6）实验室应根据其安全风险级别，配备适当的安全设施设备和安全管理人员。对于高风险点位，应安装监控设备和必要的监测报警装置，以实现对实验室安全的实时监控。同时，实验室还应配备必要的个体防护设备设施，以保障实验人员的个人安全。

2.1.3　高校实验室危险化学品安全管理

为加强高校危险化学品的安全管理，预防和减少危险化学品事故，保障师生生命财产安全，应根据《危险化学品安全管理条例》《高等学校实验室工作规程》《教育部办公厅关于进一步加强高等学校实验室危险化学品安全管理工作的通知》《易制爆危险化学品治安管理办法》《易制毒化学品管理条例》等法律法规和各高校有关规定，结合各高校的特色制定各高校的危险化学品管理办法。其具体内容不限于包括以下主要部分：

（1）总则
（2）管理体系
（3）安全责任
（4）危险化学品的采购与运输
（5）危险化学品的存储
（6）危险化学品的使用
（7）废弃危险化学品的处置
（8）安全教育与培训
（9）危险化学品事故应急救援
（10）危险化学品或危险源的分级分类识别与管控
（11）危险化学品安全专项检查
（12）责任追究
（13）其他

2.2　实验室特殊化学品、装置设备注意事项及应急处理 >>>>♻

目前，全球范围内估计存在500万至800万种化学品，其中常被使用的约有10万种。在这庞大的化学品体系中，那些具备易燃、易爆、有毒、有害或腐蚀等特性，可能对人员、设施及环境构成危害或损害的化学品，被统称为"危险化学品"。这些危险化学品涵盖了多种类型，包括爆炸品、压缩气体和液化气体、易燃液体、易燃固体、自燃物品及遇湿易燃物品、氧化剂和有机过氧化物、有毒品、腐蚀品，以及易制毒和易制爆化学品等。

此外，实验室中通常还存放有大量的特种设备和机电设备，这些设备的存在对师生的安全构成了一定的潜在威胁。

2.2.1　有毒、剧毒、易制毒、未知毒性物质

实验室中大多数化学药品确实具有毒性，这种说法并不夸张。通常，在进行实验时，由于使用的药品量很少，因此除非严重违反使用规则，一般不会因普通药品而引发中毒事故。然而，对于毒性较大的物质，一旦使用不当就可能发生事故，甚至危及生命安全。因此，在使用那些危险性较高的药品时，必须严格遵守相关法规的规定。同时，实验室中也经常使用一些不受法规严格限制的有毒物质。对于这类物质，我们必须根据下面的示例以及表2.4所列的分类，来评估其危险程度，并采取相应的预防措施。

表2.4　毒性物质的分类、特点及示例

分类	特点	示例
毒气（高压气体管理法）	容许浓度在200 mg/m³（空气）以下的气体	光气、氰化氢等
剧毒物（毒物、剧毒物管理法）	口服致命剂量为每千克体重30 mg以下的物质	氰化钠、汞等
毒物（毒物、剧毒物管理法）	口服致命剂量为每千克体重30～300 mg的物质	硝酸、苯胺等

一、毒气

如：氟气、光气、臭氧、氯气、氟化氢、二氧化硫、氯化氢、甲醛、氰化氢、硫化氢、二硫化碳、一氧化碳、氨、氯甲烷等。注意事项：

（1）当人体遭受上述毒气中毒时，通常会出现窒息性症状。部分毒性较强的毒气还会对皮肤和黏膜造成腐蚀伤害。

（2）若吸入高浓度的毒气，可能会瞬间失去知觉，导致无法及时逃离现场。

（3）对于容许浓度较低的毒气，需格外小心。即使是非常微量的泄漏也是不允许的。因此，应经常使用气体检测器来监测空气中毒气的浓度。

（4）在处理这些毒气时，务必提前准备好或佩戴好防毒面具。

二、毒物和剧毒物

例如：硝酸、苯胺、氰化钠、汞等。《剧毒化学品名录》明确界定了400种以上的剧毒化学品，因此，实验室在使用这些物质时应特别注意：

（1）有毒物质能以蒸气、微粒状态通过呼吸道吸入，或以水溶液状态通过消化道进入人体，甚至在直接接触时，还能通过皮肤或黏膜等部位被吸收。因此，在使用有毒物质时，必须采取严格的预防措施。

（2）毒物、剧毒物应装入密封容器中，并贴好明确标签，存放在专用的药品架上，同时做好详细的出入库登记。一旦发生盗窃事件，必须立即向教师报告。

（3）在一般毒性物质中，也存在毒性较大的物质，使用时需格外小心。

（4）使用腐蚀性物质后，应严格执行漱口、洗脸等清洁措施。

（5）特别有害物质，尤其是那些具有积累毒性的物质，在连续长时间使用时，必须保持高度警惕。

（6）在使用有毒物质时，应提前准备好或佩戴好防毒面具及橡皮手套，必要时还需穿上防毒衣。

事故案例：

某同学在未采取任何防护措施的情况下使用氰化钾，随后在拿水杯喝水时，不慎将沾在手上的氰化钾吞食。仅约半分钟后，他便出现眩晕、眼睛发黑的症状，这是典型的"氰化钾"中毒表现，并很快失去知觉。幸运的是，附近的同学及时发现并将他送往医院进行洗胃治疗，最终得以脱险。

三、易制毒化学品

易制毒化学品是指国家规定管制的、可用于制造毒品的前体、原料和化学助剂等物质，例如麻黄素、乙酸酐、乙醚、异黄樟素等。中华人民共和国国务院令第445号《易制毒化学品管理条例》的后附目录详细界定了32种易制毒化学品，具体内容请参见1.3.7节。在购买及使用时，应注意以下事项：

（1）购买审批

由于第一类易制毒化学品是可用于制毒的主要原料，其潜在危害性相对较大，因此相较于第二、三类易制毒化学品，其规制更为严格。无论是药品类还是非药品类的第一类易制毒化学品，其购买审批机关均为省级相关机关。而第二类、第三类的申请购买则采用备案制，备案机关为县级公安机关。同时，禁止使用现金或者实物进行易制毒化学品的交易。

（2）储存管理

购买回易制毒化学品后，应统一交付库房进行存放管理。储存时，应根据危险化学品和易制毒化学品的化学性质及管理类别进行分类储存。当这些化学品发生出库或入库等行为时，应进行详细的登记，并将相关信息录入全国易制毒化学品信息管理系统。

总结而言，无论是易制毒、易制爆，还是剧毒化学品，都需要按照相关规定进行申请或备案。

四、未知有害物质

实验室危险化学品与化工现场的危险化学品既有相似之处，又存在差异。实验室危险化学品种类繁多，其中不乏通过合成得到的全新结构物质。尽管这些物质的结构可以通过现代仪器分析手段获得，但对其毒理性等方面的研究却相对较少，因此它们对人体的潜在危害存在极大的不确定性。在使用或测试这些未知化合物时，必须特别关注使用方法的科学性，并参考上述关于有毒气体、有毒物、剧毒物等的使用注意事项。

2.2.2 易燃、易爆、易制爆化合物

一、易燃化合物

（一）易燃物

可燃物的危险性主要可以根据其燃点来判断。通常，燃点越低，其危险性就越大。然而，即使燃点较高的物质，在加热到其燃点以上的温度时，也会变得危险。据报道，因为这种情况所导致的事故频发，所以必须对此加以高度重视。具体数据请参见表2.5。

表2.5　可燃性物质的分类及特点

分类	特点
特别易燃物质	在20 ℃时为液体，或20～40 ℃时成为液体的物质；以及着火温度在100 ℃以下，或者燃点在−20 ℃以下和沸点在40 ℃以下的物质
高度易燃性物质	在室温下易燃性高的物质（燃点约在20 ℃以下）
中等易燃性物质	加热时易燃性高的物质（燃点大约在20～70 ℃）
低易燃性物质	高温加热时，由于分解出气体而着火的物质（燃点在70 ℃以上的物质）

化学化工实验室常见很多易燃物质。这些物质有的可能因加热、撞击而着火，有的则可能因相互接触或混合而引发火灾。

（1）此类物质容易因加热、撞击而发生爆炸，因此必须远离烟火和热源。应将其保存在阴凉处，并避免受到撞击。

（2）此类物质严禁与其他物质混合、接触或混放，以防止发生化学反应而引发事故。同时，必须注意对此类物质进行防潮处理。

（3）在处理有爆炸危险的物质时，应佩戴防护面具。若处理量较大，还需穿着耐热防护衣。

（4）对于由此类物质引起的火灾，一般可以使用水进行灭火。但如果是碱金属或过氧化物引起的火灾，则不宜用水扑灭，而应使用二氧化碳灭火器或砂子进行灭火。

（二）强酸性物质

此类物质包括：硝酸、硫酸、盐酸等强酸。

（1）强酸性物质若与有机物或还原性物质混合，往往会因发热而引发火灾。注意不要使用破裂的容器盛载，应将其保存在阴凉的地方。

（2）若此类物质洒出，应立即用碱性物质如碳酸氢钠或纯碱进行覆盖，并随后用大量水进行冲洗。

（3）在加热处理此类物质时，务必佩戴橡皮手套以保护双手。

（4）对于由强酸性物质引起的火灾，可以大量喷水进行扑救。

（三）强氧化性物质

此类物质包括：氯酸盐、高氯酸盐、无机过氧化物、有机过氧化物、硝酸盐、高锰酸盐等。

（1）此类物质在加热或撞击时可能发生爆炸，因此必须远离烟火和热源。应将其保存在阴凉处，并避免任何形式的撞击。

（2）若与还原性物质或有机物混合，这些物质可能会因氧化而发热并引发火灾。

（3）氯酸盐类物质与强酸反应会产生二氧化氯（ClO_2），而高锰酸盐与强酸反应则会产生臭氧（O_3），这些反应有时可能引发爆炸。

（4）过氧化物与水反应会释放氧气（O_2），与稀酸反应则会产生过氧化氢（H_2O_2）并伴随放热，有时可能引发火灾。

（5）碱金属过氧化物能与水发生反应，因此必须特别注意此类物质的防潮措施。

（6）有机过氧化物可能在化学反应中作为副产物生成，也可能在有机物贮藏过程中自然产生。因此，必须对此类物质的生成和存储予以高度重视。

（四）低温着火性物质

此类物质包括：黄磷、红磷、硫化磷、硫磺、镁粉、铝粉等。

（1）此类物质一受热即易着火，因此必须远离热源或火源，并将其保存在阴凉处。

（2）若此类物质与氧化性物质混合，可能会引发火灾。

（3）黄磷在空气中易自燃，因此应将其保存在中性水中，并避免阳光直射。

（4）硫黄粉末吸湿后会发热，有可能引发火灾。

（5）金属粉末在空气中加热会剧烈燃烧，同时，当它们与酸、碱物质反应时，会产生氢气，存在火灾风险。

（6）当此类物质引发火灾时，通常用水灭火较为有效，也可以使用二氧化碳灭火器。然而，若是由大量金属粉末引发的火灾，最好使用砂子或粉末灭火器进行灭火。

（五）自燃物质

这类物质包括有机金属化合物及还原性金属催化剂等。

（1）这类物质一旦接触空气极易着火，因此，在初次使用时，必须请有经验者进行指导。

（2）将有机金属化合物溶解在溶剂中后，若溶剂飞溅出来可能会引发火灾。因此，应将其密封保存，并确保周围没有可燃性物质。

（3）在处理毒性较强且易自燃的物质时，必须佩戴防毒面具和橡胶手套。

（4）由这类物质引发的火灾，通常建议使用干燥砂子或粉末灭火器进行灭火。然而，在火势较小且物质数量不多的情况下，也可以采用大量喷水的方式进行灭火。

（六）禁水性物质

禁水性物质包括：钠、钾、碳化钙、磷化钙、生石灰等。

（1）金属钠或金属钾等物质与水反应会放出氢气，从而引发着火、燃烧甚至爆炸。因此，应将金属钠、金属钾切成小块，并置于煤油中密封保存。其碎屑也应贮存于煤油中。在分解金属钠时，可将其放入乙醇中进行反应，但需特别注意防止产生的氢气着火。对于金属钾的分解，则应在氮气保护下，按照相同的操作步骤进行处理。

（2）金属钠或金属钾等物质与卤化物反应时，往往存在爆炸的风险。

（3）碳化钙与水反应会产生乙炔，这是一种易燃易爆的气体，需特别小心。

（4）磷化钙与水反应会放出剧毒的磷化氢气体，并伴随自燃性气体的释放，从而可能引发着火、燃烧或爆炸。

（5）生石灰与水反应虽不会直接引发火灾，但能产生大量的热，这种热量有可能使周围的其他物质着火。

（6）在操作这类物质时，应佩戴橡皮手套或使用镊子进行操作，避免直接用手接触。

（7）若这类物质引发火灾，可使用干燥的砂子、食盐或纯碱进行覆盖以扑灭火源。切记不可使用水、潮湿物品或二氧化碳灭火器进行灭火，因为这些方法可能会加剧火势或引发更大的危险。

二、易爆性物质

爆炸主要分为两种情况：一是当可燃性气体与空气混合并达到其爆炸极限浓度时，一旦着火便会引发燃烧爆炸；二是某些易于分解的物质，在加热或撞击的作用下会发生分解，进而产生突然的气化并导致分解爆炸。表2.6列出了实验室中常见的三种爆炸形式及其各自的特点。

表2.6　常见三种爆炸形式、特点及示例

分类	特点	示例
可燃性气体（属高压气体管理法的物质）	其爆炸界限的浓度：下限为10%以下，或者上下限之差在20%以上的气体	氢气、乙炔等
分解爆炸性物质（消防法第5类物质）	由于加热或撞击引起着火、爆炸的可燃性质	硝酸酯、硝基化合物等
爆炸品之类物质（属爆炸品管理法的物质）	以其产生爆炸作用为目的的物质	炸药、起爆器材等

（一）混合气体

氢气、甲烷、一氧化碳、硫化氢等可燃性气体在与空气混合并达到其爆炸极限浓度时，一旦着火便会引发燃烧爆炸。针对这类物质，以下是一些重要的安全注意事项：

（1）储存含有此类气体的高压钢瓶时，应将其放置在室外通风良好的区域，并确保避免阳光直接照射到钢瓶上。

（2）在使用可燃性气体时，务必保持使用地点的通风畅通，可以打开窗户以促进空气流通。

（3）当这类物质发生火灾时，可以采取常规的灭火方法进行扑救。如果泄漏的气体量较大，在情况允许的情况下，应先关闭气源，迅速扑灭火焰，并打开窗户以保持空气流通，然后迅速撤离现场；若情况紧急，则应立即撤离现场，确保人身安全。

（二）分解爆炸性物质

这类物质易于分解，在加热或撞击的作用下会发生分解，并产生突然的气化，进而引发分解爆炸。针对这类物质，以下是一些重要的安全注意事项：

（1）此类物质往往因烟火、撞击或摩擦等外部作用而引发爆炸。因此，必须对其危险程度有充分的认识和了解。

（2）由于这些物质可能在各类化学反应中作为副产物生成，因此，在实验过程中需特别警惕，以防发生意外的爆炸事故。

（3）此类物质一旦与酸、碱、金属以及还原性物质等接触时，极易发生爆炸。因此，切不可随意将其与其他物质混合。

（4）针对此类物质爆炸后可能引发的延续燃烧，应根据可燃物的性质采取相应的灭火措施，以确保火势得到有效控制。

（三）爆炸品

如火药、炸药、雷管、实弹、空弹、信管、引爆线、导火线、信号管、焰火等，这类物质目前在化学化工实验室中较为罕见。然而，雷汞、叠氮化铅、硝铵炸药、氯酸钾、高氯酸铵、硝化甘油、乙二醇二硝酸酯以及芳香族硝基化合物等具有炸药属性的化学品，却时常在化学化工实验室中出现。爆炸品是由分解爆炸性物质经过适当调配而制成的成品。在使用这类物质时，必须严格遵守政府的相关法令规定，并遵循老师的指导进行处理。以下是一些重要的安全注意事项：

（1）这类物质常常因为烟火、撞击或摩擦等外部因素而引发爆炸，因此，必须对其危险程度有充分的认识和了解。

（2）由于这些物质可能在各类化学反应中作为副产物生成，因此，在实验过程中需特别警惕，以防发生意外的爆炸事故。

（3）此类物质一旦与酸、碱、金属或还原性物质等接触，极易发生爆炸。因此，切不可随意将其与其他物质混合。在操作过程中，应根据需要准备好或戴上防护面具、耐热防护衣或防毒面具，以确保人身安全。

三、易制爆物质

易制爆是指化学品具有可以作为原料或辅料制成爆炸品的性质。易制爆化学品通常包括强氧化剂、可燃物、易燃物、强还原剂以及部分有机物。《易制爆危险化学品名录》（2017年版）明确界定了9类易制爆化学品，例如硝酸银、发烟硝酸、过氧化钠、重铬酸钾、2,4-二硝基甲苯等，具体内容详见1.3.7节。易制爆化学品的使用和处理必须严格遵守安全规定，以防止事故发生和滥用。在使用易制爆化学品时，应注意以下几点：

（1）个人防护：操作人员必须穿戴适当的劳动防护用品，如手套、口罩、工作帽等，以确保化学品不会直接接触皮肤或进入呼吸道。

（2）操作规程：对于易挥发、易燃的化学品，应特别注意其储存和使用条件，必须远离火源、避免光照，并在通风橱内进行操作。

（3）存放安全：易制爆化学品应存放在阴凉通风的地方，严禁吸烟，并远离明火作业区域。库房或实验室应配备必要的消防安全器材。

（4）安全管理：易制爆化学品的保管员应定期检查化学品的包装、标签、标识等是否符合安全要求，并做好记录保存。同时，应定期对相关人员进行安全培训教育，并组织开展应急演练。

（5）购买和交易：购买易制爆危险化学品时，单位需出具合法证明材料，明确说明具体用途、品种、数量等，并确保交易通过企业账户进行，严禁使用现金或实物交易。

（6）废弃物处理：使用后的危险化学品包装容器、废旧容器等应集中回收、统一处理，确保作废的药品标识清晰，并定期送至具备资质的环保公司进行处理。

（7）账户和信息管理：易制爆危险化学品的销售、购买、出入库、领取等信息应如实登记并录入信息系统，以便进行追踪和管理。

2.2.3　实验室中的特种设备

《中华人民共和国特种设备安全法》所称的特种设备，是指对人身和财产安全存在较大危险性的锅炉、压力容器（含气瓶）、压力管道、电梯、起重机械、客运索道、大型游乐设施以及场（厂）内专用机动车辆，此外，还包括法律、行政法规规定适用本法的其他特种设备。在化学化工实验室内，常见的特种设备主要为承压设备，如气瓶和高压反应釜等压力容器。关于压力容器的准确定义，请参阅5.4.3节。

值得注意的是：

（1）实验室中的电梯虽然也属于特种设备，但通常都会委托给第三方公司进行检查、维护和保养，以确保其安全运行。

（2）实验室中的压力管道，其公称直径通常都小于50 mm，但如果其压力和公称直径均达到特种设备的基本要求，则建议将其列为中试及以上装置，并不建议设置于基础实验室内，以确保实验室的安全。

一、气瓶使用基础

（一）气瓶定义

气瓶属于移动式、可重复充装的压力容器。由于它在使用上存在一些特殊问题，因此，要确保其安全使用，除了需满足压力容器的一般要求外，还需遵循一些特殊要求。为了明确区分，通常将容积不超过1 000 L（常用容积为35～60 L），用于储存和运输永久气体、液化气体、溶解气体或吸附气体的瓶式金属或非金属密闭容器称为气瓶。而对于那些不作储存和运输上述气体，而是用作压力容器的瓶式容器，则不归类为气瓶，而是归类为压力容器。

（二）气瓶分类

1. 按构造分类

（1）无缝气瓶

无缝气瓶的筒体呈圆柱形，一端为凸形、凹形或H形的瓶底，另一端则为带颈的球形瓶肩。在瓶颈上方，设有一个带锥形螺纹的瓶口，用于装配瓶阀。无缝气瓶是实验室最常用的气瓶之一，具体外观如图2.1（a）所示。

  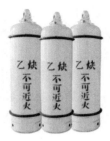

（a）常见无缝气瓶　　　　（b）焊接气瓶　　　　（c）溶解乙炔气瓶

图2.1　气瓶的构造分类

（2）焊接气瓶

焊接气瓶主要分为两块结构式和三块结构式两种。两块结构式气瓶是由两个直边较长的封头焊接而成，有的带有筒体，有的则没有。而三块结构式焊接气瓶的圆筒形筒体是由钢板冷卷并焊接成型的，其两端分别焊接有热旋压成型的椭圆形封头，具体结构如图2.1（b）所示。

（3）溶解乙炔气瓶

溶解乙炔气瓶的外形与上述无缝气瓶和焊接气瓶基本相似，但其内部结构有所不同。溶解乙炔气瓶内部并非中空，而是装有用于溶解和分散乙炔的溶剂以及多孔性填料。这种设计的目的是在一定条件下阻止乙炔发生分解，从而确保溶解乙炔气瓶的安全运输。目前，工业上常用的溶剂有丙酮和二甲基甲酰胺两种。溶解乙炔气瓶内的多孔性填料具有毛细管作用，能够均匀地潴留溶剂，使充入瓶内的乙炔能够溶解于溶剂并均匀地分散其中。当前使用的多孔性填料为固态硅酸钙，它具有体积密度小、抗压强度高、气体穿透性好以及化学性能稳定等特点。这种硅酸钙固型多孔性填料还具备孔隙率大、轻质、抗震、耐火、阻火、耐久以及不与乙炔、溶剂和气瓶发生化学反应等优点，具体外观如图2.1（c）所示。

（4）吸附气瓶

吸附气瓶，又称固态高纯储氢气瓶，是一种特殊的气瓶。通常，氢气以压缩状态或深冷液化状态进行储运。然而，吸附气瓶的储运方式有所不同。它由外壳、填料（即吸附剂）、热交换器和瓶阀组件组成。尽管吸附气瓶内也含有填料，但其工作原理与溶解乙炔气瓶截然不同。在溶解乙炔气瓶中，气体是溶解在丙酮中并扩散到多孔物填料空隙内的，这是一个物理溶解过程。而在吸附气瓶中，气体则是通过化学吸附过程被储存在填料中的。因此，吸附气瓶与溶解气瓶在储运原理上有所区分。固态储运氢气在压力、重量、体积、节能和安全性等方面均优于压缩状态和深冷液化状态储运氢气。吸附气瓶的特点包括承压较低（公称工作压力为4 MPa，相比之下，压缩氢气瓶的公称工作压力通常为15 MPa、20 MPa、30 MPa），以及重量轻、容积小、储量大、气体纯度高、安全经济等优势。

（5）玻璃钢气瓶

玻璃钢气瓶是以无碱玻璃纤维为增强材料，环氧—酚醛树脂为胶黏剂，通过铝内衬机械缠绕成型而制成的。玻璃钢这种材料结合了玻璃纤维和合成树脂的优点，具有重量轻、强度高、耐腐蚀以及成型工艺简单等优异特性。因此，玻璃钢气瓶的重量相较于同容积同压力的钢质无缝气瓶要轻约50％。

2. 按公称工作压力分类

高压气瓶（MPa）：30、20、15、12.5、8；

低压气瓶（MPa）：5、3、2、1。

（三）气瓶的标志和颜色

气瓶的标志由气瓶制造厂的制造钢印、检验钢印、挂吊牌的目视标志以及安全标志组成。

（1）制造钢印是通过机械方式打铳在气瓶肩部或筒体的上、中、下部等位置。其图形表示如图2.2所示。钢印标记应包含以下信息：制造单位名称、钢瓶的唯一编号、水压试验压力值、公称工作压力值、质量以及容积等关键参数。

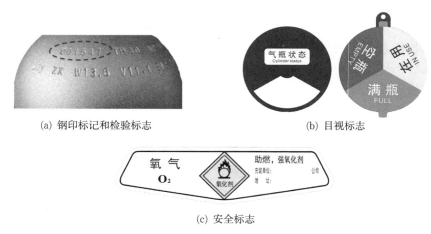

(a) 钢印标记和检验标志   (b) 目视标志

(c) 安全标志

图2.2　无缝气瓶的标志

（2）气瓶在经过由国家锅炉压力容器安全监察机构认可的气瓶定期检验站进行定期检验后，应由国家安全监察机构驻站监检员在气瓶的规定部位打铳或喷涂印章，这些印章统称为气瓶检验标志。检验标志应包含以下信息：检验日期、检验单位代号以及下次应检验的日期等，具体样式如图2.2（a）所示。

（3）气瓶的目视标志主要是通过挂吊牌的形式来直观展示气瓶的当前状态。吊牌上可以用"故障""空瓶""使用中""满瓶"等文字来描述气瓶的状态，以便人员快速识别，具体样式如图2.2（b）所示。

（4）安全标志与标识是由气体供应单位负责悬挂或粘贴在气瓶上的，主要起到警示作用，以提醒相关人员注意安全，具体样式如图2.2（c）所示。

气瓶的颜色是指喷涂（或印制）在气瓶外表面的不同颜色；气瓶标记是指喷涂（或印制）在气瓶外表面上的不同颜色的字样、色环以及图案（包括粘贴的标识）。气瓶喷涂颜色标记的主要目的是通过颜色迅速辨别出盛装某种气体的气瓶以及瓶内气体的性质（如可燃性、毒性等），从而避免错装和错用的风险。此外，喷涂颜色标记还能有效防止气瓶外表面生锈，并能反射阳光和热量。

一般来说，对于盛装用量大的常用气体以及少数毒性气体的气瓶，会被单独确定其颜色和标记。而对于盛装同性质或同类别气体的气瓶，则统一喷涂同一种颜色，并通过不同颜色的识别标记（如字体、色环或图案等）来加以区分。

在我国，气瓶的颜色标记是严格遵照国家标准《气瓶颜色标记》（GB 7144—1986）进行喷涂的。实验室常见气体物质的气瓶颜色可参见表2.7。

表2.7　常用气体介质气瓶外观信息

序号	介质	化学式	瓶色	字样	字色
1	氢气	H_2	淡绿	氢	红
2	氧气	O_2	淡酞蓝	氧	黑
3	氨气	NH_3	淡黄	液氨	黑
4	氯气	Cl_2	深绿	液氯	白
5	空气		黑	空气	白
6	氮气	N_2	黑	氮	淡黄
7	溶解乙炔	C_2H_2	白	乙炔不可近火	红
8	硫化氢	H_2S	白	液化硫化氢	红
9	二氧化碳	CO_2	铝白	液化二氧化碳	黑
10	甲烷	CH_4	棕	甲烷	白
11	乙烷	C_2H_6	棕	液化乙烷	白
12	丙烷	C_3H_8	棕	液化丙烷	白
13	氩气	Ar	银灰	氩	深绿
14	氦气	He	银灰	氦	深绿

（四）气瓶安全附件

1.减压阀

气体钢瓶减压阀是一种关键的安全设备，用于将高压气体从钢瓶中减压至适当的压力以供使用，如图2.3所示。

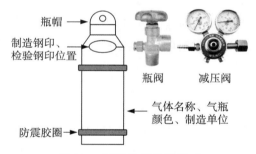

图2.3　气瓶外部结构构成

（1）气体钢瓶减压阀的工作原理

气体钢瓶减压阀主要由压力表、减压阀主体和调压弹簧等部件构成。其工作原理是通过压力表监测钢瓶内的压力，当压力超过预设值时，减压阀即开始工作。高压气体经过减压阀主体的多级减压，最终被降至设定的合适压力。

（2）气瓶减压阀的选用原则

① 对于无腐蚀性的纯气及标准混合气体，可选用黄铜或黄铜镀铬材质的减压阀；

② 对于腐蚀性气体，如 H_2S、SO_2、NO_x、NH_3 等，应选用不锈钢材质的减压阀；

③ 氧气和以氧气为底气的标准气体，应采用专用的氧气减压阀；

④ 可燃气体减压阀的螺纹应选择反扣（左旋），而非可燃气体减压阀的螺纹则选择正扣（右旋）；

⑤ 气瓶减压阀应专用，不可随意替换；

⑥ 在线分析仪表使用的气瓶通常应选用双级压力减压阀。这是因为随着气瓶内

压力的逐渐降低，双级减压阀的输出特性更为稳定，输出压力基本保持不变，具有良好的稳定性。

一般来说，在气源压力变化大或减压幅度大的情况下，可选择单级减压阀；而在其他场合，则更适宜选择双级减压阀。在线分析仪表使用的标准气、参比气，以及在线色谱仪使用的载气和燃料气，均要求压力和流量稳定，不允许出现大的波动。由于气瓶内的压力变化较大，因此，这些气瓶的减压阀应选择双级减压阀。

2. 瓶帽

气瓶瓶帽的主要作用是保护瓶阀，防止其在搬运和使用过程中因碰撞而损伤；瓶帽可以避免瓶阀飞出或气瓶爆炸等严重事故的发生；瓶帽可以防止灰尘、水分或油脂等杂物进入气瓶，起到保护阀门的作用；瓶帽具有防盗、防滑和防表面损伤的功能。

3. 防震胶圈

气瓶防震胶圈的主要功能是吸收能量、减轻震动，并保持气瓶之间的适当距离。通常，防震胶圈被套装在气瓶筒体上，其厚度应不小于25 mm，以确保有足够的弹性。

在运输和装卸过程中，防震胶圈能够有效减少气瓶之间的直接冲撞，防止因撞击造成的气瓶壁伤痕或变形，进而降低气瓶爆炸的风险。此外，防震胶圈还能在一定程度上保护气瓶上的标志和漆色不被磨损，确保在使用和运输过程中的作业安全。

4. 特殊安全附件

除了上述常规安全附件外，还有一些特殊的安全附件，如气瓶专用爆破片、安全阀、易熔合金塞等，这些属于按需安装的范畴。这些气瓶的安全泄压装置旨在防止气瓶在火灾等高温环境下，因瓶内气体受热膨胀而发生破裂爆炸，如图2.4所示。

图2.4　易熔塞和爆破片

（1）易熔合金塞装置

易熔合金塞通常安装在低压气瓶的瓶肩上。这种装置通过控制温度来调控瓶内压力，因此特别适用于气瓶。当气瓶周围发生火灾或遭遇其他意外高温，达到预设的温度值时，易熔合金会熔化，瓶内气体通过此塞孔排出，从而实现气瓶的泄压。我国目前使用的易熔合金塞装置的公称动作温度有102.5 ℃、100 ℃和70 ℃三种。对于溶解乙炔的易熔合金塞装置，其公称动作温度为100 ℃；公称动作温度为70 ℃的易熔合金塞用于除溶解乙炔气瓶外，公称工作压力小于或等于3.45 MPa的气瓶；公称动作温度为102.5 ℃的易熔合金塞则用于公称工作压力大于3.45 MPa且不大于30 MPa的气瓶；而车用压缩天然气气瓶的易熔合金塞动作温度为110 ℃。

（2）爆破片装置

由于无缝气瓶瓶体上不宜开孔，且高压无缝气瓶容积较小，安全泄放量也较小，因此不需要太大的泄放面积。用于永久气体气瓶的爆破片通常装配在气瓶阀门上，其爆破压力略高于瓶内气体的最高温升压力，多用于高压气瓶上。《气瓶安全监察规程》对于是否必须装设爆破片并未作出明确规定。其他一些国家的气瓶则不采用爆破片这种安全泄压装置。

（3）安全阀

气瓶在运输、使用、搬运过程中的颠簸振动会影响装在气瓶上的安全阀的密封性能，增加泄漏量。因此，一般气瓶并不安装这种泄压装置。

（4）复合装置

爆破片—易熔塞复合装置由爆破片与易熔塞串联组装而成，易熔合金塞装设在爆破片排放一侧。这种复合装置只有在环境温度和瓶内压力都分别达到规定值的条件下才会发生动作、泄压排气，一般不会发生误动作。由于其结构较为复杂，爆破片—易熔塞复合装置通常用于对密封性能要求特别严格的气瓶，如三氟化硼、氯化氢、硅烷、氟乙烯、溴化氢等气体的气瓶。其他气体在经济或安全上有特殊密封性要求的，如汽车用天然气钢瓶，也可以装设这种复合装置。

5. 安全泄压装置的要求

（1）车用气瓶、溶解乙炔气瓶、焊接绝热气瓶、液化气体气瓶集束装置以及长管拖车和管束式集装箱用大容积气瓶，应当装设安全泄压装置；燃气气瓶和氧气、氮气以及惰性气体气瓶，一般不装设安全泄压装置。

（2）盛装剧毒气体、自燃气体的气瓶，禁止装设安全泄压装置；盛装有毒气体的气瓶不应当单独装设安全阀，而应当选用爆破片—易熔合金塞复合装置来盛装高压有毒气体的气瓶；爆破片易熔合金塞复合装置中的爆破片，应当置于与瓶内介质接触的一侧。

（3）爆破片装置的爆破片材料应当为质地均匀的纯金属片或者合金片，其设计爆破压力应当根据气瓶的耐压试验压力来确定；通常情况下，气瓶的设计压力与其耐压试验压力相当。

（4）安全阀的开启压力应不小于气瓶水压试验压力的75%，且不大于气瓶水压试验压力本身；安全阀的额定排放压力不应超过气瓶的水压试验压力；而回座压力则应不小于气瓶在最高使用温度下的压力。

6. 气瓶的安全管理

（1）充装安全

气瓶充装过量，是气瓶破裂爆炸的常见原因。防止不同性质气体混装，属于下列情况之一的，应先进行处理，否则严禁充装：出厂标志、颜色标记不符合规定，瓶内介质未确认；气瓶附件损坏、不全或者不符合规定；气瓶内无剩余压力；超过检验期限；外观存在明显损伤；充装氧化或强氧化性气体气瓶沾有油脂；真空处理充装可燃气体的新气瓶首次充装或者定期检验后的首次充装，未经过置换或者抽真空处理。

（2）储存安全

① 气瓶的储存应有专人负责管理。

② 储存瓶装气体实瓶时，存放空间温度超过60℃时，应当采用喷淋等冷却措施。

③ 气瓶的储存，空瓶、实瓶和不合格瓶应分别存放，并有明显的区域和标志。可燃性和氧化性的气体应分室存放，如液化石油气瓶与氧气瓶。

④ 气瓶库应符合《建筑设计防火规范》，应采用耐火等级不低于二级的防火建筑。

⑤ 气瓶库应通风、干燥，防止雨（雪）淋、水浸，避免阳光直射，要有便于装

卸、运输的设施。库内不得有暖气、水、煤气等管道通过，也不准有地下管道或暗沟。储存有易燃气体的，照明灯具及电气设备应是防爆的。

⑥ 盛装可燃、助燃或者毒性介质的低温绝热气瓶，不得在封闭或者受限空间场所存放和使用。

⑦ 瓶库有明显的"禁止烟火""当心爆炸"的安全标志。

⑧ 瓶库应有运输通道和消防通道，设置消防栓和消防水池。在固定地点备有专用灭火器、灭火工具和防毒用具。

⑨ 储气的气瓶应戴好瓶帽，最好戴固定瓶帽，套好防震圈。

⑩ 实瓶一般应立放储存。卧放时应防止滚动，瓶头应朝向一方。

⑪ 实瓶的储存数量应有限制，在满足当天使用量和周转量的情况下，应尽量减少储存量。对于储存易发生聚合反应或者分解反应气体的实瓶，应当根据气体的性质，控制存放空间的最高温度和限定储存数量、保存期限。

⑫ 瓶库账目清楚，数量准确，按时盘点，账物相符。

⑬ 建立并执行气瓶进出库制度。

⑭ 有毒、可燃气体的库房和氧气以及惰性气体的库房，应设置相应气体的危险性浓度检测报警装置。

⑮ 储存室应有温、湿度检测仪。

⑯ 实瓶储存数量较大的单位应当制定应急预案并定期进行演练。

⑰ 车用液化天然气气瓶的使用单位应在车辆的明显位置标注"液化天然气汽车"字样，并禁止将此类机动车辆驶入或停放在建筑物内、停车场（库）等封闭或受限空间。

（3）使用安全

① 气瓶应存放在阴凉、干燥、远离热源的地方，并确保通风良好；可燃性气体钢瓶必须与氧气钢瓶分开存放；严禁将气瓶与易燃物、易爆物混放在一起；气瓶内气体不可用尽，需保留一定余气，不同类型气体的余压要求不同。

② 搬运气瓶时，应轻装轻卸，使用专门的手推车或板车，避免抛掷或碰撞；气瓶移动时应保持直立，并固定稳妥；禁止将气瓶盖作为吊点或把手使用。

③ 在使用前，应进行安全状况检查，确认外观、标签、气瓶种类、气压、纯度等；气瓶上选用的减压器要分类专用，并确保安装正确，无泄漏；使用中要经常注意有无漏气、压力表读数等；若发现气体泄漏，应立即采取关闭气源、开窗通风、疏散人员等应急措施。

④ 不得存放过量气体钢瓶，使用易燃易爆、有毒气体的实验室应配备气体监控和报警装置；若发现气体泄漏，应及时采取措施。

⑤ 氧气瓶与易燃物品的安全距离不得低于 10 m，氧气瓶和乙炔瓶之间应至少保持 5 m 的安全距离。

⑥ 气瓶附件如安全帽、防震圈、压力表、减压阀等应齐备合格；溶解乙炔气瓶等可燃气体气瓶还应设置与气体种类相适应的防止回火器，不同种类的防止回火器不得混用；与气瓶连接的胶管必须使用箍件绑扎牢固，破损和严重老化的胶管不得使用。

对各类气瓶的检验周期有如下规定：

① 盛装腐蚀性气体的气瓶，每2年检验1次；

② 盛装一般气体的气瓶，每3年检验1次；

③ 液化石油气瓶，使用期为15年，每4年检验1次，最后一次检验为3年；

④ 盛装惰性气体的钢瓶，每5年检验1次；

⑤ 低温绝热气瓶，每3年检验1次；

⑥ 车用液化石油气钢瓶每5年检验1次，车用压缩天然气钢瓶每3年检验1次。汽车报废时，车用气瓶若在使用过程中发现有严重腐蚀、损伤或对其安全可靠性有怀疑的，应提前进行检验。库存和停用时间超过一个检验周期的气瓶，启用前应进行检验。

7. 气瓶日常检查

（1）外观检查

检查气瓶外表面是否有凹陷、凹坑、凸起、损伤、裂纹、腐蚀或烧伤等缺陷。瓶口与螺纹部分应用肉眼或低倍放大镜逐只仔细检查，查看螺纹是否存在裂纹、变形、腐蚀、磨损或其他机械损伤。日常检查中，若发现情况较轻，则报修或返厂处理；若情况严重，则直接报废处理。

（2）音响检查

对于外观检查合格的气瓶，应逐只进行音响检查。具体检查方法：在气瓶没有附加物或其他妨碍瓶体振动的情况下，使用木锤或重量约250 g的小铜锤轻轻敲击瓶壁。若发出的音响清脆有力，余韵轻而悠长，并带有旋律感，则表明气瓶检验合格；若音响浑浊低沉，余韵重而短促，并伴随有破壳般的音响，则应立即报废处理该气瓶。

（3）其他检查

其他检查项目还包括：内部检查、水压试验、重量容积检查、硬度测试等。

二、高压反应器及使用安全

实验室中常用的高压反应器通常为小型高压反应釜，如催化反应釜、聚合反应釜及加氢反应釜等，与气瓶一同构成了实验室中最常见的承压特种设备。由于高压反应器具有高压及使用条件苛刻等特点，不当使用极易引发严重危害。因此，操作人员必须深入学习和掌握相关操作与安全知识，以有效预防事故的发生。

实验室高压反应器是一种能够盛装气体、液体、气-液、液-固、气-液-固等混合物，并能在一定压力和温度条件下进行密闭反应的设备。根据压力等级，它可分为低压（0.1 MPa≤p<1.6 MPa）、中压（1.6 MPa≤p<10 MPa）、高压（10 MPa≤p<100 MPa）和超高压（p≥100 MPa）设备。高温高压反应器通常由反应釜体、加热器、冷却器、搅拌器、压力表、温度计、安全阀等关键部件组成。其中，反应釜体

图2.5　实验室用高压反应器

一般采用高强度合金材料制造，以确保其具有良好的耐高温、耐高压性能。

使用高压反应釜时，需严格遵守以下注意事项：

（1）确保操作人员具备足够的安全意识和专业技能

操作高压反应器需要具备扎实的专业知识和操作技能。操作人员必须经过专业培训并熟练掌握相关技能，同时需持有特种设备操作资格证。在操作前，操作人员应全面了解高压反应器的原理、结构、安全事项及潜在危险性，并确保所有实验试剂均已明确列出，严格按照实验操作手册和标准规范进行实验。

（2）定期检查并维护高压反应器

检查和维护工作至关重要。应定期检查反应器壁和密封部件是否破损或老化，定期清洗和维护反应器内部，并检查其是否存在腐蚀或磨损等现象。此外，使用前还需检查电子控制器及系统监控设备的工作状态，确保其正常运行，以防范设备故障或操作失误等风险。

（3）控制好高压反应器的工艺参数

在操作过程中，应严格按照操作规程执行，确保操作人员安全和设备完好。根据实验需求选择合适的高温高压条件，并严格按照设计参数进行控制，特别是电压、温度和压力等关键参数。为确保实验的准确性和可靠性，需进行多次测试判断，确保高压反应器的安全稳定运行。同时，原料的加入量不得超过反应器容积的1/3。一旦发现异常，应立即停车检查，及时排查事故隐患。

（4）正确保存和处理高压反应器

使用后，应及时清理反应器内部，防止腐蚀等损害。将反应器放置在干燥、通风且避光的环境中，并注意保护其精密部件，以保证设备的稳定性和安全性。在存放期间，应严格监控设备的状况，及时发现并处理任何潜在风险。

（5）其他

高压反应器应在设有防护措施的指定地点使用，并安装安全泄压装置。这些装置需定期检查和校验，确保其处于良好状态。同时，应在显眼位置悬挂或张贴醒目的安全标志，以提醒操作人员注意安全。

2.3　化学化工实验室安全管理

实验室是科学研究、教育培训和创新实践的关键场所。在化学化工实验室中，实验人员需进行复杂的实验操作，并频繁接触各种危险化学品和设备，因此，实验室安全管理具有至关重要的地位。其主要作用体现在以下几个方面：

（1）保障人员安全

实验室环境可能潜藏多种危险因素，包括有毒化学品、高温设备、尖锐物品等。实施严格的实验室安全管理制度，能够确保人员得到充分保护，显著降低工作人员受伤的风险。通过制定并执行严谨的操作规程、强制佩戴防护装备以及提供定期的安全培训，可以增强实验人员应对事故和紧急情况的能力，并有效减少伤害事故的发生。

（2）保护实验设备和财产

实验室内的设备和实验材料往往价值昂贵。实施严格的安全管理制度，有助于防止设备的误用、因疏忽或故意行为导致的损坏。通过明确实验室使用规则、设立合理的限制条件，以及运用监控和审计系统等安全措施，能够减少设备的磨损和意外损坏，从而确保实验设备的长期稳定运行。

（3）提升实验数据的可靠性

实验室科研实验的成功与否，往往取决于数据的准确性和可靠性。实验室安全管理制度能够确保实验操作的一致性和标准化，从而最大限度地减少操作误差和实验结果的不确定性。通过规范实验流程、详细记录实验操作过程，并建立完善的数据验证机制，可以显著提升实验数据的可重复性和准确性。

（4）遵守法律和规定

实验室安全管理制度的制定和执行，对于确保实验室管理者和工作人员遵守相关法律法规和安全规定至关重要。实验室在进行科学研究和教育活动时，必须严格遵守国家和地方的安全标准。任何违反规定的行为都可能引发法律责任和安全风险。通过建立和完善安全管理制度，可以确保实验室全体成员对法律法规有充分的认识，并严格按照规定开展实验活动，从而保障实验活动的合法性和安全性。

化学化工实验室安全管理主要包括：管理体系、组织及职责、人员管理、化学品管理、仪器/设备管理、设施管理、环境管理、安全风险辨识、安全风险管控、应急管理等十大项。其中，管理体系、组织及职责、人员管理三项属于软件部分；化学品、仪器/设备、设施、环境管理四项属于硬件部分；风险识别、风险管控和应急管理三项属于技术层面部分。

2.3.1 化学化工实验室安全管理软件部分

一、实验室管理体系

实验室应建立、实施并持续维护一个完善的安全管理体系，为此需编制并不断更新安全管理手册、标准操作指导书以及各类记录表单等安全管理体系文件。这些文件应确保传达至实验室的每一位成员，并要求他们获取、充分理解及严格执行其中的规定。

实验室安全责任人需承担起宣传与贯彻安全管理体系的重任，通过定期组织培训、讲解等方式，确保实验室人员深刻理解并遵循相关安全管理要求。同时，应定期对安全管理体系进行审核与评估，及时发现并改进存在的问题，所有审核与改进的记录均应妥善保存。

实验室的安全管理体系应全面覆盖实验室在固定场所内开展的所有活动，确保任何环节都不留安全隐患。对于作为安全管理体系组成部分而发放给实验室人员的所有文件，在正式发布前，必须经由授权人员严格审查并批准使用，以确保文件的准确性和有效性。

为有效管理文件的修订和分发，实验室应建立一个控制清单或等效的控制文件，用于识别管理体系中文件的当前修订状态及分发情况。这个清单应易于获取，以便实验室人员随时查阅，从而避免使用无效或已作废的文件。实验室制定的安全管理体系文件应具有唯一性标识，以便于管理和追踪。这个标识应包含发布机构、发布日期及（或）修订标识、页码、总页数或表示文件结束的明确标记。这样的设计有助于确保文件的完整性和可追溯性。

实验室安全管理文件被视为受控文件，其修改应受到严格控制。若因特殊情况确需修订，必须获得相应授权，并按照既定的程序进行，以确保文件的修改是合法、合规且有效的。

二、组织及职责

（一）最高管理者

实验室应确保其所有活动均符合现行有效的安全法律法规和相关标准的要求。在最高管理层中，应明确指定一位实验室安全责任人，并赋予其以下职责和权限：负责建立、实施和运行安全管理体系；向实验室最高管理者提交安全绩效报告，以供评审，并为体系的持续改进提供依据。实验室最高管理者对实验室的整体安全及安全管理体系的有效运行负有最终责任。

实验室最高管理者应作出明确承诺：严格遵守国家和地方的法律法规、标准及其他相关要求；明确安全管理人员的角色、分配职责、授予必要权力，并提供有效的安全管理，同时形成正式文件并建立有效的沟通机制；为安全管理体系的建立和运行提供必要的资源，这些资源包括但不限于人力资源、设施和设备、专业技能和技术、医疗保障以及财力资源。此外，实验室应制定明确的制度，规定所有对安全有影响的管理、操作和监督人员的职责、权利以及相互之间的关系。

（二）上一级部门

实验室的上一级部门或主管部门应设立专门的安全管理部门或委员会。该部门或委员会应掌握实验室的危险源清单，建立化学品采购、使用、贮存和处理（包括回收、销毁等）的详细台账，以及气瓶台账。同时，应按时进行周期性的安全检查，并定期开展针对性的安全检查，确保检查内容全面且详尽。安全检查记录应至少保存3年备查。周期性检查可包括年度检查、季度检查、月度检查、周检查和日常检查等，而针对性检查则可能包括全面检查和专项检查等。

（三）安全管理人员

实验室应配备专职或兼职的安全管理人员，他们应负责实施、维持和改进安全管理体系，识别任何对安全管理体系的偏离，并采取预防措施或减少这些偏离的影响。

此外，实验室应有熟悉实验室活动和安全要求的安全监督人员，对实验室的各项工作进行安全监督。安全监督人员应负责评估并报告活动风险，制定并实施安全保障及应急措施，以及阻止任何不安全的行为或活动。

（四）实验人员

实验室应确保所有实验室人员都充分了解实验室的安全要求和潜在风险。实验室人员应在其活动区域内承担安全方面的责任和义务，避免个人原因导致的安全隐患或安全事故。

实验室应建立全员参与的安全机制，鼓励实验室人员通过多种方式参与实验室安全相关的活动，如危险源辨识、风险评估和确定风险控制措施；提出安全隐患及改进建议；参与安全风险隐患排查及事故事件的调查；参加应急演练；对外来人员进行安全告知、培训和指导等；参与标准操作指导书等安全管理体系文件的编制和讨论；参与安全方针目标的制定和评审；商讨影响安全的因素；以及担任员工安全事务代表等。

同时，实验室应建立有效的沟通和报告机制，包括在实验室内部不同层次和职能部门间进行内部沟通；与进入实验室场所的外来人员进行有效沟通；接收、记录和回应来自外部相关方的沟通；以及建立安全风险隐患及事故事件的报告机制。

三、人员管理

（一）安全交底

实验室必须确保所有工作人员对所从事的工作可能遭遇的危险有清晰的认识，这些危险包括：所使用的化学品、仪器/设备以及环境等所具有的危险特性；危险源的种类及其性质；可能引发的危害及其后果；应当采取的防护措施；以及在紧急情况下的应急处置措施。此外，实验室还需确保所有进入实验室的人员（包括外部访客）都接受了关于个体防护装备的使用与维护、实验室仪器/设备操作等相关培训，并明确了解实验室的安全规定、潜在风险及相应程序。

（二）新员工管理

对于新员工或新生，实验室应严格执行"三级"安全教育及考核流程，即在其进入单位、部门/课题组、实验室时分别进行安全教育，并保存相关记录。同时，当员工岗位/工位/工种发生调整，或长时间歇工后重新上岗时，也应进行相应的安全教育和培训。

（三）监督职责

实验室安全责任人或安全监督人员应对实验室人员进行适当的监督，确保各项安全规定得到有效执行。同时，实验室所有成员均有权对他人（包括内部员工、承包商及外来人员）进行监督，一旦发现违反安全规定的行为，应立即制止并上报给实验室最高管理者。

（四）安全培训

实验室应制订一套完善的安全培训计划，该计划应涵盖个体防护装备的使用与维护培训、实验室仪器/设备相关培训以及应急培训等内容。此外，实验室还需保留所有培训记录，并对培训的有效性进行评价。只有评价合格的人员方可进入实验室工作。

（五）安全管理人员责任

实验室应明确规定安全管理体系中各岗位的职责，并进行相应的人员授权或任命。为确保实验室的安全工作得到有效执行，实验室应配备足够的人员。同时，实验室人员应具备从事相关工作的能力，特别是从事特殊岗位工作的人员，必须具备相应的资格。实验室应推行全员安全责任制，确保所有员工都明确自己在实验室安全管理体系中的职责，并作出相关承诺。此外，实验室还应组织安全责任人及相关人员对本单位出现的安全风险隐患和事故事件进行分析、查找和学习，及时进行整改，并保存所有相关记录。

2.3.2　化学化工实验室安全管理硬件部分

一、化学品管理

实验室安全管理体系中应包含采购、验收、贮存、使用和处理化学品（包括压缩气体、易制毒、易制爆和剧毒化学品）的详细管理程序。

（一）危险化学品管理

1. 实验室化学品的购买

实验室必须从持有危险化学品安全生产许可证的生产厂家或具备危险化学品经营许可证的单位采购危险化学品。在采购过程中，实验室应主动索取安全技术说明书和安全标签（简称"一书一签"），并严禁采购无"一书一签"的危险化学品。对于易制毒、易制爆和剧毒化学品的采购，实验室必须严格遵守《易制毒化学品管理条例》《易制爆危险化学品治安管理办法》《剧毒化学品购买和公路运输许可证件管理办法》等相关法规。

2. 化学品存储

危险化学品的贮存必须遵循国家法律法规及其他相关规定。有毒、有害物质应存放在阴凉、通风、干燥的场所，避免露天存放，且不得与酸类物质接近。腐蚀性物品应严密包装，防止泄漏，并严禁与液化气体和其他物品混存。

实验室应设置符合安全、消防相关技术标准的专用房间来贮存危险化学品。该房间内的用电设备、通排风设施、输配电线路、灯具、应急照明和疏散指示标识等均应符合相关要求。贮存易燃、易爆危险化学品的建筑，还应按照 GB 50057—2022 的要求安装避雷设施。

实验室化学品柜上应设有信息牌，明确标注存放的化学品种类、名称和数量。在化学品入库前，实验室应严格检查其名称、数量、包装及"一书一签"，确认无误后方可登记入库。危险化学品入库后应定期进行检查，如发现容器未关紧、破损、渗漏或标签不完整等情况，应及时处理。

贮存化学品的房间应备有危险化学品安全技术说明书，并确保操作人员能够方便查阅和索取。此外，操作人员还应熟悉危险化学品的基本特性和应急处理方法。严禁在化学品储存房间和化学品储存柜内存放其他杂物。

危险化学品应按照相关规定进行贮存，不得与禁忌物料混合贮存。贮存区域的温度、湿度应严格控制，并根据变化及时调整。

除专用化学品贮存房间外，每间实验室内存放的除压缩气体、液化气体、剧毒化学品和爆炸品以外的危险化学品总量不得超过 $1\,L/m^2$ 或 $1\,kg/m^2$，其中易燃易爆性化学品的存放总量不得超过 $0.5\,L/m^2$ 或 $0.5\,kg/m^2$，且单一包装容器不应大于 $25\,L$ 或 $25\,kg$。实验室其他房间暂时存放在安全柜或试剂柜以外的危化品总量，液体不得超过 $0.2\,L/m^2$，固体不得超过 $0.2\,kg/m^2$；实验台化学试剂架上应仅暂放当天用量，用完后应立即放回安全柜或试剂柜中。

3. 化学品使用

领用及使用危险化学品时，应详细填写领用及使用记录。易制毒、易制爆与剧毒化学品的领取，应由两人按当日实验用量领取，如有剩余应在当日退回，并填写相关记录。

使用易制毒、易制爆与剧毒化学品时，必须至少有两人在场，一人操作，一人监护。操作过程中应充分考虑危险化学品的特性，并严格按照仪器/设备操作规程执行。易制毒、易制爆、剧毒化学品必须确保账物相符，购买、请领、使用等各环节必须记录清晰。实行"六双"管理，即"双人保管、双人收发、双人使用、双人运输、双把锁、双本账"，同时做到"四无一保"，即无被盗、无事故、无丢失、无违章，确保安全。

在取用化学品时，应轻拿轻放，避免震动、撞击、倾倒和颠覆；使用后应及时盖紧原瓶盖；严禁用手直接取用化学品；严禁将化学品入口或直接接近瓶口进行鉴别。

（二）高压气瓶管理

1. 实验室用气的购买

实验室应从持有气瓶充装许可证的单位采购瓶装气体。气瓶上必须贴有符合安全技术规范及国家标准规定的警示标签和充装标签。所使用的气瓶应具备合格证，并由有资质的气瓶检验机构进行定期检验，确保在检验有效期内。合格证和检验报告应由产权单位妥善保留。

2. 高压气瓶存储

气瓶的搬运、装卸、储存和使用必须严格遵守 GB/T 34525 的相关规定。气瓶应按规定进行漆色标注，明确气体名称，并涂刷横条以示区分。气瓶应存放在阴凉处的专用气瓶储存区域，并确保牢固固定。

压缩气体和液化气体必须与爆炸物品、氧化剂、易燃物品、自燃物品、腐蚀性物品等隔离贮存。盛装液化气体的容器，如属于压力容器，应配备压力表、安全阀、紧急切断装置，并定期进行检查，严禁超装。易燃气体不得与助燃气体、剧毒气体同存；氧气不得与油脂混合贮存；易燃液体、遇湿易燃物品、易燃固体不得与氧化剂混合贮存；氧化剂应单独存放。特别地，氧气气瓶严禁与乙炔、CO、CH_4 等可燃性气体气瓶混放。HCl、H_2S、Cl_2、CO 等有毒、有害气体（低浓度的标准气体、计量用气体除外）气瓶应单独存放，并配备隔绝式呼吸器作为应急措施。

3. 高压气瓶使用

气瓶上应明确注明气体种类，并在气瓶柜或气瓶上设置"使用中"和"未使用"的标识。气瓶应配备阀门手轮或活扳手，气体管路的连接应根据介质的性质选用适当的材质，如铜、不锈钢等金属管线，或聚四氟乙烯、PEEK 等塑料管线，并定期进行泄漏检查。气瓶宜配备防震圈，不使用时应安装上安全保护帽。需要在气瓶柜外使用的气瓶，应直立固定在专用支架上。

在将不同种类的气瓶放置在同一气瓶柜之前，应充分考虑两种气体的相互影响。操作人员应确保气瓶在正常环境温度下使用，防止意外受热。气瓶不得靠近热源，安放气瓶的地点周围 10 m 范围内，严禁进行有明火或可能产生火花的作业。

实验室应建立完善的化学品（包括气瓶）采购、使用、贮存和处理（回收、销毁等）的台账，并保留所有相关记录。气瓶使用台账应详细记录使用前后气体压力值，对于持续使用的气瓶，应定期进行记录。

二、仪器/设备管理

实验室应建立详细的仪器/设备管理台账。实验室仪器/设备的使用、维修、维护保养等情况均应填写相应记录。所有仪器/设备应明确负责人、授权使用人、有效日期或检测日期等信息，并具有运行、故障、停用等状态标识。

所有仪器/设备均应由通过培训考核的授权使用人进行操作，且应定期对授权使用人的能力进行评估。仪器/设备的负责人与授权使用人有责任对其他人进行仪器/设备使用及相关培训，考核合格后方可成为新的授权使用人。

所有仪器/设备，特别是高温、高速、强磁、低温等特殊仪器/设备附近，应放置标准操作指导书。所有涉及高温、低温、用电、易燃物、危险化学品等的仪器/设备相关部位，均应设置相应的安全警示标识。实验室所有仪器/设备应根据其使用物品的火灾危险性，在符合要求的建筑或房间内安装运行。建筑或房间内不得超出消防批复范围存储物品。对于长期停用的仪器设备，其内部危险介质应妥善处理、设置明显标识并定期维护。重新投用前，应进行技术检验和性能评估。

三、设施管理

（一）通风设施

实验室的通风能力应与当前的实验室运行情况相适应，且必须符合 GB 50736—2016 或 GB 50019—2015 对通风的明确要求。实验室应安装局部排风系统，例如通风橱、排风罩等，并且这些系统的性能必须满足 AQ/T 4274—2016 标准的要求。实验室应定期对通排风系统进行功能有效性检查，并妥善保存核查记录。

通风橱内可临时存放当天实验所需的危险化学品，但严禁长时间存放危险化学品及任何杂物。当实验室产生的有毒、有害气体浓度超过 GB 16297 规定的新污染源大气污染物排放限值时，必须通过废气处理装置进行吸收或吸附处理，确保达标后才能排放。吸收液或吸附剂应定期送往有资质的单位进行处理。

对于位于爆炸性气体环境0～2区或爆炸性粉尘环境20～22区（详见表5.18）的实验室，包括通风橱、照明设备、电气仪表等在内的所有设施，均必须使用符合相应防爆等级的防爆设备。同时，应配备必要的防静电措施，操作人员应避免穿着易产生静电的内外衣物，并严禁使用明火加热和电炉等明火设备。

（二）气瓶柜

实验室应配置充足的气瓶柜或气瓶专用支架，以充分满足使用需求。气瓶柜应安置在阴凉、干燥、严禁明火且远离热源的房间内。气瓶柜应定期进行相关检验，检验内容包括但不限于：柜体外观是否损伤、柜体结构是否牢固稳定、门锁是否灵活可靠、与火源等不安全因素的距离是否符合安全要求。如果气瓶柜配备有电控功能、报警系统、排风系统等，还应进行功能性核查，并保存所有相关的检验或试验记录。必须特别注意，存放剧毒或高毒气体的气瓶柜必须连接到有效的通风装置，以确保安全。

（三）喷淋和洗眼装置

使用危险化学品的实验室必须配置紧急喷淋装置和洗眼器，并应提供明确的使用说明或图示。紧急喷淋装置的水管总阀应保持常开状态，且喷淋头下方不得有任何障碍物。严禁使用普通淋浴装置代替紧急喷淋装置。紧急喷淋和洗眼器装置的安装地点应确保与工作区域之间通道畅通，距离不超过 15 m。安装位置应合适，拉杆位置合理且方向正确。紧急喷淋装置应配备围堰，以防止冲洗水外溢。洗眼器应接入生活用水管道，水量和水压应适中（喷出高度为 10～30 cm），水流畅通且平稳。紧急喷淋装置和洗眼器应至少每周冲洗一次，以保持其清洁和畅通。实验室应定期对紧急喷淋装置和洗眼器进行功能有效性核查，并保存核查记录。核查频率应至少为每半年一次，以确保这些设备在紧急情况下能够正常工作。

（四）消防设施

新建实验室的建设要求可参照《科研建筑设计标准》（JGJ 91—2019）。实验室所在楼或楼层必须通过消防单位或第三方消防机构的安全评估，并取得合格证明后方可使用，同时应保存消防单位的评估记录。实验室应配备充足且有效的消防设施，并定期检查其有效期，及时进行更换。实验室内的消防指示信息应完备，墙上应在高 1.5 m以上及距离地面 0.5 m 处均设置反光贴，以指示灭火器的位置。

实验室应安装必要的安全报警系统，包括火灾报警器、可燃气体报警器、有毒及有害气体报警器等。同时，应定期核查这些报警系统的功能有效性，并保存相关记录。此外，实验室还应定期核查防爆设施与防静电设施的功能有效性，并保存相关记录。

实验室应按照 GB 25201 的要求对建筑消防设施进行维护和管理。同时，根据 GB 50974 的要求，实验室应保证消防给水及配备消火栓系统；实验室所在建筑的防烟排烟系统应符合 GB 51251 的标准。此外，实验室所在楼或楼层的消防应急照明和疏散指示系统应符合 GB 50016 和 GB 17945 的相关规定，消防安全标识应满足 GB 13495.1 的要求。

实验室公共区域的消火栓、灭火器等消防设施应设置明显的标识。对于使用有机物、油品等的实验室，应配备溢油控制材料，如吸油砂、吸油毡等，并且实验室人员应接受溢油清理的培训。

实验室应根据可能出现的火灾类型和危险等级配备灭火器，且灭火器的配置类型、规格、数量及其设置位置应符合 GB 50140 的相关要求。在贮存危险化学品的建筑物内，如果条件允许，应安装自动喷水灭火系统（但对于遇水燃烧的危险化学品或不可用水扑救的火灾除外）。系统的各部件要求可参见 GB 5135.1 至 GB 5135.22；其喷淋强度、作用面积和供水时间应符合 GB 50084 的要求；其维护管理应满足 GB 50261 的规定。

火灾自动报警系统应符合 GB 50116 和 GB 50016 的要求。实验室使用或储存惰性气体的房间应配备氧气报警器。对于使用低闪点、易燃易爆化学品的实验室，应配备防爆冰箱。贮存危险化学品的房间内，应根据风险评估结果安装相应的自动报警监测和火灾自动报警系统。室内气瓶存放处也应根据风险评估结果配备相应的气体传感器和报警系统，并确保气体传感器和报警系统的安装位置合理。

（五）供电及用电设施

实验室应有电源总闸，停止工作时，应关闭总闸门。以楼层为控制单元的，电源总闸上应明确标示控制开关的区域。实验室电器插头和连接用插头应符合GB 1002和GB/T 2099.1～GB/T 2099.2的标准。实验室应配置独立配电箱或配线盒，且墙面配电箱/盒应采用带盖封闭式。插座、插头、接线板等电器元件均应符合相关国家标准。禁止随意拉接临时电线，或套接接线板。固定电源插座应保持完好无损，避免多台设备共用同一电源插座。接线板和插座的配置应能满足所用电气设备的负荷需求。通风橱内不宜设置或放置插座、插头、接线板等电器设施。

实验室所有电气设备应正确接地，所有电线都应处于良好状态，无开裂、脆化、磨损等现象。禁止电线横穿地板。电机外壳应设有明显的安全警示标识。加热电器的接线端子等应处于封闭状态，严禁裸露。配线箱/盒应从楼层或房间内的配电柜连接。实验室电容量应与用电设备的功率相匹配，电源插座应固定安装。配电柜、接线盒等过载保护器后引出的电线，应用硬线管进行保护。软电线应固定在设备或框架上。

所有电机应配备过载保护或热继电器保护。大功率电器应设置过载保护、漏电保护，并应有单独的地线。电线应布置在线廊、塑料管或蛇皮管内。无防护管保护的电线，应使用软管进行保护。

对于设计专用于储存易燃液体或易燃气体的房间或区域，除非经过特殊的评估或论证，否则至少应按照气体危险区域2区的要求进行防爆电器的选型及安装。

（六）高温设施

高温电器，例如马弗炉、电热烘箱等，不得放置在木质或易燃合成材料的桌面上。同时，这些电器应在明显位置设置"高温""防烫""触电危险"等警示标识牌。

四、环境管理

（一）实验室布局

实验室显著位置应悬挂应急疏散图，所在楼道应设有明确的安全方位标识。实验室所在楼房或楼层必须设置符合安全疏散标准的安全出口，且实验室房门与最近安全出口的距离需严格遵守GB 50016的规定。实验室的实验区与非实验区、防护区与非防护区之间，应有清晰可辨的分隔标识线。实验室的固定办公区域应与实验操作区域明确隔离；若实验室内设有临时记录区，则应安排在靠近安全出口的位置。

（二）实验室标志

实验室所有工作场所均应设置清晰、醒目且统一的标识，包括安全警示标识、安全防护标识等。实验室门口应设置安全信息牌，内容至少涵盖实验室危害类型、个体防护要求、气瓶种类与数量、安全责任人及联系方式等关键信息。实验室各房间门内外应设有明确的进、出标识。实验室所有工作场所均应设有显著的危险源警示标识，特别是剧毒品、放射性强磁、病原微生物、同位素等高危区域。实验室贮存柜或抽屉上应粘贴准确反映内部存放物品信息的标签，确保标签与物品信息一致。

（三）实验室出入管理

实验室应制定应急出入措施，确保在供电失灵等紧急情况下能够打开电子门锁。各房间应配备备用应急钥匙，并由专人统一管理。实验室门应保持常闭状态，以有效隔绝火源与烟雾。实验室房间门应朝向安全出口方向开启，且门前1.5 m范围内不得有任何障碍物。实验室外的公共区域严禁堆放仪器、物品等；楼道紧急出口不得上锁，确保所有出口通道时刻保持畅通无阻。危险材料、化学品贮存柜及气瓶严禁放置在实验室主要出口附近。甲、乙类危险物品禁止储存在地下室或半地下室。废旧物品和仪器应及时进行报废处理，以消除安全隐患。

2.3.3　化学化工实验室安全管理技术

一、安全风险辨识评估

实验室应建立、实施并维持一套程序，以确保持续进行危害辨识和风险评估。这一程序应涵盖实验室的所有工作，主要从化学品、人员、仪器/设备、环境、设施等多个方面进行全面的危险源辨识。

实验室应系统地识别实验室活动各个阶段可能预见的危险源，包括与各类活动相关的所有可预见危险，如机械、电气、高温、低温、火灾、噪声、毒物、辐射、化学等危险，以及与任务不直接相关但可能预见的危险，如实验室突然停电、停水、自然灾害等特殊状态下的安全风险。

风险辨识评估应综合考虑（但不限于）以下内容：常规和非常规活动，特别是新引入的化学品危害及其安全措施，以及新开放或引入的化学反应或工艺等；正常工作时间及之外的活动；所有进入实验室人员的活动；人员因素，如行为、能力、身体状况以及可能影响工作的压力等；源自工作场所外的活动对实验室内人员健康的不利影响；工作场所附近及相邻区域实验室相关活动产生的风险；工作场所的设施、设备和材料，无论是由本实验室还是外界提供；实验室功能、活动、材料、设备、环境、人员等相关要求的任何变化；安全管理体系的更改，及其对运行、过程和活动的影响；与风险评估和必要控制措施实施相关的法定要求；实验室结构和布局、区域功能、设备安装、运行程序和组织结构，以及人员的适应性；以及本实验室或相关实验室已发生的事故。

在以下情况下，应重新进行风险评估：当采用的设备、材料、方法、环境、人员发生变化，或实验室结构功能发生改变时；在包括物质存储或使用的实验室分区执行任务发生改变之前；变更工作流程时；以及发生事故后。

二、安全风险管控

（一）阻止风险

实验室内严禁饮食和吸烟。特定区域，如化学品存放处、易燃易爆物品存放处以及气瓶存放处等，严禁烟火。

（二）劳动保护

实验室所有人员应明确各自岗位所必需的防护措施，并使用合适的个体防护装备。实验室应配备充足、有效且适用的个体防护装备，包括但不限于实验服、护目镜、防护面罩、防护口罩、防毒面具、安全帽和防护手套。个体防护装备的配备要求和选用规范应分别参照 GB 39800—2020 标准。实验人员应按规定穿戴防护服、长裤、手套、护目镜、口罩等必要的防护用具。在存在化学品沾染或转动部件卷入风险的情况下，长发应盘起或戴帽，且不得穿高跟鞋、凉鞋、拖鞋、短裤、短裙等露出手腕、脚踝部位的衣服进入实验室。实验室公共区域应配备必需的防护设施和设备。

使用化学品时，应根据化学品的危害程度选择合适的个体防护装备。使用玻璃器具时，同样应选择合适的个体防护装备。在操作仪器/设备时，也应根据需要选择合适的个体防护装备。对于产生噪声危害的设备，应进行降噪处理，同时操作人员应进行听力防护。实验室现场人员，包括本单位员工、外访人员、供应商等，在所有工作时间都应正确穿戴个体防护装备。

实验室应根据风险辨识和评估结果，并参考MSDS（化学品安全技术说明书）、GB 39800—2020中的信息，配备相应的个体防护装备及应急措施。化学品的移取、称量、操作应根据其危害性在通风橱、平衡通风罩（VBE）、手套箱内或特定的区域进行。

此外，实验室应配备紧急医疗用品急救药箱，包括但不限于创可贴、碘伏、棉签、绷带、止血带等临时医疗用品。如果使用氢氟酸，还应配备葡萄糖酸钙凝胶（解毒剂），并在医护人员培训指导后使用。

（三）废弃物

实验室废弃物存放处应有明显标识。实验室废弃化学品应按照GB/T 31190的要求进行分类、收集、贮存和日常管理，并由具有处理资质的单位进行处理。实验室危险废物应按照GB 18597、HJ 2025的要求进行收集、贮存和处置。实验室应编制废弃物收集的标准操作指导书，并保留废弃物收集、转运与处理记录。

废液和废化学品应根据其性质，使用无破损且不会被废液腐蚀、溶解/溶胀的容器进行收集。容器上应贴有废液标签，标明废液成分、组成、质量或体积、酸碱性、危害性、日期等信息。以下（不仅限于）所列的废液不应互相混合：过氧化物与有机物；氰化物、硫化物、次氯酸盐与酸；盐酸、氢氟酸等挥发性酸与不挥发性酸；浓硫酸、磺酸、羟基酸、聚磷酸等酸类与其他酸；铵盐、挥发性胺与碱。

固体废弃物应分类回收，不同类别不应相互混合，且不得混有密封容器、易燃易爆物品、医疗废物和放射性物品。包装好后应粘贴废弃物标签，注明成分、类别、质量、危险特性、日期等信息。

实验室产生的有毒、有害废气应采取有效措施进行处理，达标后排放。应设置专门的尖锐物回收盒收集废弃的尖锐物品，如针头、刀片、破碎玻璃器皿或仪器等。泄漏或渗漏危险化学品的包装容器应放置在合适的托盘或容器内，并迅速移至安全区域进行处理。

（四）玻璃器皿场景

不同种类的玻璃器具应分类存放，不得与其他物品混放。存放处的外壁应有标签写明种类和数量。使用明火加热或电炉直接加热玻璃容器时，应有透明保护罩或戴防护面罩。明火或电炉不能加热装有机物的敞口玻璃容器。玻璃器具被加热时，应有防护板或隔离板进行保护。

（五）动设备环境

对于有马达、皮带轮、轴承等转动部件的设备，应安装封闭金属防护网或防护罩。反应器、分离等金属设备的取样口、连接口等部位也应有防护板进行保护。所有物品使用完后应放回指定的储存或回收位置。

（六）控制措施

实验室应根据风险辨识和评估结果制定相应的风险控制措施。在控制风险时，宜采用风险分级管控的方法，并按照以下控制顺序进行：

① 消除：采用替代物或替代方法来降低风险，或采用无害化技术、以无毒物质代替有毒物质，实现自动化、遥控作业；

② 预防：应用工程控制措施来抑制或减少接触；

③ 减弱：设置局部排风罩，或以低毒物质代替高毒物质等；

④ 隔离：隔离危险源以控制风险；

⑤ 连锁：设置易燃或有毒气体泄漏报警装置；

⑥ 警告：在醒目的位置设置安全警示标识、安全色和安全标志，必要时设置声、光报警；

⑦ 采用安全工作行为：通过改变工作方法等方式最小化接触风险。

如果以上措施仍无法将风险降低到可接受水平，应再次进行风险辨识和评估，并考虑停止该场所的一切活动。

三、应急管理

实验室应急管理应严格遵守国家和地方的法律法规、标准及其他相关要求。实验室应制定专项应急预案或现场处置方案，以应对包括但不限于火灾、爆炸、危险化学品泄漏、中毒、窒息、灼烫、冻伤、触电和电离辐射等紧急情况。应急预案的编制可参考GB/T 29639的相关要求，而实验室危险化学品的应急管理则应参照AQ/T 3052执行。

实验室应至少每年组织一次应急演练，以提升实验室事故应急处置能力。在实验室内发生火灾、爆炸、危险化学品泄漏、辐射、触电等紧急情况时，应立即根据应急预案做出响应。

此外，实验室还应对潜在风险进行辨识与评估，对现有的应急资源进行全面调查，分析现有资源与需求之间的差距，并据此不断完善应急资源。实验室的上一级部门应充分了解实验室的危害辨识、风险评估及应急预案情况，并在必要时采取相应措施以确保实验室安全。

2.3.4 实验室安全规章制度建立

学校和二级单位应当建立健全实验室安全管理办法和制度，并出台具有可操作性和实际管理效应的规范性文件。这些文件应充分考虑学科专业特点和实验用途，并需及时修订更新。

实验室安全管理制度主要包括以下几个方面：

（1）安全检查制度：实验室应开展"全员、全过程、全要素、全覆盖"的定期安全检查，核实安全制度、责任体系、安全教育的落实情况，并排查设备设施存在的安全隐患。实行问题排查、登记、报告、整改、复查的"闭环管理"流程。

（2）安全教育培训与准入制度：所有进入实验室学习或工作的人员，必须先接受安全知识、安全技能和操作规范的培训。他们应掌握设备设施、防护用品的正确使用方法，并通过考核后方可进入实验室进行实验操作。

（3）项目风险评估与管控制度：对于涉及重要危险源，即有毒有害化学品（剧毒、易制爆、易制毒、爆炸品等）、危险气体（易燃、易爆、有毒、窒息）、动物及病原微生物、辐射源及射线装置、同位素及核材料、危险性机械加工装置、强电强磁与激光设备、特种设备等的教学、科研项目，必须经过风险评估后方可开展实验活动。对于存在重大安全隐患的项目，在未切实落实安全保障措施前，不得开展实验活动。

（4）危险源全周期管理制度：对重要危险源应进行从采购、运输、储存、使用到处置的全流程全周期管理。采购和运输应选择具备相应资质的单位和渠道，储存应设有专门场所并严格控制数量。使用时，应由专人负责发放、回收和详细记录。实验后产生的废物应统一收储，并依法依规进行科学处置。同时，应对危险源进行风险评估，建立重大危险源安全风险分布档案和数据库，并制定分级分类处置方案。

（5）安全应急制度：学校、二级单位和实验室应建立完善的应急预案和应急演练制度，定期开展应急知识学习、应急处置培训和应急演练。确保应急人员、物资、装备和经费充足，保障应急功能完备、人员到位、装备齐全、响应及时。同时，应定期检查实验防护用品与装备、应急物资的有效性。

（6）实验室安全事故上报制度：一旦发生实验室安全事故，学校应立即启动应急预案，采取措施控制事态发展。同时，在1小时内如实向所在地党委、政府及其相关部门和高校主管部门报告情况，并抄报教育部。不得迟报、谎报、瞒报和漏报，并根据事态发展变化及时续报。

2.3.5 实验室安全培训管理与宣传

（1）学校每年开展面向全校教职工和学生的安全教育培训活动，并存档记录。

（2）学校和二级单位开展结合学科专业特点的应急演练，并对演练内容、参加人数、效果评价等进行有效记录。

（3）学校和二级单位根据实验需要，开展专业安全培训活动，并组织安全培训考试，新入职的教职工、新入学的学生均应参加并通过考试，对培训与考试进行有效记录。

（4）实验室应对进入实验室的人员进行操作工艺、设备使用、试剂或气体管理等标准操作规程的培训和评估，并记录存档。

（5）涉及重要危险源的高校应设置有学分的实验室安全课程或将安全准入教育培训纳入培养环节。

（6）加大安全教育宣传力度，增强师生安全意识。学校和二级单位应按照"全员、全面、全程"的要求，创新宣传教育形式，开展安全宣传、经验交流等活动，建设有特色的安全文化。

2.3.6 高校实验室教学、科研活动安全准入

（1）开展涉及重要危险源的教学、科研活动（包括学生实验课程、毕业设计、教

师科研项目、自主立项研究、学科竞赛实验课程等）之前，项目负责人（含教学课程任课教师）应对实验项目在实验室实施过程中所涉及的内容进行危险源辨识、风险评估和控制，制定现场处置方案，指导有关人员做好安全防护；新录用人员在签订合同后、进入实验室前，应获得实验室准入资格。

（2）项目负责人（含教学课程任课教师）应针对本项目特点制定具体的安全管理措施和安全教育方案，对参与本项目的学生和工作人员等进行全员安全培训，依法履行安全告知义务。

（3）学生的研究选题，应包含针对开展实验研究所涉及安全风险的分析、防控和应急处置措施等内容并通过审查，或者单独就该选题进行安全分析并通过审查。

（4）进入实验室学习或工作的所有人员均应遵守实验室安全准入制度和安全管理制度，取得准入资格后，再严格按照实验操作规程或实验指导书开展实验。

（5）学校、二级单位或实验室应与进入实验室的相关方或外来人员签订合同或安全协议，明确双方的安全职责。

2.4 实验室事故应急处置

2.4.1 火灾应急处理

一、实验室火灾产生的原因

（一）明火加热设备引发火灾

实验室中频繁使用的加热器具和设备，显著增加了火灾的风险。这些加热设备若长时间运行，容易出现故障，从而引发火灾。

（二）违反操作规程引发火灾

不规范的加热、蒸馏、回流等实验操作，加之思想上的疏忽大意，极易引发火灾甚至爆炸事故。这是实验室火灾发生的最主要原因之一。

（三）易燃易爆危险品引发火灾

对易燃易爆物品的操作不慎或存储不当，一旦火源接触到这些易燃物质，就会迅速引发火灾。例如，金属钠、$LiAlH_4$等都属于这类危险品。

（四）用电不规范或电路老化引发火灾

私拉乱接电线、仪器设备超出规定使用期限、电源插座附近堆放易燃易爆物品、一个电源插座上通过转接头连接过多电器导致超负荷用电等，都是可能引发火灾的因素。此外，忘记关闭加热设备的电源也是一个常见的火灾隐患。

（五）违规吸烟及乱扔烟头引发火灾

在实验室等禁止吸烟的区域违规吸烟，或随意乱扔烟头，也极易引发火灾事故。

二、灭火方法

实验室起火时，在能力范围内，应立即切断电源，迅速打开窗户通风，努力熄灭火源，并尽快移开尚未燃烧的可燃物品。同时，要根据起火或爆炸的具体原因及火势大小，灵活采取不同的灭火方法，并及时向相关人员报告火情。如果火势无法得到有效控制，且威胁到自身生命安全，请立即选择安全逃生路径撤离，并拨打紧急救火电话报警。

（1）若地面或实验台面起火，且火势不大，可以迅速使用湿抹布或砂土进行扑救。

（2）如果反应器内部着火，可以用灭火毯或湿抹布迅速盖住瓶口，以隔绝氧气进行灭火。

（3）对于有机溶剂和油脂类物质起火，如果火势较小，可以用湿抹布或砂土扑灭，或者撒上干燥的碳酸氢钠粉末进行灭火；如果火势较大，则必须使用二氧化碳灭火器、泡沫灭火器或四氯化碳灭火器等专业灭火器材进行扑救。

（4）如果是电器设备起火，首先要立即切断电源，然后使用二氧化碳灭火器或四氯化碳灭火器进行灭火（注意：四氯化碳蒸气有毒，应在空气流通良好的情况下使用）。

（5）如果衣服着火，切勿奔跑以免火势扩大，应迅速脱下衣物，用水浇灭火焰；如果火势过猛无法脱下衣物，应就地卧倒打滚，用身体压灭火焰。

三、烧伤的应急处理

应根据烧伤的不同程度，采取针对性的救治方法。我国采用"三度四级法"对烧伤的深度进行分级：

（1）I度烧伤：仅伤及表皮层；临床表现为局部红斑，无水疱，伴有烧灼性疼痛；通常在1周内可愈合。

（2）浅II度烧伤：伤及真皮浅层，部分生发层仍然健在。表现为有水疱，水疱基底潮红，疼痛剧烈，一般在2周内愈合，愈合后不留瘢痕，但可能有色素沉着或脱失。

（3）深II度烧伤：伤及真皮深层，但皮肤附件仍健在。临床特点为有水疱，水疱基底红白相间，痛觉迟钝，通常需要3～4周才能愈合，愈合后会留下瘢痕。

（4）III度烧伤：伤及全层皮肤，甚至皮下组织、肌肉、骨骼。表现为无水疱，创面形成焦痂，有树枝状栓塞血管，无痛感，且不能自愈。

烧伤现场急救应遵循以下基本原则：

（1）迅速脱离致伤源。迅速脱去着火的衣服，或采用水浇灌、卧倒打滚等方法熄灭火焰。切忌奔跑喊叫，以防加重头面部和呼吸道的损伤。

（2）立即进行冷疗。冷疗包括用冷水冲洗、浸泡或湿敷。为了减轻疼痛和防止细胞损伤，烧伤后应立即进行冷疗。在6 h内效果最佳。冷却水的温度应控制在10～15℃，冷却时间至少0.5～2 h。对于不便洗涤的部位，如脸部和躯干，可用自来水润湿2～3条毛巾，包上冰片，敷在烧伤面上，并经常移动毛巾，以防同一部位过冷。若患者口腔疼痛，可口含冰块。

（3）保护创面。现场无需对烧伤创面进行特殊处理。应尽量保留水疱皮的完整性，不要撕去腐皮，只需用干净的被单进行简单包扎即可。创面忌涂有颜色的药物及其他物质，如龙胆紫、红汞、酱油等，也不要涂膏剂如牙膏等，以免影响对创面深度的判断和处理。

（4）镇静止痛。尽量减少镇静止痛药物的使用。

（5）液体治疗。当烧伤面积达到一定程度时，患者可能发生休克。若伤者出现口渴等早期休克症状，可少量饮用淡盐水，一般一次口服不宜超过50 mL。不要让伤者大量饮用白开水或糖水，以防胃扩张或脑水肿。深度休克需进行静脉补液。

（6）转送治疗。原则上应就近进行急救。若遇危重患者，当地无条件救治时，需及时转送至条件更好的医院。

四、烫伤的应急处理

烫伤时，若伤势较轻，可以涂上苦味酸或烫伤软膏（如京万红）进行治疗；若伤势较重，则不应涂烫伤软膏等油脂类药物，而应撒上纯净的碳酸氢钠粉末，并立即送往医院接受进一步治疗。

五、火场自救与逃生常识

（1）要牢记安全出口的位置，对实验室的逃生路径必须了如指掌。应时刻留心疏散通道、安全出口以及楼梯的方位，这样在关键时刻才能迅速撤离现场。

（2）在逃生过程中，如果必须经过充满烟雾的路线，为了防止吸入浓烟，可以用浸湿的衣物保护头部和身体，用湿衣服或湿毛巾、口罩等蒙住口鼻，同时俯身行走或伏地爬行以尽快撤离。

（3）生命安全至关重要。在发生火灾时，应尽快撤离，切勿将宝贵的逃生时间浪费在寻找或搬离贵重物品上。已经逃离险境的人员，切勿重返火场。

（4）发生火情时，切勿使用电梯逃生。应根据实际情况选择相对安全的楼梯通道进行撤离。

（5）如果被烟火围困暂时无法逃离，应尽量待在实验室窗口等容易被发现且能避免烟火近身的地方，并及时发出有效的求救信号，以引起救援人员的注意。

（6）当身上衣服着火时，切勿奔跑或拍打，应立即撕脱衣服或就地打滚以压灭火苗。

（7）如果安全通道无法安全通过，且救援人员不能及时赶到，可以迅速利用身边的衣物等物品自制简易救生绳，从实验室窗台沿绳缓滑到下面楼层或地面以安全逃生。切勿直接跳楼逃生。在不得已需要跳楼逃生时（一般3层以下），应尽量往救生气垫中部跳或选择有草地等软着陆的地方跳。如果徒手跳楼逃生，一定要扒住窗台使身体自然下垂跳下，以尽量降低垂直距离，减少伤害。

2.4.2 爆炸应急处置

由于实验室内存放有大量的仪器设备和易燃易爆化学品，因此存在较大的爆炸安全隐患。

一、实验室发生爆炸事故的原因

（1）随便混合化学药品。

氧化剂和还原剂的混合物在受热、摩擦或撞击时会发生爆炸。以下列出的混合物在加热时曾发生过爆炸事故，例如：镁粉-重铬酸铵、有机化合物-氧化铜、镁粉-硝酸银、还原剂-硝酸铅、钠（钾）-水、氧化亚锡-硝酸铋、镁粉-硫磺、浓硫酸-高锰酸钾、锌粉-硫磺、三氯甲烷-丙酮、铝粉-氧化铅、铝粉-氧化铜等。

表2.8为不能混合配伍的常用化学试剂。

表2.8　不能混合配伍的常用化学试剂

药品名称	不能混合配伍的药品名称
碱金属及碱土金属，如钠、锂、钙、铝等	二氧化碳、四氧化碳及其他氯代烃,钠、钾、锂禁止与水混合
醋酸	铬酸、硝酸、羟基化合物,乙二醇类、过氯酸、过氧化物及高锰酸钾
醋酸酐	同上，还有硫酸、盐酸、碱类
乙醛、甲醛	酸类、碱类、胺类、氧化剂
丙酮	浓硝酸及硫酸混合物,氟、氯、溴
乙炔	氟、氯、溴、铜、银、汞
液氨（无水）	汞、氯、次氯酸钙(漂白粉)、碘、氟化氢
硝酸铵	酸、金属粉末、易燃液体、氯酸盐、硝酸盐、硫磺、有机物粉末、可燃物质
溴	氨、乙炔、丁二烯、丁烷及其他石油类、碳化钠、松节油、苯、金属粉末
苯胺	硝酸、过氧化氢(双氧水)、氯
氧化钙（石灰）	水
活性炭	次氯酸钙(漂白粉)、硝酸
铜	乙炔、过氧化氢

（2）密闭体系中进行蒸馏、回流等加热操作。

（3）在加压或减压实验中使用不耐压的玻璃仪器。

（4）反应过于激烈而失去控制。

（5）易燃易爆气体，如H_2、乙炔、乙醚的泄漏等。

（6）一些本身容易爆炸的化合物。如硝酸盐类、硝酸酯类、三碘化氮、芳香族多硝基化合物、乙炔及其重金属盐、重氮盐、叠氮化物、有机过氧化物（如过氧乙醚和过氧酸）等，受热或被撞击时会发生爆炸。

（7）搬运钢瓶时不使用钢瓶车。

（8）在使用和制备易燃、易爆气体时，如氢气、乙炔等，不在通风橱内进行，或在其附近点火。

（9）将氧气钢瓶和氢气钢瓶放在一起。

二、爆炸事故的预防和应急处置

爆炸的破坏力极大，危害十分严重，瞬间就能危及人身安全。因此，我们必须对此给予足够的重视。为了预防爆炸事故的发生，必须严格遵守以下几点：

（1）对于易燃易爆危险化学品的采购、使用和储存，必须严格按照危险化学品的安全管理制度执行。特别是那些化学性质上相抵触的物质，一定要分开存放，以有效预防和减少由危险化学品引发的火灾和爆炸事故。

（2）购买爆炸品、易制爆化学品时，必须进行备案并向公安机关申请。

（3）对于活泼金属如钠、钾等危险化学品，应保存在煤油中，并用镊子取用；对于易燃的有机溶剂，要远离明火，并在使用后立即盖好瓶塞。

（4）实验室用气瓶的搬运、使用和管理必须严格执行气瓶安全管理制度。气瓶不准与可燃、易燃、有毒化学危险品混存，且必须安装可燃气体探测器和报警装置。

（5）实验室产生的危险废物应特别注意分类处理。不相容的物质应分别盛装在不同的容器中，不稳定的危险废物应先进行预处理再进行收集。

（6）某些强氧化剂（如氯酸钾、硝酸钾、高锰酸钾等）或其混合物不能研磨，否则可能引发爆炸。

（7）实验项目应进行科学、合理的安全风险评估，明确实验过程中的安全风险和防护措施，确保实验安全进行。

（8）应深入了解实验室内主要危险化学品的特性及相应的灭火要点，以便在发生事故时能够迅速采取合理的灭火方式进行处置。

如果发生爆炸事故，首先要立即将受伤人员撤离现场，并送往医院进行急救。同时，要迅速切断电源，关闭可燃气体和水龙头，以防止火势蔓延和引发其他事故。然后，迅速清理现场，确保安全。如果已引发其他事故，则应按相应办法进行处理。

2.4.3　中毒应急处置

化学中毒在实验室中较为常见，属于意外事故。其发病突然，病变骤急，为挽救生命、提高治愈率、降低后遗症，需要及时判断中毒化学物质并进行现场急救。

一、急性化学中毒特点

（1）事故性与群体性：常因违章操作、管理制度不全、劳动防护措施不力而发生，且常出现群体中毒，属于突发事件。

（2）复杂性与特异性：化学毒物可通过呼吸道、皮肤或化学烧伤创面进入体内，涉及多种器官系统，给治疗带来很大难度。但不同的化学物会影响特定的靶器官，具有特异性。

（3）剂量—反应关系：一般来说，接触毒物的浓度越大，时间越长，中毒程度越深。

二、实验室中毒途径及现场应急处理

在化学实验室中，化学中毒主要有三条途径：通过呼吸道吸入有毒气体、粉尘、烟雾而中毒；通过消化道误服而中毒；通过皮肤接触而中毒。在实验室发生中毒时，必须立即采取紧急措施，并紧急送往医院医治。常用的急救措施有以下几种：

（一）呼吸系统中毒

实验中产生的有毒气体，如二氧化硫、氮氧化物、氯化氢、一氧化碳、氨气等，

以及有机溶剂的有毒蒸气，如乙醚、苯、硝基苯等，通常以气体蒸气、粉尘、烟雾的形式被人体呼吸道吸入，进入肺部，再被肺泡吸收，进入血液循环而引起中毒。中毒表现多为喉痒、咳嗽、流涕、气闷、头晕、头疼等。

一旦发现中毒情况，首先应迅速将中毒者撤离现场，转移到通风良好的地方，解开其领口，确保呼吸道通畅，让患者呼吸新鲜空气。症状较轻者经过上述处理后，通常会较快恢复正常。若出现休克或昏迷情况，应立即给患者吸入氧气并实施人工呼吸，同时迅速联系医院将患者送医救治。在患者呼吸停止的情况下，应持续进行人工呼吸，直至呼吸恢复，然后立即送往医院进一步救治。若中毒情况较为严重，应立即送往医院进行紧急救治。

（二）消化道中毒

不常见，主要是误食。如进行有毒化学品操作后，未经漱口、洗手就饮食，或在实验操作中误将有毒化学品食入，进入肠胃道而引起中毒。中毒表现多为痉挛或昏迷等。若化学品溅入口中尚未咽下，应立即吐出，并用大量清水冲洗口腔。若已咽下，可根据实际情况采取以下几种应急处理方法。

（1）稀释法

可饮用牛奶、豆浆、鸡蛋清、食用油、米汤、面粉、淀粉、土豆泥的悬浮液等，以降低胃中毒物的浓度，延缓毒物被人体吸收的速度，缓和刺激并保护胃黏膜；也可于 500 mL 蒸馏水中加入 50 g 活性炭，用前再加 400 mL 蒸馏水，充分摇动润湿，分次少量吞服。一般 10～15 g 活性炭可吸收 1 g 毒物。若磷中毒，不可饮牛奶。

（2）催吐法

若神志清醒且食入非腐蚀性化学品和烃类液体，可用手指、匙柄、筷子、压舌板、棉棒、羽毛等刺激软腭、喉头或舌根，引起反射性呕吐；也可用 2%～4% 盐水、淡肥皂水或芥末水催吐；必要时可用 0.5%～1% 硫酸铜 25～50 mL 灌服。若食入酸、碱等腐蚀性化学品或烃类液体，易产生胃穿孔且胃中的食物一旦吐出，易进入气管造成危险，因此不能催吐。

（3）解毒法

可根据毒物性质给予相应的解毒剂；也可服用万能解毒剂（即 2 份活性炭、1 份氧化镁和 1 份丹宁酸的混合物），用时取 2～3 茶匙加入一杯水调成糊状服用。

（三）皮肤，眼，鼻，咽喉受毒物侵害

某些能溶于水的有毒化学品，如氰化物、硝基苯、苯胺、有机磷、有机汞等，一旦接触皮肤、眼睛、鼻子或咽喉，就会侵入人体，并随着血液循环迅速扩散，从而引发中毒。中毒后，应立即脱掉被污染的衣物，并使用大量的流动清水，如自来水管或紧急喷淋器，进行彻底冲洗。随后，用肥皂水洗净，并涂上一层氧化锌药膏或硼酸软膏以保护皮肤。

如果毒物能与水发生反应，如浓硫酸等，则应先用干布或毛巾迅速擦去毒物，然后再用水进行冲洗。若这些有毒物质不慎进入眼睛，应立即撑开眼睑，并使用大量的流动清水，如洗眼器或低浓度的医用氯化钠（食盐）溶液，进行彻底冲洗。对于能与水发生反应的毒物，如生石灰、电石等，应先用沾有植物油的棉签或干毛巾擦去毒物，然后再用水冲洗。

在处理过程中，务必注意切勿使用热水，以免增加毒物的吸收。同时，也不要擅自使用化学解毒剂，以免加重伤情或造成其他不必要的伤害。

三、中毒事故的急救要领

（1）安全进入毒物污染区

对于高浓度的硫化氢、一氧化碳等毒物污染区以及严重缺氧环境，必须立即通风，参加救护人员需佩戴供氧式防毒面具。毒物也应采取有效防护措施方可入内救护。

（2）迅速抢救生命

中毒者脱离染毒区后，应在现场立即着手急救。心脏停搏的，立即拳击心脏部位的胸壁或作胸外心脏按压，直接对心脏内注射肾上腺素或异丙肾上腺素，抬高下肢使头部低位后仰。呼吸停止者赶快做人工呼吸，最好使用口对口吹气法，剧毒品不适宜用口对口法时，可用史氏人工呼吸法，直至恢复自主心搏和呼吸。急救操作不可动作粗暴，造成新的损伤。

（3）彻底清除毒物污染，防止继续吸收

脱离污染区后，立即脱下受污染的衣物，对于皮肤、毛发甚至指甲缝中的污染都要注意清除。对能由皮肤吸收的毒物及化学灼伤，应在现场用大量清水或其他备用的解毒、中和液冲洗。

（4）送医院治疗

病情较重的，经过初步急救后，迅速送医院继续治疗。

四、常见化学品中毒应急处理办法

以下列举十二例具体的化学品中毒后的处理措施。其他化学品应急处理措施可以从该化学品的 MSDS 中找到，也可以参考文献。

（1）强酸（致死剂量 1 mL）

吞服强酸后，应立即服用 200 mL 氧化镁悬浮液，或氢氧化铝凝胶、牛奶及水等，以迅速稀释毒物。然后至少再吃十几个打散的鸡蛋作为缓和剂。注意，不要使用碳酸钠或碳酸氢钠，因为它们会产生大量二氧化碳气体。

（2）强碱（致死剂量 1 g）

吞食强碱后，应立即使用食道镜观察，并直接用 1% 的醋酸水溶液将患处洗至中性。然后迅速服用 500 mL 稀释的食用醋（1 份食用醋加 4 份水）或鲜橘子汁以进一步稀释。避免使用强酸进行中和，以防止进一步损伤。

（3）氨气

应立即将患者转移到室外空气新鲜的地方，并及时输氧。若氨气进入眼睛，让患者躺下，用水洗涤眼角膜 5～8 min，然后再用稀醋酸或稀硼酸溶液洗涤。

（4）卤素气体

应立即将患者转移到室外空气新鲜的地方，并保持安静。吸入氯气时，让患者嗅 1:1 的乙醚与乙醇的混合蒸气。吸入溴蒸气时，则应让患者嗅稀氨水。确保患者呼吸顺畅，避免过度运动。

（5）二氧化硫、二氧化氮、硫化氢气体

应立即将患者转移到室外空气新鲜的地方，并保持安静。若这些气体进入眼睛，应用大量水冲洗，并用水洗漱咽喉。确保患者远离毒气源，并尽快就医。

（6）汞（致死剂量 70 mg $HgCl_2$）

吞服后，应立即进行洗胃，也可口服生蛋清、牛奶和活性炭作为沉淀剂；导泻可使用 50% 硫酸镁。尽快就医，并使用专业的汞解毒剂，如二巯基丙醇、二巯基丙磺酸钠。

（7）钡（致死剂量 1 g）

将 30 g 硫酸钠溶于 200 mL 水中，给患者服用，也可通过洗胃导管注入胃内。确保患者尽快排出钡离子，以减少吸收。

（8）硝酸银

将 3~4 茶匙食盐溶于一杯水中，给患者服用。然后服用催吐剂，或者进行洗胃，或者给患者饮牛奶。接着用大量水吞服 30 g 硫酸镁。确保患者体内银离子尽快排出，避免进一步吸收。

（9）氰（致死剂量 0.05 g）

吸入氰化物后，应立即将患者转移到室外空气新鲜的地方，使其横卧。迅速脱去其沾有氰化物的衣服，并立即进行人工呼吸。吞食氰化物后，同样应将患者转移到空气新鲜的地方，并用手指或汤匙柄刺激患者的舌根部，使其立刻呕吐。绝不要等待洗胃工具到来才处理，因为患者在数分钟内即有死亡的危险。每隔 2 min 给患者吸入亚硝酸异戊酯 15~30 s，以促使氰基与高铁血红蛋白结合生成无毒的氰络高铁血红蛋白。接着再给患者饮用硫代硫酸盐溶液，使氰络高铁血红蛋白解离，并生成硫氰酸盐。尽快就医，以获取进一步治疗。

（10）烃类化合物（致死剂量 10~50 mL）

将患者转移到室外空气新鲜的地方。若呕吐物进入呼吸道，则会发生严重的危险事故。因此，除非患者平均每千克体重吞食烃类化合物超过 1 mL，且医生建议催吐或洗胃，否则应尽量避免这些措施。

（11）二硫化碳

吞食二硫化碳后，首先应进行洗胃或用催吐剂进行催吐，让患者躺下，并加以保暖，保持通风良好。密切观察患者的症状，并尽快就医。

（12）一氧化碳（致死剂量 1 g）

首先应熄灭火源，并将患者转移到室外空气新鲜的地方，使患者躺下，并加以保暖。为了使患者尽量减少氧气的消耗量，一定要使患者保持安静。若呕吐时，要及时清除呕吐物，以确保呼吸道畅通，同时立即进行输氧，并尽快送医治疗。

2.4.4 腐蚀与灼伤应急处置

化学品腐蚀是指化学物质对物体（包括人体、设备和环境等）造成的损害。灼伤则是由腐蚀性化学品，如强酸、强碱等引起的组织损伤，这种损伤主要发生在眼睛和皮肤上。化学品腐蚀和灼伤事故一旦发生，就可能对人身安全和环境构成严重威胁。因此，及时采取应急措施对事故进行有效控制和处理至关重要。

一、应急措施

（一）个人防护

在处理化学品腐蚀事故时，个人防护是首要且至关重要的考虑因素。应穿戴合适的防护服，并配备必要的呼吸器具等个人防护装备。

（二）紧急处理

一旦发生化学品腐蚀事故，必须迅速采取紧急处理措施，以最大限度地减轻事故所造成的损害。具体措施包括：立即控制并阻止化学品的泄漏，防止其进一步扩散；迅速隔离事故区域，限制事故影响范围；确保事故区域通风良好，以降低有害气体浓度；使用适当的中和剂来中和化学品的腐蚀性；及时清除污染物，防止其进一步扩散和造成环境污染。

二、急救措施

被化学药品腐蚀灼伤时，要根据药品性质及腐蚀灼伤程度采取相应措施。

（1）若试剂进入眼中，千万不可用手揉眼。应先用清洁纱布或抹布擦去溅在眼外的试剂，然后立即用大量水冲洗。若是碱性试剂，需再用饱和硼酸溶液或1%醋酸溶液冲洗；若是酸性试剂，需先用碳酸氢钠稀溶液冲洗，再滴入少许蓖麻油。若一时找不到上述溶液而情况危急时，可用大量蒸馏水或自来水冲洗，并尽快送医院治疗。

（2）当皮肤被强酸灼伤时，首先应用大量水冲洗10～15 min，以防止灼伤面积进一步扩大。再用饱和碳酸氢钠溶液或肥皂液进行洗涤。但是，当皮肤被草酸灼伤时，不宜使用饱和碳酸氢钠溶液进行中和，因为碳酸氢钠碱性较强，可能会产生刺激。此时应当使用镁盐或钙盐溶液进行中和。

（3）当皮肤被强碱灼伤时，应尽快用水冲洗至皮肤不再滑腻为止。再用稀醋酸或柠檬汁等进行中和。但是，当皮肤被生石灰灼伤时，应先用油脂类的物质（如植物油）除去生石灰，再用水进行冲洗。

（4）当皮肤被液溴灼伤时，应立即用2%硫代硫酸钠溶液冲洗至伤处呈白色；或先用酒精冲洗，再涂上甘油。若眼睛受到溴蒸气刺激不能睁开时，可对着盛有酒精的瓶口注视片刻（注意不要让酒精溅入眼睛）。

（5）当皮肤被酚类化合物灼伤时，应先用酒精洗涤，再涂上甘油。

用水冲洗是最快速有效的应急处理方法。灼伤眼睛时，应先用清洁纱布擦去溅在眼外的试剂，再用蒸馏水或自来水冲洗。冲洗时必须使用细水流，且不能直接射入眼球。若是碱性试剂，需再用饱和硼酸溶液或1%醋酸溶液冲洗；若是酸性试剂，需再用碳酸氢钠溶液冲洗，然后滴入少量蓖麻油。严重者应立即送往医院救治。

2.4.5　触电应急处置

实验室中电路错综复杂，触电安全问题已经成为实验室最常见安全问题之一。

一、触电

触电是指人体接触带电体时，电流以极快的速度通过人体的过程。即使是微弱的电流通过人体，也可能引起触电感。当电压超过安全电压限值时，触电可能会导致严重伤害甚至死亡。

安全电压是指在不会引起生命危险的前提下所允许的电压范围。这个范围并不是绝对的，而是根据人、地点、环境条件等多种因素来规定的。各国对于安全电压的具体规定可能有所不同，例如我国规定安全电压为 36 V，而美国则规定为 40 V。重要的是要意识到，即使在安全电压范围内，如果周围环境发生变化（如湿度增加、人体电阻降低等），安全电压也可能变得危险，从而引发触电事故。

由于人体是良好的导体，当人体接触到带电部位并构成电流回路时，电流就会流过人体。电流对人体造成的损害可以归纳为两种主要类型：电伤和电击。电伤是指电流对人体外部造成的局部伤害，它可能由电流的热效应、化学效应、机械效应以及电流本身的作用引起。这包括金属微粒熔化或蒸发后侵入皮肤导致的灼伤、烙伤以及皮肤金属化等损伤，严重时也可能致命。而电击则是指电流通过人体内部组织造成的伤害，它可能导致全身发热、发麻、肌肉抽搐、神经麻痹等症状。在极端情况下，电击还可能引起室颤、昏迷，甚至导致呼吸窒息、心脏停止跳动而死亡。

无论是电伤还是电击，都会对人体造成不同程度的伤害。因此，在实验室等可能接触到电源的环境中，我们必须高度警惕，采取必要的安全措施，谨防触电事故的发生。详见 6.2.1 节以获取更多关于触电预防和应急处理的信息。

二、触电的防范

触电事故多发生在实验人员缺乏安全用电常识、不遵守安全用电操作规程、违规操作，以及电器设备安装不规范、线路断裂或损坏、设备本身存在缺陷、绝缘体破损等情况下。因此，预防触电的首要任务是加强安全用电教育，确保实验人员掌握基本的用电常识。

以下是一些常用的预防触电方法：

（1）避免潮湿接触：不能用潮湿的手接触电器、灯头、插头等带电部件，以防止电流通过潮湿的皮肤导致触电。

（2）确保绝缘完好：所有电源的裸露部分都应安装绝缘装置，电器外壳应妥善接地或接零，以确保在电器漏电时电流能够安全地流入大地，而不是通过人体。

（3）及时更换损坏部件：已损坏的接头、插座、插头或绝缘不良的电线应立即更换，以避免电流直接暴露在外或造成短路。

（4）安装漏电保护：在电路中安装漏电保护装置，一旦检测到漏电电流，装置会立即切断电源，从而保护人身安全。同时，对于小型电器设备，应采用安全电压，以降低触电风险。

（5）切断电源再操作：在维修或安装电器设备时，必须先切断电源，确保在安全的条件下进行操作。

三、触电应急方法

（一）切断电源

现场救治应首先火速拉下开关，切断电源；当电源开关离触电地点较远时，可用绝缘工具（如绝缘手钳、干燥木柄的斧等）将电线切断，切断的电线应妥善放置，以防误触。如遇高压触电事故，应立即通知有关部门停电。

（二）移开电线

当带电的导线误落在触电者身上或触电者无法脱离漏电设备时，可用绝缘物体（如干燥的木棒、竹竿等）将导线移开，也可用干燥的衣服、毛巾、绳子等拧成带子套在触电者身上，将其拉出。

（三）注意绝缘

救护人员注意穿上胶底鞋或站在干燥的木板上，想方设法使伤员脱离电源。

（四）注意休息

如触电者伤势不重，应让伤者休息，不要使其走动，以减轻心脏负担，严密观察呼吸和脉搏的变化，并请医生前来诊治或送医院就医。

（五）保持呼吸通畅

如触电者神志不清，心脏跳动，但呼吸微弱甚至停止，应让其平卧，解开衣服，用仰头举颚法使气道开放，并进行人工呼吸。同时，迅速请医生诊治或送医院就医。

（六）及时就医

如果触电者伤势严重，呼吸及心跳停止，应立即施行心肺复苏（人工呼吸和胸外心脏按压），如图5.59所示，并速请医生诊治或送医院就医。在送医院途中，不能停止急救。

四、现场急救

触电事故在极短的时间内就会酿成严重的后果。一旦发生触电事故，必须快速施行抢救。当触电者脱离电源以后，如果神志清醒，呼吸正常，皮肤也未灼伤，只需安排其到空气清新的地方休息，令其平躺，不要行走，防止突然惊厥狂奔、体力衰竭而死亡。如果触电者神志不清，呼吸困难或停止，必须立即把他移到附近空气清新的地方，及时进行人工呼吸，并请医务人员前来抢救。如果心脏停止跳动，则需立即进行胸外按压抢救，并拨打120急救电话，在救护车赶到之前不断按压。如果触电极其严重，呼吸、心跳全无，这就需要人工呼吸和胸外按压同时或交替抢救。抢救过程中，必须耐心、不间断地抢救。急救中严禁用不科学的方法，如摇晃身体、掐人中、用水泼、盲目打强心针等，以免加速其死亡。

2.4.6 其他伤害应急处理

一、玻璃割伤的应急处理

化学实验室中最常见的外伤通常是由玻璃仪器或玻璃管的破碎引发的。作为紧急处理措施，首要任务是迅速止血，以防止因大量失血而导致休克。原则上，可以直接压迫损伤部位以实现止血目的。即使损伤到动脉，也可以立即用手指或干净的纱布直接压迫损伤部位进行止血。

在处理由玻璃片或管造成的外伤时，首要步骤是仔细检查伤口内是否残留有玻璃碎片。这一点至关重要，以防止在压迫止血的过程中将玻璃碎片压入伤口深处。如果发现伤口内有玻璃碎片，应首先使用镊子小心地将其取出。随后，使用消毒棉花蘸取硼酸溶液或双氧水彻底清洗伤口，以清除所有污物和细菌。清洗完毕后，可以涂抹红汞或碘酒进行消毒（注意：红汞和碘酒不能同时使用，以免产生化学反应），并妥善包扎伤口。

如果伤口过深或流血不止，应迅速在伤口上方约 10 cm 处用纱布扎紧，以实现压迫止血，并立即将伤者送往医院进行进一步治疗。在处理过程中，务必保持冷静，遵循正确的急救程序，以确保伤者的安全。

二、机械伤害

机械伤人事故多发生在具有高速旋转或冲击运动的实验室环境中。这类事故主要是指机械设备的运动（或静止）部件、工具、加工件直接与人体接触，从而导致夹击、碰撞、剪切、卷入、绞、碾、割、刺等多种形式的伤害。实验室中各类传动机械的外露传动部分（例如齿轮、轴、履带等）以及往复运动部分，都存在对人体造成机械伤害的风险。实验室常见的机械设备包括真空泵、空气压缩机、离心机、电动搅拌装置等。在使用这些设备时，需要注意以下几点：

（1）操作机械设备时，必须使用标准的工具，以确保操作的准确性和安全性。

（2）对于机械设备的传动部分（如旋转轴、齿轮、皮带轮、传动带等），必须安装保护罩，以防止运转时衣服及手指被卷入。同时，要注意即使切断了电源开关，机械设备仍可能因惯性继续转动，因此需保持警惕。

（3）当启动机器时，应严格执行检查、发信号、启动这三个步骤。同样地，停机时也应按照发信号、停止、检查的顺序进行。

（4）即便机械设备处于停止状态，也可能有其他人误合电源开关。因此，在进行检查、维修、加油或清扫等作业时，务必锁定起动装置或挂上警示标志，并确保熟悉并正确使用安全装置。

（5）停电时，必须切断电源开关并拉开离合器等装置，以防止恢复供电时发生意外事故。

（6）指示机械的构造或运转情况时，应使用木棒等工具进行指明，严禁直接用手指指点，以避免潜在的安全风险。

（7）工作服必须合身且便于操作，长头发应盘起，以确保既不会被机械卷入，又能保持操作的灵活性。

三、冻伤

冻伤是由寒冷侵袭或接触冰冻物体（如实验室常用的液氮、干冰等制冷剂）导致的组织损伤。迅速脱离低温环境并实施快速复温是处理冻伤最关键且效果显著的应急措施。具体操作为迅速将冻伤部位浸入 37～40 ℃（注意温度不宜超过 42 ℃）的温水中，浸泡时间控制在20～30 min，不宜过长。对于不便浸水的冻伤部位，如面部、耳朵等，可以使用37～40 ℃左右的温水浸湿毛巾进行局部热敷。如果现场没有温水，也可以将冻伤部位置于自身或救助者的温暖体部，如腋下、腹部或胸部，以进行复温。此外，涂抹酒精、辣椒水、5%樟脑酒精或各种冻疮膏也具有一定的疗效。但务必注意，切勿用火烘烤冻伤部位，也不要随意包扎，以免加重伤情。

四、泄漏

泄漏重在预防。应经常定期检查化学品容器，以确保其无泄漏、腐蚀或密封损坏。化学品使用完毕后，务必密封好容器盖子。一旦发生泄漏，首先应立即报告相关负责人或报警，并迅速疏散和撤离附近人员，以最大限度减少人员伤亡。若已有人员受伤，如出现中毒、窒息、冻伤或化学灼伤等情况，应立即进行现场急救，并尽快送往医院接受救治。在专业人员到达之前，若条件允许，可对泄漏进行适当的初步处理，以尽量降低污染程度和减轻危害。

（一）气体泄漏的处理

（1）通风：通过合理的通风措施，使气体泄漏物得以扩散，避免积聚造成危险。

（2）液化：通过喷洒雾状水的方式，使气体泄漏物液化，以便进行后续处理。但请注意，并非所有气体都能通过此方法液化。

（3）稀释：利用水枪或消防水带向气体泄漏物喷射雾状水，以加速其向高空安全地带扩散。然而，稀释过程中会产生大量被污染的水，因此必须确保污水排放系统的畅通。同时，建议对污染水进行适当处理，以降低其毒性，避免直接排入污水系统对环境造成污染。若泄漏物为可燃物质，可以在现场释放大量水蒸气或氮气，以破坏燃烧条件，确保安全。

（二）液体泄漏的处理

（1）吸附：若发生少量液体泄漏，可使用细砂、锯末、吸附棉或其他不燃性吸附剂进行吸附，随后将吸附物收集于容器中，以便后续处理。

（2）中和固化：吸附剂具有选择性。例如，对于强氧化性泄漏物，应避免使用锯末进行吸附，以防起火。因此，最好采用通用性强的（即无选择性或选择性极小的）中和固化剂来中和并固化泄漏的液体。中和后，液体的pH将变为中性，其毒性和危险性会显著降低；固化后，则更便于清理。

（3）覆盖和冷却：对于易挥发的液体泄漏物，可在其表面覆盖泡沫或其他覆盖物，形成一层覆盖层，或者在整个泄漏物表面散布冷却剂，如二氧化碳、液氮或冰，以固定泄漏物并防止其挥发。随后再进行转移处理。覆盖和冷却的方法可有效抑制挥发性液体泄漏物向大气中蒸发，从而减轻对大气的污染，并防止可燃泄漏物发生燃烧。

（4）筑堤和转向：若发生大量液体泄漏，且泄漏物四处蔓延扩散，难以直接收集处理，可构筑堤坝进行堵截，或将其引流至安全地点进行处理。选择筑堤的地点至关重要，既要确保离泄漏点足够远，以便有足够的时间在泄漏物到达前修好堤坝；又要避免离泄漏点过远，以免污染区域扩大。

（5）围堵：应采取有效措施修补和堵塞容器裂口，以阻止化学品进一步泄漏；或者使用一个更大的、不会泄漏的容器来盛装正在泄漏的、已损坏的化学品容器，从而有效控制泄漏。

（三）固体泄漏的处理

使用适当的工具将泄漏物收集起来，随后用清水彻底冲洗受到污染的地面区域。

（四）处理泄漏物时的注意事项

（1）进入泄漏现场的人员必须穿戴必要的个人防护装备，包括但不限于防静电服等；

（2）严禁穿着化纤衣物或带有铁钉的鞋子进入泄漏区域，以防静电火花或其他安全隐患；

（3）如果泄漏物为易燃易爆化学品，现场必须严格禁止任何火源，确保安全；

（4）在进行应急处理时，严禁单独行动，必须有人配合进行，以确保安全，在必要情况下，可使用水枪或水炮进行掩护；

（5）封闭所有下水道、雨水口以及任何可能的泄漏物逃逸路径，防止污染扩散；

（6）将所有泄漏的、损坏的化学容器或受污染的物体收集并放入有毒物质密封桶中，等待专业人员进行后续处理；

（7）所有使用过的防护设备、救援工具、衣物、眼镜以及参与处理的人员都必须进行充分的洗消，以防止二次污染的发生。洗消产生的废水也必须收集到有毒物质密封桶中，等待进一步处理；

（8）对于无法彻底洗消干净的物品，应严格按照相关规定进行销毁处理，以确保安全。

五、放射性事故应急处置

（1）救援人员必须遵循"减少停留时间、保持与放射源的最大距离以及有条件时采用屏蔽防护"的基本要求，救援人员必须配备报警探测仪器、个人剂量仪和必要的个人防护用具。

（2）立即根据事故的性质、严重程度、可控性和影响范围等因素启动本单位相应等级的事故应急处理预案，采取有效措施控制事故的危害和影响，同时向保卫处、设备与实验室管理处报告，情况严重时同时报政府主管部门。

2.5 药品标签与环境标志

2.5.1 药品标签

实验室化学试剂种类繁多，为确保安全，每种化学品均需配备符合《化学品安全标签编写规定》（GB 15258—2009）的安全标签。

一、出厂标签

若化学品出厂时的标签清晰且完好无损，应按照原有标签进行使用和保存，具体要求参见1.3.5节。若化学品原标签出现脱落、模糊或被腐蚀等情况，应及时进行补全，确保标签信息的完整性和清晰度。

二、自编标签

对于化学品的转移、分装、配制试剂、合成品、中间体、样品等，实验室人员应根据实验室的统一要求，自行编制或制作标签，并进行粘贴。自编标签的信息应明确且详尽，必须包括完整的试剂名称、浓度、配制人员姓名、配制日期以及有效期限等关键信息，具体格式可参考图2.6所示。

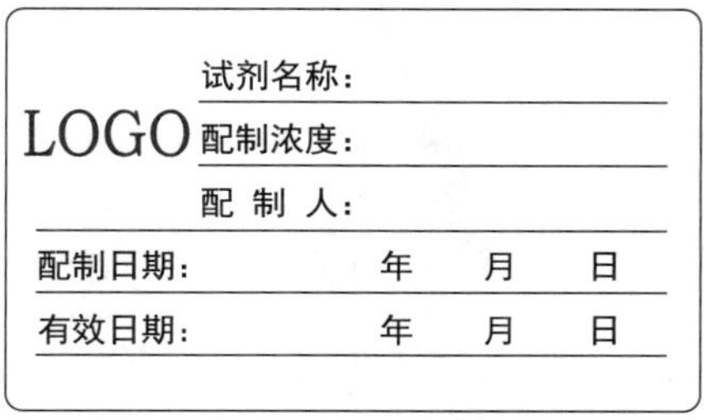

LOGO	试剂名称：
	配制浓度：
	配 制 人：
配制日期：	年　月　日
有效日期：	年　月　日

图 2.6　实验室自制标签样例

2.5.2　实验室环境安全标志

为了确保实验室人员的人身安全与健康，实验室的安全环境指示通常被划分为以下几类：安全标志、安全标记、安全标签、安全旗、疏散平面图以及安全通告等。

一、化学化工实验室中的安全标志

安全标志是由安全色、图形符号、几何形状（边框）或文字组合而成，用于传达特定安全信息的标志。根据其功能，安全标志可分为5类：安全状况标志（E类）、消防设施标志（F类）、指令标志（M类）、禁止标志（P类）以及警告标志（W类）。这些标志采用4种颜色进行区分：黄、红、蓝、绿。

（1）警告标志：警告标志的基本形式是正三角形边框，颜色用黑色，图形符号用黑色，背景用黄色，如图2.7第1行所示。

（2）禁止标志：禁止人们不安全行为的图形标志，其基本形式除个别标志外，为白底，红圈，红杠，黑图案，图案压杠。实验室常用的禁止标志有：禁止吸烟、禁止明火、禁止饮用等，如图2.7第2行所示。

（3）指令标志：强制人们必须做出某种动作或采用防范措施的图形标志。指令标志的基本形式是圆形边框。实验室常用的指令标志有必须穿防护服、必须戴防护手套等，如图2.7第3行所示。

（4）提示标志：向人们提供某种信息（如标明安全设施或场所等）的图形标志。提示标志的基本形式是正方形边框。实验室常用的提示标志有：紧急出口、疏散通道方向、灭火器、火警电话等，如图2.7第4行所示。

当心腐蚀
当心化学品泄漏
当心有毒气体
当心机械伤人

(a) 警告标志

强酸
强碱
禁止戴实验手套触摸
禁止强酸与强碱混放
禁止化学品叠放
禁止试剂无标签

(b) 禁止标志

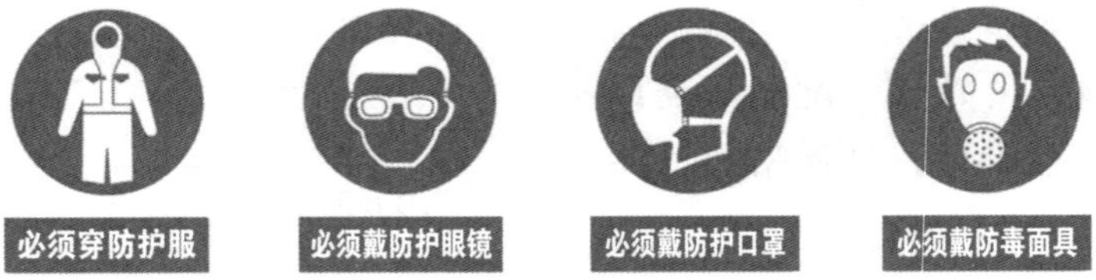

必须穿防护服
必须戴防护眼镜
必须戴防护口罩
必须戴防毒面具

(c) 指令标志

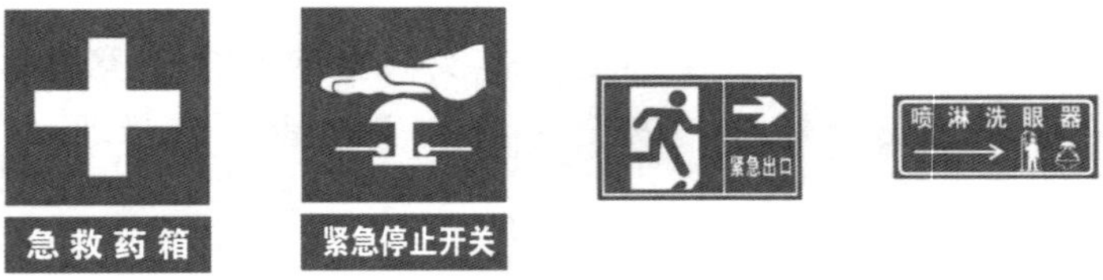

急 救 药 箱
紧急停止开关
紧急出口
喷 淋 洗 眼 器

(d) 提示标志

图 2.7　安全标志样例

当实验室中需要设置多个安全标志时，应按照警告、禁止、指令、提示类型的顺序，“先左后右、先上后下”排列。

二、消防标志

消防设施使用红色标志，目的是醒目，而非表示禁止。例如，火警报警按钮、消防电话通常采用红色正方形标志，手提式灭火器、推车式灭火器等也常涂有醒目的红色，这些标志的设计都是为了在紧急情况下迅速引起人们的注意。如图 2.8 所示。

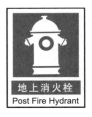

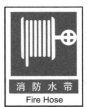

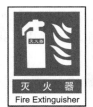

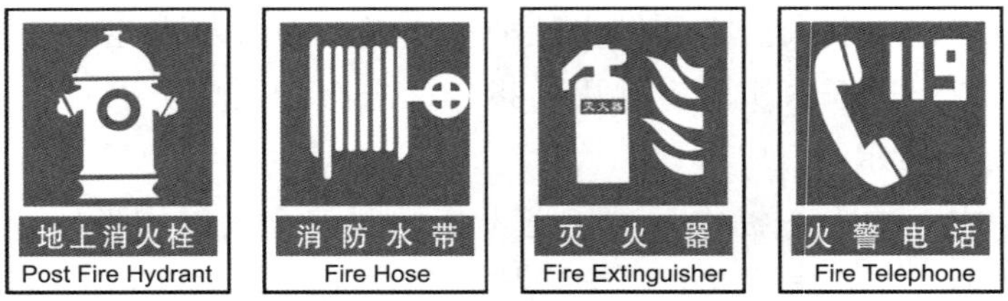

地上消火栓
Post Fire Hydrant
消 防 水 带
Fire Hose
灭火器
灭 火 器
Fire Extinguisher
119
火 警 电 话
Fire Telephone

图 2.8　消防标志

2.6 实验室安全物资

实验室安全物资主要包括：公用物资、环保物资、个人防护物资（也称劳保物资）、应急物资及消防设施等。公用物资涉及配电设施、给排水、监控和报警系统及实验家具等。

一、实验室环保物资

实验室环保物资主要包括：

（1）通风、排气设施包括：通风橱、通风罩、手套箱等。

（2）废液处理系统：实验室中生成的废液需要及时处理，以避免对环境的污染。废液处理系统包括废液贮存罐、废液处理设备等。

（3）有害气体排放控制：实验室使用的某些试剂会产生有害气体，需要通过排气系统将其排放出去，但排放的气体中含有有害物质，需要进行控制和净化，避免对环境造成污染。

（4）废弃物处理设施：实验室中的废弃物包括化学品容器、废纸、废塑料、废液等，需要有相应的废弃物分类处理设施，以确保各类废弃物得到妥善处理。

二、实验室个人防护物资

实验室个人防护物资或劳动保护物资的设立，旨在保护实验人员或劳动者在实验操作过程中免受潜在危险的伤害，通过防护物资来减少或避免潜在的危险。实验室劳动保护物资主要包括：防爆柜、气瓶柜、耐酸碱手套、高低温防护手套、绝缘手套、普通实验服、防化服、连体式防毒衣、防火实验服、普通口罩、防尘口罩、防毒口罩、过滤式防毒口罩/面罩、手持式有毒气体检测仪等，这些物资为实验人员提供了全方位的防护，如图2.9所示。

(a) 常规实验防护三件套　(b) 手持式有毒气体　(c) 防毒口罩　(d) 过滤式防毒面罩　(e) 耐高低温手套
检测仪

图2.9　实验室个人防护物资

常规实验要求所有实验人员穿戴实验服、护目镜和橡胶手套，如图2.9（a）所示，这三者俗称"常规实验防护三件套"。此外，还建议实验人员习惯性地佩戴防尘口罩以增强防护。对于其他特殊实验，则需根据实验需求选取相应的个人防护物资。

三、实验室应急物资

应急物资设立的目的是在有险情或事故发生时或事故发生后进行应急使用，旨在救援和抢险，尽快将事故的危害降至最低。实验室应急物资主要包括：洗眼器、紧急淋浴装置、隔离式防毒面具、全身隔离式防护服、耐高温防护服、安全绳、安全帽、绝缘手套、绝缘鞋、绝缘衬垫、医疗箱、感烟报警器、生命体征探测器、手持式可燃气体探测器、手持式有毒气体探测器、手持式氧气探测器、应急照明设备、防爆对讲机、消洗设备和破拆工具等，如图2.10所示。

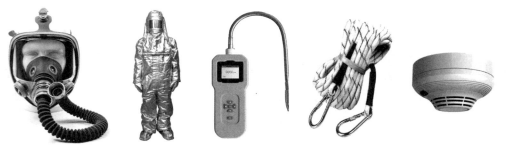

(a) 隔离式防毒面具　(b) 耐高温防护服　(c) 手持式可燃气体探测器　(d) 安全绳　(e) 感烟报警器

图2.10　实验室应急物资

洗眼器：在实验室发生化学品溅入眼睛、被灼伤等紧急情况时，及时使用洗眼器冲洗眼睛，可以减轻伤害程度，洗眼器可以单独设置于实验台，也可以与紧急淋浴系统结合，如图2.11（b）所示。

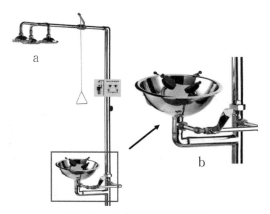

图2.11　紧急淋浴和洗眼器

紧急淋浴：在紧急情况下，如人员沾染有毒物质、化学品接触皮肤等，及时使用紧急淋浴设施可以迅速冲洗皮肤，减轻伤害程度，如图2.11（a）所示。

四、实验室消防设施

主要包括：灭火器、消防沙、灭火毯、消防栓、感温探测玻璃球喷头、应急救援包等，如图2.12所示。

图2.12　灭火器、消防沙、灭火毯及应急包

实验室用灭火器常用的是泡沫灭火器、A、B、C干粉灭火器和二氧化碳灭火器。

泡沫灭火器利用泡沫隔离空气，使火源失去助燃的氧气而熄灭。它适用于扑救A类（固体物质）和一般B类（液体或可熔化的固体物质）火灾，如油制品、油脂等，但不包括B类中的水溶性可燃液体、带电设备、C类（气体）和D类（金属）火灾。火灾分类详见1.2.1节。

干粉灭火器利用二氧化碳或氮气作为动力，将干粉灭火剂喷出灭火。碳酸氢钠干粉灭火器适用于易燃、可燃液体、气体及电器设备的初期灭火；磷酸铵盐干粉灭火器除可用于上述情况外，还可扑救固体类物质的初期火灾。

二氧化碳灭火器通过喷射液态二氧化碳，利用二氧化碳隔离氧气并吸收火源的热量，从而起到灭火作用。它适用于扑救600 V以下的带电电器、贵重物品、设备、图书资料、仪表仪器等场所的初期火灾，以及一般可燃液体的火灾。

消防沙的作用是隔绝空气，降低油面温度。将干燥沙子贮于容器中备用，灭火时，将沙子撒于着火处。但请注意，在存在爆炸风险的场合禁用消防沙，因为沙子可能无法有效阻止爆炸，反而可能因摩擦或撞击引发更大的危险。

灭火毯由玻璃纤维等材料经过特殊处理和编织而成，能起到隔离热源及火焰的作用。使用时，双手握住灭火毯包装外的两条手带，迅速向下拉出灭火毯并完全抖开。然后，将灭火毯平铺在胸前或直接覆盖在火源上，同时确保切断电源或气源（如果安全可行），直至火源完全冷却。

2.7　化学化工实验室"三废"处理方法

化学化工实验室实际上是一类典型的小型污染源。实验室所产生的"三废"通常指的是实验过程中产生的一些废气、废液和废渣。这些废弃物中往往含有许多有毒有害物质，有些甚至是剧毒物质和强致癌物质。尽管在数量和强度上，实验室的污染可能不及工业企业单位，但如果不加以妥善处理而随意排放，它们将会严重污染空气和水源，造成环境污染，危害人体健康，甚至可能对实验分析结果产生不良影响。因此，实验室必须高度重视对废弃物的处理和管理。

一、实验室"三废"处理的原则

（一）一般原则

根据实验室"三废"排放的特点和现状，应遵循国家有关规定，并充分强调"谁污染，谁治理"的原则。为防止实验室污染物扩散、污染环境，应根据实验室"三废"的特性，对其进行分类收集、存放和集中处理。在实际工作中，应科学选择实验研究技术路线、严格控制化学试剂使用量、积极采用替代物，以尽可能减少废物产生量和污染。处理实验室"三废"时，应本着适当处理、回收利用的原则，尽可能采用回收、固化及焚烧等方法。处理方法应简单易操作、处理效率高，且不需要过多投资。

（二）废气

对于少量的有毒气体，可通过通风设备（如通风橱或通风管道）经稀释后排至室外。通风管道应具有一定高度，以确保排出的气体能被空气充分稀释。

对于大量的有毒气体，必须经过适当处理，如吸收处理或与氧充分燃烧后，才能排到室外。例如，氮、硫、磷等酸性氧化物气体，可用导管通入碱液中，待其被吸收后再排出。

（三）废液

废液应根据其化学特性选择合适的容器和存放地点，并密闭存放，禁止混合贮存。容器必须防渗漏，以防止挥发性气体逸出而污染环境。容器标签必须明确标明废物种类和贮存时间（见图2.13），且贮存时间不宜过长，贮存数量不宜过多。存放地点应保持良好的通风条件。对于剧毒、易燃、易爆药品的废液，其贮存应按危险品管理规定严格执行。

图2.13　废液标志（橙黄色底、黑色边框和字体）

一般废液可通过酸碱中和、混凝沉淀、次氯酸钠氧化等方法处理后排放。有机溶剂废液应根据其性质尽可能回收利用；对于某些数量较少、浓度较高且确实无法回收使用的有机废液，可采用活性炭吸附法、过氧化氢氧化法处理，或在燃烧炉中供给充分的氧气使其完全燃烧。对于高浓度废酸、废碱液，必须经中和至近中性（pH ＝ 6～9）后方可排放。

（四）废料

实验中产生的固体废弃物不能随意丢弃，以免发生事故。能放出有毒气体或能自燃的危险废料，严禁丢进废品箱内或排入废水管道中。不溶于水的废弃化学药品，禁止丢入废水管道中，必须将其在适当的地方进行焚烧或用化学方法处理成无害物质。碎玻璃和其他有棱角的锐利废料，不能丢进废纸篓内，应收集于特殊废品箱内统一处理。

二、实验室废弃物的处理方法

（一）常见有毒无机元素的处理

含汞、铬、铅、镉、砷、氰、铜等无机元素的废液，必须经过严格处理并达到排放标准后才能排放。对于实验室内产生的小量废液，可以参照已知的三废处理方法进行处理。以下以含铬废液的处理为例进行详细说明。

铬酸洗液在多次使用后，其中的 Cr^{6+} 会逐渐被还原为 Cr^{3+}，同时洗液被稀释，酸度降低，氧化能力逐渐减弱至无法使用。此时，可将此废液在 110～130 ℃ 的温度下不断搅拌并加热浓缩，以除去其中的水分。冷却至室温后，边搅拌边缓缓加入高锰酸钾粉末，直至溶液呈现深褐色或微紫色（通常 1 L 废液中加入约 10 g 的高锰酸钾）。随后继续加热至有二氧化锰沉淀出现，稍冷后，使用玻璃砂芯漏斗进行过滤，除去二氧化锰沉淀，处理后的溶液即可再次使用。

对于含铬废液的处理，可采用还原剂（例如铁粉、锌粉、亚硫酸钠、硫酸亚铁、二氧化硫或水合肼等）进行处理。在酸性条件下，这些还原剂能够将 Cr^{6+} 还原为 Cr^{3+}。随后，加入碱（如氢氧化钠、氢氧化钙、碳酸钠、石灰等）以调节废液的 pH，从而生成低毒的 $Cr(OH)_3$ 沉淀。将沉淀分离后，清液即可排放。对于分离出的沉淀，可以进行脱水干燥处理，或者进行综合利用。另外，也可以采用焙烧法进行处理，将沉淀与煤渣和煤粉一起焙烧。处理后的铬渣可以进行填埋处理。一般认为，如果将废水中的铬离子形成铁氧体（即使铬镶嵌在铁氧体中），则能够有效避免二次污染的发生。

（二）常见有机化合物的处理

从实验室的废弃物中直接回收是解决实验室污染问题的有效手段之一。在实验过程中，所使用的有机溶剂往往具有较大的毒性和处理难度。从节约资源和保护环境的角度出发，我们应当采取积极措施，对这些有机溶剂进行回收利用。

回收有机溶剂的常规操作是首先在分液漏斗中进行洗涤，随后将洗涤后的有机溶剂进行蒸馏或分馏处理，以达到精制和纯化的目的。经过这样处理的有机溶剂纯度较高，可以满足实验重复使用的需求。鉴于有机废液的挥发性和有毒性特点，整个回收过程必须在通风橱中进行，以确保操作人员的安全。

为了准确掌握蒸馏温度，测量蒸馏温度的温度计应正确安装在蒸馏瓶内。具体安装要求是，温度计的水银球上缘应与蒸馏瓶支管口的下缘处于同一水平线上，这样在蒸馏过程中，水银球能够完全被蒸气包围，从而确保测量的准确性。

以下以三氯甲烷的回收为例进行说明：

将三氯甲烷废液依次用蒸馏水、浓硫酸（加入量为三氯甲烷量的 1/10）、蒸馏水、盐酸羟胺溶液（浓度为0.5%，分析纯）进行洗涤。然后用重蒸馏水洗涤2次，将洗涤好的三氯甲烷用无水氯化钙进行脱水干燥，放置数天后进行过滤和蒸馏。蒸馏时，控制蒸馏速度为每秒1~2滴，收集沸点为60~62 ℃的蒸馏液，并将其保存在棕色带磨口塞子的试剂瓶中备用。

如果三氯甲烷中杂质较多，可先用自来水洗涤后进行一次预蒸馏，以除去大部分杂质，然后再按照上述方法进行处理。对于蒸馏法仍无法除去的有机杂质，可以采用活性炭进行吸附纯化。

（三）综合废液的处理

综合废液需要委托给具有资质和处理能力的化工废水处理站或城镇污水处理厂进行处理。对于少量的综合废液，也可以选择自行处理。针对已知且相互之间不发生反应的废液，可以根据其性质采用物理化学方法进行处理，例如铁粉处理法：首先将废液的pH调节至3~4，然后加入铁粉并搅拌30 min；接着用碱将pH调至9左右，继续搅拌10 min；之后加入高分子混凝剂进行混凝沉淀，上清液可排放，沉淀物则作为废渣处理。此外，废酸和废碱液可以采用中和法进行处理。

2.8 化学实验注意事项

一、化学实验注意事项

化学实验常常伴随着危险，无论怎样简单的实验，都不可粗心大意。

（1）实验前必须做好充分且周密的准备。实验前，不仅要对所用的实验装置及药品等进行仔细的检查，而且，还必须按照实验的要求做好充分的准备工作。为了避免在着火时尼龙等衣料熔化，衣着必须合身且合适，使之既不露出皮肤，又能灵活地进行操作。同时，实验时务必戴防护眼镜，必要时，还应戴手套或使用防护面具。

（2）要严格遵照老师的指导进行实验。采用不合适的操作方法或使用不安全的装置进行实验，常是发生实验事故的根源，因此，实验时千万不可蛮干。严禁在晚上独自进行实验。

（3）必须时刻警惕实验的危险性。要对实验的危险性进行准确评估。即使对自己不大了解的实验，也必须评价其危险程度并提前制定相应的预防措施。下面这类实验就特别容易出现事故：

① 不了解的反应及操作；

② 存在可能发生火灾、释放毒气等多种危险性的实验；

③ 在严酷的反应条件（如高温、高压等）下进行的实验。

（4）必须充分做好发生事故时的预防措施，并逐一检查之后才能开始实验。实验前，要先了解清楚需要关闭的主要龙头、电气开关的位置，熟悉灭火器或急救用的喷水器的位置及操作方法，以及确保万一发生事故时的疏散通道畅通无阻，熟知急救方法和联络信号等事项，之后才能开始进行实验。

（5）不可忽视实验结束后的收拾处理工作。实验后的收拾工作，也是实验过程的组成部分。特别不可忽略对溶剂和废液、废弃物的妥善回收与处理。

二、使用危险物质注意事项

危险物质是指那些具有着火、爆炸或中毒等危险特性的物质。这类物质的主要类型及管理要求通常由政府的法令明确规定。尽管这些法令并非专门针对学校使用而制定，但学校在贮藏或使用这些危险物质时，仍必须严格遵守相关法令的规定。即便学校实验中使用的危险物质的量极少，也应对其有充分的了解。以下是一般应注意的事项：

（1）在使用危险物质之前，若未事先充分了解其性状，特别是关于着火、爆炸及中毒的危险性，则严禁使用。

（2）危险物质应避免阳光直射，并贮藏在阴凉处。同时，要注意防止异物混入，并确保与火源或热源严格隔离。

（3）贮藏危险物质时，必须依据相关法令的规定，进行分类并妥善保存在贮藏库内。并且毒物及剧毒物应放置于专用药品架上，以确保安全。

（4）使用危险物质时，应尽可能减少使用量。对于不熟悉的物质，必须由指导教师进行预备试验，以确保安全使用。

（5）在使用危险物质前，必须预先考虑并准备好灾害事故发生时的防护措施。对于具有火灾或爆炸危险的实验，应准备好防护面具、耐热防护衣及灭火器材等；而对于具有中毒危险的实验，则应准备橡皮手套、防毒面具及防毒衣等防护用具。

（6）处理有毒药品及含有毒物的废弃物时，必须谨慎操作，以避免对水质和大气造成污染。

（7）特别需要注意的是，一旦危险药品丢失或被盗，由于存在发生事故的危险，必须立即向导师报告，以便采取及时有效的措施。

2.9　实验室安全虚拟仿真技术

随着信息技术的迅猛发展和教育信息化的深入推进，虚拟仿真实验系统在高校实验室建设中的应用日益广泛。这种新兴的实验模式不仅极大地丰富了教学手段，还为学生构建了一个更为安全、高效、灵活的实验环境。虚拟仿真，亦被称为虚拟现实技术或模拟技术，是一种利用虚拟系统来模拟真实系统运作的技术。在实验室安全教育的语境下，与传统的讲授方式相比，新型的安全虚拟仿真软件展现出以下两个核心优势：

一、增强交互性

传统的教学方式，如口头讲授、文字描述、图片展示和视频播放等，虽然依赖于教师的表达能力和组织技巧，但往往存在知识传递的损耗和局限。相比之下，虚拟仿真教学为学生带来了沉浸式的体验。通过互动式的实验教学，它极大地激发了学生的实验兴趣和参与度。学生与虚拟环境的深度互动，不仅提升了他们的感知和认知能力，还使他们能够全面获取虚拟环境中的空间信息和逻辑关系。这种全方位、多感官的教学方法确保了知识传递的完整性和准确性。在虚拟仿真技术中，学生不仅能用眼睛看到，还能通过其他感官感受到，仿佛身临其境。

二、沉浸式学习

虚拟仿真技术凭借其独特的沉浸感和实时性，能够超越时间和空间的限制，在化学化工等领域展现出巨大的应用潜力，特别是在处理剧毒物质等高风险实验时。在课堂上，虚拟仿真技术可以辅助教师进行复杂的实验演示，包括危险性实验、极端破坏性试验、反应周期过长的实验、无法控制反应过程的实验以及在传统实验室中难以完成的实验等。这些实验可以安全、直观地通过虚拟仿真技术展示出来，极大地促进了这些领域的教育教学活动。此外，虚拟现实技术还打破了时间和空间的局限，实现了虚拟教育与现实教育的有机结合。

近年来，国内多家厂商，如东方仿真、欧贝尔、莱帕克等，利用虚拟仿真技术开发了涵盖个人防护、实验室安全常识、危险化学品贮存库房管理、风险分级管控与隐患排查治理、停电停水事故应对、特殊泄漏事故处理、化学品中毒事故救援、应急演练、火灾逃生、试剂存取处置规范等几乎覆盖所有安全相关领域的3D虚拟软件。这些软件被广泛应用于安全体验、教学培训、实验室准入考核等方面。同时，虚拟仿真实验还可以对学生进行全面的考核和打分，最终检验其学习成果，实现了学习、练习、考核的一体化流程。

虚拟仿真实验环境是根据实验室的实际布局来搭建模型的，它按照实际的实验过程来完成交互操作，完整再现了实验室安全突发事故及应急处理的全过程。系统场景的真实感强、交互接口丰富、物理现象的仿真效果出色。虚拟现实的沉浸感和自主交互特性为师生提供了一个形式多样、趣味性强的实验室安全学习平台。这种平台特别有助于唤醒学生的安全意识，调动他们学习思考的积极性，提高他们的异常事故处理技能，并培养他们良好的实验室安全行为习惯。这为学生技术技能的安全规范养成和终身安全意识的树立奠定了坚实的基础。

第 *3* 章

安全法律法规

世界各国都在不断强化对危险化学品的安全管理与立法工作，这一举措紧密契合了国际安全界广泛认同的预防事故的基本策略——3E 原则，即工程技术（Engineering）、教育（Education）和强制执行（Enforcement）。其中，"强制执行"特指以法律法规为基础的安全管理措施。

3.1 法律法规基础

3.1.1 习近平法治思想

2020 年 11 月 16 日，中国共产党的历史上首次召开的中央全面依法治国工作会议，将习近平法治思想明确为全面依法治国的指导思想。习近平法治思想，是顺应实现中华民族伟大复兴时代要求应运而生的重大理论创新成果，是马克思主义法治理论中国化最新成果，是习近平新时代中国特色社会主义思想的重要组成部分，是全面依法治国的根本遵循和行动指南。

以人民为中心是新时代坚持和发展中国特色社会主义的根本立场。习近平法治思想的核心立足点在于坚持以人民为中心，强调法治应为人民服务。进入新时代，中国社会的主要矛盾已经转变为人民日益增长的美好生活需要和不平衡不充分的发展之间的矛盾。人民群众对于民主、法治、公平、正义、安全、环境等方面的需求日益增长。因此，法治建设必须积极回应人民群众的新要求和新期待，深入研究并解决法治领域中人民群众反映强烈的突出问题，不断增强人民群众的获得感、幸福感、安全感，用法治保障人民安居乐业。中国特色社会主义制度保证了人民当家作主的主体地位，也保证了人民在全面推进依法治国中的主体地位。这是中国的制度优势，也是中国特色社会主义法治区别于资本主义法治的根本所在。

坚持以人民为中心，回答了当代中国"法治为了谁、依靠谁、保障谁"的根本问题。在全面依法治国的实践中，人民是依法治国的主体和力量源泉。法律的权威源自人民的内心拥护和真诚信仰。法治建设必须践行全心全意为人民服务的根本宗旨，以不断推进人民的美好生活作为法治改革与创新的出发点。就依法治国的主要任务而言，就是要将体现人民利益、反映人民愿望、维护人民权益、增进人民福祉的理念落实到科学立法、严格执法、公正司法、全民守法的各个环节和全过程，确保人民依法享有广泛的权利和自由，并承担应尽的义务。

3.1.2 安全生产的重要论述

（1）强化红线意识，实施安全发展战略。我们必须始终将人民群众的生命安全置于首位，坚决认为发展绝不能以牺牲人民的生命为代价，这是一条不可逾越的红线。为了大力实施安全发展战略，我们坚决不要带血的 GDP。在城镇发展规划以及开发区、工业园的规划、设计和建设中，必须始终遵循"安全第一"的方针，将安全生产与转变发展方式、调整结构、促进发展紧密结合，从根本上提升安全发展水平。

（2）加快建立健全安全生产责任体系。安全生产工作，不仅政府要抓，党委也要抓。党委要关注大事，发展是大事，安全生产也是大事。没有安全发展，就无法实现科学发展。因此，我们要迅速建立健全"党政同责、一岗双责、齐抓共管"的安全生产责任体系，切实确保管行业必须管安全、管业务必须管安全、管生产经营必须管安全。

（3）强化企业主体责任的落实。所有企业都必须认真履行安全生产主体责任，要善于发现问题、及时解决问题，并采取有效措施，确保安全投入到位、安全培训到位、基础管理到位、应急救援到位。特别是中央企业，必须提高管理水平，为全国企业树立榜样。

（4）加大企业主体责任落实力度。我们需要增加安全生产指标考核的权重，实行安全生产和重大事故风险"一票否决"制度。同时，要加快安全生产的法治化进程，严肃事故调查处理和责任追究。通过"四不两直"（不发通知、不打招呼、不听汇报、不用陪同和接待，直奔基层、直插现场）的方式进行暗查暗访，建立安全生产检查工作责任制，实行谁检查、谁签字、谁负责的原则。

（5）全面构建安全生产长效机制。安全生产需要标本兼治，重在治本，我们要建立长效机制，坚持"常、长"二字，经常、长期地抓下去。要时刻保持警钟长鸣，用事故教训推动安全生产工作，做到"一厂出事故、万厂受教育，一地有隐患、全国受警示"。同时，要建立隐患排查治理和风险预防预控体系，确保防患未然。

（6）领导干部要勇于担当。安全生产责任重于泰山，领导干部不能抱有当太平官的幻想，要居安思危，临事而惧，有睡不着觉、半夜惊醒的压力。我们要坚持命字在心、严字当头，敢抓敢管、敢于负责，不能有丝毫懈怠和半点疏忽。

3.1.3 法律法规基础

一、法的概念

（一）法的定义

广义的法律：指法律的整体。

狭义的法律：专指全国人大和人大常委会制定的法律。

（二）法的本质

法的本质的根本属性是由阶级性、物质性、社会性等多样性组成。法的这三个根本属性对说明法的本质是缺一不可的。

（三）法的特征

法作为上层建筑，具有如下4个基本特征：

（1）法是调整人们行为的规范；

（2）法是由国家制定或认可，并具有普遍的约束力；

（3）法通过规定人们的权利和义务来调整社会关系；

（4）法通过一定的程序由国家强制力保证实施。

（四）法的要素

一般说来，法由法律概念、法律原则、法律技术性规定以及法律规范四个要素构成。法的主体：是法律规范。

（五）法的渊源

法的渊源简称"法源"，包括：宪法、法律、行政法规、地方性法规、自治法规、行政规章、特别行政区法、国际条约。我国法的渊源、制定机关及命名规则详见表3.1。

表3.1　法的渊源、制定机关及命名规则

法的渊源	制定机关	命名规则	示例
宪法	全国人大		《中华人民共和国宪法》
法律	全国人大及其常委会	……法	《中华人民共和国安全生产法》
行政法规	国务院	……条例	《生产安全事故应急条例》
地方性法规、自治条例和单行条例	省、自治区、直辖市、设区的市人大及其常委会	地名＋……条例	《广东省土地管理条例》
部门规章	国务院各部委	规定/办法/细则	《特种设备安全监督检查办法》
地方政府规章	省、自治区、直辖市和设区的市人民政府	地名＋……规定/办法	《上海市电梯安全管理办法》

（六）法的分类

按照层级效力分，法律可以分为上位法和下位法，例如：法律→法规→规章→法定安全生产标准。这种层级关系决定了在法律适用时，上位法的效力通常高于下位法。

在同一层级中，根据法的适用范围不同，法律又可以分为一般法和特别法。

《中华人民共和国安全生产法》（以下简称《安全生产法》）是安全生产领域的一般法，其确定的安全生产基本方针原则和基本法律制度普遍适用于生产经营活动的各个领域。然而，对于消防安全和道路交通安全、铁路交通安全、水上交通安全以及民用航空安全等特定领域存在的特殊问题，如果其他专门法律有特别规定，如《中华人民共和国消防法》《中华人民共和国道路交通安全法》（以下简称各特别法），则应适用这些特别法。因此，在同一层级的安全生产立法中，对于同一类问题的法律适用，应遵循特别法优于一般法的原则。

此外，按照内容来划分，法律还可以分为综合法和单行法（表3.2）。综合法通常涵盖多个方面的法律规定，而单行法则专注于某一具体领域或问题。这种分类有助于更清晰地理解和适用法律，确保法律体系的完整性和协调性。

表3.2　综合法与单行法的实例表达

适用范围	综合法	单行法
安全生产领域	《中华人民共和国安全生产法》	《中华人民共和国矿山安全法》
矿山开采生产	《中华人民共和国矿山安全法》	《中华人民共和国矿山安全法实施条例》
煤炭工业	《中华人民共和国煤炭法》	《煤矿安全监察条例》

二、法的效力层级

（一）上位法的效力高于下位法

（1）宪法规定了国家的根本制度和根本任务，是国家的根本法，具有最高的法律效力。

（2）法律效力高于行政法规、地方性法规、规章。

（3）行政法规效力高于地方性法规、规章。

（4）地方性法规效力高于本级和下级地方政府规章。

（5）自治条例和单行条例依法对法律、行政法规、地方性法规作变通规定的，在本自治地方适用自治条例和单行条例的规定。

（6）部门规章与地方政府规章之间具有同等效力，在各自的权限范围内施行。

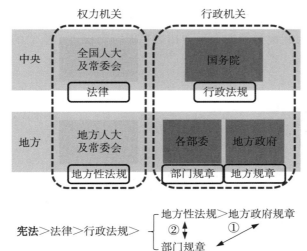

图3.1　法的效力层级

（二）在同一位阶的法之间，特别规定优于一般规定，新的规定优于旧的规定

法的效力模糊的处理方法详见表3.3。

表3.3　法的效力模糊的处理方法

同一机关制定	新的与旧的冲突	按新的
	特别的与一般的冲突	按特别
	新的一般与旧的特别	谁制定谁裁决
不同机关制定	部门规章之间冲突	国务院裁决
	部门规章与地方政府规章冲突	
	地方性法规与部门规章冲突	（1）国务院认为适用地方性法规,则适用地方性法规;（2）国务院认为适用部门规章,提请全国人大常委会裁决

3.2 安全相关法律

我国安全生产法律法规体系包括法律、国务院法规、国务院部门和地方政府法规以及国家标准。中华人民共和国法律由全国人民代表大会及其常务委员会根据国家宪法制定，由中华人民共和国主席令发布。与安全生产有关的法律主要有：《中华人民共和国安全生产法》《中华人民共和国特种设备安全法》《中华人民共和国职业病防治法》等。

3.2.1 《中华人民共和国安全生产法》（综合法）解读

《中华人民共和国安全生产法》是我国首部全面规范安全生产的综合性法律。它构成了我国安全生产法律体系的基石，为各类生产经营单位及其从业人员提供了必须遵循的安全生产行为准则。同时，它也是各级人民政府及其相关部门进行监督管理和行政执法的重要法律依据，为制裁各类安全生产违法犯罪行为提供了有力的法律武器。

一、立法目的

为了加强安全生产工作，防止和减少生产安全事故，保障人民群众生命和财产安全，促进经济社会持续健康发展，制定本法。

二、适用范围

在中华人民共和国领域内从事生产经营活动的单位（以下统称生产经营单位）的安全生产，适用本法；有关法律、行政法规对消防安全和道路交通安全、铁路交通安全、水上交通安全、民用航空安全以及核与辐射安全、特种设备安全另有规定的，适用其规定。

记忆方法："交通核消特"可另有规定。

"生产经营单位"，指从事生产经营活动的基本单元，即一切从事生产经营活动的企业、事业单位、个体经济组织和其他组织，既包括企业法人，也包括不具有企业法人资格的单位、事业单位、个人合伙组织、个体工商户等其他生产经营主体。

三、基本规定

（一）安全生产的方针和机制

安全生产工作应当以人为本，坚持安全发展，坚持"安全第一、预防为主、综合治理"的方针，强化和落实生产经营单位的主体责任，建立生产经营单位负责、职工参与、政府监管、行业自律和社会监督的机制。

生产经营单位必须遵守本法和其他有关安全生产的法律法规，加强安全生产管理，建立、健全安全生产责任制和安全生产规章制度，改善安全生产条件，推进安全生产标准化建设，提高安全生产水平，确保安全生产。

（二）生产经营单位的安全责任人

生产经营单位的主要负责人对本单位的安全生产工作全面负责。

（1）由董事会决策的，董事长就是主要负责人。

（2）一般情况下，主要负责人是其法定代表人。

（3）当董事长或者总经理长期缺位（生病、出国等）时，由其授权的副职或者其他人主持全面工作。

（三）工会的安全责任

（1）工会依法对安全生产工作进行监督。

（2）工会有权对建设项目的安全设施与主体工程同时设计、同时施工、同时投入生产和使用进行监督，提出意见。

（3）工会对生产经营单位违反安全生产法律法规，侵犯从业人员合法权益的行为，有权要求纠正。

（4）发现生产经营单位违章指挥、强令冒险作业或者发现事故隐患时，有权提出解决建议，生产经营单位应当及时研究答复。

（5）发现危及从业人员生命安全的情况时，有权向生产经营单位建议组织从业人员撤离危险场所，生产经营单位必须立即作出处理。

（6）工会有权依法参加事故调查，向有关部门提出处理意见，并要求追究有关人员的责任。

（四）各级政府的安全职责

（1）国务院和县级以上地方各级人民政府应当根据国民经济和社会发展规划制定安全生产规划，并组织实施。安全生产规划应当与城乡规划相衔接。

国务院和县级以上地方各级人民政府应当加强对安全生产工作的领导，支持、督促各有关部门依法履行安全生产监督管理职责，建立健全安全生产工作协调机制，及时协调、解决安全生产监督管理中存在的重大问题。

（2）乡、镇人民政府以及街道办事处、开发区管理机构等地方人民政府的派出机关应当按照职责，加强对本行政区域内生产经营单位安全生产状况的监督检查，协助上级人民政府有关部门依法履行安全生产监督管理职责。

（3）国务院安全生产监督管理部门依照本法，对全国安全生产工作实施综合监督管理；县级以上地方各级人民政府安全生产监督管理部门依照本法，对本行政区域内安全生产工作实施综合监督管理。

（4）居民委员会、村民委员会发现其所在区域内的生产经营单位存在事故隐患或者安全生产违法行为时，应当向当地人民政府或者有关部门报告。

（5）中介机构依照法律、行政法规和执业准则，接受生产经营单位的委托为其安全生产工作提供技术、管理服务。生产经营单位的安全生产责任仍由本单位负责。

四、生产经营单位的安全生产保障

（一）主要负责人和安全管理人员的职责

生产经营单位的主要负责人对本单位安全生产工作负有下列职责：

（1）建立健全并落实本单位全员安全生产责任制，加强安全生产标准化建设；

表3.4　各级政府和部门的安全职责

级别	安全职责
国务院和县级以上人民政府	制定安全生产规划,并组织实施
各有关部门	监督管理、解决重大问题
乡、镇、街道、开发区管理机构	监督检查
安全生产监督管理部门	综合监督管理
居民委员会、村民委员会	报告
中介机构	提供技术、管理服务并监督、提出建议

（2）组织制定并实施本单位安全生产规章制度和操作规程；

（3）组织制订并实施本单位安全生产教育和培训计划；

（4）保证本单位安全生产投入的有效实施；

（5）组织建立并落实安全风险分级管控和隐患排查治理双重预防工作机制，督促、检查本单位的安全生产工作，及时消除生产安全事故隐患；

（6）组织制定并实施本单位的生产安全事故应急救援预案；

（7）及时、如实报告生产安全事故。

生产经营单位的安全生产管理机构以及安全生产管理人员履行下列职责：

（1）组织或者参与拟定本单位安全生产规章制度、操作规程和生产安全事故应急救援预案；

（2）组织或者参与本单位安全生产教育和培训，如实记录安全生产教育和培训情况；

（3）督促落实本单位重大危险源的安全管理措施；

（4）组织或者参与本单位应急救援演练；

（5）检查本单位的安全生产状况，及时排查生产安全事故隐患，提出改进安全生产管理的建议；

（6）制止和纠正违章指挥、强令冒险作业、违反操作规程的行为；

（7）督促落实本单位安全生产整改措施。

（二）安全资金投入

生产经营单位应当具备的安全生产条件所必需的资金投入，由生产经营单位的决策机构、主要负责人或者个人经营的投资人予以保证，并对安全生产所必需的资金投入不足导致的后果承担责任。有关生产经营单位应当按照规定提取和使用安全生产费用，专门用于改善安全生产条件。安全生产费用在成本中据实列支。

（三）安全管理机构及相关人员的规定

1. 安全管理机构和安全管理人员

矿山、金属冶炼、建筑施工、运输单位和危险物品的生产、经营、储存、装卸单位，应当设置安全生产管理机构或者配备专职安全生产管理人员。

前款规定以外的其他生产经营单位，从业人员超过一百人的，应当设置安全生产管理机构或者配备专职安全生产管理人员；从业人员在一百人以下的，应当配备专职或者兼职的安全生产管理人员。

生产经营单位的安全生产管理机构以及安全生产管理人员应当恪尽职守，依法履行职责。生产经营单位作出涉及安全生产的经营决策，应当听取安全生产管理机构以及安全生产管理人员的意见。生产经营单位不得因安全生产管理人员依法履行职责而降低其工资、福利等待遇或者解除与其订立的劳动合同。危险物品的生产、储存单位以及矿山、金属冶炼单位的安全生产管理人员的任免，应当告知主管的负有安全生产监督管理职责的部门。

2. 主要负责人和安全管理人员

生产经营单位的主要负责人和安全生产管理人员必须具备与本单位所从事的生产经营活动相应的安全生产知识和管理能力。危险物品的生产、经营、储存、装卸单位以及矿山、金属冶炼、建筑施工、运输单位的主要负责人和安全生产管理人员，应当由主管的负有安全生产监督管理职责的部门对其安全生产知识和管理能力考核合格。考核不得收费。危险物品的生产、储存、装卸单位以及矿山、金属冶炼单位应当有注册安全工程师从事安全生产管理工作。鼓励其他生产经营单位聘用注册安全工程师从事安全生产管理工作。生产经营单位发生生产安全事故时，单位的主要负责人应当立即组织抢救，并不得在事故调查处理期间擅离职守。

3. 从业人员

生产经营单位应当对从业人员进行安全生产教育和培训，保证从业人员具备必要的安全生产知识，熟悉有关的安全生产规章制度和安全操作规程，掌握本岗位的安全操作技能，了解事故应急处理措施，知悉自身在安全生产方面的权利和义务。未经安全生产教育和培训合格的从业人员，不得上岗作业。

（1）生产经营单位使用被派遣劳动者的，应当将被派遣劳动者纳入本单位从业人员统一管理，对被派遣劳动者进行岗位安全操作规程和安全操作技能的教育和培训。

（2）劳务派遣单位应当对被派遣劳动者进行必要的安全生产教育和培训。

生产经营单位接收中等职业学校、高等学校学生实习的，应当对实习学生进行相应的安全生产教育和培训，提供必要的劳动防护用品。学校应当协助生产经营单位对实习学生进行安全生产教育和培训。

生产经营单位的特种作业人员必须按照国家有关规定经专门的安全作业培训，取得相应资格，方可上岗作业。特种作业主要有：电工作业；焊接与热切割作业；高处作业；制冷与空调作业；煤矿安全作业；金属非金属矿山安全作业；石油天然气安全作业；冶金（有色）生产安全作业；危险化学品安全作业；烟花爆竹安全作业；国务院有关主管部门确定的其他特种作业。**记忆方法："一冷、一热、一高、一电、危金矿"**，并区别于"特殊作业和特种设备"。

（四）安全评价

生产经营单位新建、改建、扩建工程项目（以下统称"建设项目"）的安全设施，必须与主体工程同时设计、同时施工、同时投入生产和使用。安全设施投资应当纳入建设项目概算。矿山、金属冶炼建设项目和用于生产、储存、装卸危险物品的建设项目，应当按照国家有关规定进行安全评价。承担安全评价、认证、检测、检验职责的机构应当具备国家规定的资质条件，并对其作出的安全评价、认证、检测、检验结果的合法性、真实性负责。建设项目安全设施的设计人、设计单位应当对安全设施设计负责。

（五）审查、工程质量及验收

矿山、金属冶炼建设项目和用于生产、储存、装卸危险物品的建设项目的安全设施设计应当按照国家有关规定报经有关部门审查，审查部门及其负责审查的人员对审查结果负责。矿山、金属冶炼建设项目和用于生产、储存、装卸危险物品的建设项目的施工单位必须按照批准的安全设施设计施工，并对安全设施的工程质量负责。矿山、金属冶炼建设项目和用于生产、储存、装卸危险物品的建设项目竣工投入生产或者使用前，应当由建设单位负责组织对安全设施进行验收；验收合格后，方可投入生产和使用。负有安全生产监督管理职责的部门应当加强对建设单位验收活动和验收结果的监督核查。

（六）危险源、隐患及安全检查

生产经营单位对重大危险源应当登记建档，进行定期检测、评估、监控，并制定应急预案，告知从业人员和相关人员在紧急情况下应当采取的应急措施。生产经营单位应当按照国家有关规定将本单位重大危险源及有关安全措施、应急措施报有关地方人民政府应急管理部门和有关部门备案。（县级以上安监部门备案）

生产经营单位应当建立健全并落实生产安全事故隐患排查治理制度，采取技术、管理措施，及时发现并消除事故隐患。事故隐患排查治理情况应当如实记录，并通过职工大会或者职工代表大会、信息公示栏等方式向从业人员通报。县级以上地方各级人民政府负有安全生产监督管理职责的部门应当将重大事故隐患纳入相关信息系统，建立健全重大事故隐患治理督办制度，督促生产经营单位消除重大事故隐患。

生产、经营、储存、使用危险物品的车间、商店、仓库不得与员工宿舍在同一座建筑物内，并应当与员工宿舍保持安全距离。生产经营场所和员工宿舍应当设有符合紧急疏散要求、标志明显、保持畅通的出口、疏散通道。禁止占用、锁闭、封堵生产经营场所或者员工宿舍的出口、疏散通道。

生产经营单位进行爆破、吊装、动火、临时用电以及国务院应急管理部门会同国务院有关部门规定的其他危险作业，应当安排专门人员进行现场安全管理，确保操作规程的遵守和安全措施的落实。生产经营单位应当教育和督促从业人员严格执行本单位的安全生产规章制度和安全操作规程；并向从业人员如实告知作业场所和工作岗位存在的危险因素、防范措施以及事故应急措施。生产经营单位必须为从业人员提供符合国家标准或者行业标准的劳动防护用品，并监督、教育从业人员按照使用规则佩戴、使用。

生产经营单位的安全生产管理人员应当根据本单位的生产经营特点，对安全生产状况进行经常性检查；对检查中发现的安全问题（一般隐患），应当立即处理；不能处理的，应当及时报告本单位有关负责人，有关负责人应当及时处理。检查及处理情况应当如实记录在案。生产经营单位的安全生产管理人员在检查中发现重大事故隐患，依照前款规定向本单位有关负责人报告，有关负责人不及时处理的，安全生产管理人员可以向主管的负有安全生产监督管理职责的部门报告，接到报告的部门应当依法及时处理。

（七）协同作业

两个以上生产经营单位在同一作业区域内进行生产经营活动，可能危及对方生产安全的，应当签订安全生产管理协议，明确各自的安全生产管理职责和应当采取的安全措施，并指定专职安全生产管理人员进行安全检查与协调。

生产经营单位不得将生产经营项目、场所、设备发包或者出租给不具备安全生产条件或者相应资质的单位或者个人。生产经营项目、场所发包或者出租给其他单位的，生产经营单位应当与承包单位、承租单位签订专门的安全生产管理协议，或者在承包合同、租赁合同中约定各自的安全生产管理职责；生产经营单位对承包单位、承租单位的安全生产工作统一协调、管理，定期进行安全检查，发现安全问题的，应当及时督促整改。

五、从业人员的权利和义务

（一）从业人员安全生产权利

生产经营单位必须依法参加工伤保险，为从业人员缴纳保险费。国家鼓励生产经营单位投保安全生产责任保险。因生产安全事故受到损害的从业人员，除依法享有工伤保险外，依照有关民事法律尚有获得赔偿的权利的，有权向本单位提出赔偿要求。生产经营单位与从业人员订立的劳动合同，应当载明有关保障从业人员劳动安全、防止职业危害的事项，以及依法为从业人员办理工伤保险的事项。生产经营单位不得以任何形式与从业人员订立协议，免除或者减轻其对从业人员因生产安全事故伤亡依法应承担的责任。

生产经营单位的从业人员有权了解其作业场所和工作岗位存在的危险因素、防范措施及事故应急措施，有权对本单位的安全生产工作提出建议。从业人员有权对本单位安全生产工作中存在的问题提出批评、检举、控告；有权拒绝违章指挥和强令冒险作业。生产经营单位不得因从业人员对本单位安全生产工作提出批评、检举、控告或者拒绝违章指挥、强令冒险作业而降低其工资、福利等待遇或者解除与其订立的劳动合同。从业人员发现直接危及人身安全的紧急情况时，有权停止作业或者在采取可能的应急措施后撤离作业场所。生产经营单位不得因从业人员在前款紧急情况下停止作业或者采取紧急撤离措施而降低其工资、福利等待遇或者解除与其订立的劳动合同。

（二）从业人员安全生产义务

从业人员在作业过程中，应当严格落实岗位安全责任，遵守本单位的安全生产规章制度和操作规程，服从管理，正确佩戴和使用劳动防护用品。从业人员应当接受安全生产教育和培训，掌握本职工作所需的安全生产知识，提高安全生产技能，增强事故预防和应急处理能力。从业人员发现事故隐患或者其他不安全因素，应当立即向现场安全生产管理人员或者本单位负责人报告；接到报告的人员应当及时予以处理。生产经营单位使用被派遣劳动者的，被派遣劳动者享有本法规定的从业人员的权利，并应当履行本法规定的从业人员的义务（表3.5）。

表 3.5　从业人员和被派遣劳动者的权利和义务

	权利	义务
从业人员 派遣劳动者	（1）工伤保险赔偿权＋民事赔偿权 （2）知情权、建议权 （3）拒绝违章指挥和强令冒险权 （4）紧急避险权	（1）遵章守法、正确佩戴和使用劳动防护用品 （2）接受安全教育和培训 （3）报告安全生产事故

六、安全生产监督管理

负有安全生产监督管理职责的部门对涉及安全生产的事项进行审查、验收，不得收取费用；不得要求接受审查、验收的单位购买其指定品牌或者指定生产、销售单位的安全设备、器材或者其他产品。应急管理部门和其他负有安全生产监督管理职责的部门依法开展安全生产行政执法工作，对生产经营单位执行有关安全生产的法律、法规和国家标准或者行业标准的情况进行监督检查，行使以下职权：

（1）现场检查权

进入生产经营单位进行检查，调阅有关资料，向有关单位和人员了解情况。

（2）当场处罚权

对检查中发现的安全生产违法行为，当场予以纠正或者要求限期改正；对依法应当给予行政处罚的行为，依照本法和其他有关法律、行政法规的规定作出行政处罚决定。

（3）紧急处理权

对检查中发现的事故隐患，应当责令立即排除；重大事故隐患排除前或者排除过程中无法保证安全的，应当责令从危险区域内撤出作业人员，责令暂时停产停业或者停止使用相关设施、设备；重大事故隐患排除后，经审查同意，方可恢复生产经营和使用。

（4）查封扣押权

对有根据认为不符合保障安全生产的国家标准或者行业标准的设施、设备、器材以及违法生产、储存、使用、经营、运输的危险物品予以查封或者扣押，对违法生产、储存、使用、经营危险物品的作业场所予以查封，并依法作出处理决定。

监督检查不得影响被检查单位的正常生产经营活动。

生产经营单位对负有安全生产监督管理职责的部门的监督检查人员（以下统称安全生产监督检查人员）依法履行监督检查职责，应当予以配合，不得拒绝、阻挠。安全生产监督检查人员应当忠于职守，坚持原则，秉公执法。安全生产监督检查人员执行监督检查任务时，必须出示有效的行政执法证件；对涉及被检查单位的技术秘密和业务秘密，应当为其保密。

安全生产监督检查人员应当将检查的时间、地点、内容、发现的问题及其处理情况，作出书面记录，并由检查人员和被检查单位的负责人签字；被检查单位的负责人拒绝签字的，检查人员应当将情况记录在案，并向负有安全生产监督管理职责的部门报告。

负有安全生产监督管理职责的部门在监督检查中，应当互相配合，实行联合检查；确需分别进行检查的，应当互通情况，发现存在的安全问题应当由其他有关部门进行处理的，应当及时移送其他有关部门并形成记录备查，接受移送的部门应当及时进行处理。

负有安全生产监督管理职责的部门依法对存在重大事故隐患的生产经营单位作出停产停业、停止施工、停止使用相关设施或者设备的决定，生产经营单位应当依法执行，及时消除事故隐患。生产经营单位拒不执行，有发生生产安全事故的现实危险的，在保证安全的前提下，经本部门主要负责人批准，负有安全生产监督管理职责的部门可以采取通知有关单位停止供电、停止供应民用爆炸物品等措施，强制生产经营单位履行决定。通知应当采用书面形式，有关单位应当予以配合。

负有安全生产监督管理职责的部门依照前款规定采取停止供电措施，除有危及生产安全的紧急情形外，应当提前二十四小时通知生产经营单位。生产经营单位依法履行行政决定、采取相应措施消除事故隐患的，负有安全生产监督管理职责的部门应当及时解除前款规定的措施。

七、事故的应急救援与调查

（一）应急要求

国家加强生产安全事故应急能力建设，在重点行业、领域建立应急救援基地和应急救援队伍，鼓励生产经营单位和其他社会力量建立应急救援队伍，配备相应的应急救援装备和物资，提高应急救援的专业化水平。国务院安全生产监督管理部门建立全国统一的生产安全事故应急救援信息系统，国务院有关部门建立健全相关行业、领域的生产安全事故应急救援信息系统。县级以上地方各级人民政府应当组织有关部门制定本行政区域内生产安全事故应急救援预案，建立应急救援体系。生产经营单位应当制定本单位生产安全事故应急救援预案，与所在地县级以上地方人民政府组织制定的生产安全事故应急救援预案相衔接，并定期组织演练。

危险物品的生产、经营、储存单位以及矿山、金属冶炼、城市轨道交通运营、建筑施工单位应当建立应急救援组织；生产经营规模较小的，可以不建立应急救援组织，但应当指定兼职的应急救援人员。危险物品的生产、经营、储存、运输单位以及矿山、金属冶炼、城市轨道交通运营、建筑施工单位应当配备必要的应急救援器材、设备和物资，并进行经常性维护、保养，保证正常运转。

（二）应急处置

1.事故报告

生产经营单位发生生产安全事故后，事故现场有关人员应当立即报告本单位负责人。单位负责人接到事故报告后，应当迅速采取有效措施，组织抢救，防止事故扩大，减少人员伤亡和财产损失，并按照国家有关规定立即如实报告当地负有安全生产监督管理职责的部门，不得隐瞒不报、谎报或者迟报，不得故意破坏事故现场、毁灭有关证据。

《生产安全事故报告和调查处理条例》第十六条规定：因抢救人员、防止事故扩大以及疏通交通等原因，需要移动事故现场物件的，应当做出标志，绘制现场简图并作出书面记录，妥善保存现场重要痕迹、物证。

负有安全生产监督管理职责的部门接到事故报告后，应当立即按照国家有关规定上报事故情况。负有安全生产监督管理职责的部门和有关地方人民政府对事故情况不得隐瞒不报、谎报或者迟报。

2.应急响应

有关地方人民政府和负有安全生产监督管理职责的部门的负责人接到生产安全事故报告后，应当按照生产安全事故应急救援预案的要求立即赶到事故现场，组织事故抢救。参与事故抢救的部门和单位应当服从统一指挥，加强协同联动，采取有效的应急救援措施，并根据事故救援的需要采取警戒、疏散等措施，防止事故扩大和次生灾害的发生，减少人员伤亡和财产损失。

八、法律责任

（一）安全评价机构的法律责任

承担安全评价、认证、检测、检验职责的机构租借资质、挂靠、出具虚假报告的，没收违法所得；违法所得在十万元以上的，并处违法所得二倍以上五倍以下的罚款，没有违法所得或者违法所得不足十万元的，单处或者并处十万元以上二十万元以下的罚款；对其直接负责的主管人员和其他直接责任人员处五万元以上十万元以下的罚款；给他人造成损害的，与生产经营单位承担连带赔偿责任；构成犯罪的，依照刑法有关规定追究刑事责任。

对有前款违法行为的机构及其直接责任人员，吊销其相应资质和资格，五年内不得从事安全评价、认证、检测、检验等工作；情节严重的，实行终身行业和职业禁入。

（二）主要负责人的法律责任

生产经营单位的主要负责人未履行本法规定的安全生产管理职责的，责令限期改正，处二万元以上五万元以下的罚款；逾期未改正的，处五万元以上十万元以下的罚款，责令生产经营单位停产停业整顿。生产经营单位的主要负责人有前款违法行为，导致发生生产安全事故的，给予撤职处分；构成犯罪的，依照刑法有关规定追究刑事责任。

生产经营单位的主要负责人依照前款规定受刑事处罚或者撤职处分的，自刑罚执行完毕或者受处分之日起，五年内不得担任任何生产经营单位的主要负责人；对重大、特别重大生产安全事故负有责任的，终身不得担任本行业生产经营单位的主要负责人。

生产经营单位的主要负责人未履行本法规定的安全生产管理职责，导致发生生产安全事故的，由应急管理部门依照下列规定处以罚款：发生一般事故的，处上一年年收入百分之四十的罚款；发生较大事故的，处上一年年收入百分之六十的罚款；发生重大事故的，处上一年年收入百分之八十的罚款；发生特别重大事故的，处上一年年收入百分之一百的罚款。

生产经营单位的主要负责人在本单位发生生产安全事故时，不立即组织抢救或者在事故调查处理期间擅离职守或者逃匿的，给予降级、撤职的处分，并由应急管理部门处上一年年收入百分之六十至百分之一百的罚款；对逃匿的处十五日以下拘留；构成犯罪的，依照刑法有关规定追究刑事责任。生产经营单位的主要负责人对生产安全事故隐瞒不报、谎报或者迟报的，依照前款规定处罚。

（三）生产经营单位的法律责任

发生生产安全事故，对负有责任的生产经营单位除要求其依法承担相应的赔偿等责任外，由应急管理部门依照下列规定处以罚款：发生一般事故的，处三十万元以上一百万元以下的罚款；发生较大事故的，处一百万元以上二百万元以下的罚款；发生重大事故的，处二百万元以上一千万元以下的罚款；发生特别重大事故的，处一千万元以上二千万元以下的罚款。

发生生产安全事故，情节特别严重、影响特别恶劣的，应急管理部门可以按照前款罚款数额的二倍以上五倍以下对负有责任的生产经营单位处以罚款。

两个以上生产经营单位在同一作业区域内进行可能危及对方安全生产的生产经营活动，未签订安全生产管理协议或者未指定专职安全生产管理人员进行安全检查与协调的，责令限期改正，处五万元以下的罚款，对其直接负责的主管人员和其他直接责任人员处一万元以下的罚款；逾期未改正的，责令停产停业。

3.2.2 《中华人民共和国特种设备安全法》（单行法）解读

一、特种设备生产、安装

《中华人民共和国特种设备安全法》中所称特种设备，是指对人身和财产安全有较大危险性的锅炉、压力容器（含气瓶）、压力管道、电梯、起重机械、客运索道、大型游乐设施、场（厂）内专用机动车辆，以及法律、行政法规规定适用本法的其他特种设备。**记忆方法："游客电压锅、起专机"**。

特种设备安全管理人员、检测人员和作业人员应当按照国家有关规定取得相应资格，方可从事相关工作。特种设备安全管理人员、检测人员和作业人员应当严格执行安全技术规范和管理制度，保证特种设备安全。

国家按照分类监督管理的原则对特种设备生产实行许可制度。特种设备生产单位应当具备下列条件，并经负责特种设备安全监督管理的部门许可（特种设备监督管理部门，注意不是安监部门），方可从事生产活动：

（1）有与生产相适应的专业技术人员；

（2）有与生产相适应的设备、设施和工作场所；

（3）有健全的质量保证、安全管理和岗位责任等制度。

锅炉、气瓶、氧舱、客运索道、大型游乐设施的设计文件，应当经负责特种设备安全监督管理的部门核准的检验机构鉴定，方可用于制造。**记忆方法："游客氧气锅"**。

特种设备出厂时，应当随附安全技术规范要求的设计文件、产品质量合格证明、安装及使用维护保养说明、监督检验证明等相关技术资料和文件，并在特种设备显著位置设置产品铭牌、安全警示标志及其说明。即，厂家需要给客户的技术文件。

电梯的安装、改造、修理，必须由电梯制造单位或者其委托的依照本法取得相应许可的单位进行。电梯制造单位委托其他单位进行电梯安装、改造、修理的，应当对其安装、改造、修理进行安全指导和监控，并按照安全技术规范的要求进行校验和调试。电梯制造单位对电梯安全性能负责。

特种设备安装、改造、修理的施工单位应当在施工前将拟进行的特种设备安装、改造、修理情况书面告知直辖市或者设区的市级人民政府负责特种设备安全监督管理的部门。特种设备安装、改造、修理竣工后，安装、改造、修理的施工单位应当在验收后三十日内将相关技术资料和文件移交特种设备使用单位。特种设备使用单位应当将其存入该特种设备的安全技术档案。

锅炉、压力容器、压力管道元件等特种设备的制造过程和锅炉、压力容器、压力管道、电梯、起重机械、客运索道、大型游乐设施的安装、改造、重大修理过程，应当经特种设备检验机构按照安全技术规范的要求进行监督检验；未经监督检验或者监督检验不合格的，不得出厂或者交付使用。

二、特种设备的经营

特种设备在出租期间的使用管理和维护保养义务由特种设备出租单位承担，法律另有规定或者当事人另有约定的除外。进口的特种设备应当符合我国安全技术规范的要求，并经检验合格；需要取得我国特种设备生产许可的，应当取得许可。进口特种设备随附的技术资料和文件应当符合《中华人民共和国特种设备安全法》第二十一条的规定，其安装及使用维护保养说明、产品铭牌、安全警示标志及其说明应当采用中文。特种设备的进出口检验，应当遵守有关进出口商品检验的法律、行政法规。进口特种设备，应当向进口地负责特种设备安全监督管理的部门履行提前告知义务。

三、特种设备的使用

特种设备使用单位应当使用取得许可生产并经检验合格的特种设备。

禁止使用国家明令淘汰和已经报废的特种设备。特种设备使用单位应当在特种设备投入使用前或者投入使用后三十日内，向负责特种设备安全监督管理的部门办理使用登记，取得使用登记证书。登记标志应当置于该特种设备的显著位置。特种设备使用单位应当建立岗位责任、隐患治理、应急救援等安全管理制度，制定操作规程，保证特种设备安全运行。

特种设备使用单位应当建立特种设备安全技术档案。安全技术档案应当包括以下内容：

（1）特种设备的设计文件、产品质量合格证明、安装及使用维护保养说明、监督检验证明等相关技术资料和文件；

（2）特种设备的定期检验和定期自行检查记录；

（3）特种设备的日常使用状况记录；

（4）特种设备及其附属仪器仪表的维护保养记录；

（5）特种设备的运行故障和事故记录。

电梯、客运索道、大型游乐设施等为公众提供服务的特种设备的运营使用单位，应当对特种设备的使用安全负责，设置特种设备安全管理机构或者配备专职的特种设备安全管理人员；其他特种设备使用单位，应当根据情况设置特种设备安全管理机构或者配备专职、兼职的特种设备安全管理人员。即：涉及公共安全的要配备管理人或机构，其他的根据情况配备。

特种设备属于共有的，共有人可以委托物业服务单位或者其他管理人管理特种设备，受托人履行本法规定的特种设备使用单位的义务，承担相应责任。共有人未委托的，由共有人或者实际管理人履行管理义务，承担相应责任。

特种设备使用单位应当对其使用的特种设备进行经常性维护保养和定期自行检查，并作出记录（即每月一次）。特种设备使用单位应当对其使用的特种设备的安全附件、安全保护装置进行定期校验、检修，并作出记录。

特种设备使用单位应当按照安全技术规范的要求，在检验合格有效期届满前一个月向特种设备检验机构提出定期检验要求。特种设备检验机构接到定期检验要求后，应当按照安全技术规范的要求及时进行安全性能检验。特种设备使用单位应当将定期检验标志置于该特种设备的显著位置。未经定期检验或者检验不合格的特种设备，不得继续使用。

特种设备安全管理人员应当对特种设备使用状况进行经常性检查，发现问题应当立即处理；情况紧急时，可以决定停止使用特种设备并及时报告本单位有关负责人。特种设备作业人员在作业过程中发现事故隐患或者其他不安全因素，应当立即向特种设备安全管理人员和单位有关负责人报告；特种设备运行不正常时，特种设备作业人员应当按照操作规程采取有效措施保证安全。特种设备出现故障或者发生异常情况，特种设备使用单位应当对其进行全面检查，消除事故隐患，方可继续使用。

客运索道、大型游乐设施在每日投入使用前，其运营使用单位应当进行试运行和例行安全检查，并对安全附件和安全保护装置进行检查确认。电梯、客运索道、大型游乐设施的运营使用单位应当将电梯、客运索道、大型游乐设施的安全使用说明、安全注意事项和警示标志置于易于为乘客注意的显著位置。

锅炉使用单位应当按照安全技术规范的要求进行锅炉水（介）质处理，并接受特种设备检验机构的定期检验。从事锅炉清洗，应当按照安全技术规范的要求进行，并接受特种设备检验机构的监督检验。

电梯的维护保养应当由电梯制造单位或者依照本法取得许可的安装、改造、修理单位进行。电梯的维护保养单位应当在维护保养中严格执行安全技术规范的要求，保证其维护保养的电梯的安全性能，并负责落实现场安全防护措施，保证施工安全。电梯的维护保养单位应当对其维护保养的电梯的安全性能负责；接到故障通知后，应当立即赶赴现场，并采取必要的应急救援措施。

电梯投入使用后，电梯制造单位应当对其制造的电梯的安全运行情况进行跟踪调查和了解，对电梯的维护保养单位或者使用单位在维护保养和安全运行方面存在的问题，提出改进建议，并提供必要的技术帮助；发现电梯存在严重事故隐患时，应当及时告知电梯使用单位，并向负责特种设备安全监督管理的部门报告。电梯制造单位对调查和了解的情况，应当作出记录。即：电梯的制造单位要对电梯的安全负责，要跟踪了解，提出改进建议。

特种设备进行改造、修理，按照规定需要变更使用登记的，应当办理变更登记，方可继续使用。

特种设备存在严重事故隐患，无改造、修理价值，或者达到安全技术规范规定的其他报废条件的，特种设备使用单位应当依法履行报废义务，采取必要措施消除该特种设备的使用功能，并向原登记的负责特种设备安全监督管理的部门办理使用登记证书注销手续。前款规定报废条件以外的特种设备，达到设计使用年限可以继续使用的，应当按照安全技术规范的要求通过检验或者安全评估，并办理使用登记证书变更，方可继续使用。允许继续使用的，应当采取加强检验、检测和维护保养等措施，确保使用安全。（达到使用年限后，不一定都要强制报废）

四、特种设备的检验、检测

特种设备检验、检测机构的检验、检测人员应当经考核，取得检验、检测人员资格，方可从事检验、检测工作。特种设备检验、检测机构的检验、检测人员不得同时在两个以上检验、检测机构中执业；变更执业机构的，应当依法办理变更手续。特种设备检验、检测机构及其检验、检测人员应当客观、公正、及时地出具检验、检测报告，并对检验、检测结果和鉴定结论负责。特种设备检验、检测机构及其检验、检测人员在检验、检测中发现特种设备存在严重事故隐患时，应当及时告知相关单位，并立即向负责特种设备安全监督管理的部门报告。

特种设备生产、经营、使用单位应当按照安全技术规范的要求向特种设备检验、检测机构及其检验、检测人员提供特种设备相关资料和必要的检验、检测条件，并对资料的真实性负责。特种设备检验、检测机构及其检验、检测人员对检验、检测过程中知悉的商业秘密，负有保密义务。特种设备检验、检测机构及其检验、检测人员不得从事有关特种设备的生产、经营活动，不得推荐或者监制、监销特种设备。

负责特种设备安全监督管理的部门在依法履行监督检查职责时，可以行使下列职权：

（1）进入现场进行检查，向特种设备生产、经营、使用单位和检验、检测机构的主要负责人和其他有关人员调查、了解有关情况；

（2）根据举报或者取得的涉嫌违法证据，查阅、复制特种设备生产、经营、使用单位和检验、检测机构的有关合同、发票、账簿以及其他有关资料；

（3）对有证据表明不符合安全技术规范要求或者存在严重事故隐患的特种设备实施查封、扣押；

（4）对流入市场的达到报废条件或者已经报废的特种设备实施查封、扣押；

（5）对违反本法规定的行为作出行政处罚决定。

负责特种设备安全监督管理的部门在依法履行职责过程中，发现违反本法规定和安全技术规范要求的行为或者特种设备存在事故隐患时，应当以书面形式发出特种设备安全监察指令，责令有关单位及时采取措施予以改正或者消除事故隐患。紧急情况下要求有关单位采取紧急处置措施的，应当随后补发特种设备安全监察指令。

负责特种设备安全监督管理的部门的安全监察人员应当熟悉相关法律、法规，具有相应的专业知识和工作经验，取得特种设备安全行政执法证件。特种设备安全监察人员应当忠于职守、坚持原则、秉公执法。负责特种设备安全监督管理的部门实施安全监督检查时，应当有二名以上特种设备安全监察人员参加，并出示有效的特种设备安全行政执法证件。

负责特种设备安全监督管理的部门对特种设备生产、经营、使用单位和检验、检测机构实施监督检查，应当对每次监督检查的内容、发现的问题及处理情况作出记录，并由参加监督检查的特种设备安全监察人员和被检查单位的有关负责人签字后归档。被检查单位的有关负责人拒绝签字的，特种设备安全监察人员应当将情况记录在案。

负责特种设备安全监督管理的部门及其工作人员不得推荐或者监制、监销特种设备；对履行职责过程中知悉的商业秘密负有保密义务。

3.2.3 其他安全生产相关法律

其他安全生产的法律还包括：

（1）通用综合类：《中华人民共和国民法典》（2021年公布）、《中华人民共和国行政处罚法》（2021年修订）、《中华人民共和国行政强制法》（2012年公布）、《中华人民共和国劳动法》（2018年修订）、《中华人民共和国劳动合同法》（2012年修订）、《中华人民共和国社会保险法》（2018年修订）等。

（2）消防类：《中华人民共和国消防法》（2021年修订）。

（3）职业健康类：《中华人民共和国职业病防治法》（2018年修订）。

（4）建筑施工：《中华人民共和国建筑法》（2019年修订）。

（5）矿山：《中华人民共和国矿山安全法》（2009年修订）。

（6）交通：《中华人民共和国道路交通安全法》（2021年修订）。

（7）公共安全：《中华人民共和国刑法》（2020年修订）、《中华人民共和国突发事件应对法》（2007年公布）。

3.3 安全生产行政法规

3.3.1 《危险化学品安全管理条例》解读

一、危险化学品的基本规定

（一）危险化学品的范围

（1）《危险化学品安全管理条例》中所称危险化学品，是指具有毒害、腐蚀、爆炸、燃烧、助燃等性质，对人体、设施、环境具有危害的剧毒化学品和其他化学品。

（2）危险化学品生产、储存、使用、经营和运输的安全管理，适用本条例。废弃危险化学品的处置，依照有关环境保护的法律、行政法规和国家有关规定执行。

（3）民用爆炸物品、烟花爆竹、放射性物品、核能物质以及用于国防科研生产的危险化学品的安全管理，不适用本条例。

（二）危险化学品监督管理部门的监督检查权

（1）进入危险化学品作业场所实施现场检查，向有关单位和人员了解情况，查阅、复制有关文件、资料；

（2）发现危险化学品事故隐患，责令立即消除或者限期消除；

（3）对不符合法律、行政法规、规章规定或者国家标准、行业标准要求的设施、设备、装置、器材、运输工具，责令立即停止使用；

（4）经本部门主要负责人批准，查封违法生产、储存、使用、经营危险化学品的场所，扣押违法生产、储存、使用、经营、运输的危险化学品以及用于违法生产、使用、运输危险化学品的原材料、设备、运输工具；

（5）发现影响危险化学品安全的违法行为，当场予以纠正或者责令限期改正。（注意：无罚款和拘留。）

负有危险化学品安全监督管理职责的部门依法进行监督检查，监督检查人员不得少于2人，并应当出示执法证件；有关单位和个人对依法进行的监督检查应当予以配合，不得拒绝、阻碍。

二、危险化学品生产、储存安全管理的规定

（一）生产、存储建设项目的安全条件审查

（1）新建、改建、扩建生产、储存危险化学品的建设项目（以下简称建设项目），应当由安全生产监督管理部门进行安全条件审查。

（2）建设单位应当对建设项目进行安全条件论证，委托具备国家规定的资质条件的机构对建设项目进行安全评价，并将安全条件论证和安全评价的情况报告报建设项目所在地设区的市级以上人民政府安全生产监督管理部门。

（3）安全生产监督管理部门应当自收到报告之日起45日内作出审查决定，并书面通知建设单位。

（二）取得安全生产许可证

（1）危险化学品生产企业进行生产前，应当依照《安全生产许可证条例》的规定，取得危险化学品安全生产许可证。

（2）负责颁发危险化学品安全生产许可证、工业产品生产许可证的部门，应当将其颁发许可证的情况及时向同级工业和信息化主管部门、环境保护主管部门和公安机关通报。

（三）生产、储存危险化学品管道的安全标志及检查

（1）生产、储存危险化学品的单位，应当对其铺设的危险化学品管道设置明显标志，并对危险化学品管道定期检查、检测。

（2）进行可能危及危险化学品管道安全的施工作业，施工单位应当在开工的7日前书面通知管道所属单位，并与管道所属单位共同制定应急预案，采取相应的安全防护措施。管道所属单位应当指派专门人员到现场进行管道安全保护指导。

（四）危险化学品包装物、容器的安全管理

对重复使用的危险化学品包装物、容器，使用单位在重复使用前应当进行检查；

发现存在安全隐患的，应当维修或者更换。使用单位应当对检查情况作出记录，记录的保存期限不得少于2年。

（五）安全评价

（1）生产、储存危险化学品的企业，应当委托具备国家规定的资质条件的机构，对本企业的安全生产条件每3年进行一次安全评价，提出安全评价报告。安全评价报告的内容应当包括对安全生产条件存在的问题进行整改的方案。

（2）生产、储存危险化学品的企业，应当将安全评价报告以及整改方案的落实情况报所在地县级人民政府安全生产监督管理部门备案。在港区内储存危险化学品的企业，应当将安全评价报告以及整改方案的落实情况报港口行政管理部门备案。

（六）剧毒化学品和易制爆化学品的规定

（1）生产、储存剧毒化学品或者国务院公安部门规定的可用于制造爆炸物品的危险化学品（以下简称易制爆危险化学品）的单位，应当如实记录其生产、储存的剧毒化学品、易制爆危险化学品的数量、流向，并采取必要的安全防范措施，防止剧毒化学品、易制爆危险化学品丢失或者被盗。

（2）生产、储存剧毒化学品、易制爆危险化学品的单位，应当设置治安保卫机构，配备专职治安保卫人员。

（3）发现剧毒化学品、易制爆危险化学品丢失或者被盗的，应当立即向当地公安机关报告。

（七）危险化学品仓库安全管理

（1）危险化学品应当储存在专用仓库、专用场地或者专用储存室（以下统称专用仓库）内，并由专人负责管理。

（2）剧毒化学品以及储存数量构成重大危险源的其他危险化学品，应当在专用仓库内单独存放，并实行双人收发、双人保管制度。

（3）对剧毒化学品以及储存数量构成重大危险源的其他危险化学品，储存单位应当将其储存数量、储存地点以及管理人员的情况，报所在地县级人民政府安全生产监督管理部门（在港区内储存的，报港口行政管理部门）和公安机关备案。

（八）危险化学品单位转产、停产、停业或解散的安全管理

（1）生产、储存危险化学品的单位转产、停产、停业或者解散的，应当采取有效措施，及时、妥善处置其危险化学品生产装置、储存设施以及库存的危险化学品，不得丢弃危险化学品。

（2）处置方案应当报所在地县级人民政府安全生产监督管理部门、工业和信息化主管部门、环境保护主管部门和公安机关备案。安全生产监督管理部门应当会同环境保护主管部门和公安机关对处置情况进行监督检查，发现未依照规定处置的，应当责令其立即处置。

三、危险化学品使用的安全管理规定

（一）安全使用许可证

使用危险化学品从事生产并且使用量达到规定数量的化工企业（属于危险化学品生产企业的除外，下同），应当依照本条例的规定取得危险化学品安全使用许可证。

（二）领取使用许可证应当具备下列条件：

（1）有与所使用的危险化学品相适应的专业技术人员；

（2）有安全管理机构和专职安全管理人员；

（3）有符合国家规定的危险化学品事故应急预案和必要的应急救援器材、设备；

（4）依法进行了安全评价。

（三）申办程序

（1）申请危险化学品安全使用许可证的化工企业，应当向所在地设区的市级人民政府安全生产监督管理部门提出申请，并提交其符合本条例第三十条规定条件的证明材料。

（2）设区的市级人民政府安全生产监督管理部门应当依法进行审查，自收到证明材料之日起45日内作出批准或者不予批准的决定。予以批准的，颁发危险化学品安全使用许可证；不予批准的，书面通知申请人并说明理由。

（3）安全生产监督管理部门应当将其颁发危险化学品安全使用许可证的情况及时向同级环境保护主管部门和公安机关通报。

四、危险化学品经营的安全管理规定

（一）经营许可证

（1）国家对危险化学品经营（包括仓储经营）实行许可制度。未经许可，任何单位和个人不得经营危险化学品。

（2）依法设立的危险化学品生产企业在其厂区范围内销售本企业生产的危险化学品，不需要取得危险化学品经营许可。

（3）依照《中华人民共和国港口法》的规定取得港口经营许可证的港口经营人，在港区内从事危险化学品仓储经营，不需要取得危险化学品经营许可。

（二）申办程序

（1）从事剧毒化学品、易制爆危险化学品经营的企业，应当向所在地设区的市级人民政府安全生产监督管理部门提出申请，从事其他危险化学品经营的企业，应当向所在地县级人民政府安全生产监督管理部门提出申请（有储存设施的，应当向所在地设区的市级人民政府安全生产监督管理部门提出申请）。

（2）设区的市级人民政府安全生产监督管理部门或者县级人民政府安全生产监督管理部门应当依法进行审查，并对申请人的经营场所、储存设施进行现场核查，自收到证明材料之日起30日内作出批准或者不予批准的决定。予以批准的，颁发危险化学品经营许可证；不予批准的，书面通知申请人并说明理由。

（3）设区的市级人民政府安全生产监督管理部门和县级人民政府安全生产监督管理部门应当将其颁发危险化学品经营许可证的情况及时向同级环境保护主管部门和公安机关通报。

（三）购买剧毒化学品、易制爆化学品的安全规定（一般化学品不需要）

（1）依法取得危险化学品安全生产许可证、危险化学品安全使用许可证、危险化学品经营许可证的企业，凭相应的许可证件购买剧毒化学品、易制爆危险化学品。民用爆炸物品生产企业凭民用爆炸物品生产许可证购买易制爆危险化学品。

（2）前款规定以外的单位购买剧毒化学品的，应当向所在地县级人民政府公安机关申请取得剧毒化学品购买许可证；购买易制爆危险化学品的，应当持本单位出具的合法用途说明。

（四）剧毒化学品购买许可证

申请取得剧毒化学品购买许可证，申请人应当向所在地县级人民政府公安机关提交下列材料：

（1）营业执照或者法人证书（登记证书）的复印件；

（2）拟购买的剧毒化学品品种、数量的说明；

（3）购买剧毒化学品用途的说明；

（4）经办人的身份证明。

县级人民政府公安机关应当自收到前款规定的材料之日起3日内，作出批准或者不予批准的决定。个人不得购买剧毒化学品（属于剧毒化学品的农药除外）和易制爆危险化学品。

（五）销售剧毒化学品、易制爆化学品的安全规定

（1）不得向不具有相关许可证件或者证明文件的单位销售剧毒化学品、易制爆危险化学品。

（2）对持剧毒化学品购买许可证购买剧毒化学品的，应当按照许可证载明的品种、数量销售。

（3）禁止向个人销售剧毒化学品（属于剧毒化学品的农药除外）和易制爆危险化学品。

（4）危险化学品生产企业、经营企业销售剧毒化学品、易制爆危险化学品，应当如实记录购买单位的名称、地址、经办人的姓名、身份证号码以及所购买的剧毒化学品、易制爆危险化学品的品种、数量、用途。销售记录以及经办人的身份证明复印件、相关许可证件复印件或者证明文件的保存期限不得少于1年。

（5）剧毒化学品、易制爆危险化学品的销售企业、购买单位应当在销售、购买后5日内，将所销售、购买的剧毒化学品、易制爆危险化学品的品种、数量以及流向信息报所在地县级人民政府公安机关备案，并输入计算机系统（追踪系统）。

五、危险化学品运输的安全管理规定

（一）道路运输

1. 道路、水路运输的资质和资格

（1）从事危险化学品道路运输、水路运输的，应当分别依照有关道路运输、水路运输的法律、行政法规的规定，取得危险货物道路运输许可、危险货物水路运输许可，并向工商行政管理部门办理登记手续。

（2）危险化学品道路运输企业、水路运输企业应当配备专职安全管理人员。

（3）危险化学品道路运输企业、水路运输企业的驾驶人员、船员、装卸管理人员、押运人员、申报人员、集装箱装箱现场检查员应当经交通运输主管部门考核合格，取得从业资格。

2.道路运输途中的安全管理

（1）运输危险化学品，应当根据危险化学品的危险特性采取相应的安全防护措施，并配备必要的防护用品和应急救援器材。

（2）用于运输危险化学品的槽罐以及其他容器应当封口严密，能够防止危险化学品在运输过程中因温度、湿度或者压力的变化发生渗漏、洒漏；槽罐以及其他容器的溢流和泄压装置应当设置准确、起闭灵活。

（3）运输危险化学品的驾驶人员、船员、装卸管理人员、押运人员、申报人员、集装箱装箱现场检查员，应当了解所运输的危险化学品的危险特性及其包装物、容器的使用要求和出现危险情况时的应急处置方法。

（4）通过道路运输危险化学品的，托运人应当委托依法取得危险货物道路运输许可的企业承运。（即一般的危险化学品只需要"危险化学品道路运输许可证"即可。而剧毒的还需要通行证。）

（5）通过道路运输危险化学品的，应当按照运输车辆的核定载质量装载危险化学品，不得超载。

（6）危险化学品运输车辆应当符合国家标准要求的安全技术条件，并按照国家有关规定定期进行安全技术检验。

（7）危险化学品运输车辆应当悬挂或者喷涂符合国家标准要求的警示标志。

（8）通过道路运输危险化学品的，应当配备押运人员，并保证所运输的危险化学品处于押运人员的监控之下。

（9）运输危险化学品途中因住宿或者发生影响正常运输的情况，需要较长时间停车的，驾驶人员、押运人员应当采取相应的安全防范措施；运输剧毒化学品或者易制爆危险化学品的，还应当向当地公安机关报告。

（10）未经公安机关批准，运输危险化学品的车辆不得进入危险化学品运输车辆限制通行的区域。危险化学品运输车辆限制通行的区域由县级人民政府公安机关划定，并设置明显的标志。

3.剧毒化学品道路运输通行证

通过道路运输剧毒化学品的，托运人应当向运输始发地或者目的地县级人民政府公安机关申请剧毒化学品道路运输通行证。（此处是剧毒化学品，需要道路运输许可证和剧毒化学品运输通行证。）

4.剧毒化学品、易制爆化学品丢失、被盗、被抢的安全管理

（1）毒化学品、易制爆危险化学品在道路运输途中丢失、被盗、被抢或者出现流散、泄漏等情况的，驾驶人员、押运人员应当立即采取相应的警示措施和安全措施，并向当地公安机关报告。

（2）公安机关接到报告后，应当根据实际情况立即向安全生产监督管理部门、环境保护主管部门、卫生主管部门通报。有关部门应当采取必要的应急处置措施。

（二）水路运输

（1）禁止通过内河封闭水域运输剧毒化学品以及国家规定禁止通过内河运输的其

他危险化学品。

（2）前款规定以外的内河水域，禁止运输国家规定禁止通过内河运输的剧毒化学品以及其他危险化学品。

（3）通过内河运输危险化学品的船舶，其所有人或者经营人应当取得船舶污染损害责任保险证书或者财务担保证明。船舶污染损害责任保险证书或者财务担保证明的副本应当随船携带。

（4）用于危险化学品运输作业的内河码头、泊位，经交通运输主管部门按照国家有关规定验收合格后方可投入使用。

（5）在内河港口内进行危险化学品的装卸、过驳作业，应当将危险化学品的名称、危险特性、包装和作业的时间、地点等事项报告港口行政管理部门。港口行政管理部门接到报告后，应当在国务院交通运输主管部门规定的时间内作出是否同意的决定，通知报告人，同时通报海事管理机构。

（6）载运危险化学品的船舶在内河航行，通过过船建筑物的，应当提前向交通运输主管部门申报，并接受交通运输主管部门的管理。

六、危险化学品的应急预案

（1）危险化学品单位应当制定本单位危险化学品事故应急预案，配备应急救援人员和必要的应急救援器材、设备，并定期组织应急救援演练。

（2）危险化学品单位应当将其危险化学品事故应急预案报所在地设区的市级人民政府安全生产监督管理部门备案。

3.3.2 其他安全生产行政法规

其他安全行政法规还包括：

（1）通用综合类：《安全生产许可证条例》（2014年修订）、《女职工劳动保护特别规定》（2012年公布）、《工伤保险条例》（2010年修订）、《生产安全事故应急条例》（2019年公布）、《生产安全事故报告和调查处理条例》（2007年公布）等。

（2）特种设备类：《特种设备安全监察条例》（2009年修订）。

（3）消防类：《高等学校消防安全管理规定》（2009年公布）等。

（4）职业健康类：《使用有毒物品作业场所劳动保护条例》（2002年公布）等。

（5）工贸行业：《工贸企业有限空间作业安全规定》（2023年公布）、《工贸企业粉尘防爆安全规定》（2021年公布）、《工贸企业重大事故隐患判定标准》（2023年公布）、《冶金企业和有色金属企业安全生产规定》（2018年公布）。

（6）危险化学品行业：《易制毒化学品管理条例》（2018年修订）、《烟花爆竹安全管理条例》（2016年修订）、《民用爆炸物品安全管理条例》（2014年修订）等。

（7）建筑施工：《建设工程安全生产管理条例》（2003年公布）。

（8）矿山：《煤矿安全生产条例》（2024年公布）等。

（9）公共安全类：《大型群众性活动安全管理条例》（2007年公布）。

3.4　安全生产部门规章

3.4.1　《注册安全工程师分类管理办法》要点

《注册安全工程师分类管理办法》中所称注册安全工程师是指依法取得注册安全工程师职业资格证书，并经注册的专业技术人员。

一、注册安全工程师的分类

（1）注册安全工程师专业类别划分为：煤矿安全、金属非金属矿山安全、化工安全、金属冶炼安全、建筑施工安全、道路运输安全、其他安全（不包括消防安全）。

（2）注册安全工程师级别设置为：高级、中级、初级（助理）。

注册安全工程师按照专业类别进行注册，国家安全监管总局或其授权的机构为注册安全工程师职业资格的注册管理机构。

二、注册安全工程师执业范围

（1）危险物品的生产、储存单位以及矿山、金属冶炼单位应当有相应专业类别的中级及以上注册安全工程师从事安全生产管理工作。（《中华人民共和国安全生产法》第二十四条规定）

（2）危险物品的生产、储存单位以及矿山单位安全生产管理人员中的中级及以上注册安全工程师比例应自本办法施行之日起2年内，金属冶炼单位安全生产管理人员中的中级及以上注册安全工程师比例应自本办法施行之日起5年内达到15%左右并逐步提高。

（3）《注册安全工程师管理规定》关于安全工程师人数的配备。

① 从业人员300人以上的煤矿、非煤矿矿山、建筑施工单位和危险物品生产、经营单位，应当按照不少于安全生产管理人员15%的比例配备注册安全工程师；安全生产管理人员在7人以下的，至少配备1名。

② 前款规定以外的其他生产经营单位，应当配备注册安全工程师或者委托安全生产中介机构选派注册安全工程师提供安全生产服务。

③ 安全生产中介机构应当按照不少于安全生产专业服务人员30%的比例配备注册安全工程师。

三、注册安全工程师继续教育

（1）注册安全工程师在每个注册周期内应当参加继续教育，时间累计不得少于48学时。继续教育由部门、省级注册机构按照统一制定的大纲组织实施。

（2）中级注册安全工程师按照专业类别进行继续教育，其中专业课程学时应不少于继续教育总学时的一半。

3.4.2 《建设项目安全设施"三同时"监督管理办法》要点

《建设项目安全设施"三同时"监督管理办法》中所称的建设项目安全设施是指生产经营单位在生产经营活动中用于预防生产安全事故的设备、设施、装置、构（建）筑物和其他技术措施的总称。生产经营单位是建设项目安全设施建设的责任主体。建设项目安全设施必须与主体工程同时设计、同时施工、同时投入生产和使用（以下简称"三同时"）。安全设施投资应当纳入建设项目概算。

一、建设项目安全预评价

1.下列建设项目在进行可行性研究时，生产经营单位应当按照国家规定，进行安全预评价（委托具有相应资质的安全评价机构，对其建设项目进行安全预评价，并编制安全预评价报告）：

（1）非煤矿矿山建设项目；

（2）生产、储存危险化学品（包括使用长输管道输送危险化学品，下同）的建设项目；

（3）生产、储存烟花爆竹的建设项目；

（4）金属冶炼建设项目；

（5）使用危险化学品从事生产并且使用量达到规定数量的化工建设项目（属于危险化学品生产的除外，以下简称化工建设项目）；

（6）法律、行政法规和国务院规定的其他建设项目。

2.其他建设项目，生产经营单位应当对其安全生产条件和设施进行综合分析，形成书面报告备查。

二、建设项目安全设施施工和竣工验收

（一）施工

（1）建设项目安全设施的施工应当由取得相应资质的施工单位进行，并与建设项目主体工程同时施工。

（2）施工单位应当在施工组织设计中编制安全技术措施和施工现场临时用电方案，同时对危险性较大的分部分项工程依法编制专项施工方案，并附具安全验算结果，经施工单位技术负责人、总监理工程师签字后实施。

（3）施工单位应当严格按照安全设施设计和相关施工技术标准、规范施工，并对安全设施的工程质量负责。

（4）施工单位发现安全设施设计文件有错漏的，应当及时向生产经营单位、设计单位提出。生产经营单位、设计单位应当及时处理。

（5）施工单位发现安全设施存在重大事故隐患时，应当立即停止施工并报告生产经营单位进行整改。整改合格后，方可恢复施工。

（二）监理

（1）工程监理单位应当审查施工组织设计中的安全技术措施或者专项施工方案是否符合工程建设强制性标准。

（2）工程监理单位在实施监理过程中，发现存在事故隐患的，应当要求施工单位整改；情况严重的，应当要求施工单位暂时停止施工，并及时报告生产经营单位。施工单位拒不整改或者不停止施工的，工程监理单位应当及时向有关主管部门报告。

（3）工程监理单位、监理人员应当按照法律法规和工程建设强制性标准实施监理，并对安全设施工程的工程质量承担监理责任。

（三）试运行

（1）建设项目竣工后，根据规定建设项目需要试运行（包括生产、使用，下同）的，应当在正式投入生产或者使用前进行试运行。

（2）试运行时间应当不少于30日，最长不得超过180日，国家有关部门有规定或者特殊要求的行业除外。

（3）生产、储存危险化学品的建设项目和化工建设项目，应当在建设项目试运行前将试运行方案报负责建设项目安全许可的安全生产监督管理部门备案。

三、建设项目违反"三同时"管理的处罚

责令停止建设或者停产停业整顿，限期改正；逾期未改正的，处50万元以上100万元以下的罚款，对其直接负责的主管人员和其他直接责任人员处2万元以上5万元以下的罚款；构成犯罪的，依照刑法有关规定追究刑事责任：

（1）未按照本办法规定对建设项目进行安全评价的；

（2）没有安全设施设计或者安全设施设计未按照规定报经安全生产监督管理部门审查同意，擅自开工的；

（3）施工单位未按照批准的安全设施设计施工的；

（4）投入生产或者使用前，安全设施未经验收合格的。

3.4.3 《危险化学品重大危险源监督管理暂行规定》要点

一、重大危险源评估及分级

（1）危险化学品单位应当对重大危险源进行安全评估并确定重大危险源等级。危险化学品单位可以组织本单位的注册安全工程师、技术人员或者聘请有关专家进行安全评估，也可以委托具有相应资质的安全评价机构进行安全评估。

（2）依照法律、行政法规的规定，危险化学品单位需要进行安全评价的，重大危险源安全评估可以与本单位的安全评价一起进行，以安全评价报告代替安全评估报告，也可以单独进行重大危险源安全评估。

（3）重大危险源根据其危险程度，分为一级、二级、三级和四级，一级为最高级别。重大危险源的辨识与分级计算方法详见8.1.6节。

二、重新辨识和评估

有下列情形之一的，危险化学品单位应当对重大危险源重新进行辨识、安全评估及分级（应当及时更新档案，并向所在地县级人民政府安全生产监督管理部门重新备案）：

（1）重大危险源安全评估已满三年的；

（2）构成重大危险源的装置、设施或者场所进行新建、改建、扩建的；

（3）危险化学品种类、数量、生产、使用工艺或者储存方式及重要设备、设施等发生变化，影响重大危险源级别或者风险程度的；

（4）外界生产安全环境因素发生变化，影响重大危险源级别和风险程度的；

（5）发生危险化学品事故造成人员死亡，或者10人以上受伤，或者影响到公共安全的；

（6）有关重大危险源辨识和安全评估的国家标准、行业标准发生变化的。

三、安全管理

（1）一级或者二级重大危险源，具备紧急停车功能。记录的电子数据的保存时间不少于30天；

（2）重大危险源的化工生产装置装备满足安全生产要求的自动化控制系统；一级或者二级重大危险源，装备紧急停车系统；

（3）对重大危险源中的毒性气体、剧毒液体和易燃气体等重点设施，设置紧急切断装置；毒性气体的设施，设置泄漏物紧急处置装置。涉及毒性气体、液化气体、剧毒液体的一级或者二级重大危险源，配备独立的安全仪表系统（SIS）；

（4）重大危险源中储存剧毒物质的场所或者设施，设置视频监控系统；

（5）装备

对存在吸入性有毒、有害气体的重大危险源，危险化学品单位应当配备便携式浓度检测设备、空气呼吸器、化学防护服、堵漏器材等应急器材和设备；涉及剧毒气体的重大危险源，还应当配备两套以上（含本数）气密型化学防护服；涉及易燃易爆气体或者易燃液体蒸气的重大危险源，还应当配备一定数量的便携式可燃气体检测设备。

四、应急预案的演练

危险化学品单位应当制订重大危险源事故应急预案演练计划，并按照下列要求进行事故应急预案演练：（1）对重大危险源专项应急预案，每年至少进行一次；（2）对重大危险源现场处置方案，每半年至少进行一次。

五、备案

（1）危险化学品单位在完成重大危险源安全评估报告或者安全评价报告后15日内，应当填写重大危险源备案申请表，连同本规定第二十二条规定的重大危险源档案材料，报送所在地县级人民政府安全生产监督管理部门备案。

（2）县级人民政府安全生产监督管理部门应当每季度将辖区内的一级、二级重大危险源备案材料报送至设区的市级人民政府安全生产监督管理部门。

（3）设区的市级人民政府安全生产监督管理部门应当每半年将辖区内的一级重大危险源备案材料报送至省级人民政府安全生产监督管理部门。

图 3.2 危险化学品重大危险源备案报送逻辑

3.4.4 其他部门规章

按照注册安全工程师对部门规章制度的要求，其他相关的部门规章还包括：

《高等学校实验室消防安全管理规范》

《普通高等学校实验室危险化学品安全管理规范》

《生产经营单位安全培训规定》

《特种作业人员安全技术培训考核管理规定》

《安全生产培训管理办法》

《安全生产事故隐患排查治理暂行规定》

《生产安全事故应急预案管理办法》

《生产安全事故信息报告和处置办法》

《建设工程消防监督管理规定》

《煤矿企业安全生产许可证实施办法》

《煤矿建设项目安全设施监察规定》

《煤矿安全规程》

《煤矿安全培训规定》

《非煤矿矿山企业安全生产许可证实施办法》

《非煤矿山外包工程安全管理暂行办法》

《尾矿库安全监督管理规定》

《冶金企业和有色金属企业安全生产规定》

《烟花爆竹生产企业安全生产许可证实施办法》

《烟花爆竹生产经营安全规定》

《危险化学品生产企业安全生产许可证实施办法》

《危险化学品安全使用许可证实施办法》

《危险化学品输送管道安全管理规定》

《危险化学品建设项目安全监督管理办法》

《危险化学品重大危险源监督管理暂行规定》

《工贸企业有限空间作业安全管理与监督暂行规定》

《食品生产企业安全生产监督管理暂行规定》

《建筑施工企业安全生产许可证管理规定》

《建筑起重机械安全监督管理规定》

《建筑施工企业主要负责人、项目负责人和专职安全生产管理人员安全生产管理规定》

《危险性较大的分部分项工程安全管理规定》

《海洋石油安全生产规定》

等。

第 **4** 章

安全管理学基础

安全管理是管理者为确保安全生产而进行的计划、组织、指挥、协调和控制等一系列活动，旨在保护劳动者和设备在生产过程中的安全，维护生产系统的良性运行，进而促进企业管理的改善和效益的提升，确保生产的顺利进行。

做好安全管理是预防伤亡事故和职业危害的根本措施。事故的发生往往源于四个方面：人的不安全行为、物的不安全状态、环境的不安全条件以及安全管理的缺陷。其中，人、物和环境方面出现问题，往往是因为安全管理存在失误或缺陷。因此，可以说安全管理的缺陷是事故发生的根源，是深层次的本质原因。对生产中伤亡事故的统计分析也显示，80%以上的伤亡事故与安全管理缺陷密切相关。因此，要从根本上预防事故，必须从加强安全管理入手，不断改进安全管理技术，提升安全管理水平。同时，做好安全管理也是贯彻落实"安全第一、预防为主、综合治理"安全生产方针的基本保障。

4.1　安全管理基本理论　

4.1.1　安全管理基础

一、安全生产

安全生产是指在社会生产活动中，通过人、机、物料、环境的和谐运作，使生产过程中潜在的各种事故风险和伤害因素始终处于有效控制状态，切实保护劳动者的生命安全和身体健康。

安全生产工作的基本方针：安全第一、预防为主、综合治理。

安全生产管理：针对人们在生产过程中的安全问题，运用有效的资源，发挥人们的智慧，通过人们的努力，进行有关决策、计划、组织和控制等活动，实现生产过程中人与机器设备、物料、环境的和谐，达到安全生产的目标。

二、事故

生产安全事故：生产经营活动中发生的造成人身伤亡或者直接经济损失的事件。

依据《企业职工伤亡事故分类》（GB 6441），综合考虑起因物、引起事故的诱导性原因、致害物、伤害方式等，将企业工伤事故分为20类：（1）物体打击；（2）车辆伤害；（3）机械伤害；（4）起重伤害；（5）触电；（6）淹溺；（7）灼烫；（8）火灾；（9）高处坠落；（10）坍塌；（11）冒顶片帮；（12）透水；（13）放炮；（14）火药爆炸；（15）瓦斯爆炸；（16）锅炉爆炸；（17）容器爆炸；（18）其他爆炸；（19）中毒和窒息；（20）其他伤害。

记忆方法："一击一坠，四伤害（含其他伤害），四爆中毒和其他（爆炸），水火雷电土坍塌"。

依据《生产安全事故报告和调查处理条例》（国务院令493号）根据生产安全事故造成的人员伤亡或者直接经济损失，事故分为特别重大事故、重大事故、较大事故、一般事故4个等级，分级详见表4.1。

表4.1　事故分级

	一般事故	较大事故	重大事故	特别重大事故
死亡人数/人(a)	$a<3$	$3\leqslant a<10$	$10\leqslant a<30$	$a\geqslant30$
重伤人数/人(b)	$b<10$	$10\leqslant b<50$	$50\leqslant b<100$	$b\geqslant100$
直接经济损失/元(c)	$c<1000$万	1000万$\leqslant c<5000$万	5000万$\leqslant c<1$亿	$c\geqslant1$亿

注：死亡人数(a)：不包含失踪、下落不明的人；

　　重伤人数(b)：包含急性工业中毒的人；不包含轻伤、工业中毒的人；

　　直接经济损失(c)：不包含间接经济损失；

　　从重原则：不同标准，取高值。例如死亡3人，同时重伤60人，即为重大事故。

记忆方法："死亡—313；重伤—151；经济损失—151"。

三、事故隐患

《安全生产事故隐患排查治理暂行规定》将"安全生产事故隐患"定义为"生产经营单位违反安全生产法律法规、规章、标准、规程和安全生产管理制度的规定，或者因其他因素在生产经营活动中存在可能导致事故发生的物的危险状态、人的不安全行为和管理上的缺陷。"

一般事故隐患：指危害和整改难度较小，发现后能够立即整改排除的隐患，如工人未佩戴安全帽。

重大事故隐患：危害和整改难度较大，应当全部或者局部停产停业，并经过一定时间整改治理方能排除的隐患，或者因外部因素影响致使生产经营单位自身难以排除的隐患，如安全阀未正常投用。

四、危险

危险是指系统中存在导致发生不期望后果的可能性超过了人们的承受程度。一般用风险度来表示危险的程度。在安全生产管理中，风险用生产系统中事故发生的可能性与严重性的结合给出，即：

$$R=f(F,C)\text{ 可视为 }R=F\times C$$

式中：R为风险；

　　　F为发生事故的可能性；

　　　C为发生事故的严重性。

五、海因里希法则

1941年，美国安全工程师海因里希发现，在机械事故中，伤亡、轻伤、不安全行为的比例呈现为1∶29∶300的关系。这一发现被国际上命名为海因里希事故法则。具体而言，该法则表明：在每330起意外事件中，约有1件会导致人员伤亡，29件会造成人员轻伤，而剩余的300件则未产生人员伤害。因此，伤亡、轻伤、不安全行为以及意外事件的整体比例为 $1:29:300:330$（图4.1）。

例如：某化工机械厂过去10年中发生了 1 236 起可记录的意外事件。根据海因里希事故法则，就可推算出这 1 236 起可记录意外事件中，轻伤人数可能是 $1\ 236×29/330≈109$（人）。

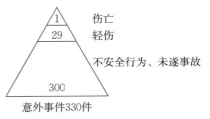

图4.1　海因里希法则金字塔

六、危险源

危险源是指可能造成人员伤害和疾病、财产损失、作业环境破坏或其他损失的根源或状态。

第一类危险源：可能发生意外释放的能量（能量源、能量载体或危险物质）；决定了事故后果的严重程度，具有的能量越多，发生事故后果越严重。如老虎、炸药、旋转的飞轮等属于第一类危险源。

第二类危险源：导致能量或危险物质约束或限制措施破坏或失效的各种因素。广义上包括：物的故障、人的失误、环境不良以及管理缺陷等因素。决定事故发生的可能性，它出现越频繁，发生事故的可能性越大。如冒险进入危险场所（老虎的笼子）的行为等。

简明的解释如图4.2所示。

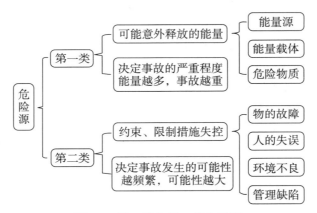

图4.2　第一类和第二类危险源

例如：某年临近春节，某化工厂技术人员王某前往银行取钱，并在返回途中购买了烟花爆竹。回到工厂办公室后，王某将取回的50元放入保险柜中。为了避免烟花潮湿，他将烟花爆竹放置在电磁茶炉旁。此时，王某接到电话后匆忙离开办公室，保险柜忘记上锁。根据危险源辨识理论，上述事件中，属于第一类危险源的有：烟花爆竹和电磁茶炉。

七、本质安全

本质安全是指通过设计等手段使生产设备或生产系统本身具有安全性，即使在误操作或发生故障的情况下也不会造成事故。具体包括两方面的内容：

（1）失误—安全功能，指操作者即使操作失误，也不会发生事故或伤害，或者说设备设施和技术工艺本身具有自动防止人的不安全行为的功能。如机械设备的防夹手装置。

（2）故障—安全功能，指设备设施或生产工艺发生故障或损坏时，还能暂时维持正常工作或自动转变为安全状态。如在铁路系统中，"故障—安全"设计被广泛应用，这是因为如果列车在行驶过程中发生故障，为了避免更大的事故，列车会自动刹车，停在原地。在这种情况下，系统的故障（列车停驶）不会导致更严重的后果（列车相撞或出轨）。"故障—安全"设计旨在确保在系统发生故障时，能够最大程度地减少对人员和财产的潜在危害。

简明的解释如图4.3所示。

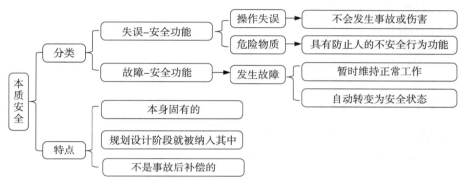

图4.3　本质安全的分类和特点

例如：某木材加工厂的机械设备因老化且长期超负荷运转，导致员工机械伤害事故频发。为避免员工遭受机械伤害，该厂采取了四项措施：一是采取冷却措施，降低木工机械运转时的温度；二是减少木工机械的连续运转时间；三是增加木工机械的检修频度；四是给木工机械加装紧急自动停机系统。在以上措施中，属于本质安全技术措施的是加装紧急自动停机系统。

八、安全生产许可证

安全生产许可是指国家对矿山企业、建筑施工企业和危险化学品、烟花爆竹、民用爆炸物品生产企业实行安全生产许可制度。企业未取得安全生产许可证的，不得从事生产活动。如图4.4所示。**记忆口诀：烟民建危矿。**

图4.4　安全生产许可证样例

4.1.2　事故致因原理

只有掌握事故发生的原因，才能保证安全生产系统处于一个高效的安全状态。随着安全原理的不断发展和深入研究，学者们提出了一些经典的安全致因理论，现将比较经典的理论总结如下。

一、事故频发倾向理论

法默、查姆勃等人提出了事故频发倾向理论。即：少数具有事故频发倾向的工人是事故频发倾向者，他们的存在是工业事故发生的原因。如果企业中减少了事故频发倾向者的数量，便有望降低工业事故的发生率。因此，通过严格的生理、心理测试，从众多的求职者中选择身体条件、智力水平、性格特点及动作特征等方面均表现优秀的人才，同时考虑解雇企业内所谓的事故频发倾向者，以提升整体的安全生产水平。

二、事故因果连锁理论

（一）海因里希事故因果连锁理论

海因里希的事故因果连锁理论深入阐述了导致伤亡事故的各种因素与伤害之间的紧密联系。该理论认为，伤亡事故的发生并非一个孤立的事件，而是由一系列原因事件相继发生、相互作用所导致的最终结果。这些原因事件主要包括以下五个方面：遗传及社会环境→人的缺点→人的不安全行为或物的不安全状态→事故→伤害。这一连锁关系可以用多米诺骨牌效应来形象地描述：如果一块骨牌被碰倒了，则会引发连锁反应，导致其余的骨牌依次倒下。同样地，如果在这一连锁中移走或改变其中一块关键骨牌，那么整个连锁反应就会被破坏，事故的发展过程也会随之终止。

在通过对 75 000 起工业事故进行深入调查后，海因里希发现，其中 98% 的事故实际上是可以预防的。在这些可预防的事故中，88% 的事故与人的因素有关，而 10% 的事故则与物的因素有关。仅有 2% 的事故是超出人的能力范围、无法控制的，如图 4.5 所示。

（二）现代因果连锁理论

（1）博德在海因里希事故因果连锁理论的基础上，进一步提出了现代事故因果连锁理论。他特别对原理论中涉及人的因素的部分进行了修正和完善，如图 4.5 所示。

（2）日本的北川彻三也对事故因果连锁理论进行了一些修正，并提出了自己的新理论。在他看来，事故的基本原因主要包括以下三个方面：① 管理原因，即管理上存在的缺陷和不足；② 学校教育原因，指的是安全教育的不充分或缺失；③ 社会或历史原因，这涉及社会整体安全观念的落后以及历史遗留的安全问题。

而事故的间接原因则更为复杂，北川彻三将其归纳为以下四个方面：① 技术原因，即技术方面的缺陷或不足；② 教育原因，这包括缺乏必要的安全知识和操作经验；③ 身体原因，指的是工作人员身体状态不佳或存在健康问题；④ 精神原因，这涉及工作人员的不良态度、精神不安定、不良性格以及智力方面的障碍等因素。

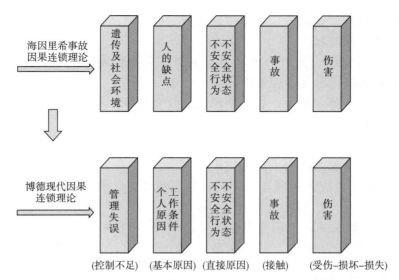

图4.5　海因里希事故因果连锁理论和现代因果理论

三、能量意外释放理论

（一）能量意外释放理论概述

能量意外释放理论由哈登提出。该理论认为，事故是一种不正常的或不期望的能量释放现象，而意外释放的各种形式的能量则是构成伤害的直接原因。哈登进一步将能量逆流于人体造成的伤害分为两类：

第一类伤害是由施加了超过局部或全身性损伤阈值的能量引起的。

第二类伤害则是由影响了局部或全身性能量交换的过程引起的，这类伤害主要包括中毒、窒息和冻伤等。

在一定条件下，某种形式的能量能否产生伤害并造成人员伤亡事故，取决于多个因素的综合作用，包括能量的大小、接触能量时间的长短和频率，以及力的集中程度等。

（二）事故防范对策

防止能量意外释放的屏蔽措施主要有下列11种：

（1）替换不安全能源。使用安全的能源替代不安全的能源，例如用压缩空气动力替代电力，以减少潜在风险。

（2）限制能量。通过技术手段限制能量的使用，如采用低电压设备来预防电击，或降低设备运转速度以防止机械伤害。

（3）防止能量蓄积。采取措施防止能量过度积累，例如控制爆炸性气体的浓度，及时消除静电，以及安装避雷针来防止雷电积累。

（4）控制能量释放。建立有效的控制机制来管理能量的释放，如水闸墙的设置，可以防止高势能地下水的突然涌出。

（5）延缓能量释放。采用安全阀等设备来控制高压气体的释放速度，或使用减振装置来吸收和分散冲击能量。

（6）开辟能量释放的渠道。为能量提供安全的释放路径，如矿山探放水措施，可以有效防止透水事故的发生。

（7）设置屏蔽设施。安装防护罩、安全围栏等物理屏障，以及提供个体防护用品，以减少人员直接接触危险能量的风险。

（8）建立时空屏障。在人、物与能源之间设置屏障，如防火门，通过时间或空间的隔离来减少能量对人或物的直接威胁。

（9）提升防护标准。采用更高标准的防护措施，如使用双重绝缘工具来增强对高压电能的防护，防止触电事故。

（10）优化工艺流程。对现有的工艺流程进行改进，将不安全的流程替换为更为安全的流程。

（11）应急修复或急救。建立完善的应急机制，包括紧急救护措施、自救教育，以及限制灾害范围、防止事态扩大的策略。

四、轨迹交叉理论

（一）轨迹交叉理论的提出

斯奇巴认为：人的不安全行为和物的不安全状态若在同一时间、同一空间发生，或者说两者的不安全状态相遇，那么在此时间、空间就会发生事故。轨迹交叉理论作为一种事故致因理论，着重强调人的因素和物的因素在事故致因中具有同等重要的地位。如图4.6所示。

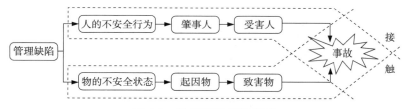

图4.6 轨迹交叉理论模型

（二）轨迹交叉理论的作用原理

轨迹交叉理论将事故的发生发展过程描述为：基本原因→间接原因→直接原因→事故→伤害。这一过程可以看作是事故致因因素所导致的事故运动轨迹，具体包括人的因素运动轨迹和物的因素运动轨迹。

例如：在美国铁路列车安装自动连接器之前，每年都有数百名铁路工人在进行车辆连接作业时，因精力不集中而死亡。然而，在装上自动连接器之后，尽管偶尔仍会发生伤人事件，但死亡人数却大幅下降。根据轨迹交叉事故致因理论，自动连接器的应用成功消除了设计上的缺陷（物的不安全状态）以及人的行为缺陷（人的不安全行为）。

五、系统安全理论

系统安全理论的主要观点：
（1）硬件的故障在事故致因中的作用不可忽略。
（2）没有任何一种事物是绝对安全的，任何事物中都潜藏着危险因素。

（3）无法根除一切危险源。

（4）安全工作的目标就是控制危险源，把事故发生概率降到最低；若一旦发生事故，也要将伤害和损失控制在最小范围内。

六、综合原因论

事故是社会因素（基础原因）、管理因素（间接原因）和生产中危险因素（事故隐患）（直接原因）被偶然事件触发所造成的后果。

事故调查过程则与上述相反，为事故现象→事故经过→直接原因→间接原因→基础原因。

4.1.3 安全原理及安全原则

安全原理可分为四大原理，即：系统原理、人本原理、预防原理及强制原理，如图 4.7 所示。

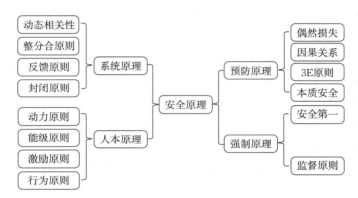

图 4.7 四大安全原理及附属原则

一、系统原理及原则

（一）系统原理的含义

系统原理是现代管理学中的一个最基本原理。它指的是，在进行管理工作时，人们应运用系统理论、观点和方法，对管理活动进行全面的系统分析，以实现管理的最优化目标。具体而言，就是运用系统论的观点、理论和方法来识别和解决管理中遇到的各种问题。

安全生产管理系统是生产管理的一个重要子系统，它涵盖了各级安全管理人员、安全防护设备与设施、安全管理规章制度、安全生产操作规范和规程，以及安全生产管理信息等多个方面。安全是生产活动的核心要素，因此安全生产管理必须是全方位、全天候且全员参与的。

（二）运用系统原理的原则

（1）动态相关性原则：构成管理系统的各个要素是处于不断运动和发展中的，它们之间既相互联系又相互制约。若各要素均处于静止不变的状态，则事故便不会发生。

（2）整分合原则：高效的现代安全生产管理，必须在整体规划的框架下，进行明确的分工，并在分工的基础上实现有效的综合与协调。

（3）反馈原则：反馈是控制过程中控制机构对受控对象产生反作用的重要机制。由于企业生产的内部条件和外部环境都在不断变化之中，因此必须及时捕捉并反馈各种与安全生产相关的信息，以便能够迅速采取相应的行动。

（4）封闭原则：在管理系统内部，管理手段、管理过程等必须构成一个连续且封闭的回路，只有这样，才能确保管理活动的有效性和连续性。

二、人本原理及原则

（一）人本原理的含义

在管理中必须把人的因素放在首位，体现以人为本的指导思想。

（二）运用人本原理的原则

（1）动力原则：管理活动的根本驱动力源自人，因此管理必须具备能够激发人们工作潜能的动力机制。在管理系统中，这种动力主要分为物质动力、精神动力和信息动力三种类型。

（2）能级原则：在管理系统的构建中，应确立一套合理的能级体系，依据单位和个人的能力大小来分配工作任务，从而充分发挥各能级的能量，确保组织结构的稳固性以及管理的效率和效果。

（3）激励原则：通过科学的方法和手段，激发人的内在潜能，促使其积极主动地发挥自身的积极性、主动性和创造性。

（4）行为原则：人的行为遵循一定的规律：需求催生动机，动机驱动行为，行为指向目标，目标达成后需求得到满足，进而产生新的需求、动机和行为，以追求新的目标。

例如：为了确保企业组织结构的稳定性和管理的有效性，某企业根据甲、乙、丙三位员工的工作经验、技能水平及综合能力等多维度因素，对他们的岗位进行了合理的调整。这一调整举措，正是遵循了安全生产管理中的能级原则。

三、预防原理及原则

（一）预防原理的含义

安全生产管理工作的核心在于预防，通过采取切实有效的管理和技术手段，最大限度地减少和防止人的不安全行为以及物的不安全状态，进而将事故发生的概率降至最低水平。

（二）运用预防原理的原则

（1）偶然损失原则：事故造成的后果及其严重程度往往具有随机性和不可预测性。即使同类事故反复发生，其后果也可能各不相同，具有偶然性。

（2）因果关系原则：事故的发生是多种因素相互作用、互为因果并最终连续演变的结果。只要存在诱发事故的因素，事故的发生就具有必然性，只是时间早晚的问题。

（3）3E原则：人的不安全行为和物的不安全状态可归因于技术、教育、身体和态度以及管理四个方面的不足。针对这些原因，我们可以采取工程技术对策（Engineering）、教育对策（Education）和法治对策（Enforcement）来加以应对，这就是所谓的3E原则。

（4）本质安全化原则：本质安全化强调从起始阶段和本质层面实现安全，通过从根本上消除事故发生的可能性，来达到预防事故的目的。这一原则不仅适用于设备、设施的安全设计，也适用于整个建设项目的规划和实施。

四、强制原理及原则

（一）强制原理的含义

采取强制性的管理手段来约束和控制人的意愿和行为，使个人的活动、行为等符合安全生产管理的要求，从而实现安全生产管理的有效性。这就是强制原理的核心思想。所谓强制，意味着必须绝对服从，无需经过被管理者的同意即可直接采取控制措施。

（二）运用强制原理的原则

（1）安全第一原则：要求把安全工作放在一切工作的首要位置。当生产和其他工作与安全发生矛盾时，要以安全为主，生产和其他工作必须服从于安全的需求。

（2）监督原则：在安全工作中，为了使安全生产法律法规得到有效执行，必须在安全工作中明确各级安全生产监督职责，并对企业生产过程中的守法和执法情况进行严格监督。

4.1.4 安全心理及行为

一、影响人的行为的因素

（一）性格与安全

事故的发生与人的性格密切相关。无论操作人员的技术多么熟练，如果缺乏良好的性格特征，也往往容易发生事故，这构成了个人事故频发倾向的理论基础。

不利于安全管理的性格包括攻击型、孤僻型、冲动型、抑郁型、马虎型、轻率型、迟钝型和胆怯型等。针对这些特殊性格，需要采取特殊的管理措施，包括加强安全教育、加大检查督促力度，并为其安排事故风险较低的岗位。

（二）气质与安全

一般认为人群中具有4种典型的气质类型（图4.8），即：胆汁质、多血质、黏液质和抑郁质。

（1）胆汁质的特征：对任何事物发生兴趣，具有很高的兴奋性，但其抑制能力差，行为上表现出不均衡性，工作表现忽冷忽热，带有明显的周期性。

（2）多血质的特征：思维、言语、动作都具有很高的灵活性，情感既容易产生也容易发生变化，易适应当今世界变化多端的社会环境。

（3）黏液质的特征：突出的表现是安静、沉着、情绪稳定、平和，思维、言语、动作比较迟缓。

（4）抑郁质的特征：安静、不善于社交、喜怒无常、行为表现优柔寡断，一旦面临危险的情境，束手无策，感到十分恐惧。

特殊气质特殊对待，加强安全教育安排合理岗位，各种气质的人都应扬长避短。

（三）能力与安全

管理者应该重视员工能力的个体差异，首先要求能力与岗位职责相匹配，其次发现和挖掘员工潜能，通过培训再次提高员工能力，使得团队合作能力上互相弥补。

抑郁质　　多血质　　胆汁质　　黏液质

图4.8　气质的类型

（四）情绪与安全

对某种情绪一时难以控制的人，可临时改换工作岗位或停止其工作，不能使其将因情绪可能导致的不安全行为带到生产过程中去。

二、与行为安全密切相关的心理状态

省能心理：希望以最小的能量获得最大的效果；嫌麻烦、怕费劲、图方便、得过且过。

侥幸心理：认为事故是小概率事件。

逆反心理：明知山有虎，偏向虎山行。

凑兴心理：精力旺盛。

好奇心理：对安全生产内涵认识不足，将好奇心付诸行动。

骄傲、好胜心理：只要我跑得足够快，事故就追不上我。

群体心理：有人的地方就有江湖，有江湖的地方就有潜规则，有潜规则的地方就有带头大哥。

4.1.5　安全管理理念及安全文化

一、安全哲学观

安全观念源于人们的社会实践，以及对自然规律、社会环境和人文关系的感性认识和理性思考，它是对安全问题在人们头脑中的认知和反映。安全哲学的发展是随时间演进的，随着生产力的发展，安全哲学从远古的宿命论逐步发展演变至今日的本质安全理念和预防型安全策略（图4.9）。

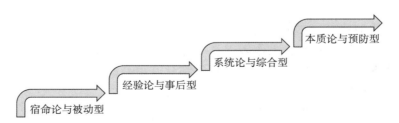

本质论与预防型

系统论与综合型

经验论与事后型

宿命论与被动型

图4.9　呈台阶式的安全哲学

（1）宿命论与被动型：面对事故，持听天由命态度，感到无能为力。

（2）经验论与事后型：基于经验，采取亡羊补牢、吃一堑长一智的态度；事后分析，如事后诸葛亮；坚持"四不放过"原则（事故原因未查清、责任人员未处理、整改措施未落实、有关人员未受教育）。

（3）系统论与综合型：强调全员、全面、全过程、全天候的"四全"安全管理；遵循计划、布置、检查、总结、评比的"五同时"原则；执行查思想认识、查规章制度、查落实管理、查设备和环境隐患的"四查"制度；注重定项目、定标准、定指标，科学定性与定量相结合。

（4）本质论与预防型：坚持安全措施与主体工程同时设计、施工、投产的"三同时"原则；践行不伤害他人、不伤害自己、不被他人伤害、保护他人不受伤害的"四不伤害"理念；推广整理、整顿、清扫、清洁、素养的"5S"活动，详见4.2.7一节。

二、安全风险管控观

（一）事故可预防论

应该建立起"事故可预防，人祸本可防"的观念。

（1）事故存在因果性。引起事故的原因是多方面的，只有找到事故发生的主要原因，才能对症下药，有效地进行防范。

（2）事故具有随机性中的必然性。事故的随机性体现在事故发生的时间、地点以及事故后果的严重性都是偶然的，但其中也蕴含着一定的必然性。

（3）事故具有潜伏性。在事故发生之前，系统中往往已经存在事故隐患，这些隐患具有潜在的危险性。

（4）事故具有可预防性。从理论和客观上讲，任何事故都是可以通过预防措施来避免的。

（二）系统的本质安全化

（1）人的本质安全化：人的不安全行为往往是事故发生中的决定性因素。

（2）物的本质安全化（设备、工艺等）：这主要体现在三个方面，一是确保生产设备的本质安全；二是实现工艺过程的本质安全；三是保障设备控制过程的本质安全。

（3）环境的本质安全化：对系统产生重要影响的环境因素主要包括热环境、照明条件、噪声水平、振动情况、粉尘浓度以及有毒物质的存在等。

（4）管理的本质安全化：管理的本质安全化是控制事故的关键措施，具有决定性和主导作用。

（三）风险预控

风险预控体系重点管理的内容包括：风险辨识与管理；不安全行为控制；生产系统控制；综合要素管理；预控保障机制。

三、安全文化

（一）安全文化的定义

安全文化的内容应主要包括三个方面：一是处于深层的安全观念文化；二是处于

中间层的安全制度文化；三是处于表层的安全行为文化和安全物质文化。

（二）安全文化的内涵

企业文化和企业安全文化目标是统一的，即"以人为本"。它们提倡对人的"爱"与"护"，并基于员工的安全文化素质，形成群体和企业的安全价值观及安全行为规范。这些价值观和规范体现在员工受到激励后展现的安全生产态度和敬业精神上。

（三）企业安全文化的主要功能

企业安全文化具有四大功能：导向功能、凝聚功能、激励功能，以及辐射和同化功能。

（1）导向功能。企业安全文化所倡导的价值观为企业的安全管理决策提供了被大多数职工所认同的价值取向。这些价值观能被内化为个人的价值观，将企业目标转化为个人行为目标，使个体与企业在目标、价值观、理想上达到高度一致。

（2）凝聚功能。当企业安全文化的价值观被职工内化为个人价值观和目标后，会产生一种强大的群体意识，将每个职工紧密地联系在一起，形成强大的凝聚力和向心力。

（3）激励功能。企业安全文化一方面用宏观的理想和目标激励职工奋发向上；另一方面，它为职工指明了成功的标准和标志，提供了具体的奋斗目标。同时，通过典型、仪式等行为方式，不断强化职工追求目标的行为。

（4）辐射和同化功能。企业安全文化一旦在群体中形成，便会对周围群体产生强大的影响，并迅速向周边辐射。此外，它还能保持企业的稳定、独特风格和活力，同化新加入的成员，使他们接受并继续传播这种文化，从而使企业安全文化的生命力得以持久。

4.2 安全管理基本内容

4.2.1 安全生产责任制

生产经营单位是安全生产的责任主体，必须建立健全安全生产责任制，将"管行业必须管安全、管业务必须管安全、管生产经营必须管安全"的原则在制度上加以固化。

一、建立安全生产责任制的要求

（1）安全生产责任制是生产经营单位岗位责任制的重要组成部分，是生产经营单位最基本的安全管理制度，也是其核心所在。

（2）建立完善的安全生产责任制应遵循以下总体要求：坚持"党政同责、一岗双责、齐抓共管、失职追责"的原则，确保责任横向到边、纵向到底，并由生产经营单位的主要负责人负责组织建立。

二、安全生产责任制的主要内容

安全生产责任制的内容主要涵盖以下两个方面：一是纵向层面，即在建立责任制时，应明确不同层级人员在安全生产中应承担的具体职责；二是横向层面，即应明确各职能部门（包括党、政、工、团等）在安全生产中的具体职责。如图4.10所示。

《中华人民共和国安全生产法》中明确规定了生产经营单位主要负责人、安全生产管理人员和班组长的职责，详见第3.2.1节。

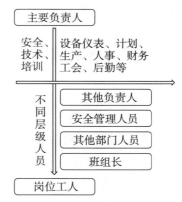

图4.10　安全生产责任制的横向与纵向

三、生产经营单位的安全生产主体责任

生产经营单位的安全生产主体责任主要包括：

（1）设备设施（或物资）保障责任（提供劳动防护用品等）；

（2）资金投入责任（提取和使用安全生产费用等）；

（3）机构设置和人员配备责任（安全管理机构，安全管理人员等）；

（4）规章制度制定责任；

（5）安全教育培训责任（组织、开展安全教育培训等）；

（6）安全生产管理责任（安全生产许可证，安全检查等）；

（7）事故报告和应急救援责任（报告，救援，善后等）；

（8）法律法规、规章规定的其他安全责任。

4.2.2　安全规章制度

一、安全生产规章制度建设的依据

安全生产规章制度以安全生产法律法规、国家和行业标准、地方政府的法规和标准为依据。安全生产规章制度建设的核心就是对危险、有害因素的辨识和控制。

二、安全生产规章建设的原则

（1）"安全第一、预防为主、综合治理"的原则。

（2）主要负责人负责的原则。

（3）系统性原则。

（4）规范化和标准化原则。

三、安全生产规章制度体系的建立

一般把安全生产规章制度分为四类，即：综合管理、人员管理、设备设施管理、环境管理，如图4.11所示。

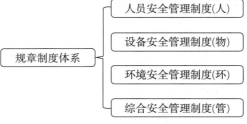

图4.11　安全生产规章制度体系

（一）综合安全管理制度（14项）

具体包括：（1）安全生产管理目标、指标和总体原则；（2）安全生产责任制；（3）安全管理定期例行工作制度；（4）承包与发包工程安全管理制度；（5）安全设施和费用管理制度；（6）重大危险源管理制度；（7）危险物品使用管理制度；（8）消防安全管理制度；（9）隐患排查和治理制度；（10）交通安全管理制度；（11）防灾减灾管理制度；（12）事故调查报告处理制度；（13）应急管理制度；（14）安全奖惩制度。

（二）人员安全管理制度（7项）

具体包括：（1）劳动防护用品发放使用和管理制度（劳）；（2）安全教育培训制度（教）；（3）特种作业及特殊作业管理制度（特）；（4）安全工器具的使用管理制度（工）；（5）岗位安全规范（岗）；（6）职业健康检查制度（健）；（7）现场作业安全管理制度（场）。**记忆口诀："劳教特工、岗健场"。**

（三）设备设施安全管理制度（5项）

具体包括：（1）"三同时"制度；（2）定期巡视检查制度；（3）定期维护检修制度；（4）定期检测、检验制度；（5）安全操作规程。**记忆口诀："三定安全"。**

（四）环境安全管理制度（3项）

具体包括：（1）安全标志管理制度；（2）作业环境管理制度；（3）职业卫生管理制度。**记忆口诀："环卫标志"。**

四、安全生产规章制度的管理

（一）起草

由负责安全生产管理部门或相关职能部门负责起草。

（二）会签

起草的规章制度，应通过正式渠道征得相关职能部门或员工的意见和建议，以利于规章制度颁布后的贯彻落实。当意见不能取得一致时，应由分管领导组织讨论，统一认识，达成一致。

（三）审核

由生产经营单位负责法律事务的部门进行合规性审查；专业技术性较强的规章制度应邀请相关专家进行审核；安全奖惩等涉及全员性的制度，应经过职工代表大会或职工代表进行审核。

（四）签发

技术规程、安全操作规程等技术性较强的安全生产规章制度，一般由生产经营单位主管生产的领导或总工程师签发。涉及全局性的综合管理制度应由生产经营单位的主要负责人签发。

（五）发布

应采用固定的方式进行发布，如红头文件形式、内部办公网络。发布的范围应涵盖执行的部门、人员。有些特殊的制度还应正式送达相关人员，并由接收人员签字。

（六）培训

新颁布的安全生产规章制度、修订的安全生产规章制度，应组织进行培训，安全操作规程类规章制度还应组织相关人员进行考试。

（七）反馈

应定期检查安全生产规章制度执行中存在的问题，并建立信息反馈渠道，及时掌握安全生产规章制度的执行效果。

（八）持续改进

生产经营单位应每年制订规章制度的制定、修订计划，并应公布现行有效的安全生产规章制度清单。对安全操作规程类规章制度，除每年进行审查和修订外，每3～5年应进行一次全面修订，并重新发布，确保规章制度的建设和管理有序进行。

4.2.3 安全操作规程

员工操作机器设备、调整仪器仪表和其他作业过程中，必须遵守的程序和注意事项。生产经营单位根据生产性质、技术设备的特点和技术要求，结合实际给各工种员工制定安全操作守则。

一、编制安全操作规程的依据

（1）现行国家、行业安全技术标准和规范、安全规程等。

（2）设备的使用说明书，工作原理资料，以及设计、制造资料。

（3）曾经出现过的危险、事故案例及与本项操作有关的其他不安全因素。

（4）作业环境条件、工作制度、安全生产责任制等。

二、安全操作规程的内容

（1）操作前的准备。包括：操作前做哪些检查，机器设备和环境应当处于什么状态，应做哪些调整，准备哪些工具等。

（2）劳动防护用品的穿戴要求。应该和禁止穿戴的防护用品种类，以及如何穿戴等。

（3）操作的先后顺序、方式。

（4）操作过程中机器设备的状态，如手柄、开关所处的位置等。

（5）操作过程需要进行哪些测试和调整，如何进行。

（6）操作人员所处的位置和操作时的规范姿势。

（7）操作过程中有哪些必须禁止的行为。

（8）一些特殊要求。

（9）异常情况如何处理。

（10）其他要求。

三、安全操作规程的撰写

安全操作规程的格式一般可分为全式和简式。全式一般由总则或适用范围、引用标准、名词说明、操作安全要求构成，通常用于范围较广的规程，如行业性的规程。简式的内容一般由操作安全要求构成，针对性强，企业内部制定安全操作规程通常采用简式，规程的文字应简明。采用流程图表化的规程，可一目了然，便于应用。

四、注意事项

（1）要考虑并罗列所有危险和有害因素，有针对性地禁止操作工人去接触这些危险和有害因素部位，防止产生不良后果。

（2）要考虑因各岗位员工的不安全行为而导致的不安全问题。

（3）要考虑提醒员工注意安全，防止意外事故发生。

（4）要考虑因设备出现故障停车后，操作工要弄清通知对象。

（5）要考虑作业中每个工作细节可能出现的不安全问题。

4.2.4 安全生产培训

《中华人民共和国安全生产法》第二十七条生产经营单位的主要负责人和安全生产管理人员必须具备与本单位所从事的生产经营活动相应的安全生产知识和管理能力。危险物品的生产、经营、储存、装卸单位以及矿山、金属冶炼、建筑施工、运输单位（危道建金矿）的主要负责人和安全生产管理人员，应当由主管的负有安全生产监督管理职责的部门对其安全生产知识和管理能力考核合格。

煤矿、非煤矿山、危险化学品、烟花爆竹、金属冶炼（危金矿）等生产经营单位管理考试中涉及培训相关的考点以《生产经营单位安全培训规定》为主。

一、主要负责人和安全生产管理人员初次培训内容

（一）主要负责人

（1）国家安全生产方针、政策和有关安全生产的法律法规、规章及标准。

（2）安全生产管理基本知识、安全生产技术、安全生产专业知识。

（3）重大危险源管理、重大事故防范、应急管理和救援组织以及事故调查处理的有关规定。

（4）职业危害及其预防措施。

（5）国内外先进的安全生产管理经验。

（6）典型事故和应急救援案例分析。

（7）其他需要培训的内容。

（二）安全生产管理人员

（1）国家安全生产方针、政策和有关安全生产的法律法规、规章及标准。

（2）安全生产管理、安全生产技术、职业卫生等知识。

（3）伤亡事故统计、报告及职业危害的调查处理方法。

（4）应急管理、应急预案编制以及应急处置的内容和要求。

（5）国内外先进的安全生产管理经验。

（6）典型事故和应急救援案例分析。

（7）其他需要培训的内容。

主要负责人和安全生产管理人员每年再培训的主要内容：新知识、新技术和新颁布的政策、法规，有关安全生产的法律法规、规章、规程、标准和政策，安全生产的新技术、新知识，安全生产管理经验，典型事故案例。

二、对特种作业人员的培训

特种作业范围详见第3.2.1节。

特种作业培训要求：

（1）作业人员必须持证上岗。

（2）离岗6个月以上重新进行实际操作考核。

（3）特种作业操作证有效期为6年，每3年复审1次。特种作业人员在特种作业操作证有效期内，连续从事本工种10年以上，严格遵守有关安全生产法律法规的，经原考核发证机关或者从业所在地考核发证机关同意，特种作业操作证的复审时间可以延长至每6年1次。复审前需参加为期8小时的理论培训。

（4）特种作业操作证由国家统一印制，并由地、市级以上行政主管部门签发，全国范围内有效。

（5）可在户籍所在地或者从业所在地参加培训并考核合格。

三、其他从业人员的教育培训

其他从业人员指除主要负责人、安全生产管理人员以外，从事安全经营活动的所有人员。

（1）从业人员在上岗前必须经过厂、车间、班组的三级安全培训教育。

（2）调整工作岗位或离岗后重新上岗安全教育培训规定：从业人员在本生产经营单位内调整工作岗位或离岗后一年以上重新上岗时，应当重新接受车间和班组的安全培训。

（3）生产经营单位实施新工艺、新技术或使用新设备、新材料时，应当重新进行有针对性的安全培训。

四、培训时间

培训时间的要求详见表4.2。

表4.2　安全生产培训内容与培训时间（简化表）

培训对象	企业类别	培训内容	初次培训	再培训（每年）
主要负责人和安全生产管理人员	高危企业	任职资格培训	不少于48学时	不少于16学时
	非高危企业		不少于32学时	不少于12学时
其他从业人员	高危企业	三级安全教育	不少于72学时	不少于20学时
	非高危企业		不少于24学时	
转岗、复岗员工	所有企业	转岗、复岗培训	原则上车间级组织	
岗位日常	三级安全教育	新工艺、新技术、新设备		

4.2.5　安全设施管理

一、安全设施

生产经营活动中，用于预防、控制、减少与消除事故影响的设备、设施、装备及其他技术措施，统称为安全设施。安全设施主要分为三类：预防事故设施、控制事故设施和减少与消除事故影响设施，详见表4.3。它们各自在事故发生的不同节点上发挥作用，与对应的事故设施关系如图4.12所示。

表4.3　安全设施的分类

预防事故设施	控制事故设施	减少与消除事故影响设施
检测、报警设施	泄压和止逆设施	防止火灾蔓延设施
设备安全防护设施	紧急处理设施	灭火设施
防爆设施		紧急个体处置设施
作业场所防护设施		应急救援设施
安全警示标志		逃生避难设施
		劳动防护用品和装备

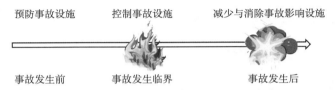

图4.12　事故发生的节点及对应的事故设施

（一）预防事故设施

预防事故设施主要有：检测、报警设施；设备安全防护设施；防爆设施；作业场所防护设施；安全警示标志。

（1）检测、报警设施：包括压力、温度、液位、流量、组分等报警设施，可燃气体、有毒有害气体、氧气等检测和报警设施，用于安全检查和安全数据分析等检验检测设备、仪器，如图4.13所示。

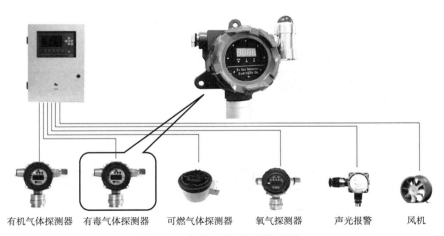

有机气体探测器　　有毒气体探测器　　可燃气体探测器　　氧气探测器　　声光报警　　风机

图4.13　气体检测及报警系统

（2）设备安全防护设施：包括防护罩、防护屏、负荷限制器、行程限制器、制动、限速、防雷、防潮、防晒、防冻、防腐、防渗漏等设施，传动设备安全锁闭设施，电器过载保护设施，静电接地设施，如图4.14所示。

图 4.14　机械防护罩和静电接地装置

（3）防爆设施：包括各种电气、仪表的防爆设施，抑制助燃物品混入（如氮封）、易燃易爆气体和粉尘形成等设施，阻隔防爆器材，防爆工器具，如图4.15所示。

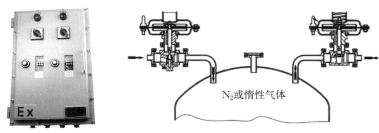

图 4.15　防爆电箱和氮封系统

（4）作业场所防护设施：防辐射、防静电、防噪声、通风（除尘、排毒）、防护栏（网）、防滑、防灼烫等设施。

（5）安全警示标志：包括各种指示、警示作业安全等警示标志，详见第2.5.2节。

（二）控制事故设施

（1）泄压和止逆设施：泄压的阀门、爆破片、放空管，止逆的阀门，真空系统的密封设施，如图4.16所示。

图 4.16　爆破片与安全阀

（2）紧急处理设施：紧急备用电源，紧急切断、分流、排放（火炬）、吸收、中和、冷却等设施，通入或者加入惰性气体、反应抑制剂等设施，紧急停车、仪表连锁（连锁停机）等设施，如图4.17所示。

（三）减少与消除事故影响设施

（1）防止火灾蔓延：阻火器、安全水封、回火防止器、防油（火）堤，防爆墙、防爆门等隔爆设施，防火墙、防火门、蒸汽幕、水幕等设施，防火材料涂层，如图4.18所示。

（2）灭火设施：水喷淋、惰性气体释放、蒸汽喷射、泡沫覆盖等灭火系统；消火

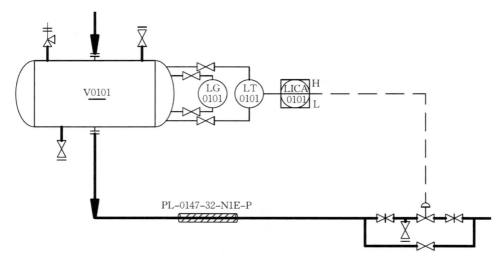

图 4.17　液位与流量的仪表连锁系统

图 4.18　阻火器内部结构、防火门和防油(火)堤

栓、高压水枪（炮）、消防车等灭火设备，以及配套的消防水管网和消防站。

（3）紧急个体处置设施：洗眼器、喷淋器、逃生器、逃生索、应急照明。

（4）应急救援设施：包括堵漏器材、工程抢险装备和现场受伤人员医疗抢救装备。

（5）逃生避难设施：包括逃生和避难的安全通道（梯）、安全避难所（带空气呼吸系统）、避难信号设施等。

（6）劳动防护用品和装备。

二、安全设施管理总体要求

（一）安全设施选用

生产经营单位应确保所配备的安全设施符合国家相关规定和标准。具体要求如下：

（1）易燃易爆、有毒区域：必须设置固定式可燃气体和有毒气体的检测报警装置。这些装置的报警信号应能够可靠地发送至工艺装置、储运设施等的控制室或操作室，以便及时采取应对措施。

（2）可燃液体罐区：应设置防火堤，以确保在液体泄漏或火灾时能够有效阻止火势蔓延。同时，在酸、碱罐区应设置围堤，并进行必要的防腐处理，以保护环境和设备安全。

（3）输送易燃物料的设备和管道：必须安装防静电设施，以防止静电火花引发火灾或爆炸事故。

（4）工艺装置上可能引起火灾、爆炸的部位：应设置超温、超压等检测仪表，以及声光报警和安全联锁装置。这些设施能够实时监测工艺参数，一旦发现异常情况，立即发出警报并启动安全连锁机制，确保生产安全。

（5）生产经营单位还应配备完善的防火、防雷、防触电设施，以及个体防护装备。这些设施能够有效降低火灾、雷击和触电等事故的风险，保护作业人员的生命安全。

（6）所有安全设施的功能、结构、性能和质量都必须满足安全生产的要求。生产经营单位应定期对安全设施进行检查、维护和保养，确保其处于良好状态。

（7）生产经营单位在选用安全设施时，必须严格遵守国家相关规定，不得选用国家明令淘汰、未经鉴定或带有试用性质的安全设施。这些设施可能存在安全隐患，无法有效保障生产安全。

（二）安全设施设计

（1）建设项目安全设施必须与主体工程同时设计、同时施工、同时投入生产和使用，确保安全设施与主体工程同步运行，有效发挥安全保障作用。

（2）对于涉及危险化工工艺和重点监管化工生产装置的项目，应根据其风险状况设置安全连锁或紧急停车系统。这些系统应能够自动监测工艺参数，一旦发现异常情况，立即启动连锁机制或紧急停车，防止事故发生。

（三）检修、更新、报废

（1）安全设施应按照其用途及配备数量，被放置在规定的使用位置，并明确管理人员和维护责任。严禁将安全设施挪作他用或擅自拆除、停用（包括临时停用）。确保安全设施始终处于可用状态，为安全生产提供有力保障。

（2）应定期对安全设施进行检查，并配合进行校验及维护工作，确保其完好有效。同时，应经常组织对操作员工进行正确使用安全设施的技术培训，定期开展岗位练兵和应急演练活动，不断提高员工使用安全设施的技能和应对突发事件的能力。

（3）安全设施应被编入设备检维修计划，并按照计划进行定期检维修。在检维修过程中，不得随意拆除、挪用或弃置安全设施。若因检维修需要拆除安全设施，应在检维修完毕后立即将其复原，确保安全设施的恢复使用。

（4）在防爆场所选用的安全设施，必须取得国家指定防爆检验机构发放的防爆许可证，并满足安装、使用场所的防爆等级要求。这是确保防爆场所安全设施有效运行、防止爆炸事故发生的重要措施。

（5）安全设施的校验单位和人员应具备国家和行业规定的相应资质。校验过程中应使用合格的校验仪器、采用正确的校验方法，并按照规定的校验周期进行校验。确保安全设施的校验工作符合标准、规范要求，为安全生产提供可靠保障。

4.2.6 特种设备管理

一、特种设备的定义与分类

特种设备是指对人身和财产安全有较大危险性的锅炉、压力容器（含气瓶）、压力管道、电梯、起重机械、客运索道、大型游乐设施、场（厂）内专用机动车辆，以及法律、行政法规规定适用《中华人民共和国特种设备安全法》的其他特种设备。特种设备包括其所用的材料、附属的安全附件、安全保护装置和与安全保护装置相关的设施。

（一）承压类特种设备

承压类特种设备是指承载一定压力的密闭设备或管状设备，主要包括锅炉、压力容器（含气瓶）、压力管道。

图4.19　锅炉、压力管道和压力罐车

（二）机电类特种设备

机电类特种设备是指必须由电力牵引或者驱动的设备，包括电梯、起重机械、客运索道、大型游乐设施和场（厂）内专用机动车辆。

图4.20　起重机械、客运索道、大型游乐设施、厂内叉车

二、特种设备的安全管理

（一）特种设备的使用

1.使用合格产品

国家按照分类监督管理的原则对特种设备生产实行许可制度。特种设备使用单位应当使用取得许可生产并经检验合格的特种设备。禁止使用国家明令淘汰和已经报废的特种设备。

2.使用登记

特种设备使用单位应当在特种设备投入使用前或者投入使用后30日内，向负责特种设备安全监督管理的部门办理使用登记，取得使用登记证书。登记标志应当置于该特种设备的显著位置。

（二）管理机构和人员配备要求

电梯、客运索道、大型游乐设施

特 种 设 备 使 用 标 志	
设 备 种 类：＿＿＿＿＿	设备类别(品种)：＿＿＿
使 用 单 位：＿＿＿＿＿＿＿＿＿＿	
单 位 内 编 号：＿＿＿＿	设 备 代 码：＿＿＿
登 记 机 关：＿＿＿＿＿＿＿＿＿＿	
检 验 机 构：＿＿＿＿＿＿＿＿＿＿	
登 记 证 编 号：＿＿＿＿	下次检验日期：＿＿＿
使用单位应当严格遵守《中华人民共和国特种设备安全法》建立安全管理制度、制定操作规程，在检验有效期内安全使用特种设备。	

图4.21　特种设备使用登记证书

等为公众提供服务的特种设备的运营使用单位，应当对特种设备的使用安全负责，设置特种设备安全管理机构或者配备专职的特种设备安全管理人员；其他特种设备使用单位，应当根据情况设置特种设备安全管理机构或者配备专职、兼职的特种设备安全管理人员。

特种设备安全管理人员应当对特种设备使用状况进行经常性检查，发现问题应当立即处理；情况紧急时，可以决定停止使用特种设备并及时报告本单位有关负责人。

（三）安全管理制度和操作规程

特种设备使用单位应当建立岗位责任、隐患治理、应急救援等安全管理制度，制定操作规程，保证特种设备安全运行。

（四）作业人员持证上岗

特种设备的作业人员及其相关管理人员统称特种设备作业人员。特种设备作业人员作业种类与项目目录由原国家质量监督检验检疫总局（国家市场监督管理总局）统一发布。从事特种设备作业的人员应当按照规定，经考核合格取得特种设备作业人员证，方可从事相应的作业或管理工作。注意区别特种作业人员（见3.2.1节）。

（五）安全技术档案

（1）特种设备的设计文件、产品质量合格证明、安装及使用维护保养说明、监督检验证明等相关技术资料和文件。

（2）特种设备的定期检验和定期自行检查记录。

（3）特种设备的日常使用状况记录。

（4）特种设备及其附属仪器仪表的维护保养记录。

（5）特种设备的运行故障和事故记录。

（六）维护保养和定期检验

特种设备使用单位应当对其使用的特种设备进行经常性维护保养和定期自行检查，并作出记录。特种设备使用单位应当对其使用的特种设备的安全附件、安全保护装置进行定期校验、检修，并作出记录。

（1）定期检验：特种设备使用单位应当按照安全技术规范的要求，在检验合格有效期届满前一个月向特种设备检验机构提出定期检验要求。特种设备检验机构接到定期检验要求后，应当按照安全技术规范的要求及时进行安全性能检验。特种设备使用单位应当将定期检验标志置于该特种设备的显著位置。未经定期检验或者检验不合格的特种设备，不得继续使用。

（2）电梯的维护保养应当由电梯制造单位或者依照《中华人民共和国特种设备安全法》取得许可的安装、改造、修理单位进行。电梯的维护保养单位应当在维护保养中严格执行安全技术规范的要求，保证其维护保养的电梯的安全性能，并负责落实现场安全防护措施，保证施工安全。电梯的维护保养单位应当对其维护保养的电梯的安全性能负责；接到故障通知后，应当立即赶赴现场，并采取必要的应急救援措施。

（七）变更登记

特种设备进行改造、修理，按照规定需要变更使用登记的，应当办理变更登记，方可继续使用。特种设备在使用过程中，如进行改造，其性能参数、技术指标等发生变化，进行改造的单位也可能不是原设备制造单位，导致其在使用登记中的信息发生变化，所以使用单位应及时提供相关材料，到原使用登记的负责特种设备安全监督管理的部门办理变更登记手续。

（八）应急管理

（1）国务院负责特种设备安全监督管理的部门应当依法组织制定特种设备重特大事故应急预案，报国务院批准后纳入国家突发事件应急预案体系。县级以上地方各级人民政府及其负责特种设备安全监督管理的部门应当依法组织制定本行政区域内特种设备事故应急预案，建立或者纳入相应的应急处置与救援体系。

特种设备使用单位应当制定特种设备事故应急专项预案，并定期进行应急演练。

（2）特种设备发生事故后，事故发生单位应当按照应急预案采取措施，组织抢救，防止事故扩大，减少人员伤亡和财产损失，保护事故现场和有关证据，并及时向事故发生地县级以上人民政府负责特种设备安全监督管理的部门和有关部门报告。县级以上人民政府负责特种设备安全监督管理的部门接到事故报告，应当尽快核实情况，立即向本级人民政府报告，并按照规定逐级上报。必要时，负责特种设备安全监督管理的部门可以越级上报事故情况。对特别重大事故、重大事故，国务院负责特种设备安全监督管理的部门应当立即报告国务院并通报国务院安全生产监督管理部门等有关部门。

与事故相关的单位和人员不得迟报、谎报或者瞒报事故情况，不得隐匿、毁灭有关证据或者故意破坏事故现场。

（3）事故发生地人民政府接到事故报告，应当依法启动应急预案，采取应急处置措施，组织应急救援。

特种设备发生特别重大事故，由国务院或者国务院授权有关部门组织事故调查组进行调查。

发生重大事故，由国务院负责特种设备安全监督管理的部门会同有关部门组织事故调查组进行调查。

发生较大事故，由省、自治区、直辖市人民政府负责特种设备安全监督管理的部门会同有关部门组织事故调查组进行调查。

发生一般事故，由设区的市级人民政府负责特种设备安全监督管理的部门会同有关部门组织事故调查组进行调查。事故调查组应当依法、独立、公正开展调查，提出事故调查报告。

（4）组织事故调查的部门应当将事故调查报告报本级人民政府，并报上一级人民政府负责特种设备安全监督管理的部门备案。有关部门和单位应当依照法律、行政法规的规定，追究事故责任单位和人员的责任。事故责任单位应当依法落实整改措施，预防同类事故发生。事故造成损害的，事故责任单位应当依法承担赔偿责任。

（九）报废

报废的原因主要有两种：一是使用年限过长导致设备老化或设备遭受严重损坏，致使其功能完全丧失；二是设备本身存在不合格问题。

当特种设备存在严重事故隐患，无法通过改造或修理恢复其安全性能，或者已经达到安全技术规范所规定的其他报废条件时，特种设备的使用单位必须依法履行报废义务。这包括采取必要措施彻底消除该特种设备的使用功能，并及时向原负责特种设备安全监督管理的登记部门办理使用登记证书的注销手续。对于已经达到设计使用年限但尚未达到报废条件，且使用单位希望继续使用的特种设备，使用单位可以按照安全技术规范的具体要求，在严格保障安全使用的前提下，履行相应的程序后继续使用。

（1）设备需要进行修理、改造的，由具有相应资格的修理、改造单位实施修理、改造后，按照规定经特种设备检验机构监督检验合格。

（2）设备不需要进行修理、改造的，由使用单位申请安全评估，再经过具有相应许可资格的制造单位或其他专业技术机构安全评估，作出可以继续使用的结论。

对于达到设计使用年限的特种设备，原制造企业将不再承担其相应的安全责任。此时，对这类设备进行修理、改造或安全评估的机构将承担起相应的安全责任。而对于那些被允许继续使用的特种设备，使用单位必须进一步加强安全管理措施。这包括增加维护保养的频次和项目，缩短检验和检测的周期，以及增加检验和检测的项目等，以确保特种设备在使用过程中始终保持安全状态。

4.2.7 作业现场管理

一、作业现场环境管理概述

作业现场环境是指劳动者从事生产劳动的场所内各种构成要素的综合体现，它涵盖了设备、工具、物料的布局与放置方式；物流通道的流向设计；作业人员的操作空间范围界定；事故疏散通道、出口以及泄险区域的设置；安全标志的配备；以及职业卫生状况，包括噪声、温度、放射性物质控制和空气质量等多个要素。

作业现场环境管理是指运用科学的标准和方法，对现场存在的各种环境因素进行全面而有效的规划、组织、协调、控制和监测。通过这一系列管理措施，使各环境因素之间达到良好的结合状态，从而确保生产过程实现优质、高效、低耗、均衡、安全且文明的目标。

二、作业现场环境的危险和有害因素分类

（一）室内作业场所环境不良

室内作业中可能遇到的作业环境不良因素包括：室内地面湿滑、作业场所狭窄拥挤、作业场所杂乱无章、地面不平整、梯架存在缺陷、地面/墙面/天花板上的开口设计或维护不当、房屋地基下沉不稳、安全通道设置不合理或存在缺陷、安全出口不符合要求、采光与照明条件不佳、作业场所空气质量差、室内温度/湿度/气压不适宜、室内给排水系统不畅或存在故障、室内出现涌水现象，以及其他任何可能影响室内作业环境的负面因素。

（二）室外作业场所环境不良

室外作业中可能遭遇的作业环境不良因素包括：恶劣的气候条件与环境状况、作业场地及交通设施因湿滑而存在安全隐患、作业场地狭窄导致操作受限、场地杂乱无序影响作业效率、地面不平整增加跌倒风险、航道狭窄或存在暗礁、险滩等自然障碍、脚手架、阶梯及活动梯架等设施存在结构或功能缺陷、地面开口（如井盖缺失、孔洞未封闭）造成安全隐患、建筑物及其他结构物存在稳定性或安全性问题、门和围栏等防护措施不完善或失效、作业场地基础下沉导致地面不稳、安全通道设置不合理或存在阻塞等缺陷、安全出口标识不明或逃生路径不畅、作业场地光照不足影响视线、空气质量不佳

对作业人员健康构成威胁、温度、湿度、气压等环境因素不适宜作业需求、作业场地出现涌水现象影响作业安全，以及其他任何可能影响室外作业环境的负面因素。

（三）地下（含水下）作业环境不良

地下（含水下）作业中可能遇到的环境不良因素主要包括：隧道或矿井的顶面存在结构缺陷或安全隐患、正面或侧壁出现破损、裂缝等缺陷、地面（或水底）不平整或存在塌陷等风险、地下作业区域空气质量不佳（如氧气不足、有毒气体积聚等）、地下火灾等突发事件、冲击地压等地质灾害、地下水渗漏或涌水现象、水下作业时供氧系统不当或故障，以及其他任何可能影响地下（含水下）作业环境的负面因素。

（四）其他作业环境不良

其他作业环境不良包括强迫体位，以及综合性作业环境不良等。

三、作业现场环境安全管理要求

（一）安全标志

依据《安全标志及其使用导则》的规范，国际上明确规定了四类用于传递安全信息的安全标志。它们分别是禁止标志（红色）、警告标志（黄色）、指令标志（蓝色）以及提示标志（绿色）。详见 2.5.2 节。

（二）光照条件

劳动者在作业过程中所需的光源主要分为两种：天然光（即阳光）与人工光（如照明设备）。其中，采光指的是利用天然光进行照明；而照明则是指利用电灯泡等人工光源来补充天然光的不足。在大多数情况下，天然光被视为更理想的光源，而实际作业中往往采用采光与照明相结合的方式或交替使用。

（三）噪声

工业生产作业环境中常见的噪声类型主要有三种：空气动力性噪声、机械性噪声以及电磁性噪声。工作场所的噪声限值被设定为 85 分贝（dB）。控制噪声的方法主要包括：从源头进行控制、在传播途径中进行控制以及为作业人员提供个体防护。

（四）温度

高温作业是指作业地点的平均 WBGT 指数（湿球黑球温度指数，用于综合评价人体接触作业环境的热负荷）达到或超过 25 ℃的情况；而低温作业则是指工作地点平均气温低于或等于 5 ℃的环境。WBGT 指数的单位为摄氏度（℃）。

（五）湿度

高湿度作业场所通常包括纺织业的煮茧环节、腌制业、家禽屠宰与分割作业，以及稻田中的拔秧和插秧等作业环境。

（六）空气质量

为改善作业环境的空气质量，可以采取以下控制措施：从源头上控制污染物的产生、加强作业环境的通风换气、为作业人员提供必要的个体防护装备。

四、作业现场安全管理方法

（一）"5S"安全管理法

"5S"即整理（SEIRI）、整顿（SEITON）、清扫（SEISO）、清洁（SEIKETSU）、

素养（SHITSUKE），也被人们称为"五常法"，起源于日本。

整理（SEIRI）：指的是将工作场所内的物品进行区分，明确哪些是有用的，哪些是无用的，并将无用的物品进行清理，使工作场所呈现出井然有序的状态。

整顿（SEITON）：在整理的基础上，进一步明确所需物品的摆放区域和方式，实现物品的定置定位，确保物品能够迅速被找到并使用。

清扫（SEISO）：进行大扫除，彻底清除工作场所内的垃圾和污垢，创造一个干净、整洁的工作环境。

清洁（SEIKETSU）：维持整理、整顿和清扫后的成果，通过制度化、管理公开化和透明化的方式，确保这些成果能够长期保持。

素养（SHITSUKE）：这是"5S"活动的核心，旨在提高员工的素质，培养他们严格执行规章制度、工作程序和作业标准的良好习惯和作风，从而推动"5S"活动的持续开展和深入实施。

（二）作业现场的"PDCA"操作程序

"PDCA"是管理学中用于提高效率和能效的一个重要方法，也被称为戴明环。它是由英语单词Plan（计划）、Do（执行）、Check（检查）和Action（处理）的首字母组合而成。所谓"PDCA"循环，就是按照"计划—执行—检查—处理"这一顺序不断循环进行，通过自我检查和完善来提升质量安全管理效能的方法，具体流程如图4.22所示。

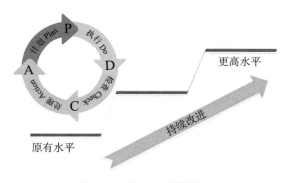

图4.22 "PDCA"戴明环

（三）作业现场目视化管理

通过采用安全色、标签、标牌等直观方式，可以明确展示人员的资质与身份、工器具和设备设施的使用状态，以及生产作业区域的危险状态，这种现场安全管理方法具有视觉化、透明化和界限分明的特点。作业现场的目视化管理具体包括以下几个方面：

（1）人员目视化管理：利用统一的服装、不同颜色的安全帽、袖标、胸牌等，清晰标识人员的身份和资质。

（2）工器具目视化管理：通过制定工具清单、按型号有序摆放，以及为工具贴上使用状态标签等方式，实现工器具的目视化管理。

（3）设备设施目视化管理：设置设备管理卡，明确标注设备在用、备用、在修、待修、停用等状态标志，同时展示设备铭牌，对重要设备实施挂牌上锁等安全措施。

（4）生产作业区域目视化管理：在生产作业区域设置醒目的安全标志、标线，以及鼓励或警示性的标语，以提醒作业人员注意安全，遵守规定。

4.2.8 个体防护装备管理

一、劳动防护用品分类

劳动防护用品由生产经营单位为从业人员配备的，使其在劳动过程中免遭或者减轻事故伤害及职业危害的个人防护装备。

按劳动防护用品防护部位分类：

（1）头部防护用品：防护帽、安全帽、工作帽等。

（2）呼吸器官：防尘口罩（面具）、防毒口罩（面具）、空气呼吸器等。

（3）眼面部：护目镜防护面罩、防冲击护目镜等。

（4）听觉器官：耳塞、耳罩等。

（5）手部：一般工作手套、防震手套、防放射性手套等。

（6）足部：防静电鞋、防寒鞋、隔热鞋等。

（7）躯干：化学品防护服、防酸服等。

（8）防坠落：安全带、安全网等。

（9）劳动护肤用品：防油型护肤剂、防水型护肤剂等。

二、按劳动防护用品用途分类

防止伤亡事故的用途可分为：防坠落用品、防冲击用品、防触电用品、防机械外伤用品、防酸碱用品、耐油用品、防水用品、防寒用品等。按预防职业病的用途可分为：防尘用品、防毒用品、防噪声用品、防振动用品、防辐射用品、防高低温用品等。

三、劳动防护用品的配置

（一）劳动防护用品管理要求

（1）用人单位应当健全管理制度，加强劳动防护用品配备、发放、使用等管理工作。

（2）生产经营单位应当安排专项经费用于配备劳动防护用品，不得以货币或者其他物品替代。该项经费计入生产成本，据实收支。

（3）用人单位应当为劳动者提供符合国家标准或者行业标准的劳动防护用品。使用进口的劳动防护用品，其防护性能不得低于我国相关标准。

（4）劳动者在作业过程中，应当按照规章制度和劳动防护用品使用规则，正确佩戴和使用劳动防护用品。

（5）用人单位使用的劳务派遣工、接纳的实习学生应当纳入本单位人员统一管理，并配备相应的劳动防护用品。对处于作业地点的其他外来人员，必须按照与进行作业的劳动者相同的标准，正确佩戴和使用劳动防护用品。

（二）劳动防护用品选用要求

（1）应选择具有适当防护功能和效果的劳动防护用品。（确保合格）

（2）在同一工作地点存在多种危险、有害因素时，应为劳动者同时提供能防御各类危害的劳动防护用品，并考虑这些用品之间的可兼容性。若劳动者在不同地点工作并接触不同危险、有害因素或不同危害程度的有害因素，所选配的劳动防护用品应满足各工作地点的具体防护需求。（确保合适）

（3）应考虑个体佩戴的合适性和舒适性，根据个人特点和需求进行选配。（确保合身）

（4）用人单位应在可能发生急性职业损伤的有毒、有害工作场所配备应急劳动防护用品，放置于现场易取位置并设有醒目标识。同时，应为巡检等流动性作业的劳动者配备可随身携带的个人应急防护用品。

（三）劳动防护用品采购、发放、培训及使用

（1）用人单位应购买符合相关标准的合格劳动防护用品。

（2）用人单位应查验并保存劳动防护用品的检验报告等质量证明文件的原件或复印件。

（3）用人单位应确保已采购的劳动防护用品存储条件适宜，并在有效期内使用。

（4）用人单位应按照本单位制定的配备标准发放劳动防护用品，并做好相关登记工作。

（5）用人单位应对劳动者进行劳动防护用品使用、维护等专业知识的培训。

（6）用人单位应督促劳动者在使用劳动防护用品前进行检查，确保外观完好、部件齐全、功能正常。

（7）用人单位应定期对劳动防护用品的使用情况进行检查，确保劳动者正确佩戴和使用。

（四）劳动防护用品维护、更换及报废

（1）劳动防护用品应按要求妥善保存，并及时进行更换。公用的劳动防护用品应由车间或班组统一保管，并定期进行维护。

（2）用人单位应对应急劳动防护用品进行经常性维护、检修，并定期检测其性能和效果，确保其完好有效。

（3）用人单位应按照劳动防护用品的发放周期定期发放，对于工作过程中损坏的用品，应及时进行更换。

（4）对于安全帽、呼吸器、绝缘手套等安全性能要求高、易损耗的劳动防护用品，应按照其有效防护功能的最低指标和有效使用期进行定期更换，到期应强制报废。

4.2.9　安全检查与隐患排查治理

一、安全生产检查

安全生产检查是生产经营单位安全生产管理的重要组成部分，其工作重点在于辨

识安全生产管理中存在的漏洞和死角。具体来说，应检查生产现场的安全防火设施是否完备，作业环境是否存在不安全状态，现场作业人员的行为是否符合安全操作规范，以及设备、系统的运行状况是否满足现场规程的要求等。

（一）安全生产检查的类型

安全检查的类型详见表4.4。

表4.4　安全检查的类型

检查类型	具体内容及特点
定期	由经营单位统一组织实施,月度、季度、年度检查等。组织规模大、范围广、有深度、能及时发现并解决问题
经常性	由生产经营单位的安全生产管理部门、车间、班组或岗位组织的日常检查。包括交接班检查、班中检查、特殊检查等
季节性节假日前后	由生产经营单位统一组织,如冬季防冻保温、防火、防煤气中毒,夏季防暑降温、防汛、防雷电等检查。节假日前后进行有针对性的检查
专业(项)	对某个专业(项)问题或在施工(生产)中存在的普遍性安全问题进行单行定性或定量检查。如危险性较大的在用设备设施,作业场所环境条件的管理性或监督性定量检测检验
综合性	一般由上级主管部门组织对生产经营单位进行安全检查。检查内容全面、范围广,可对被检查单位全面了解
职工代表不定期巡查	工会应定期或不定期组织职工代表进行安全生产检查。重点检查安全生产方针、法规的贯彻执行

（二）安全生产检查的内容

安全生产检查的内容包括软件系统和硬件系统。软件系统：查思想、查意识、查制度、查管理、查事故处理、查隐患、查整改；硬件系统：查生产设备、查辅助设施、查安全设施、查作业环境。

非矿山企业的强制性检查项目：特种设备：锅炉、压力容器、压力管道、高压医用氧舱、起重机、电梯、自动扶梯、施工升降机、简易升降机；防爆电器；职业卫生：作业场所的粉尘、噪声、振动、辐射、温度和有毒物质的浓度。**总结："特种设备+防爆电器+职业卫生"。**

矿山企业的强制性检查项目：矿井风量、风质、风速,井下温度、湿度、噪声；瓦斯、粉尘,矿山放射性物质及其他有毒有害物质；露天矿山边坡,尾矿坝；提升、运输、装载、通风、排水、瓦斯抽放、压缩空气和起重设备；各种防爆电器、电器安全保护装置；矿灯、钢丝绳等；瓦斯、粉尘及其他有毒有害物质检测仪器、仪表；自救器,救护设备；个体防护装备：安全帽,防尘口罩或面罩,防护服、防护鞋,防噪声耳塞、耳罩等。**总结："矿山风格+个体防护装备"。**

（三）安全生产检查的方法

安全检查的方法详见表4.5。

表4.5　安全检查的方法

检查方法	具体内容	特点
常规检查法	通常为安全管理人员在现场通过感官、辅助工具、仪表等对作业人员行为、场所、设备设施等的定性检查	主要依靠安全检查人员的经验和能力,检查结果直接受到检查人员个人素质的影响
安全检查表法	一般包括:检查内容、检查标准、检查结果及评价、检查发现问题等	使安全检查工作更加规范,将个人的行为对检查结果的影响减少到最小
仪器检查及数据分析法	通过仪器进行定量化的检验与测量	定量检查

（四）安全生产检查的工作程序

安全检查的工作程序详见表4.6。

表4.6　安全检查的工作程序

检查准备	检查实施	综合分析	结果反馈	整改要求	整改落实	持续改进
明确目标、掌握标准、了解危害、制订计划、编写提纲、准备工具、明确分工	访谈、查阅文件、现场观察、仪器测量	自行检查,自行分析;政府检查,政府分析	现场反馈、书面反馈	自行检查,自行整改;政府检查,书面要求企业整改	闭环管理	自行检查,自行整改,自行验收;政府检查,改完上报,申请复验

二、隐患排查治理

事故隐患分为一般事故隐患和重大事故隐患。隐患的定义及分类详见第4.1.1节。

（一）生产经营单位的主要职责

（1）生产经营单位是事故隐患排查、治理和防控的责任主体,负责全面开展相关工作。

（2）生产经营单位应建立健全事故隐患排查治理和建档监控等制度,明确从主要负责人到每个从业人员的隐患排查治理和监控责任,并逐级落实。经营单位应经常进行安全隐患排查,并确保整改措施、责任、资金、时限和预案"五到位"。对整改不力导致事故的,将依法追究企业和相关负责人的责任;停产整改逾期未完成的,不得复产。

（3）生产经营单位应保障事故隐患排查治理所需资金,并建立资金使用专项制度,确保资金专款专用。

（4）生产经营单位应当定期组织安全生产管理人员、工程技术人员和其他相关人员排查本单位的事故隐患。对排查出的事故隐患,应当按照事故隐患的等级进行登记,建立事故隐患信息档案,并按照职责分工实施监控治理。

（5）生产经营单位将生产经营项目、场所、设备发包、出租的,应当与承包、承租单位签订安全生产管理协议。并在协议中,明确各方对事故隐患排查、治理和防控的管理职责。生产经营单位对承包、承租单位的事故隐患排查治理负有统一协调和监督管理的职责。

（6）生产经营单位应当每季、每年对本单位事故隐患排查治理情况进行统计分析，并分别于下一季度15日前和下一年1月31日前向安全监管监察部门和有关部门报送书面统计分析表。统计分析表应当由生产经营单位主要负责人签字。

对于重大事故隐患，生产经营单位除依照上述要求报送外，还应当及时向安全监管监察部门和有关部门报告。重大事故隐患报告内容：隐患的现状及其产生原因；隐患的危害程度和整改难易程度分析；隐患的治理方案。

（7）对于一般事故隐患，由生产经营单位（车间、分厂、区队等）负责人或者有关人员立即组织整改。对于重大事故隐患，由生产经营单位主要负责人组织制定并实施事故隐患治理方案。重大事故隐患治理方案包括内容：治理的目标和任务；采取的方法和措施；经费和物资的落实；负责治理的机构和人员；治理的时限和要求；安全措施和应急预案。

（8）生产经营单位在事故隐患治理过程中，应当采取相应的安全防范措施，防止事故发生。事故隐患排除前或者排除过程中无法保证安全的，应当从危险区域内撤出作业人员，并疏散可能危及的其他人员，设置警示标志，暂时停产停业或者停止使用；对暂时难以停产或者停止使用的相关生产储存装置、设施、设备，应当加强维护和保养，防止事故发生。

（9）对于因自然灾害可能导致事故灾难的隐患，生产经营单位应当按照要求排查治理，并采取可靠的预防措施，制定应急预案。在接到自然灾害预报时，应当及时向下属单位发出预警通知；当发生自然灾害可能危及生产经营单位和人员安全的情况时，应当采取撤离人员、停止作业、加强监测等安全措施，并及时向当地人民政府及其有关部门报告。

（10）地方人民政府或者安全监管监察部门及有关部门挂牌督办并责令全部或者局部停产停业治理的重大事故隐患，治理工作结束后，有条件的生产经营单位应当组织本单位的技术人员和专家对重大事故隐患的治理情况进行评估。其他生产经营单位应当委托具备相应资质的安全评价机构对重大事故隐患的治理情况进行评估。

经治理后符合安全生产条件的，生产经营单位应当向安全监管监察部门和有关部门提出恢复生产的书面申请，经安全监管监察部门和有关部门审查同意后，方可恢复生产经营。申请报告应当包括治理方案的内容、项目和安全评价机构出具的评价报告等。

（二）监督管理

（1）安全监管监察部门应当配合有关部门做好对生产经营单位事故隐患排查治理情况开展的监督检查，依法查处事故隐患排查治理的非法和违法行为及其责任者。

（2）对检查过程中发现的重大事故隐患，应当下达整改指令书，并建立信息管理台账。必要时，报告同级人民政府并对重大事故隐患实行挂牌督办。

（3）已经取得安全生产许可证的生产经营单位，在其被挂牌督办的重大事故隐患治理结束前，安全监管监察部门应当加强监督检查。必要时，可以提请原许可证颁发机关依法暂扣其安全生产许可证。

（4）对挂牌督办并采取全部或者局部停产停业治理的重大事故隐患，安全监管监察部门收到生产经营单位恢复生产的申请报告后，应当在10日内进行现场审查。审查合格的，对事故隐患进行核销，同意恢复生产经营；审查不合格的，依法责令改正或者下达停产整改指令。对整改无望或者生产经营单位拒不执行整改指令的，依法实施行政处罚；不具备安全生产条件的，依法提请县级以上人民政府按照国务院规定的权限予以关闭。

4.2.10　安全技术措施

根据导致事故的原因，安全技术措施可分为两类：一类是为防止事故发生的安全技术措施，这属于预防性措施，旨在尽可能避免事故的发生；另一类是为减少事故损失的安全技术措施，这属于减轻性措施，即在事故已经发生时，如何有效地降低事故造成的损失。

一、防止事故发生的安全技术措施

采取约束、限制能量或危险物质，以防止其意外释放的技术措施，主要包括以下几点：

（1）消除危险源。通过选择无害、无毒或不能致人伤害的物料来彻底消除某种危险源的方法。例如，某企业原本使用氯气作为循环冷却水的杀菌剂，但为了防止氯气泄漏事故，该企业改进了生产工艺，采用了对人无害的物质作为杀菌剂。这种预防事故发生的安全技术措施就属于消除危险源。

（2）限制能量或危险物质。包括减少能量或危险物质的量，以防止能量蓄积，并安全地释放能量。例如，在金属加工车间设置通风除尘系统，就是为了防止粉尘积聚导致的能量（如静电、火花等）蓄积，并安全地排出这些粉尘；另外，设置释放静电的设施也是为了安全地释放静电能量，防止其引发事故。

（3）隔离。隔离措施既可以防止事故的发生，也可以减少事故的损失。例如，砂轮机上安装的防护罩，就是用来隔离砂轮旋转时可能产生的飞溅物，从而保护操作者的安全。

（4）故障—安全设计。这种设计使得系统、设备或设施在发生故障或事故时，能够自动处于低能状态，从而防止能量的意外释放。例如，列车的自动刹车系统，在列车遇到故障时能够自动刹车，避免列车因失控而引发事故。

（5）减少故障和失误。通过增加安全系数、提高设备或系统的可靠性，或设置安全监控系统等方法，来减轻物的不安全状态，从而减少物的故障或事故的发生。例如，在关键设备上安装传感器和报警器，当设备出现异常时能够及时发出警报，提醒操作人员采取措施防止事故发生。

二、减少事故损失的安全技术措施

该类技术措施是在事故发生后，迅速控制局面，防止事故的扩大，避免引起二次事故的发生，从而减少事故造成的损失。

（1）隔离。隔离在事故预防与损失减少中均扮演重要角色，但其定义在不同情境下有所区别。在事故预防中，隔离旨在事前阻断危险源；而在事故处理中，隔离则用于事中设置或事后减少损失，通过隔开、封闭、缓冲等手段，将被保护对象与意外释放的能量或危险物质隔离开来。例如，汽车设计的安全气囊、防火堤以及矿山设置的避难舱等，均属于此类隔离措施。

（2）设置薄弱环节。这类措施包括如安全阀、锅炉上的易熔塞、电路中的熔断器等。设置薄弱环节的定义容易和防止事故发生的限制能量或危险物质及故障—安全设计混淆，认为安全阀是泄压防止事故发生的设备。其实，无论是安全阀还是爆破片或熔断器，这些措施都是作用在事故发生后的。安全阀的泄压，正是因为其压力容器的压力已经达到一个危险的范围了，说明压力容器已经发生故障。所以安全阀并不属于防止事故发生的技术措施，而是属于事故发生后减少事故损失的技术措施。

（3）个体防护。作为保护人身安全的最后一道防线，个体防护是一种不得已而为之的隔离措施。在事故发生后，迅速穿戴防高温救生衣等个体防护装备，可以有效保护人员免受伤害。

（4）避难与救援。设置避难场所是事故应对中的重要措施。当事故发生时，人员可以迅速躲避至避难场所，以免受伤或赢得宝贵的救援时间。

此外，安全监控系统作为一种综合性的安全技术措施，既可用于预防事故发生，也可用于减少事故损失。通过安装安全监控系统，可以及时发现事故隐患，获取事故发生、发展的实时数据，从而采取有效措施避免事故发生或降低事故损失。

4.2.11　建设项目安全设施"三同时"

一、"三同时"定义

生产经营单位新建、改建、扩建工程项目（以下统称建设项目）的安全设施，必须与主体工程同时设计、同时施工、同时投入生产和使用。安全设施的投资应当纳入建设项目的概算之中。

其中，"安全设施"是指生产经营单位在生产经营活动中，为预防生产安全事故而采用的设备、设施、装置、构（建）筑物以及其他技术措施的总称。"新建"指的是从基础开始建造的建设项目，根据国家的相关规定，也包括原有基础很小，但经过扩大建设规模后，其新增固定资产价值超过原有固定资产价值三倍，并且需要重新进行总体设计的建设项目；此外，迁移厂址的建设工程（不包括留在原厂址的部分），如果符合新建条件，也视为新建项目。"改建"则是指在原有基础上，不增加建筑物或建设项目的体量，但为了提高生产效率、改进产品质量、改变产品方向，或者改善建筑物的使用功能、改变使用目的，而对原有工程进行改造的建设项目。"扩建"则是指在原有基础上进行扩充的建设项目，这包括扩大原有的生产能力、增加新产品的生产能力，以及为取得新的效益和使用功能而新建主要生产场所或进行的其他建设活动。

对于未实施"三同时"原则的建设项目，安全生产监督管理部门将一律不予批准与此有关的行政许可。"三同时"原则的实施涉及多个部门，包括应急管理部门、建设单位、设计单位、施工单位以及工程监理单位。

二、"三同时"监管责任

（一）非煤矿山类建设项目

以下新建项目，其安全设施设计审查和竣工验收，继续由国家安全监管部门负责实施。包括：海洋石油天然气项目、100万吨以上陆上新油田项目、20亿立方米以上陆上新气田项目、设计能力300万吨以上或最大开采深度1 000米以上金属非金属地下矿山项目、设计能力1 000万吨以上设计或边坡200米以上金属非金属露天矿项目、总库容一亿立方米以上或总坝高200米以上尾矿库项目。

以下新建项目的安全设施设计审查和竣工验收工作，继续由国家安全监管部门负责实施：海洋石油天然气项目；产能为100万吨及以上的陆上新油田项目；产能为20亿立方米及以上的陆上新气田项目；设计能力达到300万吨以上或最大开采深度达到1 000米以上的金属非金属地下矿山项目；设计能力为1 000万吨以上或边坡高度达到200米以上的金属非金属露天矿项目；以及总库容达到一亿立方米以上或总坝高达到200米以上的尾矿库项目。

（二）危险化学品类建设项目

根据《危险化学品建设项目安全监督管理办法》（国家安全生产监督管理总局令第45号）的规定，下列危险化学品类建设项目需要实施安全审查：国务院审批（核准、备案）的；跨省、自治区、直辖市的项目。

（三）其他行业建设项目

（1）县级以上地方各级安监部门对本行政区域内的建设项目安全设施"三同时"实施综合监督管理。

（2）对于跨两个及两个以上行政区域的建设项目，其安全设施"三同时"的监督管理由这些行政区域共同的上一级人民政府安全生产监督管理部门负责实施。

（3）上一级人民政府安全生产监督管理部门根据工作需要，可以将其负责的建设项目安全设施"三同时"监督管理工作委托给下一级人民政府安全生产监督管理部门实施。

三、建设项目安全设施设计审查

对于非煤矿山建设项目，生产、储存危险化学品（包括使用长输管道输送危险化学品）的建设项目，生产、储存烟花爆竹的建设项目，金属冶炼建设项目，建设项目安全设施设计完成后，生产经营单位应当向安全生产监督管理部门提出审查申请，并提交下列文件资料：

（1）建设项目审批、核准或者备案的文件。

（2）建设项目安全设施设计审查申请。

（3）设计单位的设计资质证明文件。

（4）建设项目安全设施设计。

（5）建设项目安全预评价报告及相关文件资料。

（6）法律、行政法规、规章规定的其他文件资料。

其他建设项目，生产经营单位应当对其安全生产条件和设施进行综合分析，形成书面报告备查。

四、施工与竣工验收

（一）施工和建设要求

（1）建设项目安全设施的施工应当由取得相应资质的施工单位进行，并与建设项目主体工程同时施工。

（2）施工单位应当在施工组织设计中编制安全技术措施和施工现场临时用电方案，同时对危险性较大的分部分项工程依法编制专项施工方案，并附具安全验算结果，经施工单位技术负责人、总监理工程师签字后实施。

（3）施工单位对安全设施的工程质量负责。施工单位发现安全设施设计文件有错漏的，应当及时向生产经营单位、设计单位提出。生产经营单位、设计单位应当及时处理。

（4）施工单位发现安全设施存在重大事故隐患时，应当立即停止施工并报告生产经营单位进行整改。整改合格后，方可恢复施工。

（5）工程监理单位应当审查施工组织设计中的安全技术措施或者专项施工方案是否符合工程建设强制性标准。

（6）工程监理单位在实施监理过程中，发现存在事故隐患的，应当要求施工单位整改；情况严重的，应当要求施工单位暂时停止施工，并及时报告生产经营单位。施工单位拒不整改或者不停止施工的，工程监理单位应当及时向有关主管部门报告。

（7）工程监理单位、监理人员应当按照法律、法规和工程建设强制性标准实施监理，并对安全设施工程的工程质量承担监理责任。

（8）建设项目安全设施建成后，生产经营单位应当对安全设施进行检查，对发现的问题及时整改。

（9）建设项目竣工后，根据规定建设项目需要试运行（包括生产、使用，下同）的，应当在正式投入生产或者使用前进行试运行。试运行时间应当不少于30日，最长不得超过180日，国家有关部门有规定或者特殊要求的行业除外。

（10）生产、储存危险化学品的建设项目和化工建设项目，应当在建设项目试运行前将试运行方案报负责建设项目安全许可的安全生产监督管理部门备案。

（二）安全设施竣工验收要求

对于非煤矿矿山建设项目，生产、储存危险化学品（包括使用长输管道输送危险化学品）的建设项目，生产、储存烟花爆竹的建设项目，金属冶炼建设项目，使用危险化学品从事生产并且使用量达到规定数量的化工建设项目（属于危险化学品生产的除外）以及法律、行政法规和国务院规定的其他建设项目，建设项目安全设施竣工或者试运行完成后，生产经营单位应当委托具有相应资质的安全评价机构对安全设施进行验收评价，并编制建设项目安全验收评价报告。

建设项目竣工投入生产或者使用前，生产经营单位应当组织对安全设施进行竣工验收，并形成书面报告备查。安全设施竣工验收合格后，方可投入生产和使用。

4.3 职业病与管理

4.3.1 职业病概述

一、职业病危害基本概念

从事职业活动的劳动者可能面临导致职业病的各种危害。职业病危害因素包括职业活动中存在的各种有害的化学、物理、生物因素，以及作业过程中可能产生的其他职业有害因素。

（一）按来源分类

职业病危害因素按来源分为三类：生产过程中产生的危害因素、劳动过程中的危害因素、生产环境中的危害因素。

1. 生产过程中产生的危害因素

（1）化学因素，包括生产性粉尘（如矽尘、煤尘、石棉尘、电焊烟尘等）、化学有毒物质（如铅、汞、锰、苯、一氧化碳、硫化氢、甲醛、甲醇等）。

（2）物理因素，如异常气象条件（高温、高湿、低温）、异常气压、噪声、振动、辐射等。

（3）生物因素，如附着于皮毛上的炭疽杆菌、甘蔗渣上的真菌，医务工作者可能接触到的生物传染性病原体等。

2. 劳动过程中的危害因素

劳动组织和制度不合理，劳动作息制度不合理等；精神性职业紧张；劳动强度过大或生产定额不当；个别器官或系统过度紧张，如视力紧张等；长时间不良体位或使用不合理的工具等。

3. 生产环境中的危害因素

（1）自然环境中的因素，如炎热季节的太阳辐射。

（2）作业场所建筑卫生学设计缺陷因素，如照明不良、换气不足等。

（二）职业接触限值

职业接触限值（Occupational Exposure Limits，OEL），指劳动者在职业活动过程中长期反复接触，对绝大多数接触者的健康不引起有害作用的容许接触水平，是职业性有害因素的接触限制量值。化学有害因素的职业接触限值包括时间加权平均容许浓度、短时间接触容许浓度和最高容许浓度、超限倍数。

化学有害因素的职业接触极限值包括：

（1）时间加权平均容许浓度（Permissible Concentration-Time Weighted Average，PC-TWA）：指以时间为权数规定的 8 h 工作日、40 h 工作周的平均容许接触浓度。

（2）最高容许浓度（Maximum Allowable Concentration，MAC）：指工作地点、在一个工作日内、任何时间有毒化学物质均不应超过的浓度。

（3）短时间接触容许浓度（Permissible Concentration-Short Term Exposure Limit，PC-STEL）：是指在遵守时间加权平均容许浓度前提下容许短时间（15 min）接触的浓度。

（4）超限倍数（Excursion Limits，EL）：对未制定短时间接触容许浓度（PC-STEL）的化学有害因素，在符合 8 h 时间加权平均容许浓度的情况下，任何一次短时间（15 min）接触的浓度均不应超过的时间加权平均容许浓度（PC-TWA）的倍数值。

（三）职业禁忌与职业健康监护

（1）职业禁忌

劳动者从事特定职业或者接触特定职业性有害因素时，比一般职业人群更易遭受职业危害和罹患职业病或者可能导致原有自身疾病病情加重，或者在从事作业过程中诱发可能导致对劳动者生命健康构成危害的疾病的个人特殊生理或者病理状态。

（2）职业健康监护

以预防为目的，对接触职业病危害因素人员的健康状况进行系统检查和分析的活动。是发现早期健康损害的手段。包括职业健康检查、职业健康监护档案管理等。

（3）职业健康监护档案

指生产经营单位需要建立的记录职业人员职业健康信息的文档，包括劳动者的职业史、职业病危害接触史、职业健康检查结果和职业病诊疗等有关个人健康资料。

（四）职业性病损和职业病

（1）职业性病损：指劳动者在职业活动过程中接触到职业病危害因素而造成的健康损害，包括工伤、职业病和工作有关疾病。

（2）职业病：指企业、事业单位和个体经济组织的劳动者在职业活动中，因接触粉尘、放射性物质和其他有毒有害因素而引起的疾病。

界定法定职业病的四个基本条件：在职业活动中产生；接触职业病危害因素；列入国家职业病范围；与劳动用工行为相联系。

二、职业病预防与控制的工作方针与原则

职业病危害防治工作，必须汇聚政府、工会、生产经营单位、工伤保险机构、职业卫生服务机构、职业病防治机构等各方面的力量，由全社会共同监督。工作应贯彻"预防为主，防治结合"的方针，遵循"三级预防"的原则，实行分类管理、综合治理，以不断提升职业病危害防治的管理水平。

第一级预防：又称病因预防，旨在从根本上消除职业病危害因素对人体的影响。这包括改进生产工艺和生产设备，合理利用防护设施及个人防护用品，以最大限度地减少工人与职业病危害因素的接触机会和程度。建设单位在项目的可行性论证阶段，应进行职业病危害预评价。

第二级预防：又称发病预防，旨在早期检测和发现人体因接触职业病危害因素而可能引发的疾病。主要措施包括定期对工作环境中的职业病危害因素进行监测，以及

对接触者进行定期的职业健康检查。

第三级预防：针对已患职业病的人群。应合理开展康复治疗，包括对职业病病人的医疗保障，以及对疑似职业病病人进行及时、准确的诊断。

其中，第一级预防是最为理想的方法，它针对整个群体或特定人群，对人群的健康和福利状态能产生根本性的改善作用。而且，相较于第二级和第三级预防，第一级预防通常所需的投入更少，但效果却更为显著。

三、职业病危害因素识别

（一）粉尘与尘肺

生产性粉尘分为无机性粉尘、有机性粉尘、混合性粉尘三类。

（1）无机性粉尘

矿物性粉尘，如煤尘、硅石、石棉、滑石等。

金属性粉尘，如铁、锡、铝、铅、锰等。

人工无机性粉尘，如水泥、金刚砂、玻璃纤维等。

（2）有机性粉尘

植物性粉尘，如棉、麻、面粉、木材、烟草、茶等。

动物性粉尘，如兽毛、角质、骨质、毛发等。

人工有机粉尘，如有机燃料、炸药、人造纤维等。

（3）混合性粉尘

混合性粉尘指上述各种粉尘混合存在。在生产环境中，最常见的是混合性粉尘。

生产性粉尘引起的职业病中，以尘肺最为严重。尘肺是由于吸入生产性粉尘引起的以肺的纤维化为主要变化的职业病。《职业病分类和目录》列出了13种法定尘肺职业病：矽肺、煤工尘肺、石墨尘肺、炭黑尘肺、石棉肺、滑石尘肺、水泥尘肺、云母尘肺、陶工尘肺、铝尘肺、电焊工尘肺、铸工尘肺、其他尘肺。

（二）生产性毒物与职业中毒

在生产经营活动中，常常会生产或使用各种化学物质，这些物质会散发并存在于工作环境空气中，对劳动者的健康构成潜在威胁，这类化学物质被统称为生产性毒物。根据毒物的危害程度分为轻度、中度、高度和极度危害四个等级。此外，毒物之间还可能产生联合作用，包括相加作用、相乘作用和拮抗作用。

当劳动者在生产过程中过量接触这些生产性毒物并导致中毒时，我们称之为职业中毒。生产性毒物可以通过多种途径侵入人体，主要包括吸入、经皮吸收和食入，具体细节请参阅第2.4.3节。

职业中毒根据其中毒特点和病程发展，可以分为急性中毒、慢性中毒和亚急性中毒三种类型。值得注意的是，有些毒物具有致癌性，长期接触可能增加患癌风险。同时，部分毒物对妇女尤为有害，甚至可能通过母婴传播影响到下一代。

（三）物理性职业病危害及其所致职业病

作业场所常见的物理性职业病危害因素包括噪声、振动、电磁辐射、异常气象条件（气温、气流、气压）等。常见物理性职业病及其示例详见表4.7。

表4.7　物理性职业病及其示例

危害因素	所致职业病	工作场所举例
噪声	噪声聋	各种风机、电锯、大型电动机等
振动	手臂振动病	锻造机、电钻、砂轮机等
红外线辐射	白内障	加热金属、熔融玻璃、强发光体等
紫外线辐射	电光性眼炎	冶炼炉、电焊、氧乙炔气焊等
激光辐射	眼睛出现眩光感、视力模糊、皮肤损伤	工业、农业、国防、医疗等领域
高原低氧	高原病	高原低氧环境下
高温	中暑	炼钢、铸造、锅炉间等
低温	冻伤	冷库等
压力	减压病	潜水作业
电离辐射	急性外照射放射病、慢性外照射放射病，外照射皮肤放射损伤,内照射放射病	放射性核素、X线机等

（四）职业性致癌因素

与职业活动相关的、能够引发恶性肿瘤的有害因素被称为职业性致癌因素，由这些因素导致的癌症则被称为职业癌。当前，已有确凿证据显示某些化学品具有致癌性或能够诱发癌症，这些化学品被归类为致癌物。

2019年，国际癌症研究所（IARC）对致癌物进行了重新分类，分为3类4组（1类、2A类、2B类和3类）。典型的致癌物如：石棉、内酯类（如β-丙烯内酯，丙烷磺内酯和a，β-不饱和六环丙酯类）；烯环氧化物（如1,2,3,4-丁二烯环氧化物）；芥子气和氮芥等；活性卤代烃类（如双氯甲醚、苄基氯、甲基碘和二甲氨基甲酰氯）；多环或杂环芳烃［苯并（a）芘、苯并（a）蒽、3-甲基胆蒽、7,12-H甲苯并（a）蒽等］；单环芳香胺（如邻甲苯胺、邻茴香胺）；双环或多环芳香胺（如2-萘胺、联苯胺等）；喹啉［如苯并（g）喹啉等］；硝基呋喃；偶氮化合物（如二甲氨基偶氮苯等）；黄曲霉毒素；环孢素A；烟草和烟气；槟榔及酒精性饮料；无机致癌物（钴、镭、氡）可能由于其放射性而致癌等。表4.8为致癌因素及所致的职业癌及原因。

表4.8　致癌因素和职业癌

致癌因素	所致职业癌	补充理解
石棉	肺癌、间皮瘤	生产、运输、存储及使用过程中接触
联苯胺	膀胱癌	联苯胺是染料合成的重要中间体,在染色的棉纺织品中容易超标
氯乙烯	肝血管肉瘤	长期使用聚氯乙烯（PVC）或氯乙烯（VC）
煤焦油、沥青等	皮肤癌	生产及使用过程中接触
苯	白血病	苯是一种石油化工基本原料,其产量和生产的技术水平是一个国家石油化工发展水平的标志之一

（五）生物因素

生物因素引起的职业病，详见表4.9。

表4.9 生物因素引起的职业病

致病因素	所致职业病	高危人群及症状
炭疽菌	炭疽病	牧场工人、屠宰工等，炭疽病分为皮肤型、肺型、肠型，且可继发败血症型、脑膜炎型
硬蜱传播的病毒	森林脑炎	森林调查员、林业工人等，传播媒介是硬蜱，症状有高热、头痛、恶心、呕吐、意识不清、瘫痪等
布鲁氏杆菌	布鲁氏菌病	传染源以羊、牛、猪为主，感染者常出现多发性神经炎，以坐骨神经受损为多见
艾滋病病毒（HIV病毒）	艾滋病	限于医疗卫生人员及接触艾滋病患者或吸毒人员的警务工作者
伯氏疏螺旋体	莱姆病	森林调查员、林业工人等，由扁虱（蜱）叮咬传播，临床表现为皮肤、心脏、神经和关节等多系统、多脏器损害

4.3.2 职业病的控制与管理

一、职业病的控制

（1）工程技术措施

应用工程技术的措施和手段（例如密封、通风、冷却、隔离等），对生产工艺过程中产生或存在的职业病危害因素的浓度或强度进行有效控制，确保作业环境中有害因素的浓度或强度降低至国家职业卫生标准所容许的范围之内。具体来说，对于粉尘的控制，可以采用湿式作业或密闭抽风除尘的方法；对于化学毒物的控制，则应采取全面通风、局部通风或气体净化排除等措施；而对于噪声危害，则可以通过隔离降噪、吸声等技术手段来加以解决。

（2）个体防护措施

为劳动者配备合适的防尘、防毒或防噪声的个体防护用品。

（3）组织管理等措施

通过建立、健全职业病危害预防控制规章制度，确保职业病危害预防控制有关要素的良好与有效运行。通过建立和健全职业病危害预防控制的规章制度，确保相关预防控制措施的有效实施与运行。

二、职业病的管理

国家建立了职业病危害项目申报制度。当生产经营单位的工作场所存在职业病目录中所列的职业病危害因素时，应及时、如实地向所在地的卫生行政部门申报这些危害项目，并接受其监督。此外，关于建设项目职业病防护设施的"三同时"原则：对于新建、改建、扩建的建设项目，以及技术改造、技术引进项目，如果可能产生职业病危害，建设单位在项目的可行性论证阶段就应进行职业病危害预评价。建设项目的职业病防护设施所需费用应纳入建设项目的工程预算，并确保与主体工程同时设计、同时施工、同时投入生产和使用。在建设项目竣工验收前，建设单位还应进行职业病危害控制效果评价。

（一）材料和设备管理

材料和设备的主要管理工作包括以下几项：

（1）优先采用有利于职业病防治和保护劳动者健康的新技术、新工艺、新设备、新材料。

（2）不生产、经营、进口和使用国家明令禁止使用的可能产生职业病危害的设备或者材料。

（3）生产经营单位和原材料供应商的活动也必须符合安全健康要求。

（4）不采用有危害的技术、工艺和材料，不隐瞒其危害。

（5）在可能产生职业病危害的设备醒目位置，设置警示标识和中文警示说明。

（6）使用、生产、经营可能产生职业病危害的化学品，要有中文说明书。

（7）使用放射性同位素和含有放射性物质、材料的，要有中文说明书。

（8）不转嫁职业病危害的作业给不具备职业病防护条件的单位和个人。

（9）不接受不具备防护条件的有职业病危害的作业。

（10）有毒物品的包装有警示标识和中文警示说明。

（二）作业场所管理

作业场所的主要管理工作包括以下几项：

（1）职业病危害因素的强度或者浓度应符合国家职业卫生标准要求。

（2）生产布局合理，有害作业与无害作业分开。

（3）在可能发生急性职业损伤的有毒有害作业场所设置报警装置、配置现场急救用品、设置冲洗设备、设应急撤离通道、设必要的泄险区。

（4）放射作业场所应设报警装置；放射性同位素的运输、储存应配置报警装置。

（5）一般有毒作业区域设置黄色区域警示线；高毒作业场所设红色区域警示线。

（6）高毒作业区域应设淋浴间、更衣室、物品存放专用间，还应为女工设冲洗间。

（三）作业环境职业病危害因素检测管理

作业环境职业病危害因素检测的主要管理工作包括以下几项：

（1）设专人负责职业病危害因素日常检测。

（2）按规定定期对作业场所职业病危害因素进行检测与评价。

（3）检测、评价的结果存入生产经营单位的职业卫生档案。

（四）防护设备设施和个人防护用品管理

防护设备设施和个人防护用品的主要管理工作包括以下几项：

（1）职业病危害防护设施台账齐全。

（2）职业病危害防护设施配备齐全。

（3）职业病危害防护设施有效。

（4）有个人职业病危害防护用品计划，并组织实施。

（5）按标准配备符合防治职业病要求的个人防护用品。

（6）有个人职业病危害防护用品发放登记记录。

（7）及时维护、定期检测职业病危害防护设备、应急救援设施和个人职业病危害防护用品。

（五）履行告知义务

履行告知义务的主要管理工作包括以下几项：

（1）在醒目位置公布有关职业病防治的规章制度。

（2）在签订劳动合同时，应明确载明可能产生的职业病危害及其后果，同时详细列明职业病危害的防护措施和相关的待遇。

（3）在醒目位置公布操作规程，公布职业病危害事故应急救援措施，定期公布作业场所职业病危害因素的监测和评价结果，以及告知劳动者职业病健康体检结果。

（4）对于患有职业病或存在职业禁忌证的劳动者，企业应及时、明确地告知其本人。

（六）职业健康监护

职业健康监护工作的开展，必须由专职人员负责，并建立、健全职业健康监护档案。职业健康监护档案包括劳动者的职业史、职业病危害接触史、职业健康检查结果和职业病诊疗等有关个人健康资料。

（七）职业卫生培训

职业卫生培训的主要管理工作包括以下几项：

（1）生产经营单位主要负责人、职业卫生管理人员应该接受职业卫生培训。

（2）对上岗前的劳动者进行职业卫生培训。

（3）定期对劳动者进行在岗期间的职业卫生培训。

（八）职业病危害事故的应急救援、报告与处理

发生或者可能发生急性职业病危害事故时，生产经营单位应当立即采取应急救援和控制措施，并及时向所在地卫生行政部门和有关部门报告。卫生行政部门接到报告后，应当及时会同有关部门组织调查处理；必要时可以采取临时控制措施。

4.4 安全生产应急管理

4.4.1 安全生产预警

一、安全生产预警的目标、任务与特点

（一）预警的目标

通过对安全生产活动和安全管理进行监测与评价，警示安全生产过程中所面临的危害程度，以预防和控制事故的发生。

（二）预警的任务

完成各种事故征兆的监测、识别、诊断与评价，及时报警并根据预警分析的结果对事故征兆的不良趋势进行矫正与控制。

（三）预警的特点

（1）快速性。系统需灵敏快速地进行信息搜集、传递、处理、识别和发布。这一

过程的每一个环节都必须建立在"快速"的基础上,否则预警将失去其时效性。

（2）准确性。安全生产过程中的信息复杂多变,预警系统不仅要求快速处理信息,更需对复杂信息作出准确判断,以确保预警的可靠性。

（3）公开性。一旦发现事故征兆并确认,必须客观、如实地向企业和社会公开发布预警信息,以保障公众的知情权。

（4）完备性。预警系统应能全面收集与事故相关的各类信息,进行全方位的安全生产风险分析,从不同角度和层面全过程地分析事故征兆的发展态势。

（5）连贯性。每一次的分析应基于上次的分析结果,实现预警预报的闭环管理,确保预警分析的连贯性和准确性,为持续的安全生产提供保障。

二、预警系统的组成及功能

预警系统主要由预警分析系统和预控对策系统两部分组成,详见表4.10。

表4.10　预警系统的组成及功能

预警系统组成		功能
预警分析系统	（1）监测系统	是预警系统的硬件部分,采用各种监测手段获得有关信息和运行数据
	（2）预警信息系统	负责对信息的存储、处理、识别
	（3）预警评价指标系统	完成指标的选取、预警准则和阈值的确定
	（4）预测评价系统	完成评价对象的选择,根据预警准则选择预警评价方法,给出评价结果,再根据危险级别状态进行报警
预控对策系统		根据具体警情确定控制方案

三、预警评价指标的确定

预警指标主要考虑人、机、环、管等方面的有关因素。

（1）人的安全可靠性指标,包括:生理因素、心理因素、技术因素。

（2）生产过程的环境安全性指标,包括:内部环境、外部环境。

（3）安全管理有效性的指标,包括:安全组织、安全法治、安全信息、安全技术、安全教育、安全资金。

（4）机（物）的安全可靠性指标,包括:设备运行不良、材料缺陷、危险物质、能量、安全装置、保护用品、贮存与运输、各种物理参数（温度、压力、浓度等）指标。

四、预警准则的确定

（一）预警准则

预警准则是指一套判别标准或原则,用来决定在不同预警级别情况下,是否应当发出警报以及发出何种程度的警报。

（二）预警方法

根据对评价指标的内在特性和了解程度,预警方法有指标预警、因素预警、综合预警三种形式,但在实际预警过程中往往出现第四种形式,即误警与漏警。

（1）指标预警

指根据预警指标数值大小的变动来发出不同程度的报警。

例如，要进行报警的指标为 X，它的安全区域（X_a，X_b），其初等危险区域为（X_c，X_a）和（X_b，X_d），其高等危险区域为（X_e，X_c）和（X_d，X_f），如图4.23，则预警准则如下：

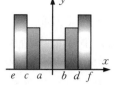

图4.23　指示预警

当 $X_a < X < X_b$ 时：不发生报警；

当 $X_c < X \leqslant X_a$ 或 $X_b \leqslant X < X_d$ 时：发出一级报警；

当 $X_e < X \leqslant X_c$ 或 $X_d \leqslant X < X_f$ 时：发出二级报警；

当 $X \leqslant X_e$ 或 $X \geqslant X_f$ 时：发出三级报警。

（2）因素预警

当某些因素无法采用定量指标进行报警时，可以采用因素预警。该预警方法相对于指标预警是一种定性预警，如在安全管理中，当出现人的不安全行为、管理上缺陷时，就会发出报警。预警准则：当因素 X 出现时，发出报警；当因素 X 不出现时，不发出报警。这是一种非此即彼的警报方式。

（3）综合预警

将上述两种方法结合起来，把诸多因素综合考虑，得出的一种综合报警模式。

（4）误警和漏警

误警有两种情况：一种是系统发出某事故警报，而该事故最终没有出现；另一种是系统发出某事故警报，该事故最终出现，但其发生的级别与预报的程度相差一个等级（如发出高等级警报，而实际上为初等警报）。一般误警指前一种情况，误警原因主要是由于指标设置不当，警报准则过严（即安全区设计过窄，危险区设计过宽），信息数据有误。

漏警是预警系统未曾发出警报而事故最终发生的现象。主要原因：一是小概率事件被排除在考虑之外，而这些小概率事件也有发生的可能，二是预警准则设计过松（即安全区设计过宽，危险区设计过窄）。

（三）预测评价系统

预警信号一般按照事故的严重性和紧急程度，颜色依次为蓝色、黄色、橙色、红色，分别代表一般、较重、严重和特别严重4种级别（Ⅳ、Ⅲ、Ⅱ、Ⅰ级），详见表4.11。

表4.11　预警信号

级别	情况	颜色
Ⅰ级预警	安全状况特别严重	红色
Ⅱ级预警	受到事故严重威胁	橙色
Ⅲ级预警	处于事故的上升阶段	黄色
Ⅳ级预警	生产活动处于正常生产状态	蓝色

4.4.2　应急管理

一、事故应急救援的基本任务及特点

事故应急救援的总目标是通过有效的应急救援行动，尽可能地降低事故的后果，

包括人员伤亡、财产损失和环境破坏等。

事故应急救援的基本任务有以下四项。

（1）立即组织营救受害人员，组织撤离或者采取其他措施保护危害区域内的其他人员。抢救受害人员是应急救援的首要任务。

（2）迅速控制事态，并对事故造成的危害进行检测、监测，测定事故的危害区域、危害性质及危害程度。及时控制住造成事故的危险源是应急救援的重要任务。

（3）消除危害后果，做好现场恢复。针对事故对人体、动植物、土壤、空气等造成的现实危害和可能的危害，迅速采取封闭、隔离、洗消、监测等措施，防止对人的继续危害和对环境的污染。

（4）查清事故原因，评估危害程度。

事故发生后，应及时调查事故发生的原因和性质，评估出事故的危害范围和危险程度，查明人员伤亡情况，做好事故原因调查，并总结救援工作中的经验和教训。

二、事故应急管理理论框架

应急管理是一个动态的过程，包括预防、准备、响应和恢复四个阶段。尽管在实际情况中这些阶段往往是交叉的，但每一阶段都有其明确的目标，而且每一阶段又是构筑在前一阶段的基础之上。因而，预防、准备、响应和恢复的相互关联，构成了重大事故应急管理的循环过程。

（一）预防

在应急管理中预防有两层含义。

（1）事故的预防工作，即通过安全管理和安全技术等手段，尽可能地防止事故的发生，实现本质安全。

（2）在假定事故必然发生的前提下，通过采取预防措施，达到降低或减缓事故的影响或后果的严重程度，如加大建筑物的安全距离、工厂选址的安全规划、减少危险物品的存量、设置防护墙以及开展公众教育等。

（二）准备

准备为有效应对突发事件而事先采取的各种措施的总称，包括意识、组织、机制、预案、队伍、资源、培训演练等各种准备。在《中华人民共和国突发事件应对法》中专设了"预防与应急准备"一章，其中包含了应急预案体系、风险评估与防范、救援队伍、应急物资储备、应急通信保障、培训、演练、捐赠、保险、科技等内容。

（三）响应

响应是指在突发事件发生以后所进行的各种紧急处置和救援工作。履行统一领导职责的人民政府可以采取下列一项或者多项应急处置措施：

（1）组织营救和救治受害人员，疏散、撤离并妥善安置受到威胁的人员以及采取其他救助措施。

（2）迅速控制危险源，标明危险区域，封锁危险场所，划定警戒区，实行交通管制以及其他控制措施。

（3）立即抢修被损坏的交通、通信、供水、排水、供电、供气、供热等公共设施，向受到危害的人员提供避难场所和生活必需品，实施医疗救护和卫生防疫以及其他保障措施。

（4）禁止或者限制使用有关设备、设施，关闭或者限制使用有关场所，中止人员密集的活动或者可能导致危害扩大的生产经营活动以及采取其他保护措施。

（5）启用本级人民政府设置的财政预备费和储备的应急救援物资，必要时调用其他急需物资、设备、设施、工具。

（6）组织公民参加应急救援和处置工作，要求具有特定专长的人员提供服务。

（7）保障食品、饮用水、燃料等基本生活必需品的供应。

（8）依法从严惩处囤积居奇、哄抬物价、制假售假等扰乱市场秩序的行为，稳定市场价格，维护市场秩序。

（9）依法从严惩处哄抢财物、干扰破坏应急处置工作等扰乱社会秩序的行为，维护社会治安。

（10）采取防止发生次生、衍生事件的必要措施。

（四）恢复

恢复工作包括短期恢复和长期恢复。

（1）短期恢复

① 短期恢复并非在应急响应完全结束之后才开始，恢复可能是伴随着响应活动随即展开的。在很多情况下，应急响应活动开始后，短期恢复活动就立即开始了。

② 短期恢复工作包括向受灾人员提供食品、避难所、安全保障和医疗卫生等基本服务。在短期恢复工作中，应注意避免出现新的突发事件。

（2）长期恢复

① 长期恢复的重点是经济、社会、环境和生活的恢复，包括重建被毁的设施和房屋，重新规划和建设受影响区域等。

② 在长期恢复工作中，应吸取突发事件应急工作的经验教训，开展进一步的突发事件预防工作和减灾行动。

三、事故应急管理体系构建

（一）事故应急管理体系的基本构成

事故应急管理体系主要由组织体系、运行机制、法律法规体系以及支持保障系统等部分构成，如图4.24所示。

（1）组织体系

组织体系是事故应急管理体系的基础，主要包括应急管理的管理机构、职能部门、应急指挥、救援队伍四个方面。

① 管理机构：是指维持应急日常管理的负责部门。

② 功能部门：包括与应急活动有关的各类组织机构，如消防机构、医疗机构等。

③ 应急指挥：是在应急预案启动后，负责应急救援活动场外与场内指挥系统。

④ 救援队伍：由专业人员和志愿人员组成。

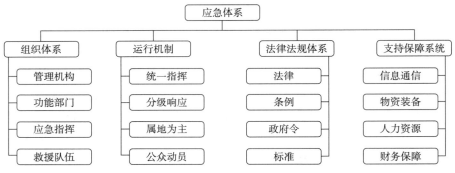

图 4.24　应急体系

（2）运行机制

运行机制是事故应急管理体系的重要保障。应急运行机制主要由统一指挥、分级响应、属地为主和公众动员这四个基本机制组成，详见表4.12。

表4.12　事故应急管理的运行机制

组成	内容
统一指挥	无论应急救援活动涉及单位的行政级别高低还是隶属关系不同,都必须在应急指挥部的统一组织协调下行动,有令则行,有禁则止,统一号令,步调一致
分级响应	指在初级响应到扩大应急的过程中实行的分级响应的机制。扩大应急救援主要是提高指挥级别、扩大应急范围等
属地为主	强调"第一反应"的思想和以现场应急、现场指挥为主的原则
公众动员	该机制是应急机制的基础,也是整个应急体系的基础

（3）法律法规体系

与应急救援有关的法律法规主要包括由立法机关通过的法律，政府和有关部门颁布的规章、规定，以及与应急救援活动直接有关的标准或管理办法等。

（4）支持保障系统

支持保障系统主要包括应急信息通信系统、物资装备保障系统、人力资源保障系统、财务保障系统等。

（二）事故应急响应机制

典型的响应级别通常可分为三级，即一级紧急情况、二级紧急情况、三级紧急情况。

（1）一级紧急情况（所有部门）

一级紧急情况是指必须利用所有有关部门及一切资源的紧急情况，或者需要各个部门同外部机构联合处理的各种紧急情况，通常要宣布进入紧急状态。

（2）二级紧急情况（多个部门）

二级紧急情况指需要两个或更多个部门响应的紧急情况。

（3）三级紧急情况（一个部门）

三级紧急情况指能被一个部门正常可利用的资源处理的紧急情况。

（三）事故应急救援响应程序

事故应急救援响应程序按过程可分为接警、响应级别确定、应急启动、救援行动、应急恢复和应急结束等几个过程。

（1）接警与响应级别确定。对警情作出判断，初步确定相应的响应级别。

（2）应急启动。通知应急中心有关人员到位、开通信息与通信网络、通知调配救援所需的应急资源、成立现场指挥部等。

（3）救援行动。开展事故侦测、警戒、疏散、人员救助、工程抢险等有关应急救援工作，专家组为救援决策提供建议和技术支持。

（4）应急恢复。包括现场清理、警戒解除、善后处理和事故调查等。

（5）应急结束。执行应急关闭程序，由事故总指挥宣布应急结束。

其具体逻辑框架如图4.25所示。

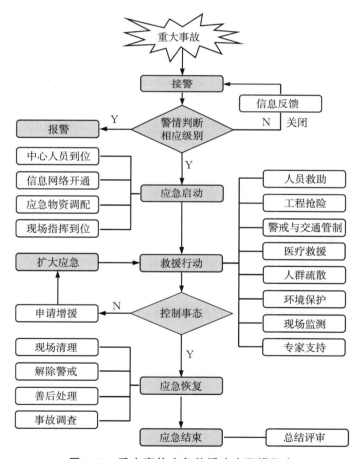

图4.25　重大事故应急救援响应逻辑程序

（四）现场应急指挥系统的组织结构

现场应急指挥系统由指挥、行动、策划、后勤以及资金/行政5个核心应急响应职能组成，其具体任务详见表4.13。

表 4.13　应急指挥系统的组织及任务

组织结构	任务
事故指挥官	负责现场应急响应所有方面的工作,包括确定事故目标及实现目标的策略,批准实施书面或口头的事故行动计划,高效地调配现场资源,落实保障人员安全与健康的措施,管理现场所有的应急行动
行动部	负责所有主要的应急行动,包括消防与抢险、人员搜救、医疗救治、疏散与安置等
策划部	负责收集、评价、分析及发布与事故相关的战术信息,准备和起草事故行动计划,并对有关的信息进行归档
后勤部	负责为事故的应急响应提供设备、设施、物资、人员、运输、服务等
资金/行政部	负责跟踪事故的所有费用并进行评估,承担其他职能未涉及的管理职责

4.4.3　应急预案编制

一、事故应急预案体系

生产经营单位的应急预案体系主要由综合应急预案、专项应急预案和现场处置方案构成。

（一）综合应急预案

综合应急预案是生产经营单位为应对各类生产安全事故而制定的综合性工作方案,它是本单位应对安全事故的总体工作程序、措施和应急预案体系的总纲。该预案应涵盖总则、应急组织机构及其职责、应急响应流程、后期处置措施以及应急保障等内容。

（二）专项应急预案

专项应急预案是生产经营单位为应对某一种或某几种类型生产安全事故,或针对重要生产设施、重大危险源、重大活动等特定情况而制定的详细应急预案。专项应急预案应明确适用范围、应急组织机构及其职责、响应启动条件、具体处置措施以及应急保障等内容。当专项应急预案与综合应急预案中的应急组织机构、应急响应程序相似或重合时,可以不再单独编写专项应急预案,而是将相应的应急处置措施整合到综合应急预案中。

（三）现场处置方案

现场处置方案是生产经营单位针对不同事故类型,为具体的场所、装置或设施所制定的详细应急处置措施方案。现场处置方案应重点描述事故风险、明确应急工作职责、制定具体的应急处置步骤,并列出注意事项,以体现自救互救、信息报告和先期处置的特点。对于事故风险因素单一、危险性较小的生产经营单位,可以仅编写现场处置方案。现场处置方案的主要内容应包括:事故风险描述、应急工作职责划分、具体应急处置步骤以及注意事项等。应急预案体系总结详见表4.14。

表 4.14　应急预案体系

	综合应急预案	专项应急预案	现场处置方案
编制对象	生产经营单位应急预案体系的总纲	某一类型或某几种类型事故，或者针对重要生产设施、重大危险源、重大活动	针对具体的场所、装置或设施
预案内容	（1）总则 （2）应急组织机构及职责 （3）应急响应 （4）后期处置 （5）应急保障	（1）适用范围 （2）应急组织机构及职责 （3）响应启动 （4）处置措施 （5）应急保障	（1）事故风险描述 （2）应急工作职责 （3）应急处置 （4）注意事项

二、事故应急预案编制程序

（一）成立应急预案编制工作组

成立以单位主要负责人（或分管负责人）为组长，单位相关部门人员参加的应急预案编制工作组。预案编制工作组应邀请相关救援队伍以及周边相关企业、单位或社区代表参加。

（二）资料收集

（1）适用的法律法规、部门规章、技术标准及规范性文件；

（2）企业周边地质、地形、环境情况及气象、水文、交通资料；

（3）企业现场功能区划分、建（构）筑物平面布置及安全距离资料；

（4）企业工艺流程、工艺参数、作业条件、设备装置及风险评估资料；

（5）本企业历史事故与隐患、国内外同行业事故资料；

（6）属地政府及周边企业、单位应急预案。

（三）风险评估

（1）辨识生产经营单位存在的危险因素，确定可能发生的生产安全事故类别；

（2）分析各种事故类别发生的可能性、危害后果和影响范围；

（3）评估确定相应事故类别的风险等级。

（四）应急资源调查

（1）本单位可调用的应急队伍、装备、物资、场所；

（2）针对生产过程及存在的风险可采取的监测、监控、报警手段；

（3）上级单位、当地政府及周边企业可提供的应急资源；

（4）可协调使用的医疗、消防、专业抢险救援机构及其他社会化应急救援力量。

（五）应急预案编制

应急预案编制应注重系统性和可操作性，做到与相关部门和单位应急预案相衔接。

（六）桌面推演

按照应急预案明确的职责分工和应急响应程序，结合有关经验教训，相关部门及其人员可采取桌面演练的形式，模拟生产安全事故应对过程，逐步分析讨论并形成记录，检验应急预案的可行性，并进一步完善应急预案。

（七）应急预案评审

应急预案编制完成后，生产经营单位应按法律法规有关规定组织评审或论证。参加应急预案评审的人员可包括有关安全生产及应急管理方面的、有现场处置经验的专家。应急预案论证可通过推演的方式开展。

应急预案评审内容主要包括：风险评估和应急资源调查的全面性、应急预案体系设计的针对性、应急组织体系的合理性、应急响应程序和措施的科学性、应急保障措施的可行性、应急预案的衔接性。

（八）批准实施（签发）

通过评审的应急预案，由生产经营单位主要负责人签发实施。

4.4.4 应急演练

一、定义

应急演练是指针对事故情景，依据应急预案而模拟开展的预警行动、事故报告、指挥协调、现场处置等活动。

二、应急演练的目的

检验预案：发现应急预案中存在的问题，提高应急预案的科学性、实用性和可操作性。

锻炼队伍：熟悉应急预案，提高应急人员在紧急情况下妥善处置事故的能力。

磨合机制：完善应急管理相关部门、单位和人员的工作职责，提高协调配合能力。

宣传教育：普及应急管理知识，提高参演和观摩人员风险防范意识和自救互救能力。

完善准备：完善应急管理和应急处置技术，补充应急装备和物资，提高其适用性和可靠性。

三、应急演练的类型

（1）按组织形式分类

桌面演练：指针对事故情景，利用图纸、沙盘、流程图、计算机、视频等辅助手段，依据应急预案而进行交互式讨论或模拟应急状态下应急行动的演练活动。

实战演练：指选择（或模拟）生产经营活动中的设备、设施、装置或场所，设定事故情景，依据应急预案而模拟开展的演练活动。

（2）按演练内容分类

单项演练：指针对应急预案中某项应急响应功能开展的演练活动。

综合演练：指针对应急预案中多项或全部应急响应功能开展的演练活动。

四、应急演练的内容

（1）预警与报告。向相关部门或人员发出预警信息，并向有关部门和人员报告事故情况。

（2）指挥与协调。成立应急指挥部，调集应急救援队伍和相关资源，开展应急救援行动。

（3）应急通信。在应急救援相关部门或人员之间进行音频、视频信号或数据信息互通。

（4）事故监测。对事故现场进行观察、分析或测定，确定事故严重程度、影响范围和变化趋势等。

（5）警戒与管制。建立应急处置现场警戒区域，实行交通管制，维护现场秩序。

（6）疏散与安置。对事故可能波及范围内的相关人员进行疏散、转移和安置。

（7）医疗卫生。调集医疗卫生专家和卫生应急队伍开展紧急医学救援，并开展卫生监测和防疫工作。

（8）现场处置。按照相关应急预案和现场指挥部要求对事故现场进行控制和处理。

（9）社会沟通。召开新闻发布会或事故情况通报会，通报事故有关情况。

（10）后期处置。应急处置结束后，开展事故损失评估、事故原因调查、事故现场清理和相关善后工作。

（11）其他。根据相关行业（领域）安全生产特点开展其他应急工作。

五、综合演练的组织与实施

（一）演练计划

确定应急演练的事故情景类型、等级、发生地域，演练方式，参演单位，应急演练各阶段主要任务，应急演练实施的拟定日期。

（二）演练准备

（1）成立演练组织机构，综合演练通常成立演练领导小组，下设策划组、执行组、保障组、评估组等专业工作组。

（2）编制演练文件，包括演练工作方案、演练脚本、演练评估方案、演练保障方案、演练观摩手册。

（3）演练工作保障，包括人员保障、经费保障、物资和器材保障、场地保障、安全保障、通信保障、其他保障。

（三）应急演练的实施

（1）现场检查；（2）演练简介；（3）启动；（4）执行：包括桌面演练执行、实战演练执行；（5）演练记录：安排专门人员采用文字、照片和音像手段记录演练过程；（6）中断：在应急演练实施过程中，出现特殊或意外情况，短时间内不能妥善处理或解决时，应急演练总指挥按照事先规定的程序和指令中断应急演练；（7）结束：完成各项演练内容后，参演人员进行人数清点和讲评，演练总指挥宣布演练结束。

六、应急演练评估与总结

（一）应急演练评估

（1）现场点评。应急演练结束后，在演练现场，评估人员或评估组负责人对演练中发现的问题、不足及取得的成效进行口头点评。

（2）书面评估。评估人员针对演练中观察、记录以及收集的各种信息资料，依据评估标准对应急演练活动全过程进行科学分析和客观评价，并撰写书面评估报告。评估报告的重点是对演练活动的组织和实施、演练目标的实现、参演人员的表现以及演练中暴露的安全生产管理问题进行评估。

（二）应急演练总结

演练结束后，由演练组织单位根据演练记录、演练评估报告、应急预案、现场总结等材料，对演练进行全面总结，并形成演练书面总结报告。

七、应急演练持续改进

（1）根据演练评估报告中对应急预案的改进建议，由应急预案编制部门按程序对预案进行修订完善。

（2）应急演练结束后，组织应急演练的部门（单位）应根据应急演练评估报告、总结报告提出的问题和建议对应急管理工作（包括应急演练工作）进行持续改进。

（3）组织应急演练的部门（单位）应督促相关部门和人员，制订整改计划，明确整改目标，制定整改措施，落实整改资金，并跟踪督查整改情况。

4.5 安全生产事故报告与调查分析

事故调查与处理的原则为"四不放过"原则，即：事故原因不查清不放过，防范措施不落实不放过，职工群众未受到教育不放过，事故责任者未受到处理不放过。并注重"科学严谨、依法依规、实事求是、注重实效"等原则。

根据生产安全事故造成的人员伤亡或者直接经济损失，事故分为特别重大事故、重大事故、较大事故、一般事故4个等级，详见表4.1。此外，按照事故对人员造成的伤害程度，事故还可进一步细分为轻伤事故、重伤事故和死亡事故。

4.5.1 事故报告

一、事故上报的时限和部门

（1）生产安全事故发生后，事故现场有关人员应当立即向本单位负责人报告；单位负责人接到报告后，应当于1h内向事故发生地县级以上人民政府安全生产监督管理部门和负有安全生产监督管理职责的有关部门报告。情况紧急时，事故现场有关人员可以直接向事故发生地县级以上人民政府安全生产监督管理部门和负有安全生产监督管理职责的有关部门报告。

（2）安全生产监督管理部门和负有安全生产监督管理职责的有关部门接到事故报告后，应当依照下列规定上报事故情况，并通知公安机关、劳动保障行政部门、工会和人民检察院：

① 特别重大事故、重大事故逐级上报至国务院安全生产监督管理部门和负有安全生产监督管理职责的有关部门。

② 较大事故逐级上报至省、自治区、直辖市人民政府安全生产监督管理部门和负有安全生产监督管理职责的有关部门。

③一般事故上报至设区的市级人民政府安全生产监督管理部门和负有安全生产监督管理职责的有关部门。

安全生产监督管理部门和负有安全生产监督管理职责的有关部门逐级上报事故情况，每级上报的时间不得超过2h。上报时限及上报的部门，见图4.26。

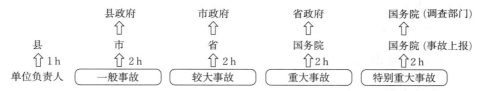

图4.26 事故上报部门与调查部门

二、事故的补报要求

事故报告后出现新情况的，应当及时补报。

（1）自事故发生之日起30日内，事故造成的伤亡人数发生变化的，应当及时补报。

（2）道路交通事故、火灾事故自发生之日起7日内，事故造成的伤亡人数发生变化的，应当及时补报。

事故报告的内容：

（1）事故发生单位概况；

（2）事故发生的时间、地点以及事故现场情况；

（3）事故的简要经过；

（4）伤亡人数和初步估计的直接经济损失；

（5）已经采取的措施；

（6）其他应当报告的情况。

4.5.2 事故调查与分析

一、事故调查

负责事故调查的组织详见表4.15和图4.26。

表4.15 事故调查的组织

事故类型	负责事故调查的组织
特别重大事故	由国务院或者国务院授权有关部门组织
重大事故	事故发生地省级人民政府，也可以授权或者委托有关部门组织
较大事故	设区的市级人民政府，也可以授权或者委托有关部门组织
一般事故	县级人民政府，也可以授权或者委托有关部门组织
未造成人员伤亡的一般事故	县级人民政府，也可以委托事故发生单位组织

（1）特别重大事故以下等级事故，事故发生地与事故发生单位不在同一个县级以上行政区域的，由事故发生地人民政府负责调查，事故发生单位所在地人民政府应当派人参加。

（2）事故调查工作实行"政府领导、分级负责"的原则，不管哪一级事故，其事故调查工作都是由政府负责的；不管是政府直接组织事故调查还是授权或者委托有关部门组织事故调查，都是在政府的领导下，都是以政府的名义进行的，都是政府的调查行为，不是部门的调查行为。

（3）自事故发生之日起30日内（道路交通事故、火灾事故自发生之日起7日内），因事故伤亡人数变化导致事故等级发生变化，应当由上级人民政府负责调查的，上级人民政府可以另行组织事故调查组进行调查。

二、事故调查组的组成和职责

（一）事故调查组的组成

事故调查组由有关人民政府、安全生产监督管理部门、负有安全生产监督管理职责的有关部门、监察机关、公安机关以及工会派人组成，并应当邀请人民检察院派人参加。事故调查组可以聘请有关专家参与调查。进行调查取证时，行政执法人员的人数不得少于2人。

（二）事故调查组履行事故调查职责

事故调查组主要任务和内容包括：

（1）查明事故发生的经过；

（2）查明事故发生的原因；

（3）查明人员伤亡情况；

（4）查明事故的直接经济损失；

（5）认定事故性质和事故责任分析；

（6）对事故责任者提出处理建议；

（7）总结事故教训；

（8）提出防范和整改措施；

（9）提交事故调查报告。

（三）事故调查报告的内容

（1）事故发生单位概况；

（2）事故发生经过和事故救援情况；

（3）事故造成的人员伤亡和直接经济损失；

（4）事故发生的原因和事故性质；

（5）事故责任的认定以及对事故责任者的处理建议；

（6）事故防范和整改措施。

三、事故调查报告的批复（事故处理）

事故调查报告批复的主体是负责事故调查的人民政府。特别重大事故的调查报告由国务院批复，重大事故、较大事故、一般事故的事故调查报告分别由负责事故调查的有关省级人民政府、设区的市级人民政府、县级人民政府批复。对重大事故、较大事故、一般事故，负责事故调查的人民政府应当自收到事故调查报告之日起15日内作出批复。对特别重大事故，30日内作出批复，特殊情况下，批复时间可以适当延长，但延长的时间最长不超过30日。

第 **5** 章

化工安全生产专业实务

5.1 化工生产过程安全

一、化工过程安全管理的主要内容和任务

化工过程安全管理的主要内容包括：安全领导力、安全生产责任制、安全生产合规性管理、过程安全生产信息的收集与利用、风险辨识与控制、不断完善并严格执行操作规程、通过规范管理确保装置安全运行、保持设备设施的完好性、安全仪表系统（SIS）管理、重大危险源的安全管理、开展安全教育与操作技能培训、严格新装置试车与试生产的安全管理、作业过程的安全管理、承包商安全管理、变更管理、应急管理、事故与事件管理，以及安全管理的持续改进等。

二、安全生产信息管理

（一）全面收集安全生产信息

企业应明确负责部门，全面、系统地收集生产过程中涉及的化学品危险性、工艺流程、设备状况等所有相关的安全生产信息，并确保这些信息以文件形式得到妥善保存。

（二）充分利用安全生产信息

企业应基于收集到的安全生产信息，建立健全安全管理制度，制定详细的操作规程，制定应急救援预案，制作工艺卡片，编制培训手册和技术手册，以及建立化学品间的安全相容矩阵表等。通过这些措施，将各项安全要求和注意事项有效融入企业的日常安全管理中。

（三）建立安全生产信息管理制度

企业应建立并完善安全生产信息管理制度，确保信息文件的及时更新。同时，企业应确保生产管理、过程危害分析、事故调查、符合性审核、安全监督检查、应急救援等关键岗位的相关人员能够便捷地获取到最新的安全生产信息，以保障企业的安全生产工作顺利进行。

三、风险管理

（一）风险分析

对涉及重点监管危险化学品、重点监管危险化工工艺以及危险化学品重大危险源（统称"两重点一重大"）的生产储存装置，应进行风险辨识分析，并采用危险与可操作性分析（HAZOP）技术，通常每3年实施一次。对于其他生产储存装置的风险辨识分析，可选用安全检查表、工作危害分析、预危险性分析、故障类型和影响分析、HAZOP技术等方法，或结合多种方法进行，一般每5年进行一次。

根据《危险化学品企业安全风险隐患排查治理导则》，企业若存在以下任一情况，必须立即进行整改；在未完成整改之前，属地应急管理部门应责令其停产整顿，并暂

扣或吊销其安全生产许可证：

（1）主要负责人或安全管理人员从业条件不符合国家有关要求。

（2）危险化工工艺的特种作业人员未取得高中及以上学历。

（3）在役化工装置未经正规设计且未进行安全设计诊断。

（4）外部安全防护距离不符合国家标准的规定。

（5）涉及"两重点一重大"装置或储存设施的自动化控制设施不符合国家要求。

（6）危险化学品泄漏未及时有效处置。

根据《化工和危险化学品生产经营单位重大生产安全事故隐患判定标准》，以下情形应被判定为重大事故隐患：

（1）危险化学品生产、经营单位主要负责人和安全生产管理人员未依法经考核合格。

（2）特种作业人员未持证上岗。

（3）涉及"两重点一重大"的生产装置、储存设施外部安全防护距离不符合国家标准要求。

（4）涉及重点监管危险化工工艺的装置未实现自动化控制，系统未实现紧急停车功能，装备的自动化控制系统、紧急停车系统未投入使用。

（5）构成一级、二级重大危险源的危险化学品罐区未实现紧急切断功能；涉及毒性气体、液化气体、剧毒液体的一级、二级重大危险源的危险化学品罐区未配备独立的安全仪表系统。

（6）全压力式液化烃储罐未按国家标准设置注水措施。

（7）液化烃、液氨、液氯等易燃易爆、有毒有害液化气体的充装未使用万向管道充装系统。

（8）光气、氯气等剧毒气体及硫化氢气体管道穿越除厂区（包括化工园区、工业园区）外的公共区域。

（9）地区架空电力线路穿越生产区且不符合国家标准要求。

（10）在役化工装置未经正规设计且未进行安全设计诊断。

（11）使用淘汰落后安全技术工艺、设备目录列出的工艺、设备。

（12）涉及可燃和有毒有害气体泄漏的场所未按国家标准设置检测报警装置，爆炸危险场所未按国家标准安装使用防爆电气设备。

（13）控制室或机柜间面向具有火灾、爆炸危险性装置一侧不满足国家标准关于防火防爆的要求。

（14）化工生产装置未按国家标准要求设置双重电源供电，自动化控制系统未设置不间断电源。

（15）安全阀、爆破片等安全附件未正常投用。

（16）未建立与岗位相匹配的全员安全生产责任制或者未制定实施生产安全事故隐患排查治理制度。

（17）未制定操作规程和工艺控制指标。

（18）未按照国家标准制定动火、进入受限空间等特殊作业管理制度，或者制度未有效执行。

（19）新开发的危险化学品生产工艺未经小试、中试、工业化试验直接进行工业化生产；国内首次使用的化工工艺未经过省级人民政府有关部门组织的安全可靠性论证；新建装置未制定试生产方案投料开车；精细化工企业未按规范性文件要求开展反应安全风险评估。

（20）未按国家标准分区分类储存危险化学品，超量、超品种储存危险化学品，相互禁配物质混放混存。

（二）确定风险辨识分析内容

（1）工艺技术的本质安全性及风险程度。

（2）工艺系统可能存在的风险。

（3）对严重事件的安全审查情况。

（4）控制风险的技术、管理措施及其失效可能引起的后果。

（5）现场设施失控和人为失误可能对安全造成的影响。

在役装置的风险辨识分析还要包括：发生的变更是否存在风险，吸取本企业和其他同类企业事故及事件教训的措施等。

（三）制定可接受的风险标准

根据《危险化学品重大危险源监督管理暂行规定》（原国家安全生产监督管理总局令第40号）的要求，以及参照国家有关规定或国际相关标准，企业应确定自身可接受的风险标准（即风险矩阵），详见表8.41。对于通过辨识分析所发现的不可接受风险，企业必须及时制定并切实执行相应的措施，以消除、减小或控制这些风险，确保风险被控制在可接受的范围之内。

四、装置运行安全管理

（一）操作规程管理

1.操作规程编制

操作规程内容应至少包括：

（1）开车、正常操作、临时操作、应急操作、正常停车和紧急停车的操作步骤与安全要求。

（2）操作过程的人身安全保障、职业健康注意事项等。

（3）工艺参数的正常控制范围，偏离正常工况的后果，防止和纠正偏离正常工况的方法及步骤。

2.操作规程审查

（1）企业每年要对操作规程的适应性和有效性进行确认，至少每3年要对操作规程进行审核修订。

（2）当工艺技术、设备发生重大变更时，要及时审核修订操作规程。

（3）企业要确保作业现场始终存有最新版本的操作规程文本，以方便现场操作人员随时查阅。

（二）异常工况监测预警

企业要装备自动化控制系统，对重要工艺参数进行实时监控预警。要采用在线安全监控、自动检测或人工分析数据等手段，及时判断发生异常工况的根源，评估可能产生的后果，制定安全处置方案，避免因处理不当造成事故。

（三）开停车安全管理

在正常开停车、紧急停车后的开车前，都要进行安全条件检查确认。开停车前，企业要进行风险辨识分析，制定开停车方案，编制安全措施和开停车步骤确认表。具体管理要求见表5.1。

表5.1　开停车基本管理要求

过程	管理基本要求
开停车前	企业要进行风险辨识分析，制定开停车方案，编制安全措施和开停车步骤确认表，经生产和安全管理部门审查同意后，严格执行并将相关资料存档备查
开车过程中	（1）开车过程中装置依次进行吹扫、清洗、气密试验时，要制定有效的安全措施； （2）引进蒸汽、氮气、易燃易爆介质前，要指定有经验的专业人员进行流程确认； （3）引进物料时，要随时监测物料流量、温度、压力、液位等参数变化情况，确认流程是否正确。要严格控制进退料顺序和速率
停车过程中	（1）停车过程中的设备、管线低点的排放要按照顺序缓慢进行，并做好个人防护； （2）设备、管线吹扫处理完毕后，要用盲板切断与其他系统的联系。抽堵盲板作业应在编号、挂牌、登记后按规定的顺序进行，并安排专人逐一进行现场确认

五、岗位安全教育和操作技能培训

（一）建立并执行安全教育培训制度

建立厂、车间、班组三级安全教育培训体系。从业人员应经考核合格后方可上岗，特种作业人员必须持证上岗。

（二）从业人员安全教育培训

从业人员掌握安全生产基本常识及本岗位操作要点、操作规程、危险因素和控制措施，掌握异常工况识别判定、应急处置、避险避灾、自救互救等技能与方法，熟练使用个体防护用品。当工艺技术、设备设施等发生改变时，要及时对操作人员进行再培训。

（三）新装置投用前的安全操作培训

操作人员在上岗前先接受基础知识和专业理论培训。装置试生产前，企业要完成全体管理人员和操作人员岗位技能培训，考核合格后参加全过程的生产准备。

六、试生产安全管理

（一）明确试生产安全管理职责

（1）企业要明确试生产安全管理范围，合理界定项目建设单位、总承包商、设计单位、监理单位、施工单位等相关方的安全管理范围与职责。

（2）项目建设单位或总承包商负责编制总体试生产方案、明确试生产条件，设计、施工、监理单位要对试生产方案及试生产条件提出审查意见。

（3）采用专利技术的装置，试生产方案经设计、施工、监理单位审查同意后，还要经专利供应商现场人员书面确认。

（二）试生产前各环节的安全管理

建设项目试生产前，建设单位或总承包商要及时组织设计、施工、监理、生产等单位的工程技术人员开展"三查四定"（三查，即查设计漏项、查工程质量、查工程隐患；四定，即整改工作定任务、定人员、定时间、定措施），确保施工质量符合有关标准和设计要求，确认工艺危害分析报告中的改进措施和安全保障措施已经落实（表5.2）。

1. 系统吹扫冲洗安全管理

在系统吹扫冲洗前，要在排放口设置警戒区，拆除易被吹扫冲洗损坏的所有部件，确认吹扫冲洗流程、介质及压力。蒸汽吹扫时，要落实防止人员烫伤的防护措施。

2. 气密试验安全管理

（1）明确各系统气密的最高压力等级。

（2）高压系统气密试验前，要分成若干等级压力，逐级进行气密试验。

（3）真空系统进行真空试验前，要先完成气密试验。

（4）要用盲板将气密试验系统与其他系统隔离，严禁超压。

（5）气密试验时，要安排专人监控，发现问题，及时处理。

（6）做好气密检查记录，签字备查。

3. 单机试车安全管理

（1）单机试车前：要编制试车方案、操作规程，并经各专业确认。

（2）单机试车过程中：应安排专人操作、监护、记录，发现异常立即处理。

（3）单机试车结束后：建设单位要组织设计、施工、监理及制造商等方面人员签字确认并填写试车记录。

4. 联动试车安全管理

联动试车应具备下列条件：

（1）所有操作人员考核合格并已取得上岗资格。

（2）公用工程系统已稳定运行。

（3）试车方案和相关操作规程、经审查批准的仪表报警和联锁值已整定完毕。

（4）各类生产记录、报表已印发到岗位。

（5）负责统一指挥的协调人员已经确定。

引入燃料或窒息性气体后，企业必须建立并执行每日安全调度例会制度，统筹协调全部试车的安全管理工作。

5. 投料安全管理

投料试生产过程中，要严格控制现场人数，严禁无关人员进入现场。

表 5.2　试生产前各环节基本安全管理要求总结

环节	基本要求
吹扫冲洗	排放口设置警戒区、防止人员烫伤
气密试验	(1) 高压系统:分成若干等级压力,逐级进行气密试验; (2) 真空系统:先完成气密试验,再进行真空试验; (3) 盲板隔离:严禁超压,专人监控
单机试车	方案各专业确认、专人操作记录、五方签字(建设、设计、施工、监理、制造商)
联动试车	(1) 操作人员考核合格、统一指挥的协调人员已经确定; (2) 公用工程系统已稳定运行; (3) 试车方案、仪表报警和联锁值已整定完毕; (4) 各类生产记录、报表已印发到岗位
投料安全	严禁无关人员进入现场

七、设备完好性（完整性）

（一）建立并不断完善设备管理制度

(1) 建立设备台账管理制度。

(2) 建立装置泄漏监（检）测管理制度。

(3) 建立电气安全管理制度。

(4) 建立仪表自动化控制系统安全管理制度。

（二）本质安全设计

做好本质安全设计,合理选择设备和管道的材质、规格,并为关键设备留有足够的安全裕度。

（三）设备安全运行管理

(1) 开展设备预防性维修

关键设备要装备在线监测系统,定期监（检）测检查关键设备、连续监（检）测检查仪表,及时消除静设备密封件、动设备易损件的安全隐患。定期检查压力管道阀门、螺栓等附件的安全状态,及早发现和消除设备缺陷。

(2) 加强设备管理

企业要编制动设备操作规程,确保动设备始终具备规定的工况条件。自动监测大机组和重点动设备的转速、振动、位移、温度、压力、腐蚀性介质含量等运行参数,及时评估设备运行状况。加强动设备的润滑管理,确保动设备运行的可靠性。

(3) 开展安全仪表系统安全完整性等级评估。

八、作业安全管理

(1) 建立动火、进入受限空间、动土、临时用电、高处作业、断路、吊装、抽堵盲板等特殊作业安全条件和审批程序。实施特殊作业前,必须办理审批手续。

(2) 危险作业审批人员要在现场检查确认无安全隐患和风险措施可控后签发作业许可证。

(3) 现场监护人员要熟悉作业范围内的工艺、设备和物料状态,具备应急救援和处置能力。作业过程中，管理人员要加强现场监督检查，严禁监护人员擅自离现场。

九、承包商管理

（1）企业在选择承包商时，应严格审查其相关资质，并定期评估其安全生产业绩，对于业绩不佳的承包商应及时进行淘汰。

（2）在承包商进入作业现场之前，企业应与承包商的作业人员进行现场安全交底，并签订安全管理协议，以明确双方的安全管理范围及各自的责任。

（3）现场安全交底的内容应涵盖作业过程中可能遇到的泄漏、火灾、爆炸、中毒窒息、触电、坠落、物体打击以及机械伤害等危害信息。承包商需确保作业人员接受相应的安全培训，并全面掌握与作业相关的所有危害信息及应急预案。同时，企业应对承包商的整个作业过程进行持续的安全监督。

十、变更管理

变更管理是化工过程安全管理的基本要素之一，贯穿于化工企业安全管理的全生命周期，是实现本质安全的一个关键环节。通过实施有效的变更管理，使企业能够尽可能减少或杜绝因变更所引发的安全事故，推动化工企业自身的安全可持续发展。

（一）严格变更管理

根据《化工企业变更管理实施规范》（T/CCSAS 007—2020）的规定，变更的具体内容应包含但不局限于以下内容：工艺技术变更、设备设施变更、管理变更，具体内容详见表5.3。

表5.3　变更管理

变更	变更内容	总结
工艺技术变更	生产能力，原辅材料和介质，工艺路线、流程及操作条件，工艺操作规程或操作方法，工艺控制参数，仪表控制系统（包括安全报警和联锁值的改变），水、电、汽、风等公用工程等方面的改变	产能、原料、工艺、规程、仪表系统、公用工程
设备设施变更	设备设施的更新改造，非同类型替换，布局改变，备件、材料的改变，监控测量仪表的变更，计算机及软件的变更，电气设备的变更，增加临时的电气设备等方面的改变	设备设施（更新、非同类型替换、布局改变）、备件、材料、软件、电气设备
管理变更	安全和生产相关的岗位人员、供应商和承包商、管理机构、管理职责、管理制度和标准、生产组织方式等方面的改变	人、机构、职责、制度

（二）变更管理程序

（1）申请：按要求填写申请变更表，由专人进行管理。

（2）审批：变更申请表逐级上报，报主管负责人审批。

（3）实施：变更批准后，由企业主管部门负责实施。

（4）验收：变更结束后对实施情况进行验收并形成报告，及时通知相关部门和有关人员。收到变更验收报告后，及时更新安全生产信息，载入变更管理档案。

十一、应急管理

企业要建立并完善应急预案体系，具体包括综合应急预案、专项应急预案以及现场处置方案，具体见4.4一节。

十二、持续改进与整改

（1）主要负责人负责组织开展本企业化工过程安全管理工作。

（2）企业要把化工过程安全管理纳入绩效考核。定期评估本企业化工过程安全管理的功效，分析查找薄弱环节，限期整改，并核查整改情况，持续改进。

5.2 重点监管化工工艺及安全生产技术

化工工艺，亦称作化工技术或化学品生产技术，指的是将原料主要通过化学反应转化为产品的方法和过程，这涵盖了实现此转变所采取的全部措施。一般而言，化工工艺的过程涵盖原料的存储、处理，化学反应，产品的分离与精制，以及化学品的存储与运输等基本步骤。其具体的工艺步骤和特点如图5.1所示。

国家安全生产监督管理部门已经明确了18种需重点监管的危险化工工艺及其相应的工艺安全控制措施，具

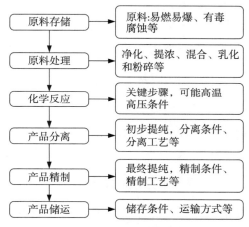

图5.1　一般化工工艺流程及特点

体包括：光气及光气化工艺、氯化工艺、氟化工艺、氧化工艺、加氢工艺、过氧化工艺、聚合工艺、烷基化工艺、电解工艺（氯碱）、硝化工艺、磺化工艺、合成氨工艺、催化裂解工艺、重氮化工艺、偶氮工艺、氨基化工艺、煤化工工艺、电石生产工艺。

对于这些工艺，应重点辨识工艺路径中存在的需特别监管的环节；明确工艺中需着重管控的关键工艺单元；分析工艺的危险性及其反应类型；确定需重点监控的工艺参数；选择适宜的工艺控制方式；并明确工艺安全控制的基本要求等。

5.2.1　光气及光气化工艺

一、工艺简介

光气及光气化工艺包含：光气的制备工艺，以及以光气为原料制备光气化产品的工艺路线。光气又称碳酰氯，化学式为 $COCl_2$，是一种重要的有机中间体，是剧烈窒息性毒气，高浓度吸入可致肺水肿。反应类型为放热反应。其典型工艺包括：

（1）一氧化碳与氯气的反应得到光气，合成反应方程式为

$$CO + Cl_2 \longrightarrow COCl_2$$

（2）光气合成双光气、三光气。

（3）采用光气作单体合成聚碳酸酯。

二、工艺危险特点

（1）光气为剧毒气体，储运及使用过程中若发生泄漏，易造成大面积污染及中毒事故。

（2）反应介质具有燃爆危险性，需严格监控。

（3）副产物氯化氢具有腐蚀性，易导致设备和管线泄漏，进而引发人员中毒事故。

三、重点监控单元和工艺参数

重点监控单元：光气化反应釜、光气储运单元。

重点监控工艺参数：一氧化碳、氯气含水量；反应釜温度、压力；反应物质的配料比；光气进料速度；冷却系统中冷却介质的温度、压力、流量等。

四、安全控制基本要求

应配备以下安全控制措施：事故紧急切断阀；紧急冷却系统；反应釜温度、压力报警联锁；局部排风设施；有毒气体回收及处理系统；自动泄压装置；自动氨或碱液喷淋装置；光气、氯气、一氧化碳监测及超限报警；双电源供电。

五、宜采用的控制方式

当光气及光气化生产系统出现异常现象或发生光气及其剧毒产品泄漏事故时，应立即通过自控联锁装置启动紧急停车程序，并自动切断所有进出生产装置的物料。同时，应迅速将反应装置冷却降温，将发生事故设备内的剧毒物料安全导入事故槽内。随后，开启氨水、稀碱液喷淋系统，以中和泄漏的有毒气体。同时，启动通风排毒系统，将事故部位的有毒气体有效排至处理系统，确保环境安全。

5.2.2 电解工艺（氯碱）

一、工艺简介

电流通过电解质溶液或熔融电解质时，在两个电极上所引起的化学变化称为电解反应。许多基本化学工业产品（如氢、氧、氯、烧碱、过氧化氢等）的制备，都是通过电解过程来实现的。此反应类型通常为吸热反应。典型的电解工艺包括：

（1）氯化钠（食盐）水溶液电解生产氯气、氢氧化钠、氢气，也叫氯碱工艺。其具体电解原理如图5.2所示，反应方程式为

$$2NaCl + 2H_2O \longrightarrow 2NaOH + Cl_2\uparrow + H_2\uparrow$$

式中，阴极：$2H^+ + 2e^- \longrightarrow H_2\uparrow$（还原反应）；

阳极：$2Cl^- - 2e^- \longrightarrow Cl_2\uparrow$ （氧化反应）。

（2）氯化钾水溶液电解产生氯气、氢氧化钾、氢气。

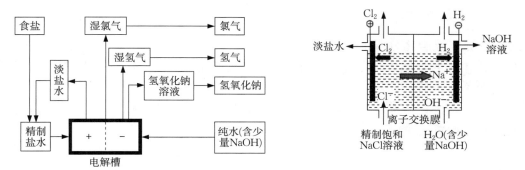

图 5.2　氯碱电解工艺

二、工艺危险特点

（1）电解食盐水过程中产生的氢气是极易燃烧的气体，而氯气则是氧化性极强且具有剧毒的气体。这两种气体一旦混合，极易引发爆炸。特别是当氯气中的氢含量超过5％时，即使在光照或受热等轻微条件下，也可能随时发生爆炸。

（2）若盐水中铵盐含量超标，在适宜的条件下（如 pH＜4.5），铵盐会与氯反应生成氯化铵。此外，浓氯化铵溶液与氯进一步反应，可生成黄色油状的三氯化氮（NCl_3）。三氯化氮是一种极具爆炸性的物质，它与许多有机物接触、被加热至90℃以上，或者受到撞击、摩擦等外力作用时，都会发生剧烈分解并引发爆炸。

（3）电解溶液具有很强的腐蚀性。

（4）在液氯的生产、储存、包装、输送及运输过程中，均存在液氯泄漏的风险。

三、重点监控单元和工艺参数

重点监控单元：电解槽、氯气储运单元。

重点监控工艺参数：电解槽内液位；电解槽内电流和电压；电解槽进出物料流量；可燃和有毒气体浓度；电解槽的温度和压力；原料中铵含量；氯气杂质含量（水、氢气、氧气、三氯化氮等）等。

四、安全控制基本要求

电解槽温度、压力、液位、流量报警和联锁；电解供电整流装置与电解槽供电的报警和联锁；紧急联锁切断装置；事故状态下氯气吸收中和系统；可燃和有毒气体检测报警装置等。

五、宜采用的控制方式

（1）将电解槽内压力、槽电压等形成联锁关系，系统设立联锁停车系统。

（2）安全设施，包括：安全阀、高压阀、紧急排放阀、液位计、单向阀及紧急切断装置等。

5.2.3 氯化工艺

一、工艺简介

氯化是指化合物分子中引入氯原子的化学反应。包含氯化反应的工艺过程被称为氯化工艺,它主要包括取代氯化、加成氯化和氧氯化等类型。此类反应通常为放热反应。典型工艺包括:

(1)取代氯化:氯原子取代烷烃中的氢原子以制备氯代烷烃。例如,甲烷通过游离基氯化反应可以生成一氯甲烷,其反应方程式为

$$CH_4 + Cl_2 \longrightarrow CH_3Cl + HCl$$

另如,芳环上的氯亲电取代反应,其反应方程式如下所示。

(2)加成氯化:乙烯与氯气发生加成氯化反应,生成1,2-二氯乙烷。其反应方程式为

$$CH_2 = CH_2 + Cl_2 \longrightarrow CH_2Cl—CH_2Cl$$

(3)氧氯化:乙烯通过氧氯化反应生产二氯乙烷。其反应方程式为

$$CH_2 = CH_2 + 2HCl + 0.5O_2 \longrightarrow CH_2Cl—CH_2Cl + H_2O$$

二、工艺危险特点

(1)氯化反应属于放热过程,反应剧烈且速度快,伴随大量放热。
(2)所使用的大部分原料均具备燃爆危险性。
(3)氯气本身为剧毒且有强氧化性的化学品。
(4)氯气中若含有杂质,如水、氢气、氧气或三氯化氮等,极易引发爆炸风险。
(5)生成的氯化氢气体与水接触后,具有强腐蚀性。
(6)氯化反应产生的尾气有可能形成爆炸性的混合物。

三、重点监控单元和监控工艺参数

重点监控单元:氯化反应釜、氯气储运单元。
重点监控工艺参数:氯化反应釜温度和压力;氯化反应釜搅拌速率;反应物料的配比;氯化剂进料流量;冷却系统中冷却介质的温度、压力、流量等;氯气杂质含量(水、氢气、氧气、三氯化氮等);氯化反应尾气组成等。

四、安全控制基本要求

应确保反应釜具备温度和压力的报警及联锁功能；实现反应物料的比例控制和联锁；保证搅拌系统的稳定控制；设置进料缓冲器；配备紧急进料切断系统；安装紧急冷却系统；设置安全泄放系统；在事故状态下，应有氯气吸收和中和系统；并安装可燃和有毒气体检测报警装置等。

五、宜采用的控制方式

（1）建议将氯化反应釜内的温度、压力与搅拌系统、氯化剂流量以及氯化反应釜夹套的冷却水进水阀形成联锁关系，并设立紧急停车系统，以确保在异常情况下能够及时停车，保障生产安全。

（2）应配备完善的安全设施，包括但不限于：安全阀、高压阀（或称为泄压阀）、紧急放空阀、液位计、单向阀以及紧急切断装置等，以确保在紧急情况下能够迅速采取措施，防止事故扩大。

5.2.4 氟化工艺

一、工艺简介

氟化是指化合物分子中引入氟原子的化学反应，涉及氟化反应的工艺过程被称为氟化工艺。氟与有机化合物作用时，会发生强烈的放热反应，放出的大量热能可能破坏反应物的分子结构，甚至导致着火或爆炸。氟化剂通常包括氟气、卤族氟化物、惰性元素氟化物、高价金属氟化物、氟化氢以及氟化钾等。此类反应一般属于放热反应。典型工艺包括：

（1）直接氟化：黄磷与氟气反应制备五氟化磷等，反应方程式为

$$2P + 5F_2 \longrightarrow 2PF_5$$

（2）金属氟化物与烃反应制备氟化烃：直接氟化法目前在工业上已不再普遍使用，取而代之的是使用高价金属氟化物作为氟化剂进行氟化。这种方法的主要优点是生成每个 C—F 键所释放的热量较小，为 192.6 kJ/mol，相比之下，直接氟化放出的热量为 432 kJ/mol，因此收率要高得多。实际应用中，常用的金属氟化物有 AgF 和 CoF_2。反应过程是让 F_2 在升温条件下通过装有 AgF 和 CoF_2 的床层，生成高价氟化物，然后将需要氟化的原料（R-H）在 150～300 ℃以气态形式与氮气一同通入反应器中，得到目标氟化物和高附加值的氢氟酸。反应完成后，再次通入 F_2 使 CoF_2 再生。因此，该反应实际上是半连续的，其反应式如下：

$$2CoF_2 + F_2 \longrightarrow 2CoF_3$$

$$3CoF_3 + R{-}H \longrightarrow R{-}F + 2CoF_2 + HF$$

（3）置换氟化：置换氟化是一种广泛应用的氟化方法，其中卤原子被氟原子置换的难易程度顺序是 I＞Br＞Cl。最常用的氟化剂是碱金属氟化物，而 HF 则是一种相对不活泼的氟化剂，只能置换出较活泼的卤原子。例如，三氯甲烷与 HF 反应可以制

备二氟一氯甲烷等，其反应方程式为

$$CHCl_3 + 2HF \longrightarrow CHClF_2 + 2HCl$$

（4）其他氟化方法：除了上述工艺外，电解氟化和间接氟化也有比较广泛的应用。例如，浓硫酸与氟化钙（萤石）反应可以制备无水氟化氢。

二、工艺危险特点

（1）反应物料具有燃爆危险性。

（2）氟化反应为强放热反应，若不及时排除反应热量，易导致超温超压，进而可能引发设备爆炸事故。

（3）多数氟化剂具有强腐蚀性和剧毒，可能因泄漏、操作不当、误接触以及其他意外情况而造成危险。

三、重点监控单元和工艺参数

重点监控单元：氟化剂储运单元。

重点监控工艺参数：氟化反应釜内温度、压力；氟化反应釜内搅拌速率；氟化物流量；助剂流量；反应物的配料比；氟化物浓度。

四、安全控制基本要求

需确保反应釜内温度和压力与反应进料、紧急冷却系统之间设有报警和联锁机制；搅拌系统需具备稳定控制系统；应设置安全泄放系统；以及可燃和有毒气体检测报警装置等。

五、宜采用的控制方式

（1）在氟化反应操作中，应严格控制氟化物浓度、投料配比、进料速度和反应温度等关键参数。必要时，应设置自动比例调节装置和自动联锁控制装置，以确保操作的安全性和稳定性。

（2）应将氟化反应釜内温度、压力与釜内搅拌、氟化物流量、氟化反应釜夹套冷却水进水阀等形成联锁控制。同时，在氟化反应釜处设立紧急停车系统，当氟化反应釜内温度或压力超标，或搅拌系统发生故障时，系统能自动停止加料并紧急停车，以防止事故进一步扩大。

（3）应设置完善的安全泄放系统，以确保在紧急情况下能够及时、有效地释放压力，保护设备和人员的安全。

5.2.5 硝化工艺

一、工艺简介

硝化是有机化合物分子中引入硝基（—NO$_2$）的反应过程，涉及硝化反应的工艺被称为硝化工艺，其中最常见的是取代反应。硝化工艺在炸药、医药、农药、溶剂以及染料中间体的生产中得到了广泛应用，它是有机化工生产中一种至关重要的化学反应。然而，硝化过程具有极高的火灾和爆炸危险性，因此，在生产操作中，防火防爆工作显得尤为重要。硝化反应属于放热反应。以下是几种典型的硝化工艺：

（1）直接硝化法：例如丙三醇与混酸反应制备硝酸甘油；蒽醌硝化制备1-硝基蒽醌；甲苯硝化生产三硝基甲苯（TNT）等。

（2）间接硝化法：如苯酚通过磺酰基的取代硝化制备苦味酸等。

（3）亚硝化法：例如2-萘酚与亚硝酸盐反应制备1-亚硝基-2-萘酚；苯酚与亚硝酸钠和硫酸水溶液反应制备对亚硝基苯酚等。

二、工艺危险特点

（1）反应速度快，放热量大。若突然引发局部激烈反应，会瞬间释放大量热量，极易导致爆炸事故。

（2）反应物料本身具有燃爆危险性。

（3）硝化剂具有强腐蚀性和强氧化性，与油脂、有机化合物（特别是不饱和有机化合物）接触时，极易引发燃烧或爆炸。

（4）硝化产物及副产物同样具有爆炸危险性。

三、重点监控单元和工艺参数

重点监控单元：硝化反应釜、分离单元。

重点监控工艺参数：硝化反应釜内温度；搅拌速率；硝化剂流量；冷却水流量；pH（硝化为赋能反应，如果pH过低，有可能产生多硝基化合物）；硝化产物中杂质含量；精馏分离系统温度；塔釜杂质含量等。

四、安全控制基本要求

需确保反应釜温度设有报警和联锁装置；实现自动进料控制与联锁；配备紧急冷却系统；确保搅拌系统的稳定控制与联锁；分离系统需设有温度控制与联锁装置；建立塔釜杂质监控系统；以及设置完善的安全泄放系统等。

五、宜采用的控制方式

（1）将硝化反应釜内温度与釜内搅拌、硝化剂流量以及硝化反应釜夹套冷却水进水阀形成联锁关系。在硝化反应釜处设立紧急停车系统，一旦硝化反应釜内温度超标或搅拌系统发生故障，系统能自动报警并立即停止加料。

（2）分离系统的温度应与加热和冷却系统形成联锁。当温度超标时，系统能自动停止加热并启动紧急冷却措施。

（3）硝化反应系统应设置泄爆管和紧急排放系统，以确保在紧急情况下能够及时、有效地泄放压力，防止事故扩大。

5.2.6 胺化工艺

一、工艺简介

胺化是在分子中引入胺基（—NR_2，其中R代表烷基、芳基或H）的反应过程。这包括R—CH_3在催化剂存在下，与氨和空气的混合物进行高温氧化反应，从而生成腈类等化合物的反应。此类反应为放热反应。以下是两种典型工艺：

（1）邻硝基氯苯与氨水反应制备邻硝基苯胺：

（2）丙烯氨氧化制备丙烯腈：该工艺以丙烯、氨和空气为原料，在催化剂的作用下，通过氨氧化反应直接合成丙烯腈。其反应式如下：

$$C_3H_6 + 1.5O_2 + NH_3 \longrightarrow CH_2 = CH—CN + 3H_2O$$

二、工艺危险特点

（1）反应介质具有燃爆危险性。

（2）在常压、20 ℃的条件下，氨气的爆炸极限为15％～27％。随着温度和压力的升高，爆炸极限的范围会增大。氨的氧化反应会放出大量热量，一旦氨气与空气的比例失调，就可能引发爆炸事故。

（3）氨呈碱性，具有强腐蚀性。在混有少量水分或湿气的情况下，无论是气态还是液态氨，都会与铜、银、锡、锌及其合金发生化学反应。

（4）氨易与氧化银或氧化汞反应生成爆炸性化合物（如雷酸盐）。

三、重点监控单元和工艺参数

重点监控单元：胺基化反应釜。

重点监控工艺参数：胺基化反应釜内温度、压力；胺基化反应釜内搅拌速率；物料流量；反应物质的配料比；气相氧含量等。

四、安全控制基本要求

需确保反应釜的温度和压力设有报警和联锁装置；实现反应物料的比例控制和联锁系统；配备紧急冷却系统；设置气相氧含量的监控联锁系统；建立紧急送入惰性气体的系统；设置紧急停车系统；完善安全泄放系统；以及安装可燃和有毒气体的检测报警装置等。

五、宜采用的控制方式

（1）将胺化反应釜内的温度、压力与釜内搅拌、胺化物料流量以及胺化反应釜夹套冷却水的进水阀形成联锁关系，并设置紧急停车系统。

（2）完善安全设施，包括安装安全阀、爆破片、单向阀以及紧急切断装置等，以确保在紧急情况下能够及时、有效地采取应对措施，防止事故扩大。

5.2.7 磺化工艺

一、工艺简介

磺化是向有机化合物分子中引入磺酸基（—SO_3H）的反应过程。涉及磺化反应的工艺过程统称为磺化工艺。磺化反应不仅能增加产物的水溶性和酸性，还能赋予产品表面活性。芳烃磺化后，其磺酸基可进一步被其他基团（如—OH、—NH_2、—CN等）取代，从而生成多种衍生物。此反应为放热反应。典型工艺包括：

（1）三氧化硫磺化法：利用气体三氧化硫和十二烷基苯等原料制备十二烷基苯磺酸钠等产品。

（2）共沸去水磺化法：此法适用于沸点较低且易挥发的芳烃，如甲苯磺化生产对甲基苯磺酸。通过让过热的苯蒸气在120～180 ℃下通入浓硫酸中，利用共沸原理，由未反应的苯蒸气带出反应生成的水，以保持磺化剂的浓度稳定，硫酸的利用率可达91％。磺化锅逸出的苯蒸气和水蒸气经冷凝分离后，苯可回收循环使用。此法因利用苯蒸气进行磺化，故在工业上被称为"气相磺化"。目前，甲苯的磺化主要采用三氧化硫磺化法。

（3）氯磺酸磺化法：通过氨基蒽醌与氯磺酸反应生产氨基磺基蒽醌等产品。由于氯原子的电负性较大，硫原子上带有较大部分正电荷，因此氯磺酸的磺化能力很强，仅次于三氧化硫。但需注意，氯磺酸遇水会立即水解为硫酸和氯化氢。

（4）烘焙磺化法：又称芳伯胺的"烘焙"磺化法，使用硫酸作为磺化剂。芳胺与等摩尔的硫酸先制成固态的硫酸盐，然后置于烘盘上，在烘焙炉内于180～230 ℃下进行"烘焙"，如苯胺磺化制备对氨基苯磺酸等。

（5）亚硫酸盐磺化法：利用2,4-二硝基氯苯与亚硫酸氢钠反应制备2,4-二硝基苯磺酸钠等产品。

二、工艺危险特点

（1）反应原料具有燃爆危险性，磺化剂具有氧化性和强腐蚀性。若投料顺序颠倒、投料速度过快、搅拌不良或冷却效果不佳，都可能导致反应温度异常升高，使磺化反应转变为燃烧反应，从而引发火灾或爆炸事故。

（2）氧化硫易冷凝堵管，泄漏后会形成酸雾，对人体和环境造成较大危害。

三、重点监控单元和工艺参数

重点监控单元：磺化反应釜。

重点监控工艺参数：磺化反应釜内温度；磺化反应釜内搅拌速率；磺化剂流量；冷却水流量。

四、安全控制基本要求

应设置反应釜温度的报警和联锁系统，确保搅拌的稳定控制和联锁系统有效，配备紧急冷却系统、紧急停车系统、安全泄放系统以及三氧化硫泄漏监控报警系统等。

五、宜采用的控制方式

（1）将磺化反应釜内温度与磺化剂流量、磺化反应釜夹套冷却水进水阀以及釜内搅拌电流形成联锁关系，设立紧急断料停车系统。当磺化反应釜内各参数偏离工艺指标时，能自动报警、停止加料，甚至紧急停车。

（2）磺化反应系统应设置泄爆管和紧急排放系统，以确保在紧急情况下能够迅速泄放压力，防止事故发生。

5.2.8 合成氨工艺

一、工艺简介

氮和氢两种组分按一定比例（1∶3）组成的气体（合成气），在高温（一般为400～450 ℃）、高压（15～30 MPa）条件下，经催化反应生成氨。此反应为吸热反应，反应式如下：

$$N_2 + 3H_2 \longrightarrow 2NH_3$$

二、工艺危险特点

（1）高温、高压条件使可燃气体爆炸极限范围扩大，若气体物料过氧（即透氧），极易在设备和管道内引发爆炸。

（2）高温、高压气体物料若从设备管线泄漏，会迅速膨胀并与空气混合，形成爆炸性混合物。

（3）气体压缩机等转动设备在高温下运行，可能导致润滑油挥发裂解，进而在附近管道内积炭，积炭可能引发燃烧或爆炸。

（4）高温、高压环境会加速设备金属材料蠕变，改变其金相组织，同时加剧氢气、氮气对钢材的氢蚀和渗氮作用，导致设备疲劳腐蚀，机械强度降低，可能引发物理爆炸。

（5）液氨大规模事故性泄漏会形成低温云团，易导致大范围人群中毒，且遇明火时会发生空间爆炸。

三、重点监控单元和工艺参数

重点监控单元：合成塔、压缩机、氨储存系统。

重点监控工艺参数：合成塔、压缩机、氨储存系统的运行基本控制参数，包括温度、压力、液位、物料流量及比例等。

四、安全控制基本要求

合成氨装置应配备温度、压力报警和联锁系统；物料比例需进行控制和联锁；压缩机需设置温度、入口分离器液位、压力的报警和联锁；同时应配备紧急冷却系统、紧急切断系统、安全泄放系统以及可燃、有毒气体检测报警装置。

五、采用的控制方式

（1）将合成氨装置内的温度、压力与物料流量、冷却系统形成联锁控制关系。

（2）压缩机的温度、压力以及入口分离器液位需与供电系统形成联锁关系。

（3）设置紧急停车系统，以确保在紧急情况下能够迅速停车。

（4）合成单元自动控制还需设置以下控制回路：氨分、冷交液位控制；废锅液位控制；循环量控制；废锅蒸汽流量控制；废锅蒸汽压力控制。

（5）安全设施方面，应配置安全阀、爆破片、紧急放空阀、液位计、单向阀及紧急切断装置等，以确保生产安全。

5.2.9 裂解（裂化）工艺

一、工艺简介

裂解是指石油烃类原料在高温条件下发生碳链断裂或脱氢反应，生成烯烃及其他产物的过程。主要产品为乙烯和丙烯，同时副产丁烯、丁二烯等烯烃以及裂解汽油、柴油、燃料油等。该反应为高温吸热反应。

在裂解过程中，还伴随有缩合、环化和脱氢等复杂反应。因此，通常将反应分为两个阶段：第一阶段为原料转化为乙烯、丙烯等一次产物，称为一次反应；第二阶段为一次产物进一步反应转化为炔烃、二烯烃、芳烃、环烷烃，甚至最终转化为氢气和焦炭，称为二次反应。裂解产物往往是多种组分的混合物。典型工艺包括：

（1）重油催化裂化制汽油、柴油、丙烯、丁烯。这是石油加工工艺中的一个重要环节，旨在将重质馏分油甚至渣油转化为轻质燃料产品。即从大分子分解为较小的分子。这也是原油二次加工中最重要的一个加工过程（重质油轻质化）之一，因为在汽油和柴油等轻质油品的消费中占有很重要的位置。基本工艺为原料油在约 500 ℃、0.2～0.4 MPa 及催化剂存在下，经裂化反应生成气体、汽油、柴油、重质油及焦炭等。产物产率与原料性质、反应条件及催化剂性能密切相关。

（2）乙苯裂解制苯乙烯。

（3）二氟一氯甲烷（HCFC-22）热裂解制四氟乙烯（TFE）。聚四氟乙烯（PTFE），俗称"塑料王"，是由四氟乙烯聚合而成的高分子聚合物。其反应式如下，反应条件为 800～900 ℃，Ni 作催化剂。

$$2CHClF_2 \longrightarrow CF_2 = CF_2 + 2HCl$$

二、工艺危险特点

（1）高温（高压）下进行反应，装置内的物料温度常超过自燃点，若漏出会立即引发火灾。

（2）炉管内壁结焦增加流体阻力，影响传热，可能导致炉管烧穿，引发裂解炉爆炸。

（3）引风机停转会导致炉膛内压力骤增，可能从窥视孔或烧嘴等处喷火，严重时引发炉膛爆炸。

（4）裂解炉烧嘴回火可能引发爆炸。

（5）某些裂解工艺产生的单体会自聚或爆炸，需添加阻聚剂或稀释剂。

三、重点监控单元和工艺参数

重点监控单元：裂解炉、制冷系统、压缩机、引风机、分离单元。

重点监控工艺参数：裂解炉进料流量；裂解炉温度；引风机电流；燃料油进料流量；稀释蒸汽比及压力；燃料油压力；滑阀差压超驰控制、主风流量控制、外取热器控制、机组控制、锅炉控制等。

四、安全控制基本要求

裂解炉进料压力、流量控制报警与联锁；紧急裂解炉温度报警和联锁；紧急冷却系统；紧急切断系统；反应压力与压缩机转速及入口放火炬控制；再生压力的分程控制；滑阀差压与料位、温度的超驰控制；再生温度与外取热器负荷控制；外取热器汽包和锅炉汽包液位的三冲量控制；锅炉熄火保护；机组相关控制；可燃与有毒气体检测报警装置等。

五、宜采用的控制方式

（1）将引风机电流与裂解炉进料阀、燃料油进料阀、稀释蒸汽阀形成联锁关系，一旦引风机故障停车，裂解炉自动停止进料并切断燃料供应，但继续供应稀释蒸汽以带走炉膛余热。

（2）将燃料油压力与燃料油进料阀、裂解炉进料阀形成联锁关系，燃料油压力降低时切断燃料油及裂解炉进料。

（3）分离塔安装安全阀和放空管，低压系统与高压系统间设置止逆阀，并配备氮气装置和蒸汽灭火装置。

（4）将裂解炉电流与锅炉给水流量、稀释蒸汽流量形成联锁关系，一旦水、电、蒸汽等公用工程出现故障，裂解炉自动紧急停车。

（5）反应压力由压缩机转速控制，开工及非正常工况下由压缩机入口放火炬控制。

（6）再生压力由烟机入口蝶阀和旁路滑阀（或蝶阀）分程控制。

（7）再生、待生滑阀由反应温度信号和反应器料位信号控制，滑阀差压出现低限时转由差压控制。

（8）再生温度由外取热器催化剂循环量或流化介质流量控制。

（9）外取热汽包和锅炉汽包液位采用液位、补水量和蒸发量三冲量控制。

（10）带明火的锅炉设置熄火保护控制。

（11）大型机组设置轴温、轴振动、轴位移、油压、油温、防喘振等系统控制。

（12）在装置可能存在可燃气体、有毒气体泄漏的部位设置可燃气体报警仪和有毒气体报警仪。

5.2.10 加氢工艺

一、工艺简介

加氢工艺是指在有机化合物分子中引入氢原子的反应过程。涉及加氢反应的工艺均称为加氢工艺。该反应为放热反应。典型工艺包括：

（1）不饱和烃类（如炔烃、烯烃）的加氢反应，例如环戊二烯加氢生产环戊烯。

$$\text{环戊二烯} + H_2 \longrightarrow \text{环戊烯}$$

（2）芳烃加氢，例如苯加氢生成环己烷，苯酚加氢生产环己醇。

$$\text{苯} + 3H_2 \xrightarrow{Ni} \text{环己烷}$$

$$\text{苯酚} + 3H_2 \xrightarrow{Ni} \text{环己醇}$$

（3）含氧化合物加氢。例如一氧化碳加氢生产甲醇等。

$$CO + 2H_2 \longrightarrow CH_3OH$$

（4）含氮化合物加氢。例如硝基苯催化加氢生产苯胺等。

$$\text{硝基苯} + 3H_2 \xrightarrow{Ni \text{或} Cu} \text{苯胺} + 2H_2O$$

（5）油品加氢。包括重质馏分油加氢裂化生产轻质油（如石脑油、柴油和尾油），渣油加氢改质、脱硫、脱氮及脱金属，减压馏分油加氢改质，以及蜡油催化（或异构）加氢生产低凝柴油、润滑油基础油等。

二、工艺危险特点

（1）反应物料具有燃爆危险性。

（2）加氢反应为强烈放热反应，氢气在高温高压下与钢材接触易导致氢脆，降低设备强度。

（3）催化剂再生和活化过程中存在爆炸风险。

（4）加氢反应尾气中未完全反应的氢气和其他杂质在排放时可能引发火灾或爆炸。

三、重点监控单元和工艺参数

重点监控单元：加氢反应釜、氢气压缩机。注意：没有氢气球罐，因为属于精细化工范畴。

重点监控工艺参数：加氢反应釜或催化剂床层温度、压力；加氢反应釜内搅拌速率（某些固定床加氢等无搅拌）；氢气流量；反应物质的配料比；系统氧含量；冷却水流量；氢气压缩机运行参数、加氢反应尾气组成等。

四、安全控制基本要求

设置温度和压力的报警和联锁机制；严格控制反应物料的比例和配备联锁系统；配备紧急冷却系统、搅拌的稳定控制系统、氢气紧急切断系统；加装安全阀、爆破片等安全设施；为循环氢压缩机设置停机报警和联锁机制，以及在可能泄漏氢气的区域安装氢气检测报警装置。

五、宜采用的控制方式

（1）将加氢反应釜内的温度、压力与搅拌电流、氢气流量以及加氢反应釜夹套冷却水的进水阀形成紧密的联锁关系，并设立可靠的紧急停车系统。

（2）加入急冷氮气或急冷氢气系统，以在紧急情况下迅速降低反应温度。

（3）当加氢反应釜内的温度或压力超出安全范围，或搅拌系统发生故障时，应能自动停止加氢操作，及时泄压，并立即进入紧急状态处理流程。

（4）完善安全泄放系统，确保在紧急情况下能够迅速、安全地释放压力，保护设备和人员安全。

5.2.11 重氮化工艺

一、工艺简介

重氮化工艺是指一级胺与亚硝酸在低温条件下反应，生成含有重氮基（—N≡N）的重氮盐的过程。此反应适用于脂肪族、芳香族和杂环的一级胺。通常，重氮化试剂由亚硝酸钠与盐酸（或其他酸如硫酸、高氯酸、氟硼酸）临时制备而成。脂肪族重氮盐稳定性较差，即使在低温下也易自发分解；而芳香族重氮盐则相对稳定。该反应多为放热反应，典型工艺如芳香族伯胺与亚硝酸钠反应制备芳香族重氮化合物等，例如苯胺制备重氮苯，后者作为重要的有机中间体，可进一步合成多种下游有机产品，如图5.3所示。

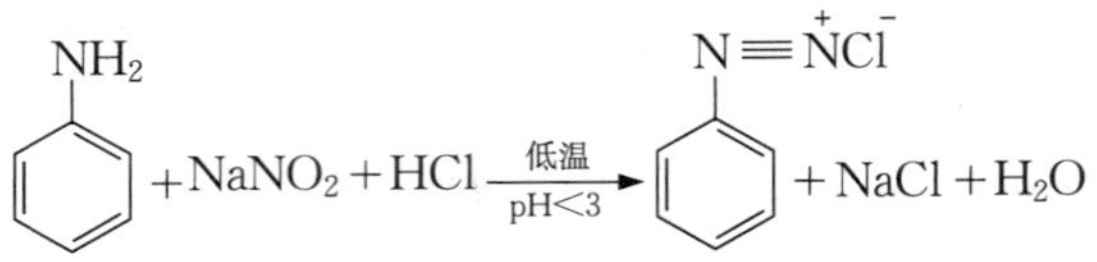

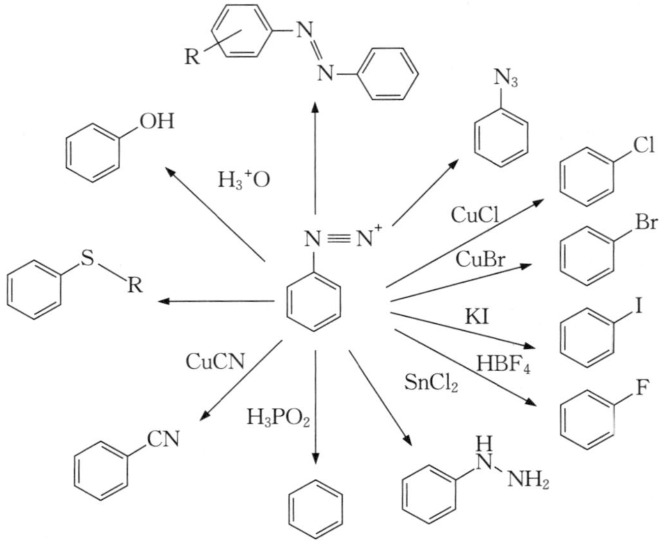

图5.3 重氮化合物为中间体及其下游产品

二、工艺危险特点

（1）重氮盐在较高温度或光照条件下易分解，特别是含硝基的重氮盐，部分甚至在室温下即能分解。在干燥状态下，重氮盐活性强，不稳定，受热、摩擦或撞击可能引发分解甚至爆炸。

（2）重氮化生产过程中使用的亚硝酸钠为无机氧化剂，存在分解导致着火或爆炸的风险。

（3）反应原料本身具有燃爆危险性。

三、重点监控单元和工艺参数

重点监控单元：重氮化反应釜、后处理单元。

重点监控工艺参数：重氮化反应釜内温度、压力、液位、pH；重氮化反应釜内搅拌速率；亚硝酸钠流量；反应物质的配料比；后处理单元温度等。

四、安全控制基本要求

反应釜温度和压力的报警及联锁机制；反应物料比例的控制和联锁系统；紧急冷却系统；紧急停车系统；安全泄放系统；后处理单元的温度监测和惰性气体保护联锁装置等。

五、宜采用的控制方式

（1）将重氮化反应釜内的温度、压力与搅拌速率、亚硝酸钠流量、反应釜夹套冷却水进水阀等形成联锁关系，并在反应釜处设置紧急停车系统。当反应釜内温度超标或搅拌系统发生故障时，自动停止加料并紧急停车，同时启动安全泄放系统。

（2）重氮盐后处理设备应配备温度检测、搅拌、冷却的联锁自动控制调节装置。干燥设备则需配置温度测量、加热热源开关以及惰性气体保护的联锁装置。

（3）安全设施方面，应设置安全阀、爆破片、紧急放空阀等，以确保生产过程中的安全。

5.2.12　偶氮化工艺

一、工艺简介

偶氮化反应是合成通式为 R—N≡N—R 的偶氮化合物的反应，其中 R 代表脂烃基或芳烃基，且两个 R 基可以相同或不同。脂肪族偶氮化合物通常通过相应的肼经过氧化或脱氢反应制得，而芳香族偶氮化合物则一般由重氮化合物的偶联反应制备（见图 5.3）。此类反应多为放热反应。典型工艺包括：

（1）脂肪族偶氮化合物合成：例如，水合肼与丙酮氰醇反应后，再经液氯氧化可制备偶氮二异丁腈（AIBN），这是最常用的一种偶氮类引发剂。其特点是分解反应平稳，仅产生一种自由基，且基本不发生诱导分解，因此常用于自由基聚合反应的动力学研究。

（2）芳香族偶氮化合物合成：通过重氮化合物的偶联反应来制备偶氮化合物。

二、工艺危险特点

（1）部分偶氮化合物极不稳定，活性强，易受热、摩擦或撞击等作用而发生分解甚至爆炸。

（2）偶氮化生产过程中使用的肼类化合物具有高毒性、腐蚀性，且易发生分解爆炸。当遇到氧化剂时，甚至可能自燃。

（3）反应原料本身具有燃爆危险性。

三、重点监控单元和工艺参数

重点监控单元：偶氮化反应釜、后处理单元。

重点监控工艺参数：偶氮化反应釜内温度、压力、液位、pH；偶氮化反应釜内搅拌速率；肼流量；反应物质的配料比；后处理单元温度等。

四、安全控制基本要求

反应釜温度和压力的报警和联锁；反应物料的比例控制和联锁系统；紧急冷却系统；紧急停车系统；安全泄放系统；后处理单元配置温度监测、惰性气体保护的联锁装置等。

五、宜采用的控制方式

（1）将偶氮化反应釜内的温度、压力与搅拌速率、肼的流量、反应釜夹套冷却水的进水阀等形成联锁关系。在反应釜处设置紧急停车系统，以便在反应釜内温度超标或搅拌系统发生故障时，能够自动停止加料并紧急停车。

（2）后处理设备应配备温度检测、搅拌、冷却的联锁自动控制调节装置。干燥设备则需配置温度测量、加热热源开关以及惰性气体保护的联锁装置，以确保安全。

（3）安全设施方面，应设置安全阀、爆破片、紧急放空阀等，以应对可能出现的紧急情况。

5.2.13 氧化工艺

一、工艺简介

氧化是化学反应中涉及电子转移的过程，具体为物质失去电子、氧化数升高的过程。在此过程中，反应原料可能获得氧原子或失去氢原子。利用氧化反应，可以制备多种化合物，如：（1）醇、酚；（2）醛、酮、醌；（3）羧酸；（4）环氧化合物；（5）过氧化物；（6）腈等。常用的氧化剂包括空气、氧气、双氧水、氯酸钾、高锰酸钾、硝酸盐等。此类反应多为放热反应。典型工艺包括：

（1）有机物分子中引入氧。如乙烯氧化制环氧乙烷等。

$$H_2C = CH_2 \longrightarrow \underset{\displaystyle O}{H_2C - CH_2}$$

（2）有机物分子脱去氢或同时增加氧。芳烃侧链烷基氧化可生成醇、醛、羧酸，烃类氨氧化法则可制备腈，这些都是精细化工领域的重要产品。

（3）有机物分子降解氧化。如苯和萘氧化可制得顺丁烯二酸酐和邻苯二甲酸酐，这些是有机合成工业中的关键原料。

（4）有机物分子氨氧化。将带有甲基的有机物与氨和空气的气态混合物，通过气－固相接触催化氧化法，可制取腈类化合物，这样的反应叫作氨氧化。

$$\text{（间二甲苯）} + 2NH_2 + 3O_2 \xrightarrow[\text{0.04 MPa}]{450\ ℃} \text{（间苯二甲腈）} + 6H_2O$$

二、工艺危险特点

（1）反应原料及产品均具有燃爆危险性。

（2）反应气相组成易达到爆炸极限，存在闪爆风险。

（3）部分氧化剂本身具有燃爆危险性，如遇到高温、撞击、摩擦或与有机物、酸类接触，均可能引发火灾或爆炸。

（4）产物中可能生成过氧化物，这些物质化学稳定性差，易受高温、摩擦或撞击而分解、燃烧或爆炸。

三、重点监控单元和工艺参数

重点监控单元：氧化反应釜。

重点监控工艺参数：（1）氧化反应釜内温度和压力；（2）氧化反应釜内搅拌速率；（3）氧化剂流量；（4）反应物料的配比；（5）气相氧含量（低含量报警）；（6）过氧化物含量等。

四、安全控制基本要求

反应釜温度和压力的报警和联锁；反应物料的比例控制和联锁及紧急切断动力系统；紧急断料系统；紧急冷却系统；紧急送入惰性气体的系统（降低氧含量）；气相氧含量监测、报警和联锁；安全泄放系统；可燃和有毒气体检测报警装置等。

五、宜采用的控制方式

（1）将氧化反应釜内的温度、压力与反应物的配比、流量、反应釜夹套冷却水的进水阀以及紧急冷却系统形成联锁关系。

（2）在氧化反应釜处设置紧急停车系统，当反应釜内温度超标或搅拌系统发生故障时，能够自动停止加料并紧急停车。

（3）配备安全阀、爆破片等安全设施，以确保在紧急情况下能够迅速泄放压力，保护设备和人员安全。

5.2.14 过氧化工艺

一、工艺简介

向有机化合物分子中引入过氧基（—O—O—）的反应被称为过氧化反应，通过此反应得到的产物为过氧化物的工艺过程则称为过氧化工艺。此类反应可能为吸热反应或放热反应。以下是典型工艺：

（1）双氧水的生产。过氧化氢，俗称双氧水，是一种相对温和的氧化剂。市面上销售的双氧水通常是浓度为42%或30%的水溶液。双氧水的显著优点在于反应后仅转化为水，无有害物质产生。然而，双氧水性质不稳定，需低温使用并随后进行中和处理，这限制了其应用范围。在工业生产中，双氧水主要用于制备有机过氧化合物和环氧化合物。

（2）制备有机过氧化物。双氧水与羧酸、酸酐或酰氯反应可以生成有机过氧化物。例如，在硫酸催化下，乙酸与双氧水反应后中和，可制得过氧乙酸的水溶液。反应式如下：

$$CH_3COOH + H_2O_2 \longrightarrow CH_3COOOH + H_2O$$

（3）制备环氧化合物。双氧水还能与不饱和酸或不饱和酯反应制取环氧化合物。例如，精制大豆油在硫酸及甲酸或乙酸的催化下与双氧水反应，可制得环氧大豆油。采用类似方法，可从多种高碳不饱和酸酯中制得相应的环氧化合物，这些化合物作为无毒或低毒的增塑剂，性能优异。

二、工艺危险特点

（1）过氧化物因含有过氧基而属于含能物质。过氧键结合力较弱，断裂所需能量小，因此对热、振动、冲击或摩擦等极为敏感，容易分解甚至爆炸。

（2）过氧化物与有机物、纤维接触时易发生氧化反应，从而引发火灾。

（3）反应气相组成易达到爆炸极限，存在燃爆风险。

三、重点监控单元和工艺参数

重点监控单元：过氧化反应釜。

重点监控工艺参数：过氧化反应釜内温度；pH（H_2O_2体系中，pH大于9，易发生爆炸）；过氧化反应釜内搅拌速率；（过）氧化剂流量；参加反应物质的配料比；过氧化物浓度；气相氧含量等。

四、安全控制基本要求

反应釜温度和压力的报警和联锁；反应物料的比例控制和联锁及紧急切断动力系统；紧急断料系统；紧急冷却系统；紧急送入惰性气体的系统；气相氧含量监测、报警和联锁；紧急停车系统；安全泄放系统；可燃和有毒气体检测报警装置等。

五、宜采用控制方式

（1）将过氧化反应釜内温度与釜内搅拌电流、过氧化物流量以及过氧化反应釜夹套冷却水进水阀形成联锁关系，并设置紧急停车系统。

（2）过氧化反应系统应配备泄爆管和安全泄放系统，以确保在紧急情况下能够迅速泄放压力，防止设备损坏和人员伤亡。

5.2.15 聚合工艺

一、工艺简介

聚合是指一种或多种小分子化合物通过化学反应转变为大分子化合物的过程，涉及此类聚合反应的工艺过程统称为聚合工艺。聚合物因其独特的可塑性、成纤性、成膜性、高弹性等性能，被广泛应用于塑料、纤维、橡胶、涂料、黏合剂等多个领域。这些材料由一种或多种结构单元（单体）通过重复反应合成而成，且该反应通常为放热反应。典型工艺包括：

（1）聚烯烃生产。如聚乙烯、聚丙烯、聚苯乙烯等。

$$n\ H_2C = CH_2 \xrightarrow{\text{催化剂}} \left(\begin{array}{c} H_2\ H_2 \\ C-C \end{array}\right)_n$$

（2）聚氯乙烯生产。

$$n\ H_2C = \underset{\underset{Cl}{|}}{CH} \xrightarrow{\text{催化剂}} \left(\begin{array}{c} H_2\ H \\ C-C \\ \ \ \ | \\ \ \ Cl \end{array}\right)_n$$

（3）合成纤维生产。例如，涤纶、尼龙66等。尤其是，尼龙66是通过己二胺和己二酸缩聚制得。在工业实践中，为确保等物质的量比的缩聚反应，通常先将两者制成尼龙66盐再进行缩聚。随着反应中水的脱除，酰胺键形成，从而构建出线型高分子结构。

$$n\ \underset{HO}{\overset{O}{\parallel}}{C}-(CH_2)_4-\underset{OH}{\overset{O}{\parallel}}{C} + n\ H_2N-(CH_2)_6-NH_2 \xrightarrow{\overset{\text{一定}}{\text{条件}}} \left(\underset{}{\overset{O}{\parallel}}{C}-(CH_2)_4-\underset{H}{\overset{O}{\parallel}}{C}-N-(CH_2)_6-\underset{H}{N}\right)_n + 2n\ H_2O$$

（4）橡胶、乳液、涂料、聚氟化物等其他聚合产品的生产。

二、工艺危险特点

（1）聚合原料具有自聚倾向及燃爆风险。

（2）聚合反应放热量大且速度快，若热量不能及时散发，物料温度将急剧上升，导致裂解和爆聚，进而可能引发反应器爆炸。

（3）部分聚合助剂本身具有较大的危险性。

三、重点监控单元和工艺参数

重点监控单元：聚合反应釜、粉体聚合物料仓。

重点监控工艺参数：聚合反应釜内温度、压力，聚合反应釜内搅拌速率；引发剂流量；冷却水流量；料仓静电、可燃气体监控等。

四、安全控制基本要求

应确保反应釜温度与压力具备报警及联锁功能；配备紧急冷却系统；设置紧急切断系统；建立紧急加入反应终止剂（常指阻聚剂）的机制；确保搅拌系统的稳定控制与联锁；料仓应配备静电消除、可燃气体置换系统，并安装可燃与有毒气体检测报警装置；对于高压聚合反应釜，还需设置防爆墙及泄爆面等安全措施。

五、宜采用的控制方式

（1）将聚合反应釜的温度、压力与搅拌电流、聚合单体流量、引发剂加入量、反应釜夹套冷却水进水阀等参数形成联锁关系，并在反应釜附近设置紧急停车系统。

（2）当反应出现超温、搅拌失效或冷却故障时，能够迅速加入聚合反应终止剂以控制局势。

（3）完善安全泄放系统，确保在紧急情况下能够安全地释放压力与热量。

5.2.16 烷基化工艺

一、工艺简介

把烷基引入有机化合物分子中的碳、氮、氧等原子上的反应称为烷基化反应。可分为 C-烷基化反应、N-烷基化反应、O-烷基化反应等。烷基是一类仅含有碳、氢两种原子的链状有机基团，如：—CH_3，—CH_2CH_3 等。反应类型为放热反应。典型工艺包括：

（1）C-烷基化反应。利用乙烯、丙烯及长链 α-烯烃等原料，制备乙苯、异丙苯及高级烷基苯（例如十二烷基苯）。

（2）N-烷基化反应：指氨基上的氢原子被烃基取代的反应。例如，苯胺与乙醇反应制备 N，N-二乙基苯胺，或苯胺与丙烯腈反应制备 N-（β-氰乙基）苯胺等。

（3）*O*-烷基化反应：醇羟基（R-OH）、酚羟基（Ar—OH）上的氢原子，以及卤代烷（R-X）中的卤原子、环氧烷类中的环氧键开裂后的氢原子，被烃基取代，生成二烷基醚、烷基芳基醚或二芳基醚的反应，通常被称为*O*-烷基化反应。例如，对苯二酚、氢氧化钠水溶液和氯甲烷反应可以制备对苯二甲醚；硫酸二甲酯与苯酚反应可以制备苯甲醚；高级脂肪醇或烷基酚与环氧乙烷通过加成反应可以生成聚醚类产物等。以羟基的*O*-烷基化反应为例，其通用的反应方程式可以表示为

$$ROH + R'OH \xrightarrow{\text{大量浓}H_2SO_4} R-O-R' + H_2O$$

二、工艺危险特点

（1）反应介质具有燃爆危险性。

（2）某些烷基化催化剂具有自燃性，遇水会剧烈反应并放出大量热量，易引发火灾甚至爆炸。

（3）烷基化反应通常在加热条件下进行，若原料、催化剂、烷基化剂等加料次序错误、加料速度过快或搅拌中断，可能导致局部剧烈反应，造成物料泄漏，进而引发火灾或爆炸事故。

三、重点监控单元和工艺参数

重点监控单元：烷基化反应釜。

重点监控工艺参数：烷基化反应釜内温度和压力；烷基化反应釜内搅拌速率；反应物料的流量及配比等。

四、安全控制基本要求

应配备反应物料的紧急切断系统；紧急冷却系统；安全泄放系统（如安全阀、爆破片等）；可燃和有毒气体检测报警装置等。

五、宜采用的控制方式

（1）将烷基化反应釜内的温度、压力与搅拌状态、烷基化物料流量、反应釜夹套

冷却水进水阀等参数形成联锁关系。当反应釜内温度超标或搅拌系统出现故障时，自动停止加料并触发紧急停车机制。

（2）完善安全设施，包括设置安全阀、爆破片、紧急放空阀、单向阀及紧急切断装置等，以确保在紧急情况下能够迅速、有效地控制局势并防止事故扩大。

5.2.17　新型煤化工工艺

一、工艺简介

以煤为原料，通过化学加工手段，使煤直接或间接转化为气体、液体和固体燃料、化工原料或化学品的工艺过程，统称为新型煤化工工艺。这主要包括：煤制油（如甲醇制汽油、费-托合成油）、煤制烯烃（如甲醇制烯烃）、煤制二甲醚、煤制乙二醇（通过合成气制得）、煤制甲烷气（煤气甲烷化过程）、煤制甲醇以及甲醇制醋酸等工艺。这些反应大多为放热反应，且典型工艺均为大型成套设备所组成：

（1）煤制甲醇。煤与来自空分装置的氧气在气化炉内反应，生成高 CO 和 H_2 含量的粗煤气。经过调整 H_2 与 CO 的比例以满足甲醇合成的需求，并在过程中去除 CO_2 和 H_2S，得到符合标准的合成气。在催化剂的作用下，合成气在合成塔中转化为粗甲醇，最后通过精馏得到甲醇产品。其合成原理及技术路线如图 5.4 所示。

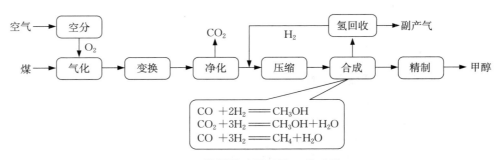

图 5.4　煤制甲醇原理及工艺路线

（2）煤制油（甲醇制汽油、费-托合成油）。包括煤的直接液化和间接液化。煤直接液化是在氢气和催化剂的作用下，通过加氢裂化将煤转化为液体燃料。煤间接液化则是先将煤气化生成合成气，再通过催化剂将合成气转化为烃类燃料、醇类燃料和化学品。

以费-托合成为例，煤首先被气化生成粗煤气，经过净化后得到 H_2 与 CO，然后在催化剂的作用下转化为液体燃料，如油品、石蜡等，同时产生副产燃料气。其合成技术工艺路线如图 5.5 所示。

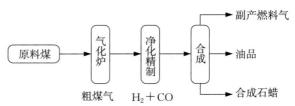

图 5.5　费-托合成技术煤制油工艺路线

（3）煤制烯烃（甲醇制烯烃）煤制烯烃（甲醇制烯烃）：基本原理是通过甲醇转化得到烯烃产品。

（4）煤制二甲醚。它是通过煤化工手段将煤转化为二甲醚这一重要化工原料。

二、工艺危险特点

（1）反应介质中包含一氧化碳、氢气、甲烷、乙烯、丙烯等易燃气体，存在燃爆风险。

（2）反应过程往往涉及高温、高压条件，易发生工艺介质泄漏，从而引发火灾、爆炸和一氧化碳中毒等事故。

（3）反应过程中可能形成爆炸性混合气体，增加安全风险。

（4）煤化工新工艺反应速度快，放热量大，易导致反应失控。

（5）反应中间产物可能不稳定，易发生分解爆炸。

三、重点监控单元和工艺参数

重点监控单元：煤气化炉。

重点监控工艺参数：反应器温度和压力；反应物料的比例控制；料位；液位；进料介质温度、压力与流量；氧含量；外取热器蒸汽温度与压力；风压和风温；烟气压力与温度；压降；H_2/CO 比；NO/O_2 比；NO/醇比；H_2、H_2S 含量等。

四、安全控制基本要求

反应器温度、压力报警与联锁；进料介质流量控制与联锁；反应系统紧急切断进料联锁；料位控制回路；液位控制回路；H_2/CO 比例控制与联锁；NO/O_2 比例控制与联锁；外取热器蒸汽热水泵联锁；主风流量联锁；可燃和有毒气体检测报警装置；紧急冷却系统；安全泄放系统。

五、宜采用的控制方式

（1）建立进料流量、外取热蒸汽流量、外取热蒸汽包液位、H_2/CO 比例与反应器进料系统的联锁关系。一旦检测到异常工况，立即启动联锁机制，紧急切断所有进料，并开启事故蒸汽阀或氮气阀，迅速置换反应器内物料，同时对反应器进行冷却降温处理。

（2）完善安全设施，包括设置安全阀、防爆膜、紧急切断阀及紧急排放系统等，以确保在紧急情况下能够及时有效地控制事态发展，保障人员和设备的安全。

5.2.18 电石生产工艺

一、工艺简介

电石（CaC_2）生产工艺是以石灰和碳素材料（如焦炭、兰炭、石油焦、冶金焦、白煤等）为原料，在电石炉内依靠电弧热和电阻热在高温条件下进行反应，生成电石的工艺过程。此反应为吸热反应。典型工艺为：将石灰与碳素材料（焦炭、兰炭、石油焦、冶金焦、白煤等）反应制备电石。

二、工艺危险特点

（1）具有火灾、爆炸、烧伤、中毒、触电等危险性。

（2）电石遇水会发生乙炔反应，存在燃爆风险。

（3）电石的冷却、破碎过程中可能导致人身伤害、烫伤等。

（4）反应产物一氧化碳有毒，与空气混合后可能引发燃烧和爆炸。

（5）生产中若漏糊导致电极软断，炉内压力会突然增大，可能引发严重爆炸事故。

三、重点监控单元和工艺参数

重点监控单元：电石炉。

重点监控工艺参数：炉气温度；炉气压力；料仓料位；电极压放量；一次电流；一次电压；电极电流；电极电压；有功功率；冷却水温度、压力；液压箱油位、温度；变压器温度；净化过滤器入口温度、炉气组分分析等。

四、安全控制基本要求

应设置紧急停炉按钮；电炉运行平台和电极压放需配备视频监控；输送系统需有视频监控和启停现场声音报警功能；原料称重和输送系统需实现控制；需对电石炉炉压进行调节和控制；电极升降和压放需实现控制；液压泵站需进行控制；炉气组分需进行在线检测、报警和联锁；应安装可燃和有毒气体检测以及声光报警装置；并设置紧急停车按钮等。

五、宜采用的控制方式

（1）将炉气压力与净化总阀、放散阀形成联锁关系。

（2）将炉气组分中的氢、氧含量与净化系统形成联锁关系。

（3）将料仓超料位、氢含量与停炉操作形成联锁关系。

（4）配备安全设施，如安全阀、重力泄压阀、紧急放空阀、防爆膜等，以确保生产安全。

5.2.19　重点监管工艺安全总结

重点监管的18种工艺安全知识涉及化学、化工、工艺、自动化、安全工程、安全管理等多方面领域，内容广泛且难以记忆。特别是在全国注册安全工程师资格考试中，这部分内容占据较高分数。为帮助考生更好地理解和记忆，本节对相关内容进行了总结。实例参见第九章案例一、七、十。

一、工艺的危险性及反应类型

典型的吸热反应包括电解、电石合成和裂解工艺，而过氧化反应则是一个特殊情况，它既可能吸热也可能放热，但大多数情况下为放热反应。除特定几种外，其余均为放热反应。

（1）工艺反应的反应类型：吸热反应存在热失控的危险；放热反应则可能因热量供应失衡而导致体系失稳。

（2）工艺反应底物的危险特性：易燃易爆介质存在火灾和爆炸风险；毒性介质可能导致中毒和窒息；过氧化物和多硝基副产物则通常具有稳定性差的特点。

（3）工艺条件的危险特性：普遍涉及高温、高压以及气相爆炸性混合物等危险因素。

二、重点管控的工艺单元

重点监管的反应单元主要包括储运单元、反应单元和精制单元。

储运单元：应重点监测易燃易爆、有毒有害的气相介质，如氢气、氯气、光气、氨、氟化氢、裂解气（乙炔、乙烷等）及粉体料仓。

反应单元：除氟化反应釜外，其他反应釜均应作为重点监测对象。

精制单元：对于热不稳定性产品的精制过程，如硝化、偶氮、重氮盐及裂解等，应给予特别关注。

储运单元：
氢气、氯气、光气、
裂解、粉体料仓

合成单元：
全部（除氟化）

精制单元：
硝化、偶氮、重氮、
（1N，2N，3N）
裂解

图 5.6 重点监管单元

三、重点监控的工艺参数

通用要求包括：（1）体系温度、压力；（2）介质流量和投料配比；（3）搅拌速率；（4）冷却水温度和流量。

特殊要求包括：（1）监测加氢反应釜、氧化反应釜及胺基化反应气相空间的氧含量；（2）监测体系外泄的毒性/爆炸性气体含量，如加氢反应釜释放尾气的氢含量，光气化工艺体系外光气含量等；（3）监测硝化反应釜（精馏塔塔釜）内多硝基副产物含量；（4）氧化/过氧化工艺中有机过氧化物含量；（5）监测氯化、电解反应及光气化工艺中（反应釜和储运单元）铵离子（生成 NCl_3）、水（生成 HCl）含量；（6）监测过氧化反应、硝化反应、偶氮反应和重氮化反应的pH。

四、工艺安全控制的基本要求

（1）严格控制体系温度，并设置反应釜温度的报警和安全联锁装置。

（2）严密监控试剂流量、投料配比和进料速度，实现自动进料控制和安全联锁。

（3）设置稳定的搅拌体系控制系统。

（4）反应釜应配备紧急切断系统，以实现事故隔离。

（5）反应釜应设置紧急停车系统，并与安全联锁装置相连。

（6）反应釜应配备紧急冷却系统，以实现强制冷却。

（7）反应釜应设置紧急泄放系统，以便在发生事故时迅速卸料。

（8）在体系外设置可燃气体/有毒气体探测系统，以实现事故预警。

特殊情况：对于剧毒气体（如光气、氯气），应设置中和系统。

五、工艺宜采用的控制方式

（1）反应釜反应阶段联锁：将反应釜内温度、压力与搅拌、底物进料量、反应釜夹套冷却水进水阀等形成联锁关系，并设置紧急停车系统。同时，配备安全阀、爆破片、紧急切断阀、紧急放空阀和单向阀等安全设施。

（2）精制阶段联锁：将分离系统温度与加热、冷却装置形成联锁关系；当温度超标时，自动停止加热并启动紧急冷却程序；在特殊情况下，可通入惰性气体进行惰化处理。

5.3 化工装置开停工安全

一、开停工阶段危险性

（1）化工装置的开停工技术要求高、程序复杂、操作难度大，涉及多专业、多岗位的紧密配合。在开停工过程中，装置工况处于不稳定状态，操作条件时刻变化，需要不断进行调整。同时，全厂性的动力供应等也处于不稳定状态，如图5.7所示。

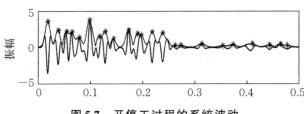

图5.7　开停工过程的系统波动

（2）检修后装置的开工，所有设备、仪表等随着开工进度陆续投用，并逐一接受考验，随时可能出现故障、泄漏等问题。

（3）新建装置的开工，装置的流程、设备未经正式生产检验，人员对新装置的认识、操作熟练程度以及处理问题的经验等均达不到老装置人员的水平。

开工管理是指生产装置或设施从安装、变更或检修施工状态结束，开始转入开工过程，直至开工正常、产品合格的管理过程。停工管理则是指生产装置或设施从开工状态转入停工操作，包括退料、吹扫等，直至交付检修的过程。

化工装置的开停工前，必须制定详细的开停工方案，并严格遵循方案要求进行开停工操作。开停工方案应包括以下内容：

（一）总则

包括开停工的目标、时间进度和总体要求等。

（二）设置组织机构，明确职责分工

新（改、扩）建装置、大修装置或多套装置的开停工，由企业主管生产、技术的领导担任总指挥。其他类型的装置开停工，一般由车间主任或副主任担任总指挥。

（三）风险识别和对策措施

开工过程中包括吹扫试压、联运、引料开工等步骤，停工过程包括退料、吹扫等步骤，在开停工方案编写前，识别分析各项操作步骤存在的风险，并制定有针对性的防范措施。

（1）开停工过程中可能产生的安全风险包括可能引起的超温、超压，停工时的硫化亚铁自燃和开工时的冲塔、满罐等。

（2）开停工过程中可能产生的环保风险包括废气、废水、废渣的产生情况。

（3）明确物料及公共系统的隔离措施和状态，对于联合装置不同步开停工或未退料设备，要有防止物料互串的隔离和防范措施。

（4）明确停工时放射源、特殊催化剂、特殊物料等的防护措施和开工时联锁等自保系统的状态。

（5）制定吹扫过程中防止吹出物伤人和烫伤的措施，开工试压过程中防止超压的措施，试验压力的检测不能少于两块压力表。如果进行爆破吹扫、打靶吹扫，要制定专项安全措施。

（6）明确下水井系统的处理措施以及设备底部排放水的处理措施。

（7）预防水体污染系统要检查、清理、畅通。

（8）开工时，要明确火炬排放系统、报警仪、安全阀、压力表、防爆门、消防气防设施、风向标等安全附件的检查、投用时间。

（9）各项措施的落实、确认要明确程序、时间和责任人，同时要注明需要各部门、单位配合的事项和时间。

二、停工过程安全技术要点

（一）停工过程注意事项

（1）控制好降温、降量、降压的速度，避免温度骤变导致设备和管道变形、破裂，引发易燃易爆、有毒介质泄漏，进而发生着火爆炸或中毒事故。

（2）开关阀门操作要缓慢，先打开头两扣，停片刻观察物料畅通情况后再逐渐开大。开蒸汽阀门时需注意管线的预热、排凝和防水击。

（3）停炉操作应严格按照工艺规程规定的降温曲线进行，注意各部位火嘴熄火对炉膛降温均匀性的影响。

（4）装置停车时，应尽可能将系统内的物料倒空、抽净、降温后送出装置。可燃、有毒气体应排至火炬烧掉。残存物料不得就地排放或排入下水道中，退净介质后才能进行下一步的吹扫置换步骤。

（二）吹扫

（1）对设备和管线内未排净的可燃、有毒液体，采用蒸汽或惰性气体进行吹扫。

（2）吹扫介质压力不能过低，以防被吹扫介质倒流至氮气管网。

（3）存放酸碱介质的设备、管线，应先予以中和或加水冲洗。

（4）低沸点物料应先排液后放压，防止液态烃排放过程中大量汽化使管线设备冷脆断裂。

（5）严格按照操作规程和吹扫方案进行吹扫，各岗位需安排吹扫负责人，并对负责人进行考核。

（6）吹扫合格后，应先关闭有关阀门再停气，以防系统介质倒回。同时及时加盲板与有物料的系统隔离。

（三）置换

（1）对可燃、有毒气体的置换，大多采用蒸汽、氮气等惰性气体为置换介质，也可采用注水排气法将可燃、有毒气体排净。

（2）确定置换介质和被置换介质的进出口及取样部位。若置换介质的密度大于被置换介质，取样点宜设置在顶部及易产生死角的部位；反之则改变方向以确保置换彻底。

（3）置换出的可燃、有毒气体应排至火炬中烧掉。

（4）用惰性气体置换过的设备若需进入其内部作业，必须采用自然通风或强制通风的方法将惰性气体置换掉，并经化验分析合格后方可进入作业以防窒息。

（四）蒸煮和清洗

（1）对吹扫和置换都无法清除的残渣、沉积物等，可用蒸汽、热水、溶剂、洗涤剂或酸、碱溶液来蒸煮或清洗。

（2）水溶性物质可用水洗或热水蒸煮。

（3）黏稠性物料可先用蒸汽吹扫再用热水煮洗。

（4）不溶于水或在安全上有特殊要求的积附物可用化学清洗的方法除去，如积附氧化铁、硫化铁类沉积物的设备、管线等。化学清洗时需注意采取措施防止可能产生的硫化氢等有毒气体危害人体。

（五）抽堵盲板

抽加盲板应做到由专人统一负责编号登记管理、检查核定、现场挂牌。未经吹扫处理的设备、容器、管道与整个系统隔离后应设置明显标志并向岗位相关人员交底。

(a) 8字盲板　　　　　(b) 法兰盲板　　　　　(c) 盲板抽堵作业

图5.8　盲板及盲板抽堵作业

（六）其他

（1）做好下水系统及其他相关系统的安全处理。在完成装置停车、倒空、吹扫、置换、蒸煮、清洗和隔离等工作后，装置停车即告完成。

（2）在正式转入检修施工之前，需对地面、明沟内的油污进行清理，并对装置及其周围的所有下水井和地漏进行封堵。

（3）对于转动设备或其他有电源的设备，检修前应切断一切电源并悬挂警示牌或上锁。

三、停工检修条件联合检查确认

生产装置或设施在停工处理后交付检修施工单位前，需对检修条件进行确认。检修条件确认至少包括以下内容：

（一）承包商施工准备情况

（1）提供相应的施工资质和HSE（健康、安全、环境）业绩证明材料，签订施工HSE合同并交纳安全抵押金。

（2）制定检修施工方案并进行危害识别，制定相应的安全措施和应急预案，且已经相关部门审批完毕。

（3）有健全的HSE管理体系并配备具备资质的专职安全监督管理人员，配置数量满足要求。

（4）所有参加检修人员已进行两级安全教育并与所在单位签订HSE承诺书。

（5）为参加检修人员配备合格的个体防护用品。

（6）特种作业人员持政府主管部门颁发的特种作业操作资格证书。

记忆口诀："资质方案管理员，特种教育防护全"。

（二）其他要求

本企业的相关部门，在停工后、检修前应尽的主要任务详见表5.4。

表5.4　停工后、检修前应尽的主要任务

部门	任务
施工主管部门	负责检查承包商单位和人员资质、特种设备安全等情况,并对承包商施工准备情况进行审核,组织对检修施工方案及HSE方案审核
生产管理部门	组织对盲板拆装情况、停工装置设施情况进行检查
安全监督管理部门	负责检查承包商人员入厂安全教育
环保监督管理部门	负责检查承包商环保措施制定情况、废弃物处置准备情况等
消防、气防监督管理部门	负责现场消防、气防措施和设施落实
电气仪表等参加检修的单位	负责对现场电气仪表设备设施进行安全防护,检查专业安全管理措施落实情况
生产装置所在单位	负责二级安全教育、盲板拆装、下水系统处理、应急措施准备、监护人安排等

四、开工条件联合检查确认

（一）"三查四定"

三查：查设计漏项、查工程质量及隐患、查未完工程量。四定：定任务、定人员、定时间、定措施，限期完成。

"三查四定"一般在项目进度完成了90%～95%时进行。

（二）中间交接

中间交接是将建设或大修项目由施工管理单位逐渐交付给生产单位的时间界面。按照中间交接的标准进行"三查四定"并完成问题整改后，即可进行中间交接。

（三）开工条件确认

生产装置或设施在引料前，必须依据专业及工种逐一确认开工条件，并最终由分管领导审批后方可引料开工。这项工作由生产管理部门负责牵头组织。开工条件的确认应至少涵盖以下内容：

（1）施工完成情况：由施工管理部门（或项目管理部门）与设计管理部门协同组织施工单位、设计单位、监理单位及生产单位等，共同对设计的合规性、完整性、施工质量以及特种设备的取证情况进行全面检查与确认。

（2）生产单位准备情况：生产管理部门应组织生产单位核查开工方案、操作规程、工艺标准等开工文件的审批情况，确保操作人员已接受培训并考核合格，同时检查原材料、助剂等是否已准备充足。

（3）安全仪表与电气系统情况：设备管理部门需组织仪表、电气等单位对仪表联锁、报警系统、电气保护、电气安全以及机泵的试运情况进行细致检查。

（4）公共工程系统准备情况：生产管理部门应组织相关单位对原材料、水、电、气、风的供应，产品和中间产品的储存，以及火炬排放系统等进行全面检查。

（5）专项安全消防情况：安全和消防部门需组织相关单位对劳动保护设施、消防道路、消防气防设施、应急通信及应急预案等进行严格检查。

（6）专项环境保护情况：环保部门应组织相关单位对"三废"的排放与治理、环境应急预案及应急设施等进行详细检查。

记忆口诀："施工备料调仪表，公辅消防和环保"。

（四）开工过程安全管理

（1）确保员工已接受开工方案的培训并通过考试，熟练掌握开工流程。

（2）重视系统试压工作，若气密性不合格，开工后可能导致毒性介质或易燃易爆介质泄漏，甚至引发重大火灾、爆炸或人身事故。

（3）系统内的空气必须彻底吹扫并置换干净，以防止产生爆炸性混合气体。

（4）使用蒸汽前必须净冷凝水，防止水击使用蒸汽前必须先脱净冷凝水，以防止水击现象的发生。

（5）加热炉在开工过程中负荷变化较大，因此必须严格按照操作规程进行，防止炉膛闪爆或超温事故的发生。

（6）开工前，应逐一拆除并销号管线、设备上的盲板，并做好相关记录。

（7）严禁在管线、容器内仍有介质且带压的情况下更换垫片或盘根。

（8）各塔、容器在恒温脱水过程中必须有人值守，以防止油料泄漏。

（9）对各类报警信号应认真对待并及时检查确认。

（10）开工阶段，各专业人员及各级管理人员应加强巡回检查，及时发现并处理潜在问题。

（11）保运单位应配备足够的保运人员，以便随时处理开工过程中可能出现的设备、电气或仪表故障。

（12）对于开工阶段可能产生毒物的过程，现场人员必须佩戴空气呼吸器并携带便携式有毒气体检测报警仪。

（13）开工完成后的运行初期，由于装置工况尚不稳定，建议进行一次全面的综合大检查，以便及时发现并处理可能存在的技术问题和安全隐患。

5.4 主要化工机械单元及安全

5.4.1 主要化工设备类型、危险特性及安全运行要求

化工生产过程极为复杂，涉及多种设备的使用，如反应设备、换热设备、塔设备、干燥设备、分离设备、储罐、压缩机、泵等，这些设备共同构成了化工生产的核心。

图 5.9 典型化工厂外观

一、反应设备

（一）定义

反应设备主要用于完成化学反应及物料混合、溶解、传热和悬浮液制备等工艺过程，通过物质的质的变化，生成新的物质，从而得到所需的中间产物或最终产品。

（二）常用反应设备的类型

常用反应设备有管式反应器、釜式反应器、有固体颗粒床层的反应器（固定床反应器）、塔式反应器等。

（1）管式反应器：呈管状，长径比大，适用于连续操作。反应器可以很长，如丙烯二聚的反应器管长以公里计。反应器的结构包括单管、多管并联、空管及管内填充颗粒状催化剂的填充管等。当反应物流处于湍流状态时，空管的长径比通常大于50；填充段长与粒径之比大于100（气体）或200（液体），物料流动可近似为平推流。如图5.10所示。

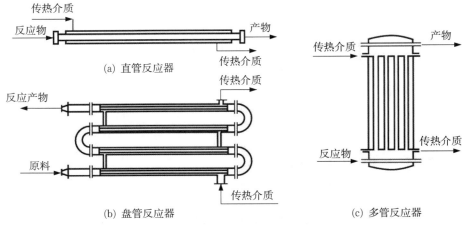

图5.10 管式反应器反应及换热原理

（2）釜式反应器：也称槽式、锅式反应器，结构简单且应用广泛。主要用于液—液均相反应，也可用于气—液、液—液非均相反应。适用于间歇操作，也可单釜或多釜串联用于连续操作，但间歇生产过程应用最多。如图5.11（a）所示。

（3）固定床反应器：装填有固体催化剂或固体反应物，用于实现多相反应。固体物呈颗粒状，粒径约2～15 mm，堆积成一定高度（或厚度）的床层。床层静止，流体通过床层进行反应。与流化床及移动床反应器相比，其特点在于固体颗粒静止。主要用于气—固相催化反应，如氨的合成等。如图5.11（b）所示。

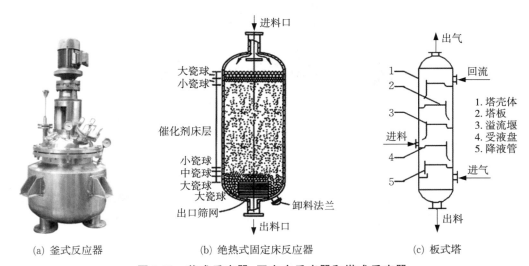

图5.11 釜式反应器、固定床反应器和塔式反应器

（4）塔式反应器：主要分为泡罩塔、填料塔、板式塔、喷淋塔等。以板式塔为例，其液体为连续相，气体为分散相，通过塔板将气体分散成小气泡与液体接触进行反应。板式塔反应器适用于快速及中速反应。多板结构可降低轴向返混，适应小液体流速操作，获得高液相转化率。气液传质系数大，可安置冷却或加热元件。但气相流动压降大，传质表面小。其中，溢流堰维持塔板上液层高度，保证气液接触面积；降

液管作为液体流通通道。如图5.11（c）所示。

（三）反应设备的危险性

1.固有危险性

（1）物料：多为危险化学品，泄漏可能引发火灾、爆炸或中毒窒息。

（2）设备装置：设计不当、结构不连续、焊缝布置不合理等，以及腐蚀性介质侵蚀容器壳体。

2.操作过程危险性

（1）反应失控导致火灾、爆炸。

（2）反应容器中高压物料窜入低压系统引发爆炸。

（3）水蒸气或水漏入反应容器造成事故。

（4）蒸馏冷凝系统缺少冷却水导致爆炸。

（5）容器本身易引发爆炸事故。

（6）物料进出容器操作不当导致事故。

3.反应器安全运行的基本要求

（1）具备足够的反应容积，确保生产能力。

（2）具有良好的传质性能，保证反应物料与催化剂良好接触。

（3）在适当温度下进行反应。

（4）具备足够的机械强度和耐腐蚀能力。

（5）结构合理，便于原料混合和搅拌，易于加工。

（6）材料易得，价格合理。

（7）操作简便，易于安装、维护和检修。

二、换热设备

（一）定义

在工业生产过程中，为满足工艺流程的需求，经常需要进行热量交换，如加热、冷却、蒸发和冷凝等。换热器正是用于实现这些热量交换与传递的关键设备，其外观如图5.12所示。

图5.12　换热器外观

（二）分类

按传热原理分类：表面式、蓄热式、流体连接间接式、直接接触式。

按用途分类：加热器、预热器、过热器、蒸发器。

按结构分类：浮头式、固定管板式（列管式）、U形管板式、板式等。

（三）常见故障及预防措施

1.管束故障

（1）管束故障原因：管束的腐蚀、磨损导致泄漏或管束内结垢造成堵塞。管束结构及换热原理如图5.13所示。

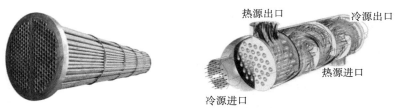

热源出口　冷源出口

热源进口

冷源进口

图5.13　列管式换热器的管束和换热原理

管束故障的预防措施：

① 向冷却水中添加阻垢剂，并定期清洗管束。

② 保持管内流体流速稳定，避免流速过快或过慢导致的腐蚀或结垢。

③ 选用耐腐蚀性材料（如不锈钢、铜）或增加管束壁厚，提高管束的耐腐蚀性和强度。

④ 在管束入口处易受磨损的区域（入口200 mm长度内），可接入合成树脂等保护材料，延长管束使用寿命。

（2）振动造成的故障

造成振动的原因包括：泵、压缩机的振动传递至管束；旋转机械产生的脉动；高速流体（如高压水、蒸汽）对管束的冲击。

降低管束的振动常采用的方法：

① 尽量减少开停车次数，降低因启停引起的振动。

② 在流体入口处安装调整槽，减缓流体对管束的冲击，降低振动。

③ 减小挡板间距，增加管束的支撑，减小振幅。

④ 合理设计管束通过挡板的孔径，避免过大或过小导致的振动问题。

2.法兰盘泄漏

换热器上各流体接口、人孔、手孔、测量位点及管板与管箱位置均设有法兰。如图5.12所示。法兰盘泄漏通常是因为温度升高，紧固螺栓受热伸长，从而在紧固部位产生间隙。

预防措施包括：

（1）在换热器投入使用后，定期对法兰螺栓进行重新紧固，确保密封性。

（2）尽量减少密封垫的使用数量，并优先选用金属密封垫，提高其耐高温和耐腐蚀性。

（3）采用以内压力紧固垫片的方法，增强垫片的密封效果。

（4）采用易于紧固的作业方法，如使用专用工具或改进紧固流程，确保法兰螺栓的紧固质量。

三、储罐

（一）定义及分类

储罐是指储存液体或气体的密封容器。

由于储存介质的不同，储罐的形式也是多种多样的。

按位置分类：分为地上储罐、地下储罐、半地下储罐、海上储罐、海底储罐等。

按油品分类：分为原油储罐、燃油储罐、润滑油罐、食用油罐、消防水罐等。

按用途分类：分为生产油罐、存储油罐等。

按形状分类：分为立式储罐、卧式储罐和特殊形状储罐等。

按结构分类：分为固定顶拱顶罐、浮顶储罐、内浮顶罐和球形储罐等。

按大小分类：50 m³ 及以上为大型储罐，多为立式储罐；50 m³ 以下的为小型储罐，多为卧式储罐。

1. 立式拱顶罐

立式拱顶罐具有施工容易、造价低廉、节省钢材等优点。它由带弧形的罐顶、圆筒形罐壁及平底组成。由于罐顶以下的气相空间较大，油品的蒸发损耗会相应增加，因此立式拱顶罐不宜用于储存挥发性较高的化学品，而更适合用于储存挥发性较低的化学品。如图 5.14 所示。

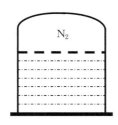

图 5.14　立式拱顶罐

2. 外浮顶罐

外浮顶罐是一种带有浮顶、上部敞口的立式圆筒形罐。它利用浮顶将液面与大气隔开，从而大大减少化学品的蒸发损耗。这种储罐广泛应用于储存原油、汽油和其他易挥发油品。如图 5.15 所示。

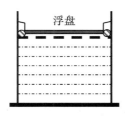

图 5.15　外浮顶罐

3. 内浮顶罐

内浮顶罐是装有浮顶的拱顶罐，它兼有拱顶罐的防雨、防尘特性和浮顶罐的降低蒸发损耗等优点。如图 5.16 所示。在化工企业中，内浮顶罐多用于储存航空汽油、汽油、溶剂油、甲醇、MTBE（甲基叔丁基醚，常用作汽油添加剂）等品质较高且易挥发的油品。浮顶与罐壁之间采用特殊的密封带密封装置，如舌形密封带或囊式密封带，以确保密封性。内浮盘的稳定性、耐火性和可维修性对其本质安全水平至关重要。浮盘应具备足够的稳定性和耐火性，以防止储罐闪爆后浮盘失稳或失效引发火灾。

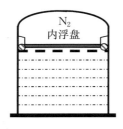

图5.16　内浮顶罐

4. 卧罐

卧式圆筒形储罐通常简称为卧罐。与立式圆筒形储罐相比，卧罐的容量较小，但承压能力范围较大，因此广泛用作各种生产过程中的工艺容器。卧罐可用于储存各种油料和化工产品，如汽油、柴油、液化石油气、丙烷、丙烯等。如图5.17（a）所示。

5. 球罐

球罐是一种压力储罐，在化工企业中广泛应用于储存液化气体和其他低沸点油品。由于其形状为球形，具有较好的承压能力和稳定性。如图5.17（b）所示。

(a) 卧罐　　　　　　　　　　　　　(b) 球罐

图5.17　卧罐和球罐

（二）化学品储存设施的选用

（1）储罐原则上应地上露天设置，如有特殊要求，可采取埋地方式设置。

（2）易燃和可燃液体储罐应优先采用钢制储罐，以确保其安全性和稳定性。

（3）液化烃等甲$_A$类液体在常温储存时，应选用压力储罐，以满足其特殊的储存需求。

（4）对于储存沸点低于45 ℃或在37.8 ℃时饱和蒸气压大于88 kPa的甲$_B$类液体（分类详见表5.19），应采用压力储罐、低压储罐或采取降温措施的常压储罐。

（5）储存沸点大于或等于45 ℃或在37.8 ℃时饱和蒸气压不大于88 kPa的甲$_B$、

乙$_A$类液体，应优先采用浮顶储罐或内浮顶储罐，以减少蒸发损失和确保安全。

（6）储存乙$_B$和丙类液体时，可选用浮顶储罐、内浮顶储罐、固定顶储罐或卧式储罐，根据具体情况选择最合适的储罐类型。

（7）对于容量小于或等于100 m³的储罐，可选用卧式储罐，以便于布置和管理。

（8）酸类、碱类液体宜选用固定顶储罐或卧式储罐，并应采取相应的防腐措施，以确保储罐的耐腐蚀性和安全性。

（9）直径大于48 m的内浮顶储罐，应选用钢制单盘式或双盘式内浮顶，以确保其稳定性和可靠性。同时，应加强对储罐的日常检查和维护，确保其处于良好状态。

（三）储罐安全附件

1.常压和低压储罐附件的选用

（1）浮顶罐和内浮顶罐应配置量油孔、人孔、排污孔（或清扫孔）以及排水管（通常称作切水阀）。对于原油和重油储罐，建议设置清扫孔；而轻质油品则更适宜设置排污孔。

（2）采用气体密封的拱顶罐，还需增设事故泄压装置以确保安全。

（3）储存甲$_B$、乙类液体的地上卧式储罐，以及采用氮气或其他惰性气体进行密封保护的储罐，其通气管上必须安装呼吸阀。

（4）储存甲$_B$、乙、丙$_A$类液体的固定顶罐、地上储罐，以及储存甲$_B$、乙类液体的卧式储罐，若采用氮气或其他惰性气体进行密封保护，则应在这些储罐直接通向大气的通气管或呼吸阀上安装阻火器。同时，内浮顶储罐的罐顶中央通气管上也应安装阻火器。

2.轻质油储罐专用附件

（1）储罐呼吸阀：是保证储罐安全使用、实现均压并减少油品损耗的重要附件，如图5.18（a）所示。

（2）液压安全阀：当呼吸阀出现故障或油罐收付作业异常导致罐内超压或真空度过大时，液压安全阀起到密封和防止损坏的作用，其工作压力较机械呼吸阀高出5％～10％，如图5.18（b）所示。

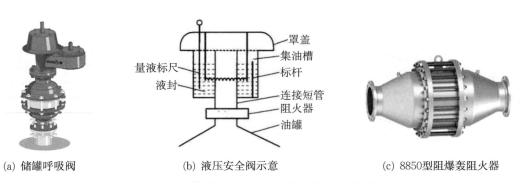

（a）储罐呼吸阀　　　　　（b）液压安全阀示意　　　　　（c）8850型阻爆轰阻火器

图5.18　储罐呼吸阀、液压安全阀和阻火器

（3）阻火器：安装在机械呼吸阀或液压安全阀下方，有效阻止外来火焰或火星通过呼吸阀进入储罐。储罐气相连通支线管道和罐顶中央通气孔上的阻火器性能必须达标，这是确保储罐安全运行的关键，如图5.18（c）及图4.18所示。

（4）喷淋冷却装置：喷淋水环管上的喷头间距不宜超过 2 m，喷头出水压力应不低于 0.1 MPa。喷淋系统应配备控制阀和放空阀，且这些阀门应设置在防火堤外，距离被保护罐壁至少 15 m，如图 5.14、图 5.15、图 5.16 所示。

3. 球罐的主要附件、附属设施

压力储罐除应配备梯子、平台、人孔、接管和放水管（也称切水阀）外，还应包括安全阀、压力表、液面计、紧急放空阀、紧急切断阀等关键附件。

（1）安全阀

① 球罐通常设置两个安全阀，每个都能满足事故状态下最大释放量的安全要求。

② 安全阀应垂直安装于球罐顶部的气相空间部分，或装在与球罐气相空间相连的管道上。

③ 安全阀前后应设置手动全通径切断阀，切断阀口径不得小于安全阀的出、入口口径，且阀门应保持全开状态并加铅封或锁定。

④ 安全阀的排放口原则上应接入火炬系统；若条件受限，可直接排入大气，但排气管口应高出周围 8 m 范围内储罐罐顶平台至少 3 m。

（2）压力表

① 球罐使用的压力表精度等级应不应低于 1.5 级，压力表盘刻度极限值应为最高工作压力的 1.5～3.0 倍，且表盘直径不得小于 100 mm。

② 压力表首次安装使用前需进行校验，之后每半年校验一次。刻度盘上应标注出最高工作压力的红线及下次校验日期，校验合格的压力表应加铅封固定。

③ 压力表应安装在便于观察的位置，且每个球罐至少应安装两个压力表，其中一个应位于球罐顶部。

（3）液面计

① 球罐的液面计在安装使用前应进行 1.25～1.5 倍液面计公称压力的液压试验。

② 液面计应安装在便于观察的位置，并明确标识出最高和最低安全液位。

（4）紧急切断阀

紧急切断阀是安装在球罐进出口管道上的关键阀门，能在发生事故或异常情况时迅速切断和隔离易燃及有毒物料。

（5）紧急放空阀

紧急放空阀（也称安全阀的副线阀）是紧急情况下用于泄放罐内压力的设施，其管径不得小于安全阀入口的直径。

（6）罐底注水设施

罐底注水设施是球罐底部泄漏时的补救措施，通过向罐内注水来减少液化气体的泄漏并降低事故损失。

四、塔设备

塔设备是化工、炼油生产中至关重要的设备之一。在塔设备中，可以完成多种单元操作，如精馏、吸收、解吸、萃取、气体洗涤、冷却、增湿以及干燥等。关于塔设备的分类，可以从以下几个方面进行：

（1）根据塔的内部构件结构形式，塔设备主要分为两大类：板式塔和填料塔。

（2）根据化工操作单元的特性（或功能），塔设备又可细分为：精馏塔、吸收塔、萃取塔、反应塔、解吸塔、再生塔以及干燥塔等。

（3）根据操作压力的不同，塔设备还可以分为：加压塔、常压塔和减压塔。

5.4.2　主要化工机械类型、危险特性及安全运行要求

一、分离设备

分离器是一种将混合物质分离成两种或两种以上不同物质的机器。其工作原理包括：

（1）离心式工作原理

离心分离器，又称离心机，利用离心力将溶液中密度不同的成分进行分离。它可实现固－液分离、液－液分离（如重液体、轻液体及乳浊液等）。

（2）静电式工作原理

静电分离器，又称静电分离设备，通过高压静电将导体物质与非导体物质进行分离。

二、压缩机组

压缩机是一种用于提高气体压力和输送气体的机械，其外观如图5.19所示。

图5.19　压缩机外观

压缩机的分类：

（1）按作用原理分：容积式（往复活塞式）、速度式（离心式，也叫透平式），其工作原理如图5.20所示。

（2）按压送的介质分：空气压缩机、氮气压缩机、氧气压缩机、氢气压缩机。

（3）按排气压力分：低压0.3～1.0 MPa；中压1.0～10 MPa；高压10～100 MPa；超高压为大于100 MPa。

（4）按结构型式分：

① 容积式：回转式（包括螺杆式、滑片式、罗茨式）和往复式（包括活塞式、隔膜式）。

② 速度式：离心式、轴流式、喷射式、混流式。

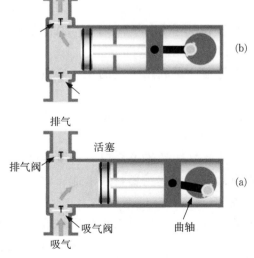

图5.20　容积式（往复活塞式）压缩机工作原理

三、泵

泵是一种用于增加液体或气体压力，使其输送流动的机械。它是用来移动液体、气体或特殊流体介质的装置，即对流体做功的机械。

泵的分类：

（1）按工作原理分：容积式、叶轮式、喷射式，原理如图 5.20 和图 5.21 所示。

（2）按泵轴位置分：卧式、立式，如图 5.21 所示。

图 5.21　离心泵原理、卧式泵和立式泵

5.4.3　特种设备

特种设备是指那些涉及生命安全、具有较大危险性的设备，包括锅炉、压力容器（含气瓶）、压力管道、电梯、起重机械、客运索道、大型游乐设施以及场（厂）内专用机动车辆。这些设备中，承压类特种设备包括锅炉、压力容器、气瓶和压力管道；机电类特种设备则涵盖电梯、起重机械、客运索道、大型游乐设施以及场（厂）内专用机动车辆。本节将主要介绍与化工行业紧密相关的特种设备。

压力容器，是一种用于盛装气体或液体，并能承载一定压力的密闭设备。其规定为最高工作压力 $\geqslant 0.1$ MPa（表压）的气体、液化气体，以及最高工作温度高于或等于标准沸点的液体，且容积 $\geqslant 30$ L、内直径（对于非圆形截面，指截面内边界的最大几何尺寸）$\geqslant 150$ mm 的固定式或移动式容器；还有公称工作压力 $\geqslant 0.2$ MPa（表压），且压力与容积的乘积 $\geqslant 1.0$ MPa·L 的气体、液化气体，以及标准沸点 $\leqslant 60$ ℃的液体的气瓶；以及氧舱。

压力管道，是利用一定的压力来输送气体或液体的管状设备。其范围定义为：最高工作压力 $\geqslant 0.1$ MPa（表压），介质为气体、液化气体、蒸汽或可燃、易爆、有毒、有腐蚀性，以及最高工作温度高于或等于标准沸点的液体，且公称直径 $\geqslant 50$ mm 的管道。但公称直径 < 150 mm，且最高工作压力 < 1.6 MPa（表压）的输送无毒、不可燃、无腐蚀性气体的管道，以及设备本体所属的管道除外。

锅炉，是一种利用燃料或电能，将所盛装的液体加热到特定参数，并对外输出热能的设备。

起重机械，是一种用于垂直升降或垂直升降并水平移动重物的机电设备。其范围包括：额定起重量 $\geqslant 0.5$ t 的升降机；额定起重量 $\geqslant 3$ t，且提升高度 $\geqslant 2$ m 的起重机；以及层数 $\geqslant 2$ 层的机械式停车设备。

场（厂）内专用机动车辆，是指除道路交通车辆和农用车辆以外，仅在工厂厂区、旅游景区、游乐场所等特定区域内使用的专用机动车辆。

一、化工常用特种设备—压力容器安全技术

（一）压力容器安全技术概述

压力容器，通常指的是在工业生产中用于完成反应、传质、传热、分离和储存等生产工艺过程，且能够承载一定压力的气体或液体的密闭设备。

固定式压力容器的特点：具有潜在的爆炸危险性、介质种类繁多且差异显著、不同容器的工作条件各不相同、所需材料种类也多种多样。

移动式压力容器的特点：活动范围广泛、运行环境条件复杂多变、介质大多为易燃、易爆以及有毒等液化气体、活动场所不固定，因此监督管理难度相对较大。

特别注意：使用石化与化工成套装置的单位，以及压力容器台数达到或超过50台的单位，应当设立专门的特种设备安全管理机构，并配备专职的安全管理人员。压力容器安全管理负责人和安全管理人员必须持有有效的特种设备管理人员证书。同时，操作人员也必须持有特种作业操作资格证书方可上岗，并应严格执行相关的管理制度和操作规程。此外，压力容器的安全检查应每月进行一次，检查内容应涵盖安全附件、装卸附件、安全保护装置、测量调控装置、附属仪器仪表的完好性，以及各密封面是否存在泄漏等异常情况。

1.压力容器的参数

（1）压力

① 最高工作压力：指在正常操作情况下，容器顶部可能出现的最高压力值。

② 设计压力：是指在相应设计温度下，用以确定容器壳体厚度及其元件尺寸所需承受的压力。压力容器的设计压力值必须高于或等于最高工作压力。

（2）温度

① 设计温度：指在正常工作情况下，所设定的元件金属温度。若温度低于$-20 \, ℃$，则应按最低温度来确定设计温度。

② 试验温度：指在进行压力试验时，壳体的金属温度。

③ 实际工作温度：指容器在实际运行过程中的工作温度。

（3）介质

① 按物质状态分：可分为气体、液体、液化气体、单质和混合物等。

② 按化学特性分：可分为可燃、易燃、惰性和助燃四种类型。

③ 按毒害程度分：可分为极度危害（Ⅰ级）、高度危害（Ⅱ级）、中度危害（Ⅲ级）和轻度危害（Ⅳ级）四个等级。

2.压力容器的分类

（1）按压力等级划分

① 低压容器：$0.1 \, MPa \leqslant p < 1.6 \, MPa$；

② 中压容器：$1.6 \, MPa \leqslant p < 10.0 \, MPa$；

③ 高压容器：$10.0 \, MPa \leqslant p < 100.0 \, MPa$；

④ 超高压容器：$p \geqslant 100.0 \, MPa$。

外压容器中，当容器的内压力小于一个绝对大气压（约0.1MPa）时，又称为真空容器。

（2）按容器在生产中的作用分

按容器在生产中的作用可分为反应压力容器、换热压力容器、分离压力容器、储存压力容器，详见表5.5。

表5.5　按压力容器作用分类及其特征

分类	特征	举例
反应压力容器	用于完成介质的物理化学反应	反应器、反应釜、聚合釜、合成塔、变换炉、煤气发生炉等
换热压力容器	用于完成介质的热量交换	热交换器、冷却器、冷凝器、蒸发器等
分离压力容器	用于完成介质的流体压力平衡缓冲和气体净化分离	分离器、过滤器、集油器、洗涤器、吸收塔、干燥塔、汽提塔、分汽缸、除氧器等
储存压力容器	用于储存、盛装气体、液体、液化气体等介质	储罐、缓冲罐、消毒锅、印染机、烘缸、蒸锅等

（3）按安装方式划分

按安装方式可划分为：固定式和移动式，详见表5.6。

表5.6　按压力容器安装方式分类及特征

分类	特征	举例
固定式压力容器	安装在固定位置使用的压力容器	生产车间内的储罐、球罐、塔器、反应釜等
移动式压力容器	单个或多个压力容器罐体与行走装置、定型汽车底盘或者无动力半挂行走机构或框架组成	汽车罐车、铁路罐车、罐式集装箱、长管拖车等

（4）按制造许可划分

国家市场监督管理总局颁布的《特种设备生产单位许可目录》中，依据制造难度、结构特点、设备能力、工艺水平以及人员条件等因素，将压力容器划分为A、B、C、D四个许可级别，其中A级为最高级别。具体划分详见表5.7。

表5.7　按压力容器制造分类及范围

级别	制造压力容易范围
A	高压容器、球罐、非金属压力容器、氧舱、超高压容器等
B	无缝气瓶、焊接气瓶、特种气瓶、低温绝热气瓶、内装填料气瓶等
C	铁路罐车、汽车罐车、罐式集装箱、长管拖车、管束式集装箱（移动）等
D	中、低压容器

（二）压力容器的安全附件

1.压力容器安全附件种类

（1）联锁装置：为防止操作失误而设置的控制机构，如联锁开关、联动阀等。

（2）警报装置：压力容器在运行中出现不安全因素，致使容器处于危险状态时，能自动发出音响或其他警报信号的仪器，例如压力警报器、温度监测仪等。

（3）计量装置：指能自动显示压力容器运行中与安全相关的工艺参数的器具，如压力表、温度计、液位计等。

（4）泄压装置：指能自动、迅速地排出容器内的介质，使容器内压力不超过其最高许用压力的装置，例如安全阀、爆破片等。

2. 安全附件装设要求

（1）安全阀、爆破片的压力设定

① 安全阀的整定压力一般不大于容器的设计压力，也可根据最高允许工作压力来确定安全阀的整定压力。

② 爆破片的设计爆破压力一般不大于容器的设计压力，且爆破片的最小爆破压力不得小于容器的工作压力。

③ 安全阀、爆破片的排放能力应大于或等于压力容器的安全泄放量。对于充装处于饱和状态或过热状态的气液混合介质，应计算爆破片的泄放口径。

（2）安全附件安装

① 安全泄放装置应铅直安装在压力容器液面以上的气相空间部分，或装设在与压力容器气相空间相连的管道上。

② 压力容器与安全泄放装置之间的连接管和管件的通孔，其截面积不得小于安全阀的进口截面积，且接管应尽量短而直。

③ 当压力容器一个连接口上装设两个或两个以上的安全泄放装置时，该连接口入口的截面积应至少等于这些安全泄放装置的进口截面积总和。

④ 对于易爆介质或毒性程度为极度、高度或中度危害介质的压力容器，应在安全阀或爆破片的排出口装设导管，将排放介质引至安全地点并进行妥善处理；毒性介质不得直接排入大气。

⑤ 安全泄放装置与压力容器之间一般不宜装设截止阀门；但可在安全阀与压力容器之间装设爆破片装置；对于盛装毒性程度为极度、高度、中度危害介质，易爆介质，腐蚀、黏性介质或贵重介质的压力容器，可在安全泄放装置与压力容器之间装设截止阀门，但需确保在紧急情况下能够迅速打开。

（三）压力容器的安全使用

1. 压力容器的登记注册

压力容器使用单位必须严格按照《特种设备使用管理规则》（TSG08—2017）的要求，办理压力容器的使用登记手续，这包括登记、注册以及领取使用证。压力容器使用登记的一般要求：

（1）压力容器在投入使用前或者投入使用后30日内，使用单位应当向特种设备所在地的直辖市或者设区的市的特种设备安全监管部门申请办理使用登记。

（2）经注册并领取《特种设备使用登记证》的压力容器，使用单位应当将《特种设备使用登记证》悬挂或者固定在压力容器显著位置，如图4.21所示。当无法悬挂或者固定时，可存放在使用单位的安全技术档案中，同时将使用登记证编号标注在压力容器产品铭牌上或者其他可见部位。

（3）移动式压力容器的《特种设备使用登记证》及移动式压力容器IC卡应当随车携带。

（4）压力容器改造、长期停用、移装、过户变更使用单位或者使用单位更名，相关单位应当向登记机关申请变更登记。

（5）过户变更

① 压力容器过户前，使用单位应持拟过户压力容器的《压力容器使用证》向原使用登记的特种设备安全监管部门办理注销手续。

② 压力容器过户时，原使用单位应将压力容器的《压力容器使用证》，以及产品合格证、产品质量证明书、检验报告、图样等有关资料，一并移交给接收压力容器的使用单位。

③ 过户压力容器投入使用前接收压力容器的使用单位，应携带有关资料，按有关规定，到当地特种设备安全监管部门办理重新使用登记手续。

④ 没有领取《压力容器使用证》的固定式压力容器或移动式压力容器，不准过户。

（6）使用变更

改变压力容器的使用条件（压力、温度、介质、用途等）时，压力容器的使用单位，应持改变使用条件的设计资料、批准文件，以及《压力容器使用登记表》、检验报告，到负责使用登记的特种设备安全监管部门办理变更手续。

（7）报废

① 经检验评定报废的压力容器，由检验单位向使用单位出具书面报告，同时报送该压力容器使用登记的特种设备安全监管部门。

② 压力容器报废后，使用单位应持该压力容器的《压力容器使用证》，以及《压力容器使用登记表》、检验报告及时向原使用登记的特种设备安全监管部门办理报废注销手续。

2.压力容器的使用管理

压力容器使用单位主要职责：

（1）按照本规则和其他有关安全技术规范的要求设置安全管理机构，配备安全管理负责人和安全管理人员。

（2）压力容器的使用单位，必须建立压力容器技术档案并由管理部门统一保管。技术档案的内容应包括：《特种设备使用登记证》《特种设备使用登记表》；压力容器设计、制造文件和资料；材料质量证明书和施工质量证明文件等技术资料；压力容器安装、改造和维修的方案；压力容器日常维护保养和定期安全检查记录；压力容器年度检查、定期检验报告；安全附件校验、修理和更换记录；有关事故的记录资料和处理报告。

简单记忆方法：

"一表一证两文件"：使用登记证、使用登记表、质量证明文件和设计制造文件。

"事故附件双检查"：事故记录、安全附件校验、日常维护记录、年度检验报告。

（3）压力容器的使用单位，应在工艺操作规程和岗位操作规程中，明确提出压力容器安全操作要求，其内容至少应包括：

① 操作工艺指标（含最高工作压力、最高或最低工作温度）。

② 岗位操作法（含开、停车的操作程序和注意事项）。

③ 压力容器运行中应重点检查的项目和部位，运行中可能出现的异常现象和防止措施，以及紧急情况的处置和报告程序。

④ 操作人员应当按照规定持有相应的特种设备作业人员证。

⑤ 压力容器内部有压力时，不得进行任何修理。

⑥ 在移动式压力容器和固定式压力容器之间进行装卸作业的，其连接装置、连接管道、软管必须可靠（图5.22），并且有防止拉脱的联锁保护装置，充装单位和使用单位对装卸软管每年进行一次耐压试验，试验压力为1.5倍公称压力，无渗漏及异常变形要有记录和试验人员签字。

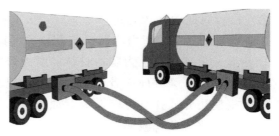

图5.22　罐车装卸作业

3.压力容器的修理改造

（1）压力容器经修理或改造后，必须保证其结构和强度满足安全使用要求。

（2）采用焊接方法对压力容器进行修理或改造时，应采用挖补或更换，不应采用贴补或补焊方法。

（3）改变移动式压力容器的使用条件（介质、温度、压力、用途、最大允许充装量等）时，必须经过原设计单位或者具有相应资质的设计单位书面同意，并且出具设计修改文件。

（4）固定式压力容器不得改造为移动式压力容器。

4.压力容器的定期检验

（1）对运行中的容器进行检查，包括工艺条件、设备状况以及安全装置等方面。

① 在工艺条件方面，主要检查操作压力、操作温度、液位是否在安全操作规程规定的范围内，容器工作介质的化学组成，特别是那些影响容器安全（如产生应力腐蚀、使压力升高等）的成分是否符合要求。

② 在设备状况方面，主要检查各连接部位有无泄漏、渗漏现象，容器的部件和附件有无塑性变形、腐蚀以及其他缺陷或可疑迹象，容器及其连接管道有无振动、磨损等现象。

③ 在安全装置方面，主要检查安全装置以及与安全有关的计量器具是否保持完好状态。

（2）经整理后，压力容器检验周期见表5.8。投用后的首次检验后，检验周期由检验机构根据压力容器的安全状况等级来确定。

表5.8　压力容器检验周期

安全状况等级	非金属压力容器	金属压力容器
	投用后1年内首次定期检验	投用后3年内首次定期检验
1级	每3年检验一次	每6年检验一次
2级	每2年检验一次	每6年检验一次
3级	应当监控使用,累计监控使用时间不得超过1年	每3~6年检验一次
4级	不得在当前介质下使用,不得用于其他腐蚀性介质,累计监控使用时间不得超过1年	监控使用,累计监控使用不得超过3年
5级	对缺陷不处理,不得继续使用	

（3）检验周期的特殊规定

有下列情况之一的压力容器，定期检验周期应当适当缩短：

① 介质或者环境对压力容器材料的腐蚀情况不明或者腐蚀情况异常的；

② 具有环境开裂倾向或者产生机械损伤现象，并且已经发现开裂的；

③ 改变使用介质并且可能造成腐蚀现象恶化的；

④ 材质劣化现象比较明显的；

⑤ 超高压水晶釜使用超过15年的或者运行过程中发生超温的；

⑥ 使用单位没有按照规定进行年度检查的；

⑦ 检验中对其他影响安全的因素有怀疑的。

5. 压力容器的安全操作

（1）一般要求

① 压力容器操作人员必须取得当地特种设备安全监管部门颁发的《压力容器操作人员合格证》后，方可承担压力容器的操作。

② 压力容器的操作要编制操作规程，操作人员要熟悉本岗位工艺流程，相关容器的结构、主要参数和技术性能，严格遵守操作规程，并具有处理事故的能力。

③ 压力容器操作要平稳，避免压力、温度、流量的大幅度波动，尤其在开停工期间，要严格按照设备的温度、压力规定变化曲线进行操作。

④ 安全附件要完好投用，各种保护联锁装置投用正常。移动压力容器装料时严禁过急过量，严禁超量装载，防止意外受热。

⑤ 严禁带压拆卸螺栓。

⑥ 做好生产运行期间的巡回检查，及时处理不正常及紧急问题。

（2）压力容器的安全运行操作

基本要求：

① 平稳操作，即加载和卸载应缓慢，因为压力的频繁大幅度波动对容器的抗疲劳是不利的。

② 防止超载，主要是防止超压。为防止误操作，除了安全装置，还可采取挂牌明示方法。反应容器必须严格控制投料数量及原料的杂质含量。对于液化气体，除了控制液位，还应控制受热超压。聚合物应防止其聚合。另外，温度控制也应符合规定。

压力容器运行紧急停工的情况有：

① 压力容器的工作压力、介质温度或器壁金属温度超过许用值，采取措施仍不能得到有效控制；

② 真空绝热压力容器外壁局部存在严重结冰、工作压力明显上升的；

③ 压力容器的液位异常，采取措施仍得不到有效控制的；

④ 与压力容器相连管道出现泄漏，危及安全运行的；

⑤ 压力容器的主要部件出现裂缝、鼓包、变形、泄漏等危及设备安全的缺陷；

⑥ 压力容器的安全装置失效，连接管断裂，紧固件损坏，难以维持运行；

⑦ 发生火灾直接威胁到容器的安全运行；

⑧ 压力容器与管道发生严重振动，危及安全运行；

⑨ 其他异常情况。

6. 压力容器事故危害及事故分析

压力容器是具有潜在爆炸危险的特殊设备，按其起因有物理性爆炸和化学性爆炸两类。压力容器事故的危害包括：振动、碎片的破坏作用、冲击波危害、有毒液化气体容器破裂时的毒害等。

（四）压力容器危险特性及易发生事故类型

常见的事故有：爆炸、泄漏、爆燃、火灾、中毒以及设备损坏等类型事故。造成人员伤亡的因素主要有爆炸、爆燃、中毒、火灾、灼烫等。此外，检修时进入压力容器内部，还易出现缺氧窒息和中毒现象。

二、化工常用特种设备—压力管道安全技术

（一）压力管道技术概述

压力管道是指在生产和生活中用于输送流体介质，并能够承受一定压力的密闭管状设备。其主要功能是输送介质，此外，还具备诸如储存流体、进行热交换等辅助功能。压力管道所输送的均为流体介质。图5.23展示了一个典型的化工厂压力管道管廊。

图5.23 典型的化工厂压力管道管廊

1. 结构特点

压力管道是由管子、管件（法兰、弯头、三通等）、阀门、补偿器等压力管道元

件以及安全保护装置（安全附件）、附属设施等组成。

2. 工作特点

应用广泛、管道体系庞大、管道空间变化大、腐蚀机理和材料损伤复杂。

3. 压力管道工艺参数

（1）设计压力不得低于工作中可能出现的由压力与温度形成的最苛刻条件下的压力。

（2）操作压力是稳定条件下介质压力。

（3）设计温度不得高于（或低于）工作中可能出现的由压力与温度形成的最苛刻条件下的极限温度（最高温度或最低温度）。

（4）管道介质温度是在管道内输送时的流动温度。

（5）压力管道输送的介质均为流体介质，包括气体、液体和蒸汽。

（6）管道的公称直径用DN来表示。

（7）公称压力用PN来表示，代表管道组成件的压力等级。

（8）依据材料的许用应力来计算壁厚。

4. 压力管道分类

（1）按主体材料划分：可分为金属管道和非金属管道。

（2）按敷设位置划分：可分为架空管道、埋地管道、地沟敷设管道。

（3）按介质压力划分：低压管道（<1.6 MPa）；中压管道（1.6~10 MPa）；高压管道（10~42 MPa）；超高压管道（>42 MPa）。

（4）按介质温度划分：高温管道（>200 ℃）；常温管道（-29~200 ℃）；低温管道（<-29 ℃）。

（5）按管道用途划分：可分为长输油气管道、城镇燃气管道、热力管道、工业管道（包括工艺管道、公用工程管道）、动力管道、制冷管道。

（二）压力管道的常规管理

在持证上岗方面，使用单位的管理层应指定一名人员专门负责压力管道的安全管理工作。对于管道数量较多的单位，应设立安全管理机构或配备专职的安全管理人员。这些管理人员必须接受管道安全教育和培训，并取得相应的特种设备管理人员资格证书。同时，操作人员也应取得特种设备作业人员证，以确保操作的安全性和合规性。

（三）压力管道安全附件

压力管道安全附件分为：安全泄压装置、用于控制介质压力和流动状态的装置、阻火器、防静电设施、凝水缸、放散管、泄漏气体安全报警装置、阴极保护装置、压力表、温度计。

1. 安全泄压装置

（1）长输气管道一般应设置安全泄放装置

①输气站应在进站截断阀上游和出站截断阀下游设置泄压放空装置。

②输气干线截断阀上下游均应设置放空管，应能迅速放空两截断阀之间管段内的气体。

③输气站存在超压可能的设备和容器，应设置安全阀。

（2）工业管道安全泄压装置的通用要求

① 泄压装置可采用安全阀、爆破片装置或者两者组合使用。

② 不宜使用安全阀的场合可以使用爆破片。

③ 安全阀或爆破片的入口管道和出口管道上不宜设置切断阀。

（3）热力管道的超压保护装置

泄压装置多采用安全阀，安全阀开启压力一般为正常最高工作压力的1.1倍，最低为1.05倍。

2. 用于控制介质压力和流动状态的装置

（1）调压装置

用在输气管道、输油管道、蒸汽管道和城镇燃气管道中。调压器就是用来控制系统压力的设备，如将高压燃气降至所需压力，并使出口压力保持稳定不变。

（2）止回阀

在需防止流体倒流的工业管道上，应设置止回阀。在燃气管道的高压储存门站、储配站调压工艺系统的燃气入口处，也应当装设止回阀。

（3）切断装置

① 紧急切断装置。可燃液化气或者可燃压缩气贮运和装卸设施中，重要的气相和液相管道应当设置紧急切断装置。

② 线路截断阀。长输管道均需设置线路截断阀。截断阀可采用自动或者手动阀门。

③ 切断阀。工业管道中进出料装置的可燃、易爆、有毒介质管道应在边界处设置切断阀，并在装置侧设"8"字盲板（眼镜阀）。"8"字盲板通常使用在管径较大的管线上，平时用法兰一端占用间距保持管线畅通，需要时换为另一端同等厚度的盲板以截断管线，以此避免因临时替换其他盲板造成管线被强迫扩张，影响整个系统。如图5.8所示。

3. 阻火器

（1）阻火器的概述

阻火器是用来阻止易燃气体、液体的火焰蔓延和防止回火而引起爆炸的安全装置。如图5.18（c）所示。

① 按结构型式可以分为金属网型、波纹型、泡沫金属型、平行板型、多孔板型、水封型、充填型等；

② 按功能可分为爆燃型和轰爆型，其中爆燃型阻火器是用于阻止火焰以亚音速通过的阻火器，轰爆型阻火器是用于阻止火焰以音速或超音速通过的阻火器。

（2）阻火器的选用要求

① 阻火器主要是根据介质的化学性质、温度、压力进行选用。

② 选用阻火器时，其最大间隙应不大于介质在操作工况下的最大试验安全间隙。

③ 选用的阻火器的安全阻火速度应大于安装位置可能达到的火焰传播速度。

④ 阻火器的壳体要能承受介质的压力和允许的温度，还要能耐介质的腐蚀。

⑤ 阻火器的填料要有一定强度，且不能与介质起化学反应。

（3）阻火器的设置要求

① 管端型放空阻火器的放空端必须安装防雨帽，以防止雨水进入。

② 当工艺物料含有颗粒或其他可能引起堵塞的物质时，应在阻火器进口处安装压力表，以实时监控阻火器的压降情况。

③ 若工艺物料含水汽或其他凝固点高于 0 ℃的蒸汽（如醋酸），可能导致冻结，因此阻火器应设置相应的防冻和解冻措施，如电伴热、蒸汽盘管以及定期蒸汽吹扫等。对于水封型阻火器，可采用连续流动水或添加防冻剂来防止冻结。

④ 阻火器不得靠近火炉或加热设备放置，除非能够确保阻火单元的温度升高不会对其阻火性能产生不良影响。

⑤ 在安装单向阻火器时，应确保阻火侧朝向潜在的点火源，以有效阻止火焰传播。

4. 防静电设施

可燃介质管道应配备静电接地设施，并需测量各连接接头间的电阻值以及管道系统对地的电阻值。若不符合规定要求，应设置跨接导线（例如法兰和螺纹连接头间）和接地引线，以确保静电安全。

5. 凝水缸

为排除燃气管道中的冷凝水和天然气管道中的轻质油，管道敷设时应保持一定坡度，以便在低处设置凝水缸，用于收集并排出积聚的水或油。

6. 放散管

放散管是一种专门用于排放管道中空气或燃气的装置。在管道投入运行时，应利用放散管将管内的空气排空，以防止在管道内形成爆炸性混合气体。

7. 泄漏气体安全报警装置

在易燃易爆场所，通常应安装泄漏气体安全报警装置。对于输油气管道，一般采用固定监测报警装置，根据安装位置可分为外部监测和内部监测两种类型。

8. 阴极保护装置

在埋地敷设的线路中，设置阴极保护装置是防止管道受地下外部环境影响而产生腐蚀破坏的重要措施之一。阴极保护主要有牺牲阳极法和强制电流法两种保护形式。

9. 压力表、温度计

低压管道使用的压力表精度不得低于2.5级，而中高压管道的压力表精度则不得低于1.5级。温度计主要用于测量介质的温度，以确保管道系统的安全运行。

（四）压力管道的安全操作

1. 操作工艺条件的控制

压力和温度是管道运行的两个主要工艺控制指标。介质流量和流动情况也是影响运行的重要指标。加载和卸载速度不能太快，升温降温速度应缓慢。高温管道运行前应对螺栓进行热紧，低温管道需要冷紧。运行时避免压力和温度大幅波动，减少管道开停次数。

2. 交变载荷控制

管道的交变载荷应力大、频率低，因此几何结构不连续和焊缝附近存在应力集中处，材料易发生低周疲劳损坏。

3. 腐蚀性介质含量控制

腐蚀性材料对管道材料和焊接接头产生危害，加快腐蚀速度，出现晶间腐蚀、应力腐蚀。

4. 管线巡查

（1）工艺操作参数指标、系统平稳运行情况。

（2）管道接头、阀门及管件密封。

（3）防腐层、保温层完好。

（4）管道振动情况。

（5）支架的紧固、腐蚀和支承情况。

（6）阀门等操作机构润滑情况。

（7）安全阀、压力表等安全保护装置。

（8）静电跨接、静电接地、抗腐蚀阴极保护装置。

（9）地表环境。

（10）特殊易损处、系统流程要害处、交变载荷作用处、易被忽视处、"盲肠"处等应加强检查。同时注意外力和人为破坏。

（五）压力管道维护保养

（1）经常检查腐蚀防护。

（2）阀门经常除锈上油，并定期活动。

（3）安全阀、压力表保持清洁、灵活、准确，定期检查和校验。

（4）定期检查紧固螺栓，数量齐全、不锈蚀、丝扣完整，连续可靠。

（5）防止外来因素导致的较大振动或摩擦。

（6）静电跨接和接地保持良好。

（7）及时消除"跑、冒、滴、漏"，外表涂刷油漆。

（8）管道底部和弯曲处是系统的薄弱环节，最易发生腐蚀和磨损，应经常进行检查。

（9）禁止将管道支架作为电焊零线、起重机锚点或撬抬重物的支撑点。

（10）停用管道应排除有毒、可燃介质，并置换。

（六）压力管道的检查和检测

压力管道的检查和检测，分为外部检查、探查检验和全面检验。

1. 外部检查

车间每季至少检查1次，企业每年至少检查1次。检查项目包括：

（1）管道、管件、紧固件及阀门的防腐层、保温层是否完好，可见管道表面有无缺陷。

（2）管道振动情况，管与管、管与相邻物件有无摩擦。

（3）吊卡、管卡、支承的紧固和防腐情况。

（4）管道的连接法兰、接头、阀门填料、焊缝有无泄漏。

（5）检查管道内有无异物撞击或摩擦声。

2. 探查检验

（1）定点测厚。

（2）解体抽查。可以结合机械和设备单体检修时或企业年度大修时进行，每年选检一部分。

3.全面检验

全面检验的周期为：10～12年至少1次，但不得超过设计寿命。全面检验主要包括以下一些项目：

（1）表面检查。

（2）解体检查和壁厚测定。

（3）焊缝埋藏缺陷探伤。

（4）破坏性取样检验。检验项目：化学成分、机械性能、冲击韧性、金相组成的。

（5）耐压试验和气密性试验。

（七）压力管道危险特性及易发生事故类型

压力管道易发生的事故类型主要有泄漏、爆炸和由此引发的次生事故。

三、化工常用特种设备—锅炉安全技术

"锅"主要包括锅筒（或锅壳）、水冷壁、过热器、再热器、省煤器、对流管束及集箱等，用于盛装水或水蒸气部件。"炉"是指燃料燃烧产生高温烟气，将化学能转化为热能的空间和烟气流通的通道，包括炉膛和烟道，"炉"主要由燃烧设备和炉墙等组成。锅炉的工作原理是燃料燃烧后产生热量，这些热量通过"锅"的受热面传递给锅内的水或蒸汽，使水吸收热量并转变成具有一定温度和压力的热水或蒸汽。

（一）锅炉的分类

按用途分：用锅炉产生的蒸汽带动汽轮机发电用的锅炉称为电站锅炉；产生的蒸汽或热水主要用于工业生产或民用的锅炉称为工业锅炉。

1.按锅炉产生的蒸汽压力分

（1）出口蒸汽压力超过水蒸气的临界压力（22.1 MPa）的锅炉为超临界压力锅炉。

（2）出口蒸汽压力低于但接近临界压力，一般为15.7～19.6 MPa的锅炉为亚临界压力锅炉。

（3）出口蒸汽压力一般为11.8～14.7 MPa的锅炉为超高压锅炉。

（4）出口蒸汽压力一般为7.84～10.8 MPa的锅炉为高压锅炉。

（5）出口蒸汽压力一般为2.45～4.90 MPa的锅炉为中压锅炉。

（6）出口蒸汽压力一般不大于2.45 MPa的锅炉为低压锅炉。

2.按锅炉的蒸发量分

按锅炉的蒸发量分为大型、中型、小型锅炉。

（1）蒸发量大于75 t/h的锅炉称为大型锅炉。

（2）蒸发量为20～75 t/h的锅炉称为中型锅炉。

（3）蒸发量小于20 t/h的锅炉称为小型锅炉。

3.按载热介质分

按载热介质分为蒸汽锅炉、热水锅炉和有机热载体锅炉。

（1）锅炉出口介质为饱和蒸汽或者过热蒸汽的锅炉称为蒸汽锅炉。

（2）锅炉出口介质为高温水（>120 ℃）或者低温水（120 ℃以下）的锅炉称为

热水锅炉。

（3）以有机质液体（如高温导热油）作为热载体工质的锅炉称为有机热载体锅炉。

（二）锅炉的主要系统

锅炉本体主要由水汽系统和烟风系统两大系统组成。其他系统还包括：锅炉控制系统、辅机系统、燃料系统、给水排污系统、除灰除渣系统、烟气脱硫系统、加药系统、加工保护系统以及安全附件和仪表等，如图5.24所示。

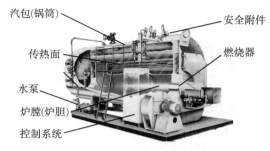

图5.24　锅炉系统

1.水汽系统

将水加热产生饱和蒸汽、再将饱和蒸汽加热成过热蒸汽的系统，包括汽包（锅筒）、水冷壁、过热器、省煤器等。

2.烟风系统

烟风系统：锅炉的烟风系统是指燃烧生成的烟气与空气组成的系统。

3.除灰、除渣系统

锅炉燃料燃烧后的灰渣大体可分为飞灰（也叫粉煤灰）和炉渣两部分。

4.安全附件和仪表

锅炉安全附件和仪表包括：安全阀、压力测量装置、水（液）位测量与示控装置、温度测量装置、排污和紧急放水装置等安全附件，以及安全保护装置及相关仪表等。

（1）安全阀

安全阀校验：

① 在用锅炉的安全阀每年至少校验一次。

② 新安装的锅炉或者安全阀检修、更换后校验其整定压力和密封性。

③ 安全阀经过校验后，应当加锁或者铅封。

锅炉运行中安全阀使用：

① 锅炉运行中安全阀应当定期进行排放试验。电站锅炉安全阀的试验间隔不大于1个小修间隔。

② 锅炉运行中安全阀不得随意解列和任意提高安全阀的整定压力或者使安全阀失效。

（2）压力测量装置

压力表安装前应当进行校验，刻度盘上应当划出指示工作压力的红线，注明下次校验日期。压力表校验后应当加铅封。

（三）锅炉的使用和运行管理

1.安全管理和操作人员

锅炉使用单位应当配备锅炉安全管理人员。锅炉运行操作的各项工作人员和锅炉水处理作业人员应当按照原国家质检总局颁发的《特种设备作业人员监督管理办法》

（国家质检总局第140号令）的规定持证上岗。

2. 锅炉安全技术档案

锅炉使用单位应逐台建立安全技术档案：

（1）锅炉的出厂技术文件；锅炉安装、改造、修理技术资料；水处理设备的安装调试技术资料。

（2）锅炉定期检验报告。

（3）锅炉日常使用状况记录，包括工艺运行记录、加药记录、化验分析记录、排污记录等。

（4）锅炉及其安全附件、安全保护装置及测量调控装置日常维护保养记录。

（5）锅炉运行故障和事故记录。

3. 锅炉检修的安全管理

锅炉检修时，进入锅炉内作业的人员进行工作时，应当符合以下要求：

（1）进入锅炉前，应监测分析化验环境介质，确认压力、温度及环境空间符合施工作业的安全要求，并应办理施工相关手续。

（2）在施工期间应有专人对施工作业人员进行安全监护。

（3）在进入锅筒（壳）内部工作之前，应当用能指示出隔断位置的强度足够的金属堵板（电站锅炉可用阀门）将连接其他运行锅炉的蒸汽、热水、给水、排污等管道可靠地隔开，用油或者气体作燃料的锅炉，应当可靠地隔断油、气的来源。

（4）在进入锅筒（壳）等内部工作之前，应当将锅筒（壳）上的人孔和集箱上的手孔打开，使空气对流一段时间。

（5）在进入烟道及燃烧室工作前，应当进行通风，并且与总烟道或其他运行锅炉的烟道可靠隔断，以防爆、防火、防毒。

4. 锅炉的使用登记与检验

（1）使用登记

锅炉在投入使用前或者投入使用后30日内，使用单位应当向所在地的登记机关申请办理使用登记，领取使用登记证。

（2）检验

检验项目及要求，详见表5.9。

表5.9 锅炉检验要求

检验项目	要求
外部检验	每年一次
内部检验	锅炉：每2年进行一次 电站锅炉：每3～6年进行一次；首次内部检验在锅炉投入运行后一年进行
水（耐）压试验	对设备安全状况有怀疑时,应当进行水（耐）压试验； 因结构原因无法进行内检,应每3年一次水（耐）压试验

5. 锅炉危险性及易发生事故类型

（1）锅炉爆炸事故；（2）缺水事故；（3）满水事故；（4）汽水共腾事故；（5）水击事故；（6）爆管事故；（7）炉膛爆炸事故。

四、其他化工常用特种设备

气瓶安全技术详见第二章第2.2.3节。

（一）起重机械安全技术

1.起重机械的特点

（1）庞大而复杂的机构，需向不同方向运动，操作难度大。

（2）重物多样，载荷变化，吊运复杂而危险。

（3）活动范围大，事故影响面积大。

（4）直接载运人员升降，直接影响人身安全。

（5）暴露的、活动的零部件多，与人直接接触，潜在危险多。

（6）作业环境复杂，如高温高压、易燃易爆环境。

（7）作业需要多人配合，协同作业潜在风险大。

2.起重机械的安全防护装置

（1）限制运动行程和工作位置的安全装置

① 起升高度限位器

当取物装置上升至设计规定的上极限位置时，应能立即切断起升动力源。同时，在此极限位置的上方，还需预留足够的空余高度，以满足上升制动行程的需求。

② 运行行程限位器

起重机和起重小车（悬挂型电动葫芦运行小车除外）应在每个运行方向上安装运行行程限位器。当达到设计规定的极限位置时，该装置应能自动切断前进方向的动力源。对于运行速度超过100 m/min或停车定位要求较为严格的情况，建议根据需要安装两级运行行程限位器。第一级用于发出减速信号并按规定减速，第二级则应能自动断电并停车。

③ 防碰撞装置

当两台或两台以上的起重机械或起重小车运行在同一轨道上时，必须装设防碰撞装置。在任何可能的碰撞情况下，司机室的减速度均不得超过5 m/s²。

（2）防超载的安全装置

主要为起重量限制器。对于动力驱动且额定起重量为1 t及以上、无倾覆危险的起重机械，应安装起重量限制器。当实际起重量超过额定起重量的95%时，起重量限制器应发出报警信号（机械式除外）。若实际起重量达到或超过额定起重量的100%但不超过110%，起重量限制器应起作用，自动切断起升动力源，但应允许机构进行下降运动。

（3）联锁保护

① 对于可在两处或多处操作的起重机，应设置联锁保护装置，以确保只能在一处进行操作，防止两处或多处同时操作。

② 当起重机械既可以电动驱动也可以手动驱动时，电动与手动操作之间的转换应能实现联锁。

③ 夹轨器等制动装置和锚定装置应与运行机构实现联锁。

3.起重机械常见事故类型

起重伤害事故的主要类型是吊物坠落、挤压碰撞、触电和机体倾覆。

（二）场（厂）内专用机动车辆

场（厂）内专用机动车辆工作特点：

（1）规格差别大，结构复杂，操作难度大。

（2）重物多样，体积多变。

（3）重物介质、作业环境复杂，有毒有害、易燃易爆、高温高压、路况等因素形成危害。

（4）车辆工作装置暴露在作业人员附近。

（5）具有使用成套性，需多人配合完成工作。

（6）观光车载客人数多，安全要求高。

场（厂）内专用机动车辆分类：

（1）机动工业车辆，指叉车，是指通过门架和货叉将载荷起升到一定高度进行堆垛作业的自行式车辆，包括平衡重式叉车、前移式叉车、侧面式叉车、插腿式叉车、托盘堆垛车、三向堆垛车。如图4.20所示。

（2）非公路用旅游观光车辆，包括观光车和观光列车。

5.4.4　阀门

一、阀门

阀门是流体输送系统中的控制部件，具有截止、调节、导流、防止逆流、稳压、分流或溢流泄压等功能。用于流体控制系统的阀门，从最简单的截止阀到极为复杂的自控系统中所用的各种阀门，其品种和规格相当繁多。

阀门可用于控制空气、水、蒸汽、各种腐蚀性介质、泥浆、油品、液态金属和放射性介质等各种类型流体的流动。根据材质，阀门分为铸铁阀门、铸钢阀门、不锈钢阀门（201、304、316等）、铬钼钢阀门、铬钼钒钢阀门、双相钢阀门、塑料阀门，以及根据特殊需求定制的非标阀门等。阀门的工作压力范围从0.001 3 MPa到1 000 MPa的超高压，工作温度范围从−270 ℃的超低温到1 430 ℃的高温。

阀门的控制可采用多种传动方式，如手动、电动、液动、气动、涡轮、电磁动、电磁液动、电液动、气液动、正齿轮、伞齿轮驱动等。它们可以在压力、温度或其他形式传感信号的作用下，按预定的要求动作，或者不依赖传感信号而进行简单的开启或关闭。阀门依靠驱动或自动机构使启闭件做升降、滑移、旋摆或回转运动，从而改变其流道面积的大小以实现其控制功能。

按作用和用途分类：

（1）关断阀

这类阀门主要起开闭作用。常见的关断阀有闸阀、截止阀、球阀和蝶阀等。闸阀的关闭严密性相对较差，大直径闸阀开启困难；其阀体尺寸小，沿水流方向流动阻力小，且公称直径跨度大。截止阀的关闭严密性较闸阀好，阀体长，流动阻力大，最大公称直径为DN200。球阀的阀芯为开孔的圆球，扳动阀杆使球体开孔正对管道轴线时为全开，转90°为全闭，球阀具有一定的流量调节性能，且关闭较严密。蝶阀的阀芯为圆形阀板，可沿垂直管道轴线的立轴转动。当阀板平面与管子轴线一致时，为全开；当阀板平面与管子轴线垂直时，为全闭。蝶阀阀体长度小，流动阻力小，但价格比闸阀和截止阀高。

（2）止回阀

这类阀门用于防止介质倒流，能利用流体自身的动能自行开启，反向流动时自动关闭。止回阀分为旋启式、升降式和对夹式三种。旋启式止回阀允许流体从左向右流动，反向时自动关闭。升降式止回阀在流体从左向右流动时，阀芯抬起形成通路，反向流动时阀芯被压紧到阀座上而被关闭。对夹式止回阀在流体从左向右流动时，阀芯被开启形成通路，反向流动时阀芯被压紧到阀座上而被关闭。对夹式止回阀可多位安装，体积小、重量轻、结构紧凑。

（3）调节阀

普通阀门在前后压差一定的情况下，开度在较大范围内变化时，其流量变化不大；而到某一开度时，流量急剧变化，即调节性能不佳。调节阀则能按照信号的方向和大小，改变阀芯行程，从而改变阀门的流量阻力，达到调节流量的目的。

（4）真空类

真空类包括真空球阀、真空挡板阀、真空充气阀、气动真空阀等。其作用是在真空系统中，用来改变气流方向，调节气流量大小，切断或接通管路的真空系统元件称为真空阀门。

（5）特殊用途类

特殊用途类阀门包括清管阀、放空阀、排污阀、排气阀、过滤器等。排气阀是管道系统中重要的辅助元件，广泛应用于锅炉、空调、石油天然气、给排水管道中。它通常安装在管道的制高点、弯头或其他需要排气的位置，用于排除管道中多余的气体，提高管道使用效率及降低能耗。

阀门的种类详见表8.28，常见阀门如图5.25所示。

| 截止阀 | 球阀 | 闸阀 | 蝶阀 |
| 减压控制阀 | 气动阀 | 止回阀 | 排气阀 |

图5.25 常见化工阀门

二、安全阀

安全阀是一种自动阀门，它能在不借助任何外力的情况下，利用介质自身的力量来排除一定量的介质，从而防止系统压力超过设定的额定值。当系统压力恢复正常后，阀门会自动关闭，阻止介质继续流出。

安全阀结构主要有三大类：弹簧式、杠杆式和先导式。

弹簧式是指阀瓣与阀座的密封靠弹簧的作用力，如图5.26（a）列所示。杠杆式是靠杠杆和重锤的作用力，如图5.26（b）列所示。随着大容量的需要，又有一种脉冲式安全阀，也称为先导式安全阀。先导式安全阀是一种非直接载荷式安全阀，由主阀和导阀（又称"副阀"）组成，主阀依靠从导阀排出的介质来驱动，由于系统内的压力呈脉冲形式，所以又被称为"脉冲式安全阀"。导阀本身也是一种直接载荷式安全阀，当介质压力达到导阀的开启压力时，导阀先行开启，排出的介质从旁通管进入主阀，如图5.26（c）列所示。

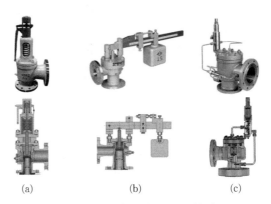

| (a) | (b) | (c) |

图5.26　各类安全阀及其构造

（一）安全阀的安装

1. 安装位置

（1）设备或管道上的安全阀应竖直安装。

（2）应安装在靠近被保护设备的位置，以便于维修和检查。

（3）蒸汽安全阀应装在锅炉的锅筒、集箱的最高位置，或装在被保护设备液面以上气相空间的最高处。

（4）液体安全阀应装在正常液面的下方，并以导管形式引出。

2. 进出口管道

（1）安全阀的进口管道直径不小于（大于）安全阀的进口直径，如果几个安全阀共用一条进口管道时，进口管道的截面积不小于（大于）安全阀的进口截面积总和，如图5.27所示。

（2）安全阀的出口管道直径不小于（大于）安全阀的出口直径，安全阀的出口管道接向安全地点。

（3）安全阀出口的排放管上如果装有消声器，必须有足够的流通面积。

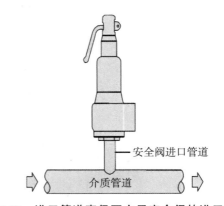

安全阀进口管道

介质管道

图5.27　进口管道直径不小于安全阀的进口直径

（4）安全阀的进出口管道一般不允许设置截断阀，必须设置截断阀时，需要加铅封，并且保证锁定在全开状态，截断阀的压力等级需要与安全阀进出口管道的压力等级一致，截断阀进出口公称直径不小于（大于）安全阀进出口法兰的公称直径。

3.安装前检查

安全阀安装前，进行宏观检查、整定压力和密封试验，有特殊要求时，还应当进行其他性能试验。

（二）安全阀的使用

1.选用

（1）安全阀适用于清洁、无颗粒、低黏度的流体。

（2）全启式安全阀：适用于排放气体、蒸汽或者液体介质。

微启式安全阀：适用于排放液体介质。

封闭式安全阀：排放有毒或者可燃性介质。

2.日常检修

（1）检查安全阀的密封性能及其与管路连接处的密封性能。

（2）运行中安全阀开启后，需要检查其有无异常情况，并且进行记录。

（3）运行中发现安全阀不正常时，及时进行检修或者更换。

（4）锅炉运行中，安全阀需要定期进行手动排放试验，锅炉停止使用后又重新启用时，安全阀也需要进行手动排放试验。

（三）定期检查

1.校验

（1）安全阀应定期校验，一般每年至少一次。安全技术规范有相应规定的从其规定。

（2）对于经过解体、修理或更换部件的安全阀，应当重新进行校验。

2.校验周期的延长

当符合以下基本条件时，安全阀校验周期可以适当延长，延长期限按照相应安全技术规范的规定执行：

（1）有清晰的历史记录，能够说明被保护设备安全阀的可靠使用。

（2）被保护设备的工艺运行条件稳定。

（3）安全阀内件材料没有被腐蚀。

（4）安全阀在线检查和在线检测均符合使用要求。

（5）有完善的应急预案。

三、爆破片

爆破片，又称防爆片，是一种断裂型的超压防护装置。当压力容器内的压力超过正常工作压力并达到其设计爆破压力时，爆破片会自行爆破，使压力容器内的物料通过爆破片断裂后的流出口向外排出，从而避免压力容器本体发生爆炸。泄压后，已断裂的防爆片不能继续使用，同时，压力容器也将被迫停止运行以待进一步处理。

图5.28　爆破片

（一）应用

爆破片可单独使用，也可作为组合泄放装置与安全阀组合使用。

1. 爆破片单独使用

（1）符合下列条件之一的被保护承压设备，应单独使用爆破片作为超压泄放装置

① 容器内压力迅速增加，安全阀来不及反应的。

② 设计上不允许容器内介质有任何微量泄漏的。

③ 容器内介质产生的沉淀物或黏着胶状物有可能导致安全阀失效的。

④ 由于低温的影响，安全阀不能正常工作的。

⑤ 由于泄压面积过大或泄放压力过高（低）等原因，安全阀不适用的。

（2）使用于经常超压或温度波动较大场合的被保护承压设备，不应单独使用爆破片作为超压泄放装置。

2. 安全阀与爆破片的组合

安全阀与爆破片，在实际工程中常将两者组合使用，组合方式主要有三种，如图5.29所示。

（1）并联组合

安全阀作为一级泄压装置用于操作条件下可能发生的超压泄放，爆破片作为意外条件情况下的二级泄压装置，如图5.29（a）所示。爆破片的标定爆破压力不得超过容器的设计压力。安全阀的开启压力应略低于爆破片的标定爆破压力。安全阀及爆破片各自的泄放量均不小于被保护承压设备的安全泄放量。属于下列情况之一的被保护承压设备，可设置一个或多个爆破片与安全阀并联使用：

① 防止在异常工况下压力迅速升高的。

② 作为辅助安全泄放装置，考虑在有可能遇到火灾或接近不能预料的外来热源时需要增加泄放面积的。

（2）串联组合

① 安全阀进口和容器之间装爆破片

可保护安全阀免受腐蚀、堵塞、冻结，并避免罐内介质在爆破片动作后的损失，如图5.29（b）所示。爆破片破裂后的泄放面积应不小于安全阀的进口面积，并确保爆破片破裂产生的碎片不会影响安全阀的正常工作；爆破片装置与安全阀之间应配备压力表、旋塞、排气孔或报警指示器，以便检查爆破片是否破裂或渗漏。在以下任一情况下，被保护的承压设备应串联在安全阀的入口侧：

a. 为避免因爆破片破裂而导致大量工艺物料或盛装介质的损失。

b. 安全阀不能直接使用的场合（例如，介质具有腐蚀性、不允许泄漏等）。

c. 移动式压力容器中装运毒性程度为极度、高度危害或强腐蚀性介质的情况。

② 安全阀出口侧装爆破片

爆破片可避免长期受压力和温度作用而产生的疲劳，如图5.29（c）所示。容器内的介质应保持洁净；安全阀的泄放能力应满足要求；当安全阀与爆破片之间存在背压时，安全阀仍能在其开启压力下准确开启；爆破片的泄放面积不得小于安全阀的进口面积；为确保该空间内的压力不会累积，安全阀与爆破片之间应设置放空管

或排污管。

a. 若安全阀出口侧存在被腐蚀的风险或可能受到外来压力源的干扰，应在安全阀出口侧设置爆破片，以确保安全阀的正常工作。

b. 对于移动式压力容器，爆破片不应设置在安全阀的出口侧。

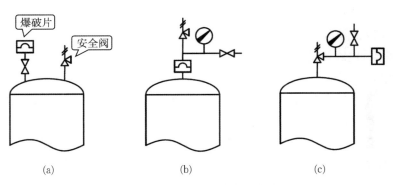

图5.29　安全阀与爆破片组合方式

（二）选择与安装

用于爆炸危险介质的爆破片还应满足以下要求：爆破时不得产生火花；当与安全阀串联使用时，爆破片爆破时不应产生会影响安全阀正常工作的碎片。爆破片的安装位置及管路设置应遵循以下规定：

1. 在系统中的安装位置（同安全阀）

（1）爆破片应设置在承压设备的本体或附属管道上，位置应便于安装、检查及更换。

（2）爆破片应尽可能靠近承压设备的压力源。对于气体介质，应设置在气体空间（包括液体上方的气相空间、顶部）或与该空间相连通的管线上；对于液体介质，则应设置在正常液面以下。

2. 爆破片的管路设置

（1）承压设备和爆破片之间的所有管路、管件的截面积应不小于爆破片的泄放面积，爆破片的排放管的截面积应大于爆破片泄放面积。

（2）爆破片进口管应尽可能短、直，以免产生过大的压力损失。安装在室外的泄放管应有防雨、防风措施。

（3）当有两个或两个以上爆破片采用排放汇集管时，汇集管的截面积应不小于各爆破片出口管道截面积的总和。

（4）爆破片在爆破时应保证安全，根据介质的性质可采取在室内就地排放（注意排放位置和方向，保证安全）或引导到安全场所排放，同时爆破片的碎片应不阻碍介质的排放。

（5）爆破片的排放管线在安装时，管线的中心线应与爆破片的中心线对齐。

（6）当爆破片的排放管中可能有可燃性介质排放时，应采取装设阻火器等预防措施，防止着火的危险。

（7）当爆破片的排放管中可能有毒性程度为中度的介质排放时，应装设辅助设施解除介质毒性后方可排出。

3．爆破片与安全阀组合装置的安装

（1）爆破片设置在承压设备和安全阀之间时，在安全阀入口侧应设置压力表、泄放阀等，以防止爆破片和安全阀间形成任何压力积聚，如图5.29（b）所示。

（2）安全阀设置在承压设备和爆破片之间时，在安全阀的出口侧应设置放空管、排液管等，以防止爆破片和安全阀间形成任何压力积聚，如图5.29（c）所示。

（三）爆破片安全装置的使用

1．日常检查

使用单位应当经常检查爆破片是否有介质渗漏现象。如果爆破片为外露式安装时，应当查看爆破片是否有表面损伤、腐蚀和明显变形等现象。

2．定期检查

可以根据使用单位具体情况作出相应的规定，最长不得超过1年。定期检查内容：

（1）检查爆破片安装方向是否正确，核实铭牌上的爆破压力和爆破温度是否符合运行要求。

（2）检查爆破片外表面有无损伤和腐蚀情况，是否有明显变形，有无异物黏附，有无泄漏等。

（3）爆破片与安全阀串联使用时，检查爆破片与安全阀之间的压力指示装置，确认爆破片、安全阀是否泄漏。

（4）检查排放接管是否畅通，是否有严重腐蚀，支撑是否牢固。

（5）如果在爆破片安全装置与设备之间安装有截止阀，检查截止阀是否处于全开状态，铅封是否完好。

3．更换

一般情况爆破片更换周期为2~3年，苛刻条件或重要场合每年更换。爆破片安全装置出现以下情况时，应当立即更换：

（1）存在定期检查中（1）~（3）所述问题。

（2）设备运行中出现超过最小爆破压力而未爆破。

（3）设备运行中出现使用温度超过爆破片装置材料允许使用温度范围。

（4）设备检修中拆卸。

（5）设备长时间停工后（超过6个月），再次投入使用。

5.5 化工厂内特殊作业安全

根据《危险化学品企业特殊作业安全规范》（GB 30871—2022），危险化学品企业生产经营过程中可能涉及的动火、进入受限空间、盲板抽堵、高处作业、吊装、临时用电、动土、断路等，对作业者本人、他人及周围建（构）筑物、设备设施可能造成危害或损毁的作业。

5.5.1 动火作业安全

一、动火作业安全技术概述

动火作业是指直接或间接产生明火的工艺设施以外的禁火区内可能产生火焰、火花和炽热表面的非常规作业，如使用电焊、气焊（割）、喷灯、电钻、砂轮等进行的作业。化工企业动火作业类型包括：

（1）气焊、电焊、铅焊、锡焊、塑料焊等各种焊接作业及气割、等离子切割机、砂轮机、磨光机等各种金属切割作业。

图5.30　化工厂内动火作业现场

（2）使用喷灯、液化气炉、火炉、电炉等明火作业。

（3）烧（烤、煨）管线、熬沥青、炒砂子、铁锤击（产生火花）物件、喷砂和产生火花的其他作业。

（4）生产装置和罐区连接临时电源并使用非防爆电气设备和电动工具。

（5）使用雷管、炸药等进行爆破作业。

二、动火作业危险性分析

动火作业造成火灾、爆炸、中毒事故的原因有：

（1）设备、管线不置换或虽经置换但未达到安全要求。

（2）设备、管线和运行系统没有可靠隔离，系统中的可燃物或有毒物质泄漏而引起火灾、爆炸或中毒事故。

（3）设备采取了可靠的措施，但附近的设备未采取防范措施或动火点周围的可燃物未清除，动火中火花飞溅造成燃烧、爆炸事故。

（4）动火过程中，动火环境中释放出可燃气体，如地面下水井等没有进行封堵或者封堵不严造成油气外逸，也可导致火灾、爆炸事故的发生。

（5）在气焊气割作业过程中，如果乙炔瓶泄漏或者对其防护不当造成火花引燃气瓶胶管，也会导致火灾、爆炸事故的发生。

（6）在受限空间内动火过程中，动火可能会产生有毒气体、动火环境可能会释放出有毒气体，可导致中毒事故。

三、动火作业安全防护措施

（一）作业前的安全防护措施

1.工艺处置及采样分析

（1）凡在生产、储存、输送可燃物料的设备、容器及管道上动火，应首先切断物料来源并加好盲板，经彻底吹扫、清洗、置换后，自上而下依次打开通风换气，并经分析合格后方可动火。

（2）动火点周围或其下方如有可燃物、电缆桥架、孔洞、窨井、地沟、水封设施、污水井等，应检查分析并采取清理或封盖等措施；对于动火点周围15 m范围内有可能泄漏易燃、可燃物料的设备设施，应采取隔离措施；对于受热分解可产生易燃易爆、有毒有害物质的场所，应进行风险分析并采取清理或封盖等防护措施。

（3）在设备外部动火，应在不小于10 m范围内进行动火分析；动火分析与作业时间不超过30 min；特级、一级动火作业中断时间超过30 min，二级动火作业中断时间超过60 min，应重新进行气体分析；每日动火前均应进行气体分析；特级动火作业期间应连续进行监测。

（4）特殊级别动火作业期间，应随时监测作业现场可燃气体/有毒气体浓度。

（5）凡是在盛装或输送过易燃易爆、有毒有害介质的塔、罐、容器等设备和管线上动火的，必须进行有效处置，断开法兰或加装盲板，进行设备、管线内部气体分析。

当可燃气体爆炸下限≥4%时，被测浓度≤0.5%为合格。

可燃气体爆炸下限<4%时，被测浓度≤0.2%为合格。

可简单记忆为："大45，小42"。

（6）分析采样时，采样点的选择要有代表性，对较大的设备，必须选择有代表性的上、中、下三个点进行检测，采样时要将采样管伸向设备内部。

如果设备内气体比空气重，则底部采样；如果比空气轻，则上部采样。

（7）在设备外部动火作业时，应进行环境分析，要求分析范围不小于动火点周围10 m。环境可燃气体、有毒气体分析可使用便携式可燃气体及有毒气体检测报警器进行。

2.动火环境的检查确认

作业前，对动火点周围下水系统存油进行冲洗，下水系统内无存油后要对下水系统进行有效封堵，下水井及地漏系统用不少于两层的石棉布覆盖，并用不少于5 cm厚的细土封堵，或用水泥抹死，无存油的地沟要灌满水。动火前应清除现场可燃物，并准备好消防器材（消防沙、A、B、C类干粉灭火剂和灭火毯等）。

3.作业许可证的办理

（1）动火作业实行分级管理，动火作业分为特殊动火作业、一级动火作业和二级动火作业，如表9.2所示。

（2）动火点距生产装置、罐区边界15 m以内（一般生产装置边界是装置围栏或相当于围栏的位置，罐区边界是防火堤），对该装置或罐区安全生产可能造成威胁时，"动火作业许可证"必须由该单位领导或值班人员会签，必要时加派动火监护人。

（3）一张"动火作业许可证"只限一处动火，实行：一处（一个动火地点）、一证（"动火作业许可证"）、一人（动火监护人）。

4.现场检查安全技术交底

动火作业前，基层单位必须向施工单位进行现场检查交底。施工单位作业负责人应向施工作业人员进行作业程序和安全技术交底，并指派作业监护人。

（二）作业过程中的安全防护措施

1.对作业监护人的要求

（1）动火监护人应了解动火区域或岗位的生产过程，熟悉工艺操作和设备状况，有处理应对突发事故的能力，有较强的责任心，出现问题能正确处理。

（2）动火监护人应参加由企业安全监督管理部门组织的动火监护人培训班，考核合格后由各单位安全监督管理部门发放动火监护人资格证书，做到持证上岗。

（3）逐项检查落实防火措施，检查动火现场的情况。

（4）动火监护人在监护过程中应佩戴明显标志，如挂牌或者穿反光马甲等，动火过程中，不得离开现场，要随时注意环境的变化，发现异常情况，立即停止动火，当作业内容发生变更时，应立即停止作业。如图5.30中，左侧人物。

2.对作业人员的要求

（1）作业人员必须接受安全教育并考试合格，具备一定的安全技能。

（2）特种作业人员应有相应的操作资格证书，施工单位作业负责人、安全管理人员需经政府主管部门考核并取得安全资质证书。

（3）施工人员应能解读装置现场各类安全警示标志的含义，具备在作业现场发生危险情况时的逃生技能。

（4）掌握基本的消防知识，能熟练使用常用消防器材。

（5）在作业过程中，严格执行规章制度和操作规程，对监护人或者主管部门、消防人员提出的要求应立即执行，但有权拒绝违章指挥的指令。

（6）作业人员还要按规定穿戴好防护服装、用品，确保作业过程中的自身安全。

3.动火作业过程中的管理要求

（1）动火作业实行"三不动火"：没有经批准的"动火作业许可证"不动火、动火监护人不在现场不动火、安全管控措施不落实不动火。

（2）动火期间

①动火点30 m内，严禁排放各类可燃气体。

②动火点15 m内，严禁排放各类可燃液体（不得同时进行刷漆作业）。

③动火点10 m范围内及下方，不得同时进行可燃溶剂清洗或喷漆作业。

④动火点10 m范围内，不应进行可燃性粉尘清扫作业。

（3）装置停工吹扫期间，严禁一切明火作业。

（4）在厂内铁路沿线25 m以内动火作业时，如遇装有危险化学品的火车通过或停留时，应立即停止作业。

（5）遇五级风以上（含五级风）天气，禁止露天动火作业；因生产确需动火，动火作业应升级管理。

（6）特级动火作业应采集全过程作业影像，且作业现场使用的摄录设备应为防爆型。

（7）特级、一级动火安全作业票有效期不应超过8 h；二级动火安全作业票有效期不应超过72 h。

（8）动火作业期间，施工人员、监护人员分别随身携带自己应持有的许可证，以便于监督检查。

（9）在受限空间内进行动火作业、临时用电作业时，不允许同时进行刷漆、喷漆作业或使用可燃溶剂清洗等其他可能散发易燃气体、易燃液体的作业。

（三）作业结束后的安全防护措施

（1）动火人收好工具，与监护人以及参与动火作业的人员一起检查和清理现场，施工余料运走，用电设备拉闸、上锁，卸下氧气瓶、乙炔瓶上的阀门、胶管等，气瓶存放到气瓶库中；检查确认现场无余火后方可离开现场。

（2）监护人确认现场满足安全条件后，在"动火作业许可证"的"完工验收"栏中签字。

（3）如果第二天继续施工，施工余料或机具可暂放在现场，但要摆放整齐，不得占用消防通道，不得放在巡检通道、过桥台阶上等影响正常操作或者应急救援的位置。

（四）焊接和切割作业安全

1.电焊作业安全

（1）作业前先检查设备和工具，重点是设备的接地或接零、线路的连接和绝缘性能等。

（2）焊工施焊应穿绝缘胶鞋，戴绝缘手套；在金属容器设备内、地沟里或潮湿环境作业，应采用绝缘衬垫以保证焊工与焊件绝缘；焊工的手和身体的其他部位不应随便接触二次回路的导体（如焊钳口、焊条、工作台等），使用照明行灯的电压不应超过12 V，严禁露天冒雨从事电焊作业。

（3）焊接和切割操作中，应注意防止由于热传导作用引起的火灾、爆炸，防止电火花和火星点燃可燃易爆物质，工作结束后要仔细检查，确认安全后，方可离开现场。

（4）电焊设备的安装、接线、修理和检查，须由专业电工进行，焊工不得擅自拆修设备，在办理临时用电手续后，由电工接通电源，焊工不得自行处理；在闭合或拉开电源、闸刀时，应戴干燥的绝缘手套。

（5）电焊工不要携带电焊把钳进出设备，带电的把钳应由外面的配合人员递进递出，工作间断时，把钳应放在干燥的木板上或绝缘良好处。

（6）电焊与气焊在同一地点作业时，电焊设备与气焊设备以及把线和气焊胶管，都应该分离开，相互间至少10 m。

（7）在高处进行焊接作业时要采取防止火花飞溅的措施。

（8）移动电焊机时，要先切断电源；焊接中突然停电时，要切断电源。

（9）电焊机电源侧（一次回路侧，图5.31），应设置漏电保护器，漏电保护器参数应符合规范要求，电焊机的金属外壳和正常不带电金属部分应与保护零线作电气连接。

（10）为电焊机配置的开关箱应靠近电焊机布置，便于紧急情况下快速切断电源。

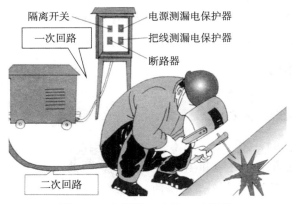

图5.31 电焊的一次和二次回路

2. 气焊与气割作业

气焊是将化学能转变为热能的一种熔化焊接方法，它是利用可燃气体与氧气混合燃烧的火焰加热金属，气焊所用的可燃气体主要是乙炔气或液化石油气等。

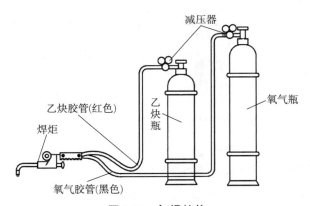

图5.32 气焊结构

气焊气割作业要注意以下事项：

（1）作业前要清除工作场地周围的可燃物和易爆物。

（2）作业前，应对气瓶系统进行气密性检查，系统有泄漏时不得使用。

（3）乙炔瓶使用时必须垂直放置，应有防倒措施，不得卧放使用，使用时应安装阻火器，乙炔气瓶上的易熔塞朝向无人处。

（4）乙炔减压器与瓶连接必须牢固可靠，严禁在漏气情况下使用；如发现瓶阀、减压器、易熔塞着火时，用干粉灭火器或二氧化碳灭火器扑救。

（5）不得使用绳拉等危险方式往高处运送气瓶，也不得采用从楼梯或斜道自由滚落的方式往下运送气瓶。

（6）乙炔瓶用完之前要保留瓶内最低余压，减少瓶内丙酮损失。

（7）氧气瓶阀口处不得沾染油脂。

（8）氧气瓶、乙炔瓶应存放于通风良好的专用棚内，不得靠近火源或在烈日下暴晒。

（9）气瓶距明火、热源不能小于10 m，乙炔瓶与氧气瓶之间的距离不应小于5 m。

（10）气瓶压力表与气阀必须完好，与气瓶连接的胶管必须使用箍件绑扎牢固，破损和严重老化的胶管不得使用，不得使用超期使用及没有制造和检验钢印的气瓶。

5.5.2 受限空间作业

一、受限空间作业安全技术概要

受限空间：指进出口受限、通风不良，且可能存在易燃易爆、有毒有害物质或缺氧环境，对进入人员的身体健康和生命安全构成威胁的封闭或半封闭设施及场所。例如反应器、塔、釜、槽、罐、炉膛、锅筒、管道以及地下室、窖井、坑（池）、下水道等封闭或半封闭场所。

图5.33 化工企业受限空间作业现场

有些区域或地点虽不符合受限空间的定义，但可能面临与受限空间作业相似的潜在危害。在此情况下，建议按照受限空间作业的标准进行管理。这些情况包括：

（1）将头部伸入直径超过30 cm的管道、洞口或被氮气吹扫过的罐内。

（2）高于1.2 m的垂直墙壁围堤，且围堤内外没有通往顶部的台阶，作业者身体在围堤区域内暴露于物理或化学危害中。

（3）动土或开渠深度超过1.2 m，或作业时人员的头部位于地面以下。

（4）化工装置的多层管廊、有毒介质机泵房等区域。

受限空间作业存在的主要危险包括：火灾和爆炸事故风险、中毒和窒息事故风险，以及设备设施内的传动装置和电气系统（如搅拌装置）在检修前未彻底切断电源，可能导致人员遭受物体打击或触电等危险。

二、受限空间作业安全防护措施

（一）作业前的安全防护措施

1. 危害识别

受限空间作业地点所属单位负责人与施工单位作业负责人应对作业监护人和作业人员进行必要的安全教育，内容应包括所从事作业的安全知识、紧急情况下的处理和救护方法等。

2. 应急预案制定

应急预案的内容要包括作业人员发生紧急状况时的逃生路线和救护方法，监护人与作业人员约定联络信号，现场应配备的救生设施和灭火器材等。

3. 工艺处置

（1）清洗与置换。

（2）隔离。与受限空间相连的所有工艺管道要加盲板隔离，不允许用关闭阀门、水封代替加装盲板，绝不允许有工艺介质进入受限空间内。与受限空间相连通的可能危及作业安全的孔、洞要进行严密的封堵。

（3）通风。受限空间进行清洗置换并加盲板隔离后，通风时应将受限空间的人孔、手孔、料孔、烟门等与大气相通的设施全部打开，进行自然通风，必要时可采取强制通风措施。禁止向受限空间充氧气或富氧空气。

（4）降温。受限空间作业前，应将温度降至适宜人员进入作业的温度。

4. 采样分析

（1）受限空间作业前 30 min，应对受限空间内的气体进行采样分析，分析合格后方可进入，如现场条件不允许，时间可适当放宽，但不应超过 60 min。分析结果报出后，样品至少保留 4 h。受限空间内温度宜保持在常温左右，作业期间至少每隔 2 h 复测一次，如有一项不合格，应立即停止作业。

（2）首次采样分析，必须使用色谱仪进行分析，分析合格后，作业期间每隔 2 h 进行一次采样分析，可使用合格的便携式报警器进行检测分析。检测结果异常时应立即停止作业，撤离人员，重新对受限空间进行处置。处置后应再次使用色谱仪对受限空间内的气体进行采样分析，合格后方允许人员再次进入受限空间。

5. 对作业人员的要求

（1）作业人员熟知作业中的危害因素和"受限空间作业许可证"中的安全措施，持有审批同意的"受限空间作业许可证"方可施工作业。

（2）"受限空间作业许可证"所列的安全防护措施应经落实确认、监护人同意后，方可进行受限空间作业，对违反制度的强令作业、违章指挥、安全措施不落实、作业监护人不在场等情况有权拒绝作业。

6. 对作业监护人的要求

（1）受限空间作业要安排专人现场监护，作业期间，作业监护人严禁离岗。

（2）作业监护人要熟悉作业区域的环境和工艺情况，作业前负责对安全措施落实情况进行检查，发现安全措施不落实或不完善时，要及时制止作业活动。

（3）作业监护人要携带便携式有毒有害气体和氧含量检测报警仪器、通信设备、救援设备，监护人一般应有2人，监护人应选择适当的监护地点，注意自身防护。

（4）对时间长，需要倒班监护的工作，应安排人员轮换进行。

（5）监护人对作业人员出现的异常行为及时警觉并作出判断，与作业人员保持联系和交流，观察作业人员的状况；发现异常时，立即向作业人员发出撤离警报，并帮助作业人员逃生，同时立即呼叫紧急救援。

7. 个体防护

（1）缺氧或有毒的受限空间经清洗或置换仍达不到受限空间内气体检测要求的，应佩戴隔绝式呼吸防护装备并拴带救生绳。

（2）易燃易爆的受限空间经清洗或置换仍达不到受限空间内气体检测要求的，应穿防静电工作服及工作鞋，使用防爆工器具。

（3）存在酸碱等腐蚀性介质的受限空间，应穿戴防酸碱防护服、防护鞋、防护手套等防腐蚀装备。

（4）在受限空间内从事电焊作业时，应穿绝缘鞋。

（5）有噪声产生的受限空间，应佩戴耳塞或耳罩等防噪声护具。

（6）有粉尘产生的受限空间，应要求佩戴防尘口罩等防尘护具。

（7）高温的受限空间，应穿戴高温防护用品。

（8）低温的受限空间，应穿戴低温防护用品。

（9）在受限空间内从事清污作业，应佩戴隔绝式呼吸防护装备，并正确拴带救生绳。

（10）在受限空间内作业时，应配备相应的通信工具。

8. 作业许可证的办理

（1）受限空间施工单位作业负责人，应持有施工任务单，到设施所属单位办理"受限空间作业许可证"。

（2）设施所属单位安全负责人与施工单位作业负责人针对作业内容，对受限空间进行危害识别，制定相应的作业程序、安全措施和安全应急预案。安全应急预案内容包括作业人员发生紧急状况时的逃生路线和救护方法。

（二）作业过程中的安全防护措施

（1）受限空间作业实行"三不进入"，即：未持有经批准的"受限空间作业许可证"不进入、安全措施不落实到位不进入、监护人不在场不进入。

（2）受限空间出入口保持畅通，在该设备外明显部位应挂上"设备内有人作业"的牌子。

（3）当受限空间状况改变时，作业人员应立即撤出现场，同时为防止人员误入，在受限空间入口处应设置"危险！严禁入内"警告牌或采取其他封闭措施。处理后需重新办理作业许可证方可进入。

（4）为保证受限空间内空气流通和人员呼吸需要，可采用自然通风，必要时采取强制通风，严禁向内充氧气。

（5）进入受限空间内的作业人员每次工作时间不宜过长，应轮换作业或休息。

（6）禁止在人员进出通道口堆放施工机具、物料。

（7）对带有搅拌器、电离器等转动部件的设备，应在停机后切断电源，摘除保险或挂接地线，给开关上锁并在开关上挂"有人工作、严禁合闸"警示牌，必要时派专人监护。

（8）受限空间照明电压应小于等于 36 V，在潮湿容器、狭小容器内作业电压应小于等于 12 V；作业人员应穿戴防静电服装，使用防爆工具，严禁携带手机等非防爆通信工具和其他防爆器材。

（9）受限空间作业，不得使用卷扬机、吊车等运送作业人员；作业人员所带的工具、材料须登记，禁止与作业无关的人员和物品工具进入受限空间。

（10）在特殊情况下（如油罐清罐、氮气状态下），作业人员可戴供风式面具、空气呼吸器等。使用供风式面具时，必须安排专人监护供风设备。

（11）在受限空间作业期间，严禁同时进行与该受限空间有关的试车、试压或试验。

（12）受限空间作业监护人严禁进入受限空间内，受限空间内的作业人员发

图 5.34　供风隔离式面具

生中毒、窒息的紧急情况，监护人严禁未佩戴防护用具即进入受限空间内，应迅速与其他人员联系，抢救人员必须佩戴隔离式防护面具进入受限空间，并至少有 1 人在受限空间外部负责联络工作。

（13）作业停工期间，应在受限空间的入口处设置"危险！严禁入内"警告牌或采取其他封闭措施防止人员进入。

（14）上述措施如在作业期间发生异常变化，应立即停止作业，经处理并达到安全作业条件后，方可继续作业。

（15）作业人员服从作业监护人的指挥；发现情况异常或感到不适和呼吸困难时，应立即向作业监护人发出信号、迅速撤离现场，严禁在有毒、窒息环境中摘下防护面罩；发现作业监护人不在现场，要立即停止作业。

（16）施工用的氧气瓶、乙炔瓶严禁带入受限空间内。

（17）受限空间内动火作业时，严禁同时进行刷漆、防腐作业。

（18）受限空间作业票有效期不应超过 24 h。

（三）作业结束后的安全防护措施

（1）施工单位作业负责人组织作业人员清理作业现场，作业人员全部撤出，并将所有带入的工器具、剩余的材料或废料带出。

（2）作业监护人对撤出的作业人员数，以及带出受限空间的工器具、材料等物件进行清点，确保受限空间内作业人员已全部撤出，工器具、未消耗材料没有遗漏在受限空间内。

（3）施工单位作业负责人安排人员关闭受限空间出入口，暂时不能关闭的，要设置围挡和"危险！严禁入内"警示标识。

（4）设施所属单位安全负责人与施工单位作业负责人对受限空间内外进行全面检查，确认无误后方可封闭受限空间，并在"受限空间作业许可证"的完工验收栏中签名确认。

5.5.3 高处作业

一、高处作业安全技术概要

高处作业：在距坠落基准面 2 m 及 2 m 以上有可能坠落的高处进行的作业。坠落基准面是指坠落处最低点的水平面。

高处作业分级见表 5.10。

当作业面临的危险因素存在以下危险因素的一种或一种以上时，按 B 类法分级；当作业面临的危险因素不存在以下危险因素时，按 A 类法分级。

（1）阵风风力五级（风速 8.0 m/s）以上。

（2）平均气温等于或低于 5 ℃ 的作业环境。

（3）接触冷水温度等于或低于 12 ℃ 的作业。

图 5.35 化工厂高处作业现场

表 5.10 高处作业分级

分类方法	作业高度 h/m			
	$2 \leqslant h \leqslant 5$	$5 < h \leqslant 15$	$15 < h \leqslant 30$	$h > 30$
A	Ⅰ	Ⅱ	Ⅲ	Ⅳ
B	Ⅱ	Ⅲ	Ⅳ	Ⅳ

（4）作业场地有冰、雪、霜、水、油等易滑物。

（5）作业场所光线不足，能见度差。

（6）摆动，立足处不是平面或只有很小的平面，即任一边小于 500 mm 的矩形平面、直径小于 500 mm 的圆形平面或具有类似尺寸的其他形状的平面，致使作业者无法维持正常姿势。

（7）存在有毒气体或空气中含氧量 <19.5%（体积分数）的作业环境。

（8）可能会引起各种灾害事故的作业环境和抢救突然发生的各种灾害事故。

表 5.11 作业活动范围与危险电压带电体的距离

危险电压带电体的电压等级/kV	距离/m
≤ 10	1.7
35	2.0
63～110	2.5
220	4.0
330	5.0
500	6.0

（9）作业活动范围与危险电压带电体的距离小于表5.11的规定。

引起高处坠落事故的危险因素：

（1）作业地点的洞、坑无盖板或检修过程中移去盖板。

（2）平台、扶梯的栏杆不符合安全要求，临时拆除栏杆后没有防护措施，不设警告标志。

图5.36 双大钩五点式安全带

（3）高处作业不挂安全带或安全带不合格、没有使用"双大钩五点式"（全身式）安全带，或佩戴、系挂时不规范、不挂安全网。

（4）梯子使用不当或梯子不符合安全要求。

（5）不采取任何安全措施，在石棉瓦之类不坚固的结构上作业。

（6）脚手架有缺陷，使用不合格的脚手架、吊篮、吊板、梯子。

（7）高处作业用力不当、重心失稳。

（8）高处作业拆卸的设备零部件或者使用的工器具缺少防护措施，有可能掉落伤人，造成物体打击事故。检修工器具、配件没有防坠落措施等。

二、高处作业安全防护措施

（一）作业前的安全防护措施

1.作业许可证的办理

（1）从事高处作业的单位应办理"高处作业操作证"，落实安全防护措施后方可作业。

（2）施工单位作业负责人应根据高处作业的分级和类别向审批单位提出申请，办理"高处作业操作证"。

（3）"高处作业操作证"审批人员应在作业现场检查确认安全措施后，方可批准高处作业。

（4）高处作业的有效期最长为7天。当作业中断再次作业前，应重新对环境条件和安全措施进行确认。

2.个体防护用品的配备

（1）施工现场要配备必要的救生设施、灭火器材和通信器材等。

（2）高处作业人员必须系好安全带，戴好安全帽，禁止穿带钉易滑的鞋。安全带使用时必须挂在施工作业处上方的牢固构件上，应高挂（系）低用，不得采用低于肩部水平的系挂方法，不得系挂在有尖锐棱角的部位，安全带系挂点下方应有足够的

图5.37 安全带高挂低用

净空。

（3）高处作业时必须有稳定的工作面，可优先采用工作平台，如脚手架或升降平台。

3. 现场检查和安全技术交底

现场检查和安全技术交底同"动火作业"的相同。

（二）作业过程中的安全防护措施

1. 作业现场安全防护措施

（1）高处作业严禁投掷工具、材料及其他物品，所用材料应堆放平稳，必要时应设安全警戒区并设专人监护；作业人员上下时手中不得持物，不得在高处作业处休息，不得在不坚固的结构（如彩钢板屋顶、石棉瓦、瓦楞板等轻型材料等）作业。

（2）在同一坠落方向上，一般不得进行上下交叉作业。如确需进行交叉作业，要采取硬隔离措施；如间隔超过 24 m 时，应设双层防护。

（3）雨天和雪天作业时，应采取可靠的防滑、防寒措施；遇有 5 级以上强风、浓雾等恶劣气候，不应进行高处作业、露天攀登与悬空高处作业。

（4）在作业点附近设有排放有毒有害气体及粉尘超出允许浓度的烟囱及设备时，严禁进行高处作业。

（5）施工作业区域内，直径小于 500 mm 的洞口要进行可靠封盖或封堵，直径大于 500 mm 的洞口除封盖外，还要加装栏杆围护，并设置醒目的警示标志。

（6）进行格栅板、花纹板铺设时，要边铺设边固定，在上下同一垂直面上不得同时进行格栅板、花纹板的铺设作业，高处作业人员在移动过程中必须保证至少有一个挂钩有效。

2. 高处作业防护装备

（1）防坠落装备

高处作业应设置用于阻止作业人员从工作高度坠落的一系列的防护装备，包括锚固点连接器、生命绳、全身式安全带、抓绳器、减速装置、定位系索或组合。

（2）梯子

① 在梯子上工作时，梯子与地面的倾斜度一般为 55°～60°。

② 禁止两人同登一梯，不准在梯子顶档作业。

③ 对于需要的物件，可在爬到作业的高度后再用绳索提上，或者装在工具袋内，用绳索传递。

④ 靠在管线上使用梯子，其上端必须设有挂钩或用绳索绑住。

⑤ 人在梯子上时，禁止移动梯子。上下梯子时，应两手抓紧梯子，严禁从梯子上滑下。

（3）脚手架

① 脚手架必须设有供施工人员上下的斜梯或阶梯，严禁施工人员沿脚手架爬上爬下。

② 储罐内的脚手架严禁对罐底、罐壁造成变形、损坏，储罐内应搭设满堂架。

③ 未取得登高架设作业特种作业上岗操作证的人员，严禁从事搭设和拆除作业。

（4）吊篮、吊板

① 吊篮、吊板中的作业人员应系安全带和安全绳，身后余绳不得超过 1 m。

② 吊板仅用于大型储罐的外部防腐和建筑物的清洗、粉饰、养护悬吊作业。

③ 钢丝绳每次施工前应检查一次，一个月至少应润滑一次，登高板和安全绳每次施工前应检查一次。

④ 有架空输电线场所，吊篮或吊板的任何部位与输电线的安全距离不应小于 10 m。

⑤ 吊篮使用安全技术要求：

（a）利用吊篮进行电焊作业时，严禁用吊篮作电焊接线回路，吊篮内严禁放置氧气瓶、乙炔瓶等易燃易爆品。

（b）吊篮立杆的纵向间距为 1.5～2 m，挡脚板高度≥200 mm。

（c）吊篮外侧必须在 0.6 m 和 1.2 m 高处各设一道护身栏杆，此外，吊篮顶部必须设护头棚，外侧与两端用安全网封严。

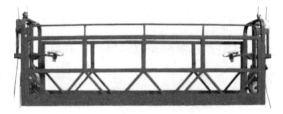

图 5.38　吊篮

5.5.4　动土作业

动土作业是指挖土、打桩、钻探、坑探以及地锚入土深度在 0.5 m 以上的作业；同时，使用推土机、压路机等施工机械进行填土或平整场地等，凡可能对地下隐蔽设施产生影响的作业，也均属于动土作业范畴。动土作业中常见的事故类型包括：生产停工事故、坍塌事故以及坠落事故等。

图 5.39　动土作业现场

一、作业过程中的安全防护措施

（1）动土开挖时，应防止邻近建（构）筑物、道路、管道等下沉和变形。

（2）如遇与可燃、有毒物质相通的设施或破土超过 1.5 m 深的沟、槽、坑时，建议执行《受限空间作业安全管理规定》。

（3）施工单位作业负责人应采用导流渠、构筑堤防或其他适当的措施，防止地表水或地下水进入挖掘处造成塌方。

（4）挖出的泥土堆放处所和堆放的材料至少距坑、槽、井、沟边沿 0.8 m，高度不得超过 1.5 m。

（5）所有人员不准在坑、槽、井、沟内休息，作业人员多人同时挖土应相距在 2 m 以上，防止工具伤人。

（6）动土作业区域周围应设围栏和警示牌，夜间应设警示灯等警示标志。

（7）动力电缆和通信电缆区域的破土作业，必须采用人工破土，严禁机械开挖。

二、作业结束后的安全防护措施

动土作业完工后，应由施工单位的作业负责人、监护人以及项目现场主管人共同对相关内容进行现场确认。在确保满足所有安全条件后，项目现场主管人需及时告知相关岗位及人员。随后，由项目管理部门对施工现场进行全面的检查验收。

5.5.5 临时用电作业

临时用电是指正式运行的电源上所接的非永久性用电。如在正式运行的供电系统上加接或拆除如电缆线路、变压器、配电箱等设备，以及使用电动机、电焊机、潜水泵、通风机、电动工具、照明器具等一切临时性用电负荷。如图 5.30 所示。临时用电作业容易发生的安全事故包括火灾事故、爆炸事故、生产事故、人身伤害事故等。

一、临时用电作业前安全危险性分析技术要点

（一）作业许可审批环节（隐患）

（1）接临时电源，未办理"临时用电作业许可证"。

（2）在生产装置、罐区等易燃易爆场所接临时电源时，未办理"动火作业许可证"。

（3）"临时用电作业许可证"填写不规范，或漏填、漏签、涂改。

（二）作业人员资质、能力方面（隐患）

（1）非电工人员进行临时用电的操作与维护，或电工未考取特种作业人员资格证。

（2）在靠近带电部位进行作业时未设监护人，未采取防止施工人员靠近的措施。

（三）电气设备方面（隐患）

（1）电气设备的金属外壳不接地、断开或接地错误、接地线串接、接地线没有接线鼻子直接缠绕在接地柱上。

（2）现场临时用电配电盘、箱无编号，或无防雨措施。

（3）施工现场电网未采用三级漏电保护网络，总配电箱、分配电箱、线路末端用电设备的开关箱中未装设漏电保护装置。

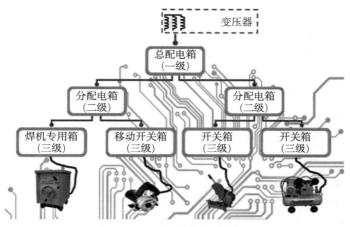

图 5.40 三级漏电保护网络

（4）开关、线路与用电设备的容量不匹配。

（5）临时架空线未采用绝缘铜芯线。架空线未架设在专用电杆上（严禁架设在树木和脚手架上）。

（6）电缆接头未设在接线盒内，或接线盒不防水、损伤。

（7）将电线芯线直接插入插座或将芯线挂在电源开关上。

（8）对需埋地敷设的电缆线路要设走向标志和安全标志。电缆埋地深度不小于 0.7 m，穿越公路或有重物挤压危险的部位时必须加设防护套管。

（9）移动电气设备时，不切断电源。

（10）检修和施工队伍的自备电源私自接入公用电网。

（四）施工机具方面（隐患）

（1）进入现场的施工机具，未经施工单位检验合格并加贴合格证。

（2）移动工具、手持式电动工具没有设有"一机一闸一保护"，手持式电动工具的外壳、手柄、导线、插头、开关等有破损。

（3）电焊机的一次侧电源线长不应大于 5 m，二次侧电源线应采用防水橡皮护套铜芯软电缆，长度不应大于 30 m。如图 5.31 所示。

（五）施工照明方面（隐患）

（1）照明灯具悬挂高度过低，不设保护罩，或任意挪动，当行灯使用。

（2）照明设备拆除后，现场留有带电电线。电线必须保留，但未切断电源并将线头绝缘。

（3）在特别潮湿的场所或塔、釜、槽、罐等金属设备内作业时，行灯电压超过 12 V，在易燃易爆区域，使用非防爆型安全行灯；行灯电压超过 36 V，或行灯无金属保护罩。

二、临时用电作业过程中的安全防护措施

（1）化工企业运行的生产装置、罐区和具有火灾、爆炸危险场所内不得随意接临时电源，装置生产、检修、施工确需临时用电时，须办理许可证，由配送电单位指定电源接入点。凡在具有火灾、爆炸危险场所内的临时用电，应在办理许可证前，办理

"动火作业许可证"。

（2）施工单位用电负责人持"特种作业操作证（电工）""动火作业许可证"（具有火灾、爆炸危险场所内）或持工作任务单（一般场所、固定动火区等）到配送电单位办理"临时用电作业许可证"手续。

（3）严禁临时用电单位未经审批变更用电地点和工作内容。

（4）配送电单位要将临时用电设施纳入正常电气运行巡回检查范围，确保每天不少于两次巡回检查。对存在重大隐患和发生威胁安全的紧急情况时，配送电单位有权紧急停电处理。

（5）禁止任意增加用电负荷或私自向其他单位转供电。

（6）在临时用电有效期内，如遇施工过程中停工、人员离开时，临时用电单位要从受电端向供电端逐次切断临时用电开关；重新施工时，对线路、设备进行检查确认后，方可送电。

（7）临时用电时间一般不超过15天，特殊情况不应超过30天。

5.5.6 吊装作业

吊装作业是利用各种吊装机具，将设备、工件、器具及材料等吊起，并使其发生位置变化的作业过程。在吊装作业过程中，容易发生的安全事故包括吊物坠落事故、挤压碰撞事故以及机体倾翻事故等。

图5.41　化工厂吊装作业

根据《危险化学品企业特殊作业安全规范》（GB 30871—2022），吊装作业按照吊装重物质量 m 不同分为（1）一级吊装作业：$m > 100$ t；（2）二级吊装作业：40 t$\leqslant m \leqslant 100$ t；（3）三级吊装作业：$m < 40$ t。

一、吊装作业前安全危险性分析技术要点（隐患）

（1）作业人员无证上岗。

（2）起重工及其他操作人员不戴安全帽或佩戴不规范。

（3）作业区域不拉警戒线，起重机械与地面之间不设垫木，起重机械支撑在井盖、电缆沟槽的盖板上，支腿不完全伸出。

（4）吊装作业警戒区内、吊臂或吊钩下，无关人员随意通过或逗留，或对警戒线视而不见。

（5）在停工或休息时，将吊物、吊笼、吊具和吊索悬吊在空中。

（6）利用管道管架、电杆、机电设备、脚手架等作吊装锚点。

二、吊装作业的安全防护措施

（一）吊装作业前的安全防护措施

（1）编制吊装作业方案。

（2）起重机械与人员要求。

（3）施工场地要求。

（4）现场警戒。

（5）现场设备检查与安全技术交底。

（6）作业许可证的办理。

（二）吊装作业过程中的安全防护措施

（1）在作业时必须明确指挥人员，指挥人员应佩戴鲜明的安全标志或特殊颜色的安全帽。

（2）起重机司机（起重操作人员）必须按指挥人员（中间指挥人员）所发出的指挥信号进行操作。对紧急停车信号，不论任何人发出，均应立即执行。当起重臂、吊钩或吊物下面有人，吊物上有人或有浮置物时不得进行起重操作。

（3）在采用两台或多台起重机吊运同一重物时，施工前，所有参加施工人员必须熟悉吊装方案，尽量选用相同机种、相同起重能力的起重机并合理布置，同时明确吊装总指挥和中间指挥，统一指挥信号。

（4）作业地面应坚实平整，支脚必须支垫牢靠，回转半径及有效高度以外 5 m 内不得有障碍物。

（5）起重机械操作人员、司索人员必须听从指挥人员的指挥，不得各行其是。

（6）吊起重物时，应先将重物吊离地面 10 cm 左右，停机检查制动器灵敏性和可靠性，以及重物绑扎的牢固程度，确认情况正常后，方可继续工作。

（7）不准让起吊的货物从人的头上、汽车和托盘车驾驶室上经过。工作中，任何人不准上下机械，提升物体时，禁止猛起、急转弯和突然制动。

（8）起重物不准长时间滞留空中，起吊物吊在空中时，驾驶员不得离开驾驶室。

（9）遇到 6 级及 6 级以上大风或大雪、大雨、大雾等恶劣天气时，不得从事露天作业，夜间工作需有良好的照明。

（10）起升和降下重物时，速度应均匀、平稳、保持机身的稳定，防止重心倾斜，严禁起吊的重物自由下落，从卷筒上放出钢丝绳时，至少要留有 5 圈，不得放尽。

（三）吊装作业后的安全防护措施

（1）将起重臂和吊钩收放到规定位置，所有控制手柄均应放到零位，电气控制的起重机械的电源开关应断开。

（2）对在轨道上作业的吊车，应将其停放在指定位置并有效锚定。

（3）吊索、吊具应收回，放置到规定位置，并对其进行例行检查、维护、保养。

5.5.7 盲板抽堵作业

盲板抽堵作业是指在设备、管道上安装和拆卸盲板的作业。

一、盲板抽堵作业前的危险有害因素分析要点

（1）盲板缺陷

（2）盲板拆装作业的危害因素

盲板拆装作业本身有可能发生物体打击、高空坠落、火灾、爆炸、中毒窒息等事故。

图 5.42　化工厂盲板抽堵作业现场

（3）盲板抽堵作业程序

作业前应办理"盲板抽堵安全许可证"。生产单位负责人与施工单位作业负责人对作业程序和安全措施进行确认后，方可签发"盲板抽堵作业许可证"，施工单位作业负责人要向作业人员进行作业程序和安全措施的交底，并指派监护人。

二、盲板抽堵作业过程中的安全措施

（1）有毒介质的管道、设备上进行盲板抽堵作业时，系统压力应降到尽可能低的程度加盲板的位置，应在有物料来源的阀门的另一侧，盲板两侧均应安装垫片，所有螺栓都要紧固，作业人员应穿戴适合的防护用具（防护面具、眼镜、防毒面罩、正压式空气呼吸器等）。

（2）在易燃易爆场所进行盲板抽堵作业时，作业人员应穿防静电工作服、工作鞋；距作业地点 30 m 内不得有动火作业；工作照明应使用防爆灯具；作业时应使用防爆工具，禁止用铁器敲打管线、法兰等。

（3）在强腐蚀性介质的管道、设备上进行盲板抽堵作业时，作业人员应采取防止酸碱灼伤的措施。

（4）介质温度较高进行盲板抽堵作业时，作业人员应采取防烫措施。

（5）若抽堵盲板的法兰与塔、罐等带压或有危险物料的设备无切断阀门或切断阀门严重内漏无法隔离时，要采取退净物料、撤压、置换等措施，必要时需进行气体采样分析合格，同时要防止管线内的余压或残余物料喷出伤人。

（6）不得在同一管道上同时进行 2 处及 2 处以上的盲板抽堵作业，拆卸法兰时应隔 1 个螺栓逐步松开。

（7）作业过程中，如果不具备安全条件，要停止作业。

三、盲板抽堵作业后的安全措施

（1）盲板抽堵作业完成后，企业生产指挥部门应组织基层单位填写盲板管理台账，生产指挥部门应建立全厂盲板动态管理图，实时掌握全厂工艺设备、管道上的所有盲板使用状态。

（2）基层单位应建立盲板管理台账，台账内容与生产指挥部门实时保持一致。

5.5.8 断路作业

根据《危险化学品企业特殊作业安全规范》（GB 30871—2022），断路作业是指在化学品生产单位内交通主、支路与车间引道上进行工程施工、吊装、调运等各种影响正常生产的作业。

图 5.43　断路作业

断路作业过程中的安全防护措施：

（1）作业前确认作业内容，并与有关部门进行作业交底。

（2）无关人员不得进入作业区域。

（3）在道路上进行定点作业，白天不超过 2 h，夜间不超过 1 h 即可完工的，在有现场交通指挥人员指挥交通的情况下，只要作业区设置了完善的安全设施，即白天设置了锥形交通路标或路栏，夜间设置了锥形交通路标或路栏及道路作业警示灯，可不设标志牌。

（4）夜间作业应设置道路作业警示灯。道路作业警示灯设置在作业区周围的锥形交通路标处，应能反映作业区的轮廓，道路作业警示灯应为红色，警示灯应防爆并采用安全电压，道路作业警示灯设置高度应离地面 1.5 m，不低于 1.0 m。

（5）道路作业警示灯遇雨、雪、雾天时应开启，在其他气候条件下应自傍晚前开启，并能发出至少自 150 m 以外清晰可见的连续、闪烁或旋转的红光。

（6）断路申请单位应根据作业内容会同作业单位编制相应的事故应急措施，并配备有关器材。

（7）动土挖开的路面宜做好临时应急措施，保证消防车的通行。

5.5.9 特殊作业总结

八种特殊作业在学习过程中，有相似的知识点，为方便理解和记忆，总结如下：

1. 作业前的检查确认：风险辨识、工艺处置、教育培训和审批流程

（1）组织作业单位对作业现场和作业过程中可能存在的危险有害因素进行辨识，制定相应的安全风险管控措施。

（2）应采取措施对作业的设备设施、管线进行处理（倒空、隔离、吹扫、置换、通风换气、气体分析），确保满足相应作业安全要求。

（3）正确选择和佩戴个人防护用具，作业面设置必需的应急物资。

（4）应对参加作业的人员进行安全措施交底。

（5）应组织作业单位对作业现场及作业涉及的设备、设施、工器具等进行检查。

（6）应组织办理作业审批手续，并由相关责任人签字审批。

2.作业中的作业要求：作业人员、监护人员

（1）当生产装置或作业现场出现异常，危及作业人员安全时，作业人员应立即停止作业，迅速撤离并及时通知相关单位及人员。

（2）作业期间应设监护人，对作业人员的行为和现场安全作业条件进行检查与监督，负责作业现场的安全协调与联系。

（3）安全监护人发现作业面异常时应中止作业并采取安全有效措施。

（4）安全监护人发现作业人员违章时，应及时制止违章，情节严重时，应收回安全作业票、中止作业。

（5）作业期间，监护人不应擅自离开作业现场。

（6）作业期间使用移动式可燃、有毒气体检测仪、氧气检测仪加强作业面巡检。

3.作业后的恢复确认：作业人员、监护人员

（1）作业完毕，应及时恢复作业时拆移的安全设施的使用功能。

（2）清理作业现场，恢复原状。

4.特殊注意事项

（1）作业内容变更、作业范围扩大、作业地点转移或超过安全作业票有效期限时，应重新办理安全作业票。

（2）工艺条件、作业条件、作业方式或作业环境改变时，应重新进行作业危害分析，核对风险管控措施，重新办理安全作业票。

5.6 化工过程控制与毒害检测

5.6.1 控制与联锁技术

一、化工过程控制系统的工作原理

当控制系统受到扰动作用后，被控变量（如温度、压力、液位）发生变化，通过检测变送仪表得到其测量值；控制器接受被控变量（如温度、压力、液位）测量变送器送来的测量信号，与设定值相比较得出偏差，按某种运算规律进行运算并输出控制信号，按其大小改变阀门的开度，调整被控变量的数值，以克服扰动的影响，使被控变量回到设定值，最终达到控制被控变量（如温度、压力、液位）稳定的目的。

二、化工仪表的类型

化工企业仪表设备一般分为常规仪表、仪表控制系统、仪表联锁保护系统、分析仪表、安全环保仪表及其他仪表，其具体功能和内容详见表5.12。

表5.12　化工仪表的类型及功能

仪表类型	功能	内容
常规仪表	对工艺过程中的温度、压力、流量、液位检测进行调整	包括:检测仪表、显示或报警仪表、控制仪表、辅助单元、执行器及其附件等
仪表控制系统	实现在线监测、实时控制。 (1) 实时数据处理; (2) 实时监督决策; (3) 实时控制及输出	包括:集散控制系统(DCS)、可编程控制器系统(PLC)、压缩机控制系统(CCS)、工业控制计算机系统(IPC)、监控和数据采集系统(SCADA)等①
仪表联锁保护系统	用于监视生产装置或独立单元的操作如果生产过程超出安全操作范围,可以使其进入安全状态,确保装置或独立单元具有一定的安全度	包括:紧急停车系统(ESD)、安全仪表系统(SIS)、安全停车系统(SSD)、安全保护系统(SPS)②、逻辑运算器、继电器等
分析仪表	指对物质的组成和性质进行分析和测量,并直接指示物质的成分及含量的仪表	包括:在线分析仪表、化验室分析仪器等
安全环保仪表	对生产过程中可能产生的废弃物或异常情况下可能泄漏或外排的气体、液体的成分进行分析及检测,以便于进行生产调整并减少影响环境的事件发生	包括:可燃气体检测报警器,有毒气体检测报警器,氨氮分析仪,化学需氧量(COD)③分析仪,烟气排放二氧化硫分析仪外排废水、废气流量计等
其他仪表		有振动/位移检测仪表、调速器标准仪器、工业电视监控系统

三、安全仪表系统

安全仪表系统(Safety Instrumented System，SIS)包括仪表保护系统(Instrumented Protective System，IPS)、安全联锁系统(Safety Interlock System，SIS)、紧急停车系统(Emergency Shutdown Device，ESD)。

安全仪表系统在生产装置的开车、运行、维护操作和停车期间,对装置设备、人员健康及环境提供安全保护。无论是人为因素，还是装置的故障以及不可抗因素引发的危险，SIS都按预设的程序作出反应，使生产装置安全联锁或停车。

(一) 安全仪表系统的组成

安全仪表系统由传感器、逻辑运算器、最终执行元件及相应软件等组成。

(1) 传感器。传感器是测量过程变量的单一或组合的设备。

(2) 逻辑运算器。在安全仪表系统或过程控制系统中，逻辑运算器是负责完成一

---

① 集散控制系统(Distributed Control System,DCS)、可编程控制器系统(Programmable Logic Controller, PLC)、压缩机控制系统(Compressor Control System,CCS)、工业控制计算机系统(Industrial Personal Computer,IPC)、监控和数据采集系统(Supervisory Control And Data Acquisition,SCADA)。

② 安全停车系统(Safety Shutdown Device,SSD)、安全保护系统(Safety Protection System,SPS)。

③ 化学需氧量(Chemical Oxygen Demand,COD)。

个或多个逻辑功能的部件。

（3）最终执行元件。最终执行元件执行逻辑运算器指定的动作，以使过程达到安全状态。

（二）安全仪表系统的作用

装置稳定运行时，现代石化装置的典型保护层为洋葱状，简称"洋葱模型"，如图5.44所示。

第一层：过程设计。实现本质安全。

第二层：基本过程控制系统（Basic Process Control System, BPCS）。如集散控制系统（DCS），以正常运行的监控为目的。

第三层：区别于基本过程控制系统（BPCS）的重要报警。操作人员介入需要有一定的操作裕度。

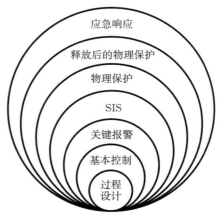

图5.44　洋葱模型

第四层：安全仪表系统（SIS）。系统自动地使工厂安全停车。

第五层：物理保护层（一）。如安全泄压阀、过压保护系统。

第六层：物理保护层（二）。将泄漏液体局限在局部区域的防护堤。

第七层：工厂和周边社区紧急应对计划。工厂内部、周边居民、公共设施的应急计划。

其中，第二层至第四层的保护都是用自控和仪表系统来实现的。SIS处于仪表系统的最后一层保护，其作用更是至关重要。在事故和故障状态下，SIS能够使装置安全停车并且处于安全模式下。

（三）仪表安全完整性等级的划分

安全完整性等级1为最低，安全完整性等级4为最高。其平均失效概率和对应减少的风险，参见表8.40。

（四）安全仪表系统与基本过程控制系统

1. 两者执行的功能有所不同

基本过程控制系统是负责执行常规正常生产功能的控制系统。安全仪表系统则负责监视生产过程的状态，判断是否存在危险条件，并采取措施防止风险的发生或减轻风险造成的后果。简言之，前者主要用于实现系统的基本控制功能，后者则专注于监视生产过程以确保整个系统的安全运行。

2. 两者具备不同的工作状态

基本过程控制系统是主动且动态的，它持续地对生产过程进行控制和调节。相反，安全仪表系统则是被动且通常处于休眠状态，只在检测到危险条件时才会启动相应的保护措施。

3. 对于失效，两种控制系统有着不同的表现形式

对于基本过程控制系统而言，由于其持续在运行状态，因此其大部分失效都是明显且易于察觉的。而安全仪表系统由于其大部分时间处于"休眠"状态，因此很难直接观察到其是否失效或存在问题。因此，为了确保安全仪表系统的可靠性，需要定期进行人为的离线测试或在线测试，同时有些安全系统还内置了自诊断测试功能，以便及时发现并处理潜在的问题。

（五）紧急停车系统

紧急停车系统（ESD）是一种高度可靠且灵活的专门的仪表保护系统。当生产装置遭遇紧急情况时，该系统能在规定的时间内迅速响应，及时发出保护联锁信号，对现场设备进行全面的安全保护。

（六）仪表联锁保护系统

仪表联锁保护系统是根据装置的工艺过程要求和设备特性而设计的，它能够驱动相应的执行机构动作，或自动启动备用系统，或在必要时实现安全停车。该系统不仅确保装置和设备的正常开、停、运转，还能在工艺过程出现异常时，按照预设的程序保障安全生产，执行紧急操作（如切断或排放）、安全停车、紧急停车或自动切换至备用系统。

仪表联锁保护系统涵盖多个子系统，包括：紧急停车系统（ESD）、安全仪表系统（SIS）、安全停车系统（SSD）、安全保护系统（SPS）、逻辑运算器、继电器等。

联锁保护系统的技术要求：

（1）系统应独立于集散控制系统（DCS）和其他子系统单独设置，并必须设计成故障安全型，以确保在故障情况下能够自动进入安全状态。

（2）设计应避免不足或过度，安全联锁保护系统不得被用于普通的过程控制，以保持其专业性和可靠性。

（3）联锁保护装置及其检测元件、执行机构、逻辑运算器原则上应独立设置，关键工艺参数的检测元件常采用"三取二"联锁方案，以提高系统的可靠性和准确性。

（4）联锁保护系统应设置有手动复位开关，当联锁动作后，必须进行手动复位才能重新投运，以防止误操作或故障后的自动恢复。

（5）紧急停车的联锁保护系统应具备手动停车功能，以确保在出现操作事故、设备事故或联锁失灵等异常状态时，能够迅速实现紧急停车。

（6）联锁保护系统中的相关设备应设置明显的警示标识，特别是紧急停车按钮和开关，必须设有适当的护罩，以防止误触。

（7）重要的执行机构应配备安全措施，确保在能源中断时，执行机构能够趋向并进入确保工艺过程和设备安全的最终位置。

（8）联锁保护系统动作时，应同时伴有声光报警。红色灯光表示超限报警或紧急状态，黄色灯光表示预报警，绿色灯光则表示运转设备或过程变量处于正常状态。

5.6.2 毒害检测与报警技术

检测报警设施包括压力、温度、液位、组分等报警设施，可燃气体和有毒气体检测报警系统，火灾报警系统，氧气检测报警器，放射源检测报警器，静电测试仪器（电荷密度计、静电电压表），漏油检测报警器，对讲机，报警电话，电视监视系统等。

（一）可燃气体和有毒气体检测报警系统

设置可燃气体和有毒气体检测报警系统的基本规定：

（1）在生产或使用可燃气体及有毒气体的工艺装置和储运设施的区域内，对可能发生可燃气体和有毒气体的泄漏进行探测时，应按下列规定设置可燃气体检（探）测器和有毒气体检（探）测器。

① 泄漏气体中可燃气体浓度可能达到报警设定值时，应设置可燃气体探测器。

② 泄漏气体中有毒气体浓度可能达到报警设定值时，应设置有毒气体探测器。

③ 既属于可燃气体又属于有毒气体的单组分气体介质，应设有毒气体探测器。

④ 可燃气体与有毒气体同时存在的多组分混合气体，泄漏时可燃气体浓度和有毒气体浓度有可能同时达到报警设定值，应分别设置可燃气体探测器和有毒气体探测器，如图5.45所示。

可燃气体探测器　　　　　　　有毒气体探测器

图5.45　可燃、有毒气体探测仪表及现场声光系统

（2）可燃气体和有毒气体的检测报警应采用两级报警。同级别的有毒气体和可燃气体同时报警时，有毒气体的报警级别应优先。

一级报警：常规的气体泄漏警示报警，提示操作人员及时到现场巡检。

二级报警：提示操作人员应采用紧急处理措施。当需要采用联动保护时，二级报警的输出接点信号可供使用。

（3）可燃气体和有毒气体检测报警信号应送至有人值守的现场控制室、中心控制室等进行显示报警；可燃气体二级报警信号、可燃气体和有毒气体检测报警系统报警控制单元的故障信号应送至消防控制室。

（4）控制室操作区应设置可燃气体和有毒气体声、光报警器；现场区域警报器宜根据装置占地的面积、设备及建构筑物的布置、释放源的理化性质和现场空气流动特点进行设置，现场区域警报器应有声、光报警功能。

（5）可燃气体探测器取得国家指定机构或其授权检验单位的计量器具型式批准证书、防爆合格证和消防产品型式检验报告；有毒气体探测器取得国家指定机构或其授权检验单位的计量器具型式批准证书。爆炸区域的探测器还应取得防爆合格证。

（6）需要设置可燃气体、有毒气体探测器的场所，宜采用固定式探测器；需要临时检测可燃气体、有毒气体的场所，宜配备移动式气体探测器。

（7）进入爆炸性气体环境或有毒气体环境的现场工作人员，应配备便携式可燃气体和（或）有毒气体探测器。同时存在爆炸性气体和有毒气体时，便携式可燃气体和有毒气体探测器可采用多传感器类型。如图2.9和2.10所示。

（8）可燃气体和有毒气体检测报警系统应独立于其他系统单独设置。

（9）可燃气体和有毒气体检测报警系统的气体探测器、报警控制器、现场警报器（声光警报器）等的供电负荷，应按一级用电负荷（双电源供电），宜采用UPS电源。UPS即不间断电源，是一种含有储能装置（大多是电池组）的不间断电源，主要用于给部分对电源稳定性要求较高的设备，提供不间断的电源。

（10）确定有毒气体的职业接触限值时应按最高容许浓度、时间加权平均容许浓度、短时间接触容许浓度的优先次序选用，详见4.3.1节。

（二）检（探）测点的确定

1. 一般规定

（1）可燃气体和有毒气体检（探）测器的检（探）测点，应根据气体的理化性质、释放源的特性、生产场地布置、地理条件、环境气候及操作巡检路线等多方面条件，选择气体易于积聚和便于采样检测之处布置。

（2）在判别泄漏气体介质是否比空气重时，应以泄漏气体介质的分子量与环境空气的平均分子量之间的比值为基准，并按照以下原则进行判别：

① 当比值≥1.2时，则泄漏的气体重于空气。

② 当1.0≤比值<1.2时，则泄漏的气体为略重于空气。

③ 当0.8<比值<1.0时，则泄漏的气体为略轻于空气。

④ 当比值≤0.8时，则泄漏的气体为轻于空气。

其中，空气的平均分子量约为29。化工领域常见易燃、易爆、有毒气体的分子量：氢气（2）、甲烷（16）、一氧化碳（28）、硫化氢（34）、二氧化硫（64）、液化石油气（主要成分是丁烷C_4H_{10}，58）。

（3）在下列可燃气体和（或）有毒气体释放源周围布置检测点：

① 气体压缩机和液体泵的动密封。

② 液体采样口和气体采样口。

③ 液体（气体）排（水）口和放空口。

④ 常拆卸的法兰和经常操作的阀门组。

（4）检测可燃气体和有毒气体时，探测器探头应靠近释放源，且在气体、蒸气易于聚集的地点。

（5）当生产设施及储运设施区域内泄漏的可燃气体和有毒气体可能对周边环境安全有影响需要监测时，应沿生产设施及储运设施区域周边按适宜的间隔布置可燃气体探测器或有毒气体探测器，或沿生产设施及储运设施区域周边设置线型气体探测器。

（6）在生产过程中可能导致环境氧气浓度变化，应设置氧气探测器。当相关气体释放源为可燃气体或有毒气体释放源时，氧气探测器可与相关的可燃气体探测器、有毒气体探测器布置在一起。

2. 生产设施

（1）释放源处于露天或敞开式厂房布置的设备区域内，可燃气体探测器距其所覆盖范围内的任一释放源的水平距离不宜大于10 m，有毒气体探测器距其所覆盖范围内的任一释放源的水平距离不宜大于4m。

（2）释放源处于封闭式厂房或局部通风不良的半敞开厂房内，可燃气体探测器距其所覆盖范围内的任一释放源的水平距离不宜大于5m；有毒气体探测器距其所覆盖范围内的任一释放源的水平距离不宜大于2m。

（3）比空气轻的可燃气体或有毒气体释放源处于封闭或局部通风不良的半敞开厂房内，除应在释放源上方设置探测器外，还应在厂房内最高点气体易于积聚处设置可燃气体或有毒气体探测器。

3. 储运设施

（1）液化烃、甲$_B$、乙$_A$类液体等产生可燃气体的液体储罐的防火堤内，应设探测器。可燃气体探测器距其所覆盖范围内的任一释放源的水平距离不宜大于10m，有毒气体探测器距其所覆盖范围内的任一释放源的水平距离不宜大于4m。甲$_B$和乙$_A$的分类见表5.19所示。

（2）液化烃、甲$_B$、乙$_A$类液体的装卸设施，探测器的设置应符合下列规定：

① 铁路装卸栈台，在地面上每一个车位宜设一台探测器，且探测器与装卸车口的水平距离不应大于10m。

② 汽车装卸站的装卸车鹤位与探测器的水平距离不应大于10m。

（3）装卸设施的泵或压缩机区的探测器设置，应符合生产设施的设置规定。

4. 总结

生产设施与储运设施探测器设置详见表5.13。

表5.13　生产设施与储运设施探测器设置

情形		可燃气体探测器	有毒气体探测器
生产设施（泵或压缩机）	露天、敞开式厂房	不宜大于10m	不宜大于4m
	封闭式或局部通风不良的半敞开式厂房	不宜大于5m	不宜大于2m
储运设施	液化烃、甲$_B$、乙$_A$类液体（防火堤内）	不宜大于10m	不宜大于4m
	液化烃、甲$_B$、乙$_A$类液体	（1）铁路装卸：每一个车位宜设一台探测器，且探测器与装卸车口的水平距离不应大于10m；（2）汽车装卸：装卸车鹤位与探测器的水平距离不应大于10m	

注：（1）露天、敞开式厂房：可燃气体探测器，不宜大于10m，有毒气体探测器，不宜大于4m。

（2）封闭式厂房或局部通风不良的半敞开厂房：可燃气体探测器，不宜大于5m；有毒气体探测器，不宜大于2m。

（三）检（探）测器和指示报警设备的选用

1. 测量范围相关规定

（1）可燃气体的测量范围应为0~100％ LEL[①]。

---

① 爆炸下限（Lower Explosion Limit，LEL）：可燃气体、液体蒸气或可燃粉尘与空气或氧化性气体混合后，遇火源即能发生燃烧或爆炸的最低浓度。

（2）有毒气体的测量范围应为0～300％ OEL[①]；当现有探测器的测量范围不能满足上述要求时，有毒气体的测量范围可为0～30％ IDLH[②]；环境氧气的测量范围可为0～25％ vol（体积百分比）。

（3）线型可燃气体测量范围为0～5 LEL·m。

2. 报警值设定相关规定

检（探）测器的报警值设定相关规定，详见表5.14。

表5.14 检（探）测器的报警值设定相关规定

气体类型		一级报警	二级报警
可燃气体		≤ 25％ LEL	≤ 50％ LEL
线型可燃气体		1 LEL·m	1 LEL·m
有毒气体	一般要求	≤ 100％ OEL	≤ 200％ OEL
	测量范围不能满足	≤ 5％ IDLH	≤ 10％ IDLH
环境氧气	过氧报警设定值宜为23.5％		
	欠氧报警设定值宜为19.5％		

（四）检（探）测器和指示报警设备的安装

1. 探测器的安装

（1）探测器应安装在无冲击、无振动、无强电磁场干扰、易于检修的场所，探测器安装地点与周边工艺管道或设备之间的净空不应小于0.5 m。

（2）检测比空气重的可燃气体或有毒气体时，探测器宜距地坪（或楼地板）0.3～0.6 m；检测比空气轻的可燃气体或有毒气体时，探测器宜在释放源上方2.0 m内。

检测比空气略重的可燃气体或有毒气体时，探测器的安装高度宜在释放源下方0.5～1.0 m；检测比空气略轻的可燃气体或有毒气体时，探测器的安装高度宜高出释放源0.5～1.0 m。

（3）环境氧气探测器的安装高度宜距地坪或楼地板1.5～2.0 m。

（4）线型可燃气体探测器宜安装于大空间开放环境，其检测区域长度不宜大于100 m。

2. 报警控制单元及现场区域警报器的安装

（1）可燃气体和有毒气体检测报警系统人机界面应安装在操作人员常驻的控制室等建筑物内。

（2）现场区域警报器应就近安装在探测器所在的报警区域。

（3）现场区域警报器的安装高度应高于现场区域地面或楼地板2.2 m，且位于工

---

① 职业接触限值（Occupational Exposure Limit，OEL）：劳动者在职业活动过程中长期反复接触，对绝大多数接触者的健康不引起有害作用的容许接触水平，是职业性有害因素的接触限制量值。化学有害因素的职业接触限值包括时间加权平均容许浓度、短时间接触容许浓度和最高容许浓度三类。

② 立即威胁生命或健康的浓度，也称直接致害浓度（Immediately Dangerous to Life or Health Concentration，IDLH）：在工作地点，环境中空气污染物浓度达到某一危险水平，如可致命或永久损害健康，或使人立即丧失逃生能力。

作人员易察觉的地点。

（4）现场区域警报器应安装在无振动、无强电磁场干扰、易于检修的场所。

总结：探测器和现场区域警报器设备的安装，详见表5.15。

表5.15 探测器和现场区域警报器设备的安装要求

情形	安装要求
探测器	与周边工艺管道或设备之间的净空不应小于0.5 m
现场区域警报器	安装高度应高于现场区域地面或楼地板2.2 m
比空气重	探测器宜距地坪（或楼地板）0.3～0.6 m
比空气轻	探测器宜在释放源上方2.0 m内
比空气略重	探测器宜在释放源下方0.5～1.0 m
比空气略轻	探测器宜高出释放源0.5～1.0 m
环境氧气	探测器宜距地坪或楼地板1.5～2.0 m
线型可燃气体探测器	检测区域长度不宜大于100 m

5.7 化工防火与防爆安全技术

5.7.1 化工防火防爆概述

防止发生火灾爆炸事故的基本原则：

（1）控制可燃物和助燃物的浓度、温度、压力及混触条件，避免物料处于燃爆的危险状态。

（2）消除一切足以导致着火的火源，以防发生火灾、爆炸事故。

（3）采取一切阻隔手段，防止火灾、爆炸事故的扩展。

一、控制可燃物的措施

（一）利用爆炸极限、相对密度等特性控制气态可燃物

（1）通过增加可燃气体浓度或用可燃气体置换容器或设备中的原有空气，使其中的可燃气体浓度高于爆炸上限，如图5.46所示，以降低火灾或爆炸的风险。

图5.46 爆炸上限与爆炸下限浓度

（2）散发可燃气体或蒸气的车间或仓房，应加强通风换气。通风排气口应根据气体的相对密度合理设置在房间的上部或下部，以确保有效排除可燃气体或蒸气。

（3）对于存在泄漏可燃气体或蒸气的场所，应立即在泄漏点周围设立禁火警戒

区，并采取措施如使用机械排风或喷雾水枪来驱散可燃气体或蒸气，防止其积聚并引发火灾或爆炸。

（4）当需要对盛装可燃液体的容器进行焊接动火检修时，必须事先排空液体、彻底清洗容器，并使用可燃气体测爆仪检测容器中可燃蒸气浓度是否已降至爆炸下限以下，确保安全后再进行作业。

（二）利用闪点、自燃点等特性控制液态可燃物

（1）为降低火灾风险，可选择使用不燃液体或闪点较高的液体来替代闪点较低的液体。例如，可采用四氯化碳等不燃液体替代酒精、汽油等易燃液体作为溶剂；使用不燃化学混合剂替代汽油、煤油作为金属零部件的脱脂剂等。

（2）通过用不燃液体稀释可燃液体，可以提高混合液体的闪点和自燃点，从而降低其火灾危险性。例如，用水稀释酒精即可达到此目的。

（3）对于在正常条件下存在聚合放热自燃危险的液体（如异戊二烯、苯乙烯、氯乙烯等），在储存过程中应加入适量的阻聚剂，以防止其自燃。

（三）利用燃点、自燃点等数据控制一般的固态可燃物

（1）选用砖石等不燃材料替代木材等可燃材料作为建筑材料，可以显著提高建筑物的耐火极限，降低火灾风险。

（2）为提高安全性，可选择燃点或自燃点较高的可燃材料或难燃材料来替代易燃材料或可燃材料。例如，用醋酸纤维素替代硝酸纤维素制造胶片，可使燃点由 180 ℃提高至 475 ℃，从而有效避免硝酸纤维胶片自燃的风险。

（3）对木材、纸张、织物、塑料、纤维板、金属构件等可燃材料或不燃材料，可通过涂抹防火涂料或浸涂阻燃剂来提高其耐燃性和耐火极限，增强防火性能。

（四）利用负压操作对易燃物料进行安全干燥、蒸馏、过滤或输送

（1）采用真空干燥和蒸馏技术处理在高温下易分解、聚合、结晶的硝基化合物、苯乙烯等物料，可有效减少火灾危险性。

（2）通过减压蒸馏原油来分离汽油、煤油、柴油等油料，可防止因高温引起的油料自燃现象。

（3）对具有爆炸危险的物料进行真空过滤处理，可彻底消除爆炸危险。

（4）采用负压输送方式处理干燥、松散、流动性能好的粉状可燃物料，可确保输送过程中的安全性。

二、控制助燃剂的措施

（一）密闭设备系统

装盛可燃易爆介质的设备和管路，如果气密性不好，就会在设备和管路周围空间形成爆炸性混合物。同样，当设备或系统处于负压状态时，空气就会渗入，使设备或系统内部形成爆炸性混合物。

（1）对于有燃爆危险的物料设备和管道，应尽量采用焊接方式连接，减少法兰连接的使用，以提高气密性。

（2）密封垫圈应符合工艺温度、压力和介质的要求。可选用石棉橡胶垫圈；对于高温、高压或强腐蚀性介质的工艺，宜采用聚四氟乙烯塑料垫圈。

（3）输送燃爆危险性大的气体、液体管道，最好使用无缝钢管，以确保管道的安全性和可靠性。盛装腐蚀性物料的容器应尽量避免设置开关和阀门，可通过顶部抽吸的方式排出物料。

（4）接触高锰酸钾、氨酸钾、硝酸钾、漂白粉等粉状氧化剂的生产传动装置，必须严密封闭，并经常清洗和定期更换润滑油，以防止粉尘漏入变速箱中与润滑油混合而引发火灾。

（5）加压和减压设备在投入生产前和定期检修时，应进行气密性试验和耐压强度试验。在设备运行过程中，可采用皂液、pH试纸或其他专门方法检验气密状况，确保设备的安全运行。

（二）惰性气体保护

惰性气体可以取代空气，从而消除氧气，降低燃爆风险。化工生产中常用的惰性气体有氮气、二氧化碳、水蒸气、烟道气等，其中氮气等惰性气体中的含氧量不得超过2%。

（1）用于覆盖保护易燃固体的粉碎、研磨、筛分和混合以及粉状物料的输送过程。

（2）用于压送易燃液体和高温物料，确保安全输送。

（3）充装保护有爆炸危险的设备和储罐，如图5.47所示，确保设备内部的安全环境。

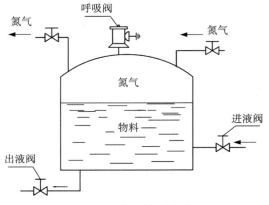

图5.47　氮封危险物料

（4）保护可燃气体混合物的处理过程，防止因氧气存在而引发爆炸。

（5）封锁可燃气体发生器的料口及废气排放系统的尾部，防止可燃气体泄漏。

（6）用于吹扫置换设备系统内的易燃物料或空气，确保设备内部清洁。

（7）充氮保护非防爆型电器和仪表，防止因电器故障引发火灾或爆炸。

（8）稀释泄漏的易燃物料，并可用于扑救火灾。

（三）隔绝空气储存

对于遇到空气或受潮、受热极易自燃的物品，应采用隔绝空气的方法进行安全储存。例如，金属钠储存于煤油中，黄磷存于水中，活性镍存于酒精中，烷基铝封存于氮气中，二硫化碳用水封存等。

（四）通风置换

由于绝对密闭难以实现，可燃气体、蒸气或粉尘可能会从设备系统中泄漏出来。

同时，某些生产工艺（如喷漆）会大量释放可燃性物质。因此，必须采用通风的方法使可燃气体、蒸气或粉尘的浓度降低至安全水平，一般应控制在爆炸下限的1/5以下。应设置防爆型通风系统，并确保厂房的下部也设有通风口，以排出积聚的可燃物质。在散发可燃气体较多的场所（如液化气充装站），应采用半敞开式建筑或露天布置，以降低火灾风险。

（五）严格工艺纪律

操作人员应熟悉生产工艺流程及操作规程，精心操作，防止因超温、超压和物料跑损而引发火灾爆炸事故。一旦出现险情，应立即采取应急措施进行处理，防止事故扩大。

三、控制点火源的措施

工业生产过程中存在多种可能引发火灾和爆炸的点火源，如化工企业中常见的明火、化学反应热、化工原料的分解自燃、热辐射、高温表面、摩擦和撞击、绝热压缩、电气设备及线路的过热和火花、静电放电、雷击以及日光照射等。消除点火源是防火和防爆的最基本措施，对于防止火灾和爆炸事故的发生具有极其重要的意义。

（一）消除和控制明火

（1）在有火灾爆炸危险场所严禁吸烟，并应设置醒目的"禁止烟火"标志。吸烟应到专设的吸烟室，并严禁乱扔烟头和火柴余烬。驶入危险区的汽车、摩托车等机动车辆，其废气排气管应安装阻火器。

（2）加热易燃物料时，应尽量避免采用明火设备，而应采用热水或其他介质进行间接加热。

（3）生产用明火、加热炉应集中布置在厂区的边缘，并应位于有易燃物料的设备全年最小频率风向的下风侧。明火地点与甲类厂房的防火间距应不少于30 m，与液化烃储罐的防火间距最小为40 m。加热炉的钢支架应覆盖耐火极限不小于2 h的耐火层，燃烧燃料气的加热炉应设置长明灯和火焰检测器。风频图（风玫瑰图）如图5.48所示，图中的风向均指向中心点，全年主导风向为西南风，全年最小频率风向为西北风。全年最小风频场所详见表5.16。

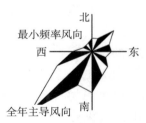

图5.48 风频图(风玫瑰)、全年最小频率风向和全年主导风向

（4）使用气焊、电焊、喷灯进行安装和维修时，必须按照危险等级办理动火审批手续，并消除物体和环境的危险状态，备好灭火器材。在采取防护措施并确保安全无误后，方可进行动火作业。

（5）全厂高架火炬应布置在生产区全年最小频率风向的上风侧；装置内的火炬应配备可靠的点火设施和防止"火雨"下落的措施；严禁将携带可燃液体的可燃气体排入火炬（应设置气液分离器）；火炬30 m范围内禁止可燃气体放空。

表5.16　全年最小风频场所总结

全年最小风频	
位于下风侧的场所	位于上风侧的场所
邻近城镇或居民的人员集中场所	石油化工企业
锅炉房、变配电站等明火或散发火花区	可能散发可燃气体的场所(储罐区等)
生活管理区及洁净区	高架火炬
消防站	生产区、污水处理厂

（二）防止撞击火花和控制摩擦

（1）机械轴承若存在缺油、润滑不均等问题，会摩擦生热，可能引发附着可燃物着火。

（2）物料中的金属杂质以及金属零件、铁钉等若落入反应器、粉碎机、提升机等设备内，由于铁器与机件的碰击，可能产生火花并招致易燃物料着火或爆炸。

（3）金属机件摩擦碰撞、钢铁工具相互撞击或与混凝土地面撞击，均能产生火花，引发火灾爆炸事故。因此，扳手等钢铁工具应改用铍青铜或防爆合金材料制作。在有爆炸危险的甲、乙类生产厂房内（见表5.17），禁止穿带钉子的鞋，地面应采用摩碰、撞击不产生火花的材料铺筑。

（4）在倾倒或抽取可燃液体时，应防止铁制容器或工具与铁盖（口）相碰产生火星引发可燃蒸气燃爆。为防止此类事故发生，应用铜锡合金或铝皮等材料将容易摩碰的部位覆盖起来。

（5）金属导管或容器突然开裂时，内部可燃气体或溶液高速喷出，夹带的铁锈粒子与管（器）壁冲击摩擦可能变为高温粒子（也存在静电积蓄），引发火灾爆炸事故。

（三）防止和控制高温物体作用

（1）禁止可燃物料与高温设备、管道表面直接接触。

（2）工艺装置中的高温设备和管道应安装隔热保护层。

（3）在散发可燃粉尘、纤维的厂房内，集中采暖的热媒温度不应过高。热水采暖不应超过130 ℃，蒸汽采暖不应超过110 ℃。采暖设备表面应光滑不沾灰尘。对于二硫化碳等自燃物的厂（库）房内，采暖的热媒温度不应超过90 ℃。

（4）加热温度超过物料自燃点的工艺过程，应严防物料外泄或空气侵入设备系统。如需排送高温可燃物料，不得使用压缩空气，而应使用氮气压送。

（四）防止电气火花

电气火花是一种电能转变成热能的常见点火源。电气火花主要包括：电气线路和电气设备在开关断开、接触不良、短路、漏电时产生的火花；静电放电火花；雷电放电火花等。

（五）防止日光照射和聚光作用

（1）不准用椭圆形玻璃瓶盛装易燃液体，使用玻璃瓶储存时，应严禁露天放置。

（2）乙醚必须存放在金属桶内或暗色的玻璃瓶中，并在每年4月至9月期间以冷藏方式运输。

（3）受热易蒸发分解气体的易燃易爆物质不得露天存放，应存放在有遮挡阳光的专门库房内。

（4）储存液化气体和低沸点易燃液体的固定储罐表面，若无绝热措施，应涂以银灰色，并设置冷却喷淋设备。

（5）易燃易爆化学物品仓库的门窗外部应设置遮阳板，其窗户玻璃应采用磨砂玻璃或涂刷白漆进行遮挡。

四、控制工艺参数的措施

（一）控制温度的措施

1. 移走反应热量

常用的方法是夹套冷却法、内蛇管冷却法和夹套内蛇管兼用冷却法。

2. 防止搅拌中断

反应过程中若搅拌中断，可能导致散热不良或局部反应剧烈而引发危险。因此，应采用双路供电电源，并增设人工搅拌器，以确保搅拌不中断。

3. 正确选择传热介质

（1）应避免使用与反应物料性质相抵触的物质作为传热介质。例如，环氧乙烷与水反应会自聚发热并可能爆炸，因此在冷却或加热这类物料时，不能选用热水或水蒸气作为介质，而应选用液体石蜡或矿物油。

（2）应防止传热壁面结疤。

（3）注意处理热不稳定物质。

4. 设置测温仪表

应设置合适的测温仪表以实时监测反应温度。

（二）控制压力的措施

1. 压力计的选用

压力计的精确度等级以其允许误差占表刻度极限值的百分数来表示。低压设备的压力计精度不得低于2.5级，中压不得低于1.5级，高压、超高压则不低于1级。例如，表盘量程为0～2.5 MPa、精度2.5级的压力表，其允许误差不得超过2.5 MPa×2.5％＝±0.062 5 MPa。

为便于操作人员观察和减少视差，压力计的量程最好为最高工作压力的2倍，且不得小于1.5倍、不得大于3倍；表盘直径以大于100 mm为宜。

2. 压力计的安装

（1）压力表应安装在照明充足、便于观察、无振动、不受高温辐射和低温冰冻的地方。

（2）压力计与设备间的连接管上应安装三通旋塞或针形阀，以便进行切换或现场校验。

（3）当工作介质为高温蒸汽时，其压力计的接管上应安装起冷凝作用的弯管，以防止元件因高温而损坏或变形。若工作介质有腐蚀性，则压力计与容器的接管上应充填与被测介质不能混溶的隔离液，或者选用抗腐蚀的压力计。

3. 压力计的使用

（1）应根据设备允许的最高工作压力，在压力计刻度盘上画红线作为警戒线。

（2）贮罐用的压力计应每年校验一次。

（3）槽车及其他设备用的压力计应每半年校验一次，校验合格后应加铅封。

（4）若压力计出现指针回不到零位、表面玻璃破碎、表盘刻度模糊、铅封损坏、逾期未校验、表内漏气或指针跳动等任一情形时，均应停用。

（三）控制投料措施

（1）控制投料速度和数量；

（2）控制投料配比；

（3）控制投料顺序；

（4）控制原材料纯度和副反应；

（5）控制溢料和漏料。

五、防火防爆安全装置

（一）阻火及隔爆设施

阻火隔爆是通过相应措施防止外部火焰窜入系统，或阻止火焰在系统内蔓延的技术。它主要分为机械隔爆（利用固体或液体阻断火焰）和化学抑爆（利用化学物质抑制火焰）两类。

1.工业阻火器

工业阻火器分为机械阻火器、液封阻火器和料封阻火器。这类阻火器常用于阻止爆炸初期火焰的蔓延。一些具有复合结构的机械阻火器还能有效阻止爆轰火焰的传播。工业阻火器依靠其物理特性来阻火，在工业生产过程中持续起作用，但对流体介质的阻力较大。需要注意的是，工业阻火器对于纯气体介质才是有效的。

2.主动式、被动式隔爆装置

主动式与被动式隔爆装置通过自身某一元件的动作来阻隔火焰的传播。这两类隔爆装置仅在爆炸发生时起作用，因此在不动作时对流体介质的阻力小，部分隔爆装置甚至不会产生任何压力损失。对于气体中含有杂质（如粉尘、易凝物等）的输送管道，应优先选用主动式或被动式隔爆装置。

主动式隔爆装置通过灵敏的传感器探测爆炸信号，然后控制装置喷洒抑爆剂或关闭阀门来阻隔火焰。被动式隔爆装置则包括自动断路阀、管道换向隔爆等形式，它们利用爆炸波推动隔爆装置的阀门或闸门来阻隔火焰。

3.火星熄灭器(防火罩、防火帽)

烟道、车辆尾气排放管应设置火星熄灭器。火星熄灭器的工作原理包括：

（1）烟气由小管径进入大管径的火星熄灭器时，流速减慢、压力降低，使火星无法飞出管道。

（2）设置网格挡住较大、较重的火星，并通过旋转叶轮改变烟气流动方向，增加烟气路程。

（3）利用喷水或水蒸气熄灭火星。

4.化学抑制防爆装置(简称化学抑爆、抑制防爆)

化学抑爆是一种在火焰传播显著加速的初期，通过喷洒抑爆剂来抑制爆炸作用范围及猛烈程度的防爆技术。它适用于装有气相氧化剂且可能发生爆燃的气体、油雾或粉尘的任何密闭设备，如加工、储存、装卸设备以及可燃粉尘气力输送系统的管道。当高灵敏度的探测器发现瞬间的爆炸信号后，会控制启动爆炸抑制器，迅速将抑爆剂喷入被保护设备中。

化学抑爆技术能够避免有毒或易燃易爆物料以及灼热物料、明火等蹿出设备，对设备强度要求较低。它特别适用于泄爆易产生二次爆炸、无法开设泄爆口的设备以及所处位置不利于泄爆的设备。

（二）防爆泄压设备

防爆泄压设备包括安全阀、爆破片（防爆片）、防爆门和放空管等。其中，安全阀和爆破片（防爆片）的详细内容请参见5.4.4节。

图 5.49　防爆门

防爆门一般设置在燃油、燃气和燃烧煤粉的燃烧室外壁上，以防止燃烧室发生燃爆或爆炸时设备受到破坏。防爆门的总面积应根据燃烧室内部净容积来计算，一般每立方米不少于250 cm²。为防止燃烧火焰喷出时伤人或翻开的门（窗）盖打伤人，防爆门（窗）应设置在人不常到的地方，且设置高度最好不低于 2 m。防爆门示意图见图5.49。

（三）消防自动报警器

（1）用于发生火灾时自动报警。如果它与自动灭火装置之间设有自动联锁装置，还可以自动启动灭火装置，及时扑灭火灾。

（2）用于自动检测可燃气体和易燃液体蒸气。当消防自动报警器与生产安全装置之间设有自动联锁装置时，一旦达到某一温度或某一浓度，便会自动报警并触发自动停车机制。

5.7.2　主要防火防爆技术

一、火灾与爆炸过程和预防基本原则

（一）火灾发展过程与预防基本原则

1. 火灾和爆炸过程的特点

火灾和爆炸过程的特点，详见1.2.1和1.2.2节。

2. 火灾变化的因素

（1）可燃物的数量；

（2）空气流量；

（3）蒸发潜热。

可燃液体和固体是在受热后蒸发出气体的燃烧。液体和固体需要吸收一定的热量才能蒸发，这些热量称蒸发潜热。

蒸发潜热：固体＞液体＞液化气体。

蒸发潜热越大的物质越需要较多的热量才能蒸发，火灾发展速度亦较慢。

3.预防火灾的基本原则

（1）严格控制火源。

（2）监视酝酿期特征。

（3）采用耐火材料。

（4）阻止火焰的蔓延。

（5）限制火灾可能发展的规模。

（6）组织训练消防队伍。

（7）配备相应的消防器材。

4.预防爆炸的基本原则

（1）防止爆炸性混合物的形成。

（2）严格控制着火源。

（3）燃爆开始就及时泄出压力。

（4）切断爆炸传播途径。

（5）减弱爆炸压力和冲击波对人员、设备和建筑的损坏。

（6）检测报警。

二、工业建筑防火与防爆

（一）生产和储存过程中的火灾危险性分类

生产和存储物品的危险性分类是确定建（构）筑物的耐火等级、布置工艺装置、选择电气设备型式等的重要依据，同时也是采取防火防爆措施、确定防爆泄压面积、安全疏散距离、消防用水、采暖通风以及灭火器设置数量等的关键参考。生产和存储的火灾危险性类别均分为甲、乙、丙、丁、戊类，其危险性依次降低。本文以生产和存储物品的火灾危险性分类为例，具体分类详见表 5.17。生产的火灾危险性类别与存储物品的分类在原则上相似。

表 5.17　生产和存储物品的火灾危险性分类—厂房、仓库

类别	存储物品的火灾危险性特征	实例
甲类	闪点＜28 ℃的液体	己烷,戊烷,石脑油,环戊烷,二硫化碳,苯,甲苯,甲醇,乙醇,乙醚,甲酸甲酯,醋酸甲酯,硝酸乙酯,汽油,丙酮,丙烯,酒精度为38度以上的白酒等
	爆炸下限＜10%的气体,受到水或空气中水蒸气的作用能产生爆炸下限＜10%气体的固体物质	乙炔,氢,甲烷,乙烯,丙烯,丁二烯,环氧乙烷,水煤气,硫化氢,氯乙烯,液化石油气,碳化钙,碳化铝等
	常温下能自行分解或在空气中氧化能导致迅速自燃或爆炸的物质	硝化棉,硝化纤维胶片,喷漆棉,火胶棉,赛璐珞棉,黄磷等
	常温下受到水或空气中水蒸气的作用能产生可燃气体并引起燃烧或爆炸的物质	金属钾、钠、锂、钙、锶,氢化锂,氢化钠,四氢化锂等
	遇酸、受热、撞击、摩擦以及遇有机物或硫黄等易燃的无机物极易引起燃烧或爆炸的强氧化剂	氯酸钾,氯酸钠,过氧化钾,过氧化钠,硝酸铵等

类别	存储物品的火灾危险性特征	实例
甲类	受撞击、摩擦或与氧化剂、有机物接触时能引起燃烧或爆炸的物质	赤磷,五硫化二磷,三硫化二磷等
乙类	28 ℃≤闪点＜60 ℃的液体	煤油,松节油,丁烯醇,异戊醇,丁醚,醋酸丁酯,硝酸戊酯,乙酰丙酮,环己胺,溶剂油,冰醋酸,樟脑油,甲酸等
	爆炸下限≥10%的气体	氨气,一氧化碳等
	不属于甲类的氧化剂	硝酸铜,铬酸,亚硝酸钾,重铬酸钠,铬酸钾,硝酸,硝酸汞,硝酸钴,发烟硫酸,漂白粉(次氯酸钙)等
	不属于甲类的易燃固体	硫黄,镁粉,铝粉,赛璐珞板(片),樟脑,萘,生松香,硝化纤维漆布,硝化纤维色片等
	助燃气体	氧气,氟气,液氯等
	常温下与空气接触能缓慢氧化,积热不散引起自燃的物品	漆布及其制品,油布及其制品,油纸及其制品,油绸及其制品等
丙类	闪点≥60 ℃的液体	闪点≥60 ℃的油品和有机液体的提炼、回收工段及其抽送泵房,香料厂的松油醇部位和乙酸松油脂部位,苯甲酸厂房,苯乙酮厂房,焦化厂焦油厂房,甘油、桐油的制备厂房,油浸变压器室,机器油或变压油罐桶间,润滑油再生部位,配电室(台装油量大于60 kg),沥青加工厂房,植物油加工厂的精炼部位等
	可燃固体	煤、焦炭、油母页岩的筛分、转运工段和栈桥或储仓,木工厂房,竹、藤加工厂房,橡胶制品的压延、成型和硫化厂房,针织品厂房,纺织、印染、化纤生产的干燥部位,服装加工厂房,棉花加工和打包厂房,造纸厂备料、干燥车间,印染厂成品厂房,麻纺厂粗加工厂房,谷物加工房,卷烟厂的切丝、卷制包装车间,印刷厂的印刷车间,毛涤厂选毛车间,电视机、收音机装配厂房,显像管厂装配工段烧枪间,磁带装配厂房,集成电路工厂的氧化扩散间、光刻间,泡沫塑料厂的发泡、成型、印片压花部位,饲料加工厂房,畜(禽)屠宰、分割及加工车间、鱼加工车间等
丁类	难燃物品	自熄性塑料及其制品,酚醛泡沫塑料及其制品,水泥刨花板等
戊类	不燃物品	钢材、铝材、玻璃及其制品,搪瓷、陶瓷制品,不燃气体玻璃棉、岩棉、陶瓷棉、硅酸铝纤维、矿棉,石膏及其无纸制品,水泥、石、膨胀珍珠岩等

（二）爆炸危险场所等级

爆炸危险场所是指在易燃易爆物质的生产、使用和贮存过程中，能够形成爆炸性混合物或爆炸性混合物可能侵入的场所。

为防止电气设备和线路（如电火花、电弧以及危险温度等）引发爆炸或火灾事故，在电力装置设计规范中，根据事故发生的可能性及其后果的严重程度、危险程度以及物质状态的不同，将爆炸危险场所划分为两类六个区域。这样做的目的是采取相应措施，有效防止由于电气设备及线路引发的爆炸和火灾。具体分类详见表5.18。

表 5.18　爆炸危险场所的类别和等级

类别	爆炸危险区域	特征
有可燃气体或易燃液体蒸汽爆炸危险的场所	0 区	**连续**出现或**长期**出现爆炸性气体混合物的环境
	1 区	在正常运行时**可能出现**爆炸性气体混合物的环境
	2 区	在正常运行时**不太可能出现**爆炸性气体混合物的环境或短时存在的爆炸性气体混合物的环境
有可燃粉尘或可燃纤维爆炸危险的场所	20 区	空气中的可燃性粉尘云**持续**地或**长期**地或频繁地出现于爆炸性环境中的区域
	21 区	正常运行时,空气中的可燃性粉尘云**很可能偶尔出现**于爆炸性环境中的区域
	22 区	正常运行时,空气中的可燃粉尘云一般**不可能出现**于爆炸性粉尘环境中的区域,即使出现,持续时间也是**短暂**的

通风情况是划分爆炸危险区域的重要因素。如通风良好,应降低爆炸危险区域等级,良好通风的标志是混合物中危险物质的浓度被稀释到爆炸下限的 1/4 以下。如通风不良,则应提高爆炸危险区域等级;在存在障碍物、凹坑和死角的地方,应局部提高爆炸危险区域等级;利用堤或墙等障碍物,可以有效限制比空气重的爆炸性气体混合物的扩散。当局部机械通风在降低爆炸性气体混合物浓度方面比自然通风和一般机械通风更为有效时,应采用局部机械通风来降低爆炸危险区域等级。对于易燃物质重于空气的情况,如果储罐设在户外地坪上,也需要特别注意其通风和防爆措施。

当危险物质释放量越大、浓度越高、爆炸下限越低、闪点越低、温度越高、通风条件越差时,爆炸危险区域的范围会相应增大。在建筑物内部,通常宜以整个厂房为单位来划定爆炸危险区域的范围;但如果厂房内部空间较大,且释放源释放的易燃物质量相对较少,那么可以根据厂房内部的具体空间来划定爆炸危险的区域范围。在这种情况下,必须充分考虑危险气体、蒸气的密度以及通风条件对爆炸危险区域范围的影响。

关于爆炸性粉尘环境的区域划分:

20 区包括:粉尘容器内部、旋风除尘器内部、搅拌器等设备内部的区域。

21 区包括:频繁打开的粉尘容器出口附近、传送带附近等粉尘可能泄漏并积聚的设备外部邻近区域。

22 区包括:粉尘袋周围、取样点等粉尘可能扩散并积聚的区域。

爆炸性粉尘环境的范围,应根据爆炸性粉尘的量、释放率、浓度以及物理特性,并结合同类企业的实践经验等因素来确定。

（三）工业建筑的耐火等级

厂房和库房的耐火等级是由建筑构件的燃烧性能和最低耐火极限决定的,根据国家建筑设计防火规范,建筑物的耐火等级分为 4 级,分别是一级、二级、三级和四级。

(1) 高层厂房,甲、乙类厂房的耐火等级不应低于二级,建筑面积不大于 300 m² 的独立甲、乙类单层厂房可采用三级耐火等级的建筑。

(2) 甲、乙类厂房和甲、乙、丙类仓库内的防火墙,其耐火极限不应低于 4 h。

（3）使用或储存特殊贵重的机器、仪表、仪器等设备或物品的建筑，其耐火等级不应低于二级。

（4）锅炉房的耐火等级不应低于二级，当为燃煤锅炉房且锅炉的总蒸发量不大于4 t/h时，可采用三级耐火等级的建筑。

（5）油浸变压器室、高压配电装置室的耐火等级不应低于二级。

（6）甲、乙类厂房不应设置在地下、半地下建筑。

（7）甲类厂房不应设置为高层厂房。

（四）防火分隔与防爆泄压

通常采取的措施有防火墙、防火门、防火间距和防爆泄压装置等。

1. 防火墙

防火墙应由非燃烧体材料构成，其耐火极限不应低于3 h；防火墙应直接砌筑在基础上或框架结构的框架上。甲乙类厂房及甲乙丙类仓库的防火墙耐火极限不应低于4.0 h。

2. 防火门

防火门是一种活动的防火分隔物，要求防火门应能关闭紧密，不会进入烟火。防火门应有较高的耐火极限，甲级防火门的耐火极限不低于1.5 h，乙级不低于1.0 h，丙级不低于0.5 h；常开防火门要求火灾时能自行关闭，如图4.18所示。

3. 防火间距

火灾发生时，由于强烈的热辐射、热对流以及燃烧物质的爆炸飞溅、抛向空中形成飞火，能使邻近甚至远处建筑物形成新的起火点。为阻止火势向相邻建筑物蔓延扩散，应保证建筑物之间的防火间距。

4. 防爆泄压装置

（1）厂房的泄压装置可采用轻质板制成的屋顶和易于泄压的门、窗（应向外开启），也可用轻质墙体泄压。

（2）泄压面应布置在靠近易发生爆炸的部位，但应避开人员较多和主要通道等场所。

（3）有爆炸危险的生产部位，宜布置在单层厂房的靠外墙处和多层厂房的顶层靠外墙处，以减少爆炸时对其他部位的影响。

三、主要危险场所的防火与防爆

（一）油库

1. 油库危险原因

油库贮存的石油产品如汽油、柴油和煤油等，具有易挥发、易燃烧、易爆炸、易流淌扩散、易受热膨胀、易产生静电以及易产生沸溢或喷溅的火险特性。油库发生着火爆炸的主要原因有：

（1）油桶作业时，使用不防爆的灯具或其他明火照明。

（2）利用钢卷尺量油、铁制工具撞击等碰撞产生火花。

（3）进出油品方法不当或流速过快，或穿着化纤衣服等，产生静电火花。

（4）室外飞火进入油桶或油蒸气集中的场所。

（5）油桶破裂或装卸违章。

（6）维修前清理不合格而动火检修，或使用铁器工具撞击产生火花。

（7）灌装过量或日光暴晒。

（8）遭受雷击或库内易燃物（油棉丝等）、油桶内沉积含硫残留物质的自燃，通风或空调器材不符合安全要求出现火花等。

2. 油库分类

《石油库设计规范》（GB 50074—2022）和《石油化工企业设计防火规范》（GB 50160—2021）将存储物质分甲、乙、丙三类，详见表5.19。

表5.19　油库存储液化烃、易燃和可燃液体的火灾危险性分类

类别		特征及闪点（F_t）
甲	A	15 ℃时的蒸气压力大于0.1 MPa的烃类液体或其他类似的液体
	B	甲A类以外，$F_t < 28$ ℃
乙	A	$28 ℃ \leq F_t < 45 ℃$
	B	$45 ℃ \leq F_t < 60 ℃$
丙	A	$60 ℃ \leq F_t < 120 ℃$
	B	$F_t > 120 ℃$

甲A类，液化氯甲烷，液化顺式-2丁烯，液化乙烯，液化乙烷，液化反式-2丁烯，液化环丙烷，液化丙烯，液化丙烷，液化环丁烷，液化新戊烷，液化丁烯，液化丁烷，液化氯乙烯，液化环氧乙烷，液化丁二烯，液化异丁烷，液化异丁烯，液化石油气，液化二甲胺，液化三甲胺，液化二甲基亚砜，液化甲醚（二甲醚）等。

甲B类，异戊二烯，异戊烷，汽油，戊烷，二硫化碳，异己烷，己烷，石油醚，异庚烷，环己烷，辛烷，异辛烷，苯，庚烷，石脑油，原油，甲苯，乙苯，邻二甲苯，间、对二甲苯，异丁醇，乙醚，乙醛，环氧丙烷，甲酸甲酯，乙胺，二乙胺，丙酮，丁醛，三乙胺，醋酸乙烯，甲乙酮，丙烯腈，醋酸乙酯，醋酸异丙酯，二氯乙烯，甲醇，异丙醇，乙醇，醋酸丙酯，丙醇，醋酸异丁酯，甲酸丁酯，吡啶，二氯乙烷，醋酸丁酯，醋酸异戊酯，甲酸戊酯，丙烯酸甲酯，甲基叔丁基醚，液态有机过氧化物等。

乙A类，丙苯，环氧氯丙烷，苯乙烯，喷气燃料，煤油，丁醇，氯苯，乙二胺，戊醇，环己酮，冰醋酸，异戊醇，异丙苯，液氨等。

乙B类，轻柴油，硅酸乙酯，氯乙醇，氯丙醇，二甲基甲酰胺，二乙基苯等。

丙A类，重柴油，苯胺，锭子油，酚，甲酚，糠醛，20号重油，苯甲醛，环己醇，甲基丙烯酸，甲酸乙二醇丁醚，甲醛，糖醇，辛醇，单乙醇胺，丙二醇，乙二醇，二甲基乙酰胺等。

丙B类，蜡油，100号重油，渣油，变压器油，润滑油，二乙二醇醚，三乙二醇醚，邻苯二甲酸二丁酯，甘油，联苯－联苯醚混合物，二氯甲烷，二乙醇胺，三乙醇胺，二乙二醇，三乙二醇，液体沥青，液硫等。

（二）电石库

1. 布设原则

（1）电石库房的地势要高且干燥，不得布置在易被水淹的低洼地方。

（2）严禁以地下室或半地下室作为电石库房。

（3）电石库不应布置在人员密集区域和主要交通要道处。

（4）企业设有乙炔站时，电石库宜布置在乙炔站的区域内。

（5）电石库与铁路、道路的防火间距不应小于下列规定：

① 厂外铁路线（中心线）40 m；② 厂内铁路线（中心线）30 m；③ 厂外道路（路边）20 m；④ 厂内主要道路（路边）10 m；⑤ 厂内次要道路（路边）5 m。

2. 库房设置安全要求

（1）电石库应是单层的一、二级耐火建筑。电石仓库内应设火灾报警仪和可燃气体浓度检测报警仪。

（2）电石库房严禁铺设给水、排水、蒸汽和凝结水等管道。

（3）电石库应设置电石桶的装卸平台。平台应高出室外地面 0.4～1.1 m，宽度不宜小于 2 m。库房内电石桶应放置在比地坪高 0.02 m 的垫板上。

（4）装设于库房的照明灯具、开关等电气装置，应采用防爆安全型；或者将灯具和开关装在室外，用反射方法把灯光从玻璃窗射入室内。库内严禁安装采暖设备。

3. 消防措施

（1）电石库应备有干砂、二氧化碳灭火器或干粉灭火器等灭火器材。

（2）电石库房的总面积不应超过 750 m²，并应用防火墙隔成数间，每间的面积不应超过 250 m²。

（三）管道

1. 管道发生着火爆炸的原因

（1）管道里的锈皮及其他固体微粒随气体高速流动时的摩擦热和碰撞热，是管道发生着火爆炸的一个因素。

（2）由于漏气，在管道外围形成爆炸性气体滞留的空间，遇明火而发生着火和爆炸。

（3）外部明火导入管道内部。

（4）管道过分靠近热源，管道内气体过热会引起着火爆炸。

（5）氧气管道阀门沾有油脂。

（6）带有水分或其他杂质的气体在管道内流动时，超过一定流速就会因摩擦产生静电积聚而放电。

2. 管道防爆与防火措施

（1）限定气体流速

厂区和车间的乙炔管道，工作压力为 0.007 MPa 以上至 0.15 MPa 时，其最大流速为 3 m/s。乙炔站内的乙炔管道，工作压力为 2.5 MPa 及其以下者，其最大流速为 4 m/s。

（2）管径的限定及管道连接的安全要求

① 乙炔管道的连接应采用焊接，但与设备、阀门和附件的连接处可采用法兰或螺纹连接。

② 乙炔管道在厂区的布设，应考虑到由于压力和温度的变化而产生局部应力，管道应有伸缩余地。

③ 氧气管道应尽量减少拐弯。拐弯时宜采用弯曲半径较大或内壁光滑的弯头，不应采用折皱或焊接弯头。

（3）防止静电放电的接地措施

① 乙炔和氧气管道在室内外架空或埋地铺设时，都必须可靠接地。

② 室外管道埋地铺设时，在管线上每隔 200～300 m 设置接地极。架空铺设时，每隔 100～200 m 设置接地极。

③ 室内管道不论架空或地沟铺设，每隔 30～50 m 设置接地极。

④ 在管道的起端和终端及管道进入建筑物的入口处，都必须设置接地极。接地装置的接地电阻不得大于 10 Ω。

（4）防止外部明火导入管道内部可采用水封法或采用火焰消除器，以防止火焰导入管道内部和阻止火焰在管道里蔓延。

（5）防止管道外围形成爆炸性气体滞留空间乙炔管道通过厂房时，应保证室内通风良好，定期监测乙炔气体浓度，以便及时采取措施排除爆炸性混合气。

地沟铺设乙炔管道时，沟里应填满不含杂质的砂子；埋地铺设时，应在管道下部先铺一层厚度约 100 mm 的砂子，再在管子两侧和上部填以厚度不少于 20 mm 的砂子。

（6）管道的脱脂

氧气和乙炔管道在安装使用前都应进行脱脂。脱脂现场必须严禁烟火。

（7）气密性和泄漏性试验

氧气和乙炔管道除与一般受压管道同样要求作强度试验外，还应作气密性试验和泄漏量试验。

气密性试验压力一般为工作压力的 1.05 倍。试验介质为空气或惰性气体，用涂肥皂水等方法进行检查。达到试验压力后保压 1 h，如压力不下降，则气密性试验合格。

泄漏量试验的压力为工作压力的 1.5 倍，但不得小于 0.1 MPa，试验介质为空气或氮气。稳压 12 h 后，泄漏量不超过原气体容积的 0.5% 为合格。

（8）埋地乙炔管道不应铺设在下列地点：烟道、通风地沟和直接靠近高于 50 ℃ 热表面的地方；建筑物、构筑物和露天堆场的下面。架空乙炔管道靠近热源铺设时，宜采用隔热措施。

（9）乙炔管道可与共同使用目的的氧气管道共同铺设在非燃烧体盖板的不通行地沟内，地沟内必须全部填满砂子，并严禁与其他沟道相通。

（10）乙炔管道严禁穿过生活间、办公室。厂区和车间的乙炔管道，不应穿过不使用乙炔的建筑物和房间。

（11）氧气管道严禁与燃油管道共沟铺设。架空铺设的氧气管道不宜与燃油管道共架铺设，如确需共架铺设时，氧气管道宜布置在燃油管道的上面，且净距不宜小于 0.5 m。

（12）乙炔管路使用前，应用氮气吹洗全部管道，取样化验合格后方准使用。

（四）喷漆

（1）喷漆属于甲类生产，地面应采用耐火且不易碰出火花的材料。

（2）喷漆厂房与明火操作场所的距离应大于 30 m。

（3）喷漆车间和喷漆材料、溶剂的贮存、调配间的各种电器应符合电气防爆规范要求。工作人员不得携带火柴、打火机等火种进入生产场所。

（4）动火检修时，必须采取防火措施。

（5）喷漆车间应设置足够的通风和排风装置，将可燃气体及时迅速排出。通风机必须采用专门的防爆型风机。

（6）车间里的油漆和溶剂贮量不超过一日用量为宜。

（7）大型机械、机车等机件庞大且又不易搬动的喷漆操作，确需在现场进行，而现场的电气设备又不防爆时，应将现场电源全部切断，待喷漆结束、可燃蒸气全部排除后方可通电。

（8）在露天进行喷漆操作时，应避开焊割作业、砂轮、锻造、铸造等明火场所。

四、电气防火防爆安全技术

（一）生产场所爆炸性环境分类与分级

1.爆炸性气体环境分类与分级

释放源是指可释放出能形成爆炸性混合物的物质所在的部位或地点。释放源应按可燃物质的释放频繁程度和持续时间长短分为连续级释放源、一级释放源、二级释放源。爆炸性环境分类、分级与释放源的关系，详见表5.20。

表5.20　爆炸危险区域分级及释放源

类别	爆炸危险区域	特征	释放源
有可燃气体或易燃液体蒸汽爆炸危险的场所	0区	连续出现或长期出现爆炸性气体混合物的环境	连续释放源
	1区	在正常运行时可能出现爆炸性气体混合物的环境	一级释放源
	2区	在正常运行时不太可能出现爆炸性气体混合物的环境或短时存在的爆炸性气体混合物的环境	二级释放源
有可燃粉尘或可燃纤维爆炸危险的场所	20区	空气中的可燃性粉尘云持续地或长期地或频繁地出现于爆炸性环境中的区域	连续释放源
	21区	正常运行时,空气中的可燃性粉尘云很可能偶尔出现于爆炸性环境中的区域	一级释放源
	22区	正常运行时,空气中的可燃粉尘云一般不可能出现于爆炸性粉尘环境中的区域,即使出现,持续时间也是短暂的	二级释放源

释放源分级应符合下列规定：

（1）连续级释放源：为连续释放或预计长期释放的释放源。下列情况可划为连续级释放源：

① 没有用惰性气体覆盖的固定顶盖贮罐中的可燃液体的表面。

② 油、水分离器等直接与空气接触的可燃液体的表面。

③ 经常或长期向空间释放可燃气体或可燃液体的蒸气的排气孔和其他孔口。

（2）一级释放源：在正常运行时，预计可能周期性或偶然释放的释放源。

① 在正常运行时，会释放可燃物质的泵、压缩机和阀门等的密封处。

② 贮有可燃液体的容器上的排水口处，在正常运行中，当水排掉时，该处可能会向空间释放可燃物质。

③ 正常运行时，会向空间释放可燃物质的取样点。

④ 正常运行时，会向空间释放可燃物质的泄压阀、排气口和其他孔口。

（3）二级释放源：在正常运行时，预计不可能释放，当出现释放时，仅是偶然和短期释放的释放源。下列情况可划为二级释放源：

① 正常运行时，不能出现释放可燃物质的泵、压缩机和阀门的密封处。

② 正常运行时，不能释放可燃物质的法兰、连接件和管道接头。

③ 正常运行时，不能向空间释放可燃物质的安全阀、排气孔和其他孔口处。

④ 正常运行时，不能向空间释放可燃物质的取样点。

（4）符合下列条件之一时，可划为非爆炸危险区域：

① 没有释放源且不可能有可燃物质侵入的区域。

② 可燃物质可能出现的最高浓度不超过爆炸下限值的10%。

③ 在生产过程中使用明火的设备附近，或炽热部件的表面温度超过区域内可燃物质引燃温度的设备附近。

④ 在生产装置区外，露天或开敞设置的输送可燃物质的架空管道地带，但其阀门处按具体情况确定。

⑤ 爆炸危险区域的划分应按释放源级别和通风条件确定，根据通风条件按下列规定调整区域划分。

2. 爆炸性粉尘环境分类与分级

符合下列条件之一，可划为非爆炸危险区域：

（1）装有良好除尘效果的除尘装置，当该除尘装置停车时，工艺机组能联锁停车。

（2）设有为爆炸性粉尘环境服务，并用墙隔绝的送风机室，其通向爆炸性粉尘环境的风道设有能防止爆炸性粉尘混合物侵入的安全装置。

（3）区域内使用爆炸性粉尘的量不大，且在排风柜内或风罩下进行操作。

（4）为爆炸性粉尘环境服务的排风机室，应与被排风区域的爆炸危险区域等级相同。

（二）防爆电气设备

爆炸性环境使用的电气设备与爆炸危险物质的分类相对应，被分为Ⅰ类、Ⅱ类、Ⅲ类。Ⅰ类电气设备，用于煤矿瓦斯气体环境；Ⅱ类电气设备，用于爆炸性气体环境；Ⅲ类电气设备，用于爆炸性粉尘环境，具体防爆电气设备见6.2.3节。

（三）防爆电气线路

1. 敷设位置

电气线路应敷设在爆炸危险性较小或距离释放源较远的位置。

2. 敷设方式

爆炸危险环境中电气线路主要采用防爆钢管配线和电缆配线。

3. 隔离密封

电气线路的沟道及保护管、电缆或钢管在穿过爆炸危险环境等级不同的区域之间的隔墙或楼板，应采用非燃性材料严密堵塞。

4.导线材料选择

爆炸危险环境1区，配电线路采用铜芯导线或电缆。在有剧烈振动处应选用多股铜芯软线或多股铜芯电缆。煤矿井下不得采用铝芯电力电缆。

5.电气线路的连接

1区和2区的电气线路的中间接头必须安装在与该危险环境相适应的防爆型的接线盒或接头盒内部。1区宜采用隔爆型接线盒，2区可采用增安型接线盒。

五、化工企业临时用电安全

（1）临时用电的三项基本原则是必须采用TN－S接地、接零保护系统（或称三相五线系统）；必须采用三级配电系统；必须采用两级漏电保护和两道防线。

（2）施工现场临时用电的范围包括临时动力用电和照明用电。临时动力用电包括电动机用电、电焊机用电。临时照明用电包括室内照明用电、室外照明用电。动力、照明用电系统应分开设置。

六、个体防护

（1）提高电气设备完好率；（2）采用漏电保护装置；（3）绝缘；（4）安全电压；（5）采用屏护；（6）保证安全间距；（7）保证安全载流量；（8）接地与接零；（9）正确使用安全用具；（10）建立健全电气安全制度。

5.8 化学品储运安全

5.8.1 化工企业常用储存设施及安全附件

化工企业常用储存设施有：立式拱顶罐、外浮顶罐、内浮顶罐、卧罐和球罐等，详细见5.4.1储罐一节。

一、化学品储存设施的选用

（1）储罐应在地上露天设置，有特殊要求的可采取埋地方式设置。

（2）易燃和可燃液体储罐应采用钢制储罐。

（3）液化烃等甲$_A$类液体常温储存应选用压力储罐。

（4）储存沸点低于45 ℃或在37.8 ℃时饱和蒸气压大于88 kPa的甲$_B$类液体，应采用压力储罐、低压储罐；储存沸点大于或等于45 ℃或在37.8 ℃时饱和蒸气压不大于88 kPa的甲$_B$、乙$_A$类液体采用浮顶罐或内浮顶罐。

（5）容量小于或等于100 m³的储罐，可选用卧式储罐。

（6）储存Ⅰ、Ⅱ级毒性液体（见国家标准GBZ 230—2010）的内浮顶储罐和直径大于40 m的甲$_B$、乙$_A$类液体内浮顶储罐，不得用易熔材料制作的内浮顶。

（7）酸类、碱类宜选用固定顶储罐或卧式储罐。

（8）储存Ⅰ、Ⅱ级毒性的甲$_B$、乙$_A$类液体储罐不应大于10 000 m^3，且应设置氮气或其他惰性气体密封保护系统。

（9）设置有固定式和半固定式泡沫灭火系统的固定顶储罐直径不应大于48 m。

二、储罐附件

1.常压和低压储罐附件要求

（1）浮顶罐和内浮顶罐应设置量油孔、人孔、排污孔，原油和重油储罐宜设置清扫孔，轻质油品宜设置排污孔，采用氮气及其他惰性气体密封保护系统的拱顶罐，还应设置事故泄压设施。

（2）储存甲$_B$、乙类液体的固定顶罐和地上卧式储罐、采用氮气或其他惰性气体密封保护系统的储罐的通气管上应安装呼吸阀。

（3）储存甲$_B$、乙、丙$_A$类液体的固定顶罐和地上卧式储罐，储存甲$_B$、乙类液体的覆土卧式储罐，采用氮气或其他惰性气体密封保护系统的储罐应在其直接通向大气的通气管或呼吸阀上安装阻火器，内浮顶储罐罐顶中央通气管上应安装阻火器。呼吸阀和阻火器见图5.18。

2.储罐基本附件

（1）一般附件：扶梯和栏杆（小型储罐用直梯，大型储罐用旋梯）、人孔（3 000 m^{3}以下设1个人孔，3 000～5 000 m^{3}设1～2个人孔，5 000 m^{3}以上必须设2个人孔）、透光孔、量油孔、脱水管、泡沫发生器（每个储罐不少于2个）、接地线。

（2）轻质油罐专用附件：储罐呼吸阀、液压安全阀（工作压力比机械呼吸阀高5%～10%，额定通气量和呼吸阀一致）、阻火器（装在机械呼吸阀或液压安全阀下面）、喷淋冷却装置（应设控制阀和放空阀，且均应设在防火堤外，控制阀距被保护罐壁不宜小于15 m）、高低液位报警器、放水管、转动扶梯、高位带芯人孔。

（3）内浮顶罐专用附件：通气孔（内浮顶油罐由于内浮盘盖住了油面，油气空间基本消除，因此蒸发损耗很少，所以罐顶上不设机械呼吸阀和安全阀）、静电导出装置（一般为两根软筒裸绞线）、防转钢绳、自动通气阀、浮盘支柱、扩散管、中央排水管、密封装置等。

（4）球罐专用附件：梯子、平台、人孔和接管、放水管、安全阀（2个、安全阀与球罐之间应设手动全通径切断阀）、压力表（精度不低于1.5级，表盘刻度极限值为最高工作压力的1.5～3倍）、液面计、紧急切断阀（应选用故障安全型）、紧急放空阀、罐底注水设施等。

3.储罐及安全附件管理要求

（1）储罐应安装高低液位报警、高高液位报警、自动切断联锁装置。

（2）储罐应按规定进行检查和钢板测厚，罐体应无严重变形，无渗漏。罐体铅锤的允许偏差不大于设计高度的1%（最大限度不超过9 cm）。罐内平整、无毛刺，底板及第一圈板50 cm高度应进行防腐处理。

（3）储罐附件如呼吸阀、阻火器、量油口等齐全有效，储罐阻火器应为波纹板式阻火器。

（4）储罐进出物料时，现场阀门开关的状态应有明显标记，防止误操作。

5.8.2　罐区安全技术

一、安全管理要求

（1）石油库及独立罐区应设置围墙，实施封闭化管理，24 h有人值班。入口处应设置明显的警示标识，严禁将香烟、打火机、火柴和其他易燃易爆物品带入库区和罐区。

（2）进入石油库、罐区机动车辆应佩戴有效的防火罩和小型灭火器材，装卸油品的机动车辆应有可靠的静电接地部位，静电接地拖带应保持有效长度，符合接地要求，各种外来机动车辆装卸油后，不准在石油库内停放和修理。

（3）储存含硫化氢、苯或其他有毒有害介质的储罐、管线、设备等要设有明显标志和报警仪器，并画出毒害物质分布图。

（4）储存、收发甲、乙、丙类易燃、可燃液体的储罐区、泵房、装卸作业等作业场所应设可燃气体报警器。

二、防火堤

（1）防火堤容积应符合要求，并应承受所容纳油品的静压力且不渗漏。

（2）防火堤内不得种植作物或树木，不得有超过0.15 m的草坪。

（3）防火堤与消防道路之间不得种植树木，覆土罐顶部附件周围5 m内不得有枯草。如图5.50所示。

图5.50　储罐区3D图例

三、泵房

（1）甲、乙类油品泵房应加强通风，间歇作业、连续作业8 h以上的，室内油气浓度应符合职业健康标准要求。

（2）付油亭下部设有阀室或泵房的，应敞口通风，不得设置围墙。

四、设备安全技术档案

设备安全技术档案：建造竣工资料、检验报告、技术参数、检修记录、安全技术操作规程、巡检记录、检修计划等。

五、检测设备

检测设备应满足检测环境的防火、防爆要求，经验收检验合格后方可投入使用。二级以上石油库和有条件的石油库应配置测厚仪、试压泵、可燃气体浓度检测仪、接地电阻测试仪等检测设备。

六、泵

操作人员应严格执行泵操作规程，定期检查运行状况，发现异常情况，应查明原因，严禁带故障运行，做好泵运行记录。新安装和经过大修的泵，应进行试运转，经验收合格后才能投入使用，泵及管组应标明输送液体品名、流向，泵房内应有工艺流程图，泵联轴器应安装便于开启的防护罩。

七、管道

（1）新安装和大修后的管道，按国家有关规定验收合格后才能使用，管道应有工艺流程图、管网图。埋地管道还应有埋地敷设走向图。

（2）使用中的管道应结合储罐清洗进行强度试验。

（3）穿越道路、铁路、防火堤等的管道应有套管保护。

（4）管道穿过防火堤处应严密填实，罐区雨水排水阀应设置在堤外，并处于常闭状态，阀的开关应有明显标志。

（5）石油库内输油管道在进入油泵房、灌油间和储罐组防火堤处应设隔断墙，管沟应全部用砂填实。

八、电气管理

（1）设置在爆炸危险区域内的电气设备、元器件及线路应符合该区域的防爆等级要求；设置在火灾危险区域的电气设备应符合防火保护要求；设置在一般用电区域的电气设备，应符合长期安全运行要求。

（2）禁止任何一级电压的架空线路跨越储罐区、桶装油品区、收发油作业区、油泵房等危险区域的上空。

（3）电缆穿越道路应穿管保护，埋地电缆地面应设电缆桩标志。通往趸船的线路应采用软质电缆，并留有足够的长度满足趸船水位上下变化。

（4）架空线路的电杆杆基或线路的中心线与危险区域边沿的最小水平间距应大于1.5倍杆高。

（5）在爆炸危险区内，禁止对设备、线路进行带电维护、检修作业。

九、防雷、防静电

（1）应绘制防雷、防静电装置平面布置图，建立台账。

（2）石油库和罐区的防雷、防静电接地装置应每年进行两次测试，并做好测试记录。接地线应设计为可拆装连接，以便进行维护和检修。当防雷接地、防静电接地、电气设备的工作接地、保护接地以及信息系统的接地等共用接地装置时，应确保该接地装置的接地电阻满足最小要求，即不大于 4Ω。

（3）铁路装卸油设施，钢轨、输油管道、鹤管、钢栈桥等应按规范作等电位跨接并接地，其接地电阻不应大于 10Ω。

（4）罐区不宜装设消雷器。

（5）严禁使用塑料桶或绝缘材料制作的容器灌装或输送甲、乙类油品。

（6）在爆炸危险场所人员应穿防静电工作服，禁止在爆炸危险场所穿脱衣服、帽子或类似物，禁止在爆炸危险场所用化纤织物拖擦工具、设备和地面。

（7）严禁用压缩空气吹扫甲、乙类油品管道和储罐，严禁使用汽油、苯类等易燃溶剂对设备、器具进行擦洗和清洗。

（8）储罐、罐车等容器内和可燃性液体的表面，不允许存在不接地的导电性漂浮物；油轮装油时，不准将导体放入油舱内。

（9）储存甲、乙、丙$_A$类油品储罐的上罐扶梯入口处、泵房的门外和装卸作业操作平台扶梯入口处等应设导除人体静电接地装置。

十、消防管理

（1）各作业场所和辅助生产作业区域应按规定设置消防安全标志、配置灭火器材。

（2）石油库和罐区应安装专用火灾报警装置（电话、电铃、警报器等），爆炸危险区域的报警装置应采用防爆型。

（3）消防水池内不得有水草、杂物，寒冷地区应有防冻措施，地下供水管道应常年充水，主干线阀门保持常开，管道每半年冲洗一次，系统启动后，冷却水到达指定喷淋罐冷却时间应不大于5 min。

（4）定期巡检消火栓，每季度做一次消火栓出水试验。距消火栓1.5 m范围内无障碍，地下式消火栓标志明显，井内无积水、杂物。

（5）消防泵应每天盘车，每周应试运转一次，系统设备运转时间不少于15 min，泵房内阀门标识明显，启闭灵活。

（6）消防水带应盘卷整齐，存放在干燥的专用箱内，每半年进行一次全面检查。

（7）固定冷却系统每季度应对喷嘴进行一次检查，清除锈渣，防止喷嘴堵塞。储罐冷却水主管应在下部设置排渣口。

（8）泡沫液应储存在0~40 ℃的室内，每年抽检1次泡沫质量，空气泡沫比例混合器每年一次校验，各种泡沫喷射装备应经常擦拭，加润滑油，每季度进行一次全面检查。泡沫灭火系统启动后，泡沫混合液到控制区内所有储罐泡沫产生器喷出时间应不大于5 min。

（9）消防水泵、给水管道涂红色，泡沫泵、泡沫管道、泡沫液储罐、泡沫比例混合器、泡沫产生器涂黄色；当管道较多，与工艺管道涂色有矛盾时，也可涂相应的色带或色环。

罐区消防检查的周期及项目总结详见表5.21。

表5.21　罐区消防检查的周期及项目总结

周期	项目
每天	水泵盘车
每周	水泵试运转
每季度	消火栓出水试验、喷嘴检查、泡沫喷射装备
每半年	管道冲洗、水带检查
每年	泡沫质量、泡沫比例混合器

十一、罐区安全检查内容和要求

（1）呼吸阀、阻火器每年进行一次检查、校验，清理网罩上的污物，校验呼吸阀片的启、闭压力，保证灵活好用。

（2）安全阀要每年对其定压值校验一次。在使用中，安全阀起跳时，要重新定压、校验，检验完后要加铅封标示。

（3）储罐的静电接地电阻每半年测试一次。浮顶罐静电导出线，每月至少检查一次。

（4）储罐泡沫发生器每年检查一次，发现网罩缺失、敞开、玻璃破碎等，要立即维修处理。

（5）储罐每年进行一次外部检查，每6年进行一次内部全面检查，发现罐壁减薄、穿孔、焊缝渗漏、基础下沉等问题要及时采取措施，避免扩大化。储罐的防腐涂层起皮、脱落总面积达1/4时，应立即清除更换。

（6）每月对球罐罐底注水设施进行试验，每天对注水泵进行盘车，确保设施处于完好状态，寒冷地区冬季做好注水系统的防冻防凝工作，防止管线冻裂而影响使用。

罐区安全检查的周期及项目总结详见表5.22。

表 5.22　罐区安全检查的周期及项目总结

周期	项目
每天	注水泵盘车
每月	浮顶罐静电导出线、球罐罐底注水设施
每半年	储罐的静电接地电阻
每年	呼吸阀、阻火器、安全阀、储罐外部检查
每6年	储罐内部全面检查

5.8.3　储罐安全操作与维护

一、储罐日常操作

（1）物料收付

做到"五要"：作业要联系、流程要核对、设备要检查、动态要掌握、计量要准确。

（2）物料加温

必须在油面高于加热器500 mm时才允许开启加热器，当油面低于加热器时，加热器必须保持关闭状态。油罐加温时，必须先排除盘管内冷凝水，缓慢开大进气阀，防止水击，严格控制温升速度，一般应控制在5~10 ℃/h为宜。

（3）物料脱水

脱水时应先停止罐区及附近一切动火，不允许任何排放，严禁将清油、凝缩油、液态烃排放进下水道。

（4）物料计量和测温

（5）扫线

使用气体介质将管线内油品吹扫出来，称为扫线。目的是防止油品凝固而影响使用。扫线一般通过专用的扫线管进罐，严禁大量蒸汽经主管道自油品下部进入，以防突沸事故发生。

二、储罐清洗

（一）需要对储罐进行清洗的情况

（1）因检修或技术改造罐体需动火。

（2）罐内杂质较多，影响物料质量或影响油罐正常运行与操作。

（3）储罐储存介质变换，原介质残留会影响生产进行。

（4）按照相关规定，储罐检查、标定期满，需进入再次进行检查、标定。正常情况下，轻质油罐每三年清洗一次，重质油罐每五年清洗一次。

（二）储罐清洗方法

储罐清洗方法有人工清罐和机械清罐两种。

1. 人工清罐安全注意事项

（1）人工清罐是受限空间作业，要严格执行受限空间作业的要求。

（2）盲板不可漏加，特别是有氮封设施和加热设施的储罐，不仅在介质管线上加隔离盲板，还要在氮封设施和蒸汽线（或热水线）上加装盲板。

（3）蒸汽蒸罐时，控制供汽量。局部过高的温升会使罐内附件如密封装置老化、罐壁温度计超过量程遭到破坏。

（4）通风置换时，注意检查罐内情况，对盛装石脑油等未经碱洗处理油品的储罐，在罐内防腐层失效的情况下，极有可能存在硫化亚铁，硫化亚铁与空气在常温下会发生化学反应，引起燃烧甚至爆炸事故。

（5）确保清洗工具和照明设施安全防爆。采用木制品或铜制品等专用工具，不能采用黑色金属制品。

（6）严禁穿化纤服进入罐内作业。不得使用移动通信工具，人员在罐内走动时注意防滑。

2. 机械清罐作业过程中注意事项

（1）储罐机械清洗队伍要具有机械清罐资质，施工人员应经过专业培训。

（2）根据罐内清洗情况，进罐人员穿适当的防护服、防护帽、防护手套、防护鞋、防护眼镜等。防护服应具有防静电性能。

（3）施工人员进入气体浓度较高的容器内时，应佩戴呼吸防护用具。

（4）工具、通信工具应是防爆型号，施工区域内的固定照明灯具、移动照明灯具应是防爆灯具，所配备的气体检测仪应能够连续监测清洗油罐内的氧气浓度、可燃气体浓度、有毒气体浓度。

（5）施工现场用警示带进行隔离，禁止非施工人员入内，同时安装安全标志牌。

（6）各机器的电机旁、清洗油罐的检修孔旁、罐顶配置足够的灭火器。

（7）在管线穿越通道时，需用脚手架材料搭成跨道，防止直接踏踩管线。

（8）蒸汽管线应安装安全阀，同时应进行包覆，以防止烫伤施工人员。

（9）在移送油的过程中，应定期巡视，检查有无漏油处。

三、储罐内防腐

（一）油罐内防腐施工作业工序

（1）施工前的准备，包括机具到位、搭设脚手架等。

（2）按照施工方案的要求对防腐部位进行表面处理，目前最常用的方法是喷砂除锈。

（3）涂装防腐层前，罐体灰尘的处理。

（4）按施工方案涂装防腐层。

（二）油罐内防腐施工的危险性

（1）施工区域易燃易爆油品多，施工会受到其他储罐正常生产的影响也会影响到其他储罐的正常运行。

（2）罐内作业属于受限空间内的高处作业，易发生高处坠落、窒息等人身伤亡事故和油罐损坏事故。

（3）防腐涂料大多属于易燃品，部分还有一定毒性，易发生人身中毒和火灾爆炸事故。

（4）罐内作业环境差，尤其是喷砂除锈作业。

（5）施工人员为承包商，对罐内作业大环境不熟悉，安全意识不强，容易忽视安全、环境和健康问题。

（三）防腐施工安全措施

（1）用沙袋封闭相邻储罐和作业罐附近的下水井和含油污水井排出口，与易燃易爆大气环境隔离，同时所有工艺管线加盲板与储罐隔离。

（2）电气设备选用隔爆型，要有牢固可靠的接地设施，必须使用三相插座；照明设施采用12 V安全电压，罐内不设各类电气开关。

（3）施工人员施工前应进行安全培训，向油漆供应商索取安全技术说明书，并熟知其内容，了解所施工的涂料的安全注意事项。

（4）为施工人员配备防毒面具、防尘口罩、安全带、防静电工作服、手套、耳塞、护目镜等个体防护用品。

（5）罐内高处作业严格执行高处作业的相关要求。

（6）控制、检测可燃气体浓度、有毒气体浓度和氧含量。

（7）强制进行通风。罐体罐顶设不少于两套通风换气设施。涂漆作业开始应先启动通风装置，后开始涂漆作业，当通风系统停止或失灵时，应立即停止作业，切断涂漆设备的电源。工作结束后，应保持通风直至油漆表面干燥。

（8）内防腐所使用的空气压缩机、压缩空气缓冲罐、喷砂罐是压力容器，必须按照压力容器的管理规定进行管理。

（9）杜绝火花产生。作业人员应着防静电工作服和鞋，严禁携带火种进入涂漆场所。

5.8.4 气柜安全技术

气柜是储存、回收化工企业低压瓦斯（煤气）和调节瓦斯（煤气）管网压力的重要设施。气柜有双膜干式、干式、湿式、高压式、曼式等形式。

一、干式气柜的结构及附属设施

干式气柜由底板、柱形筒体（横截面为正多边形或圆形）、柜顶和沿气柜内壁上下移动的活塞组成。随贮气量增减，活塞上下移动。为防止气体外逸，活塞周边与气柜内壁之间设有密封装置。活塞顶面可以设置配重，以满足储气压力的要求。

1. 柜内设施：活塞（置于气柜内部，可以升降）、导轮（减少活塞升降时的摩擦力）、防回转装置、活塞油槽（将气体密封）、沉淀油箱、隔仓帆布。如图5.51所示。
2. 柜外设施：柜容指示器、备用油箱、柜底油槽排水管、放散管、安全放散管。

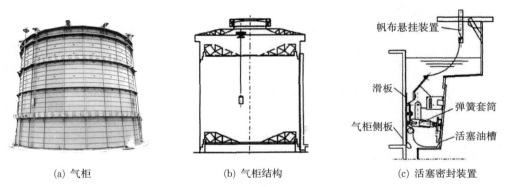

(a) 气柜　　　　　　　　(b) 气柜结构　　　　　　(c) 活塞密封装置

图5.51　气柜外观、内部结构及活塞密封装置

二、气柜运行过程中容易发生的事故

（1）活塞倾斜甚至倾翻。

主要原因有进柜压力过高、活塞上配重块分布不均、活塞油槽内封油分布不均等。

（2）活塞泄漏。

主要原因有活塞封油失效、活塞油沟油过低、活塞钢板腐蚀穿孔等。

（3）活塞冒（冲）顶。

控制气柜升降速度、设置行程限位装置、监测活塞运行倾斜度。

（4）火灾爆炸。

（5）人员中毒。

三、气柜运行安全管理要求

（一）气柜的运行

（1）气柜应设上、下限位报警装置，进出气柜管道应设自动联锁切断装置。

（2）气柜活塞升降速度不能太快。20 000 m³的干式气柜的活塞升降速度不能超过 2 m/min。

（3）气柜运行中，每月要测试活塞的倾斜度指标。

（4）气柜密封油每周要对其闪点分析一次，每月对其黏度分析一次。

（5）气柜的柜容指示仪表至少要有两种测量方式。

（6）气柜活塞上部要设可燃气体报警仪表。

（7）气柜的静电接地电阻每半年检测一次，发现不合格时，立即整改。

（二）气柜的运行管理

（1）加强对气柜运行的监控，进柜压力不能超过工艺卡片规定的数值。

（2）每日检查一次活塞导轮运行情况。

（3）装置开停工吹扫瓦斯管线，严禁向柜内吹扫，禁止蒸汽进入气柜内。

（4）每日检查一次活塞防回转装置。

（5）运行过程中严禁打开运行高度以下的柜壁门。

（6）气柜运行中，应每天到气柜顶部观察活塞运行情况，出现卡阻，要及时处理。

（7）每两小时检查油泵房内封油泵的运行情况，记录封油泵启动次数。

（8）冬季及时启用柜底油沟的加温措施，将封油温度控制在 20～30 ℃，以保证封油的流动性。

（9）监控好柜容及进柜压力，每 2 h 记录一次。

（10）气柜运行中遇有下面的情况，立即停止进气：储气量达到允许上限；仪表及设备发生故障，操作不能控制；供油系统停电或故障且 4 h 以内不能恢复；需要紧急、大量放空；低瓦管网需要蒸汽吹扫；气柜活塞油槽油位突然下降，密封失效；水封压力小于气柜活塞工作压力；活塞上升时，柜内压力过高，活塞运动阻力过大或卡住；活塞倾斜度超标，防回转装置摩擦严重或失控；活塞上部瓦斯浓度超标；封油闪点低于常温，威胁生产安全。

（11）气柜运行中遇有下面的情况，立即停止送气：柜内储气量达到允许下限；主要仪表及主要设备发生故障，操作不能控制；活塞运动阻力过大或卡住，柜内压力下降或形成负压。

（12）气柜运行中遇有下面的情况，立即紧急放空：供油系统停电或故障，4 h 内不能恢复时；活塞密封失效，大量瓦斯泄漏到活塞上部空间；柜底阀门、人孔或柜壁突然泄漏，无法处理。

（三）气柜的安全管理

1. 防火防爆

（1）进入气柜区域的车辆必须有火花熄灭设施。

（2）气柜区域内的动火作业要严格执行作业票制度。

（3）与气柜相关的各种操作要使用防爆工具。

（4）气柜入口处要设置人体静电导除设施。

（5）巡回检查要注意检查各静密封点有无泄漏。

（6）管线检修投用前，对各静密封点试漏，确认无泄漏方可投用。

（7）气柜瓦斯管线检修投用前，要进行氮气置换。

2. 防中毒

（1）由于低压瓦斯气体中含有少量硫化氢气体，操作人员在采样、放空、置换时要站在上风口；进柜检查时要注意采取预防中毒保护措施。

（2）柜内瓦斯报警仪应灵敏可靠，并对其定期校验；发生报警要认真查找原因，严禁随意消警。

（3）气柜压缩机的放空要采用密闭放空。

四、气柜的维护、检修

气柜的检修周期一般为2～5年。

5.8.5 运输安全

一、危险货物运输要求总则

（1）危险物品的运输实行资质认定制度。企业应当配备专职安全管理人员、驾驶人员、装卸管理人员和押运人员。

（2）危险化学品托运人必须办理手续方可运输；运输企业应当查验有关手续齐全，方可承运。

（3）危险货物装卸过程，轻装轻卸，堆码整齐，防止混杂、洒漏、破损，不得与普通货物混合堆放。

（4）托运人应明确说明危险化学品的种类、数量、危险特性以及发生事故后的应急处置措施，并按规定进行妥善包装，设置相应的警示标志。若需要添加抑制剂或稳定剂，托运人应负责添加并告知承运人相关注意事项；同时，还应提供与危险化学品完全一致的安全技术说明书和安全标签。

（5）在危险物品装卸前，应对运输工具（如车、船）进行必要的通风和清扫，确保不留残渣。对于装有剧毒物品的车（船），卸货后必须彻底洗刷干净。

（6）装运爆炸品、剧毒物品、放射性物质、易燃液体、可燃气体等危险物品时，必须使用符合安全要求的运输工具，并严禁禁忌物料混运。禁止使用电瓶车、翻斗车、铲车、自行车等运输爆炸物品。在运输强氧化剂、爆炸品及用铁桶包装的一级易燃液体时，若未采取可靠的安全措施，不得使用铁底板车及汽车挂车。同时，禁止用叉车、铲车、翻斗车搬运易燃、易爆液化气体等危险物品。在高温地区装运液化气体和易燃液体等危险物品时，应配备防晒设施。放射性物品应使用专用运输车和抬架进行搬运，装卸机械应按规定负荷降低25%的装卸量。遇水燃烧物品及有毒物品，严禁使用小型机帆船、小木船和水泥船进行承运。

（7）运输危险货物时，应配备必要的押运人员，确保货物始终处于监管之下，并应悬挂或喷涂符合要求的警示标志。

（8）运输途中，驾驶人员不得随意停车，特别是在居民点、行人稠密区、政府机关、名胜古迹、风景游览区等地。如需停车，应采取相应的安全措施。运输危险物品前，应事先获得当地公安交通管理部门的批准，并按照指定的路线、时间、速度行驶。

（9）运输易燃、易爆物品的机动车，其排气管应安装隔热和熄灭火星装置，并配备导静电橡胶拖地带装置。

（10）根据危险货物的性质，运输过程中应采取防晒、防冻、控温、防火、防爆、防水、防尘、防静电和防散漏等必要措施。

（11）严禁利用内河以及其他封闭水域运输剧毒化学品。若需经道路运输，应向始发地或目的地的县级人民政府公安机关申请剧毒化学品道路运输通行证。

（12）危险化学品道路运输企业、水路运输企业的驾驶人员、船员、装卸管理人员、押运人员、申报人员、集装箱现场检查人员等，均应取得相应的从业资格。

二、铁路装卸设施及作业安全技术

（一）铁路装卸主要设施

（1）铁路专线

厂外线：从铁路编组站到企业油库的铁路专线。

场内线：库内的铁路线，一般油库指的是油罐车停放的位置。

（2）装卸油鹤管

① 鹤管必须接地。

② 顶部敞口装车的甲$_B$、乙、丙类的液体，应采用液下装鹤管；汽油、溶剂油、苯等易挥发性油品的装卸，要采用密闭装卸和油气回收设施；甲$_B$、乙、丙$_A$类液体，严禁采用沟槽卸车装置。万向管道充装系统，俗称鹤管，如图5.53所示。

（3）集油管和输油管

集油管和输油管必须保持一定的坡度，以确保装卸作业结束后，油品能够自然流空，避免残留。

图5.52 铁路装卸化学品

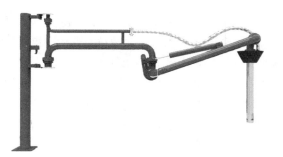

图5.53 万向管道充装系统（鹤管）

（4）栈桥与栈台

栈桥与栈台设计有单侧和双侧操作方式，并配备了灭火器材和消防用水管道以确保安全。栈桥内的铁轨接有地线，且电力机车的铁轨与栈桥外铁轨之间设有绝缘装置，有效防止静电或外部散杂电流引入引发火花。

（5）零位罐和缓冲罐

零位罐用于自流卸油罐车系统中，因为它的最高储油液面低于附近的地面，所以称为零位油罐，主要是起到一个缓冲作用。缓冲罐用于自流装油系统或为解决储油区距离较远、联系不便的问题而设置。零位罐和缓冲罐均不承担长期储存任务，因此其容量可根据列车一次到库的最大油量来计算，并需考虑一定的安全余量。

（6）升压设备

升压设备中，离心泵用于输送轻油，齿轮泵和往复泵则用于输送重油或专用燃油，而螺杆泵则专门用于输送润滑油。

（7）计量设备

在使用轨道衡进行计量时，需确保被衡量的罐车以不超过3 km/h的速度牵引进出轨道衡，以保证计量的准确性。

（二）油品装卸安全管理

1.装油方法

（1）无论是轻油罐车还是重油罐车，都采用上部装车。

（2）装车有两种方法：自流装车和泵送装车，凡利用地形高低位差并具备自流条件的油库，尽量采用自流装车。

（3）大型油库距离远，标高位差大，装车油泵采用具有大排量、低扬程特性的泵，满足快装快卸的要求。

2.卸油方法

铁路油罐车卸油采用上部卸油和下部卸油。

（1）上部卸油：泵卸油法、自流卸油（油罐车液面足够高位差，可采用虹吸自流卸油）、潜油泵卸油、压力卸油。

（2）下部卸油：卸重油时广泛采用的方法。

3.装车前检查

（1）对槽车的车体进行外观检查，有明显变形、裂纹等缺陷严禁装车。

（2）槽车盖缺失橡胶圈、缺少呼吸阀等严禁充装。

（3）过期车辆不得装车。

（4）槽车内残留等杂质无法清除干净时，不得装车。

4.车辆对位环节

（1）调车人员应加强瞭望并及时与装车岗位人员联系。

（2）车辆进入台位前，司机应将行车速度控制在3 km/h以内。操作应平稳，避免或减少车辆冲撞。

（3）装卸作业同一轨道上禁止边作业边对位或移动车辆。

（4）装车台对位时，调车人员应服从装车台负责对位人员的指挥，没有对位人员，禁止盲目对位。

（5）机车进入台位作业前，调度提前20 min通知装车台作业人员，作业人员确认后，向调度汇报同意进车。

5.油罐车清洗环节

（1）作业人员不得穿戴化纤服装，不穿带钉子的鞋和不导电的胶鞋，不准使用硬质金属和塑料制品进行作业。

（2）对于冲刷不掉的铁锈和油污，可使用铝、铜或其软质合金制作的铲、锤，或竹、木刷等工具进行刮、擦和刷洗。

（3）重油罐车可采用蒸汽蒸洗与吹扫的方式进行清洗，也可使用高压水进行冲刷。清洗完毕后，应用锯末、白布等工具将罐内擦拭干净。

（4）下列人员不得参加油罐车清洗工作：处于经期、孕期和哺乳期的妇女；存在聋、哑、智力障碍等生理缺陷者；患有深度近视、癫痫、高血压、过敏性气管炎、哮喘、心脏病以及其他严重慢性病的人员；老弱人员以及外伤未愈合者。

（5）严禁在作业场所用餐和饮水，作业人员应在指定的地点进行更衣和沐浴。

（6）清罐过程中产生的油污杂物及洗罐用水，应统一回收到污油罐中，不得随意排放。

（7）洗刷完毕并经过检验合格后，应逐件按要求恢复油罐车的各附件安装和管道连接。恢复完毕后，须经过技术人员的检查并确认合格后方可投入使用。

6. 油品装卸环节

（1）铁路槽车装车单位应制定充装各类油品的操作规程。

（2）装车台操作人员应持证上岗。

（3）装车前检查装车设备，确保阀门与管线无泄漏。

（4）打开车盖，对好装卸油鹤管并固定好。

（5）开泵装车，须先将车台及各鹤位阀门打开，通知开泵装车。

（6）同一作业线各种装卸设备的防静电接地应为等电位，接地线和跨接线不能用链条代替。

（7）作业人员应穿戴防静电服装和鞋帽，使用铜质工具，活动照明要使用防爆灯。

（8）鹤管或输油臂装油时要插至底部。

（9）进入装卸车台必须关闭手机等非防爆电器。

（10）液化气体、汽油等危险化学品车辆严禁超装。

（11）雷雨天气禁止装卸油作业。

（12）处理漏洒油品、整理工具、擦拭设备时，应断开电源。

（三）液化气体铁路罐车充装安全技术

1. 资料检查

槽车充装前必须检查以下证件和技术资料，缺少一项或证件无效者，不予充装。

（1）铁路危险货物自备货车安全技术审查合格证。

（2）特种设备使用登记证。

（3）押运员证书。

（4）铁路槽车使用许可证书（即危险品准运证）。

2. 罐车检查

在检查过程中发现有下列情况之一，严禁充装：

（1）罐车外表腐蚀严重或有明显损坏、变形。

（2）附件（包括气相阀、液相阀、压力表、温度表、液压系统、紧急切断装置、液位尺拉杆、安全阀等）不全、损坏、失灵或不符合安全规定。

（3）未判明罐内残留介质品种。

（4）液化气体和液氨罐车内气体含氧量超过3%。

（5）槽车内余压不符合要求。

（6）罐体密封性能不良或各密封面及附件有泄漏。

（7）槽车的走行或制动部件超期未检验。

三、船舶装运安全技术

（一）装油作业安全要求

（1）装卸过程中要求无污染、无漏洒，油船上岗人员必须持有港监部门签发的油船操作证。

（2）装拆油管时必须正确使用防爆工具，连接船岸间油管时，必须先装接地线，然后再接油管。

（3）开始送油要慢，检查油管、接头、闸阀等确认无差错，并且油已正常流入指定油舱，而无溢漏现象时方可通知岸上逐渐提高装油速度，达到正常速度后，应再进行检查。

（4）全船装油结束后，先拆除软管，后拆除静电地线，关闭各舱的大小阀门，管路上各种闸阀进行铅封，协助有关人员对各船舱盖、孔和管路闸阀进行铅封。

图 5.54 船舶装卸化学品

（二）卸油作业安全要求

（1）到达卸油地后，船与船之间用铜质导线连接，再与陆地静电地线连接。输油软管接头不得少于4根紧固螺栓，且法兰盘间加垫耐油密封圈，下置盛油盆。

（2）卸油完毕前，等岸上关闭阀门后再关闭船上阀门，先拆除软管，后拆除静电地线。

（3）原油及成品油装卸作业结束后，管线内的剩油都需要扫回油罐，或将输油导管内残油扫回油船。

图 5.55 软管充装

四、汽车装卸作业安全技术

（一）装卸站台

（1）装油台的位置应设在库区全年最小频率风向的上风侧。

（2）作业区要靠近公路，在人流较少的库区边缘。

（3）装油站台，一般为半敞开式或敞开式建筑，装油站建筑物通风必须良好。

（4）向汽车油罐车灌装甲$_B$、乙、丙$_A$类油品宜在装车棚（亭）内进行。甲$_B$、乙、丙$_A$类油品可共用一个装车棚（亭）。

（5）汽车油罐车的油品灌装宜采用泵送装车方式。有地形高差可供利用时，宜采用储油罐直接自流装车方式。

（6）汽车油罐车的油品装卸应有计量措施。

（7）汽车油罐车的油品灌装宜采用定量装车控制方式。

（8）汽车油罐车向卧式容器卸甲$_B$、乙、丙$_A$类油品时，应采用密闭管道系统。有地形高差可利用时，应采用自流卸油方式。

（9）油品装车流量不宜小于30 m³/h，但装卸车流速不得大于4.5 m/s。

（10）当采用上装鹤管向汽车油罐车灌装甲$_B$、乙、丙$_A$类油品时，应采用能插到油罐车底部的装卸油鹤管。

（11）建筑物、设备和装卸台要设置静电接地和避雷装置。

（12）电气设备和照明要符合防爆要求。

（13）防火间距、消防道路、消防水、消防器材的设置和配备符合要求。

（14）汽车罐车的装油作业区，人员较杂，宜设围墙（或栏栅）与其他区域隔开，作业区应设单独的汽车罐车出口和入口；当受场地条件限制，进出口合用时，站内应设回车场。

（15）装卸台要设有防止溢油措施。

（16）应设置油气回收设施。

（二）装卸作业安全管理

装卸作业常见的事故，一般由装车过程中冒罐、溜车、车辆误启动导致的泄漏、火灾、爆炸、中毒等。

1. 装卸车前的安全检查

（1）装载危险化学品前，装卸单位首先应对车辆的所在单位资质、危险货物道路运输许可资质、购货单位资质、压力罐车使用证、载质量、压力容器有效期等进行检查。

（2）检查车辆危险化学品标识标志、消防器材、接地线、安全阀、压力表、液位计、紧急切断阀（拉断阀）、温度计等安全附件，并做好记录。

（3）对驾驶员的道路运输资格证、操作证等进行检查。

2. 装卸车操作安全

（1）油罐车进入易燃易爆区域时必须安装防火罩，严格控制进场车辆数量，汽车槽车在充装过程应在指定位置停车。

（2）车辆驶入装卸车鹤位后，必须熄火，拉紧手刹，采取防溜车措施，车辆钥匙统一保管。

（3）对装卸油鹤管进行检查，确保完好；按规定对接鹤管，确保鹤管严密。

（4）装卸作业前，穿戴好劳动保护品，导除人体静电，连接好静电接地装置，并使用防爆工具。

（5）严禁超装、混装、错装，充装量不得超过危险化学品道路运输证核定载质量，且承压罐车充装量不得超过移动式压力容器使用登记证最大充装量。

（6）装卸作业时，操作人员、驾驶员均不得离开现场，在装卸过程中，不得启动车辆。

（7）装卸操作完毕，应立即按操作规程关闭有关阀门，并检查车辆情况；经过规定静置时间，才能进行提升鹤管、拆除接地线等作业。

（8）装卸作业完成后，驾驶员必须亲自确认汽车罐车与装卸料装置的所有连接件已经彻底分离，经双方确认后，方可启动车体。

（9）当出现雷雨天气、附近发生火灾、检测出介质泄漏、液压异常或其他不安全因素时，必须立即停止危险化学品装卸作业，并作妥善处理。

（10）危险化学品充装软管是充装系统最薄弱的环节，充装软管断裂事故是非常典型的事故。在危险化学品充装环节，推广使用金属万向管道充装系统代替充装软管（图5.53），禁止使用软管（图5.55）充装液氯、液氨、液化石油气、液化天然气等液化危险化学品。

（三）应急处置

（1）危化品装卸单位要制定操作性强的事故应急救援预案，配备必要的应急救援器材，定期组织职工进行演练，提高事故施救能力。

（2）在装卸过程中，一旦发生泄漏，现场工作人员应立即报警，并立即停止所有装卸作业。随后，应通知相关人员迅速佩戴好防护器具，关闭相关阀门、停止作业或调整工艺流程、将物料引导至副线等，同时组织无关人员迅速、有序地撤离现场。

（3）若发生中毒、窒息等紧急情况，救援人员应在确保自身安全并做好防护的前提下，迅速将中毒人员移至安全地带，并采取必要的急救措施。

（4）要做好现场警戒，封堵排水沟和下水系统。要做好现场警戒工作，确保无关人员不得进入危险区域。同时，应封堵排水沟和下水系统等可能导致危化品扩散的途径，以控制事态的进一步发展。

五、油气回收安全技术

油气主要是指在汽油、石脑油、航煤、溶剂油、芳烃或类似性质油品的装载过程中产生的挥发性有机物气体。由于温度、油气分压以及盛装轻质油品容器的气液相体积变化等多重因素的影响，不可避免地会有一部分油气挥发并逸散到大气中。油气的挥发不仅会对安全、环保和职业健康构成威胁，还会对企业的经济效益产生不利影响。油气回收设施是一种旨在回收挥发油气并减少损失的环保设备，广泛应用于油品的装卸作业环节。

（一）油气回收方法

油气回收方法有4种：吸附法、吸收法、膜分离法或某两种方法的组合。

吸附法：特别适合排放标准要求严格，其他方法无法达到效果的含烃气体处理。

吸收法：排放的净化气体中气体含量比较高。

冷凝法：适用于高浓度的油气回收。

一类典型的油库——加油站的汽油油气回收系统，如图5.56所示。

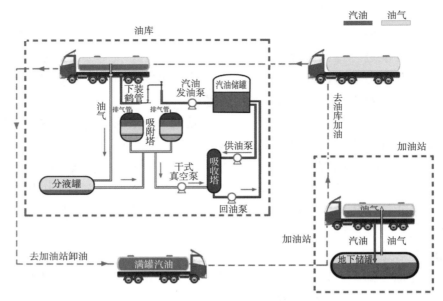

图 5.56　油库和加油站的油气回收系统

（二）油气回收设施安全技术要求

1. 平面布置安全技术要求

（1）油气回收装置宜布置在装车设施内或靠近装车设施布置。

（2）油气回收装置宜布置在人员集中场所、明火或火花散发地点的全年最小频率风向的上风侧。

（3）油气回收装置应设置能保证消防车辆顺利接近火灾场地的消防道路，消防道路路面宽度不应小于 6 m，路面上的净空高度不应小于 5 m，道路内缘转弯半径不宜小于 6 m。

（4）吸收液储罐宜和成品油储罐统一设置。当其总容积不大于 400 m³ 时，可与油气回收装置集中布置，吸收液储罐与油气回收装置的防火间距不应小于 9 m。

2. 油气收集系统安全技术要求

（1）油气收集支管公称直径比鹤管公称直径小一个规格。

（2）在油气回收装置的入口处和油气收集支管上均应安装切断阀。

（3）油气收集支管与鹤管的连接法兰处应设阻火器。

（4）鹤管与油罐车连接应严密，不泄漏油气。

（5）油气收集系统应采取防止压力超高或过低的措施。

（6）油气收集系统应设事故紧急排放管，事故紧急排放管可与油气回收装置尾气排放管合并设置，并应设阻火措施。

3. 消防安全技术要求

（1）独立设置的油气回收装置的消防给水压力不应小于 0.15 MPa，消防用水量不应小于 15 L/s；火灾延续供水时间不应小于 2 h。

（2）油气回收设施内应设置手提式干粉型灭火器，最大保护距离不宜超过 9 m，每一个配置点配置的手提式灭火器不应少于 2 个，每个灭火器的质量不小于 4 kg。

4. 防静电安全技术要求

油气回收设施内油品管道、设备、机泵应设静电接地装置，并应等电位接地，接入相邻设施的接地网。

5. 尾气排放安全技术要求

（1）排放的尾气中非甲烷总烃的浓度不得高于 25 g/m³。

（2）排放的尾气中苯的浓度不得高于 12 mg/m³，甲苯的浓度不得高于 40 mg/m³，二甲苯的浓度不得高于 70 mg/m³。

（3）烃类尾气排放管高度不应小于 4 m。

（4）尾气排放管道应设置采样设施。

（5）尾气排放管道应设置阻火设施。

六、危险化学品包装安全技术

（一）重复使用的危险化学品包装

（1）对重复使用的危险化学品包装物、容器，使用单位在重复使用前应当进行检查；发现存在安全隐患的，应当维修或者更换。

（2）使用单位应当对检查情况作出记录，记录的保存期限不得少于 2 年。

（3）包装容器属于特种设备的，其安全管理还需依照有关特种设备安全的法律、行政法规的规定执行。

（二）化学品包装分类

危险货物按其内装物的危险程度将包装划分为 3 种包装类别：

Ⅰ 类包装：盛装具有较大危险性的货物。

Ⅱ 类包装：盛装具有中等危险性的货物。

Ⅲ 类包装：盛装具有较小危险性的货物。

货物具有两种以上危险性时，其包装类别须按危险性级别高的确定。

（三）危险货物运输包装安全技术

（1）危险货物运输包装应结构合理，具有足够强度，防护性能好。

（2）包装应质量良好，其结构和封闭形式应能承受正常运输条件下的各种作业风险。包装与内装物直接接触部分，必要时应有内涂层或进行防护处理，包装材质不得与内装物发生化学反应而形成危险产物或导致削弱包装强度。

（3）内容器应予固定。

（4）盛装液体的容器，应能承受在正常运输条件下产生的内部压力。灌装时必须留有足够的膨胀余量（预留容积），除另有规定外，还应保证在温度 55 ℃时，内装液体不完全充满容器。

（5）包装封口应根据内装物质性质采用严密封口、液密封口或气密封口。

（6）盛装需浸湿或加有稳定剂的物质时，其容器密封形式应能有效保证内装液体（水、溶剂和稳定剂）的百分比，在储运期间保持在规定的范围内。

（7）有降压装置的包装，其排气孔设计和安装应能防止内装物泄漏和外界杂质进入，排出的气体量不得造成危险和污染环境。

5.9.1　化工建设项目安全设计技术

一、化工过程本质安全化设计

（一）本质安全的层次

本质安全可以分为3个层次，是一种洋葱结构，其核心层为工艺本质安全，中间层为设备仪表本质安全，最外层为安全防护措施及管理措施。如图5.44所示，1～2属于本质安全层、3～5属于设备仪表本质安全层、6～7属于安全防护措施层。

1.工艺本质安全

工艺本质安全基于物料的物理和化学特性，包括化学品的数量、性质及工艺路线等，旨在预防设备损坏、人员伤害以及环境破坏。它并非单纯依赖控制系统、联锁系统、报警或操作程序来防止事故，而是从根本上降低风险。长期来看，实现工艺的本质安全是最为安全且经济有效的策略。

2.设备仪表本质安全

设备仪表的本质安全源于其设计特性，即使操作者出现失误或采取不安全行为，也能确保操作者、设备或系统的安全，避免事故发生。本质安全的设备仪表可分为失误安全型和故障安全型两类。

3.安全防护措施及管理措施

安全防护措施及管理措施包括地理位置的选择、工厂总平面布置、防火防爆设施的设置、安全环保消防措施的实施、应急救援措施的制定以及安全管理制度的建设等。

（二）实现工艺本质安全的策略

为实现工艺的本质安全，可采取以下策略：

（1）优先选择安全无毒的物料，或尽量减少危险物料的使用量。

（2）采用更为先进且安全可靠的技术路线。

（3）在工艺设计中充分考虑装置的安全性和可靠性措施。

二、布局安全设计技术

（一）化工厂选址安全

1.化工厂厂址选择的基本要求

下列地段和地区不得选为厂址：

（1）发震断层和抗震设防烈度为9度以上的地区。

（2）生活饮用水源保护区，国家划定的森林、农业保护及发展规划区，自然保护区、风景名胜区和历史文物古迹保护区。

（3）山体崩塌、滑坡、泥石流、流沙、地面严重沉降或塌陷等地质灾害易发区和重点防治区，采矿塌落、错动区的地表界线内。

（4）蓄滞洪区、坝或堤溃决后可能淹没的地区。

（5）危及机场净空保护区的区域。

（6）具有开采价值的矿藏区或矿产资源储备区。

（7）水资源匮乏的地区。

（8）严重的自重湿陷性黄土地段、厚度大的新近堆积黄土地段和高压缩性的饱和黄土地段等工程地质条件恶劣地段。

（9）山区或丘陵地区的窝风地带。

2.化工企业选址的择优决策

（1）危险、危害性大的工厂企业应位于危险、危害性小的工厂企业全年主导风向的下风侧或最小频率风向的上风侧。

（2）易燃易爆的生产区沿江河岸边布置时，宜位于邻近江河的城镇、重要桥梁、大型锚地、船厂、港区、水源等重要建筑物或构筑物的下游，并采取防止可燃液体流入江河的有效措施。

（3）使用或生产有毒物质、散发有害物质的工厂企业应位于城镇和居住区全年主导风向的下风侧或最小频率风向的上风侧。

（4）有可能对河流、地下水造成污染的生产装置及辅助生产设施，应布置在城镇、居住区和水源地的下游及地势较低地段（在山区或丘陵地区应避免布置在窝风地带）。

（5）生产、储存和装卸易燃易爆危险物品的工厂、仓库和专用车站、码头，必须设置在城市的边缘或者相对独立的安全地带。

（二）化工厂布局安全

1.厂区功能分区

（1）生产车间及生产工艺装置区

① 工艺装置区是一个易燃易爆、有毒的特殊危险的地区，为了尽量减少其对工厂外部的影响，一般布置在厂区的中央部分。

② 工艺装置区宜布置在人员集中场所及明火或散发火花地点的全年最小频率风向的上风侧；在山区或丘陵地区，并应避免布置在窝风地带。

③ 要求洁净的工艺装置应布置在大气含尘浓度较低、环境清洁的地段，并应位于散发有害气体、烟、雾、粉尘的污染源全年最小频率风向的下风侧。如空气分离装置应布置在空气清洁地段并位于散发乙炔、其他烃类气体、粉尘等场所的全年最小风频风向的下风侧。

④ 不同过程单元间可能会有交互危险性，过程单元间要隔开一定的距离。

（2）原料及成品储存区

① 储存甲、乙类物品的库房、罐区、液化烃储罐宜归类分区布置在厂区边缘地带。

② 液化烃或可燃液体罐组，不应毗邻布置在高于装置、全厂性重要设施或人员集中场所的位置上，并且不宜紧靠排洪沟。

（3）公用工程及辅助生产区

① 公用设施区应该远离工艺装置区、罐区和其他危险区，以便遇到紧急情况时仍能保证水、电、气、风等的正常供应。

② 锅炉设备、总配变电所和维修车间等，要设置在处理可燃流体设备的上风向。

③ 全厂性污水处理场及高架火炬等设施，宜布置在人员集中场所及明火或散发火花地点的全年最小风频风向的上风侧。

④ 采用架空电力线路进出厂区的总变配电所，应布置在厂区边缘，并位于全年最小风频风向的下风向。

（4）运输装卸区

在装卸台上可能会发生毒性或易燃物的溅洒，装卸设施应该设置在工厂的下风区域，最好是在边缘地区。

（5）管理区及生活区

① 管理区、生活区一般应布置在全年或夏季主导风向的上风侧或全年最小风频风向的下风侧。

② 工厂的居住区、水源地等环境质量要求较高的设施与各种有害或危险场所之间，应按有关标准规范设置防护距离，并应位于附近不洁水体、废渣堆场的上风、上游位置。

关于全年最小风频场所总结于表5.16。

2.厂内交通路线的规划

（1）工艺装置区、液化烃储罐区、可燃液体的储罐区和装卸区及危险化学品仓库区应设环形消防车道。

（2）尽头式车道应设回车道或平面不小于12 m×12 m的回车空地。

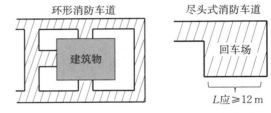

图5.57 环形消防车道和尽头式回车空地

（三）车间设备布局安全

1.化工装置安全布置的一般要求

（1）远离管理区、生活区、实（化）验室、仪表修理间，尽可能以敞开式、半敞开式布置。

（2）有毒有害物质的有关设施应布置在地势平坦、自然通风良好地段，不得布置在窝风低洼地段。

（3）剧毒物品的有关设施应布置在远离人员集中场所的单独地段内，宜以围墙与其他设施隔开。

（4）腐蚀性物质的有关设施应布置在其他建筑物、构筑物和设备的下游。

2.化工装置的安全布置

（1）生产装置的布置

① 同类火灾爆炸危险物料的设备或厂房，应尽量集中布置。

② 生产装置的集中控制室、变配电室、分析化验室等辅助建筑物，应布置在非防火、防爆区。

（2）泵的布置

可燃液体泵房的地面不应有地坑或地沟，以防止油气积聚，同时还应在侧墙下部采取通风措施。

（3）压缩机的布置

① 可燃气体压缩机宜敞开或半敞开式布置。

② 压缩机在室内布置时，比空气轻的可燃气体压缩机厂房的顶部应采取通风措施；比空气重的可燃气体压缩机厂房的地面不应有地坑或地沟，若不能避免时应有防止气体积聚的措施，下部宜有通风措施。

三、工艺过程安全设计

（一）各阶段安全设计管理

1.项目论证和可行性研究阶段安全设计和管理重点

（1）进行厂址选择和总图方案的比选，确保选址符合安全要求。

（2）开展早期的危险源辨识工作，全面分析拟建项目可能存在的主要危险源、危险有害因素及其对周边环境的影响；

（3）分析外部公用工程的可依托情况，据此制定切实可行的安全设计方案和对策措施；

（4）对于涉及重点监管的危险化工工艺，在出现以下情形之一时，应开展安全风险评估：首次使用新工艺或新配方投入生产；国外首次引进且未经过评估的新工艺；现有工艺线路参数或装置能力发生变更等。

2.基础设计阶段

（1）结合建设项目的安全评价报告，进一步补充和完善危险性分析，必要时可开展专题风险评估；

（2）针对精细化工生产装置，应根据安全风险评估提出的反应危险度等级和评估建议，合理设置相应的安全设施；

（3）组织专业人员进行安全设计审查，并编制详细的安全设施设计专篇。

3.详细工程设计阶段

应认真检查并落实安全设计审查意见，同时根据需要进行必要的危险与可操作性研究（HAZOP）[①]分析。

4.施工安装阶段

在施工前进行现场工程设计交底，确保施工过程中的安全；施工完成后，根据合同要求编制详细的设计竣工图。

5.投料试车阶段

设计单位应根据建设单位要求，参加项目试生产方案的制定。

6.建成投产阶段

设计单位应定期进行回访，确保设计的安全性和有效性，并及时解决可能出现的问题。

---

① 危险与可操作性研究(Hazard And Operability Analysis,HAZOP)，以温度、压力、流量、液(料(界)位等"过大""过小""没有"等引导词为核心的系统危险分析方法，是对危险与可操作性问题进行详细识别的过程。

（二）工艺过程安全设计方法

工艺危险分析通过系统方法识别、评估和控制工艺操作中的危害，可以预防火灾爆炸等灾害事故的发生。工艺设计分析方法：危险与可操作性研究（HAZOP）、保护层分析①（LOPA）、安全仪表系统（SIS）的设置必要性及安全完整性等级（SIL），详见第八章。

四、化工设备安全设计

（一）安全装置的种类

安全装置是为保证化工设备安全运行而装设的附属装置，也叫安全附件。

1. 联锁装置：为防止操作失误而装设的控制机构，如联锁开关、联动阀等。锅炉中的缺水联锁保护装置、熄火联锁保护装置、超压联锁保护装置等均属此类。

2. 警报装置：指设备运行过程中出现不安全因素致使其处于危险状态时，能自动发出声光或其他明显报警信号的仪器，如高低水位报警器、压力报警器、超温报警器等。

3. 计量装置：指能自动显示设备运行中与安全有关的参数或信息的仪表、装置，如压力表、温度计等。

4. 泄压装置：指设备超压时能自动排放介质降低压力的装置。

（二）安全泄压装置

1. 阀型安全泄压装置，如安全阀。

2. 断裂型安全泄压装置，如爆破片和爆破帽，前者用于中、低压容器，后者多用于超高压容器。

3. 熔化型安全泄压装置，如易熔塞，一般用于液化气体气瓶。

4. 组合型安全泄压装置，是同时具有阀型和断裂型或阀型和熔化型的泄压装置，常见的有弹簧安全阀和爆破片的组合型。

5.9.2 化工建设项目工程质量安全保障

一、施工质量控制措施

（1）对施工单位及人员资质进行控制。从事化工建设工程项目安装工程施工的单位应具备相应的资质等级，并在其资质等级许可的范围内承揽工程。

（2）工程项目中从事特种设备安装、检测和消防设施等有专项资质要求的施工单位应持有相应的资质许可证。

（3）施工企业必须取得安全生产许可证。

（4）施工承包商对分项工程、分部工程、单位工程的评定必须报请建设单位项目部，经专业工程师审核后报监理单位。单位工程评定应有建设单位、监理单位的有关人员参加。

---

① 保护层分析(Layer of Protection Analysis,LOPA)，通过分析事故场景初始事件、后果和独立保护层，对事故场景风险进行半定量评估的一种系统方法。

二、质量验收程序和组织

（一）单机试运转

安装工程按工程合同和设计文件施工结束，应进行动设备单机试运转。

（二）工程中间交接

1.单项工程中间交接应具备的条件

（1）按设计文件内容施工完成。

（2）工程质量初验合格。

（3）工艺管道和动力管道的耐压试验、系统清洗、吹扫完成、隔热施工基本完成，工业炉煮炉完成。

（4）静设备耐压试验、无损检测、清扫完毕；安全附件（安全阀、防爆门、爆破片）调试合格。

（5）大机组用空气、氮气或其他介质负荷试运转完成，机组保护性联锁和报警等自控系统调试联校合格。

（6）电气、仪表、计算机及防毒、防火、防爆等系统调试联校合格。

（7）施工临时设施已拆除，竖向工程施工完成。

（8）未完工程尾项的责任已经确认，完成时间已经明确，且不影响联动试车。

（9）现场满足安全管理规定的试车要求。

2.单项工程中间交接的内容

（1）按设计文件内容对工程实物量的核实。

（2）工程质量的初验资料及有关调试记录的审核验证。

（3）安装专用工具和剩余随机备件、材料的清点。

（4）尾项项目清单与实施方案的确认。

（5）随机技术资料完整性的核查。

三、施工过程质量检验

（一）管道工程质量检验

管道工程质量检验主要包括外观检查、无损检测、压力试验、泄漏性试验、硬度检验、力学性能检验及其他检验等。

1.压力试验

管道安装完毕、热处理和无损检测合格后，应进行压力试验。管道压力试验前，应编制试压方案及安全措施。压力试验前，应检查压力试验范围内的管道系统，除涂漆、绝热外应已按设计图纸全部完成，安装质量应符合设计文件和规范的有关规定，且试压前的各项准备工作应已完成。

（1）一般规定

① 压力试验应以液体为试验介质。当管道的设计压力小于或等于0.6 MPa时，也可采用气体为试验介质但应采取有效的安全措施。

② 脆性材料严禁使用气体进行压力试验。

③ 当进行压力试验时，应划定禁区，无关人员不得进入。

④ 试验过程中发现泄漏时，不得带压处理。消除缺陷后应重新进行试验。

⑤ 试验结束后，应及时拆除盲板、膨胀节等临时约束装置。

⑥ 压力试验完毕，不得在管道上进行修补或增添物件。当在管道上进行修补或增添物件时，应重新进行压力试验。经设计或建设单位同意，对采取预防措施并能保证结构完好的小修补或增添物件，可不重新进行压力试验。

⑦ 压力试验合格后，应填写"管道系统压力试验和泄漏性试验记录"。

（2）液压试验

① 液压试验应使用洁净水。

② 试验前，注入液体时应排尽空气。

③ 试验时，环境温度不宜低于5℃。当环境温度低于5℃时，应采取防冻措施。

④ 承受内压的地上钢管道及有色金属管道试验压力应为设计压力的1.5倍。埋地钢管道的试验压力应为设计压力的1.5倍，并不得低于0.4MPa。

⑤ 承受内压的埋地铸铁管道的试验压力，当设计压力小于或等于0.5MPa时，应为设计压力的2倍；当设计压力大于0.5MPa时，应为设计压力加0.5MPa。

⑥ 对承受外压的管道，试验压力应为设计内外压力之差的1.5倍，并不得低于0.2MPa。

⑦ 液压试验应缓慢升压，待达到试验压力后稳压10min，再将试验压力降至设计压力稳压30min，应检查压力表无压降、管道所有部位无渗漏。

表5.23　管道液压试验总结

材质	承受内压		承受外压
	地上	埋地	
钢管/有色金属	$1.5P_设$	$1.5P_设$，且≥0.4MPa	1.5倍内外压差，且≥0.2MPa
铸铁 $P_设$≤0.5MPa	—	$2P_设$	
铸铁 $P_设$>0.5MPa	—	$P_设$+0.5	

（3）气压试验

① 承受内压钢管及有色金属管的试验压力应为设计压力的1.15倍。真空管道的试验压力应为0.2MPa。

② 试验介质应采用干燥洁净的空气、氮气或其他不易燃和无毒的气体。

③ 试验时应装有压力泄放装置，其设定压力不得高于试验压力的1.1倍。

④ 试验前应用空气进行预试验，试验压力宜为0.2MPa。

⑤ 试验时应缓慢升压，当压力升至试验压力的50%时，如未发现异状或泄漏，应继续按试验压力的10%逐级升压，每级稳压3min，直至试验压力。应在试验压力下稳压10min，再将压力降至设计压力，采用发泡剂检验应无泄漏，停压时间应根据查漏工作需要确定。

2. 泄漏性试验

（1）对输送极度和高度危害流体以及可燃流体的管道，必须进行泄漏性试验。

（2）泄漏性试验应在压力试验合格后进行，且试验介质宜采用空气。

（3）泄漏性试验压力应为设计压力。

（4）泄漏性试验应逐级缓慢升压，当达到试验压力停压 10 min 后，应巡回检查阀门填料函、法兰或螺纹连接处、放空阀、排气阀、排净阀等所有密封点，应以无泄漏为合格。

（5）真空系统在压力试验合格后，应按设计文件规定进行 24 h 的真空度试验，增压率不应大于 5%。

（二）压力容器质量检验

压力容器质量检验主要包括外观检查、无损检测、耐压试验、泄漏试验等。

1. 耐压试验

耐压试验分为液压试验、气压试验以及气液组合压力试验三种。

（1）耐压试验通用要求

① 保压期间不得采用连续加压来维持试验压力不变，过程中不得带压紧固螺栓或者向受压件施加外力。

② 耐压试验过程中，不得进行与试验无关的工作，无关人员不得在试验现场停留。

③ 压力容器进行耐压试验时，监检人员应当到现场进行监督检验。

④ 耐压试验后，由于焊接接头或者接管泄漏而进行返修的或者返修深度大于 1/2 厚度的压力容器，应当重新进行耐压试验。

（2）气压试验要求

① 试验所用气体应当为干燥洁净的空气、氮气或者其他惰性气体。

② 气压试验时，试验温度（容器器壁金属温度）应当比容器器壁金属无延性转变温度高 30 ℃。无延性转变温度：材料由韧性断裂向脆性断裂转变的温度称为无塑性转变温度，亦即无延性转变温度。

③ 气压试验时，试验单位的安全管理部门应当派人进行现场监督。

④ 气压试验时，应当先缓慢升压至规定试验压力的 10%，保压足够时间，并且对所有焊缝和连接部位进行初次检查。如无泄漏可继续升压到规定试验压力的 50%；如无异常现象，其后按照规定试验压力的 10% 逐级升压，直到试验压力，保压足够时间。然后降至设计压力，保压足够时间进行检查，检查期间压力应当保持不变。

（3）气液组合压力试验

对因承重等原因无法注满液体的压力容器，可根据承重能力先注入部分液体，然后注入气体，进行气液组合压力试验。

2. 泄漏试验

（1）耐压试验合格后，对于介质毒性程度为极度、高度危害或者设计上不允许有微量泄漏的压力容器，应当进行泄漏试验。

（2）泄漏试验根据试验介质的不同，分为气密性试验以及氨检漏试验、卤素检漏试验和氦检漏试验等。

根据危险化学品的易燃易爆、有毒、腐蚀等危险特性，以及对危险化学品事故定义的研究，我们将危险化学品事故的类型划分为六类：危险化学品火灾事故、危险化学品爆炸事故、危险化学品中毒和窒息事故、危险化学品灼伤事故、危险化学品泄漏事故，以及其他危险化学品事故。请注意，这种分类方法与《企业职工伤亡事故分类》（GB/T 6441—1986）中的分类方法有所区别。

危险化学品事故具有突发性强、难以控制的特点，其后果往往十分惨重，不仅会造成巨大的经济损失，还会严重污染环境，破坏生态平衡，且这种破坏往往具有长期性。此外，危险化学品事故的救援难度大，专业性强，需要专业的救援队伍和装备来应对。

5.10.1 化工事故应急处置与实施

化工事故现场中，化学品对人体可能造成的伤害为中毒、窒息、化学灼伤、烧伤、冻伤等。因此，根据不同伤害情况，应采用不同的应急处置方法。

一、化工事故应急救援的准备与实施

化工事故应急救援准备工作，主要做好组织机构、人员、装备三落实，并制定切实可行的工作制度，使应急救援的各项工作达到规范化管理。

（一）化工事故应急救援的准备

在化工事故应急救援中，组织机构设置及其主要职责如下：

（1）应急救援指挥中心（办公室）：主要组织和指挥化工事故应急救援工作。

（2）应急救援专家组：对化工事故危害进行预测，为应急救援的决策提供依据和方案。

（3）应急救护站（队）：对伤员进行分类和急救处理，并及时向后方医院转送。

（4）应急救援专业队：快速实施救援、检测化学危险物品的性质及危害程度、堵住毒源、将伤员救出危险区域和组织群众撤离、疏散。

（二）化工事故应急救援的实施

1. 接报与通知

（1）应明确 24 h 报警电话，建立接报与事故通报程序。

（2）列出所有的通知对象及电话，将事故信息及时按对象及电话清单通知。

（3）接报人员一般由总值班人员担任。接报人员必须掌握以下情况：

① 报告人姓名、单位部门和联系电话。

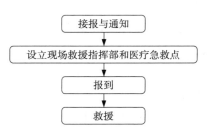

图 5.58　化工事故应急救援实施程序

② 事故发生的时间、地点、事故单位、事故原因、主要危险物质、事故性质（毒物外溢、爆炸、燃烧）、危害波及范围和程度。

③ 对救援的要求，同时做好电话记录。

（4）接报人员在掌握基本事故情况后，立即通报企业领导层，报告事故情况，并按救援程序，派出救援队伍。

（5）保持与急救队伍的联系，并视事故发展状况，必要时派出后继梯队给予增援。

（6）向上级有关部门报告。

2.设立现场救援指挥部和医疗急救点

在化工事故发生现场，应尽快设立现场救援指挥部和医疗急救点，位置宜在上风处、交通较便利、畅通的区域，能保证水、电供应，并有醒目的标志，方便救援人员和伤员识别，悬挂的旗帜应用轻质面料制作，以便救援人员随时掌握现场风向。

3.报到

各救援队伍进入救援现场后，向现场指挥部报到。其目的是接受任务，了解现场情况，便于统一实施救援工作。

4.救援

（1）现场救援指挥应迅速建立通信网络，以最快速度查明事故的具体原因、涉及的危险化学品种类及其危害程度。同时，要征求专家意见，科学制定救援方案，并指挥各救援队伍有序开展行动。在救援过程中，应随时向上级有关部门报告事故的最新进展，并积极接受社会各界的支援。

（2）侦检队应迅速检测化学危险物品的性质和危害程度，为准确测定或推算出事故的危害区域提供关键数据支持。

（3）工程救援队应迅速采取措施堵住毒源，确保不再扩散，同时迅速将伤员救出危险区域，并协助做好群众的组织撤离和疏散工作。此外，还需负责毒物的清除和消毒工作，确保现场安全。

（4）现场急救医疗队应迅速对伤员进行简易分类，根据伤情进行紧急救治，并安全地将伤员转送至医疗机构进行进一步治疗。

（5）在救援行动中，各救援队伍应密切关注气象变化和事故发展趋势。一旦发现所处区域受到污染或即将被污染，应立即向安全区域转移。在转移过程中，要确保人员安全，并保持与救援指挥部和各救援队伍的通信联系。救援工作结束后，各救援队伍在撤离现场前，必须征得现场指挥部的同意。撤离前，要做好现场的清理工作，确保不留安全隐患，并注意撤离过程中的安全。

二、化工事故的现场急救

（一）现场急救的注意事项

（1）应将受伤人员小心地从危险的环境转移到安全的地点。

（2）必须注意安全防护，备好防毒面罩和防护服。

（3）随时注意现场风向的变化，做好自身防护。

（4）进入污染区前，必须戴好防毒面罩、穿好防护服，并应以2～3人为一组，集体行动，互相照应。

（5）带好通信联系工具，随时保持通信联系。

（6）所用的救援器材必须是防爆的。

（7）急救处理程序化，采取的步骤为：除去伤病员污染衣物→冲洗→共性处理→个性处理→转送医院。

（8）处理污染物，要注意对伤员污染衣物的处理，防止发生继发性损害。

（二）一般伤员的急救原则

（1）对于神志不清的病员，应将其置于侧卧位，以防止气道梗阻。呼吸困难时，应立即给予氧气吸入；若呼吸停止，则应立即进行人工呼吸；若心脏停止跳动，则应立即进行胸外心脏按压。

胸外心脏按压　　　　开放呼吸道　　　口对口人工呼吸

图5.59　胸外心脏按压及人工呼吸

（2）当皮肤受到污染时，应迅速脱去被污染的衣服，并用流动清水彻底冲洗。若头面部灼伤，应特别注意眼、耳、鼻、口腔的清洗。

（3）眼睛受到污染时，应立即提起眼睑，用大量流动清水彻底冲洗至少15 min。

（4）当人员发生冻伤时，应迅速进行复温。复温方法可采用40～42 ℃的恒温热水浸泡，使其在15～30 min内体温提升至接近正常。

（5）当人员发生烧伤时，应迅速脱去患者衣服，用冷水冲洗降温，并用清洁布覆盖创伤面，以避免创伤面受到进一步污染。

（6）对于口服毒性物质者，应根据物料性质采取对症处理措施；如有必要，应进行洗胃治疗。

（7）经过现场初步处理后，应迅速将伤员护送至医院进行进一步救治。

（三）急性中毒的现场抢救

（1）救护者现场准备：救护人员应穿戴好防护服、呼吸器等防护装备，确保自身呼吸系统、皮肤得到有效保护。

（2）切断毒性危险化学品来源：迅速将中毒者移至空气新鲜、通风良好的安全地带。

（3）迅速脱去被毒性危险化学品污染的衣物，并用大量清水或解毒液彻底清洗被污染的皮肤。对于黏稠性毒物，可用大量肥皂水冲洗（但需注意敌百虫不能使用碱性液清洗）；对于水溶性毒性危险化学品，应先用棉絮、干布擦除毒物后，再用水冲洗。

（4）若毒性危险化学品经口引起急性中毒，对于非腐蚀性毒性危险化学品，应迅速用1/5 000的高锰酸钾溶液或1%～2%的碳酸氢钠溶液进行洗胃，然后用硫酸镁溶液导泻。对于腐蚀性毒物，一般不宜洗胃，可给予蛋清、牛奶或氢氧化铝凝胶等保护胃黏膜的物质灌服。

三、化工事故的处理方法

（一）火灾事故处理方法

1.扑救初期火灾的基本方法

（1）迅速关闭火灾部位的上下游阀门，切断进入火灾事故地点的一切物料。

（2）在火灾尚未扩大到不可控制之前，应使用移动式灭火器或现场其他各种消防设备、器材扑灭初期火灾和控制火源。

2.扑救压缩或液化气体火灾的基本方法

（1）在扑救气体火灾时，切忌盲目扑灭火势。在未采取堵漏措施的情况下，必须保持火势的稳定燃烧。

（2）首先应扑灭被火源引燃的外围可燃物，以切断火势蔓延的途径，并控制燃烧的范围。

（3）若火势中有受到火焰辐射热威胁的压力容器，应尽可能在水枪的掩护下将其疏散至安全地带；若无法疏散，则应部署足够的水枪进行冷却保护。

（4）对于输气管道泄漏着火的情况，应设法找到气源阀门。若阀门完好，只需关闭气体的进出阀门，火势便会自动熄灭。

（5）当贮罐或管道泄漏且关阀无效时，应根据火势判断气体压力和泄漏口的大小及形状，并准备好相应的堵漏材料（例如软木塞、橡皮塞、气囊塞、黏合剂、弯管工具等）。

（6）在堵漏工作准备就绪后，即可使用水（或水雾）来扑救火情，也可使用干粉、二氧化碳或卤代烷进行灭火，同时需用水冷却烧烫的罐体或管壁。火扑灭后，应立即使用堵漏材料进行堵漏，并用雾状水稀释和驱散泄漏出的气体。

（7）现场指挥应密切关注各种危险征兆，并适时作出准确判断，及时下达撤退命令。现场人员看到或听到事先规定的撤退信号后，应迅速撤退到安全地带。

3.扑救易燃液体火灾的基本方法

（1）首先切断火势蔓延的途径，控制燃烧的范围。若有液体流淌，应筑堤（或使用围油栏）来拦截飘散的易燃液体，或挖沟进行导流。

（2）及时了解并掌握着火液体的品名、相对密度、水溶性、毒性、腐蚀性、沸溢性、喷溅性等危险性，以便采取相应的灭火和防护措施。

（3）对于较大的贮罐或流淌火灾，应准确判断着火面积和液体的性质，然后采取相应的灭火措施。

① 小面积的液体火灾，一般可使用雾状水进行扑灭，而使用泡沫、干粉、二氧化碳或卤代烷通常更为有效。

② 对于比水轻且不溶于水的液体（如汽油、苯等），可使用普通蛋白泡沫或轻水泡沫进行灭火。

③ 对于比水重且不溶于水的液体（如二硫化碳），起火时可用水进行扑救，因为水能覆盖在液面上进行灭火，使用泡沫也有效。

④ 对于具有水溶性的可燃液体（如醇类、酮类等），最好使用抗溶性泡沫进行扑

救。使用干粉或卤代烷进行扑救时，灭火效果需根据燃烧面积的大小和燃烧条件来确定，同时也需用水冷却盛装可燃液体的罐壁。

（4）在扑救毒害性、腐蚀性或燃烧产物具有较强毒害性的易燃液体火灾时，扑救人员必须佩戴防护面具并采取相应的防护措施。

（5）扑救原油和重油（重质油品）等具有沸溢和喷溅危险的液体火灾时，可采用切水、搅拌等措施来防止火势的扩大。

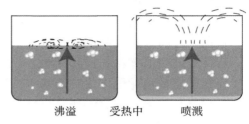

图5.60　沸溢和喷溅

（6）若遇易燃液体管道或贮罐泄漏并着火，应在切断火势蔓延途径并将火势限制在一定范围的同时，设法找到并关闭输送管道的进出阀门。

4.扑救爆炸物品火灾的基本方法

爆炸物品一般都有专门或临时的储存仓库。

（1）应判断和查明再次发生爆炸的可能性和危险性，并抓住爆炸后与再次爆炸之前的有利时机，采取一切可能的措施来全力制止再次爆炸的发生。

（2）切忌使用沙土进行盖压，以免增强爆炸物品爆炸时的威力。

（3）在确保人身安全有可靠保障的情况下，应使着火区域周围形成隔离带。

（4）在扑救爆炸物品堆垛时，水流应采用吊射的方式，以避免强力水流对堆垛造成冲击而导致其倒塌并引起再次爆炸。

（5）灭火人员应尽量利用现场现成的掩蔽体或采用卧姿等低姿势进行射水。

（6）若灭火人员发现有再次爆炸的危险，应立即向现场指挥进行报告。现场指挥应迅速作出判断，并在确认有再次爆炸危险时立即下达撤退命令。灭火人员应迅速撤至安全地带；若来不及撤退，则应就地卧倒。

5.扑救遇湿易燃物品火灾的基本方法

（1）若只有极少量（50 g以内）的遇湿易燃物品，则无论其是否与其他物品混存，均可使用大量的水或泡沫进行扑救。

（2）若遇湿易燃物品的数量较多，且未与其他物品混存，则禁止使用水、泡沫或酸碱等灭火剂进行扑救。此时应使用干粉、二氧化碳或卤代烷进行扑救。

（3）若有较多的遇湿易燃物品与其他物品混存，可先使用水枪向着火点吊射少量的水进行试探。若未见火势明显增大，则证明遇湿物品尚未着火且包装也未损坏，此时应立即使用大量的水或泡沫进行扑救。若射水试探后火势明显增大，则证明遇湿易燃物品已经着火或包装已经损坏，此时应禁止使用水、泡沫或酸碱灭火器进行扑救。对于液体状的遇湿易燃物品，应使用干粉等灭火剂进行扑救；对于固体状的遇湿易燃物品，则应使用水泥、干沙等进行覆盖。对于钾、钠、铝、镁等轻金属发生的火灾，最好使用石墨粉、氯化钠以及专用的轻金属灭火剂进行扑救。

（4）若其他物品的火灾威胁到相邻的较多遇湿易燃物品时，应先用油布或塑料膜等其他防水布将遇湿易燃物品遮盖好，然后再在上面盖上棉被并淋上水。若遇湿易燃物品堆放处的地势不太高，则可在其周围用土筑起一道防水堤。

6.扑救毒害品、腐蚀品火灾的基本方法

（1）灭火人员必须穿着防护服并佩戴防护面具。考虑到过滤式防毒面具在防毒范围上的局限性，在扑救毒害品火灾时应尽量使用隔绝式氧气或空气面具。

（2）应积极抢救受伤和被困的人员，并努力限制燃烧的范围。

（3）对于酸类或碱类的腐蚀品火灾，最好能够调制出相应的中和剂来进行稀释和中和。

（4）若遇毒害品或腐蚀品的容器发生泄漏，在扑灭火势后应采取堵漏措施。对于腐蚀品，需使用防腐材料进行堵漏。

（5）特别需要注意的是，浓硫酸遇水能够放出大量的热量并导致沸腾飞溅，因此在扑救过程中需特别加强防护措施。

（二）泄漏事故处理方法

危险化学品的泄漏容易引发中毒、火灾和爆炸等严重事故。泄漏事故的处理一般分为泄漏源控制和泄漏物处置两大部分。

1.泄漏处理注意事项

（1）所有进入现场的人员必须配备必要的个人防护装备，以确保安全。

（2）若泄漏的化学品属于易燃易爆类，应严格禁止任何火种，并迅速扑灭任何明火及其他形式的热源和火源，以降低发生火灾和爆炸的风险。

（3）严禁单独行动，必须有人监护，并在必要时使用水枪或水炮进行掩护，确保人员安全。

（4）应从上风或上坡位置接近泄漏现场，严禁盲目进入，以免发生危险。

2.泄漏源控制

应迅速利用截止阀切断泄漏源，或采取在线堵漏措施减少泄漏量，也可利用备用泄料装置使化学品安全释放。

（1）可通过关闭相关阀门、停止作业，或采取改变工艺流程、物料走副线、局部停车、打循环、减负荷运行等方法来控制泄漏源。

（2）若容器发生泄漏，应立即采取措施修补和堵塞裂口，以阻止化学品的进一步泄漏。堵漏的成功与否取决于多个因素，包括接近泄漏点的危险程度、泄漏孔的尺寸、泄漏点处的实际或潜在压力，以及泄漏物质的特性等。

3.泄漏物处置

对于现场的泄漏物，应及时进行覆盖、收容、稀释和处理。在处理过程中，应根据危险化学品的特性，采用合适的方法进行处理。

（1）若化学品为液体，应迅速筑堤堵截或引流至安全地点。在贮罐区，应及时关闭围堰雨水阀，防止物料外流造成更大的污染。

（2）对于液体泄漏，为降低物料向大气中的蒸发速度，可使用泡沫或其他覆盖物品覆盖外泄的物料，形成覆盖层以抑制其蒸发。同时，也可采用低温冷却的方法来降低泄漏物的蒸发速度。

（3）为了减少大气污染，可使用水枪或消防水带向有害物蒸气云喷射雾状水，以加速气体向高空扩散并稀释其浓度。

（4）对于大型液体泄漏，可选择使用隔膜泵将泄漏出的物料抽入容器内或槽车内

进行安全处理。当泄漏量较小时，可使用沙子、吸附材料或中和材料等对泄漏物进行吸收和中和处理。

（5）最后，应将收集的泄漏物运至废物处理场所进行妥善处置。对于剩余的少量物料，可使用消防水进行冲洗，并排入含油污水系统进行处理，以确保环境安全。

5.10.2　化工企业应急处置方案、应急演练与应急装备

一、化工企业生产安全事故现场应急处置方案

（一）现场处置方案定义

现场处置方案：生产经营单位根据不同事故类别，针对具体的场所、装置或设施所制定的应急处置措施。主要包括：事故风险分析、应急工作职责、应急处置和注意事项等内容。

（二）事故风险分析

编制现场处置方案的前提是事故风险分析，可采用安全检查表法、预先危险性分析法、事件树法、事故树分析法等进行事故风险分析。事故风险分析主要包括以下内容：

（1）事故类型，分析本岗位可能发生的潜在事故、突发事故类型。

（2）事故发生的区域、地点或装置的名称。

（3）事故发生的可能时间、事故的危害严重程度及其影响范围。

（4）事故前可能出现的征兆。

（5）事故可能引发的次生、衍生事故。

（三）现场处置方案的主要内容

（1）岗位或设备名称。

（2）事故/事件名称及后果。

（3）应急工作职责。

（4）应急处置措施。

（5）注意事项。

（6）附件。

二、化工事故应急演练

（一）应急演练的类型

应急演练的依据及类型，详见表5.24。

表5.24　应急演练的依据及类型

依据	类型
按演练规模	局部性演练、区域性演练和全国性演练
按演练内容与尺度	单项演练、综合演练
按演练形式	模拟场景演练、实战演练、模拟与实战结合的演练
按照演练的目的	检验性演练、研究性演练

（二）应急演练的过程、实施

应急演练的过程和实施，详见4.4.4一节。

三、化工事故应急救援装备

应急救援装备是指用于应急管理与应急救援的工具、器材、服装、技术力量等。

（一）应急救援装备分类

1.按照适用性分类

按照适用性分为：一般通用性应急装备、特殊专业性应急装备。

（1）一般通用性应急装备

① 个体防护装备：如呼吸器、护目镜、安全带等。

② 消防装备：如灭火器、消防锹等。

③ 通信装备：如固定电话、移动电话、对讲机等。

④ 报警装备：如手摇式报警、电铃式报警等装备。

（2）特殊专业性应急装备：

① 危险化学品抢险用的防化服，易燃易爆、有毒有害气体监测仪等。

② 消防人员用的高温避火服、举高车、救生垫等。

③ 医疗抢险用的铲式担架、氧气瓶、救护车等。

④ 水上救生用的救生艇、救生圈、信号枪等。

⑤ 电工用的绝缘棒、电压表等。

⑥ 环境监测装备，如水质分析仪、大气分析仪等。

⑦ 气象监测仪，如风向标、风力计等。

⑧ 专用通信装备，如卫星电话、车载电话等。

⑨ 专用信息传送装备，如传真机、无线上网笔记本电脑等。

2.按照具体功能分类

根据应急救援装备的具体功能，可将应急救援装备分为预测预警装备、个体保护装备、通信与信息装备、灭火抢险装备、医疗救护装备、交通运输装备、工程救援装备、应急技术装备8大类及若干小类。

（二）危险化学品单位应急救援物资配备要求

根据《危险化学品单位应急救援物资配备要求》（GB 30077—2023），危险化学品生产和存储单位的应急救援物资配备需符合规范要求，而危险化学品使用、经营、运输和处置废弃单位的应急救援物资配备则参照此标准执行。

1.作业场所应急救援物资配备要求

在危险化学品单位的作业场所，应急救援物资应被妥善存放在应急救援器材专用柜、应急站或指定地点。作业场所的应急物资配备需符合特定要求，详见表5.25。

2.企业应急救援人员个体防护装备配备要求

企业应急救援人员个体防护装备配备要求详见表5.26。

表 5.25 作业场所应急救援物资配备要求

物资名称	配备	备注
过滤式防毒面具	1个/人	类型根据有毒有害物质确定,数量根据当班人数确定
手电筒	1个/人	
急救箱或急救包	1包	
正压式空气呼吸器	2套	
化学防护服	2套	有毒、腐蚀性危险化学品
气体浓度检测仪	2台	根据作业场所的气体确定
对讲机	4台	
吸附材料或堵漏材料	*	常用吸附材料为沙土(具有爆炸危险性的除外)
洗消设施或清洗剂	*	在工作地点配备
应急处置工具箱	*	防爆场所应配置无火花工具

表 5.26 企业应急救援人员个体防护装备配备要求

装备名称	主要用途	配备	配备比	备注
头盔	头部、面部及颈部的安全防护	1顶/人	4:1	
二级化学防护服装	化学灾害现场作业时的躯体防护	1套/10人	4:1	(1)以值勤人员数量确定 (2)至少配备2套
一级化学防护服装	重度化学灾害现场全身防护	1套/10人	4:1	(1)以值勤人员数量确定 (2)至少配备3套
灭火防护服	灭火救援作业时的身体防护	1套/人	3:1	指挥员可选配消防指挥服
防静电内衣	可燃气体、粉尘、蒸汽等易燃易爆场所作业时的躯体内层防护	1套/人	4:1	
防化手套	手部及腕部防护	2副/人		应针对有毒有害物质穿透性选择手套材料
防化靴	事故现场作业时的脚部和小腿部防护	1双/人	4:1	易燃易爆场所应配备防静电靴
安全腰带	登梯作业和逃生自救	1根/人	4:1	
正压式空气呼吸器	缺氧或有毒现场作业时的呼吸防护	1具/人	5:1	(1)值勤人员数量确定; (2)备用气瓶按照正压式空气呼吸器总量1:1备份
佩戴式防爆照明灯	单人作业照明	1个/人	5:1	
轻型安全绳	救援人员的救生、自救和逃生	1根/人	4:1	
消防腰斧	破拆和自救	1把/人	5:1	

3.其他应急救援物资配备

除作业场所的应急救援物资外,危险化学品单位还可与其周边地区的其他相关单位或应急救援机构签订互助协议。这些单位或机构在接到报警后,应能在 5 min 内迅速到达现场,以作为本单位应急救援物资的补充。

第 6 章

其他安全技术基础

6.1 机械安全技术

6.2 电气安全技术

6.3 化工消防技术

在化工领域，除了化工设备外，机械设备和电气设备等同样不可或缺。这些机械和电气设备的使用、维护等相关安全事宜至关重要。另外，化工安全与消防技术密不可分，任何化工事故的预防和应急处理都离不开消防技术的支持。

6.1 机械安全技术

6.1.1 机械安全技术基础

机械是由若干个零、部件连接构成，其中至少有一个零、部件是可运动的，并且配备动力系统，是具有特定应用目的的组合。机械是机器、机构等的泛称。机器指某种具体的机械产品，如加工机械、化工机械及工程机械等；机构一般指机器的某一组成部分，如连杆机构、传动机构、搅拌机构等。

机械包括：（1）单台的机械。如机床等；（2）实现完整功能的机组或大型成套设备。即为同一目的由若干台机械组合成一个综合整体，如自动生产线等；（3）可更换设备。可以改变机械功能的、可拆卸更换的、非备件或工具设备，这些设备可自备动力或不具备动力。在化工生产中，起重机属于单台机械；泵组属于大型成套设备；搅拌装置属于可更换设备。

机械安全是指机器执行其预定功能和在运输、安装、调整、维修、拆卸、停用以及报废时，不产生损伤或危害健康的能力。机械安全由组成机械的各部分及整机的安全状态来保证，由使用机械的人的安全行为来保证，由"人—机"的和谐关系来保证。

按照机械的使用用途，可以将机械大致分为10类：

（1）动力机械：电动机、内燃机、蒸汽机以及在无电源的地方使用的联合动力装置。

（2）金属切削机械：车床、钻床、镗床、磨床、齿轮加工机床、螺纹加工机床、铣床、刨（插）床、拉床、电加工机床、锯床和其他机床12类。

（3）金属成型机床：金属切削加工以外的机械，如锻压机械、铸造机械等。

（4）交通运输机械：汽车、火车、船舶和飞机等交通工具。

（5）起重运输机械：各类起重机、运输机、升降机、卷扬机等。

（6）工程机械：土石方施工、路面建设与养护、流动式起重装卸作业和各种建筑工程所需的各种工程机械。包括：挖掘机、铲运机、工程起重机、压实机、打桩机、钢筋切割机、混凝土搅拌机、路面机、凿岩机、线路工程机械及其他专用工程机械。

（7）农业机械：拖拉机、林业机械、牧业机械、渔业机械等。

（8）通用机械：泵、风机、压缩机、阀门、真空设备、分离机械、减（变）速机、干燥设备、气体净化设备等。

（9）轻工机械：纺织机械、食品加工机械、印刷机械、制药机械、造纸机械等。

（10）专用机械（国民经济各个部门生产中所特有机械）：冶金机械、采煤机械、化工机械、石油机械等。

一、危险因素

（一）机械性危险

产生机械性危险的条件因素主要有：

（1）形状或表面特性：如锋利刀刃、锐边、尖角形等零部件、粗糙或光滑表面。

（2）相对位置：如由于机器零部件运动可能产生挤压、剪切、缠绕等区域的相对位置。

（3）动能：具有运动（速度、加速、减速）以及运动方式（平动、交错运动或旋转运动）的机器零部件与人体接触，零部件由于松动、松脱、掉落或折断、碎裂、甩出。

（4）势能：人或物距离地面有落差在重力影响下的势能，高空作业人员跌落危险、弹性元件的势能释放、在压力或真空下的液体或气体的势能、高压流体（液压和气动）压力超过系统元器件额定安全工作压力等。

（5）质量和稳定性：机器抗倾翻性或移动机器防风抗滑的稳定性。

（6）机械强度不够导致的断裂或破裂。

（7）料堆（垛）坍塌、土岩滑动造成掩埋所致的窒息危险等。

（二）非机械性危险

非机械性危险主要包括电气危险（如电击、电伤）、温度危险（如灼烫、冷冻）、噪声危险、振动危险、辐射危险（如电离辐射、非电离辐射）、材料和物质产生的危险、未履行安全人机工程学原则而产生的危险等。

二、常见机械危险部位及防护

（一）转动的危险部位及其防护

（1）转动轴（无凸起部分）：一般是通过在光轴的暴露部分安装一个松散的且与轴有12 mm净距的护套来对其进行防护，护套和轴可以相互滑动。

（2）转动轴（有凸起部分）：具有凸起物的旋转轴应利用固定式防护罩进行全面封闭。如很多泵上都带有联轴器，需要加装固定式防护罩，如图6.1所示。

(a)   (b)

图6.1　凸起式联轴器及固定式防护罩

（3）对旋式轧辊：即使相邻轧辊的间距很大，操作人员的手、臂以及身体也有可能被卷入。一般采用钳形防护罩进行防护。如图6.2所示。

（4）牵引辊：当操作人员向牵引辊送入材料时危险性较大，安装一个钳形条通过减少间隙来提供保护，通过钳形条上的开口，便于材料输送。如图6.3所示。

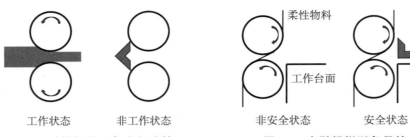

工作状态　　　　非工作状态
图6.2　对轧辊钳形条进行防护

柔性物料

工作台面

非安全状态　　　　安全状态
图6.3　牵引辊钳形条保护

（5）辊式输送机（辊轴交替驱动）：应该在驱动轴的下游安装防护罩。如果所有的滚轴都被驱动，将不存在卷入风险，无须安装防护装置。如图6.4所示。

驱动轮　非驱动轮　　驱动轮　驱动轮
图6.4　辊式输送机防护

（6）轴流风扇（机）：开放式叶片是危险的，需要使用防护网来进行防护。防护网的网孔应足够大，使得空气能有效通过；同时网孔还要足够小，能有效防止手指接近叶片，如图6.5（a）所示。

（7）径流通风机：通常为离心风机，通向风扇的进风口应该被一定长度的导管所保护，并且其入口应覆盖防护网，如图6.5（b）所示。

（a）　　　　　　　　　　　　　　（b）
图6.5　轴流风机和径流风机

（8）啮合齿轮：齿轮传动机构必须装置全封闭型的防护装置。防护罩壳体不应有尖角和锐利部分。防护罩内壁应涂成红色，最好装电气联锁，使防护装置在开启的情况下机器停止运转。如图6.6所示。

（9）旋转的有辐轮：当有辐轮

图6.6　啮合齿轮保护

附属于一个转动轴时，可以利用一个金属盘片填充有辐轮来提供防护，也可以在手轮上安装一个弹簧离合器，使轴能够自由转动。如图6.7所示。

（10）砂轮机：无论是固定式砂轮机，还是手持式砂轮机，除了其磨削区域附近，均应加以密闭来提供防护。在其防护罩上应标出砂轮旋转的方向和最高限速度等技术参数。如图6.8所示。

（11）旋转刀具：旋转的刀具应该被包含在机器内部。在手工送料时，应尽可能减少刀刃的暴露，并使用背板进行防护。当需要拆卸刀片时，应使用特殊的卡具和防护手套来提供防护。如图6.9所示。

（二）直线运动的危险部位

（1）切割刀刃：应尽量减少其暴露部分，与旋转刀具的防护类似，如图6.9所示。当需要对刀具进行维护时，应提供专用的卡具以确保安全。

（2）砂带机：主要以抛光作用为主。砂带机的砂带应设计为向远离操作者的方向运动，并配备止逆装置。仅将工作区域暴露出来，而靠近操作人员的端部则应进行妥善防护，如图6.10所示。

（3）机械工作台和滑枕：当其运动平板（或滑枕）达到极限位置时，平板（或滑枕）的端面与任何固定结构的间距不能小于500 mm，以防止发生挤压事故，如图6.11所示。

（4）配重块：当使用配重块时，应对其全部行程加以封闭，直到地面或者机械的固定配件处，避免形成挤压陷阱。

（5）带锯机：可调节的防护装置应该装置在带锯机上，仅用于材料切割的部分可以露出，其他部分得以封闭。如图6.12所示。

(a) 有辐轮　　　　　(b) 无辐轮

图6.7　有辐轮和无辐轮

图6.8　砂轮机

图6.9　木材台锯

图6.10　砂带机

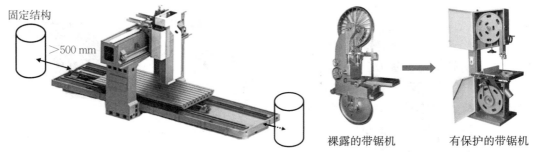

图 6.11　机械工作台和滑枕　　　　　图 6.12　带锯机及保护方式

（6）冲压机和铆接机：需要为这些机械提供能够感知手指存在的特殊失误防护装置。

（7）剪刀式升降机：操作过程的危险在于工作平台和底座边缘间形成的剪切和挤压陷阱。可利用帘布加以封闭，如图 6.13 所示。维护过程的危险在于剪刀机构的意外闭合。可通过障碍物（木块等）来防止剪刀机构的闭合。

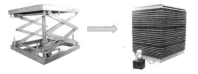

图 6.13　剪刀式升降机及保护方式

（三）转动和直线运动的危险部位

1. 齿条和齿轮

应利用固定式防护罩将齿条和齿轮全部封闭起来，如图 6.6 所示。

2. 皮带传动

（1）皮带传动的危险出现在皮带接头及皮带进入皮带轮的部位。因摩擦生热，其采用的防护措施应有足够的通风，防止过热而失效。

（2）皮带传动装置防护罩可采用金属骨架的防护网，与皮带的距离不应小于 50 mm。防护可采用将皮带全部遮盖起来的方法，或采用防护栏杆防护，如图 6.9 所示。

（3）一般传动机构离地面 2 m 以下，应设防护罩。但在下列三种情况下，即使在离地面 2 m 以上也应加以防护：皮带轮中心距之间的距离在 3 m 以上；皮带宽度在 15 cm 以上；皮带回转的速度在 9 m/min 以上，如图 6.14 所示。

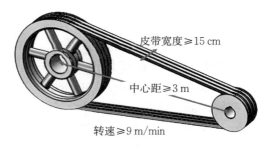

图 6.14　皮带传动及防护罩要求

3. 输送链和链轮

可能的危险主要来源于输送链进入链轮的部位以及链齿。应采取有效的防护措施，如外壳保护或防夹手机构，以防止人员接近链轮锯齿和输送链进入链轮的部位，从而确保安全，如图 6.15 所示。

三、机械安全的途径与对策

机械设备安全应考虑其寿命的各个阶段，包括机械产品的设计安全和机械使用的安全两个阶段。实现机械设备安全遵循以下两个基本途径：选用适当的设计结构，尽可能避免危险或减小风险；通过减少对操作者涉入危险区的需要，限制人们面临危险，避免给操作者带来不必要的体力消耗、精神紧张和疲劳。消除或减小相关的风险，应按下列等级顺序实施安全技术措施。

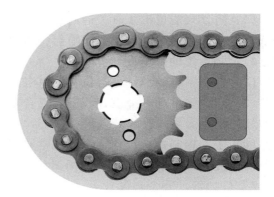

图6.15 输送链-链轮及防护方式

第一级：本质安全设计措施，适当选择机器的设计特性和暴露人员与机器的交互作用。

第二级：安全防护或补充保护措施，也称间接安全技术措施。可采用安全防护或补充保护措施。

第三级：使用信息，也称提示性安全技术措施。使用信息明确警告，使用设备的方法和相关的培训。

（一）本质安全技术

1.合理的结构型式

（1）机器零部件形状。应避免锐边、尖角、粗糙表面以及不必要的凸出部位，以减少潜在的伤害风险。对于可能造成人员"陷入"的机器开口或管口端，应进行折边、倒角或采用覆盖物进行防护。

（2）运动机械部件相对位置设计。应通过加大运动部件之间的安全距离，确保人体能够安全地进入或操作机器；或者，通过合理设计减小部件间的间距，使得人体的任何部位都无法进入危险区域，从而避免伤害。

（3）足够的稳定性。在机器的生命周期内的各个阶段，包括设计、制造、安装和使用过程中，都应充分考虑机器的稳定性。这包括机器的形状设计、重心的合理布置、倾覆力矩的计算以及安装平面的选择等，以确保机器在各种工况下都能保持稳定，防止倾覆或滑移等安全事故的发生。

2.限制机械应力以保证足够的抗破坏能力

（1）符合相应规范、要求；

（2）足够的抗破坏能力；

（3）连接紧固可靠；

（4）防止超载应力；

（5）良好的平衡性和稳定性。

3.使用本质安全的工艺过程和动力源

（1）爆炸环境中的动力源：全气动或全液压控制操纵机构，或"本质安全"电气设备。

（2）采用安全的电源：防止电击、短路、过载和静电危害。

（3）改革工艺控制有害因素：控制噪声、振动源（焊接代替铆接，液压代替锤击），控制有害物质排放（颗粒代替粉末、铣代替磨）。

（4）防止与能量形式有关的潜在危险：避免气动、液压、热能装置压力或真空度降低；避免流体密封失效导致的喷射；压力设备在动力源断开时能自动泄压。

4.控制系统的安全设计

（1）控制系统的设计应与设备的电磁兼容性相一致。

（2）软、硬件的选择设计和安装符合要求。

（3）提供多种操作模式及转换功能。

（4）手动控制器应符合安全人机学原则。

（5）复杂机器的特定需求，例如动力中断的自保护或重启原则、"定向失效模式""关键"件加倍（冗余）设置等。

5.材料和物质的安全性

材料和物质应包括原材料、半成品、成品、燃料、添加剂、生成物及废弃物等。

（1）材料的力学性能和承载能力；

（2）对环境的适应性；

（3）避免材料的毒性；

（4）防止火灾和爆炸风险。

6.机械的可靠性设计

一是机械设备要尽量少出故障，二是出了故障要容易修复。

（1）使用可靠性已知的安全相关组件。在预设条件及寿命周期内，能够承受所有干扰和应力，且产生失效概率小的组件。环境条件包括冲击、振动、冷、热、潮湿、粉尘、腐蚀、静电、电磁场等。

（2）操作的机械化或自动化设计。通过机器人、搬运装置、传送机构、鼓风设备实现自动化，通过进料滑道、推杆和手动分度工作台实现机械化。减少人员暴露于危险环境的风险。

（3）关键组件或子系统加倍（或冗余）和多样化设计。一个组件失效，另一个组件继续执行各自的功能。采用多样化设计，避免共因失效或共模失效。

（4）机械设备的维修性设计。产品故障，应易发现、易拆卸、易安装、易检修，维修性是产品固有的可靠性指标。维修性设计应考虑：维修点在危险范围外；维修的可达性；维修的互换性；同时考虑维修人员的安全。

7.遵循安全人机工程学的原则

"人—机"相互作用的要素：

（1）操作台和作业位置；

（2）避免操作者的紧张姿势、动作和节奏；

（3）增设局部照明，避免眩光、阴影和频闪效应；

（4）手动控制操纵装置；

（5）指示器、刻度盘和视觉显示装置。

（二）安全防护措施

1.防护装置

通常采用壳、罩、屏、门、盖、栅栏等结构和封闭式装置。

（1）防护装置的功能

隔离作用：外部的侵入；阻挡作用：内部的飞出或喷射；容纳作用：掉落零件或碎片；其他作用：有害因素的隔绝、密封、吸收。

（2）防护装置的类型

防护装置可以设计为封闭式；也可采用距离防护，凭借安全距离和安全间隙来防护；还可以设计为整个装置可调或装置的某组成部分可调。金属铸造或焊接的防护箱罩，一般用于齿轮传动或传输距离不大的传动装置；金属骨架常用于皮带传动装置；栏栅式防护适用于防护范围比较大的场合。

① 固定式防护装置：保持在所需位置（关闭）不动的防护装置。不用工具不能将其打开或拆除。

② 活动式防护装置：通过机械方法与机器的构架或固定元件相连接，并且不用工具就可打开。

③ 联锁防护装置：只要防护装置不关闭，危险功能就不能执行，只有当防护装置关闭时，危险功能才有可能执行；在危险功能执行过程中，只要防护装置被打开，就给出停机指令。

（3）防护装置的安全技术要求：

① 防护装置应设置在进入危险区的唯一通道上，不应出现漏保护区，使人不可能越过或绕过。

② 固定防护装置应采用永久固定或借助紧固件，若不用工具不可能拆除或打开。

③ 活动防护装置打开时，尽可能与被防护的机械借助铰链或导链保持连接，防止丢失。

④ 当活动联锁式防护装置出现丧失安全功能的故障时，危险功能不可能执行或停止执行，装置失效不得导致意外启动。

⑤ 可调式防护装置的可调或活动部分调整件，在特定操作期间保持固定、自锁状态，不得因为机械振动而移位或脱落。

⑥ 在要求通过防护装置观察机器运行的场合，宜提供大小合适开口的观察孔或观察窗。

⑦ 防护装置开口要求：e表示方形开口的边长、圆形开口的直径和槽形开口的最窄处尺寸。图形示意见图6.16，其具体要求详见表6.1。

2. 保护装置

（1）保护装置的种类

按照功能不同，保护装置大致可分为9类。

① 联锁装置：用于防止危险机器功能在特定条件下运行的装置。可以是机械、电气或其他类型。

② 双手操作式装置：强制操作者在机器运转期间至少需要双手同时操作，以防止双手进入机器的危险区，从而为操作者提供保护的一种装置。

③ 能动装置：一种附加手动操纵装置，与启动控制一起使用，并且只有连续操作时，才能使机器执行预定功能。

④ 保持—运行控制装置：一种手动控制装置，只有当手对操纵器作用时，机器才能启动并保持机器运行。

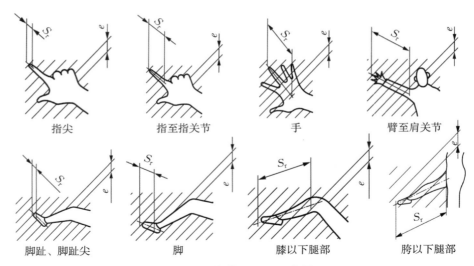

图 6.16 防护装置开口要求图示

表 6.1 开口及安全距离

肢体部位	开口 e/mm	安全距离 S_r/mm		
		槽型	方型	圆形
指尖	$4 < e \leqslant 6$	10	5	5
指至指关节	$6 < e \leqslant 8$	$\geqslant 20$	$\geqslant 15$	$\geqslant 5$
	$8 < e \leqslant 10$	$\geqslant 80$	$\geqslant 25$	$\geqslant 20$
手	$10 < e \leqslant 12$	$\geqslant 100$	$\geqslant 80$	$\geqslant 80$
	$12 < e \leqslant 20$	$\geqslant 120$	$\geqslant 120$	$\geqslant 120$
	$20 < e \leqslant 30$	$\geqslant 850$	$\geqslant 120$	$\geqslant 120$
臂至肩关节	$30 < e \leqslant 40$	$\geqslant 850$	$\geqslant 200$	$\geqslant 120$
	$40 < e \leqslant 120$	$\geqslant 850$	$\geqslant 850$	$\geqslant 850$
脚趾尖	$e \leqslant 5$	0	0	
脚趾	$5 < e \leqslant 15$	$\geqslant 10$	0	
	$15 < e \leqslant 35$	$\geqslant 80$	$\geqslant 25$	
脚	$35 < e \leqslant 60$	$\geqslant 180$	$\geqslant 80$	
	$60 < e \leqslant 80$	$\geqslant 650$	$\geqslant 180$	
膝以下腿部	$80 < e \leqslant 95$	$\geqslant 1\,100$	$\geqslant 650$	
胯以下腿部	$95 < e \leqslant 180$	$\geqslant 1\,100$	$\geqslant 1\,100$	
	$180 < e \leqslant 240$	不允许	$\geqslant 1\,100$	

⑤ 敏感保护设备：用于探测人体，并向控制系统发出正确信号以降低被探测人员风险的设备。

⑥ 有源光电保护装置：光电感应功能装置。

⑦ 机械抑制装置：靠其自身强度，防止危险运动的机械装置。

⑧ 限制装置：防止机器或危险机器状态超过设计限度的装置。

⑨ 有限运动控制装置（也称行程限制装置）：与机器控制系统一起作用的，使机器元件做有限运动的控制装置。

（2）保护装置的技术特征

① 保护装置零件的可靠性应作为其安全功能的基础。

② 应在危险发生时，停止危险。

③ 重新启动功能。一次动作停止后，只有重启才能再次工作。

④ 光电式、感应式具有自检功能。

⑤ 保护装置必须与控制系统一起操作并与其形成一个整体，保护装置的性能水平应与之相适应。

⑥ 保护装置的设计应采用"定向失效模式"的部件或系统、考虑关键件的加倍冗余，必要时还应考虑采用自动监控。

3. 安全防护装置的选择

（1）必须装设安全防护装置的机械部位

① 旋转机械的传动外露部分。

② 冲压设备的施压部分。

③ 起重运输设备。

④ 加工过热和过冷的部件，必须配置防接触屏蔽装置。

⑤ 生产、使用、贮存或运输中存在有易燃易爆的生产设施，应根据不同的性质配置安全阀、水位计、温度计、防爆阀、截止阀、点火或稳定火焰装置等。

⑥ 自动生产线和复杂的生产设备及重要的安全系统，设置包括自动监控装置、开车预警信号装置、联锁装置、减缓运行装置、防逆转装置等。

⑦ 能产生粉尘、有害气体、有害蒸气或者发生辐射的生产设备，设置的装置包括自动加料及卸料装置、净化和排放装置、监测报警装置、联锁、屏蔽等。

⑧ 进行检修的机械、电气设备，挂危险警告牌。

（2）安全防护装置的选择原则

① 机械正常运行期间操作者不需要进入危险区的场合，优先考虑选用固定式防护装置。

② 机械正常运转时操作者需要进入危险区的场合，应采用联锁装置、可调式防护装置、双手操纵装置、可控防护装置、自动停机装置或自动关闭防护装置等。

③ 对非运行状态的其他作业期间需进入危险区的场合，可采用手动控制模式、"止—动"操纵装置或双手操纵装置、"点动—有限运动"操纵装置等。另外，还有一些情况需要多种防护装置联合使用。其中，"止—动"操作装置是一种手动操纵装置，只有当手对操纵器作用时，机器才能启动并保持运转；当手放开操纵器时，该操作装置能自动回复到停止位置。双手操纵装置是两个手动操纵器同时动作的"止—动"操纵装置；只有两手同时对操纵器作用，才能启动并保持机器或机器的一部分运转。"点动—有限运动"操纵装置是一种在非运行状态的作业期间需进入危险区的场合中使用的操纵控制装置。这种装置主要用于清理或维修等作业，其中除了清理或维修作

业外，还包括对机器的设定、过程转换、查找故障等作业。

4. 补充保护措施

（1）实现急停功能的组件和元件

① 急停器件为红色掌揿或蘑菇式开关、拉杆操作开关等，附近衬托色为黄色。

图6.17　紧急制动开关

② 急停装置应能迅速停止危险运动或危险过程而不产生附加风险，急停功能不应削弱安全装置或与安全功能有关装置的效能。

③ 急停装置应设有防止意外操作的措施，通常与操作控制站隔开以避免相互混淆。

④ 急停装置被启动后应保持接合状态，在用手动重调之前应不可能恢复电路。

（2）安全进入机器的措施

操作、安装及维护等相关的作业，尽可能在地面完成。如无法实现，必须进入机器，则必须提供安全进入的设施：

① 步行区采用防滑材料；

② 提供安全进入设备中的通道、栈桥；

③ 提供楼梯、平台、护栏及防护设施的锚定点；

④ 进入机内的开口应朝向安全位置且防止意外打开；

⑤ 提供必要的进入辅助设施；

⑥ 提升设备包含固定高度停靠层应进行联锁。

（三）安全信息的使用

1. 使用原则

（1）依次采用安全色、安全标志、警报信号、警报器，图形符号和安全标志应优先于文字信息。

（2）信息应长期固定在机器附近；与工序顺序一致，与机器运行同步出现。危险信息应持续到操作者干预或危险状态解除。

（3）复杂机器除安全标志和使用说明书外，还应有安全图标、运行状态信号和警报装置等。

（4）根据信息内容和对人视觉的作用采用不同的安全色，但安全色不能取代防范事故的其他安全措施。

（5）采用的安全信息与人、机、环境的特点一致，并优先使用视觉信号。

2. 安全色和安全标志

（1）安全色

① 红色用于各种禁止标志、交通禁令标志、消防设备标志；机械的停止按钮、

刹车及停车装置的操纵手柄；机械设备的裸露部位（飞轮、齿轮、皮带轮的轮辐、轮毂等）；仪表刻度盘上极限位置的刻度、危险信号旗等。

② 黄色用于警告标志、皮带轮及其防护罩的内壁、砂轮机罩的内壁、防护栏杆、警告信号旗等。

③ 蓝色用于道路交通标志和标线中警告标志等。

④ 绿色用于机器的启动按钮、安全信号旗以及指示方向的提示标志，如安全通道、紧急出口、可动火区、避险处等。

（2）安全标志

安全标志详见2.5.2一节。如图6.18所示的示例。

图6.18　机械场所常见安全标志

机械的安全标志应满足以下要求：

① 设置位置：不宜设在门、窗、架或可移动的物体上。

② 顺序：应按警告、禁止、指令、提示类型的顺序，先左后右、先上后下地排列。机械设备易发生危险的相应部位，必须有安全标志。

③ 标志检查与维修：至少每半年检查一次，以保证安全色正确、醒目。

3. 信号和警告装置

（1）信号和警告装置类别

① 听觉信号

按照险情紧急程度及可能造成的伤害，分为三类：紧急听觉信号（险情开始）；紧急撤离听觉信号（立即离开）；警告听觉信号（险情即将发生或正在发生，需采取适当措施消除或控制危险）。

② 视觉信号

包括：警告视觉信号（危险即将发生）；紧急视觉信号（危险已发生，应采取应急措施）。

（2）信号和警告装置安全要求

① 含义明确；② 可察觉；③ 可分辨；④ 保证有效；⑤ 设置在危险源适当位置；⑥ 任何险情信号应优先于其他所有视听信号。

四、机械设备布置及安全防护措施

（一）机床设备安全距离

车间中机床设备布置应合理，并充分考虑工艺流程布置、线路距离、设备与设备距离、设备与建筑物距离、设备与工器具距离、设备与产品之间的距离等。机床与机床、墙壁、柱之间的距离应不小于表6.2的规定。

表 6.2　机床布置的最小安全距离

安全距离	小型机床/m	中型机床/m	大型机床/m	特大型机床/m
机床操作面间距	1.1	1.3	1.5	1.8
机床背、侧面离墙柱	0.8	1.0	1.0	1.0
机床操作面离墙柱	1.3	1.5	1.8	2.0

注：1.小型机床(外形尺寸＜6 m)；中型机床(外形尺寸6～12 m)；大型机床(外形尺寸＞12 m或质量＞10 t)；特大型机床(质量30 t以上)。2.安全距离指从机床活动机件达到的极限位置算起。

（二）机床设备的防护装置及设施

（1）机床应设防护挡板，重型机床高于500 mm的操作平台周围应设高度不低于1 050 mm的防护栏杆。

（2）产生危害物质排放的设备，应采取整体密闭、局部密闭。密闭后应设排风装置。

（3）坑池边和升降口有跌落危险处，设栏杆或盖板；需登高设备处宜设钢梯，钢直梯3 m以上部分应设安全护笼。

（三）潜在危险的设备防护

（1）高温、高压、高速、高电压、深冷等设备必须配备信号、报警装置和安全防护措施。

（2）高噪声、高振动设备宜相对集中，并应布置在厂房的端头，尽可能设置隔声窗或隔声走廊等。

（3）高振设备宜集中布置，采取降噪措施，与防振要求高的设备保持一定的距离。

（4）输送易燃、易爆、有毒、有害和腐蚀性的管道、阀门组件必须具有密封、耐压和抗腐蚀等措施。

（5）加热设备应有防护措施，作业区热辐射不应超标，并设置必要的提示、标志和警告符号。

（四）采光照明

1.天然采光

应优先利用天然光，辅助以人工光，采取有效措施节约能源。

2.照明方式

照明方式分为一般照明和局部照明。对于作业面照度要求较高的场所，宜采用由一般照明与局部照明组成的组合照明。

3.光照度

（1）备用照明的照度一般不低于该场所一般照明照度值的10％。

（2）安全照明的照度标准值，不低于该场所一般照明照度标准值的10％。

（3）水平疏散通道的照度不应低于1 lx，垂直疏散区域的照度不应低于5 lx。

4.物资堆放

（1）堆放物品的场地要用黄色或白色画出明显界线或架设围栏。

（2）白班存放为每班加工量的1.5倍，夜班存放为每班加工量的2.5倍。

（3）当直接存放在地面上时，一般堆垛高度不应超过1.4 m，且高度与底面宽度之比不应大于3。

5. 作业场所地面要求

容易发生危险事故的场地，应设置醒目的安全标志。如以下情况：

（1）标注在落地电柜箱、消防器材的前面，不得用其他物品遮挡的禁止阻塞线。

（2）标注在凸出悬挂物及机械可移动范围内，避免碰撞的安全提示线。

（3）标注在高出地面的设备安装平台边缘的安全警戒线。

（4）标注在楼梯第一级台阶和人行通道高差 300 mm 以上的边缘处的防止踏空线。

（5）标注在凸出于地面或人行横道上、高差 300 mm 以上的管线或其他障碍物上的防止绊跤线。

禁止阻塞线 防止踏空线 防止绊跤线

图 6.19 作业场所地面安全警示

6.1.2 安全人机工程

安全人机工程是运用人机工程学的理论和方法，深入研究"人—机—环境"系统，并致力于使这三者在确保安全的前提下达到最佳匹配状态，从而确保整个系统能够高效、经济地运行的一门综合性极强的科学。在人机系统中，人始终占据着核心地位，并发挥着主导作用，而机器则承担着安全可靠的保障职责。安全人机工程的研究内容主要涵盖以下几个方面：

（1）全面分析系统中存在的不安全因素，并据此进行有针对性的设计改进；

（2）深入研究人的生理和心理特性，以便在人机系统中进行合理分配与安排；

（3）深入探讨人与机器之间信息的传递过程，确保信息传递的安全性；

（4）系统分析和建立人机系统的可靠性原则，为系统的稳定运行提供有力支撑。

一、人的特性

（一）人的生理特性

1. 人体供能与劳动强度分级

（1）人体参数特性

① 尺度参数：指人体在静止状态下测得的形态参数，如身高、臂长等。

② 动态参数：指人体运动状态下，人体的动作范围，如手臂、腿脚活动时测得的参数等。

③ 生理参数：指有关人体各种活动和工作时的参数及其变化，如人体耗氧量、心跳频率、呼吸频率及人体表面积和体积等。

④ 生物力学参数：主要指人体各部分如手掌、前臂、上臂、躯干（包括头、颈）、大腿和小腿、脚等出力大小的参数，如握力、拉力、推力、推举力、转动惯量等。

（2）人体能量代谢

人体能量的产生和消耗称为能量代谢。能量代谢分为三种，即：基础代谢、安静代谢和活动代谢。影响人体作业时能量代谢的因素很多，如作业类型、作业方法、作业姿势、作业速度等。

（3）劳动强度及分级

① 《工业企业设计卫生标准》（GBZ 1—2010）指出了寒冷环境下作业，体力劳动强度对应的环境温度要求，详见表6.3。

表6.3　冬季工作地点的采暖温度（干球温度）

体力劳动强度级别	采暖温度／℃
I	≥18
II	≥16
III	≥14
IV	≥12

② 体力劳动强度指数 I

体力劳动强度指数的大小直接反映了劳动强度的强弱，指数越大表示劳动强度越大，反之则越小。体力劳动强度 I 根据指数大小被划分为4个等级，详见表6.4。

表6.4　体力劳动强度分级表

体力劳动强度级别	体力劳动强度指数 I	劳动强度
I	$I \leqslant 15$	轻
II	$15 < I \leqslant 20$	中
III	$20 < I \leqslant 25$	重
IV	$I > 25$	过重

体力劳动强度指数 I 的计算方法为：

$$I = T \times M \times S \times W \times 10$$

式中：T 为劳动时间率，劳动时间率＝工作日净劳动时间（min）/工作日总工时（min），％；M 为8 h工作日能量代谢率，kJ/(min·m²)；S 为性别系数，男性＝1，女性＝1.3；W 为体力劳动方式系数，搬＝1，扛＝0.4，推/拉＝0.5；10为计算常数。

常见职业体力劳动强度分级描述，详见表6.5。

表6.5　常见职业体力劳动强度分级描述

体力劳动强度	职业描述
I 轻劳动	坐姿:手工作业或腿的轻度活动(正常情况下,如打字、缝纫、脚踏开关等); 立姿:操作仪器,控制、查看设备,上臂用力为主的装配工作
II 中等劳动	手和臂持续动作(如锯木头等); 臂和腿的工作(如卡车、拖拉机或建筑设备等运输操作); 臂和躯干的工作(如锻造、风动工具操作、粉刷、间断搬运中等重物、除草、锄田、摘水果和蔬菜等)
III 重劳动	臂和躯干负荷工作(如搬重物、铲、锤锻、锯刨或凿硬木、割草、挖掘等)
IV 极重劳动	大强度的挖掘、搬运,快到极限节律的极强活动

2. 疲劳

（1）疲劳的定义

疲劳分为肌肉疲劳（或称体力疲劳）和精神疲劳（或称脑力疲劳）两种。肌肉疲劳是指过度紧张的肌肉局部出现酸痛现象，一般只涉及大脑皮层的局部区域；而精神疲劳则与中枢神经活动有关，是一种弥散的、不愿意再做任何活动的懒惰感觉，意味着肌体迫切需要得到休息。

（2）疲劳产生的原因

劳动过程中，人体承受肉体和精神上的负荷，受工作负荷影响产生负担，负担不断积累就将引发疲劳。

工作条件因素：

① 工作环境中的劳动制度和生产组织不合理。如作业时间过久、强度过大、速度过快、体位欠佳等。

② 机器设备和工具条件差，设计不良。如控制器、显示器不适合于人的心理及生理要求。

③ 工作环境差。如照明欠佳，噪声太强，振动、高温、高湿以及空气污染等。

作业者本身的因素：① 作业者的熟练程度；② 操作技巧；③ 身体素质；④ 对工作的适应性；⑤ 营养、年龄、休息、生活条件以及劳动情绪等。

如劳动效果不佳、劳动内容单调、劳动环境缺乏安全感、劳动技能不熟练等原因会诱发心理疲劳。

（3）消除疲劳的途径

① 在进行显示器和控制器设计时应充分考虑人的生理和心理因素；

② 通过改变操作内容、播放音乐等手段克服单调乏味的作业；

③ 改善工作环境，科学地安排环境色彩、环境装饰及作业场所布局，保证合理的温湿度、充足的光照等；

④ 避免超负荷的体力或脑力劳动，合理安排作息时间，注意劳逸结合等。

3. 轮班与单调作业生理问题

单调作业是指内容单一、节奏较快、高度重复的作业。单调作业所产生的枯燥、乏味和不愉快的心理状态，又称为单调感。改进作业单调的措施主要包括以下几个方面：（1）培养多面手；（2）工作延伸；（3）操作再设计，使操作多样化；（4）显示作业终极目标；（5）动态信息报告；（6）推行消遣工作法；（7）改善工作环境。

（二）人的心理特性

1. 能力

能力是指一个人完成一定任务的本领，也是人们顺利完成某种任务的心理特征。能力的总和构成人的智力，包括认识能力和活动能力。主要有感觉、知觉、观察力（眼睛）、注意力、记忆力（存储器）、思维想象力（翅膀）和操作能力（转化器）等。

2. 性格

性格是人们在对待客观事物的态度和社会行为方式中区别于他人所表现出来的比

较稳定的心理特征的总和。道德品质和意志特点是构成性格的基础。主要的表现形式可归纳为冷静型、活泼型、急躁型、轻浮型和迟钝型5种类型。很多人就是因为鲁莽、高傲、懒惰、过分自信等不良性格导致事故发生。

3.需要与动机

动机是由需要产生的，合理的需要能推动人以一定的方式，在一定的方面去进行积极的活动，达到有益的效果。人们为了个体和社会的生存，对安全、教育、劳动、交往的需求更为强烈，其中安全的需要更为突出。

4.情绪与情感

情绪是由肌体生理需要是否得到满足而产生的体验。情绪带有情境性，它由情境引起，并随情境的改变而消失，带有冲动性和明显的外部表现。在生产实践中常会出现以下2种不安全情绪：

（1）急躁情绪：干活利索，但是毛躁，急于求成。

（2）烦躁情绪：沉闷、精神不集中，难以与外界条件协调一致。使人意识范围狭窄，判断力降低，甚至失去理智。

5.意志

意志是人自觉地确定目标并调节自己的行动，以克服困难、实现预定目标的心理过程，它是意识的能动作用与表现。在恶劣环境中的工作，人的意志往往成为完成任务的关键。

二、机器的特性

1.信息接收

机器在接收物理信息时，其检测度量范围非常广泛。在视觉方面，机器能够准确地检测电磁波、红外线以及其他形式的电磁波。

2.信息处理

机器若按照预先编程的指令运行，能够迅速且准确地完成工作任务。它们具有出色的记忆能力，能够长时间储存信息，并且调出速度极快。机器能够连续进行超高精度的重复操作，可靠性较高。在处理液体、气体和粉状体等方面，机器的表现优于人类，但在处理柔软物体时则不如人类灵活。机器能够正确地进行计算，但一旦出错，它们自身难以修正错误。此外，机器的图形识别能力相对较弱。

3.信息的交流与输出

机器能够输出极大或极小的功率，但在进行精细调整时，多数情况下不如人类手部灵活。一些专用机械的功能固定，只能按照预设程序运转，缺乏随机应变的能力。

4.学习与归纳能力

机器的学习能力相对较弱，灵活性也较差。它们只能理解特定的事物，并且决策方式完全依赖于预先编程的指令。

5.可靠性和适应性

机器能够连续、稳定、长期地运转，适用于单调的重复性作业，而不会感到疲劳或厌烦。机器的可靠性与其成本密切相关，但面对意外事件时，它们往往无能为力。机器不易出错，但一旦出错，修正起来通常比较困难。

6. 环境适应性

机器具有出色的环境适应能力，能够在放射性、有毒气体、粉尘、噪声、黑暗、强风暴雨等恶劣、危险的环境下可靠地工作，这是人类所无法比拟的。

7. 成本

机器设备的一次性投资通常较高，但在其寿命期限内，运行成本往往低于人工成本。然而，机器的一个不足之处在于，当它们无法使用时，其本身价值会完全丧失。

三、人与机器特性的比较

（一）人优于机器的功能

（1）人的某些感官的感受能力相较于机器更为优越。

（2）当人的某一种信息通道发生障碍时，可以灵活运用其他通道进行补偿；而机器则只能按照设计规定的固定结构和方法来输入信息。

（3）人能够随机应变，采取灵活多样的程序和策略来处理问题。同时，人具有学习和适应环境的能力，能够妥善应对意外事件，并展现出优秀的优化决策能力。

（4）人能够长期且大量地储存信息，并能综合利用这些记忆的信息进行深入的分析和准确的判断。

（5）人具备总结和利用经验的能力，能够除旧布新，不断改进工作方法和流程。

（6）人能够进行归纳和推理，从具体事例中归纳出一般性的结论，形成清晰的概念，并具备创造和发明的能力。

（7）人最重要的特点是拥有感情、意识和个性，具有主观能动性，能够继承和发展历史、文化和精神遗产。同时，人具有明显的社会性，能够与他人建立紧密的联系和合作。

（二）机器优于人的功能

（1）机器能够平稳而准确地输出巨大的动力，其输出值域宽广，远超人类能力范围。

（2）机器的动作速度极快，信息传递、加工和反应的速度也同样迅速，远超人类反应速度。

（3）机器的运行精度高，现代机器能够完成极高精度的精细工作，且误差随着机器精度的提高而不断减小。

（4）机器的稳定性好，能够长时间进行重复性工作而不会感到疲劳或单调，这是人类所无法比拟的。

（5）机器对特定信息的感受和反应能力一般高于人类，例如机器可以接收超声、电离辐射、微波、电磁波和磁场等信号，并进行相应的处理和分析。

（6）机器能够同时完成多种操作，且能够保持较高的效率和准确度，这在人类工作中是很难实现的。

（7）机器能够在恶劣的环境条件下工作，如高压、低压、高温、低温、超重、缺氧、辐射、振动等极端环境下，机器仍然能够保持良好的工作状态，而人类则难以承受这些极端环境。

四、人机系统和人机作业环境

（一）人机系统

1.人机系统的概念

系统是由人、机器、环境这三个相互作用、相互依存的要素（或部分）所组成的，具有特定功能的有机整体。其中，"人"指的是机器的操作者或使用者；"机器"的含义更为广泛，它泛指人类所使用的各种设备、工具，甚至包括某些环境因素在内的总称。在人机系统中，另一个至关重要的因素便是人机界面。

人的相关子系统主要是"感受刺激—大脑信息加工—做出反应"；机器的子系统主要是"控制装置—机器运转—显示装置"。在这两者之间，存在着一个信息的回路，使得人与机器能够相互传递信息、相互作用，共同构成一个完整的人机系统。

2.人机系统的类型

人机系统按系统的自动化程度可分为人工操作系统、半自动化系统和自动化系统。

（1）人工操作系统、半自动化系统

在这类系统中，人机共体或机器占据主体地位，系统的动力主要由机器提供。人在系统中主要扮演生产过程的操作者与控制者的角色。系统的安全性主要取决于人机功能的合理分配、机器的本质安全性以及人为失误的情况。

（2）自动化系统

在自动化系统中，机器是主体，其正常运转完全依赖于闭环系统内部的机器自控机制。人只是一个监视者和管理者，主要负责监视自动化机器的工作状态。系统的安全性主要取决于机器的本质安全性、机器冗余系统的可靠性，以及人在低负荷状态下的应急反应能力等因素。

（3）人机系统的反馈控制

反馈是指系统的输出量与输入量相结合后，对系统产生再次影响的机制。具备反馈回路的系统被称为闭环人机系统，即系统的输出会直接影响系统的控制。相反，没有反馈回路的系统则被称为开环人机系统，在这类系统中，系统的输出对系统的控制没有直接影响。

（二）人机系统可靠度计算

1.串联系统可靠度计算

人机系统组成的串联系统的可靠度可表达为

$$R_S = R_H \times R_M$$

式中：R_S为人机系统可靠度；R_H为人的操作可靠度；R_M为机器设备可靠度。

2.并联系统可靠度计算

当系统由两人监控时，一旦发生异常情况应立即切断电源。异常情况时，并联系统的可靠度可表达为

$$Rsr = R_{Hb} \times R_M = [1-(1-R_1) \times (1-R_2)] \times R_M$$

（三）人机作业环境

1.照明环境

适当的照明条件对于提高近视力和远视力至关重要。在充足的光线照射下，瞳孔

会缩小，使得视网膜上的成像更加清晰，视物也就更加清楚。相反，当照明条件不良时，由于需要反复努力辨认，容易导致视觉疲劳，出现眼球干涩、怕光、视物模糊、眼充血、流泪等症状，这不仅使工作难以持久，还可能对健康产生不良影响。视觉疲劳可以通过闪光融合频率和反应时间等方法进行测定。当目标与背景亮度的对比过大，或者物体周围背景发出刺目耀眼的光线时，会形成眩光。在眩光条件下，瞳孔会缩小，从而影响视网膜的视物效果，导致视物模糊。

因此，作业场所的照明方案应兼顾工作照明需求和避免眩光的要求。面对作业人员的墙壁应避免采用强烈的颜色对比，同时避免使用有光泽或反射性的涂料。

各种视觉显示器之间的亮度差应避免大于10：1，确保显示器使用时无闪烁。为了减少反射光引起的视物不清以及出于安全保密的考虑，应适当减少或避免设置窗户。

2. 色彩环境

（1）在引起眼睛疲劳方面，蓝色、紫色最容易使人眼感到疲劳，红、橙色次之。

（2）黄绿、绿、绿蓝等色调则相对不易引起视觉疲劳，且认读速度快、准确度高。

（3）红色会使人的器官机能变得兴奋和不稳定，有促使血压升高及脉搏加快的作用；而蓝色、绿色等色调则能抑制各种器官的兴奋，使机能保持稳定，起到一定的降低血压及减缓脉搏的作用。

在颜色设计方面，应遵循以下具体原则：

① 面对作业人员的墙壁应避免强烈的颜色对比；

② 避免过多地使用黑色、暗色或深色，以免加重视觉负担；

③ 避免使用有光泽或反射性的涂料（包括地板），以减少眩光和反射光的影响；

④ 避免过度使用反射性强的颜色，如白色，以免产生刺眼的效果；

⑤ 控制台或工作台的颜色对比应适中，不宜过高；

⑥ 避免在环境中使用高饱和色，以免对视觉产生过强的刺激。

6.2 电气安全技术

6.2.1 电气事故及危害

一、电气事故

（一）触电事故

触电事故是由电流以能量形态直接作用于人体所导致的事故。它主要分为电击和电伤两种类型。电击是指电流直接通过人体造成的伤害，而电伤则是电流转化为热能、机械能等其他形式的能量后作用于人体所造成的伤害。虽然触电死亡事故大多由电击导致，但在电击事故中往往也伴随着电伤的因素。

（二）电气火灾爆炸事故

电气火灾爆炸事故是由电气引燃源（如电火花、电弧以及电气装置产生的危险温度）所引发的火灾或爆炸事故。

（三）雷击事故

雷击事故是指大自然界中正负电荷之间发生的强烈放电现象，它可能对人体、建筑物或设备造成损害。

（四）静电事故

静电事故是指在生产过程中，由于物体之间或物体与人体之间的摩擦、接触或分离等而产生的正负电荷积累，并在一定条件下突然释放所造成的伤害或事故。

（五）电磁辐射事故

电磁辐射事故是由电磁波以能量形态作用于人体或设备所造成的事故。这里所指的电磁波是指频率在100 kHz以上的电磁波，如无线电设备、高频金属加热设备（如高频焊接设备）以及高频介质加热设备（如绝缘物料干燥设备）等所产生的电磁波。

（六）电路事故

电路事故包括断线、短路、接地、漏电、突然停电、误合闸送电以及电气设备损坏等电路故障。这些故障可能导致设备损坏、生产中断甚至人身伤害。

二　触电事故

（一）触电事故种类

1.电击

（1）根据电击时所触及的带电体是否为正常带电状态，电击分为直接接触电击和间接接触电击。

① 直接接触电击：触及正常状态下带电的带电体时（如误触接线端子）发生的电击，也称为正常状态下的电击。绝缘、屏护、间距等属于防止直接接触电击的安全措施。

② 间接接触电击：触及正常状态下不带电，而在故障状态下意外带电的带电体时（如触及漏电设备的外壳）发生的电击，也称为故障状态下的电击。接地（保护接地IT/工作接地TT）、接零（保护接零TN）、等电位连接等属于防止间接接触电击的安全措施。

（2）按照人体触及带电体的方式

① 单线电击：人体站在导电性地面或接地导体上，人体某一部位触及带电导体由接触电压造成的电击。单线电击是发生最多的触电事故。其危险程度与带电体电压、人体电阻、鞋袜条件、地面状态等因素有关。

② 两线电击：不接地状态的人体某两个部位同时触及不同电位的两个导体时由接触电压造成的电击。其危险程度主要决定于接触电压和人体电阻。

③ 跨步电压电击：人体进入地面带电的区域时，两脚之间承受的跨步电压造成的电击。故障接地点附近（特别是高压故障接地点附近），有大电流流过的接地装置附近，防雷接地装置附近以及可能落雷的高大树木或高大设施所在的地面均可能发生跨步电压电击。人体触电形式，如图6.20所示。

单线电击　　　两线电击　　　高压跨步电压电击

图 6.20　人体触电形式

2.电伤

（1）电弧烧伤是由弧光放电引起的严重烧伤，属于最危险的电伤类型。电弧温度可高达 8 000 ℃，能够直接造成大面积且深度显著的烧伤。在弧光放电过程中，熔化的炽热金属飞溅还可能引发烫伤。无论是高压电弧还是低压电弧，都有可能造成严重的烧伤后果。

（2）电流灼伤则是电流通过人体时，电能转化为热能所导致的伤害。电流的强度、通电的持续时间以及电流途径上的电阻大小，都是影响电流灼伤严重程度的关键因素。电流越大、通电时间越长、电阻越大，灼伤就会越严重。

（3）皮肤金属化是一种特殊的电伤，它是由于电弧使金属熔化、气化后，金属微粒渗入皮肤而造成的伤害。

（4）电烙印则是电流通过人体后，在人体与带电体接触的部位留下的永久性疤痕，这是电流对人体皮肤组织造成的一种特殊损伤。

（5）电气机械性伤害是指电流作用于人体时，中枢神经的强烈反射和肌肉的强烈收缩等作用，导致的机体组织断裂、骨折等物理性伤害。

（6）电光眼则是在弧光放电时，由红外线、可见光、紫外线对眼睛造成的伤害，这种伤害可能导致眼睛的暂时性或永久性损伤。

综上所述，电击和电伤是两种不同的电气伤害类型，但它们之间存在一定的联系和共同特点。无论电流大小、无论高压还是低压配电系统，都有可能造成电击或电伤；同时，无论是电击还是电伤，在严重时都有可能危及生命。这些知识总结如图 6.21 所示。

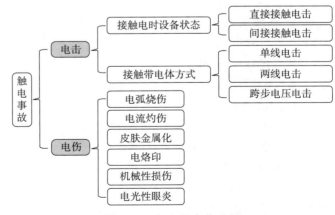

图 6.21　电击与电伤总结

（二）电流对人体的作用

1.电流对人体作用的生理反应

电流通过人体时，会引起一系列生理反应，包括麻感、针刺感、打击感、痉挛、疼痛、呼吸困难、血压异常、昏迷、心律不齐、窒息以及心室纤维性颤动等症状。其中，数十至数百毫安的小电流在短时间内通过人体时，最危险的原因是可能引发心室纤维性颤动，这是导致致命伤害的主要原因。此外，呼吸麻痹和中止以及电休克也可能导致死亡。

心室纤维性颤动通常发生在心电图上T波的前半部。一旦发生心室纤维性颤动，尽管呼吸可能会持续2～3 min，但由于血液循环已经中止，大脑和全身组织会迅速缺氧，病情会急剧恶化。在丧失知觉之前，受害者可能还能喊叫或行走，但这是由于神经系统的短暂反应，实际上身体状况已经非常危急。

2.电流对人体作用的影响因素

50 Hz是人们接触最多的频率，对于电击来说也是最危险的频率。

（1）电流大小的影响

① 感知电流

感知概率为50%的平均感知电流，男性约为1.1 mA，女性约为0.7 mA。最小感知电流约为0.5 mA，并且这一感知阈值与时间因素无关。

② 摆脱电流

摆脱概率为50%的摆脱电流，男性约为16 mA，女性约为10.5 mA。摆脱概率为99.5%的摆脱电流，则分别约为9 mA和6 mA。摆脱电流是人体可以忍受但一般尚不致造成严重后果的极限。

③ 室颤电流

在电流强度不超过数百毫安的情况下，电击导致死亡的主要原因通常是心室纤维性颤动。当电流持续时间超过一个心脏跳动周期时，引发心室纤维性颤动的电流（即室颤电流）约为50 mA；而当电流持续时间短于一个心脏跳动周期时，室颤电流则可能高达约500 mA。

（2）电流持续时间的影响

① 电流持续时间越长，积累局外电能越多，室颤电流明显减小。

② 心脏跳动周期中，只有相应于心脏收缩与舒张之交0.1～0.2 s的T波（特别是T波的前半部）对电流最敏感。

（3）电流途径的影响

电流通过心脏会引起心室纤维性颤动乃至心脏停止跳动而导致死亡；电流通过中枢神经，会引起中枢神经强烈失调而导致死亡；电流通过头部，会使人昏迷，严重损伤大脑，使人不醒而死亡；电流通过脊髓会使人截瘫；电流通过人的局部肢体也可能引起中枢神经强烈反射导致严重后果。

心脏是最薄弱的环节。流过心脏的电流越多，且电流路线越短的途径是电击危险性越大的途径；左手至胸部途径的心脏电流系数为1.5，是最危险的途径；头至手、头至脚也是很危险的电流途径；左脚至右脚的电流途径也有相当的危险，可能使人站立不稳而导致电流通过全身。

（4）个体特征的影响

身体健康、肌肉发达者摆脱电流较大；患有心脏病、中枢神经系统疾病、肺病的人电击后的危险性较大；精神状态和心理因素对电击后果也有影响；女性的感知电流和摆脱电流约为男性的2/3；儿童遭受电击后的危险性较大。

（三）人体阻抗

1. 人体阻抗组成及范围

人体电阻是皮肤电阻与体内电阻之和。在干燥条件下，人皮肤角质层的电阻率可达$1 \times 10^5 \sim 1 \times 10^6 \, \Omega \cdot m$，表皮电阻高达数万欧姆，但是计算时一般不予考虑。体内电阻数百欧姆，通电瞬间人体电阻近似等于体内电阻。干燥条件下，当接触电压在$100 \sim 220 \, V$范围内时，人体电阻大致上在$2\,000 \sim 3\,000 \, \Omega$之间。

2. 人体阻抗影响因素

人体阻抗大小取决于接触电压、频率、电流持续时间、接触压力、皮肤潮湿程度和温度等。

（1）接触电压升高，人体电阻急剧降低。

（2）皮肤越湿润，电阻越低。金属粉、煤粉等导电性物质污染皮肤，也会大大降低人体电阻。

（3）电流持续时间延长，人体电阻下降。

（4）接触面积增大、接触压力增大、温度升高时人体电阻也会降低。

（四）触电事故分析

（1）错误操作和违章作业造成的触电事故多。

（2）中青年工人、非专业电工、合同工和临时工触电事故多。

（3）低压设备触电事故多。

（4）移动式设备和临时性设备触电事故多。

（5）电气连接部位触电事故多。

（6）每年6～9月触电事故多。

（7）潮湿、高温、混乱、多移动式设备、多金属设备环境中事故多。

（8）农村触电事故多。

6.2.2　触电防护技术

一、绝缘、屏护和间距

（一）绝缘

1. 绝缘材料

（1）绝缘材料分类

① 固体绝缘材料，如陶瓷、玻璃、云母、石棉等无机绝缘材料，橡胶、塑料、纤维制品等有机绝缘材料和玻璃漆布等复合绝缘材料。

② 液体绝缘材料，如矿物油、硅油等液体。

③ 气体绝缘材料，如六氟化硫、氮等气体。

（2）绝缘材料性能

绝缘材料有电性能、热性能、机械性能、化学性能、吸潮性能、抗生物性能等多项性能指标。

① 电性能：作为绝缘结构的关键性能，主要包括绝缘电阻、耐压强度、泄漏电流和介质损耗。其中，体积电阻率的单位为 $\Omega \cdot m$，表面电阻率的单位为 Ω。介电常数是反映绝缘材料极化特性的重要参数，介电常数越大，极化过程相对越慢。

② 力学性能：绝缘材料的力学性能指强度、弹性等性能。随着使用时间延长，力学性能将逐渐降低。

③ 热性能：绝缘材料的热性能包括耐热性能、耐弧性能、阻燃性能、软化温度和黏度。绝缘材料的耐热性能通过允许工作温度来衡量。绝缘材料的耐弧性能指接触电弧时表面抗碳化的能力。无机绝缘材料的耐弧性能优于有机绝缘材料的耐弧性能；软化温度是指固体绝缘在较高温度下维持不变形的能力；黏度指绝缘液体的流动性。

④ 吸潮性能：吸潮性能包括吸水性能和亲水性能。木材属于吸水性材料，玻璃属于非吸水性材料、属于亲水性材料，蜡属于非亲水性材料。

⑤ 抗生物性能：抗生物性能是材料抵御霉菌等生物性破坏的能力。

2. 绝缘击穿

当施加于绝缘材料上的电场高于临界值时，绝缘材料发生破裂或分解，电流急剧增大，并完全失去绝缘性能，这种现象就是绝缘击穿。

① 气体绝缘击穿是由碰撞电离导致的电击穿。气体击穿后绝缘性能会很快恢复。

② 液体绝缘的击穿特性与其纯净程度有关。为保证绝缘质量，液体绝缘使用前须经过纯化、脱水、脱气处理。液体绝缘击穿后，绝缘性能只在一定程度上得到恢复。液体的密度越大越难击穿，击穿强度比气体高。

③ 固体绝缘的击穿有电击穿、热击穿、电化学击穿、放电击穿等击穿形式。固体绝缘击穿后将失去其原有性能。电击穿的特点是作用时间短、击穿电压高。热击穿的特点是电压作用时间较长，而击穿电压较低。电化学击穿的特点是电压作用时间很长、击穿电压往往很低。沿绝缘固体与气体分界面放电称为沿面放电，其发展到另一电极时称之为闪络。

（二）屏护和间距

1. 屏护

屏护是采用护罩、护盖、栅栏、遮栏等将带电体同外界隔绝开来。网眼屏护装置的网眼不应大于 20 mm×20 mm～40 mm×40 mm。屏护装置必须符合以下要求：

（1）遮栏高度不应小于 1.7 m，下部边缘离地面高度不应大于 0.1 m。户内栅栏高度不应小于 1.2 m；户外栅栏高度不应小于 1.5 m。

（2）对于低压设备，遮栏与裸导体的距离不应小于 0.8 m，栏条间距离不应大于 0.2 m；网眼遮栏与裸导体之间的距离不宜小于 0.15 m。

（3）凡用金属材料制成的屏护装置，为了防止屏护装置意外带电造成触电事故，必须接地（或接零）。

（4）遮栏、栅栏等屏护装置上应根据被屏护对象挂上"止步！高压危险！""禁止攀登！"等标示牌。

（5）遮栏出入口的门上应根据需要安装信号装置和联锁装置。

2. 间距

间距是将可能触及的带电体置于可能触及的范围之外。如化工厂内的架空线路应避免跨越建筑物，架空线路不应跨越可燃材料屋顶的建筑物。其他要求还包括：

（1）导线与建筑物、起重机最小距离，详见表6.6。

表 6.6　导线与建筑物、起重机最小距离

线路电压/kV	$\leqslant 1$	10	35
与建筑物垂直距离/m	2.5	3.0	4.0
与建筑物水平距离/m	1.0	1.5	3.0
与起重机最小距离/m	1.5	2.0	4.0

（2）架空线路应与有爆炸危险的厂房和有火灾危险的厂房保持必需的防火间距。

（3）架空线路断线接地时，为防跨步电压伤人，离接地点4～8 m范围内，不能随意进入。

（4）在低压作业中，人体及其所携带工具与带电体的距离不应小于0.1 m。在10 kV作业中，无遮拦时，人体及其所携带工具与带电体的距离不应小于0.7 m；有遮拦时，遮拦与带电体之间的距离不应小于0.35 m。

二、接地保护和接零保护

接地保护和接零保护是两种最基本的防止间接触电的基本措施。

（一）接地保护

1. IT系统

IT系统即保护接地系统。将电气设备的金属外壳、配电装置的构架、线路的塔杆等正常情况下不带电，但可能因绝缘损坏而带电的所有部分接地。因为这种接地的目的是保护人身安全，故称为保护接地或安全接地。

设备外壳通过低电阻（R_E）保护接地，限制故障电压在安全范围以内。字母I表示配电网不接地或经高阻抗接地（图6.22a）、字母T表示电气设备外壳直接接地（图6.22b）。如配电网电压为220 V，人体电阻R_P为2 000 Ω，根据戴维南定理，可换算人体触电电压U_P为158.3 V，在低压配电网中，单相电击的危险性很大。相同条件下，当有接地电阻$R_E=4$ Ω时，人体的漏电电压为$U_{PE}=4.6$ V，危险基本消除。

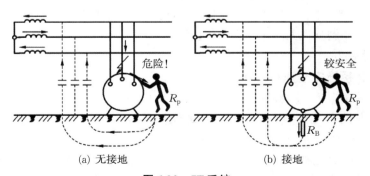

（a）无接地　　　　　　　（b）接地

图6.22　IT系统

IT 系统的特点：

（1）把故障电压限制在安全范围以内，但漏电状态并未消失。

（2）在 380 V 不接地低压配电网中，保护接地电阻 $R_E \leqslant 4$ Ω。当电压不超过 100 kV·A 时，可以放宽到 $R_E \leqslant 10$ Ω。

（3）适用于各种不接地配电网，如煤矿井下低压配电网。只有在不接地配电网中，由于单相接地电流较小，才有可能通过保护接地把漏电设备故障对地电压限制在安全范围之内。

2. TT 系统

工作接地：为了确保电气设备在正常情况下能够可靠运行，需要采用各种工作接地方式，它们各自承担着不同的功能。例如，变压器和发电机的中性点直接接地，可以在运行中保持三相系统中相线对地电压的稳定；电压互感器的一次线圈中性点接地，则是为了测量一次系统相对地的电压源；而中性点经过消弧线圈接地，则能有效防止系统出现过电压等异常情况。

图 6.23 为低压中性点直接接地的三相四线制配电网，中性点的接地 R_N 叫作工作接地，中性点引出的导线叫作中性线 N（也叫作工作零线）。TT 系统的第一个字母 T 表示配电网直接接地，第二个字母 T 表示电气设备外壳接地。在接地的配电网中（TT），单相电击的危险性比不接地的配电网（IT）单相电击的危险性大。

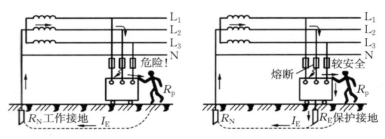

图 6.23　TT 系统

由于 R_E 和 R_N 同在一个数量级，漏电设备对地电压一般不能降低到安全范围以内。另一方面，由于故障电流 I_E 经 R_E 和 R_N 成回路，R_E 和 R_N 都是欧姆级的电阻，I_E 不可能太大，一般的短路保护不起作用，不能及时切断电源，使故障长时间延续下去。

因此在 TT 系统中应优先装设能自动切断漏电故障的漏电保护装置（剩余电流保护装置）。只有在采用其他防止间接接触电击的措施有困难的条件下才考虑采用 TT 系统。TT 系统主要用于低压用户，即用于未装备配电变压器，从外面直接引进低压电源的小型用户（例如路灯、村庄、农业用电等）。

（二）接零保护

1. 保护接零系统安全原理和类别

保护接零系统（TN）系统中的字母 N 表示电气设备在正常情况下不带电的金属部分与配电网中性点之间直接连接。PE 是保护零线，R_S 叫作重复接地。当某相带电部分碰连设备外壳时，形成该相对零线的单相短路，短路电流促使线路上的短路保护元件迅速动作，从而把故障设备电源断开，消除电击危险。保护接零也能在一定程度上降低漏电设备对地电压。（但一般不能降低到安全范围以内，其第一位的安全作用是迅速切断电源。)

　　TN系统分为三种类型：TN-S、TN-C、TN-C-S。如图6.24所示。

　　TN-S：N线和PE线完全分开。

　　TN-C：工作零线N与保护零线PE重合，即PEN线。

　　TN-C-S：干线部分PEN，设备端N和PE分开。

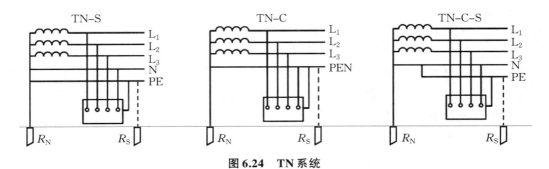

图6.24　TN系统

2.TN系统速断和限压要求

　　在接零系统中，对于配电线路或仅供给固定式电气设备的线路，故障持续时间不宜超过5 s；对于供给手持式电动工具、移动式电气设备的线路或插座回路，电压220 V，故障持续时间不应超过0.4 s，380 V不应超过0.2 s。为了实现保护接零要求，可以采用一般过电流保护装置或剩余电流保护装置。

3.TN系统应用范围

　　TN-S系统可用于有爆炸危险，或火灾危险性较大，或安全要求较高的场所，宜用于有独立附设变电站的车间。TN-C系统可用于无爆炸危险、火灾危险性不大、用电设备较少、用电线路简单且安全条件较好的场所。TN-C-S系统宜用于厂内设有总变电站，厂内低压配电的场所及非生产性楼房。

　　其他还包括：重复接地、工作接地、等电位连接等方案。

三、电气设备触电防护分类

　　（1）0类。设备仅依靠基本绝缘来防止触电。设备外壳可以用绝缘材料也可以用金属材料。0类设备可以有Ⅱ类结构或Ⅲ类结构的部件。

　　（2）0I类。设备也是依靠基本绝缘来防止触电的，也可以有Ⅱ类结构或Ⅲ类结构的部件。这种设备的金属外壳上装有接地（零）的端子，不提供带有保护芯线的电源线。

　　（3）Ⅰ类：设备除依靠基本绝缘外，还有一个附加的安全措施。自设备内部有接地端子引出的专用的保护芯线的带有保护插头的电源线。也可以有Ⅱ类结构或Ⅲ类结构的部件。

　　（4）Ⅱ类：设备具有双重绝缘和加强绝缘的结构。Ⅱ类设备可以有Ⅲ类结构的部件。

　　（5）Ⅲ类：这种设备依靠安全特低电压供电以防止触电。Ⅲ类设备内电压不得高于安全特低电压。

四、双重绝缘、安全电压和漏电保护

（一）双重绝缘

1.双重绝缘基本概念

双重绝缘是强化的绝缘结构，包括双重绝缘和加强绝缘两种类型。

双重绝缘指同时具备工作绝缘（基本绝缘）和保护绝缘（附加绝缘）的绝缘。基本绝缘是带电体与不可触及的导体之间的绝缘，是带电部分为防止电击起基本保护作用的绝缘，例如，电动机转子的槽绝缘、定子线圈的绝缘衬垫等；附加绝缘是不可触及的导体与可触及的导体之间的绝缘，是当工作绝缘损坏后用于防止电击而在基本绝缘之外使用的独立绝缘，如转子冲片与转轴间设置的绝缘层等。所谓"独立"是附加绝缘在结构上相对于基本绝缘而言，在其自身及电动工具其他组成部分不破坏的情况下两者能分开，即在附加绝缘与基本绝缘之间具有不连续的表面，从而使发生在一种绝缘中的故障不影响和扩散到另一种绝缘中，真正构成两个独立的保护措施。

双重绝缘是Ⅱ类电动工具的主要绝缘形式，除了由于结构、尺寸和技术合理性等使双重绝缘难以实施的特定部位和零件外，Ⅱ类电动工具的带电部分均应由双重绝缘与易触及的金属零件或易触及表面隔开。在结构上，基本绝缘置于带电部分上并直接与带电部分接触；附加绝缘靠近易触及的金属零件或是使用者易触及的部位。

加强绝缘是用于带电部分的单绝缘系统，它对电击的防护程度相当于双重绝缘，如一般电器的塑胶外壳。加强绝缘有两个特点：（1）独立的绝缘系统；（2）相当于双重绝缘。

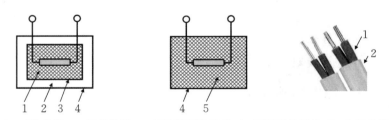

1—工作绝缘；2—保护绝缘；3—不可触及的导体；4—可触及的导体；5—加强绝缘

图6.25　双重绝缘和加强绝缘

2.双重绝缘的基本条件

工作绝缘的绝缘电阻不得低于2 MΩ，保护绝缘的绝缘电阻不得低于5 MΩ，加强绝缘的绝缘电阻不得低于7 MΩ。

设备在其明显部位应有"回"形标志，设备的外壳上的盖、窗必须使用工具才能打开。双重绝缘的特点是不需要接地保护（也不允许接地保护），因此不受使用地点有无接地设施的限制，也不像Ⅰ类工具那样，在没有其他安全防护措施时，使用者必须戴绝缘手套，穿绝缘鞋或站在绝缘垫上才可以使用操作。使用的电源方便，不像Ⅲ类电器和工具，必须用安全特低电压供电，才能保证防止触电危险，而是可直接采用交流220 V电源。对家用电器及类似产品，因为使用面很广，使用者不一定具备安全使用的知识，因而产品本身的安全防护能力将对保障使用者的安全起主要作用。

（二）安全电压

安全电压有3种，即安全特低电压（SELV）[1]、保护特低电压（PELV）[2]和功能特低电压（FELV）[3]。安全电压为既能防止间接接触电击也能防止直接接触电击的安全技术措施。具有依靠安全电压供电的设备属于Ⅲ类设备。

1.安全电压限值和额定值

工频安全电压有效值的限值为50 V，直流安全电压的限值为120 V。当接触时间超过1 s时，推荐干燥环境中工频安全电压有效值的限值取33 V，直流安全电压的限值取70 V；潮湿环境中工频安全电压有效值的限值取16 V，直流安全电压的限值取35 V。

工频有效值的额定值：42 V、36 V、24 V、12 V、6 V。特别危险环境使用的手持电动工具应采用42 V特低电压；电击危险环境使用的手持照明灯和局部照明灯应采用36 V或24 V特低电压；金属容器内、隧道内、水井内以及周围有大面积接地导体等工作地点狭窄、行动不便的环境应采用12 V特低电压；6 V特低电压用于特殊场所，如水下等。

2.安全电源及回路配置

（1）安全电源

通常采用安全隔离变压器作为特低电压的电源。不论采用什么电源，特低电压边均应与高压边保持双重绝缘的水平。Ⅰ类电源变压器可能触及的金属部分必须接地（或接零）。其电源线中，应有一条专用的黄绿相间颜色的保护线。Ⅱ类电源变压器不采取接地（或接零）措施，没有接地端子。

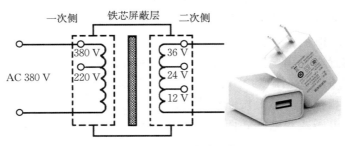

图6.26 安全隔离变压器

一次侧是指变压器的输入端侧，也称初级。二次侧是指其的输出端侧，也称次级。一次侧和二次侧是按传递功率的方向来划分的。接电源、输入功率的绕组侧称一次侧；接负荷、输出功率的绕组侧称二次侧。因此，对降压变压器来说，高压侧就是一次侧；而对升压变压器来说，高压侧就是二次侧。

（2）回路配置

安全电压回路的带电部分必须与较高电压的回路保持电气隔离，并不得与大地、

---

① 安全特低电压,Safety Extra-low Voltage,缩写SELV。

② 保护特低电压,Protective Extra Low Voltage,缩写PELV。

③ 功能特低电压,Functional Extra Low Voltage,缩写FELV。

保护接零（地）线或其他电气回路连接。如果变压器不具备双重绝缘的结构，为了减轻变压器一次线圈与二次线圈短接的危险，二次线圈应接地或接零。

（3）插销座

安全电压设备的插销座不得带有接零或接地插头或插孔。

（4）短路保护

安全隔离变压器的一次边和二次边均应装设短路保护元件。

（5）功能特低电压

功能特低电压（FELV）的补充安全要求是，装设必要的屏护或加强设备的绝缘，以防止直接接触电击；当该回路与一次边保护零线或保护地线连接时，一次边应装设防止电击的自动断电装置，以防止间接接触电击。

（三）电气隔离和不导电环境

电气隔离和不导电环境都属于防止间接接触电击的安全技术措施。

1.电气隔离

电气隔离指工作回路与其他回路实现电气上的隔离。其安全原理是在隔离变压器的二次边构成了一个不接地的电网，阻断在二次边工作的人员单相电击电流的通路。

2.不导电环境

（1）电压 500 V 及以下者，地板和墙每一点的电阻不应低于 50 kΩ；电压 500 V 以上者不应低于 100 kΩ。

（2）保持间距或设置屏障，防止人体在工作绝缘损坏后同时触及不同电位的导体。

（3）永久性特征。不因受潮或引进其他设备而降低安全水平。

（4）保持不导电特征，不得有保护零线或保护地线。

（5）防止场所内高电位引出和场所外低电位引入的措施。

（四）漏电保护

漏电保护装置主要用于防止间接接触电击和直接接触电击。用于防止直接接触电击时，只作为基本防护措施的补充保护措施。漏电保护装置也可用于防止漏电火灾，以及用于监测一相接地故障。按照动作原理，分为电压型和电流型两类；按照有无电子元器件，分为电子式和电磁式两类；按照极数，分为二极、三极和四极漏电保护装置等。

1.漏电保护原理

电压型漏电保护装置以设备上的故障电压为动作信号；电流型漏电保护装置以漏电电流或触电电流为动作信号。动作信号经处理后带动执行元件动作，促使线路快速分断。

电流型漏电保护装置采用零序电流互感器作为取得触电或漏电信号的检测元件。电磁式电流型漏电保护装置以极化电磁铁 FV 作为中间机构。电磁式漏电保护装置结构简单、承受过电流或过电压冲击的能力较强；但其灵敏度不高，而且工艺难度较大。在检测元件后方增设电子环节，即构成电子式漏电保护装置。电子式漏电保护装置灵敏度很高、动作参数容易调节，但其可靠性较低、承受电磁冲击的能力较弱。

2.漏电保护装置的动作参数

电流型漏电保护装置的主要参数是动作电流和动作时间。保护装置的额定不动作电流不得低于额定动作电流的1/2。动作电流、灵敏度及防止事故类型详见表6.7。

表6.7　漏电保护装置灵敏度及防止事故类型

灵敏度	动作电流/mA	防止事故类型
高灵敏度	≤30	触电
中灵敏度	30~1 000	触电、漏电火灾
低灵敏度	>1 000	漏电火灾

6.2.3　电气防火技术

一、电气引燃源

（一）危险温度

危险温度分为：短路，接触不良，过载，铁芯过热，散热不良，漏电，机械故障，电压过高或过低，电热器具和照明灯具。

（1）短路：线路中电流增大为正常时的数倍乃至数十倍，而产生的热量又与电流的平方成正比，使得温度急剧上升。在过电压、防护等级不足、操作错误等情况下，容易诱发短路。

（2）接触不良：接触部位是电路的薄弱环节，是产生危险温度的重点部位。不可拆卸或可拆卸的接头接触不良、可开闭的触头接触压力或表面不合格、滑动接触的压力或接触不良、不同材质的导体理化性能不同等导致电阻升高，产生危险温度。

（3）过载：严重过载或长时间过载都会产生危险温度。

（4）铁芯过热：带有铁芯的电气设备，如铁芯短路，或线圈电压过高，或通电后铁芯不能吸合，由于涡流损耗和磁滞损耗增加都将造成铁芯过热并产生危险温度。

（5）散热不良：电气设备的散热或通风措施遭到破坏，或环境温度过高或距离外界热源太近。

（6）漏电：当漏电电流集中在某一点时，可能引起比较严重的局部发热。

（7）机械故障：电动机被卡死或轴承损坏、缺油，造成堵转或负载转矩过大。

（8）电压过高或过低：电压过高，除使铁芯发热增加外，还会使电流增大；电压过低，除使电磁铁吸合不牢或吸合不上外，也还会使电流增大。

（9）电气灯具及照明灯具：电炉、电烘箱、电熨斗、电烙铁、电褥子等电热器具和照明器具的工作温度较高。如电炉电阻丝的工作温度高达800 ℃，100 W白炽灯泡表面温度高达170~220 ℃，1 000 W卤钨灯表面温度高达500~800 ℃等。白炽灯泡灯丝温度高达2 000~3 000 ℃。

（二）电火花和电弧

1.工作电火花

控制开关、断路器、接触器接通和断开线路时产生的火花；插销拔出或插入插座时产生的火花；直流电动机的电刷与换向器的滑动接触处、绕线式异步电动机的电刷与滑环的滑动接触处产生的火花等，电气设备正常工作或正常操作过程中产生的电火花。

2.事故电火花

电路发生短路或接地时产生的火花；熔丝（保险丝）熔断时产生的火花；连接点松动或线路断开时产生的火花；变压器、断路器等高压电气设备由于绝缘质量降低发生的闪络等，线路或设备发生故障时出现的火花；雷电火花、静电火花和电磁感应火花也是事故火花。

二、防爆电气设备和防爆电气线路

（一）防爆电气设备

1.防爆电气设备类型

隔爆型设备（d）是具有能承受内部的爆炸能量。

增安型设备（e）是在正常时不产生火花、电弧或高温的设备上采取加强措施。

本质安全型设备（i）是正常或故障状态下产生的火花、高温不能点燃爆炸性混合物。

正压型设备（p）是向外壳内充入带正压的清洁空气、惰性气体或连续通入清洁空气。按其充气结构可分为通风、充气、气密等三种形式。

充油型设备（o）是将可能产生引燃源的部位浸在绝缘油里。

充砂型设备（q）是将细粒状物料充入设备内。

无火花型设备（n）是防止火花、电弧或危险温度的产生。

浇封型设备（m）是将可能产生引燃源的部位浇封在环氧树脂等浇封剂里。

气密型是用熔化、挤压或胶粘的方法制成气密外壳。

2.防爆电气设备的保护级别（EPL）

用于煤矿有甲烷的爆炸性环境中的Ⅰ类设备的EPL分为Ma、Mb两级；用于爆炸性气体环境的Ⅱ类设备的EPL分为Ga、Gb、Gc三级；用于爆炸性粉尘环境的Ⅲ类设备的EPL分为Da、Db、Dc三级，保护级别Da＞Db＞Dc。其保护程度和含义详见表6.8。

表6.8　防爆电气设备的保护级别（EPL）

级别	保护程度	具体含义
Ma、Ga、Da	很高	设备在正常运行过程中、在预期的故障条件下或者在罕见的故障条件下不会成为点燃源
Mb、Gb、Db	高	在正常运行过程中、在预期的故障条件下不会成为点燃源
Gc、Dc	加强	在正常运行过程中不会成为点燃源，也可采取附加保护，保证在点燃源有规律预期出现的情况下（例如灯具的故障），不会点燃

3.防爆电气设备的标志

防爆电气设备标志应设置于设备外部主体部分明显的地方。其中，防爆标志由Ex标志、防爆结构型式符号、电气设备类别符号、温度组别或最高表面温度、保护级别和防护等级组成。其中，电气设备类别符号由电气设备类别和气体级别组成。电气设备类别分为：Ⅰ类（煤矿用电气设备）；Ⅱ类（除煤矿外的其他爆炸性气体环境用电气设备）；Ⅲ类（除煤矿外的其他爆炸性粉尘环境用电气设备）。气体级别分为A级（丙烷、苯、汽油、乙醇等）；B级（乙烯、二甲醚、焦炉气等）；C级（氢气、乙炔、二硫化碳等）。举例如下：

（1）Ex d Ⅱ C T2 Gc，表示该设备为隔爆型"d"，用于ⅡC类爆炸性气体环境，其引燃温度为T2组（1.2.1节），保护级别（EPL）为Gc的防爆电气设备。

（2）Ex i Ⅲ A T100 ℃ Da IP65，表示该设备为本质安全型"i"，用于有ⅢA导电性粉尘的爆炸性粉尘环境，其最高表面温度低于100 ℃，保护级别（EPL）为Da，外壳防护等级为IP65防水等级的防爆电气设备。

（二）防爆电气线路

1.线路敷设方式

（1）电气线路宜在爆炸危险性较小的环境或远离释放源的地方敷设。当可燃物质比空气重时，电气线路宜在较高处敷设或直接埋地；架空敷设时宜采用电缆桥架；电缆沟敷设时，沟内应充砂，并宜设置排水措施。电气线路宜在有爆炸危险的建、构筑物的墙外敷设。在爆炸粉尘环境，电缆应沿粉尘不易堆积并且易于粉尘清除的位置敷设。

（2）敷设电气线路的沟道、电缆桥架或导管，所穿过的不同区域之间墙或楼板处的孔洞，应采用非燃性材料严密堵塞。

（3）敷设电气线路时宜避开可能受到机械损伤、振动、腐蚀、紫外线照射以及可能受热的地方，不能避开时，应采取预防措施。

（4）钢管配线可采用无护套的绝缘单芯或多芯导线。

（5）在爆炸性气体环境内钢管配线的电气线路必须做好隔离密封。

（6）在1区内电缆线路严禁有中间接头，在2区、20区、21区内不应有中间接头。

（7）电缆或导线的终端连接：电缆内部的导线如果为绞线，其终端应采用定型端子或接线鼻子进行连接。

（8）架空电力线路严禁跨越爆炸性气体环境，架空电力线路与爆炸性气体环境的水平距离，不应小于杆塔高度的1.5倍。在特殊情况下，采取有效措施后，可适当减少距离。

2.隔离密封

敷设电气线路的沟道以及保护管、电缆或钢管在穿过爆炸危险环境等级不同的区域之间的隔墙或楼板时，应用非燃性材料严密堵塞。

3.导线材料

爆炸危险环境应优先采用铜线；1区和21区的电力及照明线路应采用截面不小于2.5 mm²的铜芯导线；2区和22区电力线路应采用截面不小于1.5 mm²的铜芯导线或截面不小于16 mm²的铝芯导线；2区和22区照明线路应采用截面积不小于1.5 mm²的铜芯导线。

在有剧烈振动处应选用多股铜芯软线或多股铜芯电缆。爆炸危险环境不宜采用油浸纸绝缘电缆。在爆炸危险环境下，低压电力、照明线路所用电线和电缆的额定电压不得低于工作电压，并不得低于500 V。中性线应与相线有同样的绝缘能力，并应在同一护套内。对于爆炸危险环境中的移动式电气设备，1区和21区应采用重型电缆，2区和22区应采用中型电缆。

三、电气防火防爆技术

（一）消除或减少爆炸性混合物

（1）采取封闭式作业方式。

（2）定期清理现场积尘。

（3）设计并使用正压室。

（4）采取开式作业或加强通风措施。

（5）充填惰性气体以降低混合物浓度。

（6）安装报警装置，当混合物中危险物品的浓度达到其爆炸下限的10%时及时报警。

（二）消除引燃源

（1）根据爆炸危险环境的特征和危险物的级别、组别，合理选用电气设备和电气线路。

（2）确保设备参数符合要求，绝缘良好，间距合理，连接可靠，标志清晰。

（三）隔离和间距

（1）室内电压10 kV以上、总油量60 kg以下的充油设备，应安装在两侧有隔板的间隔内。

（2）总油量60～600 kg的设备，应安装在有防爆隔墙的间隔内。

（3）油量600 kg以上的设备，应安装在单独的防爆间隔内。

（4）10 kV变、配电室不得设在爆炸危险环境的正上方或正下方。

（5）变、配电室与火灾爆炸危险环境毗邻时，隔墙应采用非燃材料。

（6）变、配电室可通过非燃材料制成的走廊或套间与火灾危险环境相通，但门、窗应向外开，通向无爆炸、火灾危险的环境。

（7）室外变、配电装置不应设置在易于沉积可燃粉尘或可燃纤维的地方。

（8）起重机滑触线的下方，严禁堆放易燃物品。

（四）爆炸危险环境接地和接零

（1）使用安全电压的电气设备也应接地（或接零），并实施等电位连接。

（2）所有设备和建筑物的金属结构全部接地（或接零），并连接成连续整体。

（3）在不接地配电网中（IT系统），必须装设一相接地或严重漏电时自动切断电源或发出报警的保护装置。短路保护应有较高的灵敏度。

（4）采用TN-S系统，并设置双极开关同时操作相线和中性线。保护导体的截面，铜不应小于4 mm²，钢不应小于6 mm²。

（五）电气灭火

1.电气火灾断电

拉闸时最好用绝缘工具操作。先断开断路器，后断开隔离开关。切断电源的范围适当。剪断电线时，不同相应错开位置，剪断位置在电源方向的支持点附近。

2.带电灭火安全要求

选用二氧化碳灭火器、干粉灭火器。水枪喷嘴至电压 10 kV 及以下者不应小于 3 m。二氧化碳喷嘴至电压 10 kV 不应小于 0.4 m。人体位置与带电体之间的仰角不应超过 45°，防止可能的跨步电压。

6.2.4 避雷和防静电技术

一、防雷

（一）雷电概要

1.雷电种类

（1）直击雷：带电积云与地面建筑物等目标之间的直接强烈放电称为直击雷。大约 50% 的直击雷有重复放电的性质。平均每次雷击有三四个冲击，最多能出现几十个冲击。第一个冲击的先导放电是跳跃式先导放电，第二个以后的先导放电是箭式先导放电。

直击雷因为短时而剧烈，造成了破坏相当大。像这种破坏只能通过在接闪装置（如避雷针、接地引下线、均压带等）将雷电引入大地，从而避免雷击作用在建筑物或者人身上。我们现代的一些建筑在建造时就考虑了这种情况，所以基本上可以做到防避直击雷。在众多的建筑物中，低的建筑物被直击的可能性就更小。直击雷防护如图 6.27（a）所示。

（2）感应雷：当雷击没有直接击中目标（如建筑物），但是目标或者其内部的金属设备或者导电体通过静电感应间接地产生了电火花，人们把这种间接形成的感应而作用到物体上的雷电，称为感应雷。感应雷也称作闪电感应，分为静电感应和电磁感应。感应雷防护如图 6.27（b）所示。

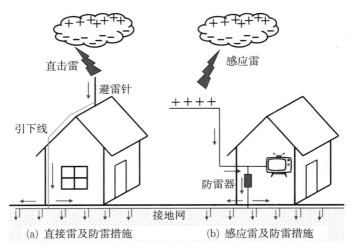

图 6.27 直接雷、感应雷及其防雷措施

（3）球雷：球雷是雷电放电时形成的发红光、橙光、白光或其他颜色光的火球。

2.雷电参数

（1）雷电流峰值：放电时冲击电流的最大值。雷电流峰值可达数十千安至数百千安。

（2）雷电流陡度：指雷电流随时间上升的速度。由于雷电流陡度很大，雷电具有高频特征。

（3）直击雷冲击过电压：可高达数千千伏；感应雷电过电压也高达数百千伏。

雷电的电流和陡度都很大、放电时间很短，从而表现出极强的冲击性。

3.雷电的危害

（1）火灾和爆炸

直击雷放电的高温电弧能直接引燃邻近的可燃物造成火灾；高电压造成的二次放电可能引起爆炸性混合物爆炸；巨大的雷电流通过导体，在极短的时间内转换出大量的热能，可能烧毁导体、熔化导体，导致易燃品的燃烧，从而引起火灾乃至爆炸；球雷侵入可引起火灾；数百万伏乃至更高的冲击电压击穿电气设备的绝缘导致的短路亦可能引起火灾。

（2）触电

雷电直接对人放电会使人遭到致命电击；二次放电也能造成电击；球雷打击也能使人致命；数十至数百千安的雷电流流入地下，会在雷击点及其连接的金属部分产生极高的对地电压，可能直接导致接触电压和跨步电压电击；电气设备绝缘损坏后，可能导致高压窜入低压，在大范围内带来触电危险。

（3）毁坏设备和设施

数百万伏乃至更高的冲击电压可能毁坏发电机、电力变压器、断路器、绝缘子等电气设备的绝缘、烧断电线或劈裂电杆；巨大的雷电流瞬间产生的大量热量使雷电流通道中的液体急剧蒸发，体积急剧膨胀，造成被击物破坏甚至爆碎；静电力和电磁力也有很强的破坏作用。

（4）大规模停电

电力设备或电力线路破坏即可能导致大规模停电。

4.防雷分类

（1）第一类防雷建筑物

① 制造、使用或储存火炸药及其制品，遇电火花会引起爆炸、爆轰，从而造成巨大破坏或人身伤亡的建筑物。

② 具有0区、20区爆炸危险场所的建筑物。

③ 具有1区、21区爆炸危险场所，且因电火花引起爆炸会造成巨大破坏和人身伤亡的建筑物。

（2）第二类防雷建筑物

① 国家级重点文物保护的建筑物。

② 国家级的会堂、办公楼、档案馆，大型展览馆，大型机场航站楼，大型火车

站，大型港口客运站，大型旅游建筑，国宾馆，大型城市的重要动力设施。

③ 国家级计算中心、国际通信枢纽。

④ 国际特级和甲级大型体育馆。

⑤ 制造、使用或储存火炸药及其制品，但电火花不易引起爆炸，或不致造成巨大破坏和人身伤亡的建筑物。

⑥ 具有1区、21区爆炸危险场所，但电火花会引起爆炸或不会造成巨大破坏和人身伤亡的建筑物。

⑦ 具有2区、22区爆炸危险场所的建筑物。

⑧ 有爆炸危险的露天气罐和油罐。

⑨ 预计雷击次数大于0.05次/a的省、部级办公建筑物和其他重要或人员集中的公共建筑物以及火灾危险场所。

⑩ 预计雷击次数大于0.25次/a的住宅、办公楼等一般性民用建筑物或一般工业建筑物。

（3）第三类防雷建筑物

① 省级重点文物保护的建筑物和省级档案馆。

② 预计雷击次数大于或等于0.01次/a，小于或等于0.05次/a的省、部级办公建筑物和其他重要或人员集中的公共建筑物以及火灾危险场所。

③ 预计雷击次数大于或等于0.05次/a，小于或等于0.25次/a的住宅、办公楼等一般性民用建筑物或一般工业建筑物。

④ 年平均雷暴日15 d/a以上地区，高度15 m及15 m以上的烟囱、水塔等孤立高耸的建筑物；年平均雷暴日15 d/a及15 d/a以下地区，高度20 m及20 m以上的烟囱、水塔等孤立高耸的建筑物。

（二）防雷装置

外部防雷装置：接闪器、引下线和接地装置。

内部防雷装置：防雷等电位连接及防雷间距。

1. 接闪器

避雷针（接闪杆）、避雷线、避雷网和避雷带、建筑物的金属屋面等（针、线、网、带只针对直击雷）。避雷线一般采用截面不小于50 mm²的热镀锌钢绞线或铜绞线；用金属屋面作接闪器时，金属板之间的搭接长度不得小于100 mm。

接闪器的保护范围有两种计算方法，对于建筑物按滚球法，对于电力装置，可按折线法。接闪器焊接处应涂防腐漆。接闪器截面锈蚀30%以上时应予更换。建筑物接闪器的保护范围是按照滚球半径确定的，其滚球半径分别为：第一类防雷建筑为30 m；第二类防雷建筑为45 m；第三类防雷建筑为60 m。

滚球法是一种计算接闪器保护范围的方法。它的计算原理为以某一规定半径（R）的球体，在装有接闪器的建筑物上滚过，滚球体由于受建筑物上所安装的接闪器的阻挡而无法触及某些范围，把这些范围认为是接闪器的保护范围。滚球半径示意图如图6.28所示。

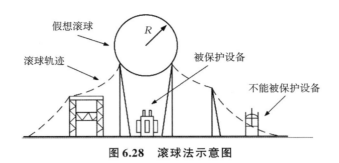

图 6.28　滚球法示意图

2. 避雷器和电涌保护器

避雷器装设在被保护设施的引入端。正常时处在不通的状态；出现雷击过电压时，击穿放电，切断过电压，发挥保护作用；过电压终止后，迅速恢复不通状态，恢复正常工作。避雷器主要用来保护电力设备和电力线路，也用作防止高电压侵入室内的安全措施。电涌保护器就是低压阀型避雷器。无论哪种电涌保护器，无冲击波时都表现为高阻抗，冲击波到来时急剧转变为低阻抗。如图 6.27（b）所示。

3. 引下线

引下线截面锈蚀 30％ 以上者也应予以更换。如图 6.27（a）所示。

4. 防雷接地装置

防雷接地指给防雷保护装置（避雷针、避雷线、避雷网）向大地泄放雷电流提供通道。防雷接地电阻一般指冲击接地电阻。独立避雷针的冲击接地电阻一般不应大于 10 Ω；附设接闪器每一引下线一般也不应大于 10 Ω，但对于不太重要的第三类建筑物可放宽至 30 Ω。防感应雷装置的工频接地电阻不应大于 10 Ω。防雷电冲击波的接地电阻，视其类别和防雷级别，冲击接地电阻不应大于 5～30 Ω。其中，阀型避雷器的接地电阻一般不应大于 5 Ω。

（三）防雷技术

1. 直击雷防护

遭受雷击后果比较严重的设施或堆料（装卸油台、露天油罐、露天储气罐），35 kV 及以上的高压架空电力线路、发电厂、变电站等也应采取防直击雷的措施。严禁在装有避雷针的构筑物上架设通信线、广播线或低压线。利用照明灯塔作独立避雷针支柱时，照明电源线必须采用铅皮电缆或穿入铁管，并埋入地下（水平长度 10 m 以上）。

附设避雷针是装设在建筑物或构筑物屋面上的避雷针，接闪器均应相互连接，并与建筑物金属结构连接；其接地装置可与其他接地装置共用，宜沿建筑物或构筑物四周敷设。露天装设的有爆炸危险的金属储罐和工艺装置，当其壁厚不小于 4 mm 时，允许不再装设接闪器，但必须接地；接地点不应少于两处，其间距离不应大于 30 m，冲击接地电阻不应大于 30 Ω。

2. 二次放电防护

防雷装置承受雷击时，其接闪器、引下线和接地装置呈现很高的冲击电压，可能击穿与邻近的导体之间的绝缘，造成二次放电。在任何情况下，第一类防雷建筑物防止二次放电的最小距离不得小于 3 m，第二类防雷建筑物防止二次放电的最小距离不得小于 2 m。不能满足间距要求时应予跨接，即进行等电位连接。

3.感应雷防护

电力系统中应采取雷电感应防护措施；有爆炸和火灾危险的建筑物也应采取。防止静电感应，应将建筑物内的金属构件与防雷电感应的接地装置相连。屋面结构钢筋连接成闭合回路。平行敷设的管道、构架、电缆相距不到100 mm时，须用金属线每30 m跨接；交叉相距不到100 mm时，也跨接。接头、弯头、阀门过渡电阻大于0.03 Ω时，连接处也应用金属线跨接。

4.雷电冲击波防护

（1）全线直接埋地电缆供电，入户处电缆金属外皮接地。

（2）架空线转电缆供电，连接处设阀型避雷器，避雷器、电缆金属外皮、绝缘子铁脚、金具等一并接地。

（3）架空线供电，入户处装设阀型避雷器或保护间隙，并与绝缘子铁脚、金具一起接地。

（4）室外天线的馈线临近避雷针或引下线时，应穿金属管或屏蔽，并接地，或装设避雷器、放电间隙。

5.电涌防护

电涌防护是指对室内浪涌电压的防护。方法是在配电箱或开关箱内安装电涌保护器。

6.电磁脉冲防护

电磁脉冲防护的基本方法是将建筑物所有正常时不带电的导体进行充分的等电位连接，并予以接地。同时，在配电箱或开关箱内安装电涌保护器。

7.人身防雷

尽量减少外出，进入有宽大金属构架或有防雷设施的建筑物、汽车或船只。离开凸起地段，广阔平整区域，电力设施、线路、金属构件，孤立高耸建筑、树木，无防护的小建筑，停止高处作业，不应持有金属器具。距墙壁、树干8 m以外，距线路、设备1.5 m以上。关闭门窗。

二、静电防护技术

（一）静电产生、影响与特点

1.静电产生

静电产生的方式包括：

（1）接触—分离起电：两种物质紧密接触后再分离时，由于不同原子得失电子能力不同，其间即发生电子的转移。因此界面两侧会出现大小相等、极性相反的两层电荷。界面分离时，即可能产生静电。如图6.29所示。

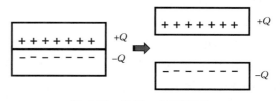

图6.29　接触—分离起电

（2）感应起电：带电荷的物体A与不带电荷的接地物体B接近，在A的感应下，B也会在靠近A的一端产生电荷，当B离开接地体时，B成为带电体。如图6.30所示。

（3）液体在流动、过滤、搅拌、喷雾、喷射、飞溅、冲刷、灌注、剧烈晃动等过程中会产生静电。如图6.31所示。

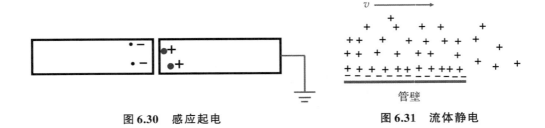

图 6.30　感应起电　　　　　　　　　图 6.31　流体静电

易产生静电的生产过程：

（1）固体物质在大面积地摩擦，或者固体在受到压力后接触并随后分离。

（2）粉体物料在进行筛分、过滤、输送和干燥过程中，以及悬浮粉尘的高速运动时。

（3）在混合器中搅拌各种具有高电阻率的物质。

（4）高电阻率的液体在管道中高速流动，液体从管口喷出，或者液体注入容器时产生冲击、冲刷和飞溅现象。

（5）液化气体、压缩气体或高压蒸汽在管道中高速流动，以及从管口喷出时。

（6）穿着化纤布料衣服、高绝缘鞋的人员在操作、行走、起立等活动中。

2. 静电的影响因素

（1）材质和杂质的影响

对于固体物质，电阻率在 $1 \times 10^7 \ \Omega \cdot m$ 以下者，不容易积累静电；电阻率在 $1 \times 10^9 \ \Omega \cdot m$ 以上者，容易积累静电。

对于液体物质，电阻率在 $1 \times 10^8 \ \Omega \cdot m$ 以下者，不容易积累静电；电阻率在 $1 \times 10^{10} \ \Omega \cdot m$ 左右，最易产生静电；电阻率在 $1 \times 10^{13} \ \Omega \cdot m$ 以上者，反而不易积累静电。

杂质对静电有很大的影响。静电的产生取决于所含杂质的成分。一般情况下，杂质有增强静电的趋势。

（2）工艺设备和工艺参数的影响

接触面积越大，双电层正、负电荷越多，产生的静电越多。接触压力越大或摩擦越强烈，会增加电荷分离强度，产生较多静电。平皮带与皮带轮之间的滑动位移比三角皮带大，产生的静电也比较强烈。过滤器会大大增加接触和分离程度，可能使液体静电电压增加十几倍到100倍以上。

（3）环境条件的影响

随着湿度增加，绝缘体表面凝成薄薄的水膜，并溶解空气中的二氧化碳气体和绝缘体析出的电解质，使绝缘体表面电阻大为降低，从而加速静电泄漏。空气湿度降低，很多绝缘体表层电阻率升高，泄漏变慢，从而容易积累危险静电。由于空气湿度受环境温度的影响，以致环境温度的变化可能加剧静电的产生。导电性材料接地在很多情况下能加强静电的泄放，减少静电的积累。

3. 静电特点

（1）静电电压高

固体静电可达 $2 \times 10^5 \ V$ 以上，液体静电和粉体静电可高达数万伏，气体和蒸汽静电可达一万多伏，人体静电也可达一万伏以上。

（2）静电泄漏慢

静电泄漏有两条途径：一条是绝缘体表面，即表面电阻；一条是内部，即体积电阻。电阻率越高，泄漏时间越长，例如橡胶的静电在20 min后才泄漏一半。

（3）多种放电形式

放电形式包括电晕放电；刷形放电；火花放电；云形放电等。

（二）静电危害与防治

1.静电的危害

（1）爆炸和火灾：虽然静电能量相对较小，但其电压极高，容易发生放电现象，产生的火花有可能成为易燃易爆物质的点火源，从而引发爆炸或火灾。

（2）静电电击：静电电击是由静电放电造成的瞬间冲击性电击，虽然通常不会致命，但有可能引发二次事故，如摔倒、碰伤等。

（3）妨碍生产：在生产过程中产生的静电可能会干扰生产流程或降低产品质量，例如引起电子元件的误动作，甚至击穿集成电路的绝缘层。

2.静电防护措施

（1）环境危险程度控制

静电引起爆炸和火灾的条件之一是有爆炸性混合物存在。为了防止静电引燃成灾，需要控制所在环境的爆炸和火灾危险程度。这可以通过取代易燃介质、降低爆炸性混合物的浓度、减少氧化剂含量等措施来实现。

（2）工艺控制

工艺控制是从材料的选用、摩擦速度或流速的限制、静电松弛过程的增强、附加静电的消除等方面采取措施，限制和避免静电的产生和积累。

为了有利于静电的泄漏，可采用导电性工具；为了减轻火花放电和感应带电的危险，可采用阻值为$10^7 \sim 10^9\,\Omega$的静电导电性工具。

为了防止静电放电，在液体灌装、循环或搅拌过程中不得进行取样、检测或测温操作。进行上述操作前，应使液体静置一定的时间，使静电得到足够的消散或松弛。

为了避免液体在容器内喷射、溅射，应将注油管延伸至容器底部；而且，其方向应有利于减轻容器底部积水或沉淀物搅动；装油前清除罐底积水和污物，以减少附加静电。

（3）接地

接地是消除导体上静电的主要方法。金属导体应直接接地，并将可能发生火花放电的间隙跨接连通并接地，使各部位与大地等电位。为了防止感应静电的危险，不仅产生静电的金属部分应当接地，而且与其不相连接但邻近的其他金属物体也应接地。防静电接地电阻原则上不超过1 MΩ，为了方便检测，接地电阻通常控制在100～1 000 Ω之间。

（4）增湿

增湿是降低静电的有效方法之一。为防止大量带电，相对湿度应保持在50%以上；为了增强防静电的效果，相对湿度应提高到65%～70%；对于吸湿性很强的复合材料，相对湿度应提高到80%~90%以保证降低静电的效果。但需要注意的是，增湿的方法不适用于消除高温绝缘体上的静电。

（5）抗静电添加剂

抗静电添加剂是一种化学药剂，具有良好的导电性或较强的吸湿性。在容易产生静电的高绝缘材料中加入抗静电添加剂后，可以降低材料的体积电阻率或表面电阻率，从而加速静电的泄漏并消除静电的危险。

（6）静电消除器

静电消除器是一种能产生电子和离子的装置。通过产生电子和离子来中和物料上的静电电荷，从而消除静电的危险。静电消除器主要用于消除非导体上的静电。

6.3 化工消防技术

6.3.1 灭火技术

一、灭火方法

所有灭火方法的核心目的都是破坏已经产生的燃烧条件。只要燃烧三要素（可燃物、助燃物、着火源）中任何一个条件被消除，燃烧就会自然停止，如图1.1所示。以下是几种常见的灭火方法：

（1）窒息灭火法

窒息灭火法是通过阻止空气流入燃烧区，或者利用惰性气体（如二氧化碳、氮气、蒸汽等）稀释空气中的氧气，使燃烧物质因缺氧而熄灭的方法。

（2）冷却灭火法

冷却灭火法是将灭火剂（如水）直接喷洒在燃烧着的物体上，通过降低可燃物质的温度至其燃点以下，从而终止燃烧的方法。

（3）化学抑制灭火法

化学抑制灭火法是通过切断自由基与自由基之间的连锁反应链，使燃烧反应无法持续，从而达到灭火的目的。常见的化学抑制灭火剂有干粉、七氟丙烷等。

（4）隔离灭火法

隔离灭火法是将燃烧物质与周围未燃的可燃物质进行隔离或疏散，使燃烧因缺少可燃物质而自然停止的方法。例如，使用泡沫灭火剂覆盖燃烧物，或者关闭气液管道的阀门以切断可燃物质的供应。

二、灭火剂

（一）水灭火剂

水作为一种常见的灭火剂，具有强大的灭火能力。它能从燃烧物中吸收大量的热量，使燃烧物的温度迅速下降，从而达到终止燃烧的目的。当水汽化时，其体积会增大1700多倍，形成的水蒸气可以有效地阻止空气进入燃烧区，使燃烧因缺氧而熄灭。

此外，水蒸气还能稀释和吸收有害气体，进一步降低火灾的危害。同时，冲击水能够深入燃烧表面的内部，阻隔燃烧的传播，增强灭火效果。表6.9列出了水灭火的主要机理以及不能用水扑救的火灾类型。

表6.9　水灭火机理及不能用水扑救的火灾类型

灭火机理	不能用水扑救的火灾
冷却作用、乳化作用、稀释作用、水力冲击	（1）带电物体火灾； （2）遇水易燃品和金属（铜粉、铝粉、镁粉、锌粉等）火灾； （3）高温物体火灾；（熔化的铁水，蒸发并分解出氢和氧） （4）不能用直流水扑救浓硫酸、浓硝酸和盐酸火灾和可燃粉尘（如面粉、煤粉、糖粉）聚集处的火灾；（引起液体飞溅、粉尘爆炸） （5）贵重设备、精密仪器、图书、档案火灾和遇水可风化的物品火灾； （6）非水溶性可燃液体的火灾，原则上不能用水扑救，但原油重油可以用雾状水流扑救

（二）泡沫灭火剂

灭火机理和分类详见表6.10。

表6.10　泡沫灭火机理和分类

灭火机理		隔氧窒息、阻隔热辐射作用、冷却作用	
分类	按发泡方法	空气（机械）泡沫灭火剂，化学泡沫灭火剂（硫酸钼、碳酸氢钠）	
	按发泡倍数	低倍数	蛋白泡沫液、氟蛋白泡沫液、水成膜泡沫液、抗溶性泡沫液等
		中倍数	
		高倍数	封闭效应、蒸汽效应和冷却效应

泡沫灭火剂适用范围详见表6.11。

表6.11　泡沫灭火剂适用范围

灭火剂类型	适用范围	不适用范围
蛋白泡沫	（1）各种石油产品、油脂等不溶于水的可燃液体火灾； （2）一般可燃固体火灾	水溶性可燃液体、带电设备（电器）、遇水发生化学反应物质的火灾
氟蛋白泡沫	（1）各种非水溶性可燃液体； （2）一般可燃固体火灾	
水成膜泡沫	一般非水溶性可燃、易燃液体火灾	
抗溶性泡沫	水溶性可燃液体火灾	
高倍数泡沫	（1）非水溶性可燃液体火灾； （2）一般可燃固体火灾； （3）对室内储存的少量水溶性可燃液体火灾，可用全充满的方法扑灭	扑救油罐火灾，也不适于扑救水溶性可燃液体火灾

（三）干粉灭火剂

窒息、冷却、辐射及对有焰燃烧的化学抑制作用是干粉灭火器的集中体现，化学抑制作用是其主要灭火原理，起到关键的灭火作用。灭火剂中的非活性物质能够捕捉自由基，从而降低燃烧反应的速率。当这些非活性物质的浓度足够高、与燃烧物的接触面积足够大时，链式燃烧反应将被终止，火焰随之熄灭。

与水、泡沫、二氧化碳等灭火剂相比，干粉灭火剂在灭火速率、灭火面积以及等效单位灭火成本效果三个方面均表现出一定的优越性。因此，它目前在手提式灭火器和固定式灭火系统上得到了广泛的应用。

关于干粉灭火剂的灭火机理和分类，具体详见表6.12。

表6.12　干粉灭火机理和分类

灭火机理	化学抑制作用、"烧爆"作用、降低热辐射和稀释氧的浓度
分类	普通干粉（BC类）　适用于扑救B类火灾、C类火灾、E类火灾
	多用途干粉（ABC类）　适用于扑灭A类火灾、B类火灾、C类火灾、E类火灾
	专用干粉（D类）　适用于扑救D类火灾

"烧爆"作用：干粉与火焰接触时，其粉粒受高热的作用可以爆裂成为许多更小的颗粒，使在火焰中粉末的比表面积急剧增大，大大增加了与火焰的接触面积，从而表现出很高的灭火效果。A～F类火灾见1.2.1节。

（四）惰性气体灭火剂

惰性气体灭火剂以其释放后保护设备无污染、无损害等显著优点而备受青睐。其中，二氧化碳因其来源广泛、不含水、不导电、无腐蚀性等特点，被广泛用于扑灭精密仪器和一般电气火灾，同时也适用于扑救可燃液体和固体火灾，特别是那些受污染易损坏的固体火灾。然而，其成本相对较高。

（1）灭火机理

惰性气体灭火剂主要通过窒息和冷却两种机理来灭火。例如，二氧化碳和其他惰性混合气体灭火剂（如IG－55灭火剂、IG－01灭火剂、IG－100灭火剂、IG－541灭火剂）等。

（2）应用范围

① 惰性气体灭火剂特别适用于扑救各种可燃液体以及那些用水、泡沫、干粉等灭火剂灭火时容易受到污损的固体物质火灾，如电气设备、精密仪器、贵重设备、图书档案等。此外，它还可用于扑救600 V以下的各种电气设备火灾。

② 惰性混合气体灭火剂并不适用于扑救金属钾、镁、钠、铝等以及金属过氧化物（如过氧化钾、过氧化钠）、有机过氧化物、氯酸盐、硝酸盐、高锰酸盐、亚硝酸盐、重铬酸盐等氧化剂的火灾。因为这些物质在遇水时会发生反应，释放大量的热和氧气，从而影响二氧化碳的窒息作用。

③ 不能扑救在惰性介质中能自身供氧燃烧的物质火灾，如硝酸纤维。

④ 混合气体IG－541灭火器对大气层没有污染，它是由氮气、氩气、二氧化碳组合而成的混合气体。在喷射时，它不会形成浓雾，视野良好，且对人体无害。

（五）七氟丙烷灭火剂

由于卤代烷灭火器（如1211、1301灭火器）对臭氧层有破坏作用，它们已被淘汰。而七氟丙烷灭火器因其优良的灭火性能和环保特性而最具推广价值。

（1）灭火机理：七氟丙烷灭火剂主要通过化学抑制和窒息两种机理来灭火。

（2）特点：与二氧化碳灭火剂相比，七氟丙烷灭火剂的灭火效率更高。

（3）适用范围：七氟丙烷灭火剂适用于扑灭固体表面、液体、气体以及电气火灾。各类灭火剂的灭火机理详见表6.13。

表6.13　灭火剂灭火机理总结

类型	灭火机理
水灭火剂	冷却、乳化、稀释、水力冲击
泡沫灭火剂	冷却、窒息、辐射热阻隔
干粉灭火剂	冷却、窒息、隔离、化学抑制
惰性气体	冷却、窒息
七氟丙烷	化学抑制、窒息

三、灭火器种类及其使用范围

灭火器因其结构简单、操作便捷、轻便灵活且使用广泛，是扑救初期火灾的重要消防器材。

按其移动方式，灭火器可分为：手提式、推车式和悬挂式；

按驱动灭火剂的动力来源可分为：储气瓶式、储压式、化学反应式；

按所充装的灭火剂可分为：清水、泡沫、酸碱、二氧化碳、卤代烷、干粉等类型。

（1）清水灭火器

适于扑救可燃固体物质火灾，即A类火灾。

（2）泡沫灭火器

适于扑救脂类、石油产品等B类火灾以及木材等A类物质的初起火灾，不能扑救B类水溶性火灾，也不能扑救带电设备及C类和D类火灾。

（3）酸碱灭火器

适于扑救A类物质燃烧的初起火灾，不能用于扑救B类物质燃烧的火灾，也不能用于扑救C类可燃气体或D类轻金属火灾。同时也不能用于带电场合火灾的扑救。

（4）二氧化碳灭火器

二氧化碳灭火器是利用其内部充装的液态二氧化碳的蒸气压将二氧化碳喷出灭火的一种灭火器具，其灭火原理是降低氧气含量，造成燃烧区窒息。一般当氧气的含量低于12%或二氧化碳浓度达到30%～35%时，燃烧中止。1 kg二氧化碳液体，在常温常压下能生成约500 L的气体，这些气体足以使1 m³空间范围内的火焰熄灭。灭火不留痕迹，并有一定电绝缘性；更适宜于扑救600 V以下带电电器、贵重设备、图书档案、精密仪器仪表的初起火灾，以及一般可燃液体的火灾。

（5）干粉灭火器

普通干粉（BC干粉）：指碳酸氢钠干粉、改性钠盐、氨基干粉等，主要用于扑灭可燃液体、可燃气体以及带电设备火灾。

多用干粉（ABC干粉）：指磷酸铵盐干粉、聚磷酸铵干粉等，还适用于扑救一般固体物质火灾，但都不能扑救轻金属火灾。

6.3.2　消防设施与器材

一、消防给水系统

（一）消防水泵房

（1）其位置应设在被保护区域（如化工装置区、油罐区）全年最小频率风向的下风侧，且地坪应高于油罐区地坪标高，同时需避开油罐破裂可能波及的区域。

（2）消防冷却水供水泵和泡沫供水泵均应配备备用泵，且备用泵的性能应与各自系统中最大一台工作泵的性能相同。

（3）独立建造的消防水泵房其耐火等级不应低于二级。水泵房的疏散门应直接通向室外或安全出口，并应采用甲级防火门以确保安全。

（二）消防水泵

（1）消防水泵的性能应满足消防给水系统所需流量和压力要求。

（2）一组消防水泵应设不少于两条吸水管，一条损坏时，其余吸水管仍能通过全部消防给水设计流量。

（3）消防水泵的吸水管、出水管道穿越外墙时，应采用防水套管。

（4）消防水泵、稳压泵应分别设置备用泵，备用泵与工作泵性能一致。

（三）消防水池

（1）消防水池用水量应满足火灾持续时间内的需水量。补水时间不宜超过 48 h，但当消防水池有效总容积大于 2 000 m³ 时，不应大于 96 h。

（2）供消防车取水的消防水池，应设取水口（井），且吸水高度不应大于 6 m。取水口（井）与建筑物（水泵房除外）的距离不宜小于 15 m，与甲、乙、丙类液体储罐等构筑物的距离不宜小于 40 m，与液化石油气储罐的距离不宜小于 60 m，若有防止辐射热的保护设施时，可减为 40 m。

（3）消防用水与生产、生活用水共用的水池，应有确保消防用水最不作他用的技术措施。当消防水池的容量大于 1 000 m³ 时，应设置能独立使用的两座消防水池。对寒冷地区的消防水池，应有防冻设施。

（4）消防水池应设就地水位显示装置，并在消防控制中心或值班室等地点设置指示器，有最高和最低水位报警。

（四）高位消防水箱

高位消防水箱的设置位置应高于其所服务的水灭火设施，且最低有效水位应满足水灭火设施最不利点处的静水压力，即高位消防水箱宜设置在建筑物的最高位置。

二、消防设施

（一）室外消火栓

（1）室外消火栓的作用是为水枪和消防车供水，室外地上式消火栓应有直径为 150 mm 或 100 mm，两个直径为 65 mm 大栓口。

（2）室外消火栓的保护半径不应超过150 m，间距不应大于120 m。

（3）每个室外消火栓的出水流量按10～15 L/s计算。（则根据设计流量能求出消防栓个数）

（4）消火栓距路边不宜小于0.5 m，但不应大于2 m；距建筑外墙或外墙边缘不宜小于5 m。

（二）室内消火栓

（1）室内消火栓的配置要求。应采用DN65栓口，并与消防软管卷盘或轻便水龙设置在同一箱体内；

（2）距地面高度宜为1.1 m，其出水方向应便于消防水带的敷设，并宜与设置消火栓的墙面呈90°或向下。

（三）二氧化碳灭火系统

二氧化碳灭火系统不适用于以下火灾场所：

（1）二氧化碳全淹没灭火系统不应用于经常有人停留的场所。

（2）硝化纤维、火药等含氧化剂的化学制品火灾。

（3）钾、钠、镁、钛等活泼金属火灾。

（4）氢化钾、氢化钠等金属氢化物火灾。

（四）灭火器的管理与维护

（1）灭火器不论已经使用还是未经使用，手提式和推车式的干粉、二氧化碳灭火器，距出厂日期满5年，以后每隔2年，必须进行水压试验等检查；

（2）手提式清水灭火器距出厂日期满3年，以后每隔1年，必须进行水压试验等检查。

（五）消防梯

消防梯按结构可分为单杠梯、挂钩梯、拉梯等。

（六）消防水带

消防水带用于消防车、消防泵、消火栓等消防设备上。

（七）消防水枪

消防水枪是用来射水的工具，其可加快流速、增大和改变水流形状。按开口分为直流水枪、多用水枪、喷雾水枪、直流喷雾水枪。按压力分为低压、中压和高压水枪。

三、火灾自动消防系统

自动消防系统应包括探测、报警、联动、灭火、减灾等功能。火灾自动报警系统主要是完成探测和报警功能；联动控制系统主要是完成控制和联动功能。消防系统中有三种控制方式：自动控制、联动控制、手动控制。

火灾自动报警系统分为区域火灾警报系统、集中报警系统和控制中心报警系统。火灾报警控制器具有控制、记忆、识别和报警功能，另外还有自动检测、联动控制、打印输出、图形显示、通信广播等作用。火灾自动报警系统除生产和存储火药、炸药、弹药、火工品等场所外，其余场所应该都能使用。

四、火灾探测器

化工企业必须设置火灾自动报警系统。火灾自动报警系统是由触发装置、火灾报警装置、火灾警报装置和电源等部分组成的通报火灾发生的全套设备。触发装置中最重要的组件是火灾探测器。火灾探测器的基本功能就是对烟雾、温度、火焰和燃烧气体等火灾参量作出有效反应，通过敏感元件，将表征火灾参量的物理量转化为电信号，送到火灾报警控制器。

（一）感光式火灾探测器

适用于监视有易燃物质区域的火灾发生，如仓库、燃料库、变电所、计算机房等场所，特别适用于没有阴燃阶段的燃料火灾（如醇类、汽油、煤气等易燃液体、气体火灾）的早期检测报警。按检测火灾光源的性质分，有红外火焰火灾探测器和紫外火焰火灾探测器两种。

（1）红外线波长较长，有大量烟雾存在的火场，在距火焰一定距离内，仍可使红外线敏感元件感应。误报少，响应时间快，抗干扰能力强，工作可靠。

（2）紫外火焰探测器适用于有机化合物燃烧的场合（油井、输油站、飞机库、可燃气罐、液化气罐、易燃易爆品仓库等），特别适用于火灾初期不产生烟雾的场所（酒精、石油等）。火焰温度越高，火焰强度越大，紫外线辐射强度也越高。

（二）感烟式火灾探测器

感烟式火灾探测器是用于探测火灾初期的烟雾，并发出火灾报警信号的火灾探测器。它具有能早期发现火灾、灵敏度高、响应速度快、使用面较广等特点。分为点型火灾探测器和线型火灾探测器。

（1）点型感烟火灾探测器

点型感烟火灾探测器是对警戒范围中某一点周围的烟参数响应的火灾探测器，分为离子感烟和光电感烟两种。离子感烟对黑烟灵敏度非常高，但其内部有放射性元素，已经禁用。光电感烟对黑烟灵敏度很低，对白烟灵敏度高，但火场初期往往都是黑烟较多，大大限制了适用范围。

（2）线型感烟火灾探测器

线型感烟火灾探测器都是红外光束型的感烟火灾探测器，它是利用烟雾粒子吸收或散射红外线光束的原理对火灾进行监测。

（三）感温式火灾探测器

感温式火灾探测器是一种对警戒范围内的温度进行实时监测的探测器。其内部的热敏元件会随温度的升高而发生物理变化，进而将这种变化转化为电信号，传输给火灾报警控制装置以触发报警。感温式火灾探测器根据工作原理的不同，可以分为以下几种类型：

（1）定温式火灾探测器

定温式火灾探测器在火灾现场的环境温度达到或超过预设的阈值时就会触发报警。它具有可靠性高、稳定性好、保养维修方便的特点，但响应过程相对较长，灵敏度较低。

（2）差温式火灾探测器

差温式火灾探测器是在环境温度的升温速率超过预设值时触发报警，适用于快速升温的火灾场景。

（3）差定温火灾探测器

差定温火灾探测器结合了定温和差温两种探测方式，既能响应预定温度报警，又能响应预定温升速率报警，提高了火灾探测的准确性和灵活性。

（四）可燃气体火灾探测器

可燃气体火灾探测器用于监测可燃气体的泄漏。当监测密度大于空气的可燃气体（如石油液化气、汽油、丙烷、丁烷等）时，探测器应安装在泄漏可燃气体处的下部，距地面不应超过0.5 m；当监测密度小于空气的可燃气体（如天然气、煤气、一氧化碳、苯、氨气、甲烷、乙烷、乙烯、丙烯等）时，探测器应安装在可能泄漏处的上部或室内顶棚上。总之应安装在可燃气体容易流过、滞留的场所。

同时，应至少每季度检查一次可燃气体探测器是否工作正常，可用棉球蘸酒精靠近探测器进行检测。

不适宜安装可燃气体探测器的场所：

① 经常有风速0.5 m/s以上气流存在；

② 经常有热气、水滴、油烟的场所；

③ 环境温度经常超过40 ℃的场所；

④ 有酸、碱等腐蚀性气体存在的场所；

⑤ 有铅离子或有硫化氢气体存在的场所因气敏元件中毒，不应安装可燃气体火灾探测器。

（五）复合式火灾探测器

复合式火灾探测器结合了多种探测技术，如感温、感烟、感光等，以提高火灾探测的准确性和可靠性。常见的复合式火灾探测器包括复合式感温感烟火灾探测器、复合式感温感光火灾探测器、复合式感温感烟感光火灾探测器以及分离式红外光束感温感光火灾探测器等。这些探测器能够根据不同的火灾特征进行综合判断，从而更准确地触发报警。

五、自动灭火系统

（一）水灭火系统

水灭火系统包括室内外消火栓系统、自动喷水灭火系统以及水幕和水喷雾灭火系统。这些系统均利用水作为灭火介质，通过不同的喷射方式和布局设计，实现对火灾的有效扑灭。

（二）气体自动灭火系统

气体自动灭火系统是一种以气体作为灭火介质的灭火系统。它具有化学稳定性好、耐储存、腐蚀性小、不导电、毒性低等优点，并且在蒸发后不会留下痕迹。因此，该系统适用于扑救多种类型的火灾，特别是那些对水敏感或需要快速灭火的场所。

（三）泡沫灭火系统

泡沫灭火系统，特指空气机械泡沫系统，是一种通过产生并喷射泡沫来扑灭火灾的灭火系统。泡沫能够覆盖在燃烧物表面，隔绝氧气，从而起到灭火的作用。该系统适用于扑救易燃液体、固体等火灾，具有灭火效率高、复燃率低等优点。

六、防排烟与通风空调系统

防排烟系统对于改善着火地点的环境至关重要。它不仅能确保建筑内的人员安全撤离现场，还能为消防人员迅速接近火源提供有利条件。该系统通过有效手段，在尚未形成易燃混合物之前将未燃烧的可燃性气体驱散，并及时排除火灾现场的烟气和热量，从而有效减弱火势的蔓延。防排烟系统主要分为自然排烟和机械排烟两种形式。自然排烟依靠建筑结构的自然通风特性进行排烟，而机械排烟则通过专门的排烟设备实现强制排烟。

第 **7** 章

化工环保

7.1 化工环保概述

一、环境与环境科学

环境一词是相对于人类而言的，它指的是以人类为主体的外部客观物质体系。具体而言，环境涵盖了所有影响人类生存和发展的天然因素以及经过人工改造的自然因素的总和，这包括但不限于大气、水体、海洋、土地、矿藏、森林、草原、野生生物种群、自然遗迹、人文遗迹、自然保护区、风景名胜区，以及城市和乡村等要素。

环境科学的研究宗旨在于保护和优化生产环境与生态环境，防止环境污染和其他公害的发生，确保人体健康，进而推动社会主义现代化建设的可持续发展。作为一门新兴、边缘且高度综合性的学科，环境科学横跨自然科学、工程技术、医学以及社会科学等多个领域，与这些领域内的相关学科相互渗透、交叉融合，形成了众多分支学科。在自然科学的范畴内，就包括了环境工程学、环境水力学等重要分支。

二、化工污染物种类及来源

1.化工污染物的种类

（1）按污染物的性质划分，可分为无机化工污染物和有机化工污染物；

（2）按污染物的形态划分，则包括废气、废水以及废渣。

2.化工污染物的主要来源

（1）化工生产的原料、半成品及产品；

（2）化工生产过程中产生的和排放的废弃物。

（一）化工生产的原料、半成品及产品

1.化学反应不完全

在当前的化工生产中，原辅料无法全部转化为半成品或成品，存在一个转化率低的问题。这意味着部分原料会作为未反应物残留，可能对环境产生潜在影响。

2.原料不纯

化工原料（含辅料）有时本身纯度不足，含有杂质。这些杂质通常不参与化学反应，最终会被排放或废弃。由于大多数杂质为有害化学物质，它们可能对环境造成显著污染。

3.物料泄漏

由于生产设备、管道等封闭不严，或操作水平、管理水平不足，物料在储存、运输及生产过程中容易发生泄漏，俗称"跑、冒、滴、漏"。这种现象不仅导致经济损失，还可能引发严重的环境污染事故，甚至带来不可预测的后果。

4.产品使用不当及其废弃物

若化肥类化工品使用不当，会导致土地板结，流入水体则会引起"富营养化"问题；塑料制品废弃后会产生"白色污染"；氟利昂等物质的过量使用会破坏臭氧层。这些都是众所周知的典型环境污染事例，强调了产品使用及其废弃物处理的重要性。

（二）化工生产过程中排放的废弃物

1.燃烧过程

化工生产过程通常需要在一定的压力和温度条件下进行，因此需要输入大量能量，这往往要燃烧大量燃料。然而，在燃料燃烧过程中，会不可避免地产生大量废气、烟尘等有害物质，这些物质对环境构成严重威胁。

2.冷却水

化工生产不仅需要大量热能，还需要大量冷却水。冷却水的使用方式主要分为以下两种。

① 直接冷却：冷却水直接与被冷却的物料接触，导致冷却水中含有化工物料，从而成为污染源；

② 间接冷却：虽然冷却水不与物料直接接触，但为防止腐蚀、结垢和藻类生长，常需加入防腐剂、防垢剂、杀藻剂等化学物质。这些化学物质在排出后同样会造成环境污染。即使未添加化学物质，冷却水排放也会带来热污染问题。

3.副反应和副产品

在化工生产中，主反应往往伴随着一些人们不希望发生的副反应及其产物。例如，在生产硝基苯的过程中，可能会生成二硝基苯或三硝基苯等副产物。这些副产物不仅会污染环境，还可能引发重大安全隐患。

4.生产事故造成的化工污染

化工生产过程中，设备事故是较为常见的事故类型，而工艺事故则相对偶然。这两类事故都可能导致化工物料泄漏、火灾、爆炸等严重后果，从而引发环境污染。

三、化工环境保护技术

主要包括3方面：（1）化工污染的防治；（2）环境质量评价工作；（3）化工环境系统工程。

7.2 化工废水处理技术

化工生产过程通常需要消耗大量的水资源，并同时产生相当数量的废水。化工厂往往集中在江、河、湖、海等水域附近，以便将生产废水就近排入这些水域，然而这种做法却对水域环境造成了严重污染。据统计，我国化工行业排放的废水量占全国废水排放总量的22%，位居各行业之首。事实上，化工废水对水系（包括地表水和地下水）的污染已成为许多地区最为严重的环境污染问题之一，因此也成了环境治理的首要目标。

7.2.1 化工废水及其处理原则

一、化工废水的种类及特点

化学工业废水按成分可分为三大类：含有机物的废水、含无机物的废水和含有机物与无机物的混合废水。按废水中所含主要污染物分类，包括含氰废水、含酚废水、含硫废水、含氟废水、含铬废水、含有机磷化合物废水以及含其他有机物废水等。

化工废水污染的特点主要表现为具有毒害性；生化需氧量（BOD）和化学需氧量（COD）均较高；pH超标；富含营养化物质；废水温度较高；且恢复处理比较困难。

二、废水处理原则

（一）水污染指标

水污染指标是用于衡量水体被污染程度的数值标示，也是监控和检测水处理设备运行状态的重要依据。以下是最常用的8个水污染指标：

（1）生化需氧量（BOD）：指在有饱和氧条件下，好氧微生物在20 ℃时，经一定天数（通常为5天）降解每升水中有机物所消耗的游离氧的量，常用单位为mg/L，以BOD_5表示。

（2）化学需氧量（COD）：表示用强氧化剂（如重铬酸钾或高锰酸钾）把有机物氧化为H_2O和CO_2所消耗的该氧化剂的量相当的氧的质量浓度，分别表示为COD_{Cr}和COD_{Mn}，单位为mg/L。

（3）总需氧量（TOD）：指当有机物完全被氧化时，C、H、N、S等元素分别被氧化为CO_2、H_2O、NO、SO_2等所消耗的氧量，单位为mg/L。

（4）总有机碳（TOC）：表示水中有机污染物的总含碳量，以碳含量表示，单位为mg/L。

（5）悬浮物（SS）：指水样经过滤后，滤膜或滤纸上截留下来的固体物质，单位为mg/L。

（6）pH：用于表示污水的酸碱性。

（7）有毒物质含量：指水中所含对生物有害物质的浓度，如氰化物、砷化物、汞、镉、铬、铅等，单位为mg/L。

（8）大肠杆菌数：指每升水中所含大肠杆菌的数目，单位为个/L，用于反映水体的微生物污染程度。

（二）废水处理的基本方法

废水处理方法按工作原理可划分为四大类，即：物理处理法、化学处理法、物理化学处理法和生物处理法。

（1）物理处理法

物理处理法是通过物理作用，分离、回收废水中不溶解的呈悬浮状态的污染物质（包括油膜和油珠）的废水处理方法。根据物理作用的不同机制，它又可进一步细分为重力分离法、离心分离法和筛滤截流法等。其中，重力分离法包括沉淀、上浮（如气浮、浮选）等处理单元，相应的处理设备有沉砂池、沉淀池、除油池、气浮池及其附属装置等。

（2）化学处理法

化学处理法是通过化学反应去除废水中呈溶解、胶体状态的污染物质，或将其转化为无害物质的废水处理方法。这类方法通常涉及投加药剂以产生化学反应，如混凝、中和、氧化还原等。

（3）物理化学处理法

物理化学处理法是以传质作用为基础，同时结合化学作用和物理作用来净化废水的方法。这种方法综合运用了物理和化学的原理，使污水得到更有效的处理。

（4）生物处理法

生物处理法是利用微生物的代谢作用，将废水中呈溶液、胶体以及微细悬浮状态的有机性污染物质转化为稳定、无害物质的方法。根据起作用的微生物类型，生物处理法可分为好氧生物处理法和厌氧生物处理法两种。

（三）废水处理的一般原则

废水处理应遵循的一般原则是从清洁生产的角度出发，通过改革生产工艺和设备来减少污染物的产生，防止废水外排，并尽可能进行综合利用和回收。对于必须外排的废水，其处理方法需根据水质和排放要求来确定。按处理深度，废水处理可分为一级处理、二级处理和三级处理。

（1）一级处理

一级处理主要目的是分离去除废水中的漂浮物和部分悬浮状态的污染物质，同时调节废水pH，减轻废水的腐化程度和后续处理工艺的负荷。常用的处理方法包括栅网过滤、自然沉淀、上浮和隔油等。

经过一级处理的废水，通常无法达到排放标准，因此一般作为预处理阶段，为后续的二级处理做准备，必要时再进行三级处理，即深度处理，使污水达到排放标准或补充工业用水和城市供水。一级处理的常用方法如下：

① 筛滤法

筛滤法是用于分离污水中呈悬浮状态的污染物质的一种有效方法。其常用设备主要包括格栅和筛网。

格栅在污水处理中起着重要作用，它主要用于截留污水中大于栅条间隙的漂浮物。格栅通常被布置在污水处理厂或泵站的进口处，这样可以有效地防止管道、机械设备以及其他相关装置发生堵塞。对于格栅上积累的栅渣，可以采用人工或机械方法进行清理。有些处理系统还会使用磨碎机将栅渣磨碎后，再将其投入格栅下游，以妥善解决栅渣的处置问题。

筛网的网孔较小，这使得它能够滤除废水中的纤维、纸浆等细小悬浮物。通过使用筛网，可以确保后续处理单元的正常运行，并达到预期的处理效果。筛网的精细过滤作用为整个污水处理流程提供了重要的保障。

② 沉淀法

沉淀法是通过重力沉降分离废水中呈悬浮状态污染物质的方法，沉淀法的主要构筑物有沉砂池和沉淀池，用于一级处理的沉淀池，通称初级沉淀池。其作用是去除污水中大部分可沉的悬浮固体；作为化学或生物化学处理的预处理，以减轻后续处理工艺的负荷和提高处理效果。

③ 上浮法

上浮法用于去除污水中相对密度小于的污染物，或通过投加药剂、加压溶气等措施去除相对密度稍大于的污染物质。在一级处理工艺中，主要是用于去除污水中的油类及悬浮物质。

④ 预曝气法

预曝气法是在污水进入处理构筑物以前，先进行短时间（10～20 min）曝气。其作用为：可产生自然絮凝或生物絮凝作用，使污水中的微小颗粒变大，以便沉淀分离；氧化废水中的还原性物质；吹脱污水中溶解的挥发物；增加污水中的溶解氧，减轻污水的腐化，提高污水的稳定度。

（2）二级处理

污水经过一级处理后，为了进一步除去其中大量的有机污染物，使污水得到更深入的净化，会进行后续的工艺过程，即二级处理。长期以来，生物化学处理一直是污水二级处理的主体工艺。然而，近年来，随着化学药剂品种的增多以及处理设备和工艺的不断改进，化学或物理化学处理法也逐渐被采用作为二级处理的主体工艺，并得到了广泛的推广。因此，二级处理原先作为生化处理同义词的概念已经不再适用。

污水在经过筛滤、沉淀或上浮等一级处理步骤后，虽然可以有效地去除部分悬浮物以及降低生化需氧量（BOD），但通常无法去除污水中呈溶解状态或胶体状态的有机物、氧化物、硫化物等有毒物质，难以达到污水排放标准。因此，必须进行二级处理。以下是一些主要的二级处理方法。

① 活性污泥法

活性污泥法是废水生物化学处理中的主要处理方法。以污水中有机污染物作为底物，在有氧的条件下，对各种微生物群体进行混合连续培养，形成活性污泥。利用这种活性污泥在废水中的凝聚、吸附、氧化、分解和沉淀等作用过程，去除废水中有机污染物，从而得到净化。活性污泥法从开创至今已经有100年的历史，目前已成为有机工业废水和城市污水最有效的生物处理法，应用非常普遍。活性污泥的运行方式多种多样，如传统活性污泥法、阶段曝气法、生物吸附法、混合式曝气法、纯氧曝气法、深井曝气法，以及近几年所发展的延时曝气活性污泥法。

② 生物膜法

生物膜法是使废水通过生长在固定支承物表面的生物膜，利用生物氧化作用和各相之间的物质交换，降解废水中有机污染物的方法。用这种方法处理废水的构筑物有生物滤池、生物转盘和生物接触氧化池以及最近发展起来的悬浮载体流化床，目前采用生物接触氧化池为多。

（3）三级处理

污水三级处理又称污水深度处理或高级处理。为进一步去除二级处理未能去除的污染物质，其中包括微生物未能降解的有机物或磷、氮等可溶性无机物。三级处理是深度处理的同义词，但二者又不完全一致。三级处理是经二级处理后，为了从废水中去除某种特定的污染物质，如磷、氮等，而补充增加的一项或几项处理单元；至于深度处理则往往是以废水回收、复用为目的，在二级处理后所增设的处理单元或系统。三级处理耗资较大，管理也较复杂，但能充分利用水资源。

表7.1为废水处理方法分类，图7.1为一套典型的城市污水处理方案。

表7.1　废水处理方法分类

分级	常用操作单元	作用
一级处理	隔栅、筛网、气浮、沉淀、预曝气中和	除去悬浮物、油、调节pH,初步处理
二级处理	活性污泥、生物膜、厌氧生化、混凝、氧化还原	除去大量有机污染物，主要处理
三级处理	氧化还原、电渗析、反渗透、吸附、离子交换	除去前二级未去除的有机物、无机物、病原体,深度处理

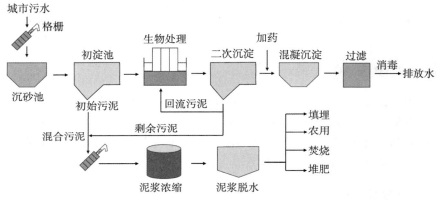

图7.1　典型的城市污水处理方案

三、化工废水处理标准

化工废水处理的目标主要分为两类：一是实现厂内重复利用；二是满足厂外排放要求。对于厂内重复利用，原则上只需满足厂内应用标准即可。而对于厂外排放，则必须至少符合我国环境保护的相关标准，这包括废水接受方和排放方双方的标准要求。

我国已经建立了相对完善的水系环境保护质量标准体系。对于化工废水处理而言，最基础的标准是《地表水环境质量标准》（GB 3838—2022）和《污水综合排放标准》（GB 8978—1996）这两项关键的国家标准。

（1）《地表水环境质量标准》（GB 3838—2022）是由国家环保部门经过多次修订后颁布的现行最基本的水质标准。该标准根据地表水域的环境功能和保护目标，将水质从高到低依次划分为五类：

Ⅰ类：主要适用于源头水、国家自然保护区；

Ⅱ类：主要适用于集中式生活饮用水地表水源地一级保护区、珍稀动物生物栖息地、鱼虾类产卵场、幼鱼的索饵场等；

Ⅲ类：主要适用于集中式生活饮用水地表水源地二级保护区、鱼虾类越冬场、洄游通道，水产养殖区等渔业水域及游泳区；

Ⅳ类：主要适用于一般工业用水区及人体非直接接触的娱乐用水区；

Ⅴ类：主要适用于农业用水区及一般景观要求水域。

（2）《污水综合排放标准》（GB 8978—1996）是由国家环保部门修订并颁布的现行重要污水排放标准。该标准根据污水的排放去向，分年限地规定了69种水污染物的最高允许排放浓度以及部分行业的最高允许排水量。

我国还制定了众多行业废水排放标准。现已明确规定：对于有行业排放标准的企业，应执行本行业的排放标准；其他企业则执行《污水综合排放标准》（GB 8978—1996）。该标准对向地面水体和城市下水道排放的污水，分别设定了一级、二级、三级等不同的执行级别标准。此外，该标准还将排放的污染物根据其性质分为两类：第一类污染物是指能在环境和动植物体内积蓄，对人体健康产生长远不良影响的物质，如汞、镉、铬、铅、砷、苯并芘等；第二类污染物则是指对人体健康影响相对较小的物质。对于各类污染物，该标准都详细列出了对应的各类接受水域的最高允许浓度及最大排水量。

7.2.2　物理处理法

在工业废水的处理中，物理法占有重要的地位。与其他方法相比，物理法具有设备简单、成本低、管理方便、效果稳定等优点。它主要用于去除废水中的漂浮物、悬浮固体、砂和油类等物质。物理法一般用作其他处理方法的预处理或补充处理。物理法包括：过滤、重力分离、离心分离等。

一、重力分离

废水中含有的较多无机砂粒或固体颗粒，必须采用沉淀法除掉，以防止水泵或其他机械设备、管道受到磨损，防止淤塞。沉淀池中沉降下来的固体，可用机械进行清除。

（一）沉淀法的分类

从化工废水中除去悬浮固体的方法，一般常采用沉淀法。此法是利用固体与水两者相对密度差异的原理，使固体和液体分离。这是对废水预先进行净化处理的方法之一，被广泛采用作为废水的预处理。沉淀法又分为自然沉淀和混凝沉淀两种。

（1）自然沉淀

自然沉淀是依靠废水中固体颗粒的自身重量进行沉降。此种仅对较大颗粒，可以达到去除的目的，属于物理方法。

（2）混凝沉淀

混凝沉淀的基本原理是在废水中投入电解质作为混凝剂，使废水中的微小颗粒与混凝剂能结成较大的胶团，加速在水中的沉降，此法实质为化学处理方法。

影响废水（或称污水）悬浮颗粒沉降效率的主要因素有三个方面，即：① 污水的流速；② 悬浮颗粒的沉降速度；③ 沉淀池的尺寸。

（二）沉淀设备

生产上用来对污水进行沉淀处理的设备称为沉淀池，如图7.2所示。根据池内水流的方向不同，沉淀池的形式大致可以分为五种：平流式沉淀池、竖流式沉淀池、辐射式沉淀池、斜管式沉淀池、斜板式沉淀池。

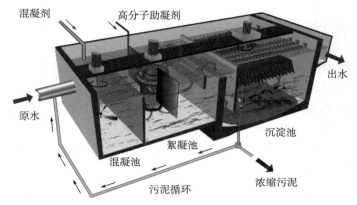

图7.2　典型的沉淀池结构

沉淀池的操作区域可以分为水流部分和沉淀部分。

（1）水流部分

废水在这部分内流动，悬浮固体颗粒也在这部分区域内进行沉降。为了使水流均匀地通过各个水断面，一般均在污水的入口处设置挡板，并且要使进水的入口置于池内的水面以下。另外在沉淀池的出水口前，设置浮渣挡板，用以防止漂浮在水面上的浮渣以及油污等从沉淀池流出。

（2）沉淀部分

沉降到池底的污泥需定期排放。采用机械排泥的沉降池底是平底。也可以采用泥浆泵或利用水的压力将污泥排出，此时池底应为锥形。另外还可以将两种排泥方式同时采用。

（三）隔油池

油品的相对密度通常都小于1，而重油的相对密度则大于1。在化工炼油废水中，油类主要以三种状态存在：

（1）悬浮状态：这部分油在废水中以较大的分散颗粒形式存在，容易上浮并分离，其含量通常占总含油量的80%～90%；

（2）乳化状态：油珠颗粒较小，直径一般介于0.052 5 μm之间，不易上浮去除，其含量约占总含油量的10%～15%；

（3）溶解状态：这部分油在废水中的含量相对较少，仅占总含油量的0.2%～0.5%。

只需去除前两部分（悬浮状态和乳化状态）的油类，废水中绝大多数的油类物质即可被去除，通常能够达到排放标准。对于悬浮状态的油类，一般采用隔油池进行分离；而对于乳化油，则常采用浮选法进行分离。

二、离心分离

离心分离的原理是当含悬浮物的废水在高速旋转时，由于悬浮颗粒与废水的质量不同，它们所受到的离心力也不同。质量较大的颗粒被甩到外圈，而质量较小的则留在内圈。通过设计不同的出口，可以将这些颗粒分别引导出来，从而实现废水中悬浮颗粒的分离，使废水得到净化。

离心分离设备根据离心力产生的方式不同，可以分为水力旋流器和高速离心机两种类型。

（1）水力旋流器（也称为旋液分离器）分为压力式和重力式两种。这类设备的结构是固定的，液体依靠水泵的压力或重力（即进出水头差）从切线方向进入设备，形成旋转运动并产生离心力。压力式水力旋流器能够分离出废水中粒径5 μm以上的颗粒，如图7.3（a）所示。

（2）高速离心机则依靠转鼓的高速旋转，使液体产生离心力，从而实现颗粒的分离，如图7.3（b）所示。

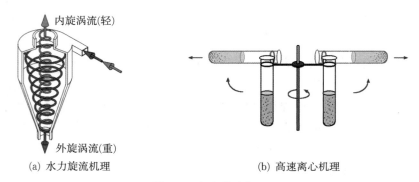

（a）水力旋流机理   （b）高速离心机理

图7.3　离心分离机理

三、过滤法

废水中含有的微粒物质和胶状物质，可以采用机械过滤的方法加以去除。过滤方法有时作为废水处理的预处理方法，用以防止水中的微粒物质及胶状物质破坏水泵、堵塞管道及阀门等。此外，过滤法也常用于废水的最终处理，使滤出的水能够进行循环使用。

（一）格栅过滤

格栅通常斜置在进水泵站集水井的进口处，如图7.1所示。其本身的水流阻力并不大，仅有几厘米，主要阻力来源于筛余物堵塞栅条。一般来说，当格栅的水头损失达到10～15 cm时，就应进行清洗。

水头：能量单位，指任意断面处单位重量水的能量，等于比能（单位质量水的能量）除以重力加速度。包括位置水头、压力水头和速度水头，单位为m。

格栅按形状可分为平面格栅和曲面格栅两种；按栅条的间隙，则可分为粗格栅（50～100 mm）、中格栅（10～40 mm）、细格栅（3～10 mm）三种。新设计的废水处理厂一般都采用粗、中两道格栅，甚至采用粗、中、细三道格栅。

（二）筛网过滤

一些工业废水中含有较细小的悬浮物，通过选择不同尺寸的筛网，可以去除水中不同类型和大小的悬浮物，如纤维、纸浆、藻类等，其作用相当于一个初沉池。筛网过滤的分类包括水力筛网、转鼓式筛网、转盘式筛网、微滤机等。

（三）颗粒介质过滤

颗粒状介质过滤适用于去除废水中的微粒物质和胶状物质，常用作离子交换和活性炭处理前的预处理，也能用作废水的三级处理，如图7.4所示。

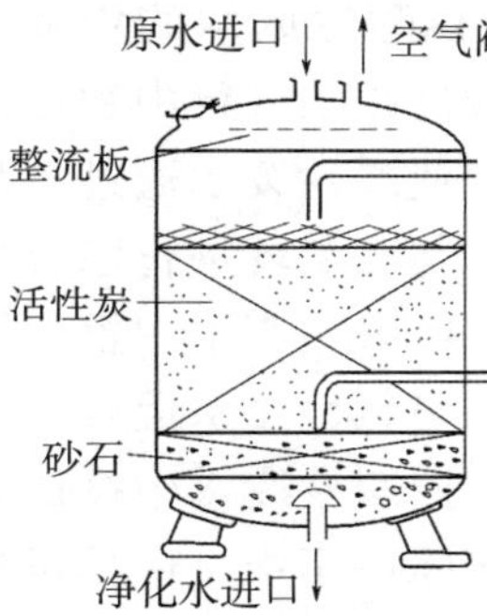

颗粒介质过滤器可以是圆形池或方形池。无盖的过滤器称为敞开式过滤器，一般废水自上流入，清水由下流出；有盖且密闭的，则称为压力过滤器，废水需用泵加压送入，以增加过滤压力。

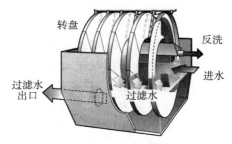

图7.4　活性炭颗粒介质过滤

（四）微滤机过滤法

微滤机是一种机械过滤装置，其构造包括水平转鼓（盘）和金属滤网，如图7.5所示。转鼓和滤网安装在水池内，水池内还设有隔板。转鼓转动的圆周速度为30 m/min，三分之二的转鼓浸在池水中。微滤机的工作原理是废水通过金属网细孔进行过滤。此法的优点在于设备结构紧凑、处理废水量大、操作方便、占地较小；缺点则是滤网的编织比较困难。

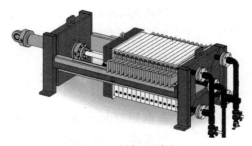

图7.5　微滤机机理

另外，在化工废水的过滤处理中，还可以采用离心过滤机或板框压滤机等通用设备。近年来，微孔管过滤机也逐渐得到应用，它使用微孔管代替金属丝网进行过滤。微孔管可由聚乙烯树脂或者用多孔陶瓷等制成，其特点是微孔孔径大小可以调节，微孔管调换比较方便，特别适用于过滤含有无机盐类的废水。

图7.6　板框压滤机

7.2.3　化学处理法

化学处理法是利用化学作用来处理废水中的溶解物质或胶体物质，它可以有效去除废水中的金属离子、细小的胶体有机物、无机物、植物营养素（如氮、磷）、乳化油、色度、臭味以及酸、碱等有害物质，对于废水的深度处理具有至关重要的作用。化学处理法主要包括：中和法、混凝法、氧化还原法、电化学法等。

一、中和法

在化工、炼油等企业中，对于低浓度的酸、碱废水，若其无回收及综合利用价值，往往采用中和法进行处理。中和法也常用于废水的预处理阶段，以调整废水的pH。中和，即酸碱相互作用生成盐和水的过程，也被称为pH调整或酸碱度的调整。

（一）酸性废水的中和处理方法

对酸性废水进行中和处理时，可采用以下几种方法。

（1）使酸性废水通过石灰石滤床；

（2）与石灰乳进行混合；

（3）向酸性废水中投加烧碱或纯碱溶液；

（4）与碱性废水混合，使混合后的废水 pH 接近中性；

（5）向酸性废水中投加碱性废渣（如电石渣、碳酸钙渣、碱渣等）。

在实际应用中，应尽量选用碱性废水或废渣来中和酸性废水，实现以废治废的目的。而烧碱或纯碱由于价格昂贵且是重要的工业原料，货源紧张，因此不应轻易选用。在采用中和法时，需要注意以下两点：

（1）中和时间一般要足够长，以确保中和反应充分进行；

（2）中和后，应避免产生大量沉渣，否则会影响处理效果，并带来沉渣的处理问题。因此，生成的盐应具有一定的溶解度。

（二）碱性废水的综合处理方法

对碱性废水进行中和处理时，一般可以采用以下途径：

（1）向碱性废水中鼓入烟道废气（如二氧化碳等酸性气体）；

（2）向碱性废水注入压缩的二氧化碳气体；

（3）向碱性废水中加入酸或酸性废水等；

（4）考虑采用其他酸性物质或酸性废水进行中和。

在实际操作中，应首先考虑采用酸性废水的中和处理。若附近没有酸性废水可供利用，则可采用投加酸（如工业用硫酸）进行中和。工业用硫酸在处理碱性废水进行中和时应用较为广泛。

二、混凝沉淀法

（一）混凝机理

混凝法的基本原理是在废水中投入混凝剂。由于混凝剂为电解质，它能在废水中形成胶团，并与废水中的胶体物质发生电中和作用，进而形成絮粒并沉降下来。

在废水未加混凝剂之前，水中的胶体和细小悬浮颗粒由于本身质量很轻，会受到水的分子热运动碰撞而做无规则的布朗运动。这些颗粒通常都带有同性电荷，它们之间的静电斥力会阻止微粒间相互接近并聚合成较大的颗粒。此外，带电荷的胶粒和反离子都能与周围的水分子发生水化作用，形成一层水化壳。水化层越厚，扩散层也越厚，颗粒的稳定性就越强。

然而，当向废水中投入混凝剂后，胶体颗粒的 Zeta 电位（ζ—电位）会降低或消除，这破坏了胶体颗粒的稳定状态，使其变得容易聚集，这一过程被称为脱稳。脱稳的颗粒会相互聚集形成较大的颗粒，这一过程称为凝聚。值得注意的是，即使未经脱稳的胶体也能形成大的颗粒，但这种现象被称为絮凝，它与凝聚在机理上有所不同。

按机理分类，混凝可分为四种类型：压缩双电层、吸附电中和、吸附架桥、沉淀物网捕。

以吸附架桥为例，当投加水溶性链状高分子聚合物作为混凝剂时，这些聚合物具有能和胶粒及细微悬浮物发生吸附的活性部位。它们可以通过静电引力、范德瓦耳斯力和氢键等作用力，将微粒搭桥联结成絮凝体，如图 7.7 所示。这种絮凝体具有较大的体积和重量，容易从废水中分离出来，从而达到净化废水的目的。

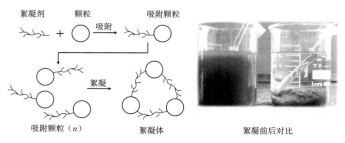

图 7.7 絮凝机理

（二）影响混凝效果的因素

在废水的混凝沉淀处理过程中，多种因素会影响混凝效果。其中，以下几个因素尤为重要：

1. 水样成分的影响

不同水样由于成分差异，同一种混凝剂的处理效果可能会大相径庭。废水中的成分会直接影响混凝剂的选择和效果。

2. 药剂投加量的影响

药剂投加量存在一个最佳值。若混凝剂投加量不足，水中杂质可能无法充分脱稳并去除；而投加过多，则可能导致杂质再次稳定，影响混凝效果。

3. 水温的影响

（1）水温会影响药剂在水中碱度起化学反应的速度，对金属盐类混凝剂的影响尤为显著，因为其水解是吸热反应。

（2）水温还会影响矾花的形成和质量。水温较低时，絮凝体形成缓慢，结构松散，颗粒细小。

（3）水温低时，水的黏度增大，布朗运动强度减弱，不利于脱稳胶粒的相互凝聚。同时，水流剪力也增大，影响絮凝体的成长。这一因素主要影响金属盐类的混凝效果，对高分子混凝剂的影响相对较小。

4. 碱度的影响

主要针对金属盐类混凝剂。在混凝过程中，金属盐类会水解产生大量 H^+ 离子，导致 pH 下降。保持一定的碱度可以使反应过程中的 pH 基本保持恒定，从而优化混凝条件。

对于高分子混凝剂而言，由于其作用并非依赖大量水解来实现，且水中通常会保持一定的碱度，因此碱度对其最佳投加量的影响较小。

5. 废水 pH 的影响

对金属盐类混凝剂而言，pH 会影响其在水中水解产物的种类与数量。一般在 pH 为 5.5~8.0 时，混凝剂具有较高的脱除率。

对人工合成高分子混凝剂而言，pH 会影响其活性基团的性质，从而影响混凝效果。

6.水力条件的影响

混凝过程是混凝剂与胶粒发生反应并逐步凝聚在一起的过程。水流紊动过于缓慢会导致混凝剂与胶粒的反应速率降低；而紊动过于激烈则可能使已经结成的絮体重新破裂。因此，混凝过程通常分为混合与反应两个阶段，以确保混凝剂与胶粒能够充分反应并形成良好的絮凝体。

（三）混凝剂和助凝剂

1.混凝剂

混凝剂的品种繁多，目前已有几百种之多。按其化学成分，混凝剂可分为无机和有机两大类。无机盐类混凝剂主要是铝和铁的盐类及其水解聚合物；有机类混凝剂则品种更多，主要是高分子化合物，这些高分子化合物又可分为天然的及人工合成的两部分。

（1）无机混凝剂：无机混凝剂主要是利用其强水解基团水解后形成的微絮体，使胶体颗粒脱稳并凝聚。自19世纪末美国最先将硫酸铝用于给水处理并取得专利以来，无机混凝剂因其价格低廉、原料易得等优点而得到广泛应用。

（2）有机混凝剂：有机混凝剂分为天然有机混凝剂与人工合成有机高分子混凝剂。

① 天然有机混凝剂是人类较早使用的混凝剂，但其用量远少于人工合成高分子混凝剂。这是因为天然高分子混凝剂的电荷密度较小，相对分子质量较低，且易发生生物降解而失去絮凝活性。

② 人工合成有机高分子混凝剂是近三十几年来才发展起来的，但在水和废水处理及污泥调理中的应用却越来越广泛。

2.助凝剂

为了提高混凝沉淀的效果，通常在使用混凝剂的同时还需加入一些助凝剂。助凝剂主要有以下三类：

（1）pH调节剂：用于调整废水的pH，以使混凝剂达到最佳使用效果。常用的pH调节剂有石灰等。

（2）活化剂：用于改善絮凝体的结构，增加混凝剂的活性。使用活化剂的优点在于：絮凝体形成快，且颗粒大、密实；即使在低温下也能很好地凝聚，且最佳pH范围较广。

（3）氧化剂：用于破坏对混凝剂有干扰的其他有机物质，如氯等。通过氧化作用，可以消除这些有机物质对混凝过程的干扰，提高混凝效果。

（四）混凝处理流程

混凝处理流程包括投药、混合、反应及沉淀分离等几个部分。具体流程如图7.8所示。

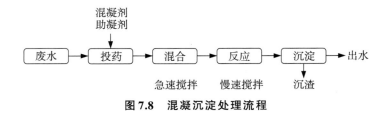

图7.8 混凝沉淀处理流程

三、氧化还原法

废水经过氧化还原处理，可以将废水中所含的有机物质和无机物质转变成无毒或毒性较小的物质，从而达到废水处理的目的。虽然氟的氧化能力最强，但目前用氟来处理废水还存在一定的困难。因此，一般用得比较多的氧化剂主要是Cl_2、O_3等。常用的氧化法如下：

（一）空气氧化法

空气氧化法是利用空气中的氧气来氧化废水中的有机物和还原性物质的一种处理方法。由于空气的氧化能力相对较弱，它主要用于处理含有较强还原性物质的废水，如炼油厂的含硫废水。

（二）氯氧化法

氯气是一种普遍使用的氧化剂，既用于给水消毒，也用于废水氧化，主要起到消毒杀菌的作用。常见的含氯药剂有液氯、漂白粉、次氯酸钠、二氧化氯等。这些药剂的氧化能力通常用有效氯含量来表示。化合价大于 -1 的那部分氯具有氧化能力，被称为有效氯。

氯氧化法目前主要应用于处理含酚、含氰、含硫化物的废水。

1.处理含酚废水

向含酚废水中加入氯、次氯酸盐或二氧化氯等，可以将酚破坏。但由于二氧化氯的价格较高，因此仅用于处理低浓度酚的废水。

2.处理含氰废水

用氯氧化法处理含氰废水时，可以直接将次氯酸钠加入废水中，也可以同时将氢氧化钠和氯气加入废水中，氢氧化钠与氯气反应生成次氯酸钠。由于这种氯氧化法是在碱性条件下进行的，因此也被称为碱性氯化法。

（三）臭氧氧化法

臭氧可以使有机物质被氧化，将烯烃、炔烃及芳香烃的化合物氧化成醛类或有机酸。臭氧 O_3 是氧的同素异构体，在常温常压下是一种具有鱼腥味的淡紫色气体。其沸点为 $-112.5\ ℃$，密度为 $2.144\ kg/m^3$，是氧的1.5倍。臭氧不稳定，在常温下容易自行分解成为氧气并释放出热量。臭氧在水中的溶解度要比纯氧高10倍，比空气高25倍。

用臭氧处理废水的过程：臭氧先溶于水中，然后再与废水中的污染物进行氧化反应。由于臭氧在水中的溶解度并不大，它与污染物的反应速率也受到限制，因此反应速度一般不是很快。用臭氧处理废水后，氧化产物的毒性会降低，同时臭氧在水中分解后得到氧，可以增加水中的溶解氧，而不会造成二次污染。

臭氧主要用于废水的三级处理，其作用包括：降低废水中的COD和去除BOD、杀菌消毒、增加水中的溶解氧、脱色和脱臭味、降低浊度等。

（四）湿式氧化法

湿式氧化法是在较高温度和压力下，用空气中的氧来氧化废水中溶解和悬浮的有机物和还原性无机物的一种方法。由于氧化过程在液相中进行，因此被称为湿式氧化。与一般方法相比，湿式氧化法具有适用范围广、处理效率高、二次污染低、氧化速度快、装置小型化、可回收能源和有用物料等优点。

7.2.4 物理化学处理法

废水经过物理方法处理后，仍可能含有某些细小的悬浮物以及溶解的有机物。为了进一步去除这些残存在水中的污染物，可以采用物理化学方法进行处理。常用的物理化学方法包括吸附、浮选、电渗析、反渗透、超过滤等。

一、吸附法

在废水处理中，吸附法主要用于处理那些用生化法难以降解的有机物或用一般氧化法难以氧化的溶解性有机物，如木质素、氯或硝基取代的芳烃化合物、杂环化合物、洗涤剂、合成染料、除莠剂等。当使用活性炭等吸附剂对这类废水进行处理时，不仅能吸附这些难以分解的有机物，降低 COD，还能使废水脱色、脱臭，达到可重复利用的程度。因此，吸附法在废水深度处理中得到了广泛应用。

吸附法是利用多孔性固体物质作为吸附剂，通过吸附剂的表面来吸附废水中的某种污染物。常用的吸附剂有活性炭、硅藻土、铝矾土、磺化煤、矿渣以及吸附用的树脂等，其中活性炭最为常用。

（一）吸附剂及其再生

所有固体物质都具有一定的吸附能力，但只有多孔性物质或磨得极细的物质，由于其具有很大的表面积，才能作为有效的吸附剂。选择吸附剂时，必须满足以下要求：吸附能力强、吸附选择性好、吸附平衡浓度低、容易再生和再利用、机械强度好、来源容易、化学性质稳定、价格便宜等。

吸附剂在达到饱和吸附后，必须进行脱附再生，才能重复使用。脱附是吸附的逆过程，即在保持吸附剂结构不变或变化极小的情况下，用某种方法将吸附质从吸附剂孔隙中除去，恢复吸附剂的吸附功能。目前，吸附剂的再生方法主要有加热再生、药剂再生、化学氧化再生、湿式氧化再生、生物再生等。在选择再生方法时，需综合考虑吸附质的物理性质、吸附机理以及吸附质的回收使用价值等因素。

（二）吸附工艺及设备

在设计吸附工艺和装置时，应首先确定吸附剂的类型、吸附和再生操作方法以及废水的预处理和后处理措施。通常需要通过静态和动态试验来确定处理效果、吸附容量、设计参数和技术经济指标。吸附操作可分为间歇式和连续式两种。

1. 间歇式吸附

间歇式吸附是将吸附剂（多为粉状炭）投入废水中，不断搅拌，经过一定时间达到吸附平衡后，通过沉淀或过滤的方法进行固液分离。如果一次吸附后出水仍达不到排放要求，则需增加吸附剂投加量、延长停留时间或对一次吸附出水进行二次或多次吸附。间歇式吸附工艺适用于规模小、间歇排放的废水处理。然而，当处理规模较大时，需建设较大的混合池和固液分离装置，且粉状炭的再生工艺相对复杂。

2. 连续式吸附工艺

连续式吸附工艺是废水不断流入吸附床，与吸附剂接触，当污染物浓度降至处理要求时，废水从吸附床排出。根据吸附剂的充填方式，连续式吸附工艺又分为固定床、移动床和流化床三种。

除对含有机物废水有很好的去除作用外，吸附法据报道对某些金属及化合物也有很好的吸附效果。研究表明，活性炭对汞、锑、铋、锡、钴、镍、铬、铜、镉等金属都有很强的吸附能力。国内已应用活性炭吸附法处理电镀含铬、含氰废水。对于化工厂、炼油厂等排放的有机污染物的废水，在要求深度处理时，活性炭吸附法已成为一种实用、可靠且经济的方法。

二、浮选法

浮选法就是利用高度分散的微小气泡作为载体去黏附废水中的污染物，使其视密度小于水而上浮到水面而实现固—液或液—液分离的过程。在废水处理中，浮选法已广泛应用于：

（1）分离地面水中的细小悬浮物、藻类及微絮体；

（2）回收工业废水中的有用物质，如造纸厂废水中的纸浆纤维及填料等；

（3）代替二次沉淀池，分离和浓缩剩余活性污泥，特别适用于那些易于产生污泥膨胀的生化处理工艺中；

（4）分离回收油废水中的悬浮油和乳化油；

（5）分离回收以分子或离子状态存在的目的物，如表面活性剂和金属离子等。

（一）浮选法的基本原理

浮选法主要基于表面张力的作用原理。当液体与空气接触时，接触面上的液体分子受到液体内部分子的引力，趋向于被拉向液体内部，导致液体表面收缩至最小，使液珠总是呈圆球形存在。这种试图缩小表面面积的力被称为液体的表面张力，其单位为 N/m。若要增大液体的表面积，就需对其做功，以克服分子间的引力。同样，在相界面上也存在界面张力。

当空气通入废水时，废水中存在的细小颗粒物质与空气和水共同组成三相系统。当细小颗粒黏附到气泡上时，气泡界面会发生变化，引起界面能的变化。颗粒黏附于气泡之前和黏附于气泡之后，气泡单位界面面积上的界面能之差用 ΔE 表示。如果 $\Delta E>0$，说明界面能减少了，减少的能量消耗于把水挤开的做功上，使颗粒黏附在气泡上；反之，如果 $\Delta E<0$，则颗粒不能黏附于气泡上，因此 ΔE 又被称为可浮性指标。

此外，可浮性指标 ΔE 值的大小与水和气相界面的界面张力 σ 及颗粒对水的润湿性直接相关。易被水润湿的颗粒，水对其有较大的附着力，气泡不易把水排开取而代之；因此，这种颗粒不易附着在气泡上。相反，不易被润湿的颗粒，就容易附着在气泡上。

颗粒对水的润湿性可以用颗粒与水的接触角 θ 来表示。$\theta<90°$ 的颗粒为亲水性物质，$\theta>90°$ 的颗粒为疏水性物质。如图 7.9 所示，通过物质与水接触面积的大小可以清楚地看出这一点。可浮性指标的表达式为

$$\Delta E=\sigma\,(1-\cos\theta)$$

根据上式，当颗粒完全被水润湿时：

$$\theta \longrightarrow 0,\ \cos\theta \longrightarrow 1,\ \Delta E \longrightarrow 0$$

此时颗粒不能与气泡相黏附，因此不能用气

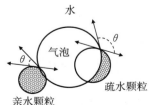

图 7.9　悬浮颗粒与水的润湿情况

浮法处理；

当颗粒完全不被水润湿时：

$$\theta \longrightarrow 180, \cos\theta \longrightarrow -1, \triangle E \longrightarrow 2\sigma$$

此时颗粒与气泡黏附紧密，最易于用气浮法去除。对于 σ 值很小的体系，虽然有利于形成气泡，但 $\triangle E$ 很小，不利于气泡与颗粒的黏附。

综上所述，若要用浮选法分离亲水性颗粒（如纸浆纤维、煤粒、重金属离子等），就必须投加合适的药剂，以改变颗粒的表面性质，使其表面变成疏水性，从而易于黏附于气泡上。这种药剂通常被称为浮选剂。同时，浮选剂还有促进起泡的作用，可使废水中的空气形成稳定的小气泡，有利于气浮过程的进行。

（二）浮选法设备及流程

浮选法的形式多样，常用的浮选方法包括加压浮选、曝气浮选、真空浮选、电解浮选以及生物浮选法等。

1.加压浮选法

加压浮选法在国内应用广泛，几乎所有炼油厂都采用此法处理废水中的乳化油，并取得了显著的处理效果，出水中含油量可降至 $10\sim25\ mg/L$ 以下。该方法通过加压将空气通入废水中，使空气溶解在废水中达到饱和状态，然后突然减压至常压，此时溶解在水中的空气成为过饱和状态，迅速形成极微小的气泡并上升。气泡在上升过程中捕集废水中的悬浮颗粒和胶状物质，一同带出水面后去除。

用这种方法产生的气泡直径约为 $20\sim100\ \mu m$，且可人为控制气泡与废水的接触时间，因此净化效果优于分散空气法，应用广泛。

加压溶气浮选法根据溶气水的不同，有三种基本流程：全部进水溶气、部分进水溶气、部分处理水溶气。图7.10展示了全部进水加压溶气流程的系统装置。

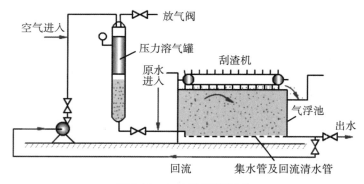

图7.10　加压溶气浮选法

全部原水由泵加压至 $0.3\sim0.5\ MPa$ 后压入溶气罐，同时用空压机或射流器向溶气罐压入空气。溶气后的水气混合物通过减压阀或释放器进入气浮池进口处，析出气泡进行气浮。分离区形成的浮渣由刮渣机排入浮渣槽。此流程的缺点是能耗高且溶气罐体积较大。

2.曝气浮选法

曝气浮选法是将空气直接打入浮选池底部的充气器中，形成细小的气泡并均匀地进入废水。废水从池上部进入浮选池，与从池底多孔充气器放出的气泡接触。气泡捕集废水中的颗粒后上浮到水面，由排渣装置将浮渣刮送到泥渣出口处排出。净化水则通过水位调节器由水管流出。

充气器可由带有微孔的材料制成，如帆布、多孔陶瓷、微孔塑料管等。曝气浮选法的特点是动力消耗小，但气泡较大且难以均匀，因此浮选效果略逊于压力溶气法。同时，操作过程中多孔充气器需经常清理以防堵塞，给操作带来不便。

3. 真空浮选法

真空浮选法是将废水与空气同时吸入真空系统后接触，一般真空度为 $(2.7 \sim 4.0) \times 10^4$ Pa。在真空系统中，气浮池在负压下运行，空气在水中易呈过饱和状态，析出的空气量取决于溶解空气量和真空度。

此方法的优点是溶气压力低于加压溶气法，能耗较小。但其最大缺点是气浮池构造复杂，运行和维护困难，因此在生产中应用不多。

4. 电解浮选法

电解浮选法是对废水进行电解，在阴极产生大量氢气。这些氢气气泡极小，仅为 $20 \sim 100$ μm。废水中的颗粒物黏附在氢气泡上随之上浮，从而达到净化废水的目的。同时在阳极发生氧化作用，使极板电离形成氢氧化物，起着混凝剂和浮选剂的作用，有助于废水中的污染物质上浮和净化。

电解气浮法的优点是产生的小气泡数量众多，每平方米的极板可在 1 min 内产生 16×10^{17} 个小气泡；在利用可溶性阳极时，浮选过程和沉降过程可结合进行，装置简单紧凑，易于实现一体化。在印染废水和含油废水的处理中具有特殊优势，是一种有效的废水处理方法。

5. 生物浮选法

生物浮选法是将活性污泥投放到浮选池内，依靠微生物的增长和活动来产生气泡（主要是细菌呼吸活动产生的 CO_2 气泡）。废水中的污染物黏附在气泡上上浮到水面后去除，从而使水净化。但此法产生的气量较小，浮选过程缓慢，在实际应用中难以实现。

7.2.5 生化处理法

生化处理法的要求：BOD_5/COD 比值大于 0.3。

由于工业废水中常含有多种对微生物具有毒性的化合物，因此在实施生化处理之前，通常需要进行必要的预处理。另外，从悬浮物和不溶性颗粒物与 COD 或 BOD 的关系来看，一般而言，在去除废水中的大部分悬浮物和颗粒物后，废水中的 COD 和 BOD 含量也会大幅度降低。因此，加强工业废水中悬浮物和颗粒物的预处理至关重要，这是削减废水中有机物含量的一项既简单又有效的措施。

一、生化处理方法分类

根据微生物的代谢形式，生化处理方法主要分为好氧处理和厌氧处理两大类型。按照微生物的生长方式，则可分为悬浮生长型和固着生长型两类。此外，根据系统的运行方式，还可分为连续式和间歇式；而根据主体设备中的水流状态，则可分为推流式和完全混合式等类型。好氧处理和厌氧处理又可进一步细分为自然条件和人工条件，具体分类如图7.11所示。

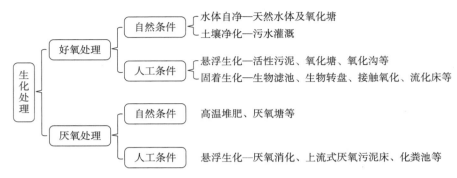

图 7.11　生化处理分类

二、微生物及生物处理

（一）微生物的特征

微生物是一类肉眼无法看见，需借助显微镜才能观察到的单细胞及多细胞生物，在自然界中分布广泛且种类繁多。在处理废水时常见的微生物，可大致分为以下几类，具体如图7.12所示。

图 7.12　污水处理微生物的种类

微生物在生命活动过程中，会不断从外界环境中吸收营养物质，并通过一系列复杂的酶催化反应将其转化利用，为自身提供能量并合成新的生物体。同时，微生物也会不断向外界环境排泄废物，从而实现生命体的自我更新。这一过程被称为微生物的新陈代谢，简称代谢。微生物的生长、繁殖、遗传及变异等生命活动，均依赖于新陈代谢的进行。可以说，没有新陈代谢，就没有生命。

微生物的另一个显著特征是变异性，即环境条件的改变对微生物具有特别明显的影响，而且这种变异还具有遗传性。因此，我们可以利用微生物的这一特性，在人为条件下培养所需微生物，并部分改变其原有特性，使其更好地适应不同的废水处理环境。这种培养过程被称为驯化。通过驯化微生物来改变其部分性状的方法，则被称为定向变异。

在水体中，细菌、真菌、藻类、原生动物和后生动物共生共存。细菌和真菌以水中的有机物、氮和磷等为营养来源，进行有氧和无氧呼吸以合成自身细胞。藻类则利用二氧化碳和水中的氮、磷进行光合作用，合成自身细胞并向水体释放氧气。藻类细胞死亡后，会成为菌类繁殖的营养来源。原生动物吞食水中的固态有机物、菌类和藻类，而后生动物则捕食水中的固体有机物、菌类、藻类和原生动物。

（二）酶及酶反应

微生物与废水中有机物的作用，一切生物化学反应都是在酶的催化作用下才能进行的。酶是由活细胞产生的，能在生物体内和生物体外发挥催化作用的生物催化剂。酶主要分为两类：单成分酶和双成分酶。

（1）单成分酶完全由蛋白质组成，这类酶的蛋白质本身就具有催化活性，多数可以分泌到细胞体外进行催化水解，因此被称为外酶。

（2）双成分酶由蛋白质和活性原子基团相结合而成。蛋白质部分称为主酶，活性原子基团一般是非蛋白质部分。当这部分与蛋白质部分结合较紧密时，称之为辅基；结合不牢固时，称之为辅酶。主酶与辅基或辅酶组合成全酶，两者不能单独起催化作用，只有有机结合成全酶后才能发挥催化作用。其中，蛋白质部分决定催化哪种底物以及在什么部位发生反应，辅基和辅酶则决定催化哪种化学反应。双成分酶（全酶）通常保留在细胞内，因此被称为内酶。

（三）生化法对水质的要求

对废水水质的要求主要有以下几个方面：

（1）pH：在废水处理过程中，pH不能有突然变化，否则将抑制微生物的活力，甚至导致微生物死亡。一般来说，对于好氧生物处理，pH应保持在6~9范围内；对于厌氧生物处理，pH应保持在6.5~8之间。

（2）温度：温度过高会导致微生物死亡，而温度过低则会使微生物的新陈代谢作用变得缓慢，活力受到抑制。一般来说，生物处理要求水温控制在20~35℃之间。

（3）水中的营养物及其毒物：微生物的生长、繁殖需要多种营养物质，包括碳源、氮源、无机盐类等。经过水质分析后，需向水中投加缺少的营养物质，以满足微生物的各种营养需求，并保持其间的一定数量比例。一般来说，氮、磷的需要量应满足 $BOD_5 ：N ：P＝100 ：5 ：1$（质量比）。

（4）氧气：根据微生物对氧的需求，可分为好氧微生物、厌氧微生物及兼性微生物。好氧微生物在降解有机物的代谢过程中以分子氧作为受氢体。如果分子氧不足，降解过程就会因为缺乏受氢体而无法进行，从而影响微生物的正常生长规律。因此，在好氧生物处理的反应过程中，通常需要从外界供氧，一般要求反应器废水中保持溶解氧浓度在2~4 mg/L左右为宜。

（5）有机物的浓度：进水有机物的浓度过高会增加生物反应所需的氧量，往往由于水中含氧量不足而造成缺氧，影响生化处理效果。但进水有机物的浓度过低则容易造成养料不足，缺乏营养也会使处理效果受到影响。一般来说，进水 BOD_5 值以不超过500~1 000 mg/L且不低于100 mg/L为宜。

（四）好氧生物处理和厌氧生物处理

根据生化处理过程中起主导作用的微生物种类的差异，废水生化处理可分为两大类：好氧生物处理和厌氧生物处理。

（1）好氧生物处理：这一过程涉及好氧微生物和兼性微生物的参与，在溶解氧充足的条件下，它们将有机物分解为 CO_2 和 H_2O ，并在这个过程中释放出能量。

（2）厌氧生物处理：在无氧环境下，利用厌氧微生物（主要是厌氧菌）的作用来处理废水中的有机物。

（3）兼性氧化（也称兼气性氧化或兼气性分解）：这是兼性微生物生命活动的产物，其过程介于好氧分解与厌氧分解之间。兼性微生物既能在有氧条件下生存，也能在无氧条件下进行代谢，因此它们能在好氧和厌氧环境之间灵活转换，进行有机物的分解。

三、活性污泥法

（一）活性污泥

活性污泥法处理的核心在于拥有数量充足且性能优异的活性污泥。评估活性污泥数量和性能的主要指标包括以下几项。

1.活性污泥的浓度（MLSS）

活性污泥的浓度表示 1 L 混合液中悬浮固体（MLSS）或挥发性悬浮固体（MLVSS）的量，单位通常为 g/L 或 mg/L。在活性污泥曝气池中，MLSS 的浓度一般维持在 2～6 g/L 之间，多数情况下为 3～4 g/L。

2.污泥沉降比（SV%）

污泥沉降比是指一定量的曝气池废水在静置 30 min 后，沉淀污泥与废水之间的体积比，以"％"表示。该指标能够反映污泥的沉淀和凝聚性能。污泥沉降比越大，说明活性污泥与水分离的速度越快，性能良好的污泥其沉降比一般可达到 15％～30％。

3.污泥容积指数（SVI）

污泥容积指数又称污泥指数，它表示一定量的曝气池废水在 30 min 沉淀后， 1 g 干污泥所占沉淀污泥容积的体积，单位为 mL/g。该指标实际上反映了活性污泥的松散程度。污泥指数越大，污泥越松散，从而具有更大的表面积，更易于吸附和氧化分解有机物，提高废水处理效果。然而，污泥指数过高会导致污泥沉淀性差，因此一般控制在 50～150 mL/g 之间为宜。但根据废水的性质不同，这个指标也会有所差异。例如，当废水中溶解性有机物含量高时，正常的 SVI 值可能偏高；相反，当废水中含无机性悬浮物较多时，正常的 SVI 值可能偏低。

以上三者之间的关系为

$$SVI=SV\%\times10/MLSS$$

如曝气池废水污泥沉降比（SV）为 20％，污泥指数为 2.5 g/L，则污泥容积指数 SVI＝20×10/2.5＝80。

（二）活性污泥法处理废水过程

活性污泥处理废水中的有机质主要经历三个阶段：生物吸附阶段、生物氧化阶段以及絮凝体形成与凝聚沉淀阶段。采用活性污泥法处理工业废水的大致流程如图 7.13 所示。

在流程中，曝气池是主体构筑物。

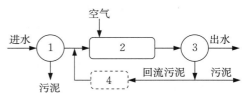

1—初次沉淀；2—曝气池；3—二次沉淀；4—再生池

图7.13　活性污泥法基本流程

废水首先经过沉淀预处理（如初沉池），去除大的悬浮物及胶状颗粒后，进入曝气池与池内的活性污泥混合成混合液。在曝气池内，通过充分曝气，一方面使活性污泥保持悬浮状态，确保废水与活性污泥能够充分接触；另一方面，为活性污泥提供氧气，维持好氧条件，以保障微生物的正常生长和繁殖。在此过程中，水中的有机物被活性污泥吸附并氧化分解。处理后的废水和活性污泥一同流入二次沉淀池进行分离，上层净化后的废水被排出。沉淀下来的活性污泥部分回流入曝气池进口，与新进入的废水混合。

由于微生物的新陈代谢作用，系统中活性污泥的量会不断增加。因此，需要将多余的活性污泥从系统中排出，这部分污泥被称为剩余污泥；而回流使用的污泥则被称为回流活性污泥。

（三）活性污泥法的分类

根据废水和回流污泥的进入方式及其在曝气池中的混合方式，活性污泥法可分为推流式和完全混合式两大类。

推流式活性污泥曝气池通常由若干个狭长的流槽组成，废水从一端进入，从另一端流出。这类曝气池又可进一步分为平行水流（并联）式和转折水流（串联）式两种。随着水流的前进，底物逐渐降解，微生物不断增长，生物负荷率（F/M，即底物量F与微生物量M的比值）沿程发生变化，系统处于生长曲线的某一段上工作。

完全混合式则是废水进入曝气池后，在搅拌作用下立即与池内的活性污泥混合液充分混合，从而使进水得到良好的稀释，污泥与废水得到充分接触和混合。这种方式能够最大限度地承受废水水质变化的冲击。同时，由于池内各点的水质均匀，生物负荷率（F/M）保持一致，系统处于生长曲线的某一点上工作。在运行时，可以通过调节生物负荷率（F/M），使曝气池保持最佳的工况条件。

普通曝气沉淀池通常由曝气区、导流区、回流区、沉淀区等几个部分组成，占地面积较小。回流用的活性污泥可以自动回流至曝气面，无需额外的污泥输送设备。然而，其沉淀效果相较于分建式要差一些，导致出水中有机物的含量相对较高，可能会影响出水的水质。

四、生物膜法

生物膜法是另一种好氧生物处理法。与活性污泥法依靠曝气池中悬浮流动着的活性污泥来分解有机物不同，生物膜法是通过废水与生物膜接触，使生物膜吸附和氧化废水中的有机物，并同废水进行物质交换，从而使废水得到净化的过程，如图7.14所示。常用的生物膜法设备有生物滤池、塔式滤池、生物转盘、生物接触氧化和生物流化床等。根据生物膜与废水的接触方式不同，生物膜法可分为填充式和浸渍式两类。

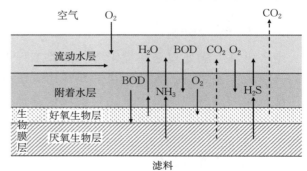

图7.14 生物膜机理

（1）在填充式生物膜法中，废水和空气沿固定的填料或转动的盘片表面流过，与其表面生长的生物膜接触。典型设备包括生物滤池和生物转盘。

（2）在浸渍式生物膜法中，生物膜载体完全浸没在水中，通过鼓风曝气供氧。如果载体固定，则称为接触氧化法；如果载体流化，则称为生物流化床。

生物滤池一般由钢筋混凝土或砖石砌筑而成，其平面形状有矩形、圆形或多边形，其中以圆形最为常见。生物滤池的主要组成部分包括滤料、池壁、排水系统和布水系统（如图7.15所示）。

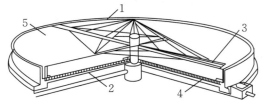

1—池壁；2—池底；3—布水器；4—排水沟；5—滤料

图7.15　圆形生物滤池构造

滤料作为生物膜的载体，对生物滤池的工作效果具有重要影响。常用的滤料有卵石、碎石、炉渣、焦炭、瓷环、陶粒等，这些滤料颗粒均匀，粒径通常在 25～100 mm 之间，滤层厚度为 0.9～2.5 m，平均厚度在 1.8～2.0 m 之间。近年来，生物滤池多采用塑料滤料，这些滤料主要由聚氯乙烯、聚乙烯、聚苯乙烯、聚酰胺等加工成波纹板、蜂窝管、环状及空圆柱等复合式形状。

生物滤池的基本流程与活性污泥法相似，由"初次沉淀池—生物滤池—二次沉淀池"等三部分组成。在生物滤池中，为了防止滤层堵塞，需要设置初次沉淀池来预先去除废水中的悬浮颗粒和胶状颗粒；二次沉淀池则用于分离脱落的生物膜。由于生物膜的含水率比活性污泥小，因此污泥沉淀速度较快，二次沉淀池的容积也相应较小。

含有有机物质的工业废水从滤池顶部通入，自上而下地穿过滤料层，进入池底的集水沟后排出池外。当废水由布水装置均匀地分布在滤料的表面上，并沿着滤料的间隙向下流动时，滤料会截留废水中的悬浮物质及微生物。这些微生物在滤料表面逐渐形成一层生物膜，它们吸附滤料表面上的有机物作为营养并快速繁殖，进一步吸附废水中的有机物。随着生物膜厚度的逐渐增加，氧气难以渗透到生物膜深处，导致生物膜里层供氧不足。这会造成厌氧微生物的繁殖和厌氧分解的产生，进而产生氨、硫化氢和有机酸等恶臭气味，影响出水的水质。如果生物膜过厚，还会使滤料间隙变小，造成堵塞并减少处理水量。因此，一般认为生物膜的厚度以 2 mm 左右为宜。

五、厌氧生化法

废水厌氧生物处理是环境工程与能源工程中的一项重要技术，也是处理有机废水的强有力方法之一。人们有目的地利用厌氧生物处理技术已有近百年的历史。农村广泛使用的沼气池就是厌氧生物处理技术最初的运用实例。然而，由于该技术存在水力停留时间长、有机负荷低等缺点，较长时期内限制了其在废水处理中的广泛应用。自 20 世纪 70 年代开始，随着世界能源的紧缺，能产生能源的废水厌氧技术得到了重视。不断有新的厌氧处理工艺和构筑物被开发出来，这些新技术大幅度提高了厌氧反应器内活性污泥的持留量，显著缩短了废水的处理时间，并成倍提高了处理效率。特别是在高浓度有机废水处理方面，厌氧生物处理技术逐渐显示出其优越性。

（一）厌氧生物处理的基本原理

废水的厌氧生物处理是指在无分子氧的条件下，通过厌氧微生物（或兼氧微生物）的作用，将废水中的有机物分解转化为甲烷和二氧化碳的过程，因此也被称为厌氧消化。早在20世纪30年代，人们就已经认识到有机物的分解过程分为酸性（酸化）阶段和碱性（甲烷化）阶段。1967年，Bryant的研究进一步表明，厌氧过程主要依靠三大主要类群的细菌联合作用完成，即水解产酸细菌、产氢产乙酸细菌和产甲烷细菌。因此，厌氧过程应划分为三个连续的阶段：水解酸化阶段、产氢产乙酸阶段和产甲烷阶段。有人也将水解酸化阶段进一步划分为水解和酸化两个阶段，如图7.16所示。

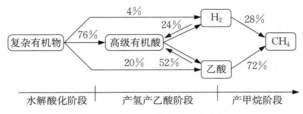

图7.16　厌氧消化化学过程

（1）第一个阶段　水解酸化阶段

在这个阶段，复杂的大分子有机物和不溶性的有机物首先在细胞外酶的作用下水解为小分子、溶解性有机物，然后渗透到细胞体内，进一步分解产生挥发性有机酸、醇类、醛类物质等。

（2）第二个阶段　产氢产乙酸阶段

在产氢产乙酸细菌的作用下，将水解酸化阶段产生的各种有机酸分解转化为乙酸和H_2，同时在降解奇数碳素有机酸时还形成CO_2。

（3）第三个阶段　产甲烷阶段

产甲烷细菌利用乙酸、乙酸盐、CO_2和H_2或其他一碳化合物转化为甲烷。

上述三个阶段的反应速度因废水性质的不同而异，且厌氧生物处理对环境的要求比好氧法更为严格。一般认为，控制厌氧生物处理效率的基本因素有两类：一类是基础因素，包括微生物量（污泥浓度）、营养比、混合接触状况、有机负荷等；另一类是环境因素，如温度、pH、氧化还原电位、有毒物质的含量等。

（二）厌氧生物处理的典型工艺

厌氧生物处理的典型工艺包括普通厌氧消化池、厌氧滤池、厌氧接触消化、上（升）流式厌氧污泥床（UASB）、厌氧附着膜膨胀床（AAFEB）、厌氧流化床（AFB）、升流厌氧污泥床－滤层反应器（UBF）、厌氧转盘和挡板反应器、两步厌氧法和复合厌氧法等。

六、污泥的处理

报废污泥可通过填埋、制备建筑材料或燃料、堆肥等方式进行循环处理。在污泥进行循环利用前，最重要的步骤是对污泥进行消化处理。污泥的消化分为厌氧消化和好氧消化两种：

（1）污泥的厌氧消化：将浓缩污泥置于密闭的消化池中，利用厌氧微生物的作用使有机物分解稳定。这种有机物厌氧分解的过程被称为发酵。

（2）污泥的好氧消化：利用好氧菌和兼氧菌，在污泥处理系统中进行曝气供氧，使微生物分解可生物降解的有机物（污泥）及细胞原生质，并从中获取能量。

7.3　化工废气处理技术

大气污染物能通过多种途径沉积到水体、土壤和作物中，进而通过呼吸、皮肤接触、食物链和饮用水等途径进入人体，对人体健康和生态环境造成短期或长期的危害。

7.3.1　化工废气的分类及特点

一、按污染物性质分

第一类：含无机污染物的化工废气，主要来自氮肥、磷肥（含硫酸）、无机盐等。

第二类：含有机污染物的废气，主要来自有机原料及农药、染料、涂料等行业。

第三类：既含无机污染物又含有机污染物的废气，主要来自氯碱、炼焦等行业。

此外，按污染物的物理状态，还可分为颗粒污染物和气态污染物。

二、化工废气的特点

（1）易燃易爆气体多：如氢气、一氧化碳以及酮类、醛类等有机可燃物。当这些气体的排放量达到一定程度时，可能引发火灾或爆炸事故。

（2）含有毒或腐蚀性气体：例如二氧化硫、氮氧化合物、氯气、氯化氢及多种有机物。其中，二氧化硫和氮氧化物的排放量通常较大。这些气体不仅直接危害人体健康，还会腐蚀设备和建筑物的表面，甚至形成酸雨，对地表和水域造成污染。

（3）浮游粒子种类多且危害大：主要包括粉尘、烟气和酸雾等。这些粒子不仅影响空气质量，还可能对人体呼吸系统和眼睛造成刺激或损害。

三、化工废气处理原则

（1）对于颗粒污染物，如粉尘、烟尘、雾滴和尘雾等，利用其质量较大的特性，通过施加外力（如重力、离心力、过滤等）将其从气流中分离出来，这一过程通常被称为除尘。

（2）对于气态污染物，如 SO_2、NO_x、CO、NH_3 以及有机废气等，需根据污染物的物理性质和化学性质，采用适当的处理方法，如冷凝、吸收、吸附、燃烧（或焚烧）、催化转化等，以有效地去除或转化这些有害气体。

7.3.2　除尘技术

进入大气的固体粒子和液体粒子均属于颗粒污染物。化工厂排放的废气中，颗粒污染物主要包含硅、铁、镍、钙、钒等氧化物，以及其他粒度小于200 μm的浮游物质，这些物质均会对周围环境造成污染。

一、粉尘的性质

粉尘的物理性质对于选择适合的除尘方法具有决定性影响。其中，粉尘颗粒的尺寸和密度是最为关键的性质，此外还包括比电阻率、附着性、粒子形状、亲水性、腐蚀性、毒性和爆炸性等。例如，尘粒的密度直接影响重力除尘和离心除尘装置的性能；而尘粒的电阻率则对电除尘和过滤除尘装置的去除效率有显著影响。改变尘粒电阻率的方法包括：

（1）改变温度：大多数尘粒的电阻随温度升高而增大，直至达到最大值。

（2）加入水分：尘粒吸附水分后，表面导电率增加，从而降低电阻率。

（3）添加化学药品：向含尘气体中添加特定化学药品，可以调节尘粒的电阻。

二、除尘装置的技术性能指标

全面评价除尘装置的性能应综合考虑技术指标和经济指标。技术指标主要通过气体处理量、净化效率、压力损失等参数来体现，而经济指标则包括设备费用、运行费用、占地面积等。主要技术指标包括以下几项：

1. 粉尘浓度（根据含尘量的大小）

（1）个数浓度：指单位体积气体中所含粉尘的颗粒数量。

（2）质量浓度：指单位标准体积气体中所含悬浮粉尘的质量。

2. 除尘装置的处理量

除尘装置的处理量表示除尘装置在单位时间内能够处理的烟气量，是反映装置处理能力的重要参数。

3. 除尘装置的效率

（1）除尘装置的总效率：指在同一时间内，除尘装置整体去除的粉尘量与进入装置的粉尘量之比，以百分比表示。

（2）除尘装置的分级效率：指装置对某一特定粒径（以粒径d为中心，粒径宽度为Δd）的烟尘的除尘效率。

4. 除尘装置的压力损失

压力损失是衡量除尘装置能耗大小的指标，也称为压力降。它通过除尘装置进出口处气流的全压差来表示。

三、除尘装置的类型及选用

依照除尘器除尘的主要机制，可将其分为机械式除尘器、过滤式除尘器、湿式除尘器和静电除尘器等四类。

（1）机械式除尘器：这类除尘器通过质量力（包括重力、惯性力和离心力）的作用达到除尘目的。主要的除尘器型式有重力沉降室、惯性除尘器和旋风除尘器等。

（2）过滤式除尘器：过滤式除尘器是使含尘气体通过多孔滤料，将气体中的尘粒截留下来，从而使气体得到净化的装置。按滤尘机制可分为内部过滤与外部过滤两种。

（3）湿式除尘器（洗涤除尘）：该方法利用液体洗涤含尘气体，使尘粒与液膜、液滴或雾沫碰撞而被吸附，随后凝集变大并随液体排出，从而实现气体的净化。湿式除尘器种类繁多，常见的有喷淋塔、离心喷淋洗涤除尘器和文丘里洗涤器等。

（4）静电除尘器：静电除尘器利用高压电场产生的静电力作用，使固体粒子或液体粒子与气流分离。常用的除尘器有管式和板式两种，主要由放电极和集尘极组成。在静电除尘过程中，通过使粒子带电、在电场中迁移并沉积在集尘极上，最后通过清灰机制将沉积的粒子清除。

通过以下三个阶段实现尘气分离：

（1）粒子荷电：在放电极与集成间施以很高的电压（50~90 kV）时，两极间形成一不均匀电场，放电极附近电场强度很大，集尘极附近电场强度很小。在电压加到一定值时，发生电晕放电，故放电极又称为电晕极。

（2）粒子沉降：荷电粉尘在电场中受库仑力的作用被驱往集尘极，经过一定时间到达集尘极表面，尘粒上的电荷便与集尘极上的电荷中和，尘粒放出电荷后沉积在集尘极表面。

（3）粒子清除：集尘极表面上的粉尘沉积到一定厚度时，用机械振打等方法，使其脱离集尘极表面，沉落到灰斗中。

除尘器的整体性能主要是用3个技术指标（处理气体量、压力损失、除尘效率）和3个经济指标（一次投资、运转管理费用、占地面积及使用寿命）来衡量。在选用时，可按如下顺序考虑：

（1）需达到除尘效率；（2）设备运行条件，包括含尘气体的性质、颗粒的特性，以及供水以及污水处理的条件；（3）经济性；（4）占地面积及空间大小；（5）设备操作要求；（6）其他因素，如处理有毒、易燃物的安全性等。

7.3.3　气态污染物的一般处理技术

一、一般处理方法

（一）吸收法

采用适当的液体作为吸收剂，使含有有害物质的废气与吸收剂充分接触，废气中的有害物质被吸收剂吸收，从而使气体得到净化。该方法分为物理吸收和化学吸收两种。

在处理气量大、有害组分浓度低的各种废气时，化学吸收的效果通常优于单纯的物理吸收，因此多采用化学吸收法。其特点包括设备简单、捕集效率高、应用范围广、一次性投资低等。然而，由于吸收过程将气体中的有害物质转移到了液体中，因此必须对吸收液进行处理，以避免引起二次污染。

（二）催化转化法

利用催化剂的催化作用，使废气中的有害组分发生化学反应并转化为无害物质或易于去除的物质。该方法的特点包括净化效率较高，净化效率受废气中污染物浓度影响较小，且在治理过程中无需将污染物与主气流分离，可直接将主气流中的有害物转化为无害物，从而避免了二次污染。然而，催化剂价格较贵，操作要求较高，且废气中的有害物质通常难以作为有用物质进行回收。

（三）燃烧法

对含有可燃有害组分的混合气体进行氧化燃烧或高温分解，使这些有害组分转化为无害物质。具体分为：

（1）直接燃烧法：将废气中的可燃有害组分作为燃料直接燃烧掉，适用于净化含可燃组分浓度高或有害组分燃烧时热值较高的废气。

（2）热力燃烧：利用辅助燃料燃烧放出的热量将混合气体加热到所需温度，使可燃的有害物质进行高温分解变为无害物质。适用于可燃的有机物含量较低或燃烧热值低的废气治理。

燃烧法工艺简单，操作方便，且可回收燃烧后的热量。但该方法不能回收有用物质，且若操作不当容易造成二次污染。

（四）冷凝法

通过降低废气温度或提高废气压力的方法，使一些易于凝结的有害气体或蒸气态的污染物冷凝成液体并从废气中分离出来。该方法的特点包括设备简单、操作方便，且可回收到纯度较高的产物。然而，冷凝法只适用于处理高浓度的有机废气，常用作吸附、燃烧等方法净化高浓度废气的前处理步骤，以减轻这些方法的处理负荷。

二、二氧化硫废气治理技术

（一）脱除二氧化硫的方法

（1）抛弃法：将脱硫的生成物作为固体废物抛掉（方法简单，费用低）。

（2）回收法：将 SO_2 转变成有用的物质加以回收（成本高，所得副产品存在着应用及销路问题，但是对保护环境有利）。

（二）湿法除 SO_2 技术

湿法脱除 SO_2 技术主要采用液体吸收剂来洗涤烟气，以吸收其中所含的 SO_2。

1. 氨法

氨法使用氨水作为吸收剂来吸收废气中的 SO_2。由于氨具有易挥发的特性，实际上，这一方法是通过氨水与 SO_2 反应后生成的亚硫酸铵 $[(NH_4)_2SO_3]$ 水溶液来进一步吸收 SO_2。主要反应如下：

$$2NH_3 + SO_2 + H_2O = (NH_4)_2SO_3$$
$$(NH_4)_2SO_3 + SO_2 + H_2O = 2NH_4HSO_3$$

通入氨后的再生反应：

$$NH_4HSO_3 + NH_3 = (NH_4)_2SO_3$$

对吸收后的混合液用不同方法处理可得到不同的副产物：

（1）若用浓硫酸或浓硝酸等对吸收液进行酸解，所得到的副产物为高浓度的 SO_2、$(NH_4)_2SO_3$，或 NH_4NO_3，该法称为氨—酸法。

（2）若用 NH_3、NH_4HCO_3 等将吸收液中的 NH_4HSO_3 全部变为 $(NH_4)_2SO_3$ 后，经分离可副产结晶的 $(NH_4)_2SO_3$，此法不消耗酸，称为氨—亚铵法。

（3）若将吸收液用 NH_3 中和，使吸收液中的 NH_4HSO_3 全部转变为 $(NH_4)_2SO_3$，再用空气对 $(NH_4)_2SO_3$ 进行氧化，则可得副产品 $(NH_4)_2SO_4$，该法称为氨—硫铵法。

特点：氨法工艺成熟，流程简单，设备少，操作方便。副产的SO_2可用于生产液SO_2或制硫酸，硫铵可作为化肥，亚铵可用于制浆造纸以代替烧碱，因此是一种较好的方法。该法特别适用于处理硫酸生产尾气。然而，液氨易挥发，导致吸收剂的消耗量大，因此在缺乏氨源的地方不宜采用此法。

2.纳碱法

纳碱法是用氢氧化钠或碳酸钠的水溶液作为初始吸收剂，与SO_2反应生成的Na_2SO_3继续吸收SO_2，主要吸收反应为

$$NaOH + SO_2 = NaHSO_3$$
$$2NaOH + SO_2 = Na_2SO_3 + H_2O$$
$$Na_2SO_3 + SO_2 + H_2O = 2NaHSO_3$$

生成的吸收液为Na_2SO_3和$NaHSO_3$的混合液。用不同方法处理吸收液，可得到不同的副产物。

（1）将吸收液中的$NaHSO_3$用$NaOH$中和，得到Na_2SO_3。由于Na_2SO_3溶解度较$NaHSO_3$低，它则从溶液中结晶出来，经分离可得副产物Na_2SO_3。析出结晶后的母液作为吸收剂循环利用，该法称为亚硫酸钠法。

（2）若将吸收液中的$NaHSO_3$加热再生，可得到高浓度SO_2作为副产物。而得到的Na_2SO_3结晶，经分离溶解后返回吸收系统循环使用，此法称为亚硫酸钠循环法或威尔曼洛德纳法。

特点：钠碱吸收剂具有吸收能力大、不易挥发的特点，对吸收系统不会造成污垢、堵塞等问题。亚硫酸钠法工艺成熟、简单，吸收率高，所得副产品纯度高。然而，该方法耗碱量大，成本高，因此只适用于中小气量烟气的治理。相比之下，亚硫酸钠循环法可以处理大气量烟气，吸收效率可达99%以上，是国外应用最多的方法之一。

3.钙碱法

钙碱法采用石灰石、生石灰或消石灰的乳浊液作为吸收剂，用于吸收烟气中的SO_2。对吸收液进行氧化处理，可以副产出石膏。通过精确控制吸收液的pH，还可以副产出半水亚硫酸钙。

特点：该方法所使用的吸收剂价格低廉且易于获取，吸收效率高。回收得到的产物石膏可以用作建筑材料，而半水亚硫酸钙则是一种具有广泛用途的钙塑材料。因此，钙碱法已成为目前吸收脱硫领域应用最广泛的方法之一。然而，该方法也存在一些主要问题，如吸收系统容易结垢和堵塞，以及石灰乳循环量大而导致设备体积增大、操作费用增加等。

（三）干法脱除SO_2技术

干法脱除SO_2技术主要利用吸附剂或催化剂来脱除废气中的SO_2。

1.活性炭吸附法

在有氧及水蒸气存在的条件下，可以利用活性炭吸附SO_2。由于活性炭表面具有催化作用，吸附的SO_2会被烟气中的氧气氧化为SO_3，SO_3再与水反应吸收生成硫酸；或者通过加热的方法使其分解，生成高浓度的SO_2，此SO_2可用于制酸。

特点：活性炭吸附法不消耗酸、碱等原料，且无污水排出。然而，由于活性炭的

吸附容量有限，因此需要不断对吸附剂进行再生，这增加了操作的复杂性。另外，为了保证吸附效率，烟气通过吸附装置的速度不宜过快。当处理气量较大时，吸附装置的体积必须相应增大才能满足要求，因此这种方法不适用于大气量烟气的处理。同时，所得副产物硫酸的浓度较低，需要进行浓缩才能应用。这些因素限制了该方法的广泛应用。

2. 催化氧化法

在催化剂的作用下，可以将 SO_2 氧化为 SO_3 后进行利用。干式催化氧化法可用于处理硫酸尾气及有色金属冶炼尾气，该技术已经成熟，并成为制酸工艺的一部分。然而，当用此法处理电厂锅炉烟气及炼油尾气时，在技术和经济上还存在一些问题需要解决。

三、氮氧化物废气治理

氮氧化物是一类化合物的总称，其分子式为 NO_x，包括 N_2O，NO，NO_2，N_2O_3，N_2O_4 及 N_2O_5 等。在自然条件下，主要是 NO 和 NO_2 作为常见的大气污染物存在。大气中的氮氧化物分为天然产生和人类活动产生两种。虽然人为产生的氮氧化物比天然产生的要少得多，但由于其分布集中且与人类活动密切相关，因此危害较大。例如，NO 与血液中的血红蛋白亲和力较强，可形成亚硝基血红蛋白或亚硝基高铁血红蛋白，降低血液的输氧能力，导致缺氧和发绀症状；NO_2 对呼吸器官有强烈的刺激作用；在自然环境中，NO_2 还可形成酸，并在阳光照射下与碳氢化合物反应，生成具有致癌性的光化学烟雾等。

对于含有 NO_x 的废气，可以采用多种方法进行净化治理（主要是针对生产工艺尾气的治理），常用方法包括以下几种：

（1）吸收法：目前常用的吸收剂有碱液（如氢氧化钠、碳酸钠、氨水等）、稀硝酸溶液和浓硫酸等。NO_x 被吸收后，会生成硝酸盐和亚硝酸盐等有用的副产品。碱液吸收设备简单、操作容易且投资较少。

（2）吸附法：已有工业规模的生产装置采用吸附法来吸附 NO_x，常用的吸附剂包括活性炭和沸石分子筛。

（3）催化还原法：在催化剂的作用下，使用还原剂将废气中的 NO_x 还原为无害的 N_2 和 H_2O 的方法称为催化还原法。根据还原剂是否与废气中的 O_2 发生作用，催化还原法可分为非选择性催化还原和选择性催化还原两类。

7.4 化工废渣处理技术

一、化工废渣的来源及其分类

化学工业是对环境的各种资源进行化学处理和转化、加工生产的部门。化工生产的特点之一是原料种类多、生产方法多样、产品种类繁多，同时产生的废物也多。这些废物包括化工原料带来的杂质、生产过程中产生的不合格产品、副产品、废催化剂、混有废液的混浆以及废水处理过程中产生的污泥等。据统计，用于化工生产的各种原料最终约有2/3转化为废物，而这些废物中固体废渣约占1/2，可见化工废渣的产生量是极其大的。

除了生产过程中产生的废渣外，化工废渣还包括非生产性的固体废弃物，如原料及产品的包装垃圾、工厂的生活垃圾，以及治理废气或废水过程中产生的新废渣。化工废渣总会污染环境，尤其是有害废渣。所谓有害废渣，是指具有毒性、易燃性、腐蚀性、放射性等特性的废渣。

化工废渣按其性质可分为无机废渣和有机废渣。无机废渣总体排放量大、毒性强，对环境污染严重；有机废渣则通常组成复杂、易燃，但排放量相对较小。然而，由其他工业和生活废弃的废塑料却越来越多，这也成为化工废渣的一部分。

化工废渣的特点包括：产生和排放量大；危险废物种类多，有毒有害物质含量高；对土壤、水域和大气均可能造成污染；同时，废弃物再资源化的可能性也较大。

二、化工废渣的防治对策

总体上化工废渣对环境的危害是很大的，其污染往往是多方面全方位的。根据国情，我国制定了以"无害化""减量化""资源化"作为控制固体废物污染的技术政策，并确定今后较长一段时间内应以"无害化"为主，从"减量化"向"资源化"过渡。

无害化处理是指以物理、化学或生物的方法，对被污染的事物进行适当的处理，防止不合格产品和不符合质量安全标准的产品流入市场和消费领域，确保其对人类健康、动植物和微生物安全、环境不构成危害或潜在危害。废物减量化是指将产生的或随后处理、贮存或处置的有害废物量减少到可行的最低程度。目前，资源化技术主要有填埋处理、堆肥处理、焚烧处理三种处理方式。

综上，对化工废渣的处理方法主要有卫生填埋法、焚烧法、热解法，微生物分解法和转化利用法5种。其中应用最多的还是填埋法，填埋法本身最简单，但随着有害化工废渣增加以及环境保护要求提高，填埋法（及其他方法）均需做必要的技术性预处理。

（一）预处理技术

固体废弃物预处理是指用物理化学方法，将废渣转变成便于运输、储存、回收利用和处置的形态。预处理常涉及废渣中某些组分的分离与浓集。因此，往往又是一种回收材料的过程。预处理技术主要有分选、压实、破碎和固化等。

（1）压实：压实也称压缩，是物理方法（压实器）减少松散状态废渣的体积，提高其聚集程度，以便于运输、利用和最终处置。

（2）破碎：指用机械方法将废弃物破碎，减小颗粒尺寸，使之适合于进一步加工或再处理。按破碎的机械方法不同分为剪切破碎、冲击破碎、低温破碎、湿式破碎等。

（3）分选：主要是依据各种废弃物物理性能的不同进行分拣处理的过程。废弃物再回收利用时，分选是继破碎后的重要操作工序，分选效率直接影响到回收物的价值和市场销路。分选的方法主要有筛分、重力分选、磁力分选、浮力分选等。

（4）固化技术：指通过物理和化学方法，将废弃物固定或包含在坚固的固体中，以降低或消除有害成分的溢出，是一种无害化处理。固化后的产物应具有良好的机械性能、抗浸透、抗浸出、抗干裂、抗冻裂等特性。目前，根据废弃物的性质、形态和处理目的可供选择的固化技术有5种，即：水泥基固化法、石灰基固化法、热缩性材料固化法、高分子有机物聚合稳定法和玻璃基固化法。

（二）卫生填埋技术

为防止地下水和大气污染，利用坑洼地填埋城市或工业垃圾，是一种既可处置废物又可覆土造地的环保措施。目前主要采用厌氧填埋方式，并回收产生的甲烷气体。

卫生填埋技术，也被称为卫生填埋法或安全填埋法，是减量化、无害化处理中最经济的方法之一。它可以作为永久性的最终处理手段，也可以作为短期性的暂时处理措施。该方法是在平地上，或在平地上开挖槽后，或在天然低洼地带上，逐层堆积并压实垃圾，然后覆盖上层土壤。每压实1.8～3.0 m厚的废渣后，覆盖15～30 cm的土壤，再继续堆积第二层。最外层表面覆盖50～70 cm的土壤作为封皮层。为了防止废渣浸沥液污染地下水，填埋场底部与侧面采用渗透系数较小的黏土作为防渗层，并在防渗层上设置收集管道系统，用泵将浸沥液抽出进行处理。当填埋物可能产生气体时，需使用透气性良好的材料在填埋场不同部位设置排气通道，将气体导出进行处理。

优点：卫生填埋技术成熟、处理费用低，投资相对较少，工艺简单，处理量大，并能较好地实现地表的无害化。

缺点：然而，填埋场占地面积大，大量有机物和电池等物质的填埋使得卫生填埋场的渗滤液防渗透、收集处理系统负荷大，技术难度高，投资也大。填埋操作复杂，管理困难，处理后的污水难以达到排放标准。此外，填埋场产生的甲烷、硫化氢等废气也必须得到妥善处理，以确保符合防爆和环保要求。

（三）焚烧技术

把可燃固体废物集中在焚烧炉中，通过通入空气使其彻底燃烧，这是除土地填埋之外处理底渣的一种重要手段。该过程利用高温分解和深度氧化，旨在使可燃的固体废物氧化分解，从而达到减容、去毒并回收能量及副产品的目的。固体废物经过焚烧后，体积通常可减少80%～90%。对于一些有害固体废物，通过焚烧可以破坏其组成结构或杀灭病原菌，实现解毒、除害，并回收能量。此外，焚烧处理废物具有快速高效的特点，大型焚烧厂的处理能力尤其强大。

焚烧的特点：焚烧化工废渣是一项先进的综合处理技术，其最大优势在于能够实现废渣的无害化、减量化和资源化。其中，减量化效果尤为显著，焚烧后，80%的体积被烧掉，仅剩20%的废渣需要填埋，从而达到无害化处理的目标。同时，焚烧过程中，垃圾中的有害微生物被彻底杀灭，可燃物燃烧分解，部分有害有毒物质转化为稳定物质。此外，垃圾焚烧产生的余热还可以用于发电，充分实现了垃圾处理的资源化利用。

（四）热解技术

固体废物热解是指利用有机物的热不稳定性，在无氧或缺氧条件下进行受热分解的过程。热解法与焚烧法是两种完全不同的处理过程。焚烧是放热反应，而热解则是吸热反应；焚烧的主要产物是二氧化碳和水，而热解的主要产物则是可燃的低分子化合物，包括气态的氢、甲烷、一氧化碳，液态的甲醇、丙酮、醋酸、乙醛等有机物以及焦油、溶剂油等，固态产物主要是焦炭或炭黑。

（五）微生物分解技术

微生物分解技术是利用微生物的分解作用来处理固体废物的一种技术，其中应用最广泛的是堆肥化。堆肥化是指利用自然界中广泛存在的微生物，通过人为的调节和控制，促进可生物降解的有机物向稳定的腐殖质转化的生物化学过程。根据堆肥过程中微生物生长的环境差异，堆肥可以分为好氧堆肥和厌氧堆肥两种类型。

（六）转化利用技术

转化利用技术属于资源化的范畴，它利用化工新工艺、新方法将废渣转化为新的、有用的产品。这是废渣处理时应优先考虑的方法，因为它不仅能解决废渣的处理问题，还能实现资源的再利用。

三、典型化工废渣的回收利用技术

（一）塑料废渣的处理利用

随着塑料在生产和生活中的使用量高速增长，废塑料也迅速增加。由于塑料性质稳定，在自然环境中难以降解，废塑料已成为我国最典型的化工废渣之一。塑料废渣属于废弃的有机物质，主要来源于树脂生产过程、塑料制造加工过程以及包装材料。根据各种塑料废渣的不同性质，经过预分选后，废塑料可以进行熔融再生或热分解处理。

1. 预分选

废品中的废塑料通常为混合物，常混有泥、沙、草、木等杂质，有时甚至与金属等其他物质共同构成物件，如电线、包覆线等，因此其预处理工艺相对复杂。分选处理工艺包括：粉碎（低温有利）、水洗（去除粉尘）、浮选（去除草屑）、风选（水洗干燥后，进行重力分离）、磁选（去除铁质）。为减少分选难度，回收废塑料时应注意分类收集。

2. 熔融再生法

对单一种类的热塑性塑料废渣进行再生称为单纯再生，即熔融再生。整个再生过程包括挑选、粉碎、洗涤、干燥、造粒或成型等工序。根据加料的不同，可分为两类：

（1）在回收的废塑料中按一定比例加入新的塑料原料，以提高再制品的性能。

（2）在塑料中加入廉价的填料。

3. 热分解法

热分解法是通过加热等方法将塑料高分子化合物的链断裂，使其变成低分子化合物单体、燃烧气或油类等，再加以有效利用。塑料热分解技术可分为熔融液槽法、流化床法、螺旋加热挤压法、管式加热法等。

（二）硫铁矿炉渣的处理和利用

硫铁矿炉渣是生成硫酸时焙烧硫铁矿所产生的废渣。根据铁含量的高低，可将其分为两类：高铁硫酸废渣（二氧化硅含量＜35%）和低铁硫酸废渣（二氧化硅含量＞50%）。这类废渣主要来源于硫铁矿生产的硫酸工厂或车间，以及硫精矿生产的硫酸厂。

1. 硫铁矿炉渣炼铁

硫铁矿炉渣炼铁面临的主要问题在于其含硫量较高和含铁量较低。针对这些问题，可采用以下解决方法：

（1）降低硫的含量：通过水洗法去除可溶性硫酸盐，或采用烧结选矿法进行脱硫。

（2）提高硫铁矿炉渣的铁品位：提高硫铁矿的含铁量，或通过重力选矿处理磁性较弱的铁矿石。

（3）磁力选矿：针对黑色炉渣中的铁矿物，主要利用其磁性进行选矿。

2. 硫铁矿炉渣联生产铁和水泥

采用回转炉生铁—水泥法，可以利用高硫炉渣制取含硫合格的铁，同时得到的炉渣又是良好的水泥熟料。

3. 从硫铁矿炉渣回收有色金属

回收方法主要包括氯化挥发（高温氯化）和氯化焙烧（低温氯化）。氯化挥发和氯化焙烧的目的是回收有色金属，提高矿渣的品位。它们的区别在于操作温度不同，以及预处理和后处理工艺的差异。

4. 硫铁矿废渣制砖

对于含铁量较低的硫铁矿炉渣，由于其回收价值不高，可以经过加工制成75号砖。

（三）磷石膏废渣的处理和利用

磷石膏是磷酸生产及磷酸铵生产过程中产生的废渣，其主要成分为$CaSO_4 \cdot 2H_2O$。由于磷石膏中含有种类较多的化学成分，这增加了其利用的难度，因此一般不被直接作为石膏的生产原料。仅有极少部分被用作土壤改良剂来改良土壤，或在一些石膏资源匮乏的地区，经过以水洗为主要手段的初级处理后作为生产原料使用。然而，这些较为简易的处理或利用方式所消化的磷石膏量，对于磷肥类化工企业累年沉积、堆积如山的磷石膏来说，无疑是杯水车薪。此外，水洗处理方式会产生大量的废水，不仅浪费了水资源，还恶化了生态环境。同时，水洗处理几乎无经济效益可言，无法从根本上解决问题。

为了更有效地利用磷石膏，可以直接将其用作土壤调节剂、生产装饰板的原料，或用作水泥缓凝剂等。此外，还可以利用磷石膏生产硫酸、水泥和硫酸钾等产品。这些利用方式不仅能够减少磷石膏的堆积，还能实现资源的再利用，具有较好的环境效益和经济效益。

7.5 环境评价

环境影响评价是一门基于环境监测技术、污染物扩散规律、环境质量对人体健康影响以及自然界自净能力等发展起来的科学技术。其功能涵盖判断、预测、选择和导向等多个方面。《中华人民共和国环境影响评价法》（自2003年9月1日起施行）明确规定：环境影响评价是指对规划和建设项目实施后可能造成的环境影响进行分析、预测和评估，提出预防或者减轻不良环境影响的对策和措施，进行跟踪监测的方法与制度。法律强制规定环境影响评价为指导人们开发活动的必需行为，成为环境影响评价制度，是贯彻"预防为主"环境保护方针的重要手段。

一、环境影响评价的分类

（一）按照评价对象分类

（1）规划环境影响评价；

（2）建设项目环境影响评价。

（二）按照环境要素分类

（1）大气环境影响评价；

（2）地表水环境影响评价；

（3）声环境影响评价；

（4）生态环境影响评价；

（5）固体废物环境影响评价。

（三）按照时间顺序分类

（1）环境质量现状评价；

（2）环境影响预测评价；

（3）环境影响后评价。

环境影响后评价是在规划或开发建设活动实施后，对环境的实际影响程度进行的系统调查和评估。它旨在检查为减少环境影响所采取措施的落实程度和实际效果，验证环境影响评价结论的正确性和可靠性，评估评价中提出的环保措施的有效性，并对一些在评价阶段尚未认识到或预测到的环境影响进行分析研究，进而采取相应的补救措施，以消除或减轻这些不利影响。

二、技术原则

环境影响评价是一种过程，这一过程重点在于决策和开发建设活动开始之前，以体现其预防功能。在决策后或开发建设活动启动后，通过实施环境监测计划和持续性研究，环境影响评价仍在持续进行，不断验证其评价结论，并将结果反馈给决策者和开发者，以便他们进一步修改和完善决策及开发建设活动。为了充分发挥环境影响评价的这种作用，在其组织实施过程中，必须坚守可持续发展战略和循环经济理念，严格遵守国家相关法律法规和政策，确保评价工作科学、公正且实用。同时，应遵循以下基本技术原则：

（1）与拟议规划或拟建项目的特点相结合；

（2）符合国家的产业政策、环保政策和法规；

（3）符合流域、区域功能区划、生态保护规划和城市发展总体规划，布局合理；

（4）符合清洁生产的原则；

（5）符合国家有关生物化学、生物多样性等生态保护的法规和政策；

（6）符合国家资源综合利用的政策；

（7）符合国家土地利用的政策；

（8）符合国家和地方规定的总量控制要求；

（9）符合污染物达标排放和区域环境质量的要求；

（10）正确识别可能的环境影响；

（11）选择适当的预测评价技术方法；

（12）环境敏感目标得到有效保护，不利环境影响最小化；

（13）替代方案和环境保护措施、技术经济可行。

三、评价方法

环境影响评价通常包含三种主要方法：影响识别方法、影响预测方法以及影响综合评估方法。

（一）环境影响识别

环境影响识别是定性分析开发活动可能引发的环境变化，以及这些变化对人类社会可能产生的效应。其核心任务是识别出所有受影响（尤其是不利影响）的环境因素，以便使环境影响预测更加精准，减少盲目性；同时，也使环境影响综合分析更加可靠，污染防治对策更具针对性。常用的识别方法包括核查表法等。当影响类型较为复杂时，可采用矩阵法、网络图法等更为高级的方法。

（二）环境影响预测

环境影响预测是对已经识别出的主要环境影响进行定量预测，旨在明确给出各主要影响因子的影响范围和影响程度。常用的预测手段包括数学模型预测和物理模拟预测。然而，在某些情况下，特别是当涉及社会、文化等难以量化的影响时，这两种手段可能无法直接应用。此时，可采用社会学调查方法，如专业判断法，来进行预测。

（三）环境影响综合评估

环境影响综合评估是将开发活动可能导致的各主要环境影响进行综合考虑，即对定量预测得到的各个影响因子进行汇总分析，从整体上评估环境影响的大小。常用的综合评估方法包括指数法、矩阵法、网络图法、图形重叠法等。这些方法能够全面、系统地反映开发活动对环境的影响程度，为决策者和开发者提供有力的科学依据。

四、评价类型

（一）大气环境影响评价

大气环境评价的工作内容与深度，主要取决于环境评价的工作等级。而评价工作等级的确定，则主要依据建设项目的排放工况、环境因素以及环境管理要求。目前，主要是通过估算模式计算占标率、占标率为10％时出现的远端距离，并综合考虑污染源与厂界的距离来确定。

（二）地表水环境影响评价

地表水环境影响评价是我国许多环境影响评价报告文件中的重要部分和评价重

点。评价的主要任务：（1）明确工程项目的性质；（2）划分评价工作等级；（3）建设项目工程分析；（4）地表水环境现状调查和评价；（5）地表水环境影响预测与评价；（6）提出控制方案和环境保护措施。

（三）声环境影响评价

声环境影响评价是按照我国有关法律法规的要求，对建设项目和规划实施过程中产生的声环境影响进行分析、预测和评价，并提出相应的噪声污染防治对策和措施。评价的基本任务：（1）评价建设项目实施所引起的声环境质量变化以及外界噪声对需要安静建设项目的影响程度；（2）提出合理可行的防治措施，把噪声污染降低到允许水平；（3）从声环境影响角度评价建设项目实施的可行性；（4）为建设项目的优化选址、选线、合理布局以及城市规划提供科学依据。

（四）固体废物环境影响评价

固体废物环境影响评价是确定拟开发行动或建设项目建设和运行阶段、生产经营和日常生活中固体废物的种类、产生量和形态、对人群和生态环境影响的范围和程度，提出处理处置方法以及避免、消除和减少其影响的措施。

（五）生态环境影响评价

生态环境影响评价的基本内容：（1）生态环境影响识别与评价因子筛选；（2）确定生态环境影响评价等级和范围；（3）生态环境现状调查与评价；（4）生态环境影响预测评价或分析，需特别关注对敏感保护目标的影响评价；（5）提出生态保护措施，研究消除或减缓影响的对策措施，包括环境监理和生态监测，并进行技术经济论证；（6）得出结论。

五、评价程序

第一阶段为准备阶段（前期准备、调研和工作方案阶段），主要工作为研究有关文件（国家和地方有关环境保护的法律法规、政策、标准及相关规划等），依据相关规定确定环境影响评价文件类型；研究相关技术以及其他文件，进行初步的工程分析和环境现状调查，筛选重点评价项目，确定各单项环境影响评价的工作等级，编制评价大纲。

第二阶段为正式工作阶段（分析论证和预测评价阶段），其主要工作为制定工作的方案，包括评价范围的环境状况调查、检测与评价和建设项目详细的工程分析，并对各环境要素和各专题环境进行环境影响预测和评价环境影响。

第三阶段为报告书编制阶段（环境影响评价文件编制阶段），其主要工作为汇总，给出建设项目环境可行性的评价结论，并提出环境保护措施和建议，进行其技术经济论证后，完成环境影响报告书。

典型的报告书编排格式：

（一）总则；

项目由来；编制依据；评价因子与评价标准；评价范围及环境保护目标；相关规划及环境功能区划；评价工作等级和评价重点；资料引用等。

（二）建设项目概况；

（三）工程分析；

（四）环境现状调查与评价；

（五）环境影响预测与评价；

（六）社会影响评价；

（七）环境风险评价；

（八）环境保护措施及其经济、技术论证；

（九）清洁生产分析和循环经济；

（十）污染物排放总量控制；

（十一）环境影响经济损益分析；

（十二）环境管理与环境监测；

（十三）公众意见调查；

（十四）方案比选；

（十五）环境影响评价结论；

（十六）附录和附件。

第 *8* 章
安全评价

采用"安全评价"这种方法，可以有效地预防事故的发生，减少财产损失和人员伤亡。这种方法从技术带来的负效应出发，深入分析、论证和评估由此产生的损失和伤害的可能性、影响范围、严重程度，并提出应采取的对策措施。

20世纪30年代，安全评价随着保险行业的发展在发达国家逐渐兴起。到了20世纪60年代，它首次被应用于美国的军工体系中，即"空军弹道导弹系统安全工程"，这标志着系统安全理论的首次工业化应用，具有里程碑式的意义。1964年，美国道（DOW）化学公司根据化学工业的特点，首次提出了"火灾、爆炸危险指数评价方法"。这种方法通过考虑工艺过程的危险性，计算出单元火灾和爆炸指数（Fire and Explosion Index，F&EI），从而确定危险的等级，并提出相应的安全对策和措施。1974年，英国帝国化学公司（ICI）蒙德（Mond）部在道化学公司评价方法的基础上，进一步引入了毒性因素，并发展了补偿系数，提出了"蒙德火灾、爆炸、毒性指标评价方法"。1976年，日本颁布了"化工厂安全评价六阶段方法"等。这些安全评价方法对全世界的现代工业安全工程产生了深远的影响，至今仍在被沿用或根据行业特色进行不断改良。

20世纪80年代，安全工程被引入我国，并结合我国当时的工业实际情况进行了消化和改良，发展出了一系列适合我国工业生产特点的安全评价方法和管理规定。自1988年以来，我国先后颁布了《机械工厂安全性评价标准》《化工厂危险程度分级方法》《冶金工厂危险程度分级方法》《建设项目（工程）劳动安全卫生预评价导则》等重要文件。2002年，我国颁布了《中华人民共和国安全生产法》，明确规定建设项目必须实施"三同时"制度。随后，《危险化学品安全管理条例》《安全评价通则》《安全评价机构管理规定》《危险与可操作性分析（HAZOP分析）方法应用指南》等一系列相关法规和标准也陆续出台，这些法规和标准不仅奠定了我国安全评价工作的基础，同时也充分体现了"以人为本、预防为主"的安全管理理念。

8.1　安全评价基础

8.1.1　安全评价概述

国内外工矿企业为了防止灾难事故的发生，开始全面推广现代安全管理方法和技术，从灾后处置变成了事前预防。其中一个主要手段即采用科学方法，全面分析、预测、评价生产经营活动中的各种潜在的危险，正确辨识和评价危险，从而减少或消除危险灾难。

一、安全评价的定义

《安全评价通则》（AQ 8001—2007）指出：安全评价（Safety Assessment）是指以实现安全为目的，应用安全系统工程原理和方法，辨识与分析工程、系统、生产经营活动中的危险、有害因素，预测发生事故或造成职业危害的可能性及其严重程度，提出科学、合理、可行的安全对策措施建议，作出评价结论的活动。

二、安全评价的主要作用和意义

（1）安全评价是安全生产管理的一个必要组成部分。

作为预测、预防事故的重要手段，安全评价在贯彻安全生产方针中具有十分重要的作用。通过安全评价，可以确认生产经营单位是否具备安全生产条件，为安全生产提供有力保障。

（2）有助于安全监督管理部门对生产经营单位的安全生产实行宏观控制。

安全预评价有效地提高工程安全设计的质量和投产后的安全可靠程度；投产时的安全验收评价将根据国家有关技术标准、规范对设备、设施和系统进行符合性评价，提高安全达标水平；系统运转阶段的安全技术、安全管理、安全教育等方面的安全状况综合评价，可客观地对生产经营单位安全水平作出结论，使生产经营单位不仅了解可能存在的危险性，而且明确如何改进安全状况，同时也为安全监督管理部门了解生产经营单位安全生产现状、实施宏观控制提供基础资料；通过专项安全评价，可为生产经营单位和安全监督管理部门提供管理依据。

（3）有助于安全投资的合理选择。

安全评价不仅能确认系统的危险性，而且还能进一步考虑危险性发展为事故的可能性及事故造成损失的严重程度，进而计算事故造成的危害，即风险率，并以此说明系统危险可能造成负效益的大小，以便合理地选择控制、消除事故发生的措施，确定安全措施投资的多少，从而使安全投入和可能减少的负效益达到合理的平衡。

（4）有助于提高生产经营单位的安全管理水平。

安全评价可以使生产经营单位安全管理变事后处理为事先预测、预防。传统安全管理方法的特点是凭经验进行管理，多为事故发生后再进行处理的"事后过程"。通过安全评价，可以预先识别系统的危险性，分析生产经营单位的安全状况，全面地评价系统及各部分的危险程度和安全管理状况，促使生产经营单位达到规定的安全要求。

安全评价可以使生产经营单位安全管理变纵向单一管理为全面系统管理，安全评价使生产经营单位所有部门都能按照要求认真评价本系统的安全状况，将安全管理范围扩大到生产经营单位各个部门、各个环节，使生产经营单位的安全管理实现全员、全面、全过程、全时空的系统化管理。

系统安全评价可以使生产经营单位的安全管理由经验管理转变为目标管理。仅凭经验、主观意志和思想意识进行安全管理，没有统一的标准、目标。安全评价可以使各部门、全体职工明确各自的安全指标要求，在明确的目标下，统一步调，分头进行，从而使安全管理工作做到科学化、统一化、标准化。

（5）有助于生产经营单位提高经济效益。

安全预评价可减少项目建成后由于安全要求引起的调整和返工建设，安全验收评价可将一些潜在事故消除在设施开工运行前，安全现状综合评价可使生产经营单位较好了解可能存在的危险并为安全管理提供依据。生产经营单位的安全生产水平的提高无疑可带来经济效益的提高，使生产经营单位真正实现安全、生产和经济的同步增长。

三、安全评价的限制因素

安全评价的结果与评价人员对被评价对象的了解程度、对可能导致事故的认识程度、采用的安全评价方法，以及评价人员的能力等方面有着密切的关系。因此，安全评价存在的限制因素主要来自以下几个方面。

（一）评价方法

安全评价的方法多种多样，每一种评价方法各有其优缺点、适用对象，存在一定的局限性。许多方法是利用过去发生过的事件的概率和危害程度来对评价对象作出推断，而过去发生过的事件往往是高风险事件，高风险事件通常发生概率很小，概率值误差很大，如果利用高风险事件发生的概率和危险程度来预测低风险事件发生的概率和危险程度，很可能会得出不符合实际的判断。在利用定量评价方法计算风险程度时，如果选取的事件的发生概率和事故的严重程度的基准不准时，得出的结果可能会有高达数倍的不准确性。另外，安全评价方法的误用也会导致错误的评价结果。

（二）评价人员的素质和经验

安全评价结论具有高度主观的性质，评价结果与假设条件密切相关。不同的评价人员使用相同的资料来评价同一个对象，可能会由于评价人员的业务素质不同，而得出不同的结果。只有训练有素且经验丰富的安全评价人员，才能得心应手地使用各种安全评价方法，辅以丰富的经验，得出正确的评价结论。

8.1.2 安全评价的分类

2007年，国家安全监管总局批准颁布了《安全评价通则》（AQ 8001—2007）、《安全预评价导则》（AQ 8002—2007）和《安全验收评价导则》（AQ 8003—2007）。根据以上标准，安全评价可针对一个特定的对象，也可以针对一定的区域范围。安全评价按照实施阶段不同分为三类：安全预评价、安全验收评价、安全现状评价。实施的阶段与评价内容可概括于表8.1。

表8.1 安全评价的分类及内容

分类	实施阶段	评价内容
安全预评价	建设项目可行性研究阶段、工业园区规划阶段、生产经营活动实施前	辨识与分析危险、有害因素； 确定（法律法规、规章、标准、规范）符合性。预测事故发生的可能性及其严重程度； 提出消除、预防、降低危险、危害后果的对策措施； 作出安全预评价结论
安全验收评价	建设项目竣工后正式生产运行前或工业园区建设完成后	检查建设项目"三同时"或工业园区内的安全设施、设备、装置投入生产和使用的情况； 检查安全生产管理措施、规章制度、应急救援预案。满足（法律法规、标准、规范）符合性； 确定建设项目、工业园区的运行状况和安全管理情况；做出安全验收评价结论

分类	实施阶段	评价内容
安全现状评价	生产经营活动中	辨识与分析危险、有害因素； 符合性审查（法律法规、规章、标准、规范）； 预测事故或职业危害的可能性及其严重程度； 提出科学、合理、可行的安全对策措施建议； 作出安全现状评价结论

8.1.3 安全评价的原则

安全评价是落实"安全第一，预防为主"安全生产方针的重要技术保障，也是安全生产监督管理的重要手段。安全评价工作依据国家有关安全生产的方针、政策、法律法规和标准，采用定量和定性的方法，对建设项目或生产经营单位存在的危险、有害因素进行识别、分析和评估，进而提出预防、控制及治理的对策措施。这不仅为建设单位或生产经营单位预防事故的发生提供了有力支持，也为政府主管部门进行安全生产监督管理、控制危险和有害因素提供了科学依据。

安全评价是关乎被评价项目能否符合国家规定的安全标准，能否保障劳动者安全与健康的关键性工作。由于这项工作不但技术性强，而且还有很强的政策性，因此，要做好这项工作，必须以被评价项目的具体情况为基础，以国家安全法规及有关技术标准为依据，用严肃科学的态度，认真负责的精神，全面、仔细、深入地开展和完成评价任务。在工作中必须自始至终遵循科学性、公正性、合法性和针对性原则。

一、合法性

安全评价机构和评价人员必须由国家安全生产监督管理部门予以资质核准和资格注册，只有取得资质的机构才能依法进行安全评价工作。政策、法规、标准是安全评价的依据，政策性是安全评价工作的灵魂。所以，承担安全评价工作的机构必须在国家安全生产监督管理部门的指导、监督下，严格执行国家及地方颁布的有关安全生产方针、政策、法规和标准等。在具体评价过程中，应全面、仔细、深入地剖析评价项目或生产经营单位在执行产业政策、安全生产和劳动保护政策等方面存在的问题，并且主动接受国家安全生产监督管理部门的指导、监督和检查。

二、科学性

安全评价涉及广泛的学科领域，且影响因素复杂多变。为确保安全评价能够准确反映被评价系统的实际情况，并保证结论的正确性，在开展安全评价的全过程中，必须遵循科学的方法和程序，以严谨的科学态度全面、准确、客观地进行工作。评价人员应提出科学的对策措施，并作出科学的结论。

危险、有害因素导致危险、危害后果的发生，需要特定的条件和触发因素。因此，评价人员应根据内在的客观规律，深入分析危险、有害因素的种类、程度、产生的原因，以及出现危险、危害的条件和可能产生的后果，从而为安全评价提供可靠的依据。

现有的安全评价方法均存在一定的局限性。评价人员应全面、仔细、科学地分析各种评价方法的原理、特点、适用范围和使用条件。在必要时，应采用多种评价方法进行评价，通过综合分析和相互验证，提高评价的准确性。在评价过程中，切忌生搬硬套、主观臆断或以偏概全。

从收集资料、调查分析、筛选评价因子、测试取样、数据处理、模式计算到权重值的确定，直至提出对策措施、作出评价结论与建议等，每一个环节都必须采用科学的方法和可靠的数据，并按照科学的工作程序一丝不苟地完成。评价人员应努力在最大程度上保证评价结论的正确性，以及对策措施的合理性、可行性和可靠性。

由于受到一系列不确定因素的影响，安全评价在一定程度上存在误差。评价结果的准确性直接关系到决策的正确性、安全设计的完善性，以及运行的安全性和可靠性。因此，对评价结果进行验证至关重要。为不断提高安全评价的准确性，评价机构应有计划、有步骤地对同类装置、国内外的安全生产经验、相关事故案例和预防措施，以及评价后的实际运行情况进行考察、分析和验证。同时，利用建设项目建成后的实际运行情况进行事后评价，并运用统计方法对评价误差进行统计和分析，以便改进原有的评价方法和修正评价参数，从而不断提高评价的准确性和科学性。

三、公正性

安全评价结论是评价项目的决策、设计、能否安全运行的依据，也是国家安全生产监督管理部门进行安全监督管理的执法依据。因此，对于安全评价的每一项工作都要做到客观和公正，既要防止受评价人员主观因素的影响，又要排除外界因素的干扰，避免出现不合理、不公正的评价结论。

安全评价有时会涉及一些部门、集团、个人的某些利益。因此，在评价时，必须以国家和劳动者的总体利益为重，要充分考虑劳动者在劳动过程中的安全与健康，要依据有关法规、标准、规范，提出明确的要求和建议。评价结论和建议不能模棱两可，含糊其词。

四、针对性

进行安全评价时，首先应针对被评价项目的实际情况和特征，收集有关资料，对系统进行全面的分析；其次要对众多的危险、有害因素及单元进行筛选，针对主要的危险、有害因素及重要单元应进行针对性的重点评价，并辅以重大事故后果和典型案例分析、评价；由于各类评价方法都有特定的适用范围和适用条件，要有针对性地选用评价方法；最后要从实际的经济、技术条件出发，提出有针对性的、操作性强的对策措施，对被评价项目作出客观、公正的评价结论。

8.1.4　安全评价的依据

安全评价工作的政策性、系统性及技术性很强，其依据来源广泛，主要包括以下几个方面：法律法规、安全标准和规范、风险判别指标，以及其他诸如安全控制措施、安全事件和危险情报、安全技术和工具等。依据这些要素，我们可以对项目的安全状况进行全面、客观的安全评价。

一、适用的法律法规

安全评价工作必须严格遵循所在地区、行业等相关的法律法规要求。这些法律法规按照法律层级可分为宪法、法律、行政法规、部门规章以及地方规章等，具体详见第3章内容。

二、安全标准和规范

各行业或领域通常都制定有相应的安全标准和规范，作为安全评价的重要依据。这些安全评价标准可以根据来源、法律效力和对象特征进行分类，以确保评价的准确性和全面性。

（一）按照来源分类法

（1）国家标准，如《危险化学品重大危险源辨识》（GB 18218—2018），为国家市场监督管理总局标准委发布2018年第15号公告，批准发布；中华人民共和国国家标准，简称国标（按汉语拼音发音），强制标准冠以"GB"。是由国家标准化主管机构批准发布，对全国经济、技术发展有重大意义，且在全国范围内统一的标准。国家标准是在全国范围内统一的技术要求，由国务院标准化行政主管部门编制计划，协调项目分工，组织制定（含修订），统一审批、编号、发布。法律对国家标准的制定另有规定的，依照法律的规定执行。

（2）行业标准，如《危险化学品重大危险源安全监控通用技术规范》（AQ 3035—2010）的发布，适用于化工（含石油化工）行业危险化学品重大危险源新建储罐区、库区及生产场所安全监控预警系统（以下简称系统）的设计、建设和管理，扩建或改建系统可参照执行。"AQ"为"安全"的汉语发音缩写，为前安全监督管理部门（现机构改革为应急管理部）发布；另外还有：化工"HG"、石油天然气"ST"、石油化工"SH"、有色冶金"YS"等行业。

（3）地方标准，如《实验室危险化学品安全管理规范　第1部分：工业企业》（DB11/T 1191.1—2018），为北京市地方标准；"DB"为"地标"的汉语发音缩写。

（4）国际标准和外国标准。注意，我国目前的标准几乎覆盖了所有行业，在进口领域应按照我国标准执行，在出口领域可按需按照对方标准执行。

（二）法律效力分类

（1）强制性标准，如《化学品生产单位动火作业安全规范》（AQ 3022—2008）。

（2）推荐性标准，如《化工过程安全管理导则》（AQ/T 3034—2022）。推荐性标准中"T"是推荐的意思。推荐性标准是指在生产、交换、使用等方面，通过经济手段调节而自愿采用的一类标准，又称自愿标准。这类标准任何单位都有权决定是否采用，违反这类标准，不承担经济或法律方面的责任。但是，一经接受并采用，或各方商定同意纳入经济合同中，就成为各方必须共同遵守的技术依据，具有法律上的约束性。

（三）对象特征性分类法

（1）管理标准，即安全管理类的相关标准；

（2）技术标准，可分为基础标准、产品标准和方法标准三种类型。

三、风险判别指标

在现实中，绝对的安全是不存在的，我们通常所说的"安全"是指事故风险被控制在合理且尽可能低的水平。可接受风险是指在规定的性能、时间和成本范围内达到的最佳可接受风险程度。常用的风险判别指标有：安全系数、可接受指标、安全指标（包括事故频率、财产损失率和死亡概率等）或失效概率等。因此，在安全评价中，风险判别指标是用来判断不同风险的严重性和程度的指标。通常，风险评估是根据风险的可能性和影响来衡量风险的大小。以下是一些在安全评价中常见的风险判别指标：

（1）可能性指标：风险可能性指标是根据历史数据、专家意见或相关统计数据来衡量风险发生的概率。通常，可能性指标可以分为五个级别，从低到高分别是：极低、低、中等、高和极高。可能性评估有助于确定风险事件发生的可能性，进而确定风险的严重性级别。

（2）影响指标：风险影响指标是衡量风险事件发生后可能对人员、财产、环境等造成的影响程度的指标。影响指标可以分为几个方面，包括：人员伤亡、经济损失、环境破坏等。通常采用定量或定性的方式来评估不同影响指标的程度，并将其转化为数值。

（3）可控性指标：可控性指标是用来衡量风险的可控程度的指标。可控性指标可以分为三个级别，从低到高分别是：高度可控、部分可控和不可控。可控性评估有助于判断风险是否可以通过采取适当的措施来减轻或避免。

（4）接受性指标：接受性指标是用来衡量风险是否被接受的指标。接受性指标可以分为三个级别，从低到高分别是：可接受、边界接受和不可接受。接受性评估有助于判断风险是否在可接受的范围内，是否需要采取进一步的措施来降低风险。

（5）重要性指标：重要性指标是用来衡量风险对整体安全体系的重要性的指标。重要性指标可以分为三个级别，从低到高分别是：一般重要、重要和非常重要。重要性评估有助于确定风险对整个安全体系的影响程度，以便采取相应的措施来管理风险。

除了以上常见的风险判别指标，还可以根据不同的安全评价需求和特定的领域来选择和使用其他的风险判别指标。在进行安全评价时，不同的指标可以结合使用，综合评估风险的严重性和程度，以便能够更全面、准确地了解和评估风险，并制定相应的风险管理措施。

四、安全控制措施

安全评价依据还包括企业/组织已经建立的安全控制措施，如化工企业对生产设备进行定期检查和维护，杜绝设备故障引发的安全事故；规范化工厂的生产工艺，避免因工艺操作不当导致的安全问题；实施严格的人员考核和培训制度，增强员工的安全意识和提高操作技能；安排专人负责危险化学品的管理和使用，确保化学品的安全操作；实施严格的排放管理和监测，合规处理化工厂的废水和废气；建立完善的巡检制度，定期对化工厂设施进行安全巡查；组织定期的安全事故应急演练，提高员工的安全应急处置能力等。

五、安全事件和危险情报

安全评价可依据已发生的安全事件或者行业内的危险情报来剖析当前已知的安全威胁和漏洞，以便评估系统的实际安全状态。

六、安全技术和工具

评价依据可能还包括系统中已运用到的安全技术和工具，如安全监测检测报警系统、安全附件及消防装置等。

8.1.5　安全评价的程序和内容

安全评价的程序主要包括五个部分：安全评价准备阶段、危险及有害因素的辨识与分析、安全评价现场工作、风险控制以及结论。这五大程序按照既定的主线有序展开，但在实际操作过程中，各部分内容并非完全拘泥于固定流程，而是可以根据评价需要灵活交叉进行与适时修正。

此外，安全评价的程序还可以参照《安全评价通则》的标准来执行。该标准明确了安全评价的七个主要步骤：前期准备工作；辨识与分析危险、有害因素；划分评价单元；定性、定量评价；提出安全对策措施建议；作出评价结论；编制安全评价报告。这些步骤应按照既定的顺序逐一进行。

为直观展示这一流程，可参照图8.1所示的可行流程进行理解和操作。

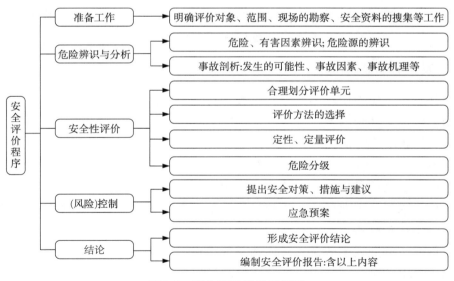

图8.1　安全评价的程序流程

一、安全评价的程序

综合《安全评价通则》和经验，安全评价的程序主要有以下五个部分：

（1）准备阶段

明确被评价对象，备齐有关安全评价所需的设备、工具，收集国内外相关法律法规、技术标准及工程、系统的技术资料。

（2）危险源辨识与分析

辨识与分析危险、有害因素，确定危险、有害因素存在的部位、存在的方式和事故发生的途径及其变化的规律；辨识危险源；剖析事故发生的可能性、事故因素及机理等。

（3）安全性评价

在辨识与分析危险、有害因素的基础上，划分评价单元。评价单元划分应科学、合理、便于实施评价、相对独立且具有明显的特征界限；根据评价单元的特征，选择合理的评价方法；对评价对象发生事故的可能性及其严重程度进行定性、定量评价；进行危险分级。

（4）（风险）控制

依据危险、有害因素辨识结果与定性、定量评价结果，遵循针对性、技术可行性、经济合理性的原则，提出消除或减弱危险、有害因素的技术和管理措施建议；提出相应的应急预案。

（5）安全评价结论

根据客观、公正、真实的原则，严谨、明确地作出评价结论。

依据安全评价的结果编制相应的安全评价报告。安全评价报告是安全评价过程的具体体现和概括性总结；是评价对象完善自身安全管理、应用安全技术等方面的重要参考资料；是由第三方出具的技术性咨询文件，可为政府安全生产监管部门和行业主管部门等相关单位对评价对象的安全行为进行法律法规、标准、行政规章、规范的符合性判断所用；是评价对象实现安全运行的技术指导文件。

二、安全评价的内容

安全评价按照实施阶段不同分为三类：安全预评价、安全验收评价、安全现状评价。实施的阶段与评价内容已概括于表8.1，具体如下。

（一）安全预评价的内容

安全预评价（Safety Assessment Prior to Start）是一种在建设项目可行性研究阶段、工业园区规划阶段或生产经营活动组织实施之前进行的活动。它的目的是通过辨识和分析建设项目、工业园区或生产经营活动中潜在的危险和有害因素，来确定这些因素与安全生产法律法规、标准、行政规章、规范的符合性。此外，安全预评价还旨在预测可能发生的交通事故及其可能性及其严重程度，并提出科学、合理、可行的安全对策措施建议。最后，它做出安全评价结论，为后续的安全验收评价提供依据。安全预评价的内容主要包括以下几个方面：

危险、有害因素的识别：根据建设项目周边环境和生产工艺流程等特点，识别和分析潜在的危险和有害因素。

（1）危险度评价：评估危险和有害因素引发事故的可能性及其严重程度。

（2）安全对策措施及建议：提出确保安全的措施和方法。

（3）评价单元的划分：按照科学、合理的原则，将评价内容划分为不同的评价单元，如法律法规符合性、设施安全性等。

（4）评价方法的选用：根据建设项目或工业园区的具体情况，选择合适的评价方法和工具。

（5）定性、定量评价：运用科学的方法对评价单元进行定性和定量评价。

（6）安全预评价结论：综合以上步骤得出最终的评价结论。

（7）编制安全预评价报告：整理上述所有信息，形成正式的安全预评价报告。

（二）安全验收评价的内容

安全验收评价（Safety Assessment Upon Completion）在建设项目竣工后正式生产运行前或工业园区建设完成后，通过检查建设项目安全设施与主体工程同时设计、同时施工、同时投入生产和使用的情况或工业园区内的安全设施、设备、装置投入生产和使用的情况，检查安全生产管理措施到位情况，检查安全生产规章制度健全情况，检查事故应急救援预案建立情况，审查确定建设项目、工业园区建设满足安全生产法律法规、标准、规范要求的符合性，从整体上确定建设项目、工业园区的运行状况和安全管理情况，做出安全验收评价结论的活动。安全验收评价的内容主要包括以下几个方面：

（1）危险、有害因素的辨识与分析：这是为了识别建设项目可能存在的危险源和有害因素，并进行分析和评估。

（2）符合性评价和危险危害程度的评价：这一步骤涉及评价建设项目是否符合国家的安全生产法规和技术标准。

（3）安全对策措施建议：根据辨识出的风险，提出相应的安全预防措施和改进措施。

（4）安全验收评价结论：总结整个评价过程的结果，给出是否同意建设项目进入下一阶段的意见。

此外，安全验收评价还涉及评价对象前期的相关工作，如安全预评价、可行性研究报告、初步设计中的安全卫生专篇等，以及这些工作中对安全生产保障内容的实施情况和对策实施建议的落实情况。还包括评价对象的安全对策措施的具体设计、安装施工情况的有效保障程度，以及在试投产阶段的安全措施合理有效性和实际运行情况。还有评价对象的安全管理制度和事故应急预案的建立、实际开展和演练的有效性。

安全验收评价的过程通常包括：前期准备、编制安全验收评价计划、现场检查、编制安全验收评价报告以及评价报告的评审等多个步骤。在进行评价时，需要收集相关的法律法规、技术标准和项目建设资料，如初步设计、变更设计、安全预评价报告、各级批复文件等，以确保评价结果的准确性和科学性。

（三）安全现状评价的内容

安全现状评价（Safety Assessment In Operation）是针对生产经营活动中、工业园区的事故风险、安全管理等情况，辨识与分析其存在的危险、有害因素，审查确定其与安全生产法律法规、规章、标准、规范要求的符合性，预测发生事故或造成职业危害的可能性及其严重程度，提出科学、合理、可行的安全对策措施建议，做出安全现状评价结论的活动。

安全现状评价既适用于对一个生产经营单位或一个工业园区的评价，也适用于某一特定的生产方式、生产工艺、生产装置或作业场所的评价。安全现状评价的内容主要包括以下几个方面：

（1）全面收集评价所需的信息资料，采用合适的安全评价方法进行危险识别，给出量化的安全状态参数值。

（2）对于可能造成重大后果的事故隐患，采用相应的数学模型，进行事故模拟，预测极端情况下的影响范围，分析事故的最大损失以及发生事故的概率。

（3）对发现的隐患，根据量化的安全状态参数值、整改的优先度进行排序。

8.1.6 危险、有害因素的辨识

危险因素指在生产、劳动过程中，存在对人（职工）造成伤亡或对物造成突发性损害的因素，强调突发性和瞬间作用；有害因素指能影响人的身体健康，导致疾病，或对物造成慢性损伤的因素，强调在一定时间范围内的积累作用。

一、危险、有害因素的分类

（一）按导致事故的直接原因进行分类

按照《生产过程危险和有害因素分类与代码》（GB/T 13861—2022）危险和有害因素分为人的因素、物的因素、环境因素、管理因素，简称"人、物、环、管"。

1. 人的因素

在生产活动中，来自人员自身或人为性质的危险和有害因素。包括心理性、生理性、行为性危险有害因素，详见表8.2。

表8.2　人的因素

人的因素	内容	
心理性、生理性 危险有害因素	负荷超限	体力、听力、视力及其他负荷超限
	健康状况	伤病等
	心理异常	情绪异常、冒险心理、过度紧张及其他心理异常等
	辨识功能缺陷	感知延迟、辨识错误及其他辨识功能缺陷等
	从事禁忌作业	职业病患者强行作业
行为性 危险有害因素	指挥错误	指挥失误、违章指挥
	操作错误	误操作、违章作业
	监护失误	监护人擅自离岗等
	其他行为	脱岗、违纪等

2. 物的因素

机械、设备设施、材料等方面存在的危险和有害因素。包括物理性、化学性、生物性危害和有害因素，详见表8.3。

3. 环境因素

生产作业环境中的危险和有害因素。如室内、室外、地下（含水下）和其他作业环境不良因素，详见表8.4。

表 8.3　物的因素

物的因素	内容
物理性危害和有害因素	设备、设施、工具、附件缺陷;防护缺陷;电伤;噪声;振动危害;电离辐射(如 X 射线);非电离辐射(如激光);运动物伤害;明火;高温物质;低温物质;信号缺陷;标志缺陷;有害光照(身体伤害)等
化学性危害和有害因素	爆炸品;压缩气体和液化气体;易燃液体;易燃固体;氧化剂和有机过氧化物、有毒物品、腐蚀品、放射性物品、粉尘与气溶胶等
生物性危害和有害因素	致病性微生物(细菌、病毒、真菌)、传染病媒介物、致害动物、致害植物等

表 8.4　环境因素

环境因素	内容
室内作业场所环境不良	室内梯架缺陷(楼梯、阶梯等)、地面、墙面和天花板缺陷、室内安全通道缺陷、安全出口缺陷、采光照明不良等
室外作业场所环境不良	建筑物和其他结构缺陷、门和围栏缺陷、恶劣气候、作业场地杂乱等
地下(含水下)作业环境不良	隧道/矿井顶面塌陷、水下作业供氧不当等
其他作业环境不良	强迫体位、综合性作业环境不良等

4. 管理因素

管理和管理责任缺失所导致的危险和有害因素。

主要包括:职业安全卫生组织机构不健全、职业安全卫生责任制未落实、职业安全卫生管理规章制度不完善(建设项目"三同时"制度未落实、操作规程不规范、应急预案存在缺陷、培训制度不完善等)、职业安全卫生投入不足、职业健康管理不完善、其他管理因素缺陷。

(二)参照事故类别进行分类

参照《企业职工伤亡事故分类》(GB 6441—1986)主要可分为物体打击、车辆伤害、机械伤害、起重伤害、触电、淹溺、灼烫、火灾、高处坠落、坍塌、冒顶片帮、透水、放炮、火药爆炸、瓦斯爆炸、锅炉爆炸、容器爆炸、其他爆炸、中毒和窒息、其他伤害等大类。

二、危险、有害因素辨识方法

(一)直观经验法

不同种类的危险有害因素需采用不同的辨识方法。对于存在可供参考先例的情况,可采用直观经验法进行辨识。直观经验法主要涵盖对照分析法和类比推断法两种。此方法适用于那些有可供参考的先例、能够借鉴以往经验的系统,但不适用于没有可供参考先例的新开发系统。

1. 对照、经验法

对照有关标准、法规,利用检查表,查阅事故记录、职业病记录等资料,或依靠辨识小组成员的观察与分析能力,借助经验和判断能力对评价对象的危险、有害因素进行细致分析的方法,称之为对照分析法。该方法具有简单、易行的显著优点。然而,由于它是基于以往经验的借鉴,因此其准确性可能受到分析人员的经验水平、知识储备以及所掌握资料的局限性等因素的影响。

2.类比推断法

类比推断法是基于实践经验的积累与总结，它借助相同或相似工程中作业条件的经验数据以及安全统计信息，来类比推断被评价对象可能存在的危险有害因素。对于新建的工程，可以考虑参考具有相似规模和装备水平企业的成功经验，以此来辨识其潜在的危险有害因素，这种方法得出的结果通常具有较高的置信度。

3.案例法

收集整理国内外相同或相似工程发生事故的原因和后果，以及相类似工艺条件下设备发生事故的原因和后果，并据此对评价对象的危险、有害因素进行分析的方法，是一种有效的安全评价方法。

（二）系统安全分析方法

对复杂的系统进行分析时，可采用系统安全工程评价方法中的某些技术来辨识危险、有害因素。系统安全分析方法通常应用于复杂且缺乏事故经验的新开发系统。常用的系统安全分析方法有：安全检查表分析法、预先危险分析法、故障类型及影响分析法、危险可操作性研究、事故树分析方法、危险指数法、概率危险评价方法、故障假设分析法等。

各种危险、有害因素的识别方法均有其特定的适用范围和局限性。在实际操作中，需根据具体情况灵活选择适用的方法，并结合多种分析手段综合判断危险、有害因素的实际状况。通过及时发现并妥善处理这些危险、有害因素，可以有效降低事故发生的概率和减轻其危害程度，从而提升生产活动的整体安全性和可靠性。

三、危险化学品重大危险源的辨识与分级

重大危险源辨识是危险、有害因素辨识中极为关键的一环。目前，在安全评价过程中，进行重大危险源辨识的主要依据是《危险化学品重大危险源辨识》（GB 18218—2021）。

（一）危险化学品重大危险源的辨识

危险化学品的生产、加工及使用等所涉及的装置及设施，当这些装置及设施之间设有切断阀时，应以切断阀为分隔界线，将它们划分为独立的单元。对于用于储存危险化学品的储罐或仓库，它们应构成相对独立的区域。其中，储罐区应以罐区的防火堤为界线，划分为独立的单元；而仓库则应以独立库房（即独立建筑物）为界线，划分为独立的单元。

当单元内只有一种危险化学品时，按照其临界量确定，超过1为重大危险源。当单元内储存的危险化学品的种类大于1种时，则按下式计算。若得出的结果大于1，则该单元定为重大危险源：

$$S = \frac{q_1}{Q_1} + \frac{q_2}{Q_2} + \cdots + \frac{q_n}{Q_n} \geq 1$$

式中：q_1，q_2，$\cdots$，q_n，每种危险化学品实际存在量，单位为吨（t）；

Q_1，Q_2，$\cdots$，Q_n 与各危险化学品相对应的临界量，单位为吨（t）。

根据《危险化学品重大危险源辨识》（GB 18218—2021），常见危险化学品临界量详见表8.5。

表8.5　常见危险化学品临界量

危险化学品	临界量/t	危险化学品	临界量/t
氨	10	氯气	5
碳酰氯（光气）	0.3	煤气	20
甲醛	5	砷化氢	1
氟化氢	1	硫化氢	5
叠氮化铅	0.5	溴	20
氢气	5	甲烷（天然气）	50
苯	50	乙炔	1
丙酮	500	二硫化碳	50
环己烷	500	甲苯	500
乙醚	10	乙酸乙酯	500
发烟硝酸	20	钾	1
过氧化钠	20	烷基铝	1

（二）危险化学品重大危险源的分级

1.分级指标

采用单元内各种危险化学品实际存在（在线）量与规定的临界量比值，各危险化学品相对应的校正系数校正后，各比值之和 R 为分级指标。

2. R 的计算方法

$$R = \alpha \left(\beta_1 \frac{q_1}{Q_1} + \beta_2 \frac{q_2}{Q_2} + \cdots + \beta_n \frac{q_n}{Q_n} \right)$$

式中：q_1，q_2，$\cdots$，q_n：每种危险化学品实际存在量，单位为吨（t）；

Q_1，Q_2，$\cdots$，Q_n：与各危险化学品相对应的临界量，单位为吨（t）；

β_1，β_2，$\cdots$，β_n：与各危险化学品相对应的校正系数；

α：该危险化学品重大危险源库区外暴露人员的校正系数。

其中，校正系数 β 可查阅《危险化学品重大危险源辨识》（GB 18218—2021）获得，如氨的校正系数 β 为2，一氧化碳为2等。校正系数 α 是根据化学品重大危险源的厂区边界向外扩展500 m范围内常住人口数量，按照表8.6设定暴露人员校正系数 α 值。

表8.6　暴露人员校正系数 α 值

厂外可能暴露人员数量	校正系数 α
100人以上	2.0
50~99人	1.5
30~49人	1.2
1~29人	1.0
0人	0.5

3.分级标准

根据计算出来的 R 值，按表8.7确定危险化学品重大危险源的级别。

表8.7 危险化学品重大危险源的级别

危险化学品重大危险源级别	R 值
一级	$R \geqslant 100$
二级	$100 > R \geqslant 50$
三级	$50 > R \geqslant 10$
四级	$R < 10$

4.其他重大危险源的评价及分级方法

为了对各种不同类别的危险物质可能出现的事故严重度进行评价，根据下面两个原则建立了物质子类别同事故形态之间的对应关系。

① 最大危险原则：如果一种危险物具有多种事故形态，且它们的事故后果相差大，则按后果最严重的事故形态考虑。

② 概率求和原则：如果一种危险物具有多种事故形态，且它们的事故后果相差不大，则按统计平均原理估计事故后果。

四、化工工业过程危险、有害因素的辨识

（一）总图布置及建筑物的危险、有害因素辨识

1.厂址

从厂址的工程地质、地形地貌、水文、气象条件、周围环境、交通运输条件及自然灾害、消防支持等方面进行分析、识别。

2.总平面图布置

从功能分区、防火间距和安全间距、风向、建筑物朝向、危险和有害物质设施、动力设施（氧气站、乙炔气站、压缩空气站、锅炉房、液化石油气站等）、道路、储运设施等方面进行分析、识别。

3.道路运输

从运输、装卸、消防、疏散、人流、物流、平面交叉运输和竖向交叉运输等几方面进行分析、识别。

4.建(构)筑物

从厂房、库房储存物品的生产火灾危险性分类、耐火等级、结构、层数、占地面积、防火间距、安全疏散等方面进行分析、识别。

（二）生产工艺过程的危险、有害因素辨识

1.对新建、改建、扩建项目设计阶段进行危险、有害因素的辨识

对设计阶段是否通过合理的设计进行考查，尽可能从根本上杜绝危险、有害因素的发生。例如是否采用无害化工艺技术，以无害物质代替有害物质并实现过程自动化等。

当消除危险、有害因素有困难时，对是否采取了预防性技术措施来预防危险危害的发生进行考查。如是否设置安全阀、防爆阀（膜），是否设置有效的泄压面积和可

靠的防静电接地、防雷接地、保护接地、漏电保护装置等。

当无法消除危险或危险难以预防时，对是否采取了减少危险危害发生的措施进行考察。例如是否设置防火堤、涂防火涂料；是否是敞开或半敞开式的厂房；防火间距、通风是否符合国家标准的要求；是否以低毒物质代替高毒物质；是否采取减振、消声和降温措施等。

当无法消除、预防和减少危险的发生时，对是否将人员与危险、有害因素隔离等进行考查。例如是否实行遥控、设置隔离操作室、安装安全防护罩、配备劳动保护用品等。

当操作者失误或设备运行达到危险状态时，对是否能通过联锁装置来终止危险危害的发生进行考察。如考察是否设置锅炉极低水位时停炉联锁保护等。

在易发生故障和危险性较大的地方，对是否设置了醒目的安全色、安全标志和声光警示装置等进行考查。如厂内铁路或道路交叉口、危险品库、易燃易爆物质区等。

2. 利用行业安全标准、操作规程等进行危险、有害因素的辨识

进行安全现状评价时，经常利用行业和专业的安全标准、规程进行分析辨识。例如对化工、石油化工工艺过程的危险危害性进行辨识，可以利用该行业的安全标准及规程着重对以下几种工艺过程进行辨识：

存在不稳定物质的工艺过程（如原料、中间产物、副产物、添加物或杂质等不稳定物质）；含有易燃物料，且在高温、高压下运行的工艺过程；含有易燃物料，且在冷冻状况下运行的工艺过程；在爆炸极限范围内或接近爆炸性混合物的工艺过程；有可能形成尘、雾爆炸性混合物的工艺过程；有剧毒、高毒物料存在的工艺过程；储有压力能量较大的工艺过程；能使危险物的良好防护状态遭到破坏或者损害的工艺过程；工艺过程参数（如反应温度、压力、浓度、流量等）难以严格控制并可能引发事故的工艺过程；工艺过程参数与环境参数具有很大差异，系统内部或者系统与环境之间在能量的控制方面处于严重不平衡状态的工艺过程；一旦脱离防护状态，危险物质会大量积聚的工艺过程和生产环境（如危险气、液的排放；尘、毒严重的车间内通风不良等）；有电气火花、静电危险性或其他明火作业的工艺过程，或有炽热物、高温熔融物的危险工艺过程或生产环境；能使设备可靠性降低的工艺过程（如低温、高温、振动和循环负荷疲劳影响等）；由于工艺布置不合理而较易引发事故的工艺过程；在危险物生产过程中有强烈机械作用影响的工艺过程（如摩擦、冲击、压缩等）；容易产生混合危险的工艺过程或者有危险物存在的工艺过程。

3. 根据典型的单元过程（单元操作）进行危险、有害因素的辨识

典型的单元过程是各行业中具有典型特点的基本过程或基本单元。如化工生产过程中的氧化、还原、硝化、电解、聚合、催化、裂化、氯化、磺化、重氮化、烷基化等；石油化工生产过程的催化裂化、加氢裂化、加氢精制、裂解、催化脱氧、催化氧化等。这些单元过程的危险有害因素已经归纳总结在许多手册、规范、规程和规定中，通过查阅均能得到。这类方法可以使危险有害因素的识别比较系统，避免遗漏。单元操作过程中的危险性是由所处理物料的危险性决定的。

（三）主要设备或装置的危险、有害因素辨识

1.工艺设备、装置的危险有害因素辨识

工艺设备、装置的危险有害因素辨识主要包括：设备本身是否能满足工艺的要求；标准设备是否由具有生产资质的专业工厂所生产、制造；是否具备相应的安全附件或安全防护装置，如安全阀、压力表、温度计、液压计、阻火器、防爆阀等；是否具备指标性安全技术措施，如超限报警、故障报警、状态异常报警等；是否具备紧急停车的装置；是否具有检修时不能自动投入运行，不能自动反向运转的安全装置等。

2.专业设备的危险有害因素辨识

化工设备的危险有害因素辨识，主要检查这些设备是否有足够的强度、刚度，是否有可靠的耐腐蚀性，是否有足够的抗高温蠕变性，是否有足够的抗疲劳性，密封是否安全可靠，安全保护装置是否配套。机械加工设备的危险有害因素辨识，可以根据相应的标准、规程进行。例如机械加工设备的一般安全要求、磨削机械安全规程、剪切机械安全规程、电动机外壳防护等级等。对机械设备可从运动零部件和工件、操作条件、检修作业、误运转和误操作等方面进行识别。

对于工艺设备可从高温、低温、高压、腐蚀、振动、关键部位的备用设备、控制、操作、检修和故障、失误时的紧急异常情况等方面进行识别。

（四）危险化学品的危险、有害因素辨识

危险化学品包括爆炸品、压缩气体和液化气体、易燃液体、易燃固体、自燃物品和遇湿易燃物品、氧化剂和有机过氧化物、毒害品和感染性物品、放射性物品、腐蚀品等八大类、21项（GB 13690—2009）。

危险化学品包装物的危险、有害因素辨识主要从以下几个方面进行。

（1）包装的结构是否合理，强度是否足够，防护性能是否完好，包装的材质、形式、规格、方法和单件质量是否与所装危险货物的性质和用途相适应，以便于装卸、运输和储存。

（2）包装的构造和封闭形式是否能承受正常运输条件下的各种作业风险，不应因温度、湿度或压力的变化而发生任何渗（撒）漏；包装表面不允许黏附有害的危险物质。

（3）包装与内装物直接接触部分是否有内涂层或进行了防护处理，包装材质是否与内装物发生化学反应而形成危险产物或削弱包装强度，内容器是否固定。

（4）盛装液体的容器是否能经受在正常运输条件下产生的内部压力；灌装时是否留有足够的膨胀余量（预留容积），除另有规定外，能否保证在温度为55 ℃时，内装液体不会完全充满容器。

（5）包装封口是否根据内装物性质采用严密的液密封口或气密封口。

（6）盛装需浸湿或加有稳定剂的物质时，在储运期间，其容器封闭形式是否能有效保证内装液体（水、溶剂和稳定剂）的百分比保持在规定的范围以内。

（7）有降压装置的包装，其排气孔设计和安装是否能防止内装物泄漏和外界杂质进入；排出的气体量是否造成危险和污染环境。

（8）盒包装的内容器和外包装是否紧密贴合，外包装是否有擦伤内容器的凸出物。

（五）电气设备的危险、有害因素辨识

电气设备的危险有害因素辨识，应紧密结合工艺的要求和生产环境的状况来进行。一般可考虑从以下几方面进行：电气设备的工作环境是否属于易发生爆炸和火灾、有粉尘、潮湿、腐蚀的环境；电气设备是否满足环境要求；电气设备是否具有国家指定机构的安全认证标志，特别是防爆电器的防爆等级；电气设备是否为国家颁布的淘汰产品；用电负荷等级对电力装置的要求是否满足；是否存在电气火花引燃源；触电保护、漏电保护、短路保护、过载保护、绝缘、电气隔离、屏护、电气安全距离等是否可靠；是否根据作业环境和条件选择安全电压，安全电压值和设施是否符合规定；防静电、防雷击等电气连接措施是否可靠；管理制度是否完善；事故状态下的照明、消防、疏散用电及应急措施用电是否正常；自动控制装置，如不间断电源、冗余装置等是否可靠等。

对电气设备可从触电、断电、火灾、爆炸、误运转和误操作、静电、雷电等方面进行识别。

（六）特种设备的危险、有害因素辨识

锅炉、压力容器、压力管道的危险、有害因素主要是安全防护装置失效、承压元件失效或密封元件失效，使其内部具有一定温度和压力的工作介质失控，从而导致事故的发生。常见的锅炉、压力容器、压力管道失效主要有泄漏和破裂爆炸。

厂内机动车辆主要的危险、有害因素有：提升重物动作太快，超速驾驶，突然刹车，碰撞障碍物，在已有重物时使用前铲，在车辆前部有重载时下斜坡、横穿斜坡或在斜坡上转弯、卸载和在不适的路面或支撑条件下运行等引起的翻车；超过车辆的最大载荷；运载车辆在运送可燃气体时，本身也有可能成为火源；在没有乘椅及相应设施时载有乘员。

（七）作业环境的危险、有害因素辨识

作业环境中的危险有害因素主要有危险物质、生产性粉尘、工业噪声与振动、温度与湿度以及辐射等。注意识别存在各种职业病危害因素的作业部位。

（八）安全管理方面

可以从安全生产管理组织机构、安全生产管理制度、事故应急救援预案、特种作业人员培训、日常安全管理等方面进行识别。

总结危险、有害因素辨识的目标和主要内容详见表8.8。

表8.8　化工工业过程危险、有害因素的辨识

辨识目标	主要辨识的内容	
总图布置及建筑物	厂址	地质、气象、环境、交通、消防条件等
	总平面图布置	功能分区、防火和安全间距、朝向、风向、动力设施和储运设施布局等
	道路运输	运输、装卸、人流、物流等
	建(构)筑物	耐火等级、疏散通道、防火间距等

辨识目标	主要辨识的内容	
生产工艺过程	项目设计阶段	通过合理设计从根本上避免危险、有害因素的发生
	行业安全标准	对照行业标准
	典型的单元过程	已经归纳总结的手册、规范、规程和规定
主要设备或装置	高温、低温、高压、腐蚀、振动、关键部位的备用设备、控制、操作、检修和故障、失误时的紧急异常情况等方面	
危险化学品	危险化学品包装物	
电气设备	触电、断电、火灾、爆炸、误运转和误操作、静电、雷电等方面	
特种设备	承压设备泄漏和破裂爆炸、特种车辆违规操作等	
作业环境	毒物、噪声、振动、高温、低温、辐射、粉尘等	
安全管理	组织机构、管理制度、应急救援、日常安全管理等	

五、危险、有害因素辨识的原则及注意事项

(一) 原则

(1) 科学性：危险、有害因素的辨识是分辨、识别、分析确定系统内存在的危险，它是预测安全状态和事故发生途径的一种手段。这就要求进行危险有害因素识别时必须有科学的安全理论指导，使之能真正揭示系统安全状况、危险有害因素存在的部位和方式、事故发生的途径及其变化规律，并予以准确描述，以定性、定量的概念清楚地表示出来，用严密的合乎逻辑的理论予以解释。

(2) 系统性：危险有害因素存在于生产活动的各个方面，因此要对系统进行全面、详细的剖析，研究系统与系统以及各子系统之间的相关和约束关系，分清主要危险有害因素及其危险危害性。

(3) 全面性：辨识危险有害因素时不要发生遗漏，以免留下隐患。要从厂址、自然条件、储存、运输、建(构)筑物、生产工艺、生产设备装置、特种设备、公用工程、安全管理系统、设施、制度等各个方面进行分析与识别。不仅要分析正常生产运行时的操作中存在的危险有害因素，还要分析识别开车、停车、检修、装置受到破坏及操作失误等情况下的危险危害性。

(4) 预测性：对于危险有害因素，还要分析其触发事件，即危险有害因素出现的条件或设想的事故模式。

(二) 注意事项

(1) 科学、准确、清楚：危险有害因素的辨识是分辨、识别、分析确定系统内存在的危险而并非研究防止事故发生或控制事故发生的实际措施。它是预测安全状况和事故发生途径的一种手段，这就要求进行危险有害因素辨识必须有科学的安全理论做指导，使之能真正揭示系统安全状况、危险有害因素存在的部位、存在的方式和事故发生的途径等，对其变化的规律予以准确描述并以定性定量的概念清楚地表示出来，

用严密的合乎逻辑的理论予以解释清楚。

（2）分清主要危险有害因素与相关危险：不同行业所面临的主要危险、有害因素各不相同，即便在同一行业内，不同企业的主要危险、有害因素也可能存在差异。因此，在进行危险有害因素辨识时，必须紧密结合企业的实际情况，准确识别出其主要危险有害因素，以凸显项目的独特性。对于其他共性的危险、有害因素，则可以进行简要分析。

（3）防止遗漏：辨识危险有害因素时不要发生遗漏，以免留下隐患；辨识时，不仅要分析正常生产运转，操作中存在的危险有害因素，还要分析、辨识开车、停车、检修，装置受到破坏及操作失误情况下的危险有害后果。

（4）避免惯性思维：实际上在很多情况下，同一危险、有害因素，因物理量不同，作用的时间和空间不同，而产生的后果也不相同。所以，在进行危险、有害因素辨识时应避免惯性思维，坚持实事求是的原则。

8.2 安全评价方法

安全评价方法是用于评估系统或工程的安全性、可靠性和风险等级的工具或者方式。这些方法可以根据评价的目的、评价的内容、评价的方法和适用范围进行分类。常见的安全评价方法包括：检查表法、专家评议法、预先危险分析法、故障分析法、危险与可操作性分析、故障树分析法、事件树分析、安全评价法、危险指数评价法、指标评价法等。

安全评价方法按评价结果的量化程度可分为"定性法"和"定量法"。定性安全评价方法是根据经验和直观判断能力对评价对象进行定性分析，如安全检查表、专家现场询问观察法、因素图分析法、事故引发和发展分析、作业条件危险性评价法（格雷厄姆－金尼法，也称 LEC 法①）、故障类型和影响分析、危险可操作性研究等。定量安全评价方法是运用实验结果和事故资料统计分析获得的指标或规律对评价对象进行定量的计算，如概率风险评价法、伤害（或破坏）评价法、危险指数评价法。

8.2.1 安全检查表法(SCA)

安全检查表法（Safety Checklist Analysis，简称 SCA）起源于 20 世纪 20 年代，是风险评价领域中最基础且应用最为广泛的方法之一。该方法的核心在于，事先对检查对象进行细致分解，将复杂的大系统切割成多个小的子系统或单元。随后，通过提问、打分或直接观察的方式，逐一列出这些子系统或单元中潜在的危险因素。在确定了具体的检查项目后，会将这些项目以列表的形式逐项列出，以确保在检查过程中无遗漏。检查人员需根据实际情况，将发现的危险因素填写到安全检查表对应的项目上，从而实现对系统安全状况的全面、系统评价。这种用于记录和评价安全状况的表

① LEC,Likelihood Exposure Consequence 的缩写。

格，即被称为安全检查表。表8.9展示了一类通用的安全检查表样式，供检查人员在实际工作中参考和使用。

表8.9　安全检查表实例

序号	检查项目	检查标准、内容	检查方法（依据）	扣分	符合	不符合及主要问题
1	设备管理	1. 岗位安全操作规程； 2. 现场设备跑冒滴漏； 3. 所有设备接地良好； 4. 传动部位安全防护； 5. 安全仪表附件校验； ……	现场检查、设备登记记录等；一处不符合扣2分；达不到要求不得分	20		
2	电工及防护用品	1. 值班电工穿绝缘鞋； 2. 配电室配绝缘装备； 3. 电工是否挂牌作业； 4. 高处作业安全设施； 5. 灭火装置是否完备； ……	现场检查及提问；一处不符合扣1分；达不到要求不得分	5		
……	……	……	……	……		

被检查单位：　　　　　　　　　　　　检查日期：

监察人签字：　　　　　　　　　　　　被检查单位负责人签字：

一、安全检查表法适用范围

安全检查表法广泛适用于工程、系统的各个阶段。它不仅可以对物资、设备和工艺进行全面评价，特别适用于专门设计的评价场景，还能在新工艺（装置）的早期开发阶段有效判断和估测潜在危险。此外，该方法同样适用于对已运行多年的在役装置进行危险检查，常用于安全验收评价、安全现状评价以及专项安全评价等环节。

二、安全检查表方法优点

（1）预先编制检查表，确保检查项目系统、完整，无遗漏任何可能导致危险的关键因素。

（2）依据已有的规章制度、标准、操作规程等，严格检查执行情况，得出准确、客观的评价结果。

（3）采用问答和现场观察相结合的方式，形式灵活，印象深刻，同时起到安全教育的作用，并可明确注明改进措施的要求。

（4）编制安全检查表的过程有助于检查人员对系统有更深入的认识，从而更容易发现潜在的危险因素。

（5）针对不同检查对象和目的，可灵活编制不同的检查表，应用范围广泛，适应性强。

（6）方法简明易懂，操作简便，易于掌握和应用。

三、安全检查表方法缺点

（1）局限于定性评价，无法直接给出定量的评价结果，对于需要精确量化风险的情况可能不够充分。

（2）主要适用于对已经存在的实际对象进行评价，对于尚处于规划或设计阶段的对象，则难以直接应用，除非能找到与其相似或类比的实例进行评价。

（3）为满足不同评价需求，需事先编制大量有针对性的安全检查表，这不仅增加了工作量，而且安全检查表的质量在很大程度上依赖于编制人员的专业知识水平和实践经验，存在一定的主观性。

8.2.2 危险指数法（RR）

危险指数法（Risk Rank，简称 RR）是一种安全评价方法，它通过对比几种工艺的现状及运行中的固有属性，包括作业现场的危险度、事故发生的概率以及事故的严重程度，来确定工艺的危险特性和重要性。根据这些评价结果，可以进一步确定哪些对象需要进行更为深入的安全评价。危险指数法最早是由道化学公司提出的。

危险指数法具有广泛的应用范围，可以贯穿于工程项目的各个阶段，包括可行性研究、设计、运行等。它不仅可以在详细的设计方案完成之前进行运用，为设计提供指导，还可以在制订现有装置的危险分析计划之前发挥作用，确保计划的针对性和有效性。此外，该方法同样适用于对现役装置进行安全评价，帮助及时发现并处理潜在的安全隐患。

危险指数法主要包括以下几种具体方法：危险度评价法、道化学公司（DOW）的火灾及爆炸危险指数法、帝国化学工业公司（ICI）的蒙德法，以及化工厂危险等级法。这些方法各有特点，可以根据实际情况选择适用的方法进行安全评价。

一、道化学火灾、爆炸危险指数法

道化学火灾、爆炸危险指数法于 1964 年首次提出，是针对化学工业特点开发的一种火灾、爆炸危险指数评价方法，并在 1993 年发展至第 7 版。该方法基于以往的事故统计数据、物质的潜在能量以及现行的安全措施状况，通过收集系统工艺过程中的物质性质、设备类型、操作条件等关键数据，运用一系列逐步推算的公式，对系统工艺装置及其所含物料的实际潜在火灾、爆炸危险以及反应性危险进行全面评价。

道化学火灾、爆炸危险指数法采用了一套系统化的评价程序。首先，通过计算评价单元内可燃、易燃、易爆危险物质的系数（MF），以及单元工艺的危险系数（包括一般工艺危险系数 F1 和特殊工艺危险系数 F2），进而确定危害系数。在此基础上，该方法进一步推导出火灾、爆炸指数（F&EI），并据此确定评价单元的暴露面积、最大可能财产损失（MPDO）以及停产损失（BI）等关键指标。其中，火灾、爆炸指数（F&EI）的值及其对应的危险等级可参考表 8.10；而道化学火灾、爆炸危险指数法的工作流程则如图 8.2 所示。

表 8.10　F&EI值对应危险等级

F&EI值	危险等级
1~60	最轻
61~96	较轻
97~127	中等
128~158	很大
>159	非常大

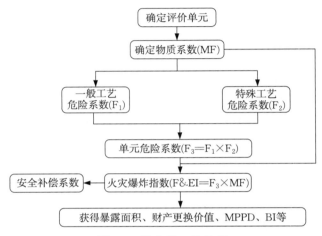

图 8.2　道化学工作流程

该方法具有广泛的适用性，可应用于各种类型的安全评价中，尤其在安全预评价领域得到了最为广泛的应用。

二、帝国化学工业公司（ICI）的蒙德法

1974年提出，是在道化学危险指数评价法的基础上引进了毒性概念，并发展了一些新的补偿系数，提出了蒙德火灾、爆炸、毒性指标评价法。

8.2.3　事件树分析法(ETA)

事件树分析方法（Event Tree Analysis，简称 ETA）的理论基础是"归纳"。事件树分析是用来分析普通设备故障或过程波动（称为初始事件）导致事故发生的可能性。它是一种"从原因到结果"的自上而下的分析方法。从一个初始事件开始，交替考虑成功与失败的两种可能性，然后再以这两种可能性作为新的初始事件，如此继续分析下去，直到找到最后的结果。因此事件树分析是一种归纳逻辑树图，能够看到事故发生的动态发展过程，提供事故后果。

事件树分析适合被用来分析那些产生不同后果的初始事件。事件树强调的是事故可能发生的初始原因以及初始事件对事件后果的影响，事件树的每一个分支都表示一个独立的事故序列，对一个初始事件而言，每一个独立事故序列都清楚地界定了安全功能之间的功能关系。

如在铁路运输中，严禁旅客携带易燃物品上车，但偶有旅客存在侥幸心理违反规定，携带易燃物品，但在进站时，由于技术原因，未检出。发生火灾事故的事件树具体分析如图8.3所示。

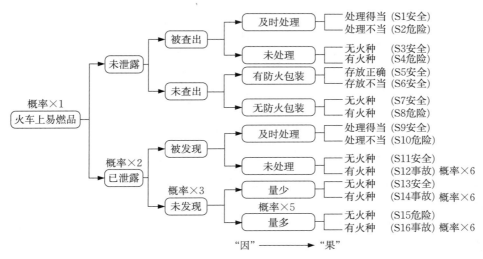

图8.3 事件树分析实例

8.2.4 故障树分析法(FTA)

故障树分析（Fault Tree Analysis，简称FTA）是一种采用逻辑方法来描述事故"由果到因"关系的有向"树"状图，是安全系统工程中重要的分析方法之一。FTA以一个不希望发生的产品故障事件或灾害性危险事件（即顶事件）作为分析对象，通过自上而下的严格层次化故障因果逻辑分析，逐层找出导致故障事件的必要且充分的直接原因，并绘制出故障树。最终，该方法能够揭示导致顶事件发生的所有可能原因及原因组合，并在具备基础数据的情况下，计算出顶事件发生的概率以及底事件的重要度。

FTA不仅能够对各种系统的危险性进行识别和评价，而且既适用于定性分析，也能进行定量分析，以确定事件发生的各种可能途径及其概率。它还能帮助找出避免事故发生的各种方案，并优选出最佳的安全对策。FTA具有简明、形象化的特点，体现了以系统工程方法研究安全问题的系统性、准确性和预测性。

作为安全分析评价和事故预测的一种先进科学方法，FTA已得到国内外的广泛公认和应用。它不仅能够分析出事故的直接原因，还能深入揭示事故的潜在原因。因此，在工程或设备的设计阶段、事故调查过程中或编制新的操作方法时，都可以利用FTA对它们的安全性进行评价。

一、故障树的建立

故障树分析方法形象、清晰，逻辑性强，由顶事件经过中间事件至最下级的基本事件用逻辑符号联结，形成树形图，再计算不可靠度。所示符号和逻辑门，如图8.4所示。

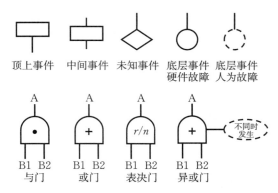

图8.4　FTA符号和逻辑门

矩形符号：表示顶上事件、中间事件或需要进一步往下分析的事件；

菱形符号：为省略事件，表示发生概率小，没必要进一步分析或原因不明确的原因事件；

圆形符号：表示最基本的事件，不能再继续往下分析。实线圆为硬件故障，虚线圆为人为故障；

与门：B1和B2条件需同时满足；

或门：B1或B2其中一个条件满足即可；

表决门：n个输入事件中至少有r个事件发生，则事件发生；否则输出事件不发生；

异或门：输入事件B1，B2中任何一个发生都可引起输出事件A发生，但B1，B2不能同时发生。

编制故障树需要较强的逻辑思维能力，还需要操作者对事故本身熟悉且经验丰富，要求比较高，这直接决定了最终绘制出的事故树是否正确、是否有足够深度。但一旦绘制出来，就可以一目了然地观察到事故发生的根源。

以某起高处坠落事故的事故树分析为例，如图8.5所示，T代表高处坠落事故，A代表安全带未起作用，B代表脚手架栏杆缺失，X1为安全带功能损失，X2为安全带未高挂低用，X3为安全措施费用不到位，X4为脚手架栏杆强度不足，可能导致该起事故的原因有哪些？从故障树可以分析导致原因必须包含A与B的子集底层事件中项，比如：X1与X3等。

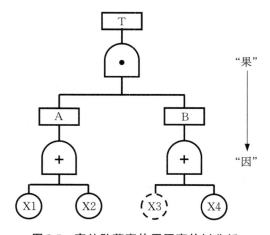

图8.5　高处坠落事故原因事故树分析

在许多大型设备和重大项目中，事前进行详细的故障树分析，能够帮助制定完备的紧急预案，充分发现可能存在的隐患，有效防止故障发生。以重质油加氢工艺实例，定性分析其发生爆炸事件的原因。经过故障树分析发现（图8.6），由于氢气的易燃易爆，以及工艺本身的高温高压等特性，有必要加强工艺生产期间的监控措施，包括过压、超温、泄漏监控等。如对故障树进行进一步的分析，可以发现更多的可能存在的问题和隐患。

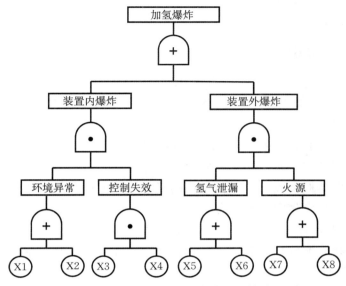

图8.6　重质油加氢工艺闪爆事故原因故障树分析

X1为温度过高，X2为压力过大，X3为报警失效，X4为排空失效，X5为输送管线泄漏，X6为反应装置泄漏，X7为人为火源，X8为静电起火。

二、FTA具体内容

（1）对所选定的系统做必要的分析，确切了解系统的组成及各项操作的内容，熟悉其正常的作业图；

（2）对系统的故障进行定义，对预计可能发生的故障、过去发生过的故障事例做广泛的调查；

（3）仔细分析各种故障的形成原因，如设计、制造、装配、运行、环境条件、人为因素等；

（4）收集各故障发生的概率数据；

（5）选定系统可能发生的最不希望发生的故障状态作为顶事件，画出故障逻辑图；

（6）对故障树作定性分析，确定系统的故障模式；

（7）对故障树进行定量计算，计算出顶事件发生概率、各底事件的结构重要度、概率重要度、关键重要度等可靠性指标。

三、FTA定性分析

定性分析是FTA的核心内容。寻找顶事件的原因事件及原因事件的组合（最小割集）；发现潜在的故障；发现设计的薄弱环节，以便改进设计；指导故障诊断，改进使用和维修方案。

割集：在故障树中，一些底事件的集合，当这些底事件同时发生时，顶事件（即故障）必然发生。

最小割集：若从割集中任意去掉一个底事件，该割集就不再能导致顶事件发生，则这样的割集被称为最小割集。

四、FTA定量分析

定量分析是FTA的最终目的，其内容包括：（1）确定引起故障发生的各基本原因发生的概率；（2）计算顶上事件发生的概率；（3）计算基本原因事件的概率重要度。

重要度分析是FTA定量分析中的重要组成部分，它用于分析系统的薄弱环节。重要度是指一个部件或者系统的割集发生时（底事件）对顶事件发生概率的贡献，它是时间、底事件发生概率以及故障树结构的函数。重要度分析类似于灵敏度分析，在系统的设计，诊断和优化方面都很有用。

FTA定量分析具有（1）独立性：底事件之间相互独立；（2）两态性：元、部件和系统只有正常和故障两种状态；（3）指数分布：元、部件和系统寿命。定量分析通过故障树的数学描述、典型逻辑门的概率计算以及顶事件发生概率的计算等方法进行，具体过程在此不再赘述。

五、FTA特点

（1）故障树分析是一种图形演绎法，是故障事件在一定条件下的逻辑推理方法。它不局限于对系统做一般的可靠性分析，它可以围绕一个或一些特定的失效状态，做层层追踪分析。因而，在清晰的故障树图形下，表达了系统故障事件的内在联系，并指出了单元故障与系统故障之间的逻辑关系。

（2）由于故障树能把系统故障的各种可能因素联系起来，因此，有利于提高系统的可靠性，找出系统的薄弱环节和系统的故障谱。

（3）故障树可以作为管理人员及维修人员的一个形象的管理、维修指南，因此，用来培训长期使用大型复杂系统的人员更有意义。

（4）通过故障树可以定量地求出复杂系统的失效概率和其他可靠性特征量，为改进和评估系统的可靠性提供定量数据。

（5）故障树分析的发展与电子计算机技术的发展紧密相连，图像信息技术也已经应用在故障树分析中，因此，编制计算程序是故障树分析中不可缺少的一部分。

（6）故障树分析的理论基础不仅包括概率论和数理统计，还涉及布尔代数以及可靠性数学中常用的数学基础，这些基础同样应用于故障树分析的定量分析中。

（7）故障树分析方法的应用范围广泛，不仅限于解决工程技术问题，还开始渗透到经济管理的系统工程领域。

（8）故障树分析的首要步骤是建树，这是一个复杂的过程，需要经验丰富的工程技术人员、操作人员及维修人员共同参与。由于每个人的经验和理解不同，因此不同的人所建造的故障树可能会存在差异。

（9）系统的复杂性增加了建树的难度和耗时。系统越复杂，建树的过程就越困难，所需的时间也越长。

（10）数据收集是故障树分析中的一个重要环节，但往往也是一项具有挑战性的任务，因为相关数据的获取可能面临诸多困难。

8.2.5　预先危险性分析法（PHA）

预先危险性分析法（Preliminary Hazard Analysis，简称PHA）起源于美国军用标准的安全计划要求，是一种专门的分析方法。它主要应用于对危险物质和装置的主要区域等进行分析，涵盖设计、施工和生产前的各个阶段。该方法首先分析系统中存在的危险性类别、出现条件以及可能导致的事故后果，其目的是识别系统中的潜在危险，确定这些危险的危险等级，并采取措施防止危险演化为事故。

PHA可以达到四个目的：大体识别与系统有关的主要危险、鉴别产生危险原因、预测事故发生对人员和系统的影响、判别危险等级，并提出消除或控制危险性的对策措施。

一、分析步骤

第一步：熟悉系统，并明确系统的保护对象。

第二步：制订PHA计划，并设定风险的可接受水平。

第三步：组建PHA小组，成员应包括相关专业的专家、工程师以及操作人员。

第四步：收集相关资料，了解类似或相关系统的情况，为分析提供参考。

第五步：辨识系统中存在的潜在危险，并分析这些危险可能危及的具体对象。

第六步：评估危险对目标造成影响的严重程度及其发生的概率。

第七步：根据风险评估的结果，判断风险是否可接受。若风险不可接受，则需提出相应的风险控制措施。

第八步：在实施风险控制措施后，重新评估系统，以确保控制措施的实施过程中未引入新的危险。

第九步：汇总整个分析过程的结果，并形成正式的文件，以便后续参考和决策。

二、划分危险等级

危险性划分为4个等级，详见表8.11。

表8.11　危险性等级划分

级别	危险程度	可能导致的后果
Ⅰ	安全的	不会造成人员伤亡及系统损坏
Ⅱ	临界的	处于事故的边缘，暂时不至于造成人员伤亡、系统破坏或降低系统性能，但应予以排除或采取控制措施
Ⅲ	危险的	会造成人员伤亡和系统损坏，要立即采取防范措施
Ⅳ	灾难的	造成人员重大伤亡及系统被严重破坏的灾难事故，必须予以果断排除并进行重点防范

三、PHA常用表格

PHA表格的设计和使用通常取决于多个因素，包括分析系统或设备的复杂性、时间与费用的限制、可用信息的丰富程度、分析的深度要求以及分析人员的个人习惯与专业水平。在这些因素中，列表分析因其直观、简洁且经济有效的特点，成为PHA中最常用的一种手段。典型的PHA工作表格示例详见表8.12。

表8.12　典型PHA工作表格示例

事故与危险	事故发生阶段	事故原因	危险等级	对策与解决方案
事故名称	发生的阶段,如:小试、生产、开停车、运输、检修等	如泄漏、人为	见表8.11	消除和控制危险的措施
……	……	……	……	……

四、PHA特点和适用范围

（1）预先危险分析（PHA）是进一步深入进行危险分析的先导步骤，它采用了一种宏观且概略的定性分析方法。PHA具有以下显著优点：方法简洁、易于实施、经济高效；能够为项目开发团队在分析和设计阶段提供有价值的指导；能够有效识别潜在的危险，并以较低的费用和时间成本实现改进。

（2）适用范围

PHA适用于对固有系统中引入新方法、新物料、新设备和新设施的危险性评价。它通常被应用于对潜在危险了解较少或无法仅凭经验察觉的工艺项目的初期阶段。此外，PHA也广泛用于初步设计或工艺装置的R&D（研究与开发）阶段。当面对一个庞大的现有装置，或者受环境条件限制无法使用更为系统化的分析方法时，PHA法往往会被优先考虑。同时，如果仅需要对已建成的装置进行粗略的危险和潜在事故情况分析，预先危险分析方法同样适用。

8.2.6　故障假设分析法（WI）

故障假设分析法（What…If，简称WI）要求参与人员对工艺有深入的了解。通过提出一系列"如果……怎么办？"（即故障假设）的问题，该方法旨在发现可能存在的和潜在的事故隐患，从而对系统进行全面而彻底的检查。

所提出的问题要考虑到任何与装置有关的不正常的生产条件，而不仅仅是设备故障或工艺参数变化。该方法由经验丰富的工艺人员完成，并根据存在的安全措施等条件提出降低危险性的建议。故障假设分析法具有高度的灵活性，适用范围广泛，可应用于工程或系统的任何阶段。

尽管故障假设分析法能够用于评价各个层次的事故隐患，但它通常主要用于过程的危险初步分析。之后，可以采用其他方法进行更为详细的评估。该方法鼓励人们思考潜在的事故及其后果，从而弥补了基于经验编制安全检查表时可能存在的经验不足。安全检查表则可以将故障假设分析法进一步系统化。

将故障假设分析法与安全检查表结合使用，可以相互补充，取长补短，于是衍生出了故障假设/安全检查表法（What...If/Safety Checklist Analysis，简称 WI/SCA）。在这种方法中，所有的安全检查表都与常规的安全检查表有所不同，它们不再仅仅关注设计或操作特点，而是更加注重危险和事故发生的原因。这种方法也属于一种纯定性分析方法。典型的 WI/SCA 工作表格详见表8.13。

表8.13　典型 WI/SCA 工作表格示例

序号	What if	后果/危害	建议及对策	专家构成
1	如跑冒滴漏？（提出一个潜在的假设）	潜在的闪爆、火灾、中毒等	如增加检查力度、增加安全附件、增加报警装置	工艺专家
……	……	……	……	……

8.2.7　故障类型和影响分析法(FMEA)

故障类型和影响分析法（Failure Mode Effects Analysis，简称 FMEA）根据系统可以划分为子系统、设备和元件的特点，按照实际需求将系统进行细分，并分析各部分可能发生的故障类型及其影响，从而采取相应措施以提高系统的安全可靠性。FMEA 的目的是识别单一设备及系统内的故障模式，并评估每种故障模式对系统或装置的具体影响。它采用了一种自上而下的归纳分析方法，在分析过程中虽不直接涉及人为因素，但人为失误、误操作等通常被视作设备故障模式的一种表现。

一、故障类型和影响分析法（FMEA）的步骤

明确分析范围→系统任务分析→系统功能分析→确定失效判据→选择FMEA方法→实施FMEA分析→给出FMEA结论。

（一）明确分析范围

根据系统的复杂程度、重要程度、技术成熟性、分析工作的进度和费用约束等，确定进行FMEA的产品范围。

（二）系统任务分析

描述系统的任务要求及系统在完成各种任务时所处的环境条件。系统的任务分析结果一般用任务剖面来描述。

（三）系统功能分析

分析明确系统中的产品在完成不同的任务时所应具备的功能、工作方式及工作时间等。

（四）确定失效判据

制定与分析用于判断系统及系统组件正常与失效的标准。

（五）选择FMEA方法

根据分析的目的和系统的研制阶段，选择相应的FMEA方法，制定FMEA的实施步骤及实施规范。

（六）实施FMEA分析

故障类型和影响分析法（FMEA）包括失效模式分析、失效原因分析、失效影响分析、失效检测方法分析与补偿措施分析等步骤。

失效模式分析是找出系统中每一产品（或功能、生产要素、工艺流程、生产设备等）所有可能出现的失效模式；失效原因分析是找出每一个失效模式产生的原因；失效影响分析是找出系统中每一产品（或功能、生产要素、工艺流程、生产设备等）每一可能的失效模式所产生的影响，并按这些影响的严重程度进行分类；失效检测方法分析是分析每一种失效模式是否存在特定的发现该失效模式的检测方法，从而为系统的失效检测与隔离设计提供依据；补偿措施分析是针对失效影响严重的失效模式，提出设计改进和采取补偿的措施。

（七）给出 FMEA 结论

根据失效模式影响分析的结果，找出系统中的缺陷和薄弱环节，并制定和实施各种改进与控制措施，以提高产品（或功能、生产要素、工艺流程、生产设备等）的可靠性（或有效性、合理性等）。

故障类型和影响分析法（FMEA）最终确认了故障的类型和影响分析，通常也是需要将分析的结果填入预先准备好的表格，以便简洁明了地显示全部分析内容。典型的 FMEA 工作表格详见表8.14。故障等级详见表8.15。

表8.14　典型 FMEA 工作表格示例

系统、子系统			故障类型影响分析			日期、制表、审核、校正		
项目编号	分析项目	功能	故障类型	推断原因	影响	故障检测方法	故障等级	备注
……	……	……	……	……	……	……	……	……

表8.15　故障等级

故障等级	影响程度	可能造成的损失
Ⅰ	致命性	造成死亡和系统毁灭性破坏
Ⅱ	严重性	造成严重伤害、职业病或主系统损坏
Ⅲ	临界性	可造成轻伤、轻度职业病或次要系统损坏
Ⅳ	可忽略行	不会造成任何伤害和职业病，系统不会受到损坏

二、故障类型、影响及致命度分析法（FMECA）

在进行分析的过程中，分析者常常会对那些可能引发特别严重后果的故障类型进行特别关注，并进行单独分析，这种分析被称为致命度分析（CA）。将故障类型、影响分析与致命度分析综合起来，就形成了故障类型、影响及致命度分析（Failure Mode Effects and Criticality Analysis，简称 FMECA）。FMECA 通常采用安全检查表的形式，对故障类型、故障严重度、故障发生频率以及控制事故的措施等内容进行全面而系统的分析。

8.2.8　作业条件危险性评价法(JRA)

作业条件危险性评价法（Job Risk Analysis，JRA）是一种简捷而有效的评估工人在潜在危险环境中作业时所面临危险性的评价方法，由 Keneth J. Graham 和 Gilbert F. Kinney 共同提出。

作业条件危险性评价法提出了以所评价的环境与某些作为参考环境的对比为基

础，将作业条件的危险性作为因变量（D），事故或危险事件发生的可能性（L）、暴露于危险环境的频率（E）及发生事故可能产生的后果（C）作为自变量，确定了它们之间的数学模型。根据实际经验，采取对所评价的对象根据情况进行打分的办法，然后根据公式计算出其危险性分数值，再在按经验将危险性分数值划分的危险程度等级表或图上，从而确定作业条件的危险程度。这是一种简单易行的评价作业条件危险性的方法。

过程为专家组成员按规定标准对 L、E、C 分别评分，取分值的平均值作为 L、E、C 的计算分值，三项乘积为危险性 D，用 D 来评价作业条件的危险等级。即：

$$D=L\times E\times C$$

式中：L 为发生事故的可能性大小，评价值详见表8.16；E 为人员暴露于危险环境中的频繁程度，评价值详见表8.17；C 为发生事故可能产生的后果，评价值详见表8.18；D 为危险值，确定危险等级的划分标准详见表8.19。

表8.16　发生事故的可能性(L)

分数值	发生事故的可能性	分数值	发生事故的可能性
10	完全可预估	0.5	很不可能
6	很可能	0.2	极不可能
3	有可能	0.1	实际不可能
1	意外		

表8.17　人员暴露于危险环境的频率(E)

分数值	人员暴露于危险环境的频率	分数值	暴露于危险环境的频率
10	连续暴露	2	每月一次暴露
6	工作时暴露	1	每年几次暴露
3	每周一次,偶尔暴露	0.5	罕见暴露

表8.18　发生事故可能产生的后果(C)

分数值	发生事故可能产生的后果	分数值	发生事故可能产生的后果
100	重大灾难,多人死亡,重大损失	7	严重,重伤,较小财产损失
40	灾难,数人死亡,较大财产损失	3	致残,很小财产损失
15	非常严重,1人死,一定损失	1	不利于基本的安全卫生条件

表8.19　危险等级(D)

D	危险程度	危险等级
>320	极其危险、停产整顿	5
160~320	高度危险、立即整改	4
70~160	显著危险、需要整改	3
20~70	一般危险、需要注意	2
<20	稍有危险、可以接受、注意防范	1

以某炼化企业为例，该企业某套减压蒸馏装置及其配套公用工程设备停车检修，应用JRA对该检修的各项危险、危害因素进行风险评估，详见表8.20。

表8.20　危险源风险JRA表

序号	工序	危险源及潜在风险	风险值$D = L \cdot E \cdot C$				是否重大危险	备注
			L	E	C	D		
1	压缩机检修	塔顶气泄漏,诱发火灾爆炸	0.5	6	40	120	√	
2	管道维修	可燃轻油泄漏,诱发火灾爆炸	3	3	3	27		
3	动火作业	没办理作业票、没有监护人员,爆炸	3	6	15	270	√	
……	……	……	……	……	……	……	……	

8.2.9　定量风险评价方法（QRA）

在识别危险分析方面，定性和半定量的评价是非常有价值的，但是这些方法仅是定性的，不能提供足够的定量化，特别是不能对复杂的并存在危险的工业流程等提供决策的依据和足够的信息，在这种情况下，必须能够提供完全的定量的计算和评价。定量风险评价法（Quantity Risk Analysis，QRA）可以将风险的大小完全量化，风险可以表征为事故发生的频率和事故的后果的乘积。QRA对这两方面均进行评价，并提供足够的信息，为业主、投资者、政府管理者提供有力的定量化的决策依据。

对于事故后果模拟分析，国内外有很多研究成果，如美国、英国、德国等发达国家，早在20世纪80年代初便完成了以Thorney Island等为代表的一系列大规模现场泄漏扩散实验。到了20世纪90年代，又针对毒性物质的泄漏扩散进行了现场实验研究。迄今为止，已经形成了数以百计的事故后果模型，如著名的DEGADIS，ALOHA，SLAB，TRACE，ARCHIE等。基于事故模型的实际应用也取得了发展，如DNV公司的SAFETY Ⅱ软件是一种多功能的定量风险分析和危险评价软件包，包含多种事故模型，可用于工厂的选址、区域和土地使用决策、运输方案选择、优化设计、提供可接受的安全标准。Shell Global Solution公司提供的Shell FRED，Shell SCOPE和Shell Shepherd 3个序列的模拟软件涉及泄漏、火灾、爆炸和扩散等方面的危险风险评价软件。这些软件都是建立在大量实验的基础上得出的数学模型，有着很强的可信度。评价的结果用数字或图形的方式显示事故影响区域，以及个人和社会承担的风险。可根据风险的严重程度对可能发生的事故进行分级，有助于制定降低风险的措施。

8.3　危险和可操作性研究分析法（HAZOP分析）>>>>>>>>>>>> ♻

危险和可操作性研究（Hazard and Operability Study，HAZOP）分析法明显不同于其他分析方法，它是一个系统工程。HAZOP不仅是当前最为常见且高效的过程危害分析方法之一，同时也在全球范围内被工业界广泛采纳为工艺危险分析的重要手段，对于危险化学品领域而言，它是排查事故隐患、预防重大事故不可或缺的工具和有效策略。

1960—1970年，帝国化学工业公司（ICI）为了改善产品质量，发明了一种过程危害分析方法，即HAZOP分析的最初模型。1977年，英国石油公司（BP）和ICI率先将HAZOP分析应用于工艺装置的过程危害分析，此后，该方法获得全世界的广泛认可。

2013年，国家安监总局颁布《国家安全监管总局关于加强化工过程安全管理的指导意见》中指出："对涉及重点监管危险化学品、重点监管危险化工工艺和危险化学品重大危险源（简称：两重点一重大）的生产储存装置进行风险辨识分析，要采用危险与可操作性分析（HAZOP）技术，一般每三年一次。"要求在设计阶段开展HAZOP分析，并定期开展HAZOP分析的复审工作。2019年，《化工园区安全风险排查治理导则（试行）》和《危险化学品企业安全风险隐患排查治理导则》（应急〔2019〕78号）中要求企业应对涉及"两重点一重大"的生产、储存装置定期开展HAZOP分析，一般每3年开展一次；对涉及"两重点一重大"和首次工业化设计的建设项目，应在基础设计阶段开展HAZOP分析工作。

8.3.1 HAZOP分析概要

一、HAZOP分析的定义

《危险与可操作性分析（HAZOP分析）应用指南》（GB/T 35320—2017）指出：HAZOP是一种定性的安全评价方法，基本过程以引导词为引导（温度过高、压力过低等），找出过程中工艺状态的变化（即偏差），然后分析找出偏差的原因、后果及可采取的对策。HAZOP分析是按照科学的程序和方法，从系统的角度出发对工程项目或生产装置中潜在的危险进行预先的识别、分析和评价，识别出生产装置设计及操作和维修程序，并提出改进意见和建议，以提高装置工艺过程的安全性和可操作性，为制定基本防灾措施和应急预案进行决策提供依据。

HAZOP分析工作组成员为背景各异的专家，工作组采用"头脑风暴"形式，在创造性、系统性和风格上互相影响和启发，能够发现和鉴别更多的安全问题，要比专家独立工作并分别提供工作结果更为有效。因此，HAZOP分析法的本质是专家组通过系列会议对管道及仪表流程图（P&ID）等的各类图纸和操作规程进行分析，由各种专业人员按照规定的方法对偏离设计的工艺条件进行过程危险和可操作性研究。"专家组"是由帝国化学工业公司（ICI，英国）首先提出的，确定要由一个多方面人员组成的小组执行危险和可操作性研究工作的。因此，HAZOP与其他安全评价方法的明显不同之处是其他方法可由某人单独去做，而HAZOP则必须由一个多方面的、专业的、熟练的人员组成的小组来完成。

HAZOP分析组分析每个工艺单元或操作步骤，识别出那些具有潜在危险的偏差，这些偏差通过引导词引出，使用引导词的一个目的就是为了保证对所有工艺参数的偏差都进行分析，并分析它们的可能原因、后果和已有安全保护措施等，同时提出应该采取的安全保护措施。

HAZOP分析的技术核心是研究工艺部分或操作步骤的各种具体值，其基本过程就是以引导词为引导，对过程中工艺状态（参数）可能出现的变化（偏差）加以分析，找出其可能导致的危害。

HAZOP分析方法明显不同于其他分析方法，它是一个系统工程。HAZOP分析必须由不同专业组成的分析组来完成，HAZOP分析的这种群体方式的主要优点在于能相互促进、开拓思路，这也是HAZOP分析的核心内容。

HAZOP分析不仅可应用于新设计和新工艺，还可以用于整个工程、系统项目生命周期的各个阶段，即：研发设计阶段和生产运行阶段。对现有的生产装置进行分析时，如能吸收有操作经验和管理经验的人员共同参加，会收到很好的效果。

二、HAZOP分析主要特点

（1）HAZOP分析是一个创造性的过程。通过系统应用一系列引导词来辨识潜在的设计意图的偏离（偏差），并利用这些偏离作为"触发器"，激励团队成员思考该偏离发生的原因以及可能产生的后果。

（2）HAZOP分析是在一位训练有素、富有经验的分析组组长的引导下进行的。组长应通过逻辑性的、分析性的思维确保对系统进行全面的分析。分析组组长最好配有一名记录员，该记录员记录识别出的危险和（或）操作异常，以便进一步评估和决策。

（3）HAZOP分析需要多专业的专家，他们具备合适的技能和经验，有较好的直觉和判断能力。

（4）HAZOP分析应在积极思考和坦率讨论的氛围中进行。当识别出一个问题时，应做好记录以便后续的评估和决策。

（5）对识别出的问题提出解决方案并非HAZOP分析的主要目标，但是一旦提出解决方案，应做好记录供设计人员参考。

进一步来讲，在化工行业，HAZOP分析具有以下特点：

（1）小组成员的选用、资料及分析原则的苛刻性；

（2）分析过程时间长，质量不易控制；

（3）分析过程逻辑性、系统性强；

（4）可操作性、实用性及灵活性强；

（5）具有危害识别和风险评估的能力；

（6）帮助修正偏差，优化工艺；

（7）是工艺安全管理的重要组成部分；

（8）作为一种优秀的培训工具，具有广泛的应用价值。

三、HAZOP分析的作用

HAZOP分析的目的是识别工艺生产或操作过程中潜在的危害，并识别出不可接受的风险状况。其作用主要体现在以下两个方面：

（1）早期消除危险

在项目的基础设计阶段进行HAZOP分析，能够及时发现基础设计中存在的问题，并在详细设计阶段进行纠正。这种做法能够节省投资，因为相较于设计阶段的修改，装置建成后的修改成本要高昂得多。

（2）为操作提供指导

HAZOP分析为企业提供了系统危险程度的证明，并应用于项目实施的全过程。对于许多操作，HAZOP分析能够提供满足法规要求的安全保障，确定必要的措施以消除或降低风险。此外，HAZOP分析为包括操作指导在内的各类文件提供了丰富的参考资料，因此，应将HAZOP的分析结果全面传达给操作人员和安全管理人员。据统计，HAZOP分析能够减少29%由设计原因导致的事故和6%由操作原因导致的事故。

详细来讲，在化工行业，HAZOP分析应用于工艺安全的诸多方面：

（1）精准识别风险

HAZOP分析能够准确判断化工装置中的风险，包括微小且隐蔽的潜在事故隐患，并及时提出改善措施。同时，它还能分析生产过程中导致安全操作限值、安全设计限值偏离的主要因素，从根本上进行完善，从而降低事故的发生率。

（2）设备风险评估

HAZOP分析对设备的潜在风险进行评估，并识别出工艺安全关键性设备。针对这些关键设备和仪表，采取预防性维护的管理策略。工艺安全管理关键设备指的是一旦失效可能引发严重工艺事故，导致重大人员伤亡和经济损失的设备或系统。此外，HAZOP分析还能深入分析装置在各个阶段的安全风险和可操作性问题，制定相应的控制措施，消除安全隐患。

（3）提升管理水平

HAZOP分析能够增强工作人员对装置性能的了解，完善各项规章制度和操作规程，从而提高工艺安全管理水平。同时，它还增强了工作人员的风险预防意识和岗位责任感，拓展了他们的知识面，使他们对工艺技术和设备有更全面的理解。

（4）员工培训与教育

HAZOP分析结果是一种宝贵的场景式学习资料，可用于员工培训。通过让员工了解风险的事故链条和他们在其中的角色，以及他们的工作如何保护剧情不发生，可以增强员工的工艺安全管理意识。同时，HAZOP分析还能对生产操作人员的操作错误及其后果进行分析研究，预测人为操作措施可能导致的严重后果，并提出针对性措施以确保装置的生产安全。

（5）周期性安全评价

对于涉及"两重点一重大"的项目，HAZOP分析在基础设计阶段必不可少，并在在役阶段每三年进行安全评价时发挥重要作用。在进行HAZOP分析时，可以复核原有的HAZOP分析报告，而无需每次都重新进行。

（6）保护层分析（LOPA分析）

HAZOP分析在确定保护层分析的范围和提供数据方面发挥重要作用。许多保护层分析的数据都来源于HAZOP分析。同时，HAZOP分析结果中已识别的原因、后果和安全措施可以直接用于保护层分析。

（7）补充修订操作规程

操作规程中应包含关键工艺参数偏离正常工况的后果。这些后果可以通过HAZOP分析得出，并梳理后添加到操作规程中。

（8）提升装置本质安全水平

通过实施HAZOP分析提出的建议并完善改进措施，可以显著提高装置的本质安全水平。

（9）输出风险管控清单

HAZOP分析能够识别装置在过程保护中的主要场景和各类风险（包括重大风险、较大风险、一般风险和低风险）。针对这些风险，可以制定管控措施并与风险分级管控清单相结合，制定检查标准用于隐患排查和日常检查。

（10）报警分级与应急预案编制

HAZOP分析结果可以用于确定独立保护层和非独立保护层的报警级别，并应用于编制或补充应急预案。

8.3.2 HAZOP工作流程

技术上，HAZOP分析的核心在于将管道及仪表流程图（P&ID）等工程图纸或操作程序细分为分析节点或操作步骤，并借助引导词来识别过程中潜在的危险偏差，进而对这些偏差的原因、可能产生的后果以及相应的控制措施进行深入分析。然而，除了这些技术层面的具体工作外，HAZOP分析的整体流程还涵盖了一系列其他系统性任务。图8.7展示了HAZOP分析工作的总流程图，它以HAZOP会议及HAZOP分析为核心环节。在流程的上游，需要完成小组成员的确定和材料准备工作；而在下游，则需编制报告并处理与决策相关的任务。整个流程中的各类任务都应按照规范逐步进行，同时，准备工作部分的任务，如制订工作计划、确定小组成员以及收集相关资料等，也可以根据实际需求并行开展。

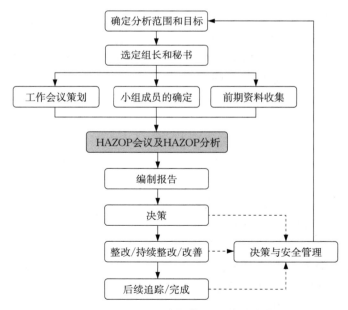

图8.7 HAZOP分析的总工作流程图

国标GB/T 35320—2017将上述工作流程又划分为定义、准备、分析及文档和跟踪四大部分，每部分按序和按需给出细节的工作流程，实际上与以上简化流程是相同的。如图8.8所示。

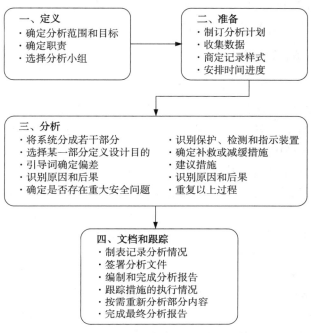

图8.8　HAZOP分析的国标工作流程图

一、HAZOP分析启动

分析通常由项目经理（项目负责人）启动。项目负责人应确定开展分析的时间，指派分析主席（组长），并提供开展分析所必需的资源。由于法律规定或用户政策的要求，通常在项目计划的正常阶段就已明确需要开展此类分析。在分析主席的协助下，项目经理应明确定义分析的范围和目标。分析开始前，项目经理应指派具有适当权限的人负责确保分析得出的建议或措施得以执行。

二、定义分析范围和目标

清楚地理解HAZOP分析所定义的目标和范围是进行分析的重要前提。在开始HAZOP分析前，确定研究的范围和目标是极其关键的。

分析范围和目标互相关联，应同时制定。两者应有清晰的描述，以确保：① 明确定义系统边界，以及系统与其他系统和周围环境之间的界面；② 分析小组注意力集中，不会偏离到与目标无关的区域。

分析范围取决于多种因素，主要包括：① 系统的物理边界；② 可用的设计描述及其详细程度；③ 系统已开展过的任何分析的范围，不论是HAZOP分析还是其他相关分析；④ 适用于该系统的法规要求。

通常，HAZOP分析追求识别所有危险与可操作性问题，不考虑这些问题的类型或后果。将HAZOP分析的焦点严格地集中于辨识危险，能够节省精力，并在较短的时间内完成。在确定分析目标时应考虑以下因素：① 分析结果的应用目的；② 分析处于系统生命周期的哪个阶段；③ 可能处于风险中的人或财产，如：员工、公众、环境、系统；④ 可操作性问题，包括影响产品质量的问题；⑤ 系统所要求的标准，包括系统安全和操作性能两个方面的标准。

三、小组成员的分工和职责

分析开始时，项目经理应明确规定 HAZOP 小组中各成员的角色和职责，并得到 HAZOP 主席的同意。主席应检查设计，确定可用的信息和分析小组成员所需的技能。主席应制订项目节点计划，确保建议能及时执行。主席负责建立一个适当的交流机制，用于传递 HAZOP 分析的结果。项目经理（主办方负责人）负责对分析结果进行跟踪调查，并对设计小组的执行决策进行妥善存档。

项目经理和主席应协商 HAZOP 分析是仅限定于识别危险和问题（这些问题随后将反馈给项目经理和设计团队进行解决），还是 HAZOP 分析需要提出可能的补救/减缓措施。若是后一种情况，需要协定以下两方面的责任和机制：① 补救/减缓措施的优先选择；② 采取行动的适当授权。

HAZOP 分析需要小组成员的共同努力，每个成员均有明确的分工。只要小组成员具有分析所需要的相关技术、操作技能以及经验，HAZOP 小组应尽可能小。通常一个分析小组至少 4 人，大型的、复杂的工艺过程，一般由 5～7 人组成较为理想，对相对较小的工艺过程，3～4 人组成。小组越大，进度越慢。当系统由承包商设计时，HAZOP 小组应包括承包商和客户两方的人员。

小组成员的角色（分工）分配建议如下：

（1）主席：与设计小组和本工程项目没有紧密关系；在组织 HAZOP 分析方面受过训练、富有经验；负责 HAZOP 小组和项目管理人员之间的交流；制订分析计划；同意分析小组的人员构成；确保有足够的设计描述提供给分析小组；建议分析中使用的引导词，并解释"引导词＋参数"；主导分析过程，确保分析顺利进行；负责监督分析结果的准确记录。

（2）记录员（秘书）：进行会议记录；记录识别出的危险和问题、提出的建议以及进行后续跟踪的行动；协助主席编制计划，履行管理职责；某些情况下，主席可兼任记录员。

（3）专家小组：提供与系统和分析相关的专业知识。如工艺工程师、工艺控制/仪表工程师、设备/机械工程师、操作专家/代表、安全工程师等，尤其是在化工领域，某些 HAZOP 分析会要求以上五类专家必须出席。

工艺工程师负责装置 HAZOP 分析节点的划分；确定系统和设备的工艺操作条件；根据设备的工艺条件、环境、物料、材质和使用年限等，和设备技术人员一起评估失效机理的类型、敏感性和对设备的破坏程度。

设备/机械工程师的职责是确定设备的条件数据和历史数据。条件数据包括设计的条件和现在的条件。这些信息通常在设备检验和维护文件中，如果不能获得这些条件数据，检验专家、材料和防腐专家需要共同预测现场的条件。提供装置和设备的设计数据和规范；提供对必要的历史检验数据的比较；进行偏差的设备方面的原因、后果分析，提出建议措施等。

四、准备工作

主席负责：① 获取信息；② 将信息转换成适当的形式；③ 计划会议；④ 安排会议。此外，主席可以安排人员对相关数据库进行查询，收集采用相同或相似的技术出现过的事故案例。

主席负责确保具有可用的、充分的设计描述。如果设计描述存在缺陷或不完整，应在分析开始前进行修正和补充。在分析的计划阶段，熟悉设计的人员应在设计描述中明确系统各个节点、工艺参数及其特性。

主席负责制订分析计划，该计划应包括以下内容：① 分析的目标和范围；② 分析成员的名单；③ 详细的技术资料，包括"设计描述"中划分的节点和工艺参数，对于每个参数应列出构成元件、物料和活动及其特性的清单；建议的"引导词"清单，以及"引导词＋参数"组合的解释；④ 参考资料的清单；⑤ 管理安排、会议日程，具体包括日期、时间和地点；⑥ 要求的记录形式；⑦ 分析中可能使用的模板。

其他方面：应提供合适的房间设施、可视设备及记录工具，以确保会议能够有效地进行。在第一次会议之前，应将包含分析计划及必要参考资料的分发材料提供给分析小组成员，以便他们提前熟悉相关内容。HAZOP分析的成功在很大程度上依赖于小组成员的敏锐度和专注度，因此，限制会议的持续时间并安排适当的时间间隔都是非常重要的。主席负责落实以上各项要求。

资料的准备包括两个方面：

（1）准备用于HAZOP项目实施的管理资料，包括：项目工作计划、HAZOP分析项目实施程序、风险矩阵、节点图、偏离准备、培训材料、会议记录表格或软件等。

（2）需要企业提供的技术资料，包括但不限于：项目或工艺装置的设计基础、管道及仪表流程图（P&ID）、联锁逻辑图或因果关系表、物质安全数据表（MSDS）、安全阀泄放工况和数据、操作规程和维护要求、类似工艺安全方面的事故报告、工艺描述、以前的危险源辨识或安全分析报告、物料和热量平衡、全厂总图、设备布置图、设备数据表、工艺特点、管道材料等级规定、管道规格表、紧急停车方案、控制方案和安全仪表系统说明、设备规格书、评价机构及政府部门安全要求等。

也可以分类提供：

（1）危险化学品信息资料：物质安全数据表（MSDS）、危险化学品最大库存量、物料反应矩阵等。

（2）设备仪表资料：设备的设计基础资料（包括设计依据、制造标准、设备结构图、安装图或安装说明书等）、设备数据表（包括设计温度、压力、制造材质、壁厚、腐蚀率）、设备的平面布置图、管道系统图、安全阀和控制阀的计算书等相关文件、自控系统的配置、联锁的配置资料及相关的说明文件（如联锁台账、因果关系图等）、紧急停车系统（ESD）的因果关系示意图、安全设施相关资料等。

（3）工艺设计资料：装置的工艺流程图（PFD）、管道及仪表流程图（P&ID）、装置的工艺流程说明及工艺技术路线说明、装置的平面布置图、消防系统的设计依据及说明、废弃物的处理说明、排污放空系统及公用工程系统的设计依据及说明、其他相关的工艺技术信息资料等。

（4）装置运行信息：装置历次分析评价的报告、相关的技术变更记录和检维修记录、装置历次事故记录及调查报告、装置的现行操作规程和规则制度等。

（5）操作规程：装置工艺技术规程、装置安全技术规程、作业指导书或操作规程、装置维护手册（检维修规程）、与工艺安全有关的管理制度（工艺报警联锁装置管理制度及可燃气体和有毒气体报警装置管理制度）、应急救援预案（应急救援设备、设施的配备及位置等信息）等。

所有的资料准备好后，可以开始 HAZOP 分析。如果资料不够，会造成 HAZOP 进度拖延，同时不可避免地影响 HAZOP 研究结果的可信度。HAZOP 分析主席或协调者必须确保所有的资料文件在开始 HAZOP 分析之前一周内准备好，所有的文件需经过校核，并具备进行 HAZOP 分析的条件。

准备阶段所需的时间与工艺类型有关。对于连续化工艺而言，准备工作较少。对于间歇式工艺而言，准备工作量通常更多些，主要因为操作过程更加复杂。在分析会议之前使用最新的图纸确定分析节点，保证每一位分析人员在会议上都有这些图纸。

五、正式分析过程及内容

按照分析计划，组织分析会议，在主席的领导下组织讨论。HAZOP 分析会议开始时，主席或熟悉分析过程及问题的小组成员应进行以下工作：① 概述分析计划，确保分析成员熟悉系统以及分析目标和范围；② 概述设计描述，并解释要使用的建议的工艺参数和引导词；③ 审查已知的危险和操作性问题及潜在的重点安全关注区域。

（一）分析顺序

分析应沿着与分析主题相关的流程或顺序，并按逻辑顺序从输入到输出进行分析。HAZOP 分析这种危险识别技术的优势源自规范化的逐步分析过程。分析顺序有两种："要素/参数优先"和"引导词优先"，在化工工艺上要素通常指的是工艺参数，如图 8.9 所示为要素/参数优先的分析流程。

"要素/参数优先"顺序可描述如下：

（1）HAZOP 主席选择系统设计描述的某一节点作为分析起点，并做出标记。随后，解释该部分的设计目的，确定相关参数以及与这些参数有关的所有特性。

（2）主席选择其中一个参数，与小组商定引导词应直接用于参数本身还是用于该参数的单个特性。主席确定首先使用哪个引导词。

（3）将选择的引导词与分析的参数或参数的特性相结合，即："参数/要素＋引导词"，检查其已有的说明书，看是否有合理的偏差。如果确定了一个特殊的偏差，则分析偏差发生的原因及后果。有些 HAZOP 分析中，可以对后果的潜在严重性或根据风险矩阵得到的相对风险等级对偏差进行分类，获得更直观的结果。

（4）分析小组应识别现有的保护、检测和指示装置（措施）的偏差。在识别危险或可操作性问题时，不应考虑已有的保护措施及其对偏差发生的可能性或后果的影响。

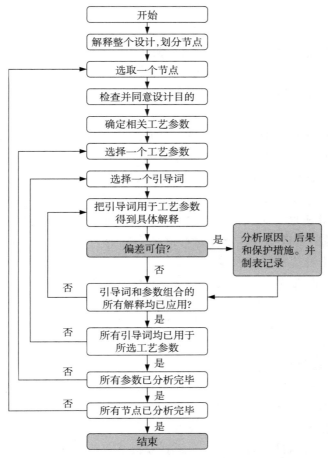

图8.9 HAZOP分析程序流程图—"要素/参数优先"顺序

（5）主席应对记录员或秘书记录的文档结果进行总结。当需要进行额外的后续跟踪工作时，也应记录完成该工作的负责人的姓名。

（6）对于该引导词的其他解释，重复使用以上（3）～（5）过程；然后依次将其他引导词和参数的当前特性相结合，进行分析；接着对参数的每一个特性重复（3）～（5）过程（前提是对参数当前特性的分析达成了一致意见）；然后是对分析节点的每个参数重复（2）～（5）过程。一个节点分析完成后，应标记为"完成"。重复进行该过程，直到系统所有节点分析完毕。

引导词应用的另一种方法是将第一个引导词依次用于分析节点内的各个工艺参数，简称"引导词优先"。这一步骤完成后，进行下一个引导词分析，再一次把引导词依次用于所有参数。重复进行该过程，直到全部引导词都用于分析部分的所有参数，然后再分析系统下一节点，与"要素/参数优先"类似。

每个引导词用于被审查的每一个节点的工艺变量。重复多次进行，直到全部工艺审核完毕，一般引导词法的分析步骤如下：

（1）确定发生的所有原因，如出现无流量的可能原因；

（2）分析可能产生的各种后果，重点是对安全、环境或可操作性方面产生的影响；

（3）发现针对每个后果已采取的安全措施设计；

（4）判断已有安全措施是否适用或是否足够；

（5）如果不适用或不足够，应提出建议措施；

（6）确定完成此措施的责任方和完成时间。

引导词法的主要特点：

（1）优点：系统性分析，有助于缺乏经验的技术人员分析问题；记录完整对措施不足的设计工况提出建议修改，对已设有足够安全措施的设计工况记录备案。

（2）缺点：耗时长，重复工作较多过于程式化。

（3）适用性：适合新开发项目，已工业化但从没有做过HAZOP的项目。

在进行某一分析时，主席及其HAZOP小组成员应决定选择"要素/参数优先"还是"引导词优先"。HAZOP分析的习惯会影响分析顺序的选择。此外，影响这一决定的其他因素还包括：所涉及技术的性质、分析过程需要的灵活性以及小组成员接受过的培训。"要素/参数优先"是选取要素/参数在先，选择引导词在后，侧重于系统的组成；"引导词优先"是选取引导词在先，选择要素在后，对HAZOP主席要求较高，要按照分析方法，调动大家一起来讨论、分析。

（二）划分节点

1. 划分节点的原则

在进行HAZOP分析时，为了方便和直观，利用P&ID图，将整个工艺系统分成若干个子系统，每一个子系统称为一个"节点"（Node），依次对每一个节点进行分析。通常，一套工艺可以划分为几个或者几十个节点。

对于连续化工艺的操作过程，HAZOP分析节点为工艺单元；对于间歇式工艺的操作过程，HAZOP分析节点为操作步骤。对于连续化工艺过程，分析节点划分的基本原则为：一般按照工艺流程正向进行，从进入的P&ID管线开始，继续直至设计意图的改变，或继续直至工艺条件的改变，或继续直至下一个设备。整个过程均在P&ID图上操作。上述状况的改变作为一个节点的结束，另一个节点的开始，常见HAZOP分析节点类型详见表8.21。

表8.21　常见HAZOP分析节点类型

序号	节点类型	序号	节点类型
1	反应器	4	加热炉
2	压缩机	5	搅拌装置
3	中间罐/储罐	6	塔

在实际操作过程中，节点的划分有一些基本要求。

（1）体现完整独立的工艺意图，如输送过程、缓冲过程、换热过程、反应过程、分离过程等。

（2）全面覆盖工艺过程，不能有遗漏，不重复的原则；一个节点应该包括P&ID图上的所有管线、设备和仪表，且与其他节点不重复。

（3）节点划分需要适中，节点的大小取决于系统的复杂性和危险的严重程度。节点过大，会遗漏某些重要事故剧情；节点过小，造成重复内容量增加，分析质量不高。

（4）每个节点的范围应该包括工艺流程中的一个或多个功能系统。

（5）对于间歇操作的工艺流程，HAZOP分析的节点应按照操作的各阶段进行划分。

（6）进料管线归入节点，出料管线归入下一节点。

（7）设备附件，如泵、阀门等，归入节点。

2.节点描述

应包括节点描述和设计意图。节点描述一般包括节点范围、工艺流程的简要说明、主要设备位号等；设计意图一般包括设计目的、设计参数、操作参数、复杂的控制回路及联锁、特殊操作工况等。

3.节点的界线划分

应在P&ID图中以色笔清晰标识节点，如图8.20所示，并在P&ID的空白处标注节点编号；节点应有统一的编号。HAZOP分析建议措施的编号应与对应节点的编号保持一致。另外，节点的边界可采用"描线"或者"圈图"等多种形式来标识。

在选择HAZOP分析节点后，主席应确认该分析节点的关键参数，如设备的设计能力、温度和压力、结构规格等，并确保小组中的每一个成员都了解设计意图。如果可能，最好由工艺专家进行一次讲解与解释。

根据节点的划分原则，在划分节点时应注意以下因素：

（1）单元的目的与功能；

（2）单元的物料（体积或质量）；

（3）合理的隔离/切断点；

（4）划分方法的一致性。

对于同一套工艺装置，采用不同的方式划分节点，分析工作的效率会有所差异，分析报告的内容形式也会有所不同，有时甚至会影响分析工作的质量。合理划分节点可以提高HAZOP分析的效率。通常可以参考以下原则来划分节点：

（1）依照工艺流程的自然顺序来划分节点。例如，从原料进入工艺装置处开始划分节点，然后是中间过程，最后是产品的储存。也有人喜欢将复杂的反应过程作为第一个节点，在HAZOP分析的初期，分析小组精力充沛，优先分析危害较大的工艺过程，这也是一种可取的方式。

（2）将实现相同工艺功能的部分划在同一个节点内。这种做法可以减少节点之间的交接面，使节点划分更加直观且便于分析，从而提高分析效率。例如，将反应器划分为一个节点，因为它完成了反应这一工艺功能。又如将精馏塔划分成一个节点，它完成精馏这一工艺功能。通常不会将精馏段和提馏段分开，分别置于不同的节点内。

（3）充分考虑HAZOP分析小组成员的经验。如果小组成员经验较少，应该把节点划分得小一些（同一套工艺装置的节点数量多一些），这样分析起来更加得心应手。对于经验丰富的分析小组，节点可以稍大一些，以提高工作效率。

在划分节点时，两个节点之间一般在法兰或阀门处分界。在同一张P&ID图上，可以包含多个节点；一个节点内的设备和管道也可以分布在多张P&ID图上。例如，一条物料管道流经分布在多张P&ID图上的数台设备时，通常会将这条管道划在一个节点内，该节点会跨越若干张P&ID图纸。

不同节点之间往往有较多相连的管道，为了清晰表达出各个节点所包含的设备、管道和仪表，可以用不同色彩的荧光笔在P&ID图上将各个节点标注出来。

（三）要素/参数

对于每一节点，HAZOP分析组以正常操作运行的参数为标准值，分析运行过程中工艺参数的变动（即偏差），这些偏差通过引导词和工艺参数引出。确定偏差最常用的方法是引导词法，即：偏差＝引导词＋工艺参数。

工艺参数分为两类，一类是概念性的参数（如反应、混合、转化等）；另一类是具体（专业）参数（如温度、压力、流量、液位等）。

化工行业常用的HAZOP分析基本工艺参数有：流量、液位、温度、压力、组分；其他辅助参数包括：黏度、密度、组成、振动、速度、时间、pH、频率、反应、混合、分离、添加剂、催化剂、信号、电压、公用工程、腐蚀或磨损、重量、泄压系统、通风、排放、取样、维修、开车、停车、可靠性、阀门、人为因素、环境、健康、气候及人员安全等。辅助参数中有一些是超出工艺参数的范畴。

（四）引导词

用于定性或定量设计工艺指标的简单词语，引导识别工艺过程的危险。引导词与参数搭配，得出HAZOP分析中的异常工况，即偏差，以此识别工艺系统中的故事情景。

HAZOP分析常用引导词及其意义如下：

（1）No（空白）：对设计意图的否定，即设计或操作要求的指标或事件完全不发生，如无流量。

（2）Less（减量）：数量减少，即同标准值比较，数值偏小，如温度、压力偏低。

（3）More（过量）：数量增加，即同标准值比较，数量偏大。

（4）Part of（部分）：质的减少，即只完成既定功能的一部分，如组分的比例发生变化，如：无某些组分。

（5）As Well As（伴随）：质的增加，即在完成既定功能的同时，伴随多余事件的发生。

（6）Reverse（相逆）：设计意图的逻辑反面，即出现和设计要求完全相反的事或物，如流体反向流动。

（7）Other Than（异常）：完全代替，即出现和实际要求不相同的事或物。

以上简单记忆方式："空白增减、半部逆常"。

（五）偏差

1.偏差

偏差为引导词与工艺参数的组合，一般表示为偏差＝引导词＋工艺参数。参数与引导词搭配能得出各种异常的情形，如引导词"过量"与参数"压力"搭配得到"压力过高"。压力过高即一种异常危险的"事故剧情"。表8.22为化工行业常见的HAZOP分析参数与引导词矩阵表。

表 8.22　HAZOP分析参数与引导词矩阵

	空白	减量	过量	伴随	部分	相逆	异常
容纳	完全泄漏	部分泄漏					
流量	没有流量	流量偏小	流量偏大	额外流量		逆流	
温度		温度偏低	温度偏高		深冷		
压力	大气相连	压力偏低	压力偏高				真空
液位	没有液位	液位偏低	液位偏高				
相		相减少	相增加			相变	异常的相
组分		浓度偏低	浓度偏高	污染物	成分丧失		错误物料
混合	没有混合	混合差	过度混合	产生泡沫		相分离	
流速		流速偏低	流速偏高				
黏度		黏度偏小	黏度偏大				
密度		密度偏小	密度偏大				
反应	没有反应	反应速度偏慢	反应速度偏快	副反应	不完全反应	逆反应	错误反应
公用工程	丧失公用工程	公用工程不足	公用工程过量	公用工程污染			
腐蚀磨损			过度腐蚀或磨损				
振动		振动偏小	振动偏大				
重量		太轻	太重				
泄压系统	不能泄压		释放量偏大	额外的释放介质或多余的相	堵塞		排放点的位置
置换覆盖	没有置换或覆盖	置换或覆盖不足					
着火源				存在着火源			
催化剂		催化剂老化					催化剂更换
通风	没有通风	通风不足					
排放	不能排放				过滤器更换		非受控排放
取样	无法取样						错误取样
可靠性		仪表设备故障					
阀门					选型不合适		不当的开或关
维修	不能进行维修	不便于维修		额外的维修措施			不当的维修措施
人为因素							人为错误

	空白	减量	过量	伴随	部分	相逆	异常
环境	排放或泄漏至大气、水源或土壤						
健康			工艺存在有毒物	施工材质		噪声	
气候		室温偏低	室温偏高	洪水			
外部影响				受外部影响			
开车	非正常开车条件				操作步骤缺失		开车操作不正确
停车	非正常停车条件				操作步骤缺失		停车操作不正确
维修	不能进行维修	不便于维修		额外的维修措施			不适当的维修
操作规程	步骤缺失	执行太少或太晚	执行太多或太早	额外的步骤	只完成部分操作	相反的操作	错误的操作
人员安全		作业人员不安全					

通常，引导词与参数的组合可视为一个矩阵，把7个引导词设为行，把相关约30多个参数设为列，理论上会有200个以上"偏差"，但实际上有些组合是没有意义的（矩阵空白部分），有意义的组合共有100个左右。对一个HAZOP分析而言，分析小组要重点分析这100个有意义的偏差，且需要逐个分析。在实操过程中，有经验的人员会迅速筛选掉不适用于本项目的偏差，只保留有意义的，然后以这些偏差为"触发器"，激励团队成员思考该偏差发生的原因以及可能产生的后果。在HAZOP分析会议之前，由HAZOP主席或秘书对标准偏差矩阵进行调查，以确定每个节点或操作步骤的哪些偏差是适当的，形成要进行分析的偏差库。HAZOP主席或秘书可使用偏差库选取合适的偏差，使用这种方法可节约大量时间。

在分析过程中，对偏差或危险应当主要考虑易于实现的解决方法，而不是花费大量时间去"设计解决方案"。若解决方法是明确和简单的，应当作为意见或建议记录下来，为以后研究形成企业标准提供推荐方法。反之若不能直接得到问题的解答，应参考会议外的信息。因为HAZOP分析的主要目的是发现危险或问题，而不是解决危险或问题。

2.偏差的描述

偏差的描述是"引导词＋工艺参数"的语言扩展。如"温度偏高"所对应的偏差描述可以为"反应器R101的温度偏高"。在偏差的描述时，要表达完整的意思，不能有歧义，并引用相关设备的位号，以增加偏差描述的精确性。

（六）原因识别

原因识别是指识别引起偏差发生的原因。一旦找到发生偏差的具体原因，就意味着我们找到了应对偏差的方法和手段。这些原因可能多种多样，包括设备故障、人为失误、运行条件的改变、来自外部的破坏（例如电源故障）以及公用工程的失效等。对于某一种偏差，其造成的原因可能不止一种，而每一种原因都对应着一种特定的事故剧情。HAZOP分析组需要对每一种原因及其对应的事故剧情进行独立且全面的剖析，确保不遗漏任何细节。

通常，原因可以被分为直接原因和根本原因（或称为事故根源）。直接原因是指直接导致偏差发生的原因，如设备或管道的机械故障、仪表故障、人为操作失误、不当的检维修作业以及外部原因（如极端天气和物体打击）等。而根本原因则是指导致直接原因发生的更深层次的原因，如培训缺失、工艺系统变更没有经过充分的危害分析等管理上的缺陷。

另外，HAZOP分析有一些共识：

（1）相信设施的制造与安装质量是可信的，但仍然会有失效概率；

（2）相信设施在运行期间会得到合理的维护，但仍然会有失效概率；

（3）相信员工得到合理的培训，但仍然会有犯错的概率。

（七）不利后果识别

不利后果是指偏差造成的潜在后果。HAZOP分析后果时应假设任何已有的本质安全保护措施（安全附件、联锁、报警、紧急停车等），以及安全管理措施均已失效时所造成的不利后果。通俗地说，HAZOP分析团队忽略现有安全措施，分析偏差所造成的最恶劣事故剧情，并出现的最严重后果。造成的后果（事故）中不考虑那些细小的、与安全无关的后果，但需要重点考虑可能出现的人身伤害。后果可以在节点之内，也可以在节点之外。

偏差造成的后果分为以下几类：

（1）安全类，如火灾、爆炸、毒性影响等；

（2）经济损失类，如设备、厂房、停车等；直接经济损失等；

（3）环境影响，如"气液固"对大气、自然水资源、土壤等的破坏；

（4）职业健康危害，如对工人造成的短期或长期职业健康危害；

（5）产品质量，如副产物增加造成的产品质量降低。

其余还可包括：操作性问题，如是否便于操作和维护，工艺系统是否稳定，增加额外操作与检维修难度等；对公众的影响；对企业的声誉等。

不利后果的描述中可以给出具体量化的数字，如某节点操作巡检人员为2人，那么在不利后果的描述时，应加上量化的伤亡人数1~2人。具体描述为造成周围1~2名操作巡检人员伤亡。其余的量化数字还包括：严重等级、健康后果等级等。同样，应引用相关设备的位号，以增加不利后果描述的精确性。

举例：重质油催化加氢反应塔R0101的塔内压力增高，甚至超压（最高15 MPa），氢气会从系统泄漏到车间内，与空气混合形成爆炸混合物，遇到火源会形成闪爆。

（八）现有安全措施识别

现有安全措施是指设计的工程系统或调节控制系统，用以避免或减轻偏差发生时所造成的后果，如安全附件、报警、联锁、操作规程等。安全措施分两类：预防性措施和减缓性措施。在分析偏差后果时，HAZOP分析小组首先是忽略现有安全措施的，在这个前提下分析出事故剧情可能出现的最恶劣后果。分析小组进而分析已经存在的安全措施是否合理，是否切合实际，是否能将风险降低至可接受的程度。安全措施识别过程，在得到全体分析小组成员一致确认后，进行详细记录。

在设计阶段的HAZOP分析，现有措施是指已经表达在设计图纸和文件里的消除和控制危害的措施，是计划中的措施；现役设备的HAZOP分析，现有措施是指已经安装、投入使用及发挥作用的措施。

在HAZOP分析时，应尽可能识别现有安全措施，确保风险评估的准确性，同时，也应该识别出某些"冗余安全措施"。

以某氢气管路上阀门PV101故障关闭为例，首先，我们检查当前是否有安全措施能够防止该阀门故障关闭。通过查阅P&ID图或进行讨论，我们发现并没有针对此类危险的现有措施。其次，我们需要查看是否有现有措施可以消除这一偏差。经过检查，我们发现只要阀门PV101关闭，就会出现偏差，并且也没有适当的措施来防止这一偏差的发生。最后，我们进一步查看是否有现有的安全措施可以减缓事故的后果。经过调查，我们发现与PV101直接相连的中间罐T101上安装了安全阀PSV101。当PV101出现"没有流量"的偏差时，中间罐T101上的安全阀PSV101会起跳泄压，并将气体泄放至安全地点。至此，我们找到了一个现有的安全措施，并将其记录在HAZOP分析表中。

（九）风险等级的确定

风险评估是HAZOP分析非常重要的一个环节，是根据HAZOP分析事故后果严重程度级别和发生的可能性级别，并按照企业提供的风险矩阵来评估事故剧情的风险等级。风险矩阵见表8.41。虽然在HAZOP分析工作表中只写下几个简单的文字、字母或数字，如：一级、S1、L6、B级、非常高、中风险等，但它们对于分析工作的质量影响很大。

事故剧情的风险包括初始风险和剩余风险；HAZOP分析时应按照企业提供的风险矩阵分别评估其风险等级，并做好相应的记录；剩余风险不应高于企业可接受的最高风险等级；风险等级评估工具可根据企业的统计资料；原因的频率应根据装置的实际情况或原因失效频率表判断；原因导致事故剧情发生的可能性应等于原因的频率、安全措施失效概率和使能条件频率之积，具体见8.3.7一节。

HAZOP分析多数都是定性的评估方法，完全是依靠分析小组成员的经验来判断事故情景的风险水平，这种判断与实际情况相比较，有时会有明显的差异。可以采用半定量HAZOP分析方法，可将保护层概念（LOPA）或安全仪表功能的安全完整性等级（SIL）应用于HAZOP分析中，引入了半定量的概念后，风险评估变得更加容易，与定性评估相比较，风险评估结果也更准确，具体见8.3.7一节。

（十）提出建议和措施

HAZOP分析不但要识别出各种事故情景，还要确保在工艺系统运行过程中，这些事故情景的风险处于可接受的水平。在考虑了现有措施后，如果当前风险过高，分析小组应该提出更多措施进一步降低风险，这些提出的措施称为建议项。

建议措施的原则：

（1）应根据风险分析结果并结合企业可接受风险标准，判断是否需要提出建议措施。

（2）剩余风险不应高于企业可接受的最高风险等级，否则应给出进一步降低风险的建议措施，直至剩余风险低于可接受风险标准。

（3）建议措施应起到减缓后果的严重程度或降低事故剧情发生的可能性的作用。

（4）应优先选择可靠性和经济性较强的安全措施。宜优先选用本质安全设计以及预防性措施。

（5）对于HAZOP分析会上无法明确的建议措施，暂时无条件开展的部分，或不适合应用HAZOP方法分析的部分可提出开展下一步工作的建议。

例如：在某事故剧情中，建议对现有安全阀和爆破片的释放能力进行核算，确保它们的综合释放能力足够大，能满足氢气管道上阀门关闭时的泄压要求。这就是为了减轻事故情景后果的建议项。

1. 消除与控制过程危害的措施

HAZOP分析识别出某些过程危害后，应采用切实可行的措施来消除或控制它们。消除或控制过程危害的安全措施通常分为本质安全、工程措施、行政管理和个人防护四大类。其中，本质安全策略侧重于消除危害，而工程措施、行政管理和个人防护则主要侧重于控制危害或减轻危害带来的后果。常见的实现本质安全的策略包括减少（最小化）、替代、缓和与简化。

（1）减少，也称为最小化，建议通过减少工艺过程中危险物料的滞留量或降低工厂内危险物料的储存量，来降低工艺系统的整体风险。例如，减少和控制车间内化学品的存放量，可以有效减轻意外发生时的事故后果。

（2）替代策略是指用危害性较小的物质来替代危害较大的物质，或者用危害较小的工艺来替代危害较大的工艺。例如，将有毒且可燃的氯仿溶剂替换为纯水溶剂。在工艺设计阶段，应充分运用"替代"策略来消除或减少工艺过程中的潜在危害。

（3）缓和策略的重点是通过改善物理条件（如温度、压力等）或调整化学条件（如催化剂、浓度等），使工艺操作条件变得更加温和。这样，当危险物料或能量发生意外泄漏时，事故的后果会相对较轻。例如，在离心分离过程中，如果工艺允许，可以降低进入离心机的物料温度，使其低于溶剂的闪点（通常需要比MSDS等文献中的闭杯闪点更低一些），从而避免溶剂与空气混合形成爆炸性混合物。

（4）简化策略强调在设计中充分考虑人的因素，尽量剔除工艺系统中烦琐的、不必要的组成部分，使操作更加简便，降低操作人员犯错的概率。同时，设计应具备良好的容错性，即使操作人员出错，也不会立即导致严重的后果。例如，应避免将一组搅碎装置的启停按钮集中布置在一起，以防止操作人员误操作设备。

2. 提出建议项

在HAZOP分析时，应根据降低风险的要求提出适当的建议项。可以要求对当前的设计进行更改，增加或去掉阀门、管道或设备。如可以增加仪表、报警或联锁，也可以增加阀门、泄压装置或隔离装置。可以去掉一些影响安全的硬件，如可以建议取消放空管上的手动阀等。在分析时，如果缺少相关资料或不能马上得出结论，可以要求在分析工作之外对设计做进一步的确认。如分析小组可以要求对储罐的溢流管尺寸进行核算，确认其满足溢流的要求等。

除了硬件方面的建议项，分析小组还可以提出工程措施、行政管理和个人防护措施。如要求使用检查表样式的操作程序、要求修订现有操作程序（增补特定的、具体的安全要求）、增加相关培训等。

在HAZOP分析过程中，提出建议项时需要考虑：根据风险评估的结论，决定是否增加新的建议项；建议项应该是可以执行的；建议项的描述应该尽可能详细。

（十一）HAZOP分析的原理

综上，HAZOP分析的原理，即从偏差出发，反向检查分析偏差的原因，正向检查分析偏差的不利后果，其逻辑如图8.10所示。因此，偏差可以激发创新的思维；偏差便于完备地揭示事故剧情。

图8.10 HAZOP分析原理

六、分析文档

HAZOP的主要优势在于，它是一种系统化、规范化且文档化的方法。为了从HAZOP分析中获取最大效益，必须准确记录分析结果，形成文档，并跟踪实施情况。HAZOP分析的结果应由秘书精确记录，并确保所有相关成员对采取的措施达成一致意见。此外，负责人应确保有足够的时间来讨论和汇总分析结果。

HAZOP分析过程中会使用大量的表格，这些表格可以通过电脑系统生成报告。记录表应在分析过程中逐步完成，并确保书写清晰。为确保所有记录信息清晰易读，建议使用A3尺寸的表格。同时，表格中应预留空白区域，以便回答问题并填写审查者的意见，从而高效完成HAZOP文档记录工作。

为了持续跟踪评估对象，每个节点完成后，都应在由主席保存的P&ID图复印件上用清晰的标识符号进行标注。这种方法有助于保持检查流程图的准确性，记录已执行的研究顺序，并明确标出任何可能被评估的因素，如分支、放空、排放等。

最终报告应包含参考术语、工作范围、记录表以及确认已完成的所有分析，并由主席撰写最终结论。此外，完整的分析报告以及用于研究的其他图纸和文件都应妥善保存备份。

会议记录是HAZOP分析不可或缺的一部分。会议记录人员应负责将分析讨论过程中的所有重要内容准确记录在事先设计好的工作表内，以确保会议成果的完整性和可追溯性。

（一）HAZOP分析工作表

分析记录是HAZOP分析的一个重要组成部分，通常HAZOP分析会议会以工作表格的形式进行详细记录。HAZOP分析工作表应全面记录每个"参数＋引导词"组合在设计描述上每个节点的应用情况，并对所得的所有结果进行详尽记录。针对每一个节点，都会单独使用一张表格进行记录。尽管这种方法相对烦琐，但它能够证明分析的彻底性，并满足最严格的审查要求。记录形式多种多样，具体包括：

（1）在预先准备好的表格上进行手工记录，这种形式特别适合小型研究，只要确保记录内容清晰易读即可。

（2）手稿式的HAZOP记录可以在会议结束后进行文字处理，从而生成质量上乘的副本，供分发和参考使用。

（3）在会议期间，可以使用配备标准字处理或电子表格处理软件的便携式电脑，直接生成工作表，提高工作效率。

（4）还可以利用各种复杂程度的特定计算机软件来辅助记录HAZOP分析结果。通过投影仪展示软件包中的分析记录，有助于进一步节省分析成本。

无论采用何种报告形式，工作表都应具备以下基本特征，以满足特定要求。工作表的版面设计会根据其是手工版还是电子版而有所不同。通常，HAZOP工作表会分为表头和表列两部分。表头区域通常包含项目名称、评估日期、节点编号、节点名称、节点描述、设计意图、图纸编号、分析组成员等关键信息；而工作表行的标题（即分析期间需要完成的内容）则可能包括编号、要素、引导词、偏差、原因、后果、所需措施等。此外，还可以记录其他相关信息，如保护措施、严重程度、风险等级和注释等，具体详见表8.23。

表8.23 常规HAZOP分析工作表

公司名称	
项目名称	
评估日期	
节点编号	
节点名称	
节点描述	
节点设计意图	
图纸编号	
分析组成员	

编号	引导词+参数	偏差	原因	后果	现有措施	S	L	RR	建议编号	建议类别	建议	其他	负责人
1													

注：S表示严重程度；L表示可能性；RR表示风险等级。

本质上，HAZOP分析用于工艺过程危险识别，其内涵是一致的，但从分析结果的表现形式上，HAZOP分析可以分为以下两种方法：

（1）原因到原因分析法

在原因到原因（CBC）的方法中，原因、后果、安全保护、建议措施之间有准确的对应关系。分析组可以找出某一偏差的各种原因，每种原因对应某个（或几个）后果及其相应的保护设施。其特点是分析准确，减少歧义，详见表8.24。

（2）偏差到偏差分析法

在偏差到偏差（DBD）的方法中，所有的原因、后果、安全保护措施、建议措施都与一个特定的偏差联系在一起，但该偏差下单个的原因、后果、保护装置之间没有准确对应关系。即某偏差的原因/后果/保护设施之间没有一一对应关系。用DBD方法得到的HAZOP分析文件表需阅读者自己推断原因、后果、保护措施及建议措施之间的关系。其特点是省时、文件简短，详见表8.25。

表8.24　CBC工作表

偏差	原因	后果	现有安全措施	建议措施
偏差1	原因1	后果1 后果2	现有安全措施1 现有安全措施2 现有安全措施3	建议措施1
	原因2	后果1	无	建议措施1
	原因3	后果2	现有安全措施1 现有安全措施2	建议措施2

表8.25　DBD工作表

偏差	原因	后果	现有安全措施	建议措施
偏差1	原因1 原因2 原因3	后果1 后果2	现有安全措施1 现有安全措施2 现有安全措施3	建议措施1 建议措施2

（二）分析报告

HAZOP分析报告可用于改进设计与操作方法、提高操作员工的工艺水平、完善操作规程和检维修程序、充实操作员工的培训材料、编制专项应急预案、辅助其他安全评价等。

《危险与可操作性分析（HAZOP分析）应用指南》（GB/T 35320—2017）中对分析内容做了规定：编制HAZOP分析的最终报告，宜包括摘要、结论、范围和目标、逐条列出的分析结果、HAZOP工作表、分析中使用的图纸和文件清单、在分析过程中用到的以往的HAZOP分析报告、基础数据等内容。

实操中，一份完整的HAZOP分析报告大概可分为以下部分：

（1）带签字的封面、摘要页、批准页、分析小组成员签名、会议签到、管理层对建议措施的回复、建议措施的反馈表。

（2）目录。

（3）前言（背景、分析范围、分析目标的介绍、报告结构、缩略语）。

（4）分析过程文本（工艺介绍、设备介绍、HAZOP分析方法简介、术语、偏差的确定、本次使用的偏差、分析流程框图、节点划分、本次使用的风险矩阵）。

（5）会议召开情况。

（6）结论和建议。

（7）进一步归纳措施、建议措施列表。

（8）因果关系图表示的事故剧情。

（9）管理建议。

（10）HAZOP结果的进一步应用建议。

（11）附录A：相似装置、工艺的事故案例。

（12）附录B：对分析表格的说明。

（13）附录C：分析工作表格及结果。

（14）附录D：使用的图纸和文件目录清单。

（15）附录E：带有节点划分的P&ID图。

（16）附录F：分析结果报表（危险剧情版）。

（17）附录G：设备一览表。

HAZOP分析报告初稿完成后，分析小组成员应审阅，HAZOP分析主席按照成员的意见进行修改，修改结束后，小组成员签字确认。最后，将报告交给项目委托方。

（三）文档签署

分析结束时，应生成分析报告并经小组成员一致同意。若不能达成一致意见，应记录原因。

8.3.3　HAZOP主席的组织任务

一、HAZOP主席的任务

（一）会议前

（1）按照HAZOP分析的要求收集齐全相关资料并审核；

（2）组建分析团队，确定成员组成及其资格；

（3）提前准备分析会议的内容；指导秘书划分好节点、确定好每个节点的偏差。

（二）会议中

（1）引导分析团队按照HAZOP分析步骤完成分析；

（2）控制会议节奏：组织分析会议，调动参会人员积极提出分析审查意见；确保各参会人员按照自己的专业经验提出意见；当团队成员之间就某个问题存在严重分歧而无法达成一致意见时，HAZOP主席应决定进一步处理措施；

（3）指导秘书对分析结果进行详细记录。

（三）会议后

（1）审核当天分析结果；

（2）全部分析会议结束，与秘书一起，整理出准确、严谨、内容饱满的HAZOP分析报告。

二、HAZOP分析主席的实操技巧

在实际操作过程中，HAZOP分析主席需具备出色的组织能力、应变能力、语言能力和人格魅力（即领导力）。在此基础之上，还需掌握以下实操技巧。

（一）极力做好分析前准备工作

（1）分析资料的收集与审查。在HAZOP分析会议开始前一周，HAZOP分析主席和秘书应在对方企业的协助下完成对资料收集和审查，看是否能满足HAZOP分析要求。重点检查P&ID图的完整性，确认现役装置的P&ID图与原设计图纸是否一致。

（2）分析小组成员的确认与审查。审查小组成员的专业背景、从业年限，并必要时聘请同类装置专家参与。

（3）资料消化。HAZOP分析主席需深入理解所有资料，特别是对工艺过程、自控及联锁系统要非常熟悉。

（4）图纸标注：提前在图纸上标注重点装置、设备的设计条件、操作条件及可能腐蚀部位，便于会议中查阅。

（5）会场准备：与企业共同确认会议室、投影设备、笔记本电脑及软件、荧光笔等后勤设施，并建议会议室选在靠近装置的位置，便于现场查看。

（6）资料分发：与秘书一起将准备材料打印成册，分发给小组成员。

（7）关键问题清单：HAZOP分析主席应提前列出关键问题清单，包括提问提纲、参数、节点描述、偏差清单、现有安全措施清单、化学工艺要点、关键管道及管件阀门清单等，以便会议中查阅，避免遗漏。

（8）事故重现：提前重温类似设备事故，熟练掌握相关化学物料参数。

（9）预分析：进行HAZOP预分析，为正式会议做准备。

（二）会议过程中较强的组织和逻辑思维能力

（1）注意会议气氛调节；

（2）正确积极引导小组成员发言和提出问题；

（3）重视会议程序和会议时间的把控。

实操中，通常按照以下流程进行：

（1）介绍会议参与人员。

（2）分析会前的培训：熟悉HAZOP分析思维和讨论方法。

培训不仅是为了使工作人员具备实施HAZOP所需的能力，使之能担负责任，而且还是一个企业与HAZOP技术服务商进一步沟通的机会。培训可以分为两个阶段，第一阶段培训的对象是企业的管理层和参与HAZOP项目的有关部门和人员，第二阶段的培训主要是面向HAZOP项目的具体参与者，即HAZOP工作组的人员。这两个阶段的培训内容根据不同的目的也应各有侧重，第一阶段的培训内容主要在对HAZOP方法的理解和项目的管理及控制方面，希望使企业的管理层和各职能部门能够认可HAZOP方法和了解自己在整个项目中的职责；第二阶段的培训主要是具体的HAZOP分析工作要求和流程，明确HAZOP小组成员在这个团队中的角色，培训完成指定工作所需要的技能。

培训的内容可以包括：简要介绍HAZOP的基本原理；管理流程与分析流程；重点介绍HAZOP分析主席在分析会议中的地位和参会人员如何参与（技术问题地位平等、会议进程主席控制）；重点介绍原因、后果、安全措施、建议措施的分析标准及概念性参数所要识别的问题；分析过程中预先约定哪些假设问题；数据的采集等。

（3）HAZOP分析主席需要营造HAZOP分析工作的民主氛围，所有人员均有发表意见的权利，集思广益，克服困难，不怕揭露问题，最终高质量完成分析任务。

（4）主动提问，正确引导。如氢气损失的原因是什么？请与会专家回答，并引导至正确的分析路径中。

（5）HAZOP分析主席要主导会议的讨论进程。避免跑题和无休止讨论细节；解决成员间的分歧问题。

（6）分析会欢迎不同的见解，寻求一致的意见。

（7）注重令人信服的语言沟通能力和解决矛盾能力。

（8）注意是否会出现分析问题的机械化程序，如，分析过几个节点后，成员对新节点出现的新问题缺乏思考和创造性,积极引导成员寻找出不同的原因。

(三) 会议总结

会议总结应在会议结束的48 h内进行,这时分析小组还对分析过程有印象。可以提前发一些调查表,或开展面谈征询意见,也可以借助会议的录音、录像进行分析。

8.3.4 HAZOP分析质量缺陷及原因

在HAZOP分析中,常常会出现分析遗漏、分析不完整等情况,导致分析效果不明显。为确保分析的有效性,应在开展HAZOP分析前,对可能出现的质量缺陷及其成因进行充分的辨识与学习,以避免在分析过程中出现相关问题。一般,常见的HAZOP分析质量缺陷的表现形式及原因主要包括以下几点:

(1) 遗漏:没有识别重要的危害。

(2) 不完整:识别了危害,但对危害认识不足(最终该危害没有被足够重视)。

(3) 残余风险过高:没有建议项;建议项不足够;建议项与识别的危害不匹配;建议项无法执行。

(4) 增加不必要的运营投入:增加不必要的措施(现有措施没有识别);建议项非常不经济。

(5) 报告质量差:没有足够详细的描述;缺少必要的信息内容;没有对应的图纸。

当前,HAZOP分析在工艺装置危害性分析中占据的比例越来越大,其分析质量对整个工艺装置的安全性具有重要影响。因此,在开展HAZOP分析时,无论是企业内部分析人员还是相关安全生产管理咨询专家都必须慎重对待,系统、全面地分析各方面数据,以获得完整有效的HAZOP分析结论。

对于企业来说,提升HAZOP分析质量,减少危害认识不足、识别不完整,残余风险过高等问题,除了寻求专业安全生产管理咨询机构的协助外,还应从HAZOP分析准备、HAZOP分析过程、HAZOP分析报告等方面入手做好各个细节。

(一) 分析准备与计划

(1) 明确、界定分析任务的范围;

(2) 确认有足够、适当的文件图纸资料和信息;

(3) 组建能胜任的分析小组,包括必要的专业人员;

(4) 计划安排足够的分析时间(包括预算);

(5) 如果是现有设施,事先了解现场情况(现场查看)。

(二) 分析过程

(1) 形成"积极参与"的动态分析小组;

(2) 在开始工作前确认参与分析的小组成员接受过培训;

(3) 有可行的分析时间计划,确保足够的讨论时间;

(4) 选择足够的引导词,并确认小组成员熟悉相关的引导词;

(5) 对事故剧情(特别是风险高的)开展风险评估(参考风险矩阵表,或要求开展后续分析,如LOPA分析);

(6) 充分讨论和理解事故剧情的全过程,包括中间过程及安全防护措施;风险较高的事故剧情应尽可能优先考虑本质安全措施和工程措施;

（7）提出建议项时，不仅要考虑如何控制危害，还需要考虑今后的维护和操作要求；

（8）回顾以往发生的事故及教训；

（9）HAZOP分析主席需要确保会议记录的完整性、准确性和明晰性。

（三）报告编制与审阅

（1）事先明确报告的编制要求；

（2）报告必须严格遵循讨论的内容，并经过仔细审阅；

（3）在报告中附上分析时采用的图纸，并明显标示出分析的节点。

任何工艺危害分析方法都有其优缺点，HAZOP分析法也不例外。因此，为了保障分析结论的全面性、弥补HAZOP分析的缺陷，企业常常在HAZOP分析后，加入LOPA分析，以此来提升分析全面性。除此之外，不少企业在开展HAZOP分析时也会邀请相关安全生产管理咨询专家进行专业协助，以保障分析结果的客观准确。

8.3.5　P&ID基础知识

为了便于进行HAZOP分析，我们根据P&ID（工艺管道及仪表流程图）将装置划分为若干个"操作单元"或节点，如反应器、分馏塔、热交换器、储槽等。每个节点又进一步细分为若干"辅助单元"，例如热交换器内部的接管、公用工程连接等。我们明确规定每个节点的设计参数，并仔细查找每个节点中可能出现的偏差，利用引导词进行逐一分析。分析完成后，我们在P&ID图上标注已分析的节点，并逐步对未分析的节点进行分析，直到装置的所有操作单元都被全面分析。随后，我们将辨识出的危险列入表格中，并根据风险的大小采取相应的安全对策，以确保风险降低至安全水平。因此，**"对工艺的掌握，是获得安全的最关键前提"**。而P&ID正是我们了解工艺的关键工具。

一、工艺流程图分类

（一）工艺流程图

工艺流程图（Process Flow Diagram，简称PFD图）包含了整个装置的主要信息，如操作条件（温度、压力、流量等）、物料衡算（详细列出各物流点的性质、流量及操作条件）、热量衡算（如热负荷等）、设计计算数据（设备的外形尺寸、传热面积、泵流量等）以及主要控制点和控制方案等。

（二）工艺管道及仪表流程图

工艺管道及仪表流程图（Piping & Instrument Diagram，简称P&ID图）是在PFD图的基础上，由工艺、安装和自控等多个专业共同协作完成的。它详细描绘了所有设备、仪表、管道及其规格、保温厚度等内容，是绘制管道布置图的重要依据。P&ID图从初步工艺设计阶段就开始形成，并随着设计阶段的深入而不断补充、完善。它按照阶段和版次分别发布，每个版次的发布都标志着工程设计的进展。P&ID图为工艺、自控、设备、电气、电讯、配管、管机、管材、设备布置以及给排水等专业提供了相应阶段的设计信息，是基础设计和详细设计中最重要、最基础的图纸文件。它综合反映了工艺设计流程、设备设计、设备和管道布置设计以及自控仪表设计的成果。

对于复杂流程或包含多个单元设备的流程，可以将整个流程拆分为几个子流程，并分别绘制P&ID图。以电解水制氢工艺中的氢气与水分离部分为例，其P&ID图如图8.20所示。

二、P&ID图显示的信息

（一）标题栏

标题栏要注明工艺名称、单位名称、图号、设计阶段、设计者等基本信息，常置于每一页图的右下角位置，如图8.11所示。

（二）图例和说明栏

P&ID图中涉及的图形、其简明解释、某些特殊的工艺说明置于首页图的右侧偏下及标题栏上侧位置。如果图例数量较多，如某些大型整体类设计，这一部分可一起单独设置于"首页图"中，并列表分类有序给出。列表的图例项目包括：管道、阀门与管件、管道标注方法、管道压力等级代号、管道材质代号、物料代号、被测变量和仪表功能的字母代号、仪表代号、设备位号、仪表图形、设备类别代号、图纸接续标志、公用工程名称及代号、设备图例：泵、压缩机、换热器、加热炉、容器、塔、反应器等。典型的首页图中的图例如图8.12所示。

（三）主图和标注

（1）装置工艺过程的全部设备和机械，包括备用设备和生产用的移动式设备，并进行编号和标注；

（2）全部管道、阀门、主要管件（包括临时管道、阀门和管件）、公用工程站和隔热等，并进行编号和标注；

（3）全部检测、指示、控制功能仪表，包括一次性仪表和传感器，并进行编号和标注；

（4）全部工艺分析取样点，并进行编号和标注；

（5）安全生产、试车、开停车和事故处理在图上需要说明的事项：包括工艺系统对自控、管道等有关专业的设计要求和关键设计尺寸。

通过工艺管道及仪表流程图可以了解：设备的数量、名称和位号；主要物料的工艺流程；其他物料的工艺流程；通过对阀门及控制点分析；了解工艺过程的控制原理。P&ID图中最重要的四大要素：设备、管道、阀门、仪表。

（四）设备图例

根据流程自左至右用细实线表示出设备的简略外形和内部特征（如塔的填充物和塔板、容器的搅拌器和加热管等），设备的外形应按一定的比例绘制。对于表中未列出的设备和机器图例，可按实际外形简化绘制，但在同一流程图中，同类设备的外形应一致。

1.常用设备图例

表8.26为常用设备的图例。

相同系统（或设备）的处理：只画出一套时，被省略部分的系统，则需用细双点画线绘出矩形框表示。框内注明设备的位号、名称，并绘出引至该套系统（或设备）的一段支管。如图8.13所示。

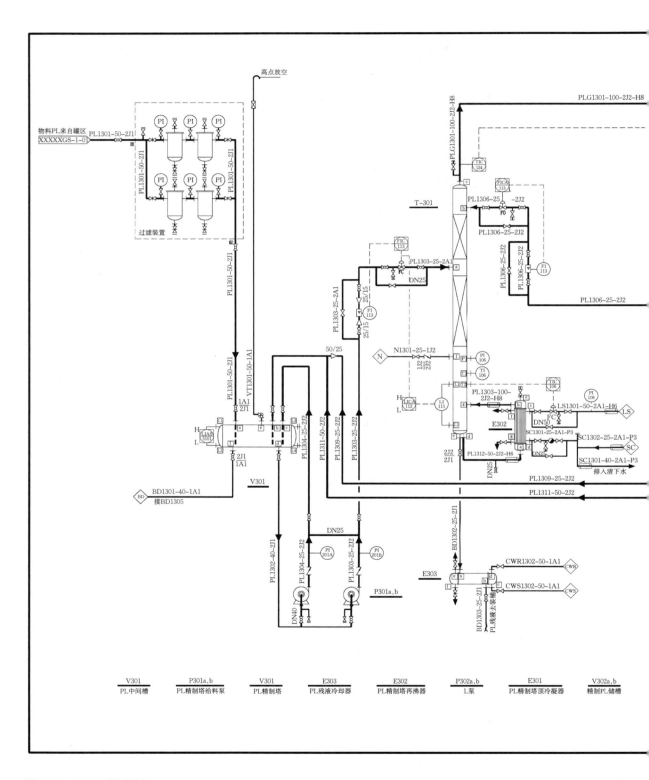

图 8.11 P&ID 图实例

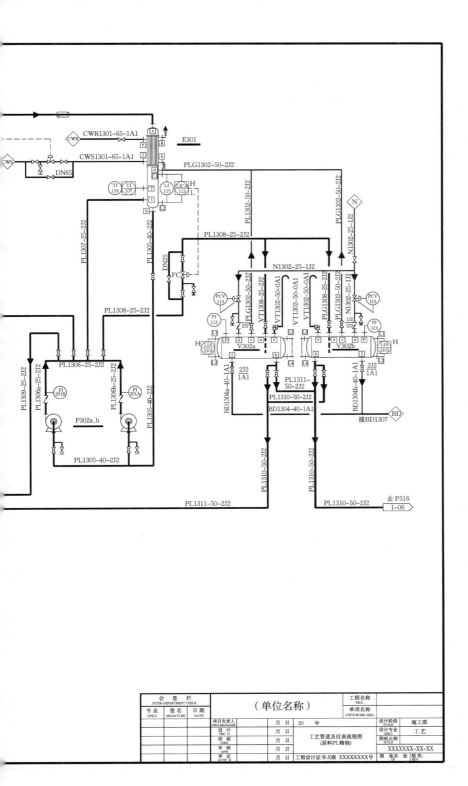

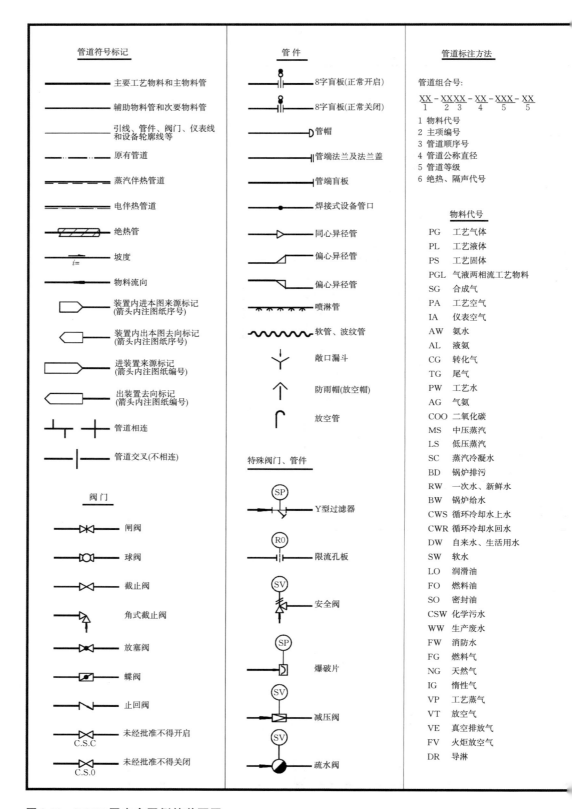

管道符号标记	管件	管道标注方法

管道符号标记

- —— 主要工艺物料和主物料管
- —— 辅助物料管和次要物料管
- —— 引线、管件、阀门、仪表线和设备轮廓线等
- - - 原有管道
- 蒸汽伴热管道
- 电伴热管道
- 绝热管
- 坡度 $i=$
- 物料流向
- 装置内进本图来源标记(箭头内注图纸序号)
- 装置内出本图去向标记(箭头内注图纸序号)
- 进装置来源标记(箭头内注图纸编号)
- 出装置去向标记(箭头内注图纸编号)
- 管道相连
- 管道交叉(不相连)

阀门

- 闸阀
- 球阀
- 截止阀
- 角式截止阀
- 放塞阀
- 蝶阀
- 止回阀
- 未经批准不得开启 C.S.C
- 未经批准不得关闭 C.S.0

管件

- 8字盲板(正常开启)
- 8字盲板(正常关闭)
- 管帽
- 管端法兰及法兰盖
- 管端盲板
- 焊接式设备管口
- 同心异径管
- 偏心异径管
- 偏心异径管
- 喷淋管
- 软管、波纹管
- 敞口漏斗
- 防雨帽(放空帽)
- 放空管

特殊阀门、管件

- Y型过滤器 (SP)
- 限流孔板 (R0)
- 安全阀 (SV)
- 爆破片 (SP)
- 减压阀 (SV)
- 疏水阀 (SV)

管道标注方法

管道组合号:

$$\underset{1}{XX} - \underset{2}{XXXX} - \underset{3}{XX} - \underset{4}{XXX} - \underset{5}{XX}$$

1 物料代号
2 主项编号
3 管道顺序号
4 管道公称直径
5 管道等级
6 绝热、隔声代号

物料代号

PG	工艺气体
PL	工艺液体
PS	工艺固体
PGL	气液两相流工艺物料
SG	合成气
PA	工艺空气
IA	仪表空气
AW	氨水
AL	液氨
CG	转化气
TG	尾气
PW	工艺水
AG	气氨
COO	二氧化碳
MS	中压蒸汽
LS	低压蒸汽
SC	蒸汽冷凝水
BD	锅炉排污
RW	一次水、新鲜水
BW	锅炉给水
CWS	循环冷却水上水
CWR	循环冷却水回水
DW	自来水、生活用水
SW	软水
LO	润滑油
FO	燃料油
SO	密封油
CSW	化学污水
WW	生产废水
FW	消防水
FG	燃料气
NG	天然气
IG	惰性气
VP	工艺蒸气
VT	放空气
VE	真空排放气
FV	火炬放空气
DR	导淋

图 8.12 P&ID 图中含图例的首页图

被测变量和仪表功能的字母代号

首位字母		后继字母

字母	被测变量	修饰词	功能
A	分析		报警
C	电导率		控制
D	密度	差	
F	流量	比(分数)	
G	长度		就地观察; 玻璃
H	手动(人工触发)		玻璃
I	电流		指示
L	物位		信号
M	水分或湿度		
P	压力或真空		试验点(接头)
Q	数量或件数	积分、积算	积分、积算
R	放射性		记录或打印
S	速度或频率	安全	联锁
T	温度		传递
W	称重		

英文缩写字母

FC	能源中断时阀处于关位置
FL	能源中断时阀处于保持原位
FO	能源中断时阀处于开位置
H	高
HH	最高(较高)
L	低
LL	最低(较低)

图形符号的表示方法

测量点

玻璃管液面计表示方法

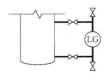

表示仪表安装位置的图形符号

安装位置	图形符号
就地安装仪表	○
集中仪表盘面安装仪表	⊖
就地仪表盘面安装仪表	⊖
集中进计算机系统	⊟

设备位号

$$\frac{X}{1} \quad \frac{XX}{2} \quad \frac{XX}{3} \quad \frac{X}{4}$$

1 设备类别代号
2 主项编号
3 同类设备中的设备顺序号
4 相同的设备尾号

设备类别代号

C	压缩机、风机
E	换热器
P	泵
L	起重设备
R	反应器
M	其他机械
S	火炬、过滤设备
T	塔
V	容器、槽罐

连接和信号线

―――――― 过程连接或机械连接线
气动信号线
---------- 电动信号线

会 签 栏			(单位名称)			工程名称	
专业	签名	日期				单项名称	
			项目负责人	月 日	20　年	设计阶段	
			设 计	月 日		设计专业	
			校 核	月 日	首页图	图纸比例	
			审 核	月 日	(例图)		(图号)
			审 定	月 日	工程设计证书:X级 XXXXXXXXX号	第 张 共 张 版次:	

表 8.26 P&ID图中设备和机械图例（HG/T 20519.2—2009）

类别	图例
泵 （P）	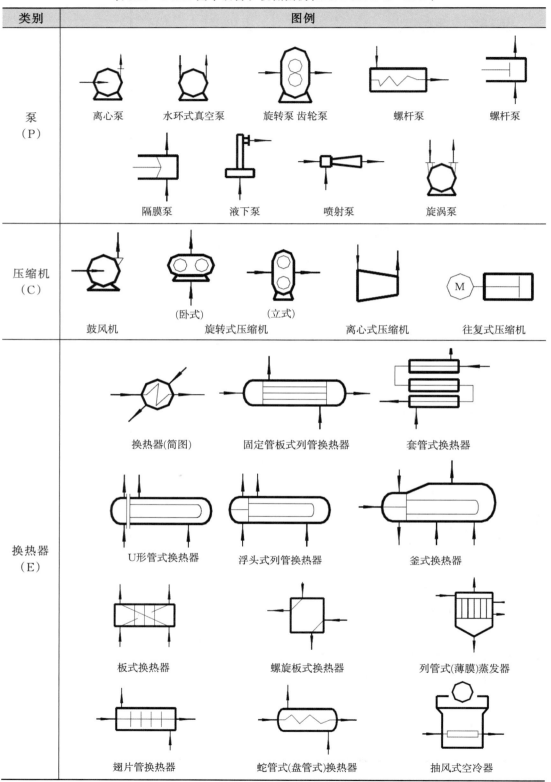
压缩机 （C）	
换热器 （E）	

化工安全与环保

类别	图例

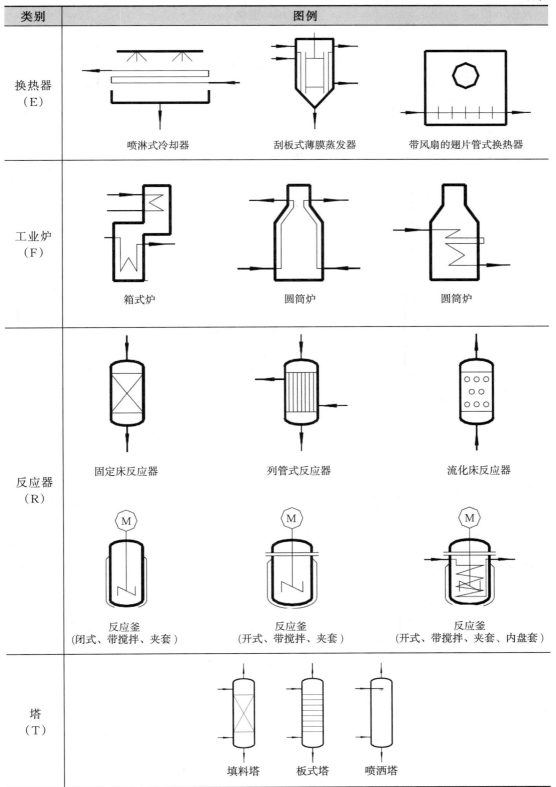

换热器（E）

喷淋式冷却器　　　刮板式薄膜蒸发器　　　带风扇的翅片管式换热器

工业炉（F）

箱式炉　　　　　圆筒炉　　　　　圆筒炉

反应器（R）

固定床反应器　　　列管式反应器　　　流化床反应器

反应釜
（闭式、带搅拌、夹套）　　　反应釜
（开式、带搅拌、夹套）　　　反应釜
（开式、带搅拌、夹套、内盘套）

塔（T）

填料塔　　板式塔　　喷洒塔

类别	图例

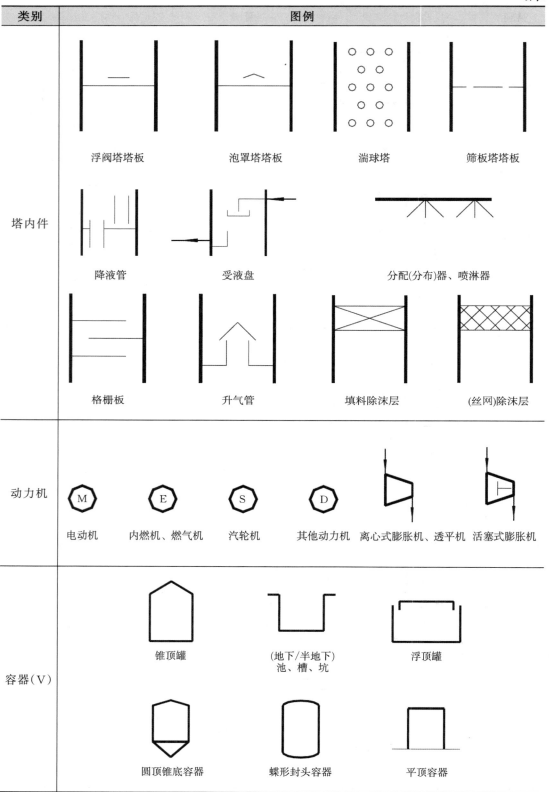

类别	图例
容器（V）	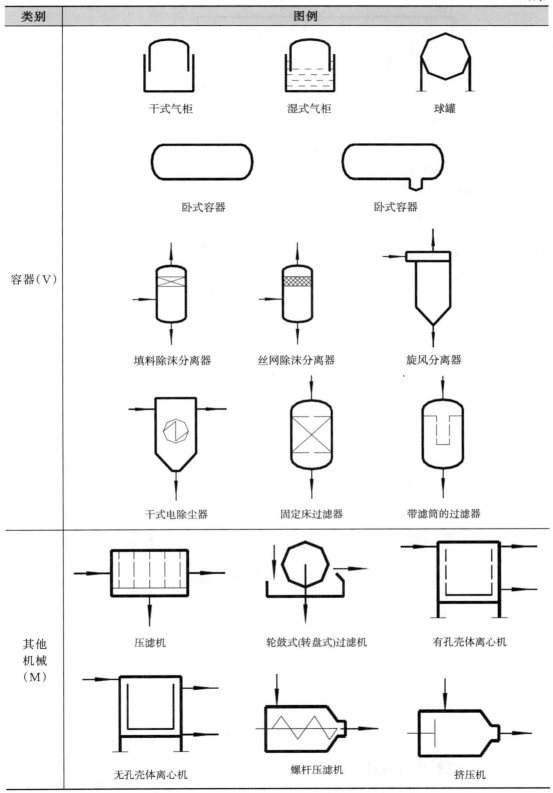
其他机械（M）	

干式气柜　　　　湿式气柜　　　　球罐

卧式容器　　　　　　卧式容器

填料除沫分离器　　丝网除沫分离器　　旋风分离器

干式电除尘器　　　固定床过滤器　　带滤筒的过滤器

压滤机　　　轮鼓式(转盘式)过滤机　　有孔壳体离心机

无孔壳体离心机　　　螺杆压滤机　　　挤压机

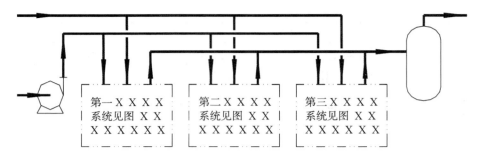

图8.13 P&ID相同系统

2.设备位号及标注

每台设备包括备用设备,都必须标示出来。位号在车间或工段内不能重复;施工图设计与初步设计设备编号、设备名称一致。两个地方标注设备位号:第一是在图的上方或下方,要求排列整齐,并尽可能正对设备,在位号线的下方标注设备名称,如图8.14所示;第二是在设备内或其近旁,此处仅注位号,不注名称。设备标注的方法如图8.15和表8.27所示。

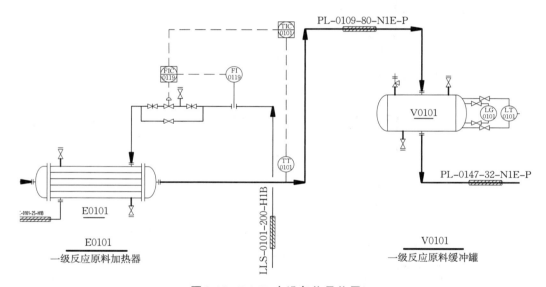

图8.14 P&ID中设备位号位置

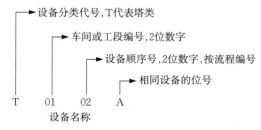

图8.15 P&ID设备位号标注规则

3.进一步对主设备的解释

(1)成套设备:对于成套供应的设备(例如压缩机组等),应使用点划线来勾勒

表 8.27　设备分类代号

设备类型	代号	设备类型	代号	设备类型	代号
塔	T	换热器	E	起重设备	L
泵	P	反应器	R	计量设备	W
压缩机	C	火炬	S	其他机械	M
加热炉	F	容器	V	其他设备	X

出成套供应的范围,并添加相应的标注。

（2）设备规格：需要明确标注设备的主要规格和设计参数。例如,对于泵,应注明流量 Q 和扬程 H；对于容器,应标注直径 D 和长度 L；对于换热器,应注明换热面积及设计数据；对于储罐,则应标注容积及相关数据。与 PFD 图不同,P&ID 图中标注的设备规格和参数是设计值,而 PFD 图中标注的则是操作数据。

（3）接管与连接方式：应详细注明管口的尺寸、法兰面形式以及法兰压力等级。如果设备管口的这些参数与相接管道的相应参数一致,则无需特殊标注；如果不一致,则需在管口附近添加说明,以避免在安装设计时配错法兰。

（4）零部件：对于与管口相邻的零部件,如塔盘、塔盘号以及塔的其他内件（如挡板、堰、内分离器、加热/冷却盘）等,应在 P&ID 图中明确表示出来。

（5）标高：对于安装高度有特定要求的设备,必须标注出设备所需的最低标高。对于塔和立式容器,应标明从地面到塔或容器下切线的实际距离或标高；对于卧式容器,则应标明容器内底部的标高或到地面的实际距离。

（6）驱动装置：对于泵、风机和压缩机等设备的驱动装置,应注明驱动机的类型,并在必要时标注驱动机的功率。

（7）排放要求：P&ID 图中应明确注明容器、塔、换热器等设备和管道的放空、放净去向,例如排放到大气、泄压系统、干气系统或湿气系统。如果排往下水道,还需分别注明是排往生活污水、雨水还是含油污水系统。

（五）管道与阀门

本部分包括全部管道、阀门、主要管件（涵盖临时管道、阀门及管件）、公用工程站以及隔热设施等。

在 P&ID 图中,管道流程线统一采用粗实线进行表示。对于辅助管道和公用系统管道,仅需绘制出与设备（或主流程管道）相连接的一小段；而对于带有仪表控制点的管道流程图,则需完整绘制出所有管道,即展示各种物料的流程线,并在管道线上清晰标注物料代号以及辅助管道或公用系统管道所在流程图的图号。对于各流程图之间相衔接的管道,应在起始端（或末端）明确注明其连续图的图号以及来源（或去向）的设备位号或管道号。在管道流程上,除了应绘制流向箭头并用文字标明物料的来源或去向之外,还需对每一根管道进行详细的标注。

1. 管线与阀门的图例

管线与阀门的图例详见表 8.28。

表 8.28　管道与阀门的图例

名称	图例	名称	图例
主物料管道		蒸汽伴热管道	
次要物料、辅助物料管道		电伴热管道	
引线、设备、管件、阀门、仪表图形和仪表管线		柔性管	
原有管道		夹套管	
翅片管		管道绝热层	
管道连接		管道交叉不连接	
喷淋管		法兰连接	
同心异径管		阀端法兰	
文氏管		阻火器	
圆形盲板	（正常开启）　（正常关闭）	8字盲板	（正常关闭）（正常开启）
放空管	（帽）　　（管）	漏斗	（敞口）　　（封闭）
闸阀		截止阀	
节流阀		球阀	
旋塞阀		隔膜阀	
三通阀		三通球阀	

名称	图例	名称	图例
三通旋塞阀		止回阀	
蝶阀		减压阀	
角式截止阀		角式节流阀	
角式球阀		角式弹簧安全阀	
角式重锤安全阀		Y型过滤器	
呼吸阀		阻火器呼吸阀	
爆破片		底阀	
取样	A	特殊阀门	SV

2. 管道的标注

在P&ID图上，管道应标注管道号、管径以及管道等级三个关键部分。对于横向管线，其标注应位于管线的上方；而对于竖向管线，标注则应位于管线的左方。标注的具体内容包括：物料代号、工段号、管道编号、管径、管道等级，以及是否需要隔热或隔音等信息。在工艺流程相对简单，且管道品种规格不多的情况下，管道等级以及隔热隔音的标注可以适当省略。关于管线位号的规则，请参见图8.16；而常见的物料代号，则请参见表8.29。

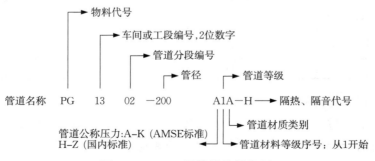

图8.16 P&ID图管线位号规则

表 8.29　常见物料代号

物料名称	代号	物料名称	代号	物料名称	代号
工艺空气	PA	高压蒸汽	HS	锅炉给水	BW
工艺气体	PG	高压过热蒸汽	HUS	循环冷凝水上水	CWS
气液两项	PGL	低压蒸汽	LS	循环冷凝水回水	CWR
气固两项	PGS	低压过热蒸汽	LUS	脱盐水	DNW
工艺液体	PL	中压蒸汽	MS	饮用水	DW
液固两项	PLS	中压过热蒸汽	MUS	原水、新鲜水	RW
工艺固体	PS	蒸汽冷凝水	SC	软水	SW
工艺水	PW	伴热蒸汽	TS	生产废水	WW
空气	AR	燃料气	FG	热水上水	HWS
压缩空气	CA	天然气	NG	热水回水	HWR
仪表空气	LA	放空气	VT	原料油	RO
排液、排水	DR	真空排放气	VE	燃料油	FO
冷冻剂	R	润滑油	LO	密封油	SO

管道等级：管道等级由管道的公称压力、管道顺序号、管道材质类别三个单元组成，具体参见表 8.30、表 8.31 和表 8.32。管道材料等级顺序号用阿拉伯数字表示，由1～9组成。在压力等级和管道材质类别代号相同的情况下，可以有9个不同系列的管道材料等级。例如，当管道材质代号为"E"时，由于不锈钢包含多种牌号，并且在压力等级和管道材质类别代号均相同的情况下，设计温度、物料等因素的差异，所采用的法兰、垫片等部件也可能不尽相同。因此，通过管道材料等级顺序号（如L1E、L2E 等）来加以区分。关于管道公称压力等级，A～K 代表 AMSE（美国机械工程师协会）标准；H～Z 则代表中国标准的管道公称压力等级（注：其中不包括 I、J、O、X）。具体数值请参见表 8.30。

表 8.30　管道公称压力代号

管道公称压力代号	值/MPa	管道公称压力代号	值/MPa	管道公称压力代号	值/MPa
A	2	H	0.25	R	10
B	5	K	0.6	S	16
C	6.8	L	1	T	20
D	11	M	1.6	U	22
E	15	N	2.5	V	25
F	26	P	4	W	32
G	42	Q	6.4		

3. 进一步对管道的解释

（1）同一个管道号仅管径不同时，可以仅标注管径；若同一个管道号但管道等级不同，则应明确标示出等级的分界线，并注明相应的管道等级。对于异径管，应一律采用大端公称直径乘以小端公称直径的方式来表示。

表 8.31 管道材质及代号

管道材质	代号	管道材质	代号	管道材质	代号
铸铁	A	有色金属	F	合金钢	D
碳钢	B	普通低合金钢	C	衬里及内防腐	H
不锈钢	E	606L 不锈钢	2E	非金界	G
304 不锈钢	1E	聚四氟乙烯	2G	聚丙烯	1G

表 8.32 管道隔热隔声代号、功能及材料

代号	功能	材料
H	保温	保温材料
C	保冷	保冷材料
P	人身防护	保温材料
D	防结霜	保冷材料
E	电伴热	电热带和保温材料
S	蒸汽伴热	蒸汽伴管和保温材料
W	热水伴热	热水伴管和保温材料
O	热油伴热	热油伴管和保温材料
J	夹套伴热	夹套管和保温材料
N	隔声	隔声材料

（2）在管道图示上，需使用细实线绘制出全部阀门以及部分管件（例如视镜、阻火器、异径管接头、盲板、下水漏斗等）的符号。对于管件中的一般连接件，如法兰、三通、弯头及管接头等，则无需画出。

（3）通常情况下，一般管件和阀门无需特别标注。但当管道上的阀门、管件的公称通径与所在管道的公称通径不同时，应注明其尺寸，并在必要时注明其型号。对于其中的特殊阀门和管道附件，还需进行分类编号，并在必要时通过文字、放大图或数据表进行详细说明。

（4）对于间断使用的管道，应明确注明"开车""停车""正常无流量（NNF）"等状态字样。

（5）对于阀件，若其在正常操作时处于常闭状态，或需要确保处于开启或关闭状态，则应分别注明"常闭（N.C）""铅封开（C.S.O）""铅封闭（C.S.C）""锁开（L.O）""锁闭（L.C）"等。同时，除仪表阀门外，所有阀门都应在P&ID图上明确标示，并按照图例展示阀门的形式。

（6）对于伴热管，如蒸汽伴热管、电伴热管、夹套管及保温管等，应在P&ID图中清晰标注。但保温层的厚度和保温材料的类别无需在图中标示出来（这些信息可以在管道数据表上查阅到）。

（六）仪表

仪表控制点以细实线在相应的管道上用符号画出。符号包括图形符号和字母代号，它们组合起来表示工业仪表所处理的被测变量和功能，或表示仪表、设备、元件、管线的名称。

1. 仪表图形符号

仪表（包括：检测、显示、控制等仪表）的图形符号是一个细实线圆圈，直径约10 mm。需要时允许圆圈断开。必要时，检测仪表或元件也可以用象形或图形符号表示，具体参见表8.33。

表8.33 P&ID仪表的图形符号

序号	安装形式	现场仪表	总控仪表	现场盘装
1	常规就地安装	○	⊖	⊜
2	DCS	⊡		
3	计算机功能	⬡		
4	可编程控制			

2. 字母代号

字母代号用于表示被测变量以及仪表的功能。以下列出了常用的字母代号，这些代号同样适用于阀门的标识，具体可参见表8.34。

被测变量及仪表阀门等功能字母组合示例：

控制器：FRC（流量记录控制）、FIC（流量指示控制）；

表8.34 仪表字母代号

字母	首位字母		后缀字母		
	被测变量	修饰词	读出功能	输出功能	修饰词
A	分析		报警		
C	电导率			控制	
D	密度	差			
E	电压		检测元件		
F	流量	比率			
G	毒性气体、可燃气体		观察		
H	手动				高
I	电流		指示		
L	物位		灯		低
P	压力、真空		测试点		
Q	数量	积累、累计			
R	核辐射		记录		
S	速度、频率	安全		开关、联锁	
T	温度		传送、变送		

读出仪表：FR（流量记录）、FI（流量指示）；

开关和报警装置：FSH（流量高报警）、FSL（流量低报警）、FSHL（流量高低组合报警）；

变送器：FRT（流量记录变送）、FIT（流量指示变送）、FT（流量变送）；

检测元件：FE（流量检测）；

测试点：FP（流量测试点）；

最终执行元件：FV（流量执行元件）。

3. 仪表位号

在控制系统中，构成回路的每个仪表（或元件）都应具有唯一的仪表位号。仪表位号由字母与阿拉伯数字组成，其中首位字母代表被测变量，后续字母表示仪表的功能。通常使用三位或四位数字来标识装置号和仪表序号，具体可参见图8.17的示例。

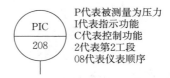

图8.17　P&ID仪表位号规则

4. 进一步对仪表的解释

（1）在线仪表。对于流量计、调节阀等在线仪表，如果其接口尺寸与管道尺寸不一致，应在图纸上明确标注其尺寸。

（2）设备附带仪表。如果设备上的仪表是作为设备附件一同供应的，且无需另外订货，则应在图纸上加以标注，通常可以在仪表编号后添加后缀"X"。

（3）仪表编号。必须确保仪表编号与电动、气动信号的连接完整无误，并按照图例符号的规定进行编制。

（4）联锁及信号。在P&ID图上应清晰标示出联锁以及声、光信号。

（5）冲洗、吹扫。对于需要冲洗或吹扫的仪表，应在图纸上明确示出。

（6）成套设备。应标明成套供应设备的供货范围。对于由制造厂成套供货的仪表，应在编号后添加后缀"X"以进行标注。

8.3.6　计算机辅助HAZOP分析

将HAZOP分析比喻为一台电脑，我们向其中输入工艺和设备的相关信息，而它则输出工艺的风险、可能引发的事故、风险的大小以及相应的防范措施等关键内容。传统的HAZOP分析不仅工作量大，而且涉及的信息和记录量更是庞大，这往往带来了诸多不便，并增加了人为记录失误的潜在风险。为了应对这一挑战，多种计算机辅助软件应运而生。这些软件采用了一套有序的文字输入方案，通过内部的计算与处理机制，能够较为轻松地生成满足客户需求的安全分析报告。

当前市场上，已经存在多种商业化的HAZOP分析软件，它们能够显著简化数据记录和工作表格的生成过程，为记录员或秘书的工作提供极大的便利。近年来，更有一些软件开始尝试担当起分析主席的角色，它们通过运用"引导词＋参数"的检查清单，取代了传统上直接使用引导词来引发参数偏差的方法。尽管这些软件已经能够识别出大量的危险，并生成与人工HAZOP分析结果相似的内容，但它们在从整个"工作系统"中识别危险方面，仍然无法达到人工分析的严密程度。因此，在HAZOP分析中，并不提倡完全依赖计算机软件来替代分析主席的角色。

一些表现出色的软件，如HAZOPkit、CAH、PSMSuit等，它们能够帮助分析秘书快速完成资料的收集、记录以及输入文档的工作，并迅速生成相应的报表。在HAZOP分析的过程中，往往需要大量的讨论和交流，而这些软件则能够实时地从数据库中提取引导词、参数（要素）、风险矩阵以及事故剧情等关键信息，为分析工作提供了有力的支持。

8.3.7 融入保护层概念的半定量HAZOP分析

一、半定量HAZOP分析概述

由于HAZOP分析的定性特性，为了不断提升其分析效果，越来越多的HAZOP分析开始融入保护层分析（Layer of Protection Analysis，简称LOPA）的概念，进而实现了半定量HAZOP分析（Semi-Quantitative HAZOP，简称SqHAZOP）。通过将HAZOP与LOPA相结合，形成的半定量HALOPA分析法（也称作SqHAZOP分析法）。相较于传统的定性HAZOP分析法，其分析结果更加贴近实际安全状况，有效避免了"低估"或"高估"事故剧情的风险。此外，该方法还能够定量评估安全措施的数量，从而将事故剧情的风险降低至可接受的水平。

关于LOPA分析方法的具体内容，可参考《保护层分析（LOPA）方法应用导则》（AQ/T 3054—2015）。值得一提的是，LOPA的分析程序与HAZOP程序颇为相似，但增加了定量分析的部分，如图8.18所示。

在HAZOP分析中，我们首先识别出危险事件，并经过筛选确定主要危险事件，这为LOPA分析奠定了基础。同时，HAZOP偏差分析中得到的非正常原因及其发生概率，为LOPA的初始原因及其概率估算提供了直接的信息来源。此外，HAZOP分析所得出的不利后果及后果严重程度，也直接为LOPA的影响事件及事件严重程度提供了参考。更重要的是，HAZOP识别出的现有安全措施，为LOPA中工艺过程的独立保护层（Independent Protection Layer，简称IPL）及其失效概率（Probability of Failure on Demand，简称PFD）、基本过程控制系统IPL及其PFD、报警及非正常工况应对操作程序IPL及其PFD、安全仪表系统IPL及其PFD、其他消减IPL及其PFD等的评估提供了直接的信息支持。最终，HAZOP分析所提出的"行动"（即建议措施），也正是LOPA分析所要达成的目的。

事故剧情从初始事件发展到事故的后果，是一个复杂的过程，涉及原因、后果、促成条件、时间和已有的独立保护。已有的独立保护甚至有多层保护措施，我们称之为独立保护层（IPL）。第一层为IPL-1，以此类推至第n层IPL-n。因此，初始事件引发的事故剧情的恶化直至事故发生，需要在一定时间内，突破所有的独立保护层，如图8.19所示。

理论上，设置足够多的IPL，事故是可以避免的。但是，也需要考虑建设、维护和使用成本等，设置合理量的IPL是最实际的。综上所述，安全评价时，不仅要弄清楚事故剧情的原因、偏离、后果，还要透彻理解造成事故后果的促成条件及相关的独立保护层。

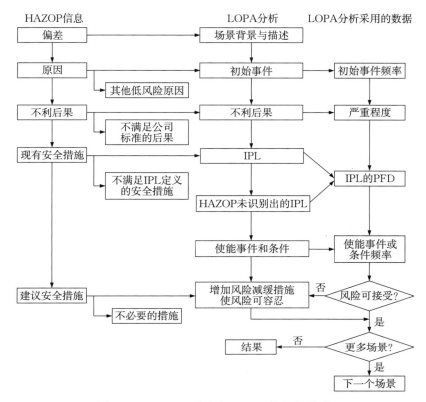

图8.18 HAZOP信息与LOPA信息的关系

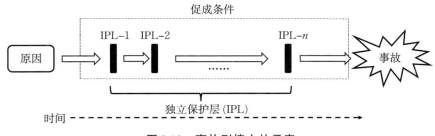

图8.19 事故剧情中的元素

二、HALOPA分析工作表

与定性HAZOP分析工作表不同，HALOPA分析工作表增加的几列主要用于风险评估。在HALOPA分析工作表中，采用"五行分析法"，是将每项现有措施和每条建议项分别放在一行内，以便与它们响应失效率数据（Fs及Fr）相互对应。这是因为针对一种特定的事故剧情，工作表设计允许最多填写五项现有措施和五个建议项，理论上认为，通过实施这五项措施，足以将风险降低到可接受的范围内。HALOPA分析的工作表详见表8.35，该表摘自栗镇宇所著的《HAZOP分析方法及实践》一书。

表8.36列出了所增加列风险评估中用于定量分析值的说明及来源。

表 8.35　典型的 HALOPA 分析工作表

编号	引导词+参数	偏差	原因	F0	后果	Si	Li	Ri	现有措施	Fs	S	L	R	建议编号	建议措施	Fr	Sr	Lr	Rr

表 8.36　工作表中定量值的含义及来源

标题	说明	来源
F0	导致偏离的直接原因(初始事件)及促成条件出现的可能性	文献经验数据(F0表)
Si	在不考虑任何现有措施的情况下,可能出现的后果(原始后果)	风险矩阵表
Li	出现原始后果 Si 的可能性	所有 F0 项的乘积
Ri	在不考虑任何现有措施的情况下,本事故情景的风险等级	由 Si 和 Li,根据风险矩阵表获得
Fs	各项现有措施的响应失效率(需要响应时,发生失效的可能性)	文献经验数据(PFD 表 8.40)
S	在考虑了现有措施的情况下,可能出现的后果(当前后果)	风险矩阵表
L	出现当前后果 S 的可能性	$L = Li \times Fs$
R	在考虑了现有措施的情况下,本事故剧情的风险等级(当前风险等级)	由 S 和 L,根据风险矩阵表获得
Fr	各个建议项的响应失效率(需要响应时,发生失效的可能性)	文献经验数据(PFD 表 8.40)
Sr	在考虑了现有措施和建议项的情况下,可能出现的后果(残余后果)	风险矩阵表
Lr	导致残余后果 Sr 的可能性	$Lr = L \times Fr$
Rr	在考虑了现有措施和建议项的情况下,仍然存在的残余风险等级(残余风险等级)	由 Sr 和 Lr,根据风险矩阵表获得

三、初始原因 (F0)

初始原因的可能性,也称作初始原因的频率,常用 1×10^{-n} 或简写为 $1E^{-n}$ 来表示,这是预示事故剧情是否容易发生的相关数据。对于任何一种事故剧情,F0 列的第一行都记录了初始原因的频率数据。表 8.37 节选自栗镇宇所著的《HAZOP 分析方法及实践》一书,这些数据是作者从相关文献中按照就高原则归纳总结出来的参考数据。此外,读者还可以参考《保护层分析(LOPA)方法应用导则》(AQ/T 3054—2015),其中收录了化工企业常用的 F0 典型频率值。

其他初始原因 (F0) 还包括人员操作失误的频率,表 8.38 中列出了人员操作失误这一类初始原因及其出现的频率。

表 8.37 与表 8.38 中的频率数据是以工艺系统一个年度的运行作为基准的。如果实

表 8.37 常见初始原因及出现的频率

序号	初始原因（F0）	频率（/a）
1	基本工艺控制系统（BPCS）的仪表回路故障	1×10^{-1}
2	调节器故障	1×10^{-1}
3	垫片或密封填料损坏喷出	1×10^{-2}
4	泵的密封破裂导致泄漏	1×10^{-1}
5	卸料或装料软管破裂导致泄漏	1×10^{-1}
6	常压储罐泄漏	1×10^{-3}
7	管道小泄漏（10%管道截面积泄漏，每100 m管道）	1×10^{-3}
8	管道大泄漏（管道断裂，每100 m管道）	1×10^{-5}
9	安全阀意外开启	1×10^{-2}
10	冷却水供应中断	1×10^{-1}
11	工艺单元的供电中断	1×10^{-1}
12	小型外部火灾（考虑了各种原因的综合结果）	1×10^{-1}
13	大型外部火灾（考虑了各种原因的综合结果）	1×10^{-2}
14	第三方干扰（如车辆撞击）	1×10^{-2}
15	遭受雷击	1×10^{-3}

表 8.38 人员操作失误的初始原因及频率

序号	初始原因	频率（/a）	解释
1	应急操作：操作人员接受过良好的培训，但在有压力的情况下操作	1×10^{0}	应急状态下的操作
2	正常操作：操作人员接受过良好的培训，在没有压力的情况下操作	1×10^{-1}	正常生产操作
3	双人复核：操作人员接受过良好的培训，在没有压力的情况下操作，并由他人独立复核	1×10^{-2}	复核的另一个人宜为基层管理人员，例如当班的班长

际的运行时间不足一个年度 10% 的时间，在分析时，需要对这些数据做适当修正。如一个间歇操作的反应器，由 DCS 控制进料，进料流量控制回路的正常故障频率是 $1 \times 10^{-1}/a$。如果这个反应器在一年中只工作 30 天，约占一整年的 10%，分析时应该采用修订后的故障频率：采用 $1 \times 10^{-1} \times 10\%$，即 1×10^{-2}。

四、促成条件（F0）

从 F0 列的第二行开始逐行研究促成条件的频率，通常也写成 1×10^{-1} 或 $1E^{-1}$。常见的促成条件有引火源、现场人员及缓慢发展的事故剧情等，具体数值详见表 8.39。

五、独立保护层（IPL）及响应失效率（PFD）

（一）独立保护层

独立保护层（IPL）可以是工程措施（如联锁回路）、行政管理措施（如带检查

表 8.39　促成条件的原因及频率

促成条件	促成条件	频率(/a)
引火源	（1）易燃物料泄漏处存在明火	1×10^{0}
	（2）易燃物料泄漏量较大，迅速形成较大范围的蒸气云团（认为火源总是存在）	1×10^{0}
	（3）罐区泄漏，没有明火	1×10^{-1}
	（4）一般工艺区泄漏，没有明火，影响不大	1×10^{-1}
现场人员	（1）现场有常驻操作人员	1×10^{0}
	（2）无常驻人员，巡检人员现场驻留时间不超过10%	1×10^{-1}
	（3）应急人员暴露在危险区	1×10^{0}
缓慢发展事故剧情	初始原因出现后，至少24 h以后才会导致事故后果的事故情景	1×10^{-1}

表的操作程序）、操作人员的响应（如操作人员根据报警关闭阀门）等安全措施。但是，安全措施不一定是IPL。安全措施必须满足以下五个基本条件，才能称为IPL。

（1）独立性。独立于初始原因的发生及其后果；独立于同一场景中的其他IPL。

（2）有效性。具有足够的能力防止出现事故剧情的后果，独立保护层要求至少有90%的可靠性。具体要求：能检测到响应的条件；在有效的时间内，能及时响应；在可用的时间内，有足够的能力采取所要求的行动；满足所选择的PFD的要求。

（3）安全性。使用管理控制或技术手段减少非故意的或未授权的变动。

（4）变更管理。设备、操作程序、原料、过程条件等任何改动应执行变更管理程序，满足变更后保护层的IPL要求。

（5）可审查性。应有可用的信息、文档和程序可查，以说明保护层的设计、检查、维护、测试和运行活动能够使保护层达到IPL的要求。

常见的属于独立保护层的安全措施有：本质安全的设计、基本工艺控制系统（BPCS）、报警和人员响应、安全仪表功能（SIL）、物理保护措施、释放后保护设施、工厂和社区应急响应。

下列措施不属于IPL：培训和取证、操作程序、正常的测试和检测、维护、通信、标识和火灾保护。虽然没有纳入风险评估（只有IPL才能作为降低风险的有效措施），但这些措施客观上或多或少都能发挥一些作用。

（二）独立保护层的响应失效率

响应失效率（PFD）是指期望独立保护层发挥作用时，它却出现失效的可能性。PFD是一个无量纲的数值，介于0和1之间。PFD的数值越小，说明所对应的独立保护层的响应失效率越低，其可靠性则越高。在开展HALOPA（假设为某种风险评估方法）分析时，仅将属于独立保护层的安全措施视为有效的风险降低措施。在分析过程中，需要对所有现有措施及建议项进行全面评估，明确它们在消除或减轻风险方面的具体贡献。这些贡献是通过各自对应的PFD数值来量化和体现的，具体数值可参考表8.40。

初始原因（F0）和IPL的PFD数据可采用：行业统计数据、企业历史统计数据、基于失效模式、影响和诊断分析（FMEDA）及故障树分析（FTA）等数据。

表8.40　化工行业典型IPL的PFD

IPL		说明（假设具有完善的设计基础、充足的检测和维护程序、良好的培训）	PFD
本质安全		如果正确执行，将大大地降低相关场景后果的频率	$1\times10^{-1}\sim1\times10^{-6}$
BPCS		如果与初始原因无关，BPCS可作为一种IPL	$1\times10^{-1}\sim1\times10^{-2}$
关键报警和人员响应	人员行动，有10 min的响应时间	行动应具有单一性和可操作性	$1.0\sim1\times10^{-1}$
	人员对BPCS指示或报警的响应，有40 min的响应时间		1×10^{-1}
	人员行动，有40 min的响应时间		$1\times10^{-1}\sim1\times10^{-2}$
安全仪表功能	SIL-1	见GB/T 21109，SIL-3和SIL-4设计和维护难度大，尽量不要采用	$\geqslant1\times10^{-2}\sim<1\times10^{-1}$
	SIL-2		$\geqslant1\times10^{-3}\sim<1\times10^{-2}$
	SIL-3		$\geqslant1\times10^{-4}\sim<1\times10^{-3}$
	SIL-4		$\geqslant1\times10^{-5}\sim<1\times10^{-4}$
物理保护	安全阀	此类系统有效性对服役的条件比较敏感	$1\times10^{-1}\sim1\times10^{-5}$
	爆破片		$1\times10^{-1}\sim1\times10^{-5}$
释放后的保护措施	防火堤	降低由于储罐溢流、断裂、泄漏等造成严重后果的频率	$1\times10^{-2}\sim1\times10^{-3}$
	地下排污系统	降低由于储罐溢流、断裂、泄漏等造成严重后果的频率	$1\times10^{-2}\sim1\times10^{-3}$
	耐火涂层	减少热输入率，为降压、消防等提供额外的响应时间	$1\times10^{-2}\sim1\times10^{-3}$
	防爆墙、舱	限制冲击波，保护设备/建筑物等，降低爆炸重大后果的频率	$1\times10^{-2}\sim1\times10^{-3}$
	阻火器或防爆器	如果安装和维护合适，能防止通过管道或进入容器的潜在回火	$1\times10^{-1}\sim1\times10^{-3}$
	遥控式紧急切断阀		$1\times10^{-1}\sim1\times10^{-2}$
	开式通风口	防止超压	$1\times10^{-2}\sim1\times10^{-3}$

六、风险矩阵的应用

对于企业而言，风险的标准是指因意外造成员工死亡的概率小于某一值来表达，该值仍旧用1×10^{-n}/a表达。如某企业将造成一人死亡的概率控制在1×10^{-6}/a以下，认为是可以忽略的风险区域。实际上，很多企业都是运行在高风险区域内（风险不可接受的区域），这类企业需要及时降低自身风险。为了便于控制企业的风险，通常各个企业会按照各自的特色和风险标准编制适合本企业的风险矩阵表。表8.41为一例代表性风险矩阵表。

表8.41　代表性风险矩阵表

频率概率		后果				
		1.轻微	2.较重	3.严重	4.重大	5.灾难性
1.较多发生	10年1次(1×10^{-1}/a)	D	C	B	B	A
2.偶尔发生	100年1次(1×10^{-2}/a)	E	D	C	B	B
3.很少发生	1 000年1次(1×10^{-3}/a)	E	E	D	C	B
4.不太可能	10 000年1次(1×10^{-4}/a)	E	E	E	D	C
5.极不可能	100 000年1次(1×10^{-5}/a)	E	E	E	E	D

A、B和C区域是风险不可接受区域，需要采取更多措施降低风险。如果是落在A区，说明内在风险过高，要考虑重新设计或对设计进行审查和修订；如果是落在B区，必须新增工程措施；如果是落在C区，可以新增工程措施或适当的行政管理措施来降低风险。E区是可接受风险区域，不需要采取任何新的措施。D区是过渡区，风险基本上可以接受，但在合理和可行的情况下，应该尽可能采取更多措施来降低风险。通常会用红、黄、绿或红、橙、黄、蓝、绿等不同颜色标出各个风险等级所在的区域，利用颜色区分出高风险区域、过渡区域、风险可接受的区域。如在表8.41中，字母A所在区域对应的是红色区域、B是橙色区域、C是黄色区域、D是蓝色区域、E是绿色区域。其中A所在区域风险等级最高，B次之，以此类推，E所在区域的风险等级最低。

风险矩阵表后果描述常用附表形式体现，频率与后果的个数为矩阵形式，本例为5×5，还可以为6×6、7×7、6×5等形式，按需编制。根据后果描述与导致后果的频率，可以从风险矩阵表中找出事故剧情的风险等级，表8.42为一例常见的风险矩阵表后果描述附表。如某事故剧情可能导致一名操作人员死亡，根据风险矩阵表附表8.42中的后果描述，可以查出后果等级是4，假如这种情况每100年可能发生一次，频率等级是2，在风险矩阵表中，横向（频率）取数字2所在的行、纵向（后果）取数字4所在的列，行与列的交叉处是字母B，说明该事故情景对应的风险等级是B。

表8.42　风险矩阵表后果描述附表

序号	后果等级	人员伤亡情况	环境危害	经济损失	声誉
1	轻微	操作人员受伤但不损失工作日	泄漏到收集系统以内的地方	设备损失不超过10万元；或者设备或装置停产不超过1天	企业内部关注；形象没有受损
2	较重	操作人员需就医，损失工作日；厂外人员需做包扎等处理	泄漏到收集系统以外的地方（数量较少且不超出企业界区）	设备损失超过10万元，但不超过100万元；或者设备或装置停产超过1天，小于或等于1周	社区、邻居、合作伙伴影响；形象基本没受损

序号	后果等级	人员伤亡情况	环境危害	经济损失	声誉
3	严重	企业员工残疾伤害；厂外人员需要就医，误工伤害	明显泄漏到企业外，并影响周围邻居，可能遭投诉	设备损失超过100万元，但少于1 000万元；或者设备或装置停产超过1周，小于或等于1月；或者严重影响对特定客户的供应	会受到当地媒体关注
4	重大	厂内1~2人死亡；厂外人员残疾伤害	明显影响环境，但短期内可以恢复	设备损失超过1 000万元，少于或等于5 000万元；或者设备或装置停产超过1个月，小于或等于6个月；或影响市场份额	会受到省级媒体关注
5	灾难性	厂内3人或以上死亡；厂外人员1人或以上死亡	对周围社区造成长期的环境影响，会导致周围居民大面积应急疏散或带来严重健康影响	设备损失超过5 000万元；或设备或装置停产超过6个月；或可能失去市场	会受到国家级媒体关注；国际关注

七、后果的定量分析

在定量HAZOP分析中，对于某些设备的损坏，如机械损坏的经济价值等，很容易通过已有信息进行事故具体后果的量化。但是，对于化学品的泄漏这种情形，就很难直接通过现有信息来量化事故剧情的具体后果，比如具体的伤亡人数等。

例如，我们可以利用ALOHA软件来模拟危险化学品泄漏时的影响范围。根据受影响范围内的人数分布情况，就可以相对准确地估算出事故剧情可能造成的伤亡人数。模拟过程中，将已知的参数输入软件，通过软件内置的模块和泄漏数学模型，可以迅速获得相关数据。在开展过程危害分析时，可以利用ALOHA软件模拟两类事故的后果：一是火灾或爆炸的影响范围；二是有毒物质的扩散影响区域。

8.4 HAZOP分析案例

本节列举两个HAZOP分析实际操作案例，第一种是常规HAZOP分析案例实操，第二种是融入保护层概念的半定量HAZOP分析案例（HALOPA）实操，以此来巩固如何对工艺系统开展HAZOP分析。

电解水制氢作为精细化工的重点监管反应之一，其装置组成方式多样，设备形式也各不相同。然而，主要生产流程却基本相同。从电解槽产生的气体，必须经过气液分离和降温处理后，方能输出使用。具体来说，电解槽产生的氢气会排入分离器，由于气体中含有雾状水蒸气，因此必须通过气液分离器将氢气与液体分离。

接下来，我们详细描述一个气液分离工段（工段号U300）的实际情况。该工段位于生产车间的某一厂房内，共有4名操作人员在此工作。在正常操作条件下，来自电解反应工段R200的压缩氢气（夹带有少量水分）会经过阀门XV302进入分离罐

V301。在分离罐V301内，通过循环冷却水的降温作用，氢气与水得以分离。随后，氢气经过阀门PV301进入水洗单元U400。分离罐V301设有液位控制，当液位达到一定高度时，阀门LV301会自动开启，将累积的废水排入废水罐V302，再由泵P301送至处理单元U1000。

在特殊情况下，如果阀门XV302意外关闭，阀门XV301会自动开启（联锁机制），将来自上游的氢气排放至紧急处理单元U1100。此外，如果分离罐V301内压力持续升高，安全阀PSV301会启动，将压力泄放至紧急处理单元U1100。

其他关键工艺条件包括：氢气来压最高可达1.8 MPa；气液分离罐V301的容积为9.2 m³，采用不锈钢材质，设计压力为1.2 MPa，操作压力为0.8 MPa，操作温度为25 ℃；V301配备有一个安全阀PSV301，整定压力值为1.0 MPa。废水罐V302的容积为4 m³，设计压力为0.3 MPa，采用常压操作，操作温度为25 ℃。图8.20展示了该工艺的气－液分离单元P&ID图，编号为JYU-P&ID-0103。

最后，对P&ID图中的阀门与仪表的代号进行解释：HV代表手动阀门；PV代表压力调节阀门；PY代表压力电-气转换；LV代表液位调节；LY代表液位电-气转换；LT代表液位变送；PT代表压力变送；TT代表温度变送；PI代表压力指示；TI代表温度指示；PG代表压力现场观察；PIC代表压力指示调节控制；LIC代表液位指示调节控制；XV代表旋塞阀；PSV代表安全阀。

8.4.1　常规HAZOP分析案例实操

一、明确分析范围

分析对象是氢气的气-液分离工艺。本次HAZOP分析将仅针对可能导致安全后果的事故场景进行深入探讨，生产方面的影响等非安全性因素不在本次分析范畴之内。

二、工艺材料的准备

需准备的材料包括P&ID图等相关图纸以及氢气的材料安全数据表（MSDS）。通过查阅氢气的MSDS，我们可获取以下关键安全信息：氢气的闪点为－253 ℃；爆炸下限为4.1%，爆炸上限为75%。从生理学角度看，氢气属于惰性气体，但在高浓度下可引起窒息，且在高压下具有麻醉效应；液态氢接触皮肤可造成冻伤。氢气的主要安全隐患在于其高度易燃性，一旦与空气混合形成爆炸性混合物，遇到热源或明火即可能发生爆炸。

三、划分节点

不同的分析小组可能会采用不同的节点划分方案，本案例划分节点如下。
节点1：来气单元，包括压缩机及辅助装置等；
节点2：气－液分离单元，包括分离罐V301；

节点3：碱性废水处理单元，包括废水罐V302；

节点4：水洗单元U400的部分设备；

节点5：紧急处理单元U1100的部分设备；

节点6：废水处理单元U1000的部分设备；

节点7：冷却循环水单元U900的部分设备。

划分节点，如图8.20所示，本次节点划分采用"圈图"形式。由于篇幅所限，本案例划分的节点内，设备量不大，但在实际操作过程中，单元内的设备量远比本案例庞大。本节以节点2为例来说明如何开展常规HAZOP分析。节点2与节点1的分界点是阀门XV302；节点2与其他节点的分界点是主要连通阀门下游的截止阀。

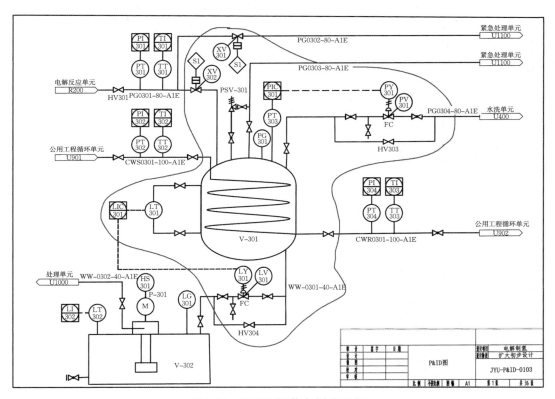

图8.20　P&ID图节点划分实例

四、正式分析工作

HAZOP分析的任务是识别工艺系统中的潜在危害，以及这些危害可能引发的事故剧情，随后对这些事故剧情进行风险评估，并在必要时提出额外的安全措施以降低风险。HAZOP分析主要是一个识别、剖析、理解和评估事故剧情的过程。

以下以主要的节点2并选择"没有流量"这一偏差为例来详细分析事故剧情的相关后果。在分析过程中，所有重要的结论均被记录在HAZOP分析工作表中，详见表8.43。

表 8.43　HAZOP 分析工作表

公司名称	新能源有限公司
项目名称	氢气气-液分离装置
评估日期	2025 年 1 月 20 日
节点编号	2
节点名称	气-液分离
节点描述	分离罐 V301 及进出料阀
设计意图	电解氢气中含少量的水,在 V301 中通过降温换热方式实现气-液分离;分离后,气去下游水洗单元,废液去废液罐 V302;V301:9.2 m³,设计压力 1.2 MPa,操作压力 0.8 MPa,操作温度 25 ℃;V302:4 m³,设计压力 0.3 MPa,常压操作,操作温度 25 ℃
图纸编号	JYU-P&ID-0103
分析组成员	A、B、C、D、E、F、G

编号	引导词+参数	偏差描述	原因	后果	现有措施	S	L	RR	建议措施
2.1	没有流量	从电解反应工段 U200 的压缩氢气经阀门 XV302 至分离罐 V301 没有流量	上游压缩机故障,或上游阀门故障关闭	没有明显的安全后果					
2.2	没有流量	从分离罐 V301 经阀门 PV301 至下游水洗单元 U400 没有流量	气相管道上的阀门 PV301 故障关闭	V301 罐内压力会持续升高,甚至高压超压(未气最高压力从设计压力 1.2 MPa),远超过设计压力 1.8 MPa。氢气从 V301 的法兰连接处泄漏到车间内,与空气混合后,形成爆炸性混合物,遇到明火或电源会发生闪爆或爆炸,导致车间 4 名操作人员伤亡	分离罐 V301 上有安全阀 PSV301,整定压力 1 MPa	5	1	A	1.分离罐 V301 上增加一个压力变送器,当压力达到设定值 0.9 MPa 时,自动联锁关闭入口阀门 XV302 2.核算阀门 PV301 故障关闭时的泄压能力要求,将安全阀 PSV301 的安全释放能力来保证阀门 PV301 故障关闭时的泄压要求,出口管道上的阀门保持锁开状态 3.PG301 现场压表增加在线指示功能,并引进至 DCS 内操 4.根据《首批重点监管的危险化工工艺目录》安监总管三(2009)116 号文,建议对 V301 增加自动化程度,减少外操人员数量。可增设有毒有害气体探测系统,并引进入 SIS
2.3	没有流量	…	…	…	…	…	…	…	…

（1）在工作表表头中填写相关信息。

（2）工作表第一行中，编号2.1为节点2的第一个故事剧情。将引导词"没有（no）"与参数"流量"搭配，就会得到"没有流量"这一偏差。为了便于分析，我们可以将"没有流量"视为一个广义的引导词，其他参数和引导词的搭配也可以做类似的处理。

在"偏离描述"一列中，详细描述出进料管道没有流量的情形，即"从电解反应工段U200的压缩氢气经阀门XV302至分离罐V301没有流量"。

在"原因"一列中，描述原因，即"上游压缩机故障，或上游阀门故障关闭"。

在"后果"一列中，描述是否会带来不良的安全后果。在本2.1事故剧情中，如果没有氢气进入分离罐V301，不会造成任何安全问题，即"没有明显的安全后果"。如果一种事故剧情不会带来明显的安全后果，本剧情分析就可以到此为止。此时，有些分析小组习惯不做任何记录，直接转入下一个剧情，来节省时间和简明分析报告。但是，读报告的人不知道这一起事故剧情是否被讨论过。建议：无论是否存在值得关心的后果，对于基本参数（流量、温度、压力、液位和组分等）的事故剧情都需要做记录。

注意：本节点只考虑本节点范围内设备的事故剧情。例如，如果阀门XV302出现故障，导致上游管道PG0301-80-A1E可能出现超压事故，这属于节点1的讨论范围，而非节点2。在分析过程中，如果发现某剧情的后果涉及其他节点（在分析流量参数相关异常时较为常见），分析小组可以临时记录这些情况，以确保在后续讨论相关节点时不会遗漏。这些临时记录可以使用醒目的字体标注在HAZOP分析工作表中，或在最终分析报告中删除，也可以记录在会议室的白板上，或由组长自己记录在笔记本上以备查。

至此，编号2.1的事故剧情分析完成。然而，对于"没有流量"这一偏差的其他可能事故剧情，分析并未结束。

（3）继续讨论第二个事故剧情：分离罐气相出口管道没有流量的情形。

经分析小组对剧情的讨论，发现这是一个极有可能导致值得关心的安全后果，并需要仔细严格讨论。通过与会专家讨论，尤其是工艺和安全等专家，得出几种原因会导致气相出口管道没有流量。分析主席确认每一种原因各自对应一种事故剧情，并针对每一种原因分别展开讨论。本案例中，存在两种事故剧情，即：管道PG0304-80-A1E的压力调节阀PV301故障关闭，导致气相出口管道内没有流量；管道PG0304-80-A1E的手动阀HV303被误关，导致气相出口管道内没有流量。以上两种事故剧情，分别进行分析，即：编号2.2和2.3。

工作表第二行中，编号2.2为节点2的第二个"没有流量"事故剧情。

在"偏离描述"一列中，详细描述出分离罐气相出口管道没有流量的情形，即"从分离罐V301经阀门PV301至下游水洗单元U400没有流量"。

在"原因"一列中，描述原因，即"气相管道上的阀门 PV301 故障关闭"。

经分析：当 PV301 故障关闭后，上游氢气仍然会持续进入分离罐 V301，罐内压力会持续升高，甚至超压（来气最高压力 1.8 MPa，远超过设计压力 1.2 MPa），氢气会从 V301 的法兰连接处泄漏到车间内，与空气混合后，形成爆炸性混合物，遇到明火或热源会发生闪爆，导致车间 4 名操作人员伤亡。

在"后果"一列中，描述后果，即"V301 罐内压力会持续升高，甚至超压（来气最高压力 1.8 MPa，远超过设计压力 1.2 MPa），氢气从 V301 的法兰连接处泄漏到车间内，与空气混合后，形成爆炸性混合物，遇到明火或热源会发生闪爆，导致车间 4 名操作人员伤亡"。

分析小组对 P&ID 和现场的研究发现：分离罐 V301 已安装安全阀 PSV301，整定压力为 1 MPa，当 V301 达到整定压力时，安全阀会起跳泄压，并将物料泄放至紧急处理单元 U1100 的球形储罐中。

在"现有措施"一列中，描述"分离罐 V301 上有安全阀 PSV301，整定压力 1 MPa"。

对"现有措施"有效性的进一步阐释：分析小组经常对现有安全措施的种类做出主观错误判断，会出现"低估"或"高估"风险的情况。本案例中，调节阀 PV301 故障关闭导致分离罐 V301 超压，除了讨论 PSV301 外，分析小组很容易将其他几项看似"现有安全措施"列为现有措施，例如：PIC301、PG301、HV303、LIC301 等，就会出现 5 条记录措施，很难再建议增加新的安全措施，出现"低估"风险的可能。这是因为 PIC301、PG301、HV303、LIC301 等都不是有效的措施，是"伪安全措施"。事实上，该装置一直处于高风险状态。因此，定性 HAZOP 分析的一个关键环节就是：确认现有安全措施的有效性，剔除伪安全措施，并建议增加有效安全措施。

接下来，根据该企业风险矩阵表（表 8.41 和表 8.42），并结合事故剧情的后果、现有措施等进行综合判断，确定事故剧情的风险等级。如果当前的风险等级在可以接受的区域，就不需要更多的安全措施，并结束本事故情景的讨论；否则，如果风险过大，需要进一步讨论并提出更多安全措施以降低风险。其中，S 代表考虑了现有措施的情况下，可能出现的后果，见表 8.42；L 代表出现当前后果 S 的可能性，见表 8.41 频率概率列；RR 代表在考虑了现有措施的情况下，本事故剧情的风险等级，由 S 和 L 决定，见表 8.41。

本事故剧情，4 名厂内操作工伤亡，S 为 5；L 为调节阀 PV301 故障关闭很少发生（$1 \times 10^{-1}/a$，按照本企业的概率研究），等级为 1；RR 为 A。由于 A、B 和 C 区域是风险不可接受区域，所以，风险等级过大，需要进一步讨论并提出更多的有效安全措施。在本案例中，风险很高，经分析小组，尤其是工艺和安全专家的综合意见，建议如下：

① 分离罐 V301 上增加一个压力变送器，当压力达到设定值 0.9 MPa 时，自动联

锁关闭入口阀门XV302。

② 因为缺少PSV301的技术资料及该安全阀的释放能力参数，建议"核算PSV301的安全释放能力来保证阀门PV301故障闭时的泄压要求。将安全阀进、出口管道上的阀门保持锁开状态"。

③ 为了减少人工查看PG301的概率，建议"PG301现场表增加在线指示功能，并引进至DCS内操"。

④ 根据《首批重点监管的危险化工工艺目录》安监总管三〔2009〕116号文，建议V301增加自动化程度，减少外操人员数量。

将上述四条建议写入建议项一列中，完成了事故剧情2.2的分析。

⑤ 按照以上程序（2）～（3），继续完成2.3及以后的事故剧情，直至完成本节点内"没有流量"的事故剧情分析。

⑥ 按照以上程序（2）～（4），继续完成其他有意义的"引导词＋参数"的事故剧情。有效"引导词＋参数"见表8.22。

⑦ 按照以上程序（1）～（5），完成其他所有节点。

⑧ 完成分析报告等其他工作。

8.4.2 HALOPA的半定量分析案例实操

HALOPA分析案例基于上一节定性HAZOP分析所使用的同一张P&ID图，我们以节点2中的2.2部分"没有流量"的事故剧情为对象，进行更深入的半定量分析。在2.2部分中，事故情景是阀门PV301因故障而关闭。原定性HAZOP分析中，如果阀门PV301出现故障并关闭是一个潜在的风险点，但实际上，并未直接断定这必然会导致1～4人的伤亡。人员伤亡的后果并非单一因素所致，而是依赖于两个关键的促成条件：（1）氢气必须泄漏并与空气混合形成爆炸性混合物，同时遭遇引火源而被引燃，进而发生爆炸；（2）当爆炸发生时，外操人员必须恰好处于事故发生的地点。因此，在进行HAZOP分析时，必须全面考虑这些促成条件，这也是HALOPA分析相较于传统方法所展现出的优势之一，即能够更细致地分析事故发生的条件和可能后果。

一、分析

正式分析的大致流程与上一节案例基本相似，但在此基础上增加了半定量的分析环节。如表8.35所示，HALOPA分析工作表中新增了F0、Si、Ri、Fs、Fr等栏目，这些栏目的具体含义可参考表8.36的详细解释。

本次分析的初始原因是调节阀PV301因故障而关闭，其发生的可能性为$1 \times 10^{-1}/a$（见表8.37），因此，我们将F0设定为1E-1。接下来，我们考虑两个关键的促成条件：

一是引火源的存在。在此情境下，我们设定F0为1E0，这意味着在发生大量氢气泄漏时，我们可以合理假设引火源总是存在的，这是一个相对较高的风险设定。

二是操作人员是否在现场。考虑到氢气泄漏时能够被及时发现，车间内配备了可燃气体探测器，并且制定了应急预案，所有操作人员都接受过相关的培训。因此，我们设定操作人员有90%的可能性能够逃离现场，即F0为1E-1。

事故剧情的后果是会造成1~4人伤亡，根据风险矩阵，后果严重性等级是5，因此，Si为"5"。造成此后果的可能性是Li，Li＝所有F0的乘积，为1E-2。在风险矩阵表中，根据Si和Li的值，得出风险的等级是B，它是本事故情景的原始风险，属于较高的风险水平。

在2.2案例中含有两项安全措施：一是压力指示PIC301，经DCS系统提供压力高报警；二是安全阀PSV301，超压起跳泄压。但是，在2.2事故剧情中，两项均属于"伪安全措施"，因为，该两项并不能最终保证在阀PV301故障关闭时，V301不再超压。因此，在Fs列中均为1E0。对事故剧情2.2再次做风险评估。其中，S是5，L为1E-2＝Li×Fs，风险等级R为B。当前的风险水平较高，需要增加建议项。

与小组内的工艺工程师和安全工程师讨论并建议增加两个建议项：一是"在分离罐V301上增加压力变送，当V301压力达到设定值0.8 MPa时，自动关闭V301上游入口管道上的阀门XV302"，本建议项响应失效率Fr为1E-1（来源表8.40的PFD值）；二是"核算分离罐V301上的安全阀PSV301的释放能力，确认它满足气相管道阀门关闭时的泄压要求，并且将安全阀的进出口阀门保持锁开"，本建议项Fr为1E-2。

有了上述建议项后，2.2的后果严重程度并没有改变，残余后果Sr为5；导致该后果的可能性Lr为1E-5＝L×Fr；根据Sr与Lr的数值，在风险矩阵表中得出残余风险等级Rr是D，落在可以接受的风险水平区域内。至此，2.2事故剧情经过分析小组的两条建议后，风险等级由B转成D，并达到可接受的风险水平。可以看出，这种增加了保护层的HALOPA分析的确比传统HAZOP分析更具有优势。

完成2.2后，继续完成"没有流量"其他分析，继续完成本节点中其他引导词，直至整个节点结束。从本案例可以看出：相对于定性HAZOP分析，半定量的HALOPA分析对于事故剧情的分析更加全面、对安全措施有效性的衡量有助于剔除"伪安全措施"，使风险评估更加贴近实际情况。

二、HALOPA的工作表

该案例分析工作表格详见表8.44。由于篇幅，本表并未标明：引导词＋参数；偏差描述等项目，其与表8.43相同。

表8.44　HALOPA工作表定量区域

编号	原因	F0	后果	Si	Li	Ri	现有措施	Fs	S	L	R	建议编号	建议措施	Fr	Sr	Lr	Rr
2.1	从电解反应工段U200压缩氢气经阀门XV302至分离罐V301没有流量		没有明显的安全后果														
2.2	调节阀PV301故障关闭	1E-1	V301罐内压力会持续升高,甚至超压,甚至最高压(来气最高压力1.8 MPa,远超过设计压力1.2 MPa),氢气从V301的法兰连接处泄漏到车间内,与	5	1E-2	B	分离罐V301上有压力指示和压力高报警PIC301。操作人员可以根据报警关闭分离罐的入口阀门XV302。备注:Fs=1E0,因为PIC301与阀门PV301在同一个控制回路中	1E0	5	1E-2	B	2.1	在分离罐V301上增加一个压力变送,当压力达到设定值0.8 MPa时,自动关闭V301上游入口管道上的阀门XV302	1E-1	5	1E-5	D
	引火源(氢气大量泄漏时,总是会遇到引火源)	1E0	空气混合后,形成爆炸性混合物,遇到热源会发生闪爆,导致车间4名操作人员伤亡				分离罐V301上有安全阀PSV301,整定压力1MPa。备注:Fs=1E0,因为安全阀缺少计算书,而且上有手动出口管道上阀门	1E0				2.2	核算分离罐V301上的安全阀PSV301的释放能力,确认它满足气相管道泄压要求,关闭时将安全阀的进出口阀门保持锁开	1E-2			
	操作人员在现场(氢气泄漏时,操作人员有机会撤离车间)	1E-1															
2.3	…	…	…	…	…	…	…	…	…	…	…	…	…	…	…	…	…

精细化工生产多为间歇或半间歇反应，其原料、中间产品及产品种类繁多，工艺复杂多变，反应过程中往往伴随大量放热，具有反应易失控的风险特性，这是导致火灾、爆炸、中毒等事故频发的主要原因。国家安全监管总局在其关于加强精细化工反应安全风险评估工作的指导意见中指出，反应失控是精细化工生产中事故频发的重要诱因。因此，通过深入开展精细化工反应安全风险评估，准确确定反应工艺的危险度等级，并采取切实有效的风险控制措施，同时根据风险评估建议进行安全设计，提高自动化控制水平，提升本质安全水平，并明确安全操作条件，对于确保精细化工行业的安全生产具有至关重要的意义。

　　原化学工业部将精细化工产品细分为以下11大类：农药、染料、涂料（涵盖油漆和油墨）、颜料、试剂和高纯物、信息用化学品（包括能够接收电磁波的化学品，如感光材料、磁性材料等）、食品和饲料添加剂、黏合剂、催化剂及各种助剂、化工系统生产的化学药品（原料药）和日用化学品、高分子聚合物中的功能高分子材料（如功能膜、偏光材料等）。

　　对于企业中涉及重点监管的危险化工工艺以及金属有机物合成反应（特别是格氏反应）的间歇和半间歇反应，在以下任一情形下，必须开展反应安全风险评估：

　　（1）国内首次采用的新工艺、新配方投入工业化生产，或国外首次引进且未进行过反应安全风险评估的新工艺；

　　（2）现有的工艺路线、工艺参数或装置能力发生变更，且缺乏反应安全风险评估报告的；

　　（3）因反应工艺问题已导致生产安全事故发生的。

一、术语

（一）失控反应最大反应速率到达时间 TMR_ad

　　失控反应体系的最坏情形为绝热条件。在绝热条件下，失控反应到达最大反应速率所需要的时间，称为失控反应最大反应速率到达时间，可以通俗地理解为致爆时间。TMR_{ad} 是温度的函数，是一个时间衡量尺度，用于评估失控反应最坏情形发生的可能性，是人为控制最坏情形发生所拥有的时间长短。

（二）绝热温升 ΔT_{ad}

　　在冷却失效等失控条件下，体系不能进行能量交换，放热反应放出的热量，全部用来升高反应体系的温度，是反应失控可能达到的最坏情形。对于失控体系，反应物完全转化时所放出的热量导致物料温度的升高，称为绝热温升。绝热温升与反应的放热量成正比，对于放热反应来说，反应的放热量越大，绝热温升越高，导致的后果越严重。绝热温升是反映安全风险评估的重要参数，是评估体系失控的极限情况，可以评估失控体系可能导致的严重程度。

（三）工艺温度 T_p

　　目标工艺操作温度，也是反应过程中冷却失效时的初始温度。冷却失效时，如果反应体系同时存在物料最大量累积和物料具有最差稳定性的情况，在考虑控制措施和解决方案时，必须充分考虑反应过程中冷却失效时的初始温度，安全地确定工艺操作温度。

（四）失控体系能达到的最高温度 MTSR

当放热化学反应处于冷却失效、热交换失控的情况下，由于反应体系存在热量累积，整个体系在一个近似绝热的情况下发生温度升高。在物料累积最大时，体系能够达到的最高温度称为失控体系能达到的最高温度。MTSR 与反应物料的累积程度相关，反应物料的累积程度越大，反应发生失控后，体系能达到的最高温度 MTSR 越高。

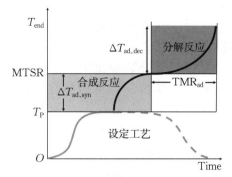

图 8.21　反应失控参数之间的关系

$$MTSR = T_p + \Delta T_{ad}$$

反应失控参数之间的关系见图 8.21。

（五）技术最高温度 MTT

技术最高温度可以按照常压体系和密闭体系两种方式考虑。对于常压反应体系来说，技术最高温度为反应体系溶剂或混合物料的沸点；对于密封体系而言，技术最高温度为反应容器最大允许压力时所对应的温度。

（六）工艺信息

工艺信息包括特定工艺路线的工艺技术信息，如物料特性、物料配比、反应温度控制范围、压力控制范围、反应时间、加料方式与加料速度等工艺操作条件，并包含必要的定性和定量控制分析方法。

（七）实验测试仪器

精细化工反应安全风险评估需要的设备种类较多，除了闪点测试仪、爆炸极限测试仪等常规测试仪以外，必要的设备还包括：差热扫描量热仪、热稳定性筛选量热仪、绝热加速度量热仪、高性能绝热加速度量热仪、微量热仪、常压反应量热仪、高压反应量热仪、最小点火能测试仪等。

（八）单因素反应安全风险评估

依据反应热、失控体系绝热温升、最大反应速率到达时间进行单因素反应安全风险评估。

（九）混合叠加因素反应安全风险评估

以最大反应速率到达时间作为风险发生的可能性，失控体系绝热温升作为风险导致的严重程度，进行混合叠加因素反应安全风险评估。

（十）反应工艺危险度评估

依据四个温度参数（T_p、MTT、T_{D24}、MTSR）进行反应工艺危险度评估。对精细化工反应安全风险进行定性或半定量的评估，针对存在的风险，要建立相应的控制措施。反应安全风险评估具有多目标、多属性的特点，单一的评估方法不能全面反映化学工艺的特征和危险程度，因此，应根据不同的评估对象，进行多样化的评估。

二、反应安全风险评估流程

（一）物料热稳定性风险评估

对所需评估的物料进行热稳定性测试，获取热稳定性评估所需要的技术数据。主要数据包括物料热分解起始分解温度、分解热、绝热条件下最大反应速率到达时间为 24 h 对应的温度。对比工艺温度和物料稳定性温度，如果工艺温度大于绝热条件下最大反应速率到达时间为 24 h 对应的温度，物料在工艺条件下不稳定，需要优化已有工艺条件，或者采取一定的技术控制措施，保证物料在工艺过程中的安全和稳定。根据物质分解放出的热量大小，对物料潜在的燃爆危险性进行评估，分析分解导致的危险性情况，对物料在使用过程中需要避免受热或超温，引发危险事故的发生提出要求。

（二）目标反应安全风险发生可能性和导致的严重程度评估

实验测试获取反应过程绝热温升、体系热失控情况下工艺反应可能达到的最高温度，以及失控体系达到最高温度对应的最大反应速率到达时间等数据。考虑工艺过程的热累积度为 100%，利用失控体系绝热温升，按照分级标准，对失控反应可能导致的严重程度进行反应安全风险评估；利用最大反应速率到达时间，对失控反应触发二次分解反应的可能性进行反应安全风险评估。综合失控体系绝热温升和最大反应速率到达时间，对失控反应进行复合叠加因素的矩阵评估，判定失控过程风险可接受程度。如果为可接受风险，说明工艺潜在的热危险性是可以接受的；如果为有条件接受风险，则需要采取一定的技术控制措施，降低反应安全风险等级；如果为不可接受风险，说明常规的技术控制措施不能奏效，已有工艺不具备工程放大条件，需要重新进行工艺研究、工艺优化或工艺设计，保障化工过程的安全。

（三）目标反应工艺危险度评估

实验测试获取包括目标工艺温度、失控后体系能够达到的最高温度、失控体系最大反应速率到达时间为 24 h 对应的温度、技术最高温度等数据。在反应冷却失效后，四个温度数值大小排序不同，根据分级原则，对失控反应进行反应工艺危险度评估，形成不同的危险度等级；根据危险度等级，有针对性地采取控制措施。应急冷却、减压等安全措施均可以作为系统安全的有效保护措施。对于反应工艺危险度较高的反应，需要对工艺进行优化或者采取有效的控制措施，降低危险度等级。常规控制措施不能奏效时，需要重新进行工艺研究或工艺优化，改变工艺路线或优化反应条件，减少反应失控后物料的累积程度，实现化工过程安全。

三、评估标准

（一）物质分解热评估

对物质进行测试，获得物质的分解放热情况，开展风险评估，评估准则参见表8.45。

分解放热量是物质分解释放的能量。分解放热量大的物质，绝热温升高，潜在较高的燃爆危险性。实际应用过程中要通过风险研究和风险评估，界定物料的安全操作

表 8.45　分解热评估

等级	分解热/(J/g)	说明
1	分解热＜400	潜在爆炸危险性
2	400≤分解热≤1 200	分解放热量较大,潜在爆炸危险性较高
3	1 200＜分解热＜3 000	分解放热量大,潜在爆炸危险性高
4	分解热≥3 000	分解放热量很大,潜在爆炸危险性很高

温度，避免超过规定温度，引发爆炸事故。

（二）严重度评估

严重度是指失控反应在不受控的情况下能量释放可能造成破坏的程度。由于精细化工行业的大多数反应是放热反应，反应失控的后果与释放的能量有关。反应释放出的热量越大，失控后反应体系的温度升高得越显著，容易导致反应体系中温度超过某些组分的热分解温度，发生分解反应以及二次分解反应，产生气体或者造成某些物料本身的气化，从而导致体系压力的增加。在体系压力增大的情况下，可能致使反应容器的破裂以及爆炸事故的发生，给企业造成财产损失，甚至人员伤亡。失控反应体系温度的升高情况越显著，造成后果的严重程度越高。绝热温升不仅是影响温度水平的关键因素，也是失控反应动力学的重要影响因素。绝热温升与反应热成正比，可以利用绝热温升来评估放热反应失控后的严重度。当绝热温升达到 200 K 及 200 K 以上时，反应物料的多少对反应速率的影响不是主要因素，温升导致反应速率的升高占据主导地位，一旦反应失控，体系温度会在短时间内发生剧烈的变化，并导致严重的后果。而当绝热温升为 50 K 及 50 K 以下时，温度随时间的变化曲线比较平缓，体现的是一种体系自加热现象，反应物料的增加或减少对反应速率产生主要影响，在没有溶解气体导致压力增长带来的危险时，这种情况的严重度低。利用严重度评估失控反应的危险性，可以将危险性分为四个等级，评估准则参见表 8.46。

表 8.46　失控反应严重度评估

等级	$\Delta T_{ad}/K$	后果
1	≤50且无压力影响	单批次的物料损失
2	$50 < \Delta T_{ad} < 200$	工厂短期破坏
3	$200 \leq \Delta T_{ad} < 400$	工厂严重损失
4	≥400	工厂毁灭性的损失

绝热温升为 200 K 及 200 K 以上时，将会导致剧烈的反应和严重的后果；绝热温升为 50 K 及 50 K 以下时，如果没有压力增长带来的危险，将会造成单批次的物料损失，危险等级较低。

（三）可能性评估

可能性是指工艺反应本身导致危险事故发生的可能概率大小。利用时间尺度可以对事故发生的可能性进行反应安全风险评估，可以设定最危险情况的报警时间，便于在失控情况发生时，在一定的时间限度内，及时采取相应的补救措施，降低风险或者强制疏散，最大限度地避免爆炸等恶性事故发生，保证化工生产安全。

对于工业生产规模的化学反应来说，如果在绝热条件下失控反应最大反应速率到达时间大于或等于24 h，人为处置失控反应有足够的时间，导致事故发生的概率较低。如果最大反应速率到达时间小于或等于8 h，人为处置失控反应的时间不足，导致事故发生的概率升高。采用上述的时间尺度进行评估，还取决于其他许多因素，例如化工生产自动化程度的高低、操作人员的操作水平和培训情况、生产保障系统的故障频率等，工艺安全管理也非常重要。

利用失控反应最大反应速率到达时间 TMR_{ad} 为时间尺度，对反应失控发生的可能性进行评估，评估准则参见表8.47。

表8.47　失控反应发生可能性评估

等级	TMR_{ad}/h	后果
1	$TMR_{ad} \geqslant 24$	很少发生
2	$8 < TMR_{ad} < 24$	偶尔发生
3	$1 < TMR_{ad} \leqslant 8$	很可能发生
4	$TMR_{ad} \leqslant 1$	频繁发生

（四）矩阵评估

风险矩阵是以失控反应发生后果严重度和相应的发生概率进行组合，得到不同的风险类型，从而对失控反应的反应安全风险进行评估，并按照可接受风险、有条件接受风险和不可接受风险，分别用不同的区域表示，具有良好的辨识性。

以最大反应速率到达时间作为风险发生的可能性，失控体系绝热温升作为风险导致的严重程度，通过组合不同的严重度和可能性等级，对化工反应失控风险进行评估。风险评估矩阵参见图22。

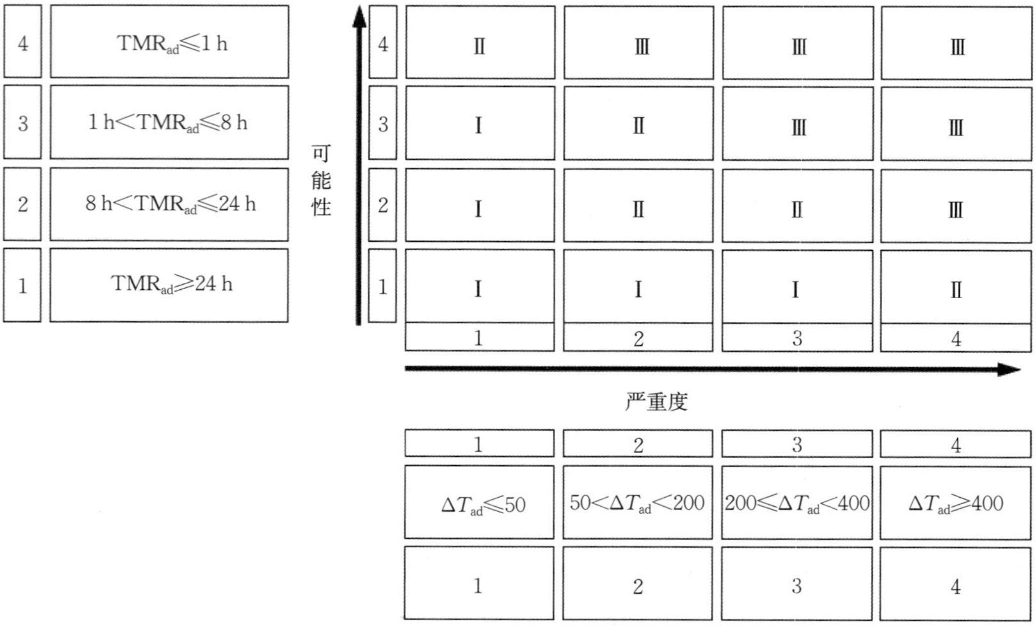

图8.22　失控反应安全风险评估矩阵

失控反应安全风险的危险程度由风险发生的可能性和风险带来后果的严重度两个方面决定，风险分级原则如下：

Ⅰ级风险为可接受风险：可以采取常规的控制措施，并适当提高安全管理和装备水平。

Ⅱ级风险为有条件接受风险：在控制措施落实的条件下，可以通过工艺优化、工程、管理上的控制措施，降低风险等级。

Ⅲ级风险为不可接受风险：应当通过工艺优化、技术路线的改变，工程、管理上的控制措施，降低风险等级，或者采取必要的隔离方式，全面实现自动控制。

（五）反应工艺危险度评估

反应工艺危险度评估是精细化工反应安全风险评估的重要评估内容。反应工艺危险度指的是工艺反应本身的危险程度，危险度越大的反应，反应失控后造成事故的严重程度就越大。

温度作为评价基准是工艺危险度评估的重要原则。考虑四个重要的温度参数，分别是工艺操作温度 T_p、技术最高温度 MTT、失控体系最大反应速率到达时间 TMR_{ad} 为 24 h 对应的温度 T_{D24}，以及失控体系可能达到的最高温度 MTSR，评估准则参见表 8.48。

表 8.48　反应工艺危险度等级评估

等级	温度	后果
1	$T_p < MTSR < MTT < T_{D24}$	反应危险性较低
2	$T_p < MTSR < T_{D24} < MTT$	潜在分解风险
3	$T_p \leqslant MTT < MTSR < T_{D24}$	存在冲料和分解风险
4	$T_p \leqslant MTT < T_{D24} < MTSR$	冲料和分解风险较高，潜在爆炸风险
5	$T_p < T_{D24} < MTSR < MTT$	爆炸风险较高

针对不同的反应工艺危险度等级，需要建立不同的风险控制措施。对于危险度等级在 3 级及以上的工艺，需要进一步获取失控反应温度、失控反应体系温度与压力的关系、失控过程最高温度、最大压力、最大温度升高速率、最大压力升高速率及绝热温升等参数，确定相应的风险控制措施。

（六）措施建议

综合反应安全风险评估结果，并考虑不同工艺的危险程度，建立相应的控制措施，并在设计中予以体现。同时，还需考虑厂区和周边区域的应急响应机制。

对于反应工艺危险度为 1 级的工艺过程，应配置常规的自动控制系统（如 DCS 或 PLC），对主要反应参数进行集中监控及自动调节。

对于反应工艺危险度为 2 级的工艺过程，在配置常规自动控制系统并对主要反应参数进行集中监控及自动调节的基础上，还需设置偏离正常值的报警和联锁控制。针对在非正常条件下可能超压的反应系统，应安装爆破片和安全阀等泄放设施。此外，根据评估建议，还需配置相应的安全仪表系统（SIS）。

对于反应工艺危险度为 3 级的工艺过程，在配置常规自动控制系统，对主要反应参数进行集中监控及自动调节，设置偏离正常值的报警和联锁控制，以及设置爆破片和安全阀等泄放设施的基础上，还要设置紧急切断、紧急终止反应、紧急冷却降温等控制设施。根据评估建议，设置相应的安全仪表系统。

对于反应工艺危险度为4级和5级的工艺过程，尤其是风险高但必须实施产业化的项目，要努力优先开展工艺优化或改变工艺方法降低风险，例如通过微反应、连续流完成反应；要配置常规自动控制系统，对主要反应参数进行集中监控及自动调节；要设置偏离正常值的报警和联锁控制，设置爆破片和安全阀等泄放设施，设置紧急切断、紧急终止反应、紧急冷却等控制设施；还需要进行保护层分析（LOPA），配置独立的安全仪表系统。对于反应工艺危险度达到5级，并必须实施产业化的项目，在设计时，应设置在防爆墙隔离的独立空间中，并设置完善的超压泄爆设施，实现全面自控，除装置安全技术规程和岗位操作规程中对于进入隔离区有明确规定的，反应过程中操作人员不应进入所限制的空间内。

为方便理解，**可简单记忆为**

1级：DCS；

2级：DCS＋超限报警、联锁、爆破片、安全阀，根据评估建议，设置SIS；

3级：DCS＋超限报警、联锁、爆破片、安全阀＋紧急切断、紧急终止反应、紧急冷却降温等，根据评估建议，设置SIS；

4级：DCS＋超限报警、联锁、爆破片、安全阀＋紧急切断、紧急终止反应、紧急冷却降温等＋LOPA＋SIS；

5级：DCS＋超限报警、联锁、爆破片、安全阀＋紧急切断、紧急终止反应、紧急冷却降温等＋LOPA＋SIS＋防爆墙隔离的独立空间和完善的超压泄爆设施，实现全面自控。

四、精细化工反应安全风险评估过程案例分析

【案例一】

依照相关实验数据，以胺基化工艺为例，A和B按照1∶1.1的比例关系进料（A为500 kg、B为525 kg），设定工艺操作温度为50 ℃。经工艺测定，工艺体系的表观反应热－260 kJ/kg（以反应底物为计量值）、体系的比定压热容2.3 kJ/(kg·K)。此外，根据绝热加速量热仪（ARC）分析结果，失控反应最大反应速率到达时间 TMR_{ad} 为1.5 h。请按照叠加因素的风险评估并给出具体的评估结论及要求。

经计算：

$$\Delta T_{ad} = Q_A/(m \cdot C_p)$$
$$= 260 \text{ kJ/kg} \times 500 \text{ kg}/[(500 \text{ kg} + 525 \text{ kg}) \times 2.3 \text{ kJ/(kg·K)}]$$
$$= 55.1 \text{ K}$$

$$MSTR = T_p + \Delta T_{ad} = (50 \text{ K} + 273 \text{ K}) + 55.1 \text{ K} = 378.1 \text{ K}$$

绝热温升55.1 K、失控体系能达到的最高温度378.1 K、最大反应速率到达时间1.5 h，工艺风险等级为Ⅱ级可接受风险，在控制措施落实的条件下，可以通过工艺优化、工程、管理上的控制措施，降低风险等级。

【案例二】

标准大气压下，向反应釜中加入物料 A 和物料 B，升温至 60 ℃，滴加物料 C。反应体系在 75 ℃时沸腾。滴加完毕后，于 60 ℃保温反应 1 h。此反应对水极为敏感，要求反应体系中的含水量严格控制在 0.2% 以内。

（一）评估内容

根据工艺描述，采用联合测试技术进行热特性和热动力学研究，获得安全性数据，开展反应安全风险评估，同时还考虑了反应体系水分偏离为 1% 时的安全性研究。

（二）通过经验、仪器测量及模拟计算等获得已知计算结果

（1）反应放热，最大放热速率为 89.9 W/kg，物料 C 滴加完毕后，反应热转化率为 75.2%，摩尔反应热为 58.7 kJ/mol，反应物料的比热容为 2.5 kJ/(kg·K)，绝热温升为 78.2 K。

（2）目标反应料液起始放热分解温度为 118 ℃，分解放热量为 130 J/g。放热分解过程中，最大温升速率为 5.1 ℃/min，最大压升速率为 6.7 bar/min。

含水达到 1% 时，目标反应料液起始放热分解温度为 105 ℃，分解放热量为 206 J/g。放热分解过程最大温升速率为 9.8 ℃/min，最大压升速率为 12.6 bar/min。

（3）目标反应料液自分解反应初期活化能为 75 kJ/mol，中期活化能为 50 kJ/mol。目标反应料液热分解最大反应速率到达时间为 2 h 对应的温度 T_{D2} 为 126.6 ℃；T_{D4} 为 109.1 ℃；T_{D8} 为 93.6 ℃；T_{D24} 为 75.6 ℃；T_{D168} 为 48.5 ℃。

（三）反应安全风险评估

根据研究结果，目标反应安全风险评估结果如下：

（1）此反应的绝热温升 ΔT_{ad} 为 78.2 K，表明反应失控的严重度为 2 级，需采取相应的预防措施。

（2）最大反应速率到达时间为 1.1 h，对应温度为 138.2 ℃，失控反应发生的可能性等级为 3 级。一旦发生热失控，人为处置时间不足，极易引发事故

（3）风险矩阵评估的结果：风险等级为 Ⅱ 级，属于有条件接受风险，需要建立相应的控制措施。

（4）反应工艺危险度等级为 4 级（$T_p < T_{D24} < MTSR$）。合成反应失控后体系最高温度高于体系沸点和反应物料的 T_{D24}，意味着体系失控后将可能爆沸并引发二次分解反应，导致体系发生进一步的温升。需要从工程措施上考虑风险控制方法。

（5）自分解反应初期活化能大于反应中期活化能，样品一旦发生分解反应，很难被终止，分解反应的危险性较高。该工艺需要配置自动控制系统，对主要反应参数进行集中监控及自动调节，主反应设备设计安装爆破片和安全阀，设计安装加料紧急切断、温控与加料联锁自控系统，并按要求配置独立的安全仪表保护系统。

（四）建议

为进一步增强反应过程的安全性，建议深入开展风险控制措施的研究，特别是针对紧急终止反应的方法和泄爆口尺寸的设计，提供更为具体和详细的技术参数。

第9章

化工事故案例分析

本章节所涉及的案例分析均源自近年来全国化工安全注册安全工程师考试。这些案例分析的内容全面涵盖了安全法律法规、安全技术、安全管理以及化工安全实务等多个方面。

9.1　化工事故案例

案例一

A公司是一家油田化学品助剂生产企业，为了满足市场需求，扩建了$5 \times 10^4 t/a$助剂项目。主要装置包括：破乳剂生产车间（破乳剂生产线和高温生产线）和清水剂生产车间（清水剂生产线、复配生产线），辅助设施包括甲、乙类仓库、丙类库棚、储罐区（包括：环氧乙烷、环氧丙烷储罐组）及公用工程系统。

破乳剂生产线包括：聚合、复配及交联三个单元，聚合反应的操作条件为145 ℃，0.4 MPa，反应过程放热，生产原料包括：环氧乙烷（熔点-112.2 ℃，沸点10.8 ℃，闪点-29 ℃）、环氧丙烷、甲醇、二甲苯、引发剂等。

高温生产线缓蚀剂产品中间体生产工艺包括：酰胺化反应（反应条件140～230 ℃，0.2 MPa、环化反应和复配反应。中间体生产工艺具有烷基化工艺危险特点，生产原料包括：丙烯酸、过硫酸铵、过氧化苯甲酰等；烷基化反应是在导热油加热条件下进行，反应过程放热。

环氧乙烷采用半冷冻储罐储存，储罐储存压力0.3～0.4 MPa、储存温度-6～0 ℃；环氧丙烷储罐储存压力0.2～0.3 MPa、储存温度-10～25 ℃；环氧乙烷和环氧丙烷储罐设置氮封保护系统和安全阀，安全阀出口泄放气体引至安全处置设施，并利用蒸汽（与储罐压力连锁）对泄放气体进行稀释、吸收。

破乳剂车间、环氧乙烷和环氧丙烷储罐均构成危险化学品重大危险源，在基础设计阶段开展了HAZOP分析，办理了建设项目"三同时"手续，项目完成了中间交接、设备管道吹扫、试压、单机设备试车、电气仪表调试及联动运行，已确认公用工程、消防设施处于备用状态。

公司安排安全环保部门牵头组织开工条件确认，确认的具体内容主要包括装置区施工临时设施拆除"三查四定"、公共系统准备，施工完成，开工方案和操作规程的审核批准等情况。

通过试生产，环氧乙烷储罐操作温度-6～10 ℃即可满足生产需要，设计院对储罐操作温度及冷冻机组联锁进行了设计变更。仪表维护单位提出并办理审批手续，使用单位、仪表维护单位共同审批后实施了变更。

根据以上场景，回答下列问题：

1. 请对破乳剂车间、环氧乙烷储罐存在的主要风险进行分析辨识。
2. 请说明高温生产线中间体合成工艺应采取的安全控制措施。
3. 请说明环氧乙烷储罐联锁设计变更的工作程序。
4. 该公司在开工条件确认工作中，错误的做法有哪些？请补充开工条件确认的内容。

C公司为危险化学品仓储企业，员工人数达200人。厂区划分为仓储区和辅助生产区两大区域。仓储区包括储罐区、装卸栈台、泵棚及油气回收处理装置等，其中储罐区内设有22座浮顶储罐，专门用于储存甲、乙类易燃液体，构成一级危险化学品重大危险源。辅助生产区则包括办公楼、实验室等设施。

出于安全和环保的考虑，C公司启动了化学品储存升级改造项目。该项目计划将4座内浮顶储罐的铝质内浮盘升级为蜂窝式全接液双层不锈钢内浮盘，并同步完善内浮顶储罐的专用附件，同时增设装卸车栈台的油气回收系统。

在储罐改造前夕，C公司精心制定了人工清洗储罐的作业方案，步骤主要包括倒空罐底油、系统管线加堵盲板、拆人孔、蒸汽蒸煮、通风置换、高压水冲洗及清理污物等关键环节。

D公司承担了此次储罐改造的工作。C公司不仅对D公司的作业人员进行了全面的安全教育培训，还详细交底了改造方案的施工作业要点。然而，在某日的一次作业中，不幸发生了安全事故。当日10:30，C公司为拟施工的储罐T－202办理了受限空间和动火安全作业票，并按照取样规范在可燃气体和氧浓度分析均合格后，作业人员启动了强制通风风机。D公司的甲、乙、丙3名工作人员佩戴供风式面具进入储罐进行打磨作业，而监护人员丁则在储罐外负责监护。12:00停止作业，关闭机械通风风机后，4人外出午餐。13:30，甲、乙、丙以及新加入的戊4人回到作业现场，未开启强制通风风机、未佩戴防护面具、也未进行气体分析，便直接入罐作业。14:20，丁返回作业现场时发现4人已倒在罐内，立即报告。公司应急救援人员迅速到达现场施救，但遗憾的是，4人均已死亡。

事故调查结果显示，直接原因是储罐T－202在检修时，未按照人工清洗方案在系统管线上加堵盲板，而是仅通过关闭阀门来隔离相关储罐和管道。由于阀门存在内漏，氮气串入T－202内。加之4人返回现场后未采取任何安全措施便直接入罐作业，最终导致了这场悲剧的发生。此外，尽管作业场所已配备了一些应急救援物资，但仍存在配备不足的问题。

根据以上场景，回答下列问题：

1. 请说明内浮顶储罐应当配置的专用附件。

2. 请列出本案例储罐人工清罐作业方案中的安全注意事项。

3. 请根据本案例的事故调查结果补充说明事故原因。

4. 根据《危险化学品单位应急救援物资配备要求》（GB 30077—2023），该企业属于第几类危险化学品单位？本案例中作业场所还应配备哪些应急救援物资？

某市化工园区于2014年建成并投入使用。园区内共有40家正常生产的化工企业，其中包括26家精细化工生产企业、10家危险化学品仓储企业，以及4家危险化学品运输企业。在这些企业中，有8家构成了危险化学品重大危险源。园区内重点监管的危险化学品包括硝酸铵、丙烯、氨、环氧乙烷、氢气和甲醇等；重点监管的危险化工工艺则涵盖聚合工艺、加氢工艺、硝化工艺和氟化工艺等；此外，剧毒化学品有氰化氢和氟化氢等。

园区周边设施完善，建有一个可容纳150人的员工倒班宿舍楼、一座120人的园区管委会办公楼、一个面积为3 000 m²的综合超市、一个电信邮政储蓄网点以及一个加油加气站。

2019年初，该市启动了化工企业"入园"整治行动。计划年底前，周边3家精细化工企业将搬迁进入园区。这3家企业分别是：以氯气、苯酚等化工原料生产农药的A公司，以甲苯为原料进行硝化工艺生产的B公司，以及以氯气为原料进行氯化工艺生产的C公司。在入园前，这3家企业分别向园区管委会提交了企业基本情况报告，其中A公司还额外提交了反应安全风险评估报告，而B公司和C公司则提交了安全设计诊断报告。

同年，园区管委会借助整治行动的契机，委托某咨询公司对园区进行了全面的安全风险评估。评估中发现以下问题：部分企业设备和管道的平面布置防火间距不符合规定要求；控制室与加热炉的净距不足10 m；园区道路上的管廊净高仅为4 m；穿过道路的埋地管道埋深仅为300 mm；可燃气体的凝结液被直接排入生产污水管道；1家企业的甲醇原料预处理车间内设置了非抗爆外操室；另有2家涉及重大危险源的企业尚未完成"双重预防机制"的建立。

根据以上场景，回答下列问题：

1. 请根据A、B、C三家企业提供的入园申请材料，判断哪家企业不符合入园条件，并说明理由。

2. 园区周边建设的一般防护目标中，哪些属于一类防护目标？哪些属于二类防护目标？哪些属于三类防护目标？

3. 针对园区安全风险评估提出的不符合项给出整改意见。

4. 请根据该园区企业生产原料及产品的特点，说明确定外部防护距离的流程与方法。

5. 上述场景中"双重预防机制"具体指什么？请说明企业安全风险隐患排查内容包括哪些方面。

案例四

A公司是一家20×10⁴ t/a氯碱生产企业，氯气液化工艺采取了新技术，压缩后的氯气通过冷却器（共4台，3开1备）用10 ℃冷却水冷却生产液氯，冷却水来自循环水池，低温水在冷却器进行冷交换完成后回到循环水池，循环水池水同时还用于硫酸冷却器冷却硫酸。

某日，上午8时30分，巡检工巡检时发现循环水池中有氯气溢出，立即报告当班班长，当班班长立即向厂长报告，同时报告给公司主管领导，并组织开展泄漏应急处置。初步判定氯气泄漏是由某台氯气冷却器材质问题导致的，经过检查确认1#冷却器泄漏，并对1#冷却器进行隔离处置，检查和处置耗用了5 h，处置过程中氯碱装置仍在开车，其他氯气冷却器还在使用中。

处置完成后发现循环水池中还有氯气溢出，于是又对使用的其他2台氯气冷却器进行检查。下午2时左右，循环水池水中开始有大量氯气溢出，并顺着风向飘向1 km之外的村庄，公司立即报告当地政府。

调查发现，氯气泄漏主要原因是氯气冷却器管束受循环水池酸性水腐蚀造成穿孔，液化及未液化的氯随着冷却水进入循环水池，并从循环水池中溢出。由于共用循环水的硫酸冷却器损坏，硫酸进入循环水池中，使循环水变成酸性水，水池中没有安装在线pH监测仪，酸性水未被现场作业人员及时发现。

根据以上场景，回答下列问题：

1. 指出该起危险化学品事故的类型。

2. 指出企业应急处置过程中存在的问题。

3. 本次事故应急救援的基本任务是什么？

4. 根据《生产经营单位生产安全事故应急预案编制导则》（GB/T 29639—2020），说明现场处置方案中的应急处置应主要包含哪些内容。

案例五

甲公司是一家危险化学品生产企业，为了适应市场需求，公司计划新建一套化工中间体生产装置，该项目建（构）筑物包括：甲类生产车间（建筑面积200 m^2）、甲类仓库、危险化学品储罐区、卸车区、辅助车间等。主要生产原料包括：醋酸、醋酸酐、液氯、催化剂等，生产工艺采用连续氯化工艺生产氯乙酸，反应温度80～120 ℃，反应压力0.2 MPa，采用DCS控制系统及安全仪表系统。生产主要设备包括：反应釜、精馏塔、蒸馏釜、冷凝器、输送泵等，反应釜设置了蒸汽和冷却水夹套设施。生产过程需要的水、电、蒸汽、空气等公用工程和消防设施依托厂区原有设施。

根据《国家安全监管总局关于加强精细化工反应安全风险评估工作的指导意见》（安监总管三2017-1号），甲公司委托具有相关资质的单位开展了反应安全风险评估，对反应中涉及的生产原料、中间物料、产品等化学品进行了热稳定性测试和反应温度危险性评估，反应工艺危险度评估的等级为3级。

该项目通过了当地政府部门的立项审批，甲公司委托具有相关资质的评价机构和设计单位完成了项目的安全评价、初步设计及安全设施设计专篇，地方应急管理部门组织了安全条件审查和安全设施设计审查，并出具了审查意见书。

乙公司承担并完成了项目的土建和设备安装工作，施工过程由具有监理资质的丙公司全程进行监理。

项目已经完成了设备管道试压、吹扫、电气试验、单机试车、仪表调校，完成了生产装置的水联动运行。已确认公用工程、消防设施处于备用状态，具备试生产条件。

甲公司组织工艺、设备及安全管理人员对设备、管线的盲板逐一拆除和销号，并做好了记录；原辅材料、催化剂已经准备到位；编制并审核批准了试生产开工方案；配备了足够的保运人员，随时处理开工过程出现的设备、电气、仪表故障。

根据以上场景，回答下列问题：

1. 根据反应工艺危险度等级，为确定相应的风险控制措施，需要进一步获取哪些参数？

2. 为确保该氯乙酸生产装置试生产开工安全，试车前需要确认的开工条件有哪些？

3. 对反应釜操作过程中因操作不当导致的危险进行辨识。

4. 根据《石油化工可燃气体和有毒气体检测报警设计标准》（GB/T 50493—2019），该生产装置需要设置何种气体检测报警器，检测何种物质？

案例六

A公司为石油仓储企业，储存92#、95#汽油、车用柴油，油库库容60 000 m³，共有22座油罐，其中内浮顶汽油罐12座，拱顶柴油罐10座。

为配合地方政府做好乙醇汽油推广工作，A公司拟进行油罐改造。本次改造主要内容为：将2座柴油拱顶罐改造为内浮顶罐后储存汽油；增加乙醇汽油在线调和系统；新设乙醇公路卸车系统；新增汽油储罐油气回收系统；同时对消防系统进行升级改造。

油罐改造前，公司制定了人工清洗储罐的作业流程，包括：清空罐底油，与油罐相连的系统管线加装盲板，拆人孔，蒸汽蒸煮，通风置换，进入内部用高压水冲洗，清理污物。

油气回收系统改造的情况：将现有装车鹤位改为密闭装车，收集装车过程产生的油气，敷设油气输送管线，油气收集系统采取了防止压力超高或过低的措施，将收集的油气输送到装置进行回收；油气收集系统设置事故紧急排放管，事故紧急排放管与油气回收装置尾气排放管合并设置，并设置阻火器。

消防系统升级改造包括增设1座1 000 m³消防水池，消防水池设置现场水位显示仪表，并将水位信号传输到消防控制室。

改造工作完成后，公司技术人员修订了储罐区安全检查的要求：（1）呼吸阀、阻火器每年进行一次检查、校验；（2）储罐的静电接地电阻每年测试一次；（3）浮顶罐的静电导出线每季度至少检查一次；（4）安全阀每年对其定压值校验一次；（5）储罐每年进行一次外部检查，每6年进行一次内部全面检查；（6）储罐泡沫发生器每年检查一次；（7）储罐的其他附件，如人孔、加热器、排污孔等，每年检查一次。

根据以上场景，回答下列问题：

1.列出内浮顶储罐的专用附件。

2.补充该储罐油气回收系统的安全技术要求。

3.找出储罐区安全检查要求存在的问题并更正。

4.人工清罐还需补充哪些安全注意事项?

5.补充该企业新增 1 000 m³ 消防水池的技术要求。

案例七

Y公司是一家以特种化工、精细化工(聚氨酯)为核心业务的中型化工企业,具有甲苯二异氰酸酯 $10×10^4$ t/a、二硝基甲苯 $15×10^4$ t/a、硝基二甲苯 $1×10^4$ t/a 的生产能力,Y公司生产装置已构成重大危险源。

Y公司光气化工艺为来自煤气工段储气柜的一氧化碳先经洗气塔洗涤,气-水分离后进入煤气压缩机压缩,压缩后的一氧化碳再经缓冲罐,冷冻盐水喷淋,分子筛干燥器干燥后进入控制罐,并经流量计计量后,与同样经过计量的氯气(外购液氯钢瓶,经液氯气化器气化)一并进入混合器。混合器内的混合气体依次经过一级光气化反应釜和二级光气化反应釜后制得光气。反应过程强烈放热,反应器设有水冷却夹套,控制温度在 200 ℃ 以下。该装置设置了紧急冷却系统,反应釜温度、压力报警联锁等安全仪表设施。

Y公司光气装置主要生产设备和单元为:氯气缓冲罐、液氯气化器、光气化反应釜、钢瓶起重机、一氧化碳压缩机、一氧化碳缓冲罐、洗气塔、物料泵和光气储运单元等。

2011年,Y公司因一氧化碳泄漏,遇静电火花发生爆炸,造成光气装置损坏,致使大量光气泄漏扩散到周边区域。此事故造成1人死亡,50人中毒。事故暴露出Y公司安全管理存在的问题:危险有害因素辨识不全面、未开展隐患排查治理、应急预案不具可操作性、平时未开展应急演练、各级安全生产人员责任不落实。Y公司认真反思、总结教训,并采取了一系列改进措施。

根据以上场景,回答下列问题:

1.根据《危险化学品生产企业安全生产许可证实施办法》,指出Y公司在应急管理方面应满足的要求。

2.根据《企业职工伤亡事故分类》,列出Y公司光气生产过程中可能发生的事故类别,并指出事故的主要致害物。

3.指出光气生产装置需要重点监控的单元以及重点监控的主要工艺参数。

4.结合Y公司光气泄漏事故,列出现场处置方案的主要内容和现场处置过程中的主要注意事项。

案例八

2015年5月14日,D公司启动了全装置停车检修工作。在检修计划中,安排了对甲醇储罐罐顶水平泡沫发生器下部混合管段进行改造（以下简称"泡沫线改造"项目）。然而，在5月20日，D公司"泡沫线改造"项目负责人孙某在未制定详细技改方案的情况下，便电话通知承包商F公司承担此项目的施工任务。此时，甲醇罐内的液位为0.8 m。孙某认为，由于施工并不涉及在储罐本体上进行动火作业，因此无需对甲醇罐进行清罐吹扫。

随后，F公司派遣人员到现场进行了勘查，并据此编制了专项施工方案。该方案经过F公司主管技术人员的审核与批准后，被发放到了作业班组。

进入2015年6月，F公司按照相关规定，于6月10日办理了设备检修安全作业证、临时用电作业证、吊装作业证以及高处作业证。然而，在6月11日8时，D公司在未进行现场动火化验分析以确保安全的情况下，便签字批准了甲醇储罐的动火作业票。

2015年6月11日9时10分，F公司的4名作业人员开始进入现场进行作业。仅仅过了28分钟，即9时38分，F公司的焊工张某在焊接泡沫线短节时，甲醇罐发生爆炸，罐顶被崩开。当时正在罐顶作业的3名人员中，1人不幸摔落地面，经抢救无效死亡，另外2人则受重伤。此次事故造成了直接经济损失248万元。

事故调查过程中发现，参与焊接作业的张某所持的焊工作业证已经过期，这进一步凸显了安全管理上的疏忽与漏洞。

根据以上场景，回答下列问题：

1. 根据《企业职工伤亡事故分类》和《生产安全事故报告和调查处理条例》，判定该起事故类别和等级。

2. 列出该起事故的直接原因和间接原因。

3. 列出D公司承包商管理可能存在的主要问题。

4. 列出甲醇储罐日常安全检查的主要内容。

案例九

甲公司主要生产装置包括200×10⁴ t/a沥青装置、120×10⁴ t/a延迟焦化装置、100×10⁴ t/a含硫含酸重质油综合利用装置及配套公用工程系统。主要生产销售汽油、柴油、液化气、燃料油、道路沥青、石油焦、硫等产品。

甲公司1号罐区建有6台5 000 m³内浮顶汽油罐、14台2 000 m³液化烃球罐、2台10 000 m³燃料油拱顶罐。公用工程系统建有200 t/h高压蒸汽锅炉1台及配套的磨煤机械、水处理装置，燃煤由煤场经输送皮带送至磨煤机，煤场配备1台3 t行车和2台叉车。

2013年9月，为提高成品油质量，甲公司决定新建1套60×10⁴ t/a柴油加氢精制装置。该装置采用固定床催化反应工艺，使柴油中的硫化物在300 ℃、7.0 MPa反应条件下生成硫化氢并脱除。甲公司委托乙工程建设公司进行装置设计，并在项目安全设施设计完成后，于2014年1月15日向安全生产监管部门提交了安全设施设计审查申请。安全生产监管部门于1月22日发出了受理通知。

2014年7月初，储运部员工巡检发现，1号罐区05号内浮顶汽油罐的呼吸阀处油气浓度超标，推断为该罐内浮顶橡胶密封破损，决定进行清罐检修。7月5日，对05号罐存油进行倒空，对相连的油品进、出管线各加1块盲板隔离。7月6日～7月7日对该罐进行蒸汽吹扫。7月8日打开氮封线进行氮气置换。7月9日打开人孔通风。7月10日上午在人孔附近采样分析，数据合格后进罐检查，发现内浮顶橡胶密封囊局部破损，且密封囊内充满了汽油。随即安排丙承包商人员进罐拆除密封，并更换内浮顶部分配件。为拆除方便，作业人员使用了非防爆电钻。在作业进行到关键时刻，即丙承包商人员正在拆除密封并更换内浮顶部分配件时，7月10日下午4时，罐内突然发生闪燃，导致多人烧伤。

根据以上场景，回答下列问题：

1. 列出甲公司的特种设备。

2. 根据《建设项目安全设施"三同时"监督管理办法》，请给出甲公司收到安全生产监督管理部门关于 60×10^4 t/a 柴油加氢精制装置建设项目安全设施设计审查是否批准决定的最长工作日数，并说明理由。

3. 列出甲公司罐区安全管理的主要内容。

4. 列出05号罐检修准备和作业过程中存在的错误。

5. 列出甲公司储运部应建立的主要操作规程。

案例十

A公司作为一家生产石油化工催化剂的企业，于2010年建成投产，厂址设立在当地政府规划许可的化工园区内，主要产品为过氧乙酸。生产过程使用的原辅料有：醋酸、甲醇、天然气等危化品。生产车间和储存单元包括：甲类车间、甲类易燃物仓库、化学品储罐区等。

主要生产工艺属于过氧化工艺，由30% H_2O_2 和醋酸在催化剂作用下生成过氧乙酸，反应工艺温度150℃，反应压力0.3 MPa。主要设备包括：过氧化反应中间储罐、分离器，冷凝器，输送泵等。生产过程采用DCS控制，主要控制工艺参数有：温度、压力、流量、液位等，设置了SIS系统。天然气通过管道输送，两座甲醇储罐构成了二级重大危险源。

2021年初，该公司进行现状评估，报告指出：该公司与周边防护目标的间距，满足《石油化工企业设计防火标准》（GB 50160—2018）和《精细化工企业工程设计防火标准》（GB 51283—2020）等标准的要求；生产装置供电负荷为一级供电负荷，由一路电源供电；过氧化工艺生产装置，实现了自动化控制，系统设置了紧急停车功能，现场试验时，自动化控制系统及紧急停车系统正在改造中，尚未投入使用；甲醇储罐区未设紧急切断阀；甲类易燃仓库新增储存 H_2O_2 物料，委托有资质单位完成了过氧化工艺的反应安全风险评估，危险度为3级；委托具有乙级石油化工设计资质的设计院进行了安全设计诊断工作。

该公司的主要负责人、安全管理人员及特种设备作业人员均经过了安全培训、考核合格并取证。该公司建立了各部门、各级人员安全生产管理责任制，制定了如下安全管理制度：

（1）危险化学品安全管理制度；

（2）特种设备安全管理制度；

（3）生产装置和储存设施变更管理制度；

（4）特殊作业安全管理制度；

（5）特种作业安全管理制度；

（6）事故事件安全管理制度。

同时制定了安全操作规程和工艺控制指标。

根据以上场景，回答下列问题：

1. 根据《危险化学品生产装置和储存设施外部安全防护距离确定方法》（GB/T 37243—2019）判定该公司外部安全防护距离是否符合要求并说明理由。

2. 根据《化工和危险化学品生产经营单位重大生产安全事故隐患判定标准（试行）》（安监总管三〔2017〕121号），说明本案中，涉及哪几项生产安全事故重大隐患。

3. 该项目涉及过氧化反应危险化工工艺，说明该工艺的危险特点。

4. 根据《国家安全监管总局关于加强精细化工反应安全风险评估工作的指导意见》（安监总管三〔2017〕1号）和安全评价报告的描述，提出过氧化反应工艺过程风险管控的措施建议。

案例十一

某市2009年规划建设一化工工业园区，完成了园区规划，制定了相关配套政策，出台了本市化工企业搬迁入园工作要求，一些化工企业陆续搬迁入园。根据构建双重预防工作机制的要求，2019年10月，该市聘请行业安全专家对园区企业进行安全风险评估。

其中评估的2018年实施搬迁入园的4家公司情况为，A公司主要产品为烧碱、液氯、乙酰甲胺磷、甲胺磷、三氯化磷等，搬迁后将甲胺磷装置能力由 $2×10^4$ t/a 提高到 $4×10^4$ t/a；B公司主要产品为液氨、尿素，合成氨产能由 $30×10^4$ t/a 提高到 $50×10^4$ t/a；C公司主要产品有扑虫灵、乙烯利、正丁酯等，主要原料有二氯乙烷、三氯化磷、正丁酯等，生产装置同等产能搬迁，搬迁前企业开展过反应安全风险评估；D公司主要产品涉及重点监管的硝化工艺和重氮化工艺，搬迁后主要产品产能由 $800×10^4$ t/a 提高到 $1.2×10^3$ t/a，部分工序进行工艺技术改造。其中C公司某原料罐区储存原料详见表9.1。

表9.1　C公司某原料储罐区储存原料相关数据

危险物质	设计储存量/t	实际储存量/t	临界量/t	α	β
甲苯	400	280	500	2	1.5
苯	40	25	50	2	1.5

在评估过程中，专家就 B 公司开展双重预防机制建设情况进行访谈，B 公司主要负责人表示目前企业仅开展了隐患排查治理，其他工作暂未进行。专家对 D 公司主要负责人落实安全生产责任制等进行了访谈，主要负责人就安全责任制落实和管理情况进行说明："我们企业规模小，员工少，尽管产品反应工序多，生产周期长，但我们通过严格管理，死看死守，严格的奖罚制度，近几年未发生死亡事件，安全生产责任制落实和安全管理较好。"

安全专家进行风险评估后提出的问题如下：

1. A 公司

（1）公司安全生产责任制的内容是生产职责。

（2）厂级、车间级、班组级的安全风险清单不清晰。

（3）公司总经理安全资格证书超过时限 1 个月未及时取证。

（4）三氯化磷装置未进行反应安全风险评估。

2. B 公司

（1）液氯充装用液体装卸臂未配备液压操纵的紧急脱离系统，不符合《液体装卸臂工程技术要求》（HG/T21608—2012）。

（2）制定了动火特殊作业管理制度、单位有效执行。

（3）企业可燃、有毒气体探测器接入 DCS 系统显示报警，不符合《国家安全监管总局关于加强化工安全仪表系统管理的指导意见》（安监总管三（2014）116 号）要求。

（4）仅开展了隐患排查治理，双重预防机制建设工作不完善。

3. C 公司

（1）未建立和发布本公司的生产安全风险防控和隐患排查治理制度。

（2）加氢反应未设置冷却水流量参数，二氯乙烷检测报警值，操作法中规定 25%LEL，DCS 中设置 H 3.382 ppm，HH 6.772 ppm，计量单位不一致。

（3）三氯化磷和正丁酯分厂现场专项应急预案中，对现场指挥人员认定不清，对班组人员应急职责未明确。

4. D 公司

（1）安全生产责任制不健全，未明确工会主席安全生产职责。

（2）甲苯卸车泵出入口法兰无静电跨接。

（3）重氮化工工艺装置有自动化控制系统，但仍采用人工手动操作。

（4）硝化工序主操未有操作资格证。

（5）未及时消除重大生产安全事故隐患。

根据以上场景，回答下列问题：

1. 根据 C 公司罐区物料储量情况，计算该罐区是几级重大危险源？

2. 根据《化工和危险化学品生产经营单位重大生产安全事故隐患判定标准（试行）》（安监总管三〔2017〕121 号）针对评估结果指出 4 家公司可判定为重大事故隐

患的问题。

3. 根据《关于加强精细化工反应安全风险评估工作的指导意见》（安监总管三〔2017〕1号），指出这4家企业在搬迁后哪家需要开展反应安全风险评估并说明理由。

4. 根据双重预防机制建设的要求，指出B公司双重预防机制建设工作中的不足并完善相关内容。

5. 结合D公司主要负责人的访谈和专家提出的问题，判定D公司主要负责人安全生产职责落实是否符合《中华人民共和国安全生产法》要求，列出企业主要负责人的安全生产职责。

案例十二

A公司是一家储运公司，2002年初正式投产运营。公司设有储罐区、装卸栈台和交换站，罐区有4个罐组，40个储罐，储存涉及的危险物料有苯、甲苯、二甲苯和苯乙烯等。装卸栈台有10个装卸车鹤位，交换站有12台物料泵，通过24根金属软管进行装卸车及储罐之间的倒罐作业。交换站内设有地沟，用于收集交换站现场清洗时的污水。2022年12月初，为提升交换站作业效率，公司计划利用检维修机会，对交换站内部分管道进行改造。该公司生产副总甲和车间主任乙商定对交换站的3根连接甲苯储罐的管道（1~3号）进行改造。2022年12月12日，甲联系和该公司有合作关系的承包商B公司的项目负责人丙，要求B公司对交换站的1号管道进行改造。

A公司对1号管道进行了清洗置换。2022年12月15日16时，丙找乙申请16日进行动火作业，并办理了动火作业证。乙直接在作业证"动火作业负责人"动火初审和"申请单位意见"栏中签字，并将作业证送生产副总甲签字，甲直接在作业证"动火审批人意见"栏中签字。18时左右，乙在未进行安全交底的情况下直接在"实施安全教育人"处签字，将作业证送到该公司安全管理部门管理员丁处。丁直接在作业证"分析人""安全措施确认人"栏中签字，并送给安全管理部门负责人戊签字，戊直接在作业证"安全管理部门意见"栏中签字。

丙带领管工、电焊工和打磨工4人于2022年12月16日8时到A公司开展改造工作。

丙到安全管理部门领取了15日审批的作业证，在作业证"监护人"栏中签字（作业证见下）。当日8时30分，电焊工开始在交换站内焊接1号管道接口法兰，管工和打磨工在站外预制管道，丙在现场监护。8时50分，电焊工焊完法兰后到站外预制管道，管工到站内用气割进行管道下部开口，因割口有清洗管道的残留污水流出，管工停止作业等污水流尽。9时40分，管工继续管道开口作业，开口时产生的火花立即引燃地沟内残存的可燃液体，火势在地沟内迅速蔓延到交换站上方的管廊，管廊起火燃烧。此次事故造成一死两伤。

表9.2 动火安全作业票示例

动火安全作业票　　　　　　作业证编号:AQDH2022*****

作业申请单位	A公司	申请人	乙
动火作业级别	特殊动火作业	一级动火作业√	二级动火作业
动火地点	交换站1号管		
动火方式	电焊气割		
动火时间	自2022年12月16日8时30分始至2022年12月16日18时30分止		
动火作业负责人	乙	动火人	焊工、管工
动火分析时间	2022年2月16日8时	年　月　日　时	年　月　日　时
分析点名称	交换站1号管周边		
分析数据	甲苯蒸气含量0%		
涉及其他特殊作业	无		
分析人	丁		
危害识别			

序号	安全措施	确认人	
1	动火设备内部构件清理干净,蒸汽吹扫或水洗合格,达到用火条件。	丁	
2	断开与动火设备相连接的所有管线,加盲板2块。	丁	
3	动火点周围的下水井、地漏、地沟、电缆沟等已清除易燃物,并已采取覆盖、铺沙、水封等手段进行隔离。	丁	
4	罐区内动火点同一围堰内和防火间距内的储罐不同时进行脱水作业。	丁	
5	高处作业已采取防火花飞溅措施。	丁	
6	动火点周围易燃物已清除。	丁	
7	电焊回路线已接在焊件上,把线未穿过下水井或其他设备搭接。	丁	
8	乙炔气瓶(直立放置)、氧气瓶与火源间的距离大于10 m。	丁	
9	现场配备消防水带( )根,灭火器(2)台,铁锹( )把,石棉布( )块,其他个体防护设施。	丁	
10	其他安全措施	丁	

生产单位负责人	甲	监护人	丙
动火初审人	乙	实施安全教育人	
申请单位意见	签字:乙	2022年12月15日17时10分	
安全管理部门意见	签字:戊	2022年12月15日18时0分	
动火审批人意见	签字:甲	2022年12月15日17时30分	
动火前,岗位班组长验票	签字:	年　月　日　时　分	
完工验收	签字:	年　月　日　时　分	

根据以上场景,回答下列问题:

1.根据《危险化学品企业特殊作业安全规范》(QB 30871—2022)指出该公司动火作业票中的错误有哪些?

2.补充该公司动火作业票中"安全措施"缺少的内容。

3.补充说明在动火作业前安全措施交底应该包括的内容。

4.补充说明动火作业监护人的职责要求及资格要求。

案例一

1.请对破乳剂车间、环氧乙烷储罐存在的主要风险进行分析辨识。

（1）破乳剂车间

① 破乳剂车间核心工艺为聚合工艺，属于典型的放热反应，原料具有燃爆特性，具有热失控的危险性，易导致火灾、灼烫、其他爆炸。

② 环氧丙烷、甲醇、甲苯存在毒性，长期接触易导致作业人员中毒、窒息和靶器官毒性伤害。

③ 反应釜属于压力容器，具有超压爆炸（容器爆炸）的危险性，爆炸碎片易导致飞出物打击伤人。此外，内部介质泄漏易导致二次伤害。

（2）环氧乙烷储罐

环氧乙烷储罐存在火灾、其他爆炸、容器爆炸、中毒和窒息，其他伤害。

2.请说明高温生产线中间体合成工艺应采取的安全控制措施。

（1）将烷基化反应釜内温度和压力与釜内搅拌、烷基化物料流量、烷基化反应釜夹套冷却水进水阀形成联锁关系，当烷基化反应釜内温度超标或搅拌系统发生故障时自动停止加料并紧急停车。

（2）设置反应物料的紧急切断系统。

（3）设置紧急冷却系统。

（4）设置安全泄放系统。

（5）设置可燃和有毒气体检测报警装置等。

3.请说明环氧乙烷储罐联锁设计变更的工作程序。

根据《化工企业变更管理实施规范》（T/CCSAS 007—2020）：

（1）变更申请；

（2）风险评估；

（3）审批；

（4）实施与投用；

（5）验收与关闭。

4.该公司在开工条件确认工作中，错误的做法有哪些？请补充开工条件确认的内容。

（1）公司安排安全环保部门牵头组织开工条件确认，确认的具体内容主要包括装置区施工临时设施拆除"三查四定"、公共系统准备，施工完成，开工方案和操作规程的审核批准等情况。

（2）仪表维护单位提出并办理审批手续，使用单位、仪表维护单位共同审批后实施了变更。

补充开工条件确认的内容：

（1）施工完成情况，由施工管理部门和设计管理部门组织施工单位、设计单位、监理单位、生产单位等对设计的符合性、完整性、施工质量、特种设备取证等情况进行检查确认。

（2）生产单位准备情况，由生产管理部门组织生产单位检查开工方案、操作规程、工艺标准等开工文件是否审核批准，检查操作人员是否培训考核合格，检查原材料、助剂等是否准备到位等。

（3）安全仪表、电气系统调校情况，由设备管理部门组织仪表、电气等单位对仪表联锁、报警、电气保护、电气安全、机泵试运情况进行检查。

（4）公共系统准备情况，由生产管理部门组织有关单位对原材料和水、电、气、风供应、产品和中间产品储存、火炬排放系统等进行检查。

（5）专项安全消防情况，由安全和消防部门组织有关单位对劳动保护设施、消防道路、消防气防设施、应急通信、应急预案等情况进行检查。

（6）专项环境保护情况，由环保部门组织有关单位对"三废"排放和治理、环境应急预案和应急设施等情况进行检查。

案例二

1. 请说明内浮顶储罐应当配置的专用附件。

内浮顶罐应当配置下列专用附件：

（1）通气孔

（2）静电导出装置

（3）防转钢绳

（4）自动通气阀

（5）浮盘支柱

（6）扩散管

（7）密封装置及二次密封装置

（8）中央排水管

2. 请列出本案例储罐人工清罐作业方案中的安全注意事项。

（1）人工清罐是受限空间作业，要严格执行受限空间作业的要求。

（2）盲板不可漏加，不能以关闭阀门代替加装盲板。

（3）蒸汽蒸罐时，控制供汽量。储罐蒸罐时，要保证罐顶的出气口畅通。

（4）持续通风置换，注意检查罐内情况。必要时可采用局部喷水等降温措施，将放热反应产生的热量带走。

（5）确保清洗工具和照明设施安全防爆。清理污物时，采用木制品或铜制品等专用工具，不能采用黑色金属制品等易产生火花的工具。

（6）严禁穿化纤服进入罐内作业。不得使用移动通信工具，人员在罐内走动时注意防滑。

（7）其他防火防爆、防中毒、防静电等措施。

3. 请根据本案例的事故调查结果补充说明事故原因。

本案例事故原因还包括：

（1）作业前的隐患辨识不到位，未确定作业面存在的安全隐患。

（2）系统风机未及时启动、防护用具配置不到位，监护人不在作业现场未及时叫停作业。

（3）系统隔离不到位，未利用盲板隔断且阀门存在严重内漏导致氮气窜入作业面。

（4）应急物资配置不足，延误救援。

（5）作业方案、应急处置方案和紧急工况处置方案未制定（执行不力），未及时注意到作业现场异常情况。

（6）教育培训不足及安全技术交底不满足要求，作业人员安全隐患意识较差。

4. 根据《危险化学品单位应急救援物资配备要求》（GB 30077—2023），该企业属于第几类危险化学品单位？本案例中作业场所还应配备哪些应急救援物资？

（1）该企业属于第二类危险化学品单位。（超纲）

（2）本案例作业场所还应配备下列应急救援物资：正压式空气呼吸器，化学防护服，气体浓度检测仪。

案例三

1. 请根据A、B、C三家企业提供的入园申请材料，判断哪家企业不符合入园条件，并说明理由。

A、B、C三家企业均不符合入园条件。A没有进行安全设施设计审查；B和C没有进行风险评估，而根据相关文件和材料，进入化工园区必须进行风险评估和安全设施设计审查。

2. 园区周边建设的一般防护目标中，哪些属于一类防护目标？哪些属于二类防护目标？哪些属于三类防护目标？

（1）一级防护目标：150人的员工倒班宿舍楼；120人的园区管委会办公楼。

（2）二级防护目标：3 000 m²的综合超市和电信邮政储蓄网点。

（3）三级防护目标：加油加气站。

3. 针对园区安全风险评估提出的不符合项给出整改意见。

（1）将企业设备、管道重新进行平面布置，使其具有足够的防火间距。

（2）将控制室与加热炉之间的净距增加至10 m以上，使其满足防火要求。

（3）次要道路上的管廊净空高度不应小于4.5 m，主要道路管廊净空高度不应小于6.0 m。增加管廊的净高，使其符合要求。

（4）穿过道路的埋地管道埋深不应低于0.7 m。

（5）可燃气体的凝结液不得直接排放至生产污水管道。

（6）甲类厂房内严禁设置控制室，将甲醇原料处理车间内的非抗爆外操室移出。

（7）涉及重大危险源的企业应完成"双重预防机制"的建立。

4.请根据该园区企业生产原料及产品的特点，说明确定外部防护距离的流程与方法。

（1）判断生产装置和储存设施是否涉及爆炸物，该园区涉及爆炸物的，应采用事故后果法确定外部防护距离。

（2）不涉及爆炸物的装置或设施，该园区涉及有毒气体或易燃气体的，如设计最大量与其临界量比值之和大于或等于1的，应采用定量风险评价法确定外部防护距离。

（3）该园区涉及有毒气体或易燃气体的，如设计最大量与其临界量比值之和小于1的，执行相关标准规范有关距离的要求。

5.上述场景中"双重预防机制"具体指什么？请说明企业安全风险隐患排查内容包括哪些方面。

（1）安全风险管控：按照《化工园区安全风险排查治理检查表》对化工园区进行评分，根据评分将安全风险分为高安全风险、较高安全风险、一般安全风险和较低安全风险四类，进行安全风险分级管控。

（2）事故隐患排查治理：企业是安全风险隐患排查治理主体，要逐级落实安全风险隐患排查治理责任，对安全风险进行全面管控，对事故隐患治理实行闭环管理，保证安全生产。

隐患排查主要内容：（1）安全领导能力；（2）安全生产责任制；（3）岗位安全教育和操作技能培训；（4）安全生产信息管理；（5）安全风险管理；（6）设计管理；（7）试生产管理；（8）装置运行安全管理；（9）设备设施完好性；（10）作业许可管理；（11）承包商管理；（12）变更管理；（13）应急管理；（14）安全事故事件管理；（15）其他隐患。

案例四

1.指出该起危险化学品事故的类型。

该起危险化学品事故的类型为危险化学品泄漏事故。

2.指出企业应急处置过程中存在的问题。

（1）问题1：上午8时30分，巡检工巡检时发现循环水池中有氯气溢出，下午2时左右，公司报告当地政府。错误，应该在事故发生一小时内上报事故。

（2）问题2：处置过程中氯碱装置仍在开车，其他氯气冷却器还在使用中，应该立即停止作业，停止使用或者局部停车。

（3）问题3：处置完成后发现循环水池中还有氯气溢出，于是又对使用的其他2台氯气冷却器进行检查。错误，泄漏事故发生后应对装置区进行全面排查。

（4）问题4：泄漏发生后没有及时通知周边村民撤离，延误了疏散时间。

3.本次事故应急救援的基本任务是什么？

（1）立即组织营救受害人员，组织撤离或者采取其他措施保护危险危害区域的其他人员。

（2）迅速控制事态，并对事故造成的危险、危害进行监测、检测，测定事故的危害区域、危害性质及危害程度。

（3）消除危害后果，做好现场恢复。

（4）查明事故原因，评估危害程度。

4. 根据《生产经营单位生产安全事故应急预案编制导则》（GB/T 29639—2020），说明现场处置方案中的应急处置应主要包含哪些内容。

（1）事故应急处置程序。根据可能发生的事故及现场情况，明确事故报警、各项应急措施启动、应急救护人员的引导、事故扩大及同生产经营单位应急预案的衔接的程序。这些应急预案包括：生产安全事故应急救援预案、消防预案、环境突发事件应急预案、供电预案、特种设备应急预案等。

（2）现场应急处置措施。针对可能发生的火灾、爆炸、危险化学品泄漏、坍塌、水患、机动车辆伤害等，从人员救护、工艺操作、事故控制、消防、现场恢复（现场恢复应考虑预防次生灾害事件的措施，如制定防止现场洗消发生环境污染事故的措施）等方面制定明确的应急处置措施（重点明确，尽可能详细而简明扼要、可操作性强）。

（3）明确报警负责人以及报警电话及上级管理部门、相关应急救援单位联络方式和联系人员，事故报告基本要求和内容。

案例五

1. 根据反应工艺危险度等级，为确定相应的风险控制措施，需要进一步获取哪些参数？

案例描述反应工艺危险度评估的等级为3级。

对于危险度等级在3级及以上的工艺，需要进一步获取：失控反应温度、失控反应体系温度与压力的关系、失控过程最高温度、最大压力、最大温度升高速率、最大压力升高速率及绝热温升等参数，确定相应的风险控制措施。

2. 为确保该氯乙酸生产装置试生产开工安全，试车前需要确认的开工条件有哪些？

（1）施工完成情况，由施工管理部门和设计管理部门组织施工单位、设计单位、监理单位、生产单位等，对设计的符合性、完整性、施工质量、特种设备取证等情况进行检查确认。

（2）生产单位准备情况，由生产管理部门组织生产单位检查开工方案、操作规程、工艺标准等开工文件是否审核批准，检查操作人员是否培训考核合格，检查原材料、助剂等是否准备到位等。

（3）安全仪表、电气系统调校情况，由设备管理部门组织仪表、电气等单位对仪表联锁、报警、电气保护、电气安全、机泵试运情况进行检查。

（4）公共系统准备情况，由生产管理部门组织有关单位对原材料和水、电、气、风供应、产品和中间产品储存、火炬排放系统等进行检查。

（5）专项安全消防情况，由安全和消防部门组织有关单位对劳动保护设施、消防道路、消防设施、应急通信、应急预案等情况进行检查。

（6）专项环境保护情况，由环保部门组织有关单位对"三废"排放和治理、环境应急预案和应急设施等情况进行检查。

3. 对反应釜操作过程中因操作不当导致的危险进行辨识。

（1）反应失控引起火灾爆炸；

（2）反应容器中高压物料窜入低压系统引起爆炸；

（3）水蒸气或水漏入反应容器发生事故；

（4）蒸馏冷凝系统缺少冷却水发生爆炸；

（5）容器受热引起爆炸事故；

（6）物料进出容器操作不当引发事故。

4. 根据《石油化工可燃气体和有毒气体检测报警设计标准》（GB/T 50493—2019），该生产装置需要设置何种气体检测报警器，检测何种物质？

（1）该生产装置中涉及氯气，氯气为剧毒气体，危险性高，应该设置有毒气体检测报警装置。

（2）该生产装置涉及醋酸酐，属于易燃物质，应该设置可燃气体检测报警装置。

案例六

1. 列出内浮顶储罐的专用附件。

（1）通气孔

（2）静电导出装置

（3）防转钢绳

（4）自动通气阀

（5）浮盘支柱

（6）扩散管

（7）密封装置及二次密封装置

（8）中央排水管

2. 补充该储罐油气回收系统的安全技术要求。

（1）油气收集支管公称直径宜小于鹤管公称直径一个规格。

（2）在油气回收装置的入口处和油气收集支管上，均应安装切断阀。

（3）油气收集支管与鹤管的连接法兰处应设置阻火器。

（4）鹤管与油罐车的连接应严密，不应泄漏油气。

（5）油气收集系统应采取防止压力超高或过低的措施。

（6）油气收集系统应设事故紧急排放管，事故紧急排放管可与油气回收装置尾气排放管合并设置，并应设阻火措施。

3. 找出储罐区安全检查要求存在的问题并更正。

（1）储罐的静电接地电阻每年测试一次。错误，应该每半年测试一次。

（2）浮顶罐的静电导出线每季度至少检查一次。错误，应至少每月检查一次。

（3）储罐的其他附件，如人孔、加热器、排污孔等，每年检查一次。错误，操作人员应日常巡查。

4.人工清罐还需补充哪些安全注意事项?

（1）人工清罐是受限空间作业，要严格执行受限空间作业的要求。

（2）盲板不可漏加，不能以关闭阀门代替加装盲板。

（3）蒸汽蒸罐时，控制供汽量。储罐蒸罐时，要保证罐顶的出气口畅通。

（4）持续通风置换，注意检查罐内情况。必要时可采用局部喷水等降温措施，将放热反应产生的热量带走。

（5）确保清洗工具和照明设施安全防爆。清理污物时，采用木制品或铜制品等专用工具，不能采用黑色金属制品等易产生火花的工具。

（6）严禁穿化纤服进入罐内作业。不得使用移动通信工具，人员在罐内走动时注意防滑。

（7）其他防火防爆、防中毒、防静电等措施。

5.补充该企业新增 1 000 m^3 消防水池的技术要求。

（1）消防水池的容量应能满足火灾持续时间内，对消防用水总量的要求。

（2）消防水池的补水时间不宜超过 48 h，但当消防水池有效总容积大于 2 000 m^3 时，不应大于 96 h。

（3）消防水池应具有最高水位和最低水位报警功能。

（4）消防水池的出水管应保证消防水池的有效容积能被全部利用，还应设置溢流水管和排水设施。

（5）消防用水与生产、生活用水共用的水池，应有确保消防用水最不作他用的技术措施。

案例七

1.根据《危险化学品生产企业安全生产许可证实施办法》企业应当符合下列应急管理要求。

（1）按照国家有关规定编制危险化学品事故应急预案并报有关部门备案。

（2）建立应急救援组织，规模较小的企业可以不建立应急救援组织，但应指定兼职的应急救援人员。

（3）配备必要的应急救援器材、设备和物资，并进行经常性维护、保养，保证正常运转。生产、储存和使用氯气、氨气、光气、硫化氢等吸入性有毒有害气体的企业，除符合本条第一款的规定外，还应当配备至少两套全封闭防化服；构成重大危险源的，还应当设立气体防护站（组）。

2.根据《企业职工伤亡事故分类》，列出 Y 公司光气生产过程中可能发生的事故类别，并指出事故的主要致害物。

（1）中毒和窒息，主要致害物有光气、氯气、一氧化碳；由于光气、氯气、一氧化碳属于有毒有害物质，尤其是光气、氯气具有剧毒危险性。

（2）高处坠落，主要致害物为洗气塔等存在高处作业的场所。

（3）灼烫，主要致害物为反应釜及内部高温物质。

（4）火灾，主要致害物为一氧化碳等易燃易爆物质，遇明火发生火灾风险较高。

（5）其他爆炸，主要致害物为一氧化碳等易燃易爆物质，遇明火或高温等条件可能发生爆炸。

（6）机械伤害，主要致害物为作业场所的机械设备。

（7）起重伤害，主要致害物为钢瓶起重机。

（8）容器爆炸，主要致害物为各种压力容器。

3. 指出光气生产装置需要重点监控的单元以及重点监控的主要工艺参数。

重点监控单元：光气化反应釜、光气储运单元；

重点监控工艺参数：

（1）一氧化碳、氯气含水量；

（2）反应釜温度、压力；

（3）反应物质的配料比；

（4）光气进料速度；

（5）冷却系统中冷却介质的温度、压力、流量等。

4. 结合Y公司光气泄漏事故，列出现场处置方案的主要内容和现场处置过程中的主要注意事项。

现场处置方案主要包括：（1）事故风险描述；（2）应急工作职责；（3）应急处置；（4）注意事项。

现场处置过程中的主要注意事项：

（1）佩戴个人防护器具方面的注意事项。

（2）使用抢险救援器材方面的注意事项。

（3）采取救援对策或措施方面的注意事项。

（4）现场自救和互救的注意事项。

（5）现场应急处置能力确认和人员安全防护等的注意事项。

（6）应急救援结束后的注意事项。

（7）其他需要特别警示的事项。

案例八

1. 根据《企业职工伤亡事故分类》和《生产安全事故报告和调查处理条例》，判定该起事故类别和等级。

该起事故类别为容器爆炸；事故等级为一般事故。

2. 列出该起事故的直接原因和间接原因。

直接原因：焊工张某在焊接泡沫线短节时甲醇罐发生爆炸，罐顶崩开。

间接原因：

（1）在未制定技改方案的前提下进行施工；

（2）未对甲醇罐进行清罐吹扫；

（3）未进行现场动火化验分析；

（4）作业人员焊工作业证已经过期；

（5）高处作业过程未进行防护。

3. 列出D公司承包商管理可能存在的主要问题。

（1）对F公司的业务资质及安全资质等企业资质并没有严格检查。

（2）对特殊作业过程的监管存在漏洞，没有对现场动火作业的危险性进行分析；甲醇储罐动火作业票没有严格执行审批制度。

（3）对作业现场的监督管理存在漏洞，没有对承包商F公司作业现场进行严格的监督检查和管理。

4. 列出甲醇储罐日常安全检查的主要内容。

储罐日常巡检主要是观察储罐的液位、压力、温度是否正常；有无发生裂缝、腐蚀、鼓包、变形、泄漏现象；各人孔、出口阀门盘根、法兰等是否有物料的跑、冒、滴、漏现象；检查与储罐相关的阀门是否完好，开关状态是否符合运行工艺的要求；观察常压容器罐区内基础、围堰、排污等设施是否完好，有无损坏；储罐呼吸阀、阻火器、量油孔、泡沫发生器、转动扶梯、自动脱水器、高低液位报警器、人孔、透光孔、排污阀、液压安全阀、通气管、浮顶罐密封装置、罐壁通气孔、液面计等附件是否完好等。

案例九

1. 列出甲公司的特种设备。

（1）压力容器：液化烃球罐；

（2）锅炉：高压蒸汽锅炉；

（3）场内专用机动车辆：叉车；

（4）起重机械：行车。

2. 根据《建设项目安全设施"三同时"监督管理办法》，请给出甲公司收到安全生产监督管理部门关于 60×10^4 t/a 柴油加氢精制装置建设项目安全设施设计审查是否批准决定的最长工作日数，并说明理由。

甲公司收到安全生产监督管理部门关于 60×10^4 t/a 柴油加氢精制装置建设项目安全设施设计审查是否批准决定的最长工作日数是30个工作日；

理由：根据《建设项目安全设施"三同时"监督管理办法》对已经受理的建设项目安全设施设计审查申请，安全生产监督管理部门应当自受理之日起20个工作日内作出是否批准的决定，20个工作日内不能作出决定的，经负责人批准，可以延长10个工作日，并将延长期限的理由书面告知申请人。

3. 列出甲公司罐区安全管理的主要内容。

（1）甲公司应该建立健全罐区各项规章制度：包括储罐使用管理、现场操作管理、防止人员中毒伤害、事故应急管理、职业安全教育、培训等管理制度；

（2）甲公司应加强泵房的安全管理：甲、乙类油品泵房应加强通风，间歇作业、连续作业8h以上的，室内油气浓度应符合职业健康标准要求。付油亭下部设有阀室或泵房的，应敞口通风，不得设置围墙。确保设备完好，安全运行；

（3）甲公司应建立健全设备安全技术档案：主要内容包括建造竣工资料、检验报告、技术参数、检修记录安全技术操作规程、巡检记录、检修计划等；

（4）甲公司应加强对检测设备的管理：检测设备应满足检测环境的防火、防爆要求，经验收检验合格后方可投入使用。二级以上石油库和有条件的石油库应配置测厚仪、试压泵、可燃气体浓度检测仪、接地电阻测试仪等检测设备。

（5）甲公司应加强对管道的安全管理：新安装和大修后的管道，按国家有关规定验收合格后才能使用，管道应有工艺流程图、管网图。

（6）甲公司应加强对电气设备的安全管理：设置在爆炸危险区域内的电气设备、元器件及线路应符合该区域的防爆等级要求；设置在火灾危险区域的电气设备应符合防火保护要求；设置在一般用电区域的电气设备，应符合长期安全运行要求。

（7）甲公司应采取防雷电及防静电的安全措施，防止雷电以及静电带来的火灾爆炸危害。

（8）甲公司应加强消防安全管理：石油库应设置专人负责消防管理工作，并指定防火责任人。消防设施、装备、器材应符合国家有关消防法规、标准规范的要求，并定期组织检验、维修，确保消防设施和器材完好、有效。

4. 列出05号罐检修准备和作业过程中存在的错误。

检修准备中存在的错误：

（1）除与储罐相连的系统管线应加堵盲板外，还应在氮封设施上加装盲板；

（2）采样地点：不仅需要在人孔附近采样。分析采样的要求应遵循：分析采样时，采样点的选择要有代表性，对较大的设备，必须选择有代表性的上、中、下三个点进行检测，采样时要将采样管伸向设备内部。设备内的气体比空气重时，应在底部采样；设备内的气体比空气轻时，应在上部采样。

（3）使用了非防爆电钻，应使用防爆电钻；

（4）发现内浮顶橡胶密封囊局部破损，且密封囊内充满了汽油仍进行作业。应对作业场所内危险有害物质清洗置换干净之后再进行作业。

5. 列出甲公司储运部应建立的主要操作规程。

安全操作规程是员工在操作机器设备、调整仪表和其他作业过程中，必须遵守的程序和注意事项；

（1）首先是针对操作机器设备的操作规程：高压蒸汽锅炉操作规程、磨煤机械操作规程、水处理装置操作规程以及各类反应装置的操作规程等；

（2）其次是针对调整仪表的操作规程：各种控制仪表、安全阀、呼吸阀等安全附件的操作规程；

（3）最后是针对作业类别的操作规程：物料收付、物料加温、物料脱水、物料计量、物料调和、物料测温以及清洗吹扫置换等操作规程。

案例十

1. 根据《危险化学品生产装置和储存设施外部安全防护距离确定方法》（GB/T 37243—2019）判定该公司外部安全防护距离是否符合要求并说明理由。

不符合要求。

（1）涉及爆炸物的危险化学品生产装置和储存设施应采用事故后果法确定外部安

全防护距离。

（2）涉及有毒气体或易燃气体，且其设计最大量与《危险化学品重大危险源辨识》（GB 18218）中规定的临界量比值之和大于或等于1的危险化学品生产装置和储存设施，应采用定量风险评价方法确定外部安全防护距离。当企业存在上述装置和设施时，应将企业内所有的危险化学品生产装置和储存设施作为一个整体进行定量风险评估，确定外部安全防护距离。

2. 根据《化工和危险化学品生产经营单位重大生产安全事故隐患判定标准（试行）》（安监总管三〔2017〕121号），说明本案中，涉及哪几项生产安全事故重大隐患。

（1）涉及"两重点一重大"的生产装置、储存设施外部安全防护距离不符合国家标准要求。属于生产安全事故重大隐患，材料中该公司与周边防护目标的间距满足《石油化工企业设计防火规范》（GB 50160—2018）和《精细化工企业工程设计防火标准》（GB 51283—2020）等标准的要求。

（2）涉及重点监管危险化工工艺的装置未实现自动化控制，系统未实现紧急停车功能，装备的自动化控制系统、紧急停车系统未投入使用。属于重大事故隐患，材料中现场勘验时自动化控制系统及紧急停车系统正在改造未投入使用。

（3）构成一级、二级重大危险源的危险化学品罐区未实现紧急切断功能；涉及毒性气体、液化气体、剧毒液体的一级、二级重大危险源的危险化学品罐区未配备独立的安全仪表系统属于重大事故隐患，材料中两座甲醇储罐构成了二级危险化学品重大危险源。甲醇储罐区未设紧急切断阀。

（4）化工生产装置未按国家标准要求设置双重电源供电，自动化控制系统未设置不间断电源。属于重大事故隐患，材料中生产装置供电负荷为一级供电负荷，由一路电源供电。

（5）未建立与岗位相匹配的全员安全生产责任制或者未制定实施生产安全事故隐患排查治理制度。属于重大事故隐患，材料中未制定生产安全事故隐患排查治理制度。

（6）未按国家标准分区分类储存危险化学品，超量、超品种储存危险化学品，相互禁配物质混放混存。属于重大事故隐患，材料中甲类易燃物仓库新增储存双氧水物料。

3. 该项目涉及过氧化反应危险化工工艺，说明该工艺的危险特点。

（1）过氧化物都含有过氧基（—O—O—），属含能物质，由于过氧键结合力弱，断裂时所需的能量不大，对热、振动、冲击或摩擦等都极为敏感，极易分解甚至爆炸。

（2）过氧化物与有机物、纤维接触时易发生氧化、产生火灾。

（3）反应气相组成容易达到爆炸极限，具有燃爆危险。

4. 根据《国家安全监管总局关于加强精细化工反应安全风险评估工作的指导意见》（安监总管三〔2017〕1号）和安全评价报告的描述，提出过氧化反应工艺过程风险管控的措施建议。

（1）反应物料的比例控制和联锁及紧急切断动力系统。

（2）紧急断料系统。

（3）紧急冷却系统。

（4）紧急送入惰性气体的系统。

（5）气相氧含量监测、报警和联锁。

（6）紧急停车系统。

（7）安全泄放系统。

（8）可燃和有毒气体检测报警装置等。

（9）反应釜温度和压力的报警和联锁。

案例十一

1. 根据C公司罐区物料储量情况，计算该罐区是几级重大危险源？

（1）甲苯设计储存量400 t，临界量500 t，苯设计储存量40 t，临界量50 t。

$$400/500 + 40/50 = 1.6 > 1$$ 构成重大危险源。

（2）$R = \alpha(\beta_1 \times q_1/Q_1 + \beta_2 \times q_2/Q_2) = \alpha(\beta_1 400/500 + \beta_2 40/50) = 2 \times 2.4 = 4.8 < 10$，为四级重大危险源，见表8.7。

2. 根据《化工和危险化学品生产经营单位重大安全事故隐患判定标准（试行）》（安监总管三〔2017〕121号）针对评估结果指出4家公司可判定为重大事故隐患的问题。

A公司重大事故隐患有：

（1）公司安全生产责任制的内容是生产职责。

理由：未建立与岗位相匹配的全员安全生产责任制或者未制定实施生产安全事故隐患排查治理制度。

（2）公司总经理安全资格证书超过时限1个月未及时取证。

理由：危险化学品生产、经营单位主要负责人和安全生产管理人员未依法经考核合格。

（3）三氯化磷装置未进行反应安全风险评估。

理由：精细化工企业未按规范性文件要求开展反应安全风险评估。

B公司重大事故隐患有：

（1）液氯充装用液体装卸臂未配备液压操纵的紧急脱离系统，不符合《液体装卸臂工程技术要求》（HG/T 21608—2012）。

理由：液化烃、液氨、液氯等易燃易爆、有毒有害液化气体的充装未使用万向管道充装系统。

（2）企业可燃、有毒气体探测器接入DCS系统显示报警，不符合《国家安全监管总局关于加强化工安全仪表系统管理的指导意见》（安监总管三〔2014〕116号）要求。

理由：涉及可燃和有毒有害气体泄漏的场所未按国家标准设置检测报警装置，爆炸危险场所未按国家标准安装使用防爆电气设备。

C公司重大事故隐患有：

（1）未建立和发布本公司的生产安全风险防控和隐患排查治理制度。

理由：未建立与岗位相匹配的全员安全生产责任制或者未制定实施生产安全事故隐患排查治理制度。

（2）加氢反应未设置冷却水流量参数，二氯乙烷检测报警值，操作法中规定25％LEL，DCS中设置H3.382 ppm，HH6.772 ppm，计量单位不一致。

理由：未制定操作规程和工艺控制指标。

（3）三氯化磷和正丁酯分厂现场专项应急预案中，对现场指挥人员认定不清，对班组人员应急职责未明确。

理由：未建立与岗位相匹配的全员安全生产责任制或者未制定实施生产安全事故隐患排查治理制度。

D公司重大事故隐患有：

（1）安全生产责任制不健全，未明确工会主席安全职责。

理由：未建立与岗位相匹配的全员安全生产责任制或者未制定实施生产安全事故隐患排查治理制度。

（2）重氮化工工艺装置有自动化控制系统，但仍采用人工手动操作。

理由：涉及重点监管危险化工工艺的装置未实现自动化控制，系统未实现紧急停车功能，装备的自动化控制系统、紧急停车系统未投入使用。

（3）硝化工序主操未有操作资格证。

理由：特种作业人员未持证上岗。

3. 根据《关于加强精细化工反应安全风险评估工作的指导意见》（安监总管三〔2017〕1号），指出这4家企业在搬迁后哪家需要开展反应安全风险评估并说明理由。

A、B、D企业需要进行反应安全风险评估。

有以下原因之一的企业需要开展安全风险评估：

（1）国内首次使用的新工艺、新配方投入工业化生产的以及国外首次引进的新工艺且未进行过反应安全风险评估的；

（2）现有的工艺路线、工艺参数或装置能力发生变更，且没有反映安全风险评估报告的；

（3）因反应工艺问题，发生过生产安全事故的。

A公司主要产品为烧碱、液氯、乙酰甲胺磷、甲胺磷、三氯化磷等，搬迁后将甲胺磷装置能力由2×10^4 t/a提高到4×10^4 t/a，需要进行反应安全风险评估。

B公司主要产品为液氨、尿素，合成氨产能由30×10^4 t/a提高到50×10^4 t/a，需要进行反应安全风险评估。

D公司主要产品涉及重点监管的硝化工艺和重氮化工艺，搬迁后主要产品产能由0.8×10^3 t/a提高到1.2×10^3 t/a，部分工序进行工艺技术改造，需要进行反应安全风险评估。

4. 根据双重预防机制建设的要求，指出B公司双重预防机制建设工作中的不足并完善相关内容。

（1）准备工作；

（2）危险源辨识；

（3）安全风险评估；

（4）安全风险分级管控；

（5）建立安全风险分级管控清单；

（6）事故隐患排查治理；

（7）企业双重预防机制的实施。

5. 结合D公司主要负责人的访谈和专家提出的问题，判定D公司主要负责人安全生产职责落实是否符合《中华人民共和国安全生产法》要求，列出企业主要负责人的安全生产职责。

（一）建立健全并落实本单位全员安全生产责任制，加强安全生产标准化建设。

（二）组织制定并实施本单位安全生产规章制度和操作规程。

（三）组织制订并实施本单位安全生产教育和培训计划。

（四）保证本单位安全生产投入的有效实施。

（五）组织建立并落实安全风险分级管控和隐患排查治理双重预防工作机制，督促、检查本单位的安全生产工作，及时消除生产安全事故隐患。

（六）组织制定并实施本单位的生产安全事故应急救援预案。

（七）及时、如实报告生产安全事故。

案例十二

1. 根据《危险化学品企业特殊作业安全规范》（QB 30871—2022）指出该公司动火作业票中的错误有哪些？

（1）动火时间自2022年12月16日8时30分始至2022年12月16日18时30分错误，一级动火作业票有效期应为8 h。

（2）动火作业分析时间2022年2月16日8时错误，应为2022年12月16日8时。

（3）涉及的其他特殊作业无错误，还涉及临时用电作业。

（4）危害辨识空白错误，现场应根据企业职工伤亡事故分类明确现场危险有害事故类别。

（5）监护人丙错误，监护人一般为危险化学品企业人员，可增加作业单位人员。

（6）实施安全教育人乙错误，安全教育人一般为车间安全管理人员。乙为车间主任。

（7）申请单位意见2022年12月15日17时0分，安全管理部门意见2022年12月15日18时0分，动火审批人2022年12月15日17时30分确定时间错误，应为动火分析时间之后确认。

（8）动火审批人意见甲（生产副总）签字错误，一级动火作业应为戊（安全管理部门负责人）。

（9）无动火前班长验票签字错误。

2. 补充该公司动火作业票中"安全措施"缺少的内容。

（1）已开展作业危害分析，制定相应的安全风险管控措施，交叉作业已明确协调人。

（2）动火点30 m内垂直空间未排放可燃气体；15 m内垂直空间未排放可燃液体；10 m范围内及动火点下方未同时进行可燃溶剂清洗或喷漆等作业，10 m范围内未见有可燃性粉尘清扫作业。

（3）作业人员佩戴必要的个体防护装备。

（4）用于连续检测的移动式可燃气体检测仪已配备到位。

（5）其他相关特殊作业已办理相应安全作业票，作业现场四周已设立警戒区。

（6）电焊机所处位置已考虑防火防爆要求，且已可靠接地。

（7）动火点周围规定距离内没有易燃易爆化学品的装卸、排放、喷漆等可能引起火灾爆炸的危险作业。

3. 补充说明在动火作业前安全措施交底应该包括的内容。

（1）作业现场和作业过程中可能存在的危险、有害因素及采取的具体安全措施与应急措施。

（2）会同作业单位组织作业人员到作业现场，了解和熟悉现场环境，进一步核实安全措施的可靠性，熟悉应急救援器材的位置及分布。

（3）涉及断路、动土作业时，应对作业现场的地下隐蔽工程进行交底。安全措施交底工作完毕后，所有参加交底的人员必须履行签字手续，基层单位班组、交底人、作业人员、作业监护人各留执一份，并记录存档。

4. 补充说明动火作业监护人的职责要求及资格要求。

作业期间应设监护人。监护人应由具有生产（作业）实践经验的人员担任，并经专项培训考试合格，佩戴明显标识，持培训合格证上岗。监护人的通用职责要求：

（1）作业前检查安全作业票。安全作业票应与作业内容相符并在有效期内；核查安全作业票中各项安全措施是否已得到落实。

（2）确认相关作业人员持有效资格证书上岗。

（3）核查作业人员配备和使用的个体防护装备是否满足作业要求。

（4）对作业人员的行为和现场安全作业条件进行检查和监督，负责作业现场的安全协调与联系。

（5）当作业现场出现异常情况时应中止作业，并采取安全有效措施进行应急处置；当作业人员违章时，应及时制止违章，情节严重时，应收回安全作业票、中止作业。

（6）作业期间，监护人不应擅自离开作业现场且不应从事与监护职责无关的事。确需离开作业现场时，应收回安全作业票，中止作业。

参考文献

［1］ 中国安全生产协会注册安全工程师工作委员会,中国安全生产科学研究院.安全生产法及相关法律知识［M］.北京:中国大百科全书出版社,2011.

［2］ 中国安全生产协会注册安全工程师工作委员会,中国安全生产科学研究院.安全生产管理知识［M］.北京:中国大百科全书出版社,2011.

［3］ 中国安全生产协会注册安全工程师工作委员会,中国安全生产科学研究院.安全生产技术［M］.北京:中国大百科全书出版社,2011.

［4］ 中国安全生产科学研究院.安全生产法律法规［M］.北京:应急管理出版社,2024.

［5］ 中国安全生产科学研究院.安全生产管理［M］.北京:应急管理出版社,2024.

［6］ 中国安全生产科学研究院.安全生产技术基础［M］.北京:应急管理出版社,2024.

［7］ 中国安全生产科学研究院.安全生产专业实务 化工安全［M］.北京:应急管理出版社,2024.

［8］ 朱建军,徐吉成.化工安全与环保［M］.北京:北京大学出版社,2015.

［9］ 温路新,李大成,刘敏,等.化工安全与环保［M］.北京:科学出版社,2014.

［10］ 杨帆.化工安全与环保［M］.北京:中国石化出版社,2023.

［11］ 梁志武.化工安全与环保［M］.北京:化学工业出版社,2022.

［12］ 王利霞,宋延华.化工安全与环保［M］.北京:化学工业出版社,2022.

［13］ 齐向阳,刘尚明,栾丽娜.化工安全与环保技术:第二版［M］.北京:化学工业出版社,2024.

［14］ 冯红艳,朱平平.化学实验安全知识［M］.北京:高等教育出版社,2022.

［15］ 许峰,赵艳,刘松.化学实验室安全原理:RAMP原则的运用［M］.北京:化学工业出版社,2023.

［16］ 张宇,梁吉艳,高维春.实验室安全与管理［M］.北京:化学工业出版社,2023.

［17］ 姜文凤,刘志广.化学实验室安全基础［M］.北京:高等教育出版社,2019.

［18］ 蔡乐,等.高等学校化学实验室安全基础［M］.化学工业出版社,2018.

［19］ 张艳波,陈飞飞.化学实验室安全与防护［M］.北京:华中科技大学出版社,2023.

［20］ 阚珂,杨元元.《中华人民共和国安全生产法》释义［M］.北京:中国民主法制出版社,2014.

［21］ 卢云.法学基础理论［M］.北京:中国政法大学出版社,1999.

［22］ 阚珂,蒲长城,刘平均.中华人民共和国特种设备安全法释义［M］.北京:中国法治出版社,2013.

［23］ 何永坚.中华人民共和国职业病防治法解读［M］.北京:中国法治出版社,2012.

［24］ 石茂生.法理学基本问题［M］.北京:当代世界出版社,2002.

［25］ 王连昌.行政法学［M］.北京:中国政法大学出版社,1999.

［26］ 中国安全生产协会.《企业安全生产标准化基本规范》释义［M］.北京:煤炭工业出版社,2010.

［27］ 吴穹,许开立.安全管理学［M］.北京:煤炭工业出版社,2002.

［28］ 马中飞,程卫民.现代安全管理［M］.北京:化学工业出版社,2022.

［29］ 刘景良.安全管理［M］.北京:化学工业出版社,2016.

［30］ 教育部高等学校安全工程学科教学指导委员会.安全管理学［M］.北京:中国劳动社会保障出版社,2022.

［31］ 吴宗之,高进东.重大危险源辨识与控制［M］.北京:冶金工业出版社,2001.

［32］ 崔政斌,张美元,周礼庆.杜邦安全管理［M］.北京:化学工业出版社,2019.

［33］ 刘强.危险化学品从业单位安全标准化工作指南［M］.北京:中国石化出版社,2009.

［34］ 蒋军成.化工安全［M］.北京:中国劳动社会保障出版社,2008.

［35］ 刘景良.化工安全技术［M］.北京:化学工业出版社,2019.

［36］ 赵劲松.化工过程安全［M］.北京:化学工业出版社,2015.

[37] 中国化学品安全协会.GB 30871—2022《危险化学品企业特殊作业安全规范》应用问答[M].北京:中国石化出版社,2022.

[38] 俞文光,孟邹清,方来华,等.化工安全仪表系统[M].北京:化学工业出版社,2021.

[39] 全国初级注册安全工程师职业资格考试试题分析小组.安全生产实务 化工安全[M].北京:机械工业出版社,2024.

[40] 中国化学品安全协会.《危险化学品企业安全风险隐患排查治理导则》应用读本[M].北京:中国石化出版社,2019.

[41] 齐向阳,王树国.化工安全技术[M].北京:化学工业出版社,2021.

[42] 张峰.化工工艺安全分析[M].北京:中国石化出版社,2019.

[43] 李振花,王虹.化工安全概论[M].北京:化学工业出版社,2023.

[44] 魏刚,王益民,顾永和.化工工艺及安全技术[M].北京:中国石化出版社,2019.

[45] 田震,赵杰.化工过程安全[M].北京:中国石化出版社,2022.

[46] 全国中级注册安全工程师职业资格考试用书编写组.安全生产专业实务 化工安全[M].哈尔滨:哈尔滨工程大学出版社,2021.

[47] 王凯全.化工安全工程学[M].北京:中国石化出版社,2010.

[48] 纪红兵,门金龙.化工安全工程[M].北京:科学出版社,2023.

[49] 王成君,田华.化工安全与环保[M].北京:化学工业出版社,2023.

[50] 郭伏,钱省三.人因工程学[M].北京:机械工业出版社,2018.

[51] 刘景良.安全人机工程:第二版[M].北京:化学工业出版社,2018.

[52] 陈金刚.电气安全工程[M].北京:机械工业出版社,2016.

[53] 崔政斌,张卓.机械安全技术[M].北京:化学工业出版社,2020.

[54] 郭艳丽.化工消防安全基础[M].北京:应急管理出版社,2022.

[55] 赵彬侠,王晨,黄岳元,等.化工环境保护与安全技术概论[M].北京:高等教育出版社,2021.

[56] 王德堂,何伟平.化工安全与环境保护[M].北京:化学工业出版社,2015.

[57] 钱家盛.化工环保与安全技术[M].北京:化学工业出版社,2024.

[58] 周涛,张婷.化工环保与安全[M].长沙:中南大学出版社,2021.

[59] 杨永杰.化工环保基础[M].天津:天津科学技术出版社,1994.

[60] 卫宏远,郝琳,白文帅.化工安全[M].北京:高等教育出版社,2020.

[61] 匡永泰,高维民.石油化工安全评价技术[M].北京:中国出版社,2005.

[62] 卫宏远,白文帅,郝琳,等.化工过程安全评估[M].北京:化学工业出版社,2020.

[63] 黄昌忠,苟龙得.防火防爆技术实务[M].成都:西南交通大学出版社,2024.

[64] 王起全,等.安全评价[M].北京:化学工业出版社,2024.

[65] 粟镇宇.HAZOP分析方法及实践[M].北京:化学工业出版社,2018.

[66] 吴重光.危险与可操作性分析(HAZOP)应用指南[M].北京:中国石化出版社,2012.

[67] 吴重光.危险与可操作性分析基础及应用[M].北京:中国石化出版社,2012.

[68] 全国中级注册安全工程师职业资格考试配套辅导用书编写组.化工安全5年真题3套模拟[M].北京:应急管理出版社,2024.

图书在版编目（CIP）数据

化工安全与环保 / 王德慧编著 . -- 上海 : 东华大
学出版社, 2025.2. -- ISBN 978-7-5669-2436-0

Ⅰ. TQ086；X78

中国国家版本馆 CIP 数据核字第 20247AP785 号

责 任 编 辑　李　晔
封 面 设 计　静　斓

化工安全与环保
HUAGONG ANQUAN YU HUANBAO

编　　　　著　王德慧
出 版 发 行　东华大学出版社(上海市延安西路1882号　邮政编码:200051)
营 销 中 心　021-62193056　62379558
出版社网址　http://dhupress.dhu.edu.cn/
印　　　　刷　上海颛辉印刷厂有限公司
开　　　　本　787mm×1092mm　1/16　　印张　36　　字数　876千字
版　　　　次　2025年2月第1版　　　印次　2025年2月第1次印刷
书　　　　号　ISBN 978-7-5669-2436-0
定　　　　价　98.00元

图 1.6　TDG 安全标志（主标）实例

图 1.7　安全标签样例

（a）常见无缝气瓶

（b）焊接气瓶

（c）溶解乙炔气瓶

图 2.1　气瓶的构造分类

（a）钢印标记和检验标志

（b）目视标志

（c）安全标志

图 2.2　无缝气瓶的标志

（a）警告标志

（b）禁止标志

（c）指令标志

（d）提示标志

图 2.7　安全标志样例

图 2.8　消防标志

（a）隔离式防毒面具　（b）耐高温防护服　（c）手持式可燃气体探测器 　（d）安全绳 　（e）感烟报警器

图 2.10　实验室应急物资

化工安全与环保

图 2.11　紧急淋浴和洗眼器　　　　　图 2.12　灭火器、消防沙、灭火毯及应急包

图 2.13　废液标志

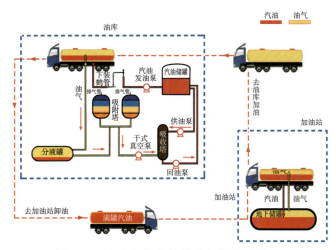

图 5.56　油库和加油站的油气回收系统

图 6.17　紧急制动开关

图 6.18　机械场所常见安全标志

禁止阻塞线

防止踏空线

防止绊跤线

图 6.19　作业场所地面安全警示

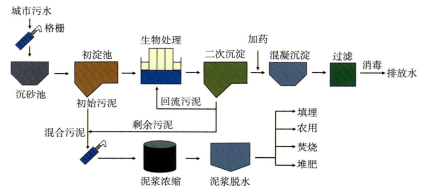

图 7.1　典型的城市污水处理方案

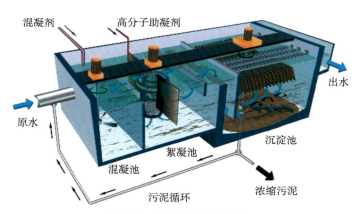

图 7.2　典型的沉淀池结构

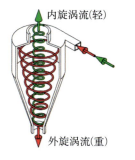
（a）水力旋流机理

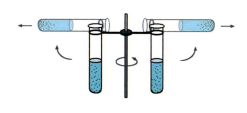
（b）高速离心机理

图 7.3　离心分离机理

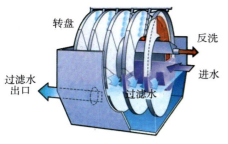

图 7.5 微滤机机理

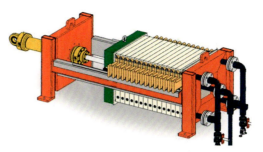

图 7.6 板框压滤机

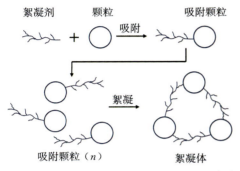

图 7.7 絮凝机理

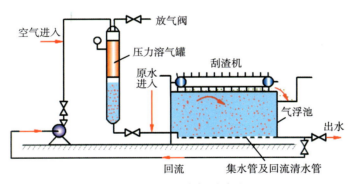

图 7.10 加压溶气浮选法

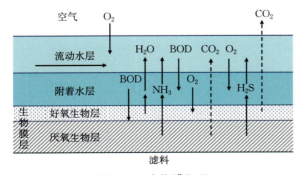

图 7.14 生物膜机理

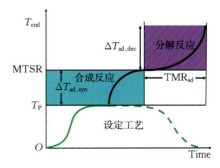

图 8.21 反应失控参数之间的关系

表1.6　GHS安全标志

GHS安全标志	危险类别	GHS安全标志	危险类别
	可燃性气体,易燃性压力下气体,易燃液体,易燃固体,自反应化学品,自燃液体和固体,自热化学品等		助燃性、氧化性气体,氧化性液体/固体
	火药类,自反应化学品,有机过氧化物		金属腐蚀物,对皮肤有腐蚀性/刺激性,对眼睛有严重损伤/刺激性
	压力下气体		急性毒性/剧毒
	急性毒性/剧毒,对皮肤有腐蚀性/刺激性,对眼睛有严重损伤/刺激性,引起皮肤过敏,对靶器官/全身有毒害性		对水生环境有害性
	引起呼吸器官过敏,引起生殖细胞突变,致癌性,生殖毒性,对靶器官/全身有毒害性,对吸入性呼吸器官有害		

表8.41　代表性风险矩阵表

频率概率		后果				
		1.轻微	2.较重	3.严重	4.重大	5.灾难性
1.较多发生	10年1次(1×10^{-1}/a)	D	C	B	B	A
2.偶尔发生	100年1次(1×10^{-2}/a)	E	D	C	B	B
3.很少发生	1000年1次(1×10^{-3}/a)	E	E	D	C	B
4.不太可能	10000年1次(1×10^{-4}/a)	E	E	E	D	C
5.极不可能	100000年1次(1×10^{-5}/a)	E	E	E	E	D

表8.43 HAZOP分析工作表

公司名称	新能源有限公司
项目名称	氢气气-液分离装置
评估日期	2025年1月20日
节点编号	2
节点名称	气-液分离
节点描述	分离罐 V301 及进出料阀
设计意图	电解氢气中含少量的水,在 V301 中通过降温换热方式实现气-液分离,分离后,气去下游水洗单元,废液去废液罐 V302;V301:9.2 m³,设计压力 1.2 MPa,操作压力 0.8 MPa,操作温度 25 ℃;V302:4 m³,设计压力 0.3 MPa,常压操作,操作温度 25 ℃
图纸编号	JYU-P&ID-0103
分析组成员	A、B、C、D、E、F、G

编号	引导词+参数	偏差描述	原因	后果	现有措施	S	L	RR	建议措施
2.1	没有流量	从电解反应工段 U200 的压缩氢气经阀门 XV302 至分离罐 V301 没有流量	上游压缩机故障,或上游阀门故障关闭	没有明显的安全后果					
2.2	没有流量	从分离罐 V301 经阀门 PV301 至下游水洗单元 U400 没有流量	气相管道上的阀门 PV301 故障关闭	V301 罐内压力会持续升高,甚至超过高压超压(来气最高压力 1.8 MPa,远超设计压力 1.2 MPa),氢气从 V301 的法兰连接处泄漏到车间内,与空气混合后,形成混合性混合物,遇到明火或热源会发生闪爆,导致车间 4 名操作人员伤亡	分离罐 V301 上有安全阀 PSV301,整定压力 1 MPa	5	1	A	1. 分离器 V301 上增加一个压力变送器,当压力达到设定值 0.9 MPa 时,自动联锁关闭入口阀门 XV302。2. 核算 PSV301 的安全释放能力来保证阀门 PV301 故障闭时的泄压要求。将安全阀进、出口管道上的阀门保持锁开状态。3.PG301 现场表增加在线指示功能,并引进至 DCS 内操。4. 根据《首批重点监管的危险化工艺目录》(2009)116 号文,建议 V301 增加自动化程度,减少 V301 操作人员数量。可增设有毒有害气体探测系统,并接入 SIS
2.3	没有流量	...	...	...	...	...	...	...	...

表8.44 HALOPA工作表定量区域

编号	原因	F0	后果	Si	Li	Ri	现有措施	Fs	S	L	R	建议编号	建议措施	Fr	Sr	Lr	Rr
2.1	从电解反应工段U200压缩氢气经阀门XV302至分离罐V301没有流量		没有明显的安全后果														
2.2	调节阀PV301故障关闭	1E-1	V301罐内压力会持续升高，甚至超高压（来气最高压力1.8MPa，远超过设计压力1.2MPa），氢气从V301的法兰连接处泄漏到车间内，与	5	1E-2	B	分离罐V301上有压力指示和压力高报警PIC301。操作人员可以根据报警关闭分离罐的入口阀门XV302。备注：Fs=1E0。因为PIC301与阀门PV301在同一个控制回路中	1E0	5	1E-2	B	2.1	在分离罐V301上增加一个压力变送，当压力达到设定值0.8MPa时，自动关闭V301上游入口管道上的阀门XV302	1E-1	5	1E-5	D
	引火源（氢气泄漏时，总是会遇到引火源）	1E0	空气混合后，形成爆炸性混合物，遇到明火或热源会发生闪爆，导致车间4名操作人员伤亡				分离罐V301上有安全阀PSV301，整定压力1MPa。备注：Fs=1E0。因为安全阀缺少释放能力计算书，而且进出口管道上有手动阀门	1E0				2.2	核算分离罐V301上的安全阀PSV301的释放能力，确认它满足气相管道泄压要求，并且将安全阀的进出口阀门保持锁开	1E-2			
	操作人员在现场（氢气泄漏时，操作人员有机会撤离车间）	1E-1															
2.3	...	...	...	...	...	...	...	...	...	...	...	...	...	...	...	...	...